はじめての人も
イチからわかる

やさしい 高校数学

（数学Ⅲ・C）改訂版

きさらぎ ひろし 著

は じ め に

みなさんのなかにも「なにか今までになかった新しいものを作りたい」という思いを持っている人がいるかもしれません。新しいものを多くの人に受け入れてもらうには，他より質を高くすることが絶対に不可欠です。

「誰にも負けない，誰にも似てない。」

この言葉を心に秘めて，このシリーズの執筆を始めました。企画して出版社に持ち込みをした当初，全編を会話形式で進めるというスタイルは，異端児的な存在に映っていたかもしれません。「既存の参考書よりもわかりやすいものにする。そうしないと多くの人に受け入れてもらえないんだ。」と言い聞かせ，何度も書き直しながら，多くの時間を執筆に費やしました。その努力が実を結んだのか，『やさしい高校数学』は発売当初から多くの人に支持をしていただけました。

そして今回，『やさしい中学数学』『やさしい高校数学』のシリーズ最終作を迎えることができたことを嬉しく思っております。「もし，タイムマシンがあれば，高校時代の私に会って，この本をプレゼントしたい。」そう思えるほどのものにできた自負があります。現実にタイムマシンはないので，高校時代の私は救われませんが（笑），読者のみなさんはいま頑張れば，未来を変えることができます。そしてこの本が，1人でも多くの方の未来を変える助けになってくれることを願ってやみません。

最後に，イラストを描いていただいたあきばさやかさま，素敵なデザインの本に仕上げていただいたスタジオ・ギブのみなさま，編集をしていただいたアポロ企画および学研編集部の方々，この本の製作に携わっていただいたすべての方に，御礼申し上げます。そして何より，数学Ⅰ・Ａ編，数学Ⅱ・Ｂ編に厚い支持をいただき，数学Ⅲ・Ｃ編の実現に導いてくださった読者の方々に心より感謝します。

きさらぎ　ひろし

本書の使いかた

　本書は，高校数学（数学Ⅲ・C）をやさしく，しっかり理解できるように編集された参考書です。また，定期試験や大学入試でよく出題される問題を収録しているので，良質な試験対策問題集としてもお使いいただけます。以下の例から，ご自身に合う使いかたを選んで学習してください。

1 最初から通して全部読む

　オーソドックスで，いちばん数学の力をつけられる使いかたです。特に，「数学Ⅲ・Cを初めて学ぶ方」や「数学に苦手意識のある方」には，この使いかたをお勧めします。キャラクターの掛け合いを見ながら読み進め，例題にあたったら，まずチャレンジしてみましょう。その後，本文の解説を読み進めると，つまずくところがわかり理解が深まります。

2 自信のない単元を読む

　数学Ⅲ・Cを多少勉強し，苦手な単元がはっきりしている人は，そこを重点的に読んで鍛えるのもよいでしょう。Pointやコツをおさえ，例題をこなして，苦手なところを克服しましょう。

3 別冊の問題集でつまずいたところを本冊で確認する

　ひと通り数学Ⅲ・Cを学んだことがあり，実戦力を養いたい人は，別冊の問題集を中心に学んでもよいかもしれません。解けなかったところ，間違えたところは，本冊の解説を読んで理解してください。ご自身の弱点を知ることもできます。

登場キャラクター紹介

ハルト

ミサキの双子の兄。スポーツが好きな高校3年生。数学が苦手でなんとかしたいと思っている。数学Ⅱ・Bの内容を少し忘れている。

ミサキ

ハルトの双子の妹。しっかり者で明るい女の子。中学までは数学が得意だったが，高校に入ってからちょっと数学がわからなくなってきた。

先生（きさらぎひろし）

数学が苦手な生徒を長年指導している数学界の救世主。ハルトとミサキの家庭教師として，奮闘。

もくじ

数学Ⅲ

5章 積分 …………………………………………………………… 353

6章 積分の応用 ·························· 459

数学C

7章 ベクトル ································· 541

8章 複素数平面 …………… 687

9章 平面上の曲線 …… 781

12

※解説中にある『数学Ⅰ・A編』，『数学Ⅱ・B編』というのは，2022年3月に発刊された『やさしい高校数学（数学Ⅰ・A）　改訂版』，2022年12月に発刊された『やさしい高校数学（数学Ⅱ・B）　改訂版』のことを指しています。

関数

「いよいよ，数学Ⅲか。関数って今まででいっぱいやってきたけど，まだ他にもあるんですか?」

うん。初めて見る関数がいろいろ登場する。さらに，説明の途中で過去に習った知識もいろいろと出てくるよ。

「数学Ⅰ・Aとか，数学Ⅱ・Bとかの知識ですか?」

「まさか，中学校で習ったことも出てくるとか。」

実は，もっと前に習ったことも……。まあ，とりあえず話を始めよう。

分数関数

分数を使った関数だから，分数関数。そのままのネーミングだね。

まず最初は，分数関数というものを勉強しよう。

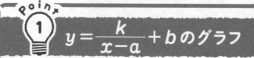

Point 1

$y = \dfrac{k}{x-a} + b$ のグラフ

$y = \dfrac{k}{x-a} + b$ $(k \neq 0)$ のグラフは，漸近線が2直線 $x=a$,

$y=b$ となる双曲線と呼ばれる曲線で，およその形は下図の

ようになる。このとき，$x=a$ では分母が0になるから，定

義域は a 以外の実数全体である。

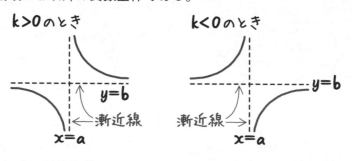

$k>0$ のとき　　　　　　　　$k<0$ のとき

$y=b$

←漸近線　　　　漸近線→

$x=a$　　　　　　　　$x=a$

$k>0$ のときは，漸近線の右上，左下に

$k<0$ のときは，漸近線の左上，右下に

あるということなんだ。

「『漸近線』って『数学Ⅱ・B編』の三角関数 $y=\tan x$，指数関数

$y=a^x$，対数関数 $y=\log_a x$ のグラフで登場したものですよね。

あれっ？　でも，どうしてこういう形のグラフになるんですか？」

理由は簡単だよ。"反比例"のグラフを覚えているかな？

$y=\dfrac{k}{x}$ のグラフは

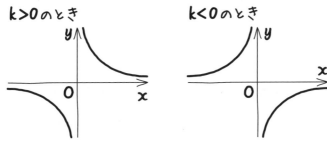

k＞0のとき　　　　　　k＜0のとき

「あっ，中学校でやった！　懐かしいなあ……。」

$y=\dfrac{k}{x-a}+b$ は $y-b=\dfrac{k}{x-a}$ と考えて，$y=\dfrac{k}{x}$ と比べればいいよ。

「x が $x-a$，y が $y-b$ になっているということは，$y=\dfrac{k}{x}$ のグラフを x 軸方向に a，y 軸方向に b だけ平行移動したものということですね。」

その通り。グラフをやるたびに登場したよね。$y=\dfrac{k}{x}$ のグラフは，x 軸や y 軸が漸近線なんだけど，平行移動すれば漸近線も平行移動するんだ。じゃあ，問題をやってみよう。

例題 **1-1**　　定期テスト 出題度 **❗❗❗**　　2次・私大試験 出題度 **❗❗❗**

　　次の関数のグラフをかけ。

(1)　$y=\dfrac{-3x+7}{x-2}$

(2)　$y=\dfrac{4x-1}{2x+1}$

「(1)も(2)もさっきの$y=\dfrac{k}{x-a}+b$の形になっていないですよ。」

　うん。だからまず，変形しなきゃいけない。そこで，小学校で習ったことを使うんだ。

「えっ？　小学校？」

　仮分数を帯分数に直すというのがあったね。例えば，$\dfrac{30}{7}$なら，"分子の30"を"分母の7"で割ると，4あまり2になるよね。商の4を外に出して，あまりの2を分子に残せばいい。$4\dfrac{2}{7}$つまり，$4+\dfrac{2}{7}$になる。これと同じようにすればいい。$y=\dfrac{-3x+7}{x-2}$なら，分子の$-3x+7$を分母の$x-2$で割ると，右の計算から商が-3で，あまりが1なので，商の-3を外に出して，あまりの1を分子に残せばいい。$y=\dfrac{1}{x-2}-3$となるんだ。

$$\begin{array}{r}-3\\x-2\,\overline{)\,-3x+7}\\-3x+6\\\hline 1\end{array}$$

「あっ，$y=\dfrac{k}{x-a}+b$の形になった。ということは，漸近線は$x=2$，$y=-3$の2直線ですか？」

　そうだね。まず，漸近線を点線でかいて，次に，分子が正になっているから，その右上と左下に双曲線をかけばいい。

「でも，どのくらいの曲がり具合でかけばいいのかなあ？」

　うん。そこで今までやってきたように，まず，x軸，y軸との交点を調べよう。ミサキさん，求めてみて。

「**解答**　(1)　$y=\dfrac{-3x+7}{x-2}=\dfrac{1}{x-2}-3$だから，

　　　y軸との交点は，$x=0$を代入すると

$$y = -\frac{7}{2}$$

x 軸との交点は，$y = 0$ を代入すると

$$0 = \frac{-3x + 7}{x - 2}$$

両辺に $x - 2$ を掛けると

$$0 = -3x + 7$$

$$x = \frac{7}{3}$$

そうだね。じゃあ，まず漸近線をかき，この2点をとろう。そして，右上の曲線は点 $\left(\frac{7}{3},\ 0 \right)$，左下の曲線は点 $\left(0,\ -\frac{7}{2} \right)$ を通るように，カーブをかいていけばいいよ。

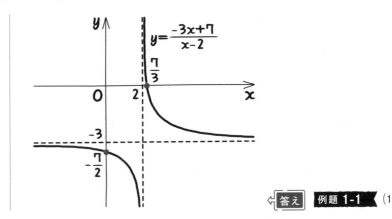

←答え　例題 1-1 （1）

続いては(2)の $y = \dfrac{4x - 1}{2x + 1}$ を，同じように変形してみよう。

「4x－1を2x＋1で割ると，商が2であまりが－3なので，

$y = \dfrac{-3}{2x+1} + 2$ ですね。」

うん。でも，まだ $y = \dfrac{k}{x-a} + b$ の形になってい

ない。分母の x の前に2という係数があるからね。

そこで，係数の2で分子，分母を割ろう。

$$2x+1 \overline{\smash{\big)}\ \begin{array}{r} 2 \\ 4x-1 \\ 4x+2 \\ \hline -3 \end{array}}$$

$y = \dfrac{-\dfrac{3}{2}}{x+\dfrac{1}{2}} + 2$ になる。

「わーっ！　すごい形になったな……。」

そうだね。でも，これでいいんだ。

「漸近線は $x = -\dfrac{1}{2}$, $y = 2$ で，分子が負になっているから，漸近線の

左上と右下にグラフがくるんだな。

解答　(2)　$y = \dfrac{4x-1}{2x+1} = \dfrac{-3}{2x+1} + 2 = \dfrac{-\dfrac{3}{2}}{x+\dfrac{1}{2}} + 2$

だから，y 軸との交点は，$x = 0$ を代入すると

$y = -1$

x 軸との交点は，$y = 0$ を代入すると

$0 = \dfrac{4x-1}{2x+1}$

両辺に $2x+1$ を掛けると

$0 = 4x - 1$

$x = \dfrac{1}{4}$

この2点をとって，左上と右下にグラフをかくと……。あれっ？　2

点 $\left(\dfrac{1}{4}, 0\right)$, $(0, -1)$ ともに右下にあるんですけど……。」

　うん。そういう場合もあるんだ。じゃあ，まず両方の点を通るような曲線を右下にかこう。そして，それと漸近線の交点について対称なカーブになるように，左上にもかけばいいよ。だいたいでいいからね。

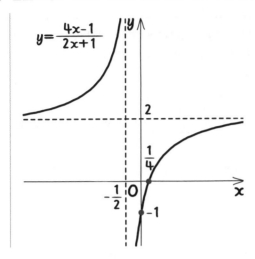

分数関数の定義域と値域

定義域から値域を求めるというのは，今までの関数でも何回か登場したし，グラフをかかなくても求められた。でも，分数関数は独特の形をしているから，キチッとグラフをかかないと求められないんだ。

例題 1-2　定期テスト 出題度 **❶❶❶**　2次・私大試験 出題度 **❶❶❶**

関数 $y = \dfrac{-x+8}{x-3}$ の定義域が $-2 \leqq x \leqq 5$（$x \neq 3$）であるときの値域を求めよ。

まず，ふつうにグラフをかいて，$-2 \leqq x \leqq 5$ のところをなぞって太くすればいいんだよ。ハルトくん，やってみて。

「解答　$y = \dfrac{-x+8}{x-3} = \dfrac{5}{x-3} - 1$

y 軸との交点は，$x = 0$ を代入すると

$$y = -\frac{8}{3}$$

x 軸との交点は，$y = 0$ を代入すると

$$0 = \frac{-x+8}{x-3}$$

両辺に $x-3$ を掛けると

$$0 = -x + 8$$

$$x = 8$$

です。」

$$\begin{array}{r} -1 \\ x-3 \overline{\smash{\big)}\, -x+8} \\ \underline{-x+3} \\ 5 \end{array}$$

定義域の両端 $x = -2$，5のときの y の値は？

「
$$x=-2 のとき, \ y=\frac{10}{-5}=-2$$

$$x=5 のとき, \ y=\frac{3}{2}」$$

そうだね。その点もグラフにかいておこう。

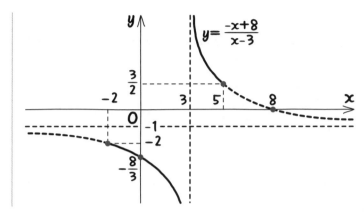

グラフは, $-2 \leqq x < 3$ では $y=-2$ か, それより下側にあるし, $3 < x \leqq 5$ では $y=\frac{3}{2}$ か, それより上側にあるよ。

「
値域は $y \leqq -2, \ \dfrac{3}{2} \leqq y$ 例題 1-2 」

はい, その通り。

分数関数を求める

1-1 と逆のことをやってみよう。

例題 1-3　定期テスト 出題度 ❗❗❗　2次・私大試験 出題度 ❗❗❗

関数 $y=\dfrac{-2x+a}{bx+c}$ のグラフの漸近線が，$x=-7$，$y=2$であり，

グラフが点 $(-5, -9)$ を通るとき，定数 a, b, c の値を求めよ。

　まず，問題の中の条件から，この関数の式を作ってみよう。それを与えられ
ている式と見比べればいいんだ。

解答　漸近線が，$x=-7$，$y=2$だから，分数関数の式は

$$y=\frac{k}{x+7}+2 \quad (k \neq 0)$$

とおける。

さらに，点 $(-5, -9)$ を通るので

$$-9=\frac{k}{-5+7}+2$$

$$\frac{k}{2}=-11$$

$$k=-22$$

よって，分数関数の式は

$$y=\frac{-22}{x+7}+2$$

$$y=\frac{2x-8}{x+7}$$

「これが $y = \dfrac{-2x + a}{bx + c}$ になるということですね。あれっ？　でも，分子の x の係数は -2 になるはずなのに，2 になっている……。」

　まず，分子や分母の数が違っていても，同じ分数になるということもあるというのはわかる？　例えば，$\dfrac{3}{2} = \dfrac{p}{q}$ でも，$p=3$，$q=2$ とは限らない。$p=6$，$q=4$ かもしれないからね。

「$p = -3$，$q = -2$ かもしれないし。」

　そうだよね。しかし，一方がそろっていたら，話は別だ。$\dfrac{3}{2} = \dfrac{p}{2}$ なら，$p=3$ といえる。今回も，この考えかたでいい。分子の x の係数をそろえればいいんだ。

「分子と分母に -1 を掛ければいいのか！　他の係数も変わってしまうな。」

　　分子と分母に -1 を掛けると，$y = \dfrac{-2x + 8}{-x - 7}$

　　よって，<u>$a=8$，$b=-1$，$c=-7$</u>　⇦ 答え　例題 1-3

分数関数を使った方程式，不等式

計算には決まりがあって，それを守って解かないと正解が出せない。しかも，そのルールがけっこう面倒くさいんだ。グラフを使えばそんな煩わしさがなくなることがあるよ。

例題 1-4

定期テスト 出題度 **❗❗❗**) (2次・私大試験 出題度 **❗❗❗**

次の方程式，不等式を解け。

(1) $\dfrac{2x-8}{x+5} = x-4$

(2) $\dfrac{2x-8}{x+5} \geqq x-4$

「これって，ふつうに計算して求めたらいいんですよね？」

うーん。できないことはないんだけど，実際にやってみるとかなり面倒なんだ。くわしくは **お役立ち話 ①** で説明するからね。ここでは，グラフを利用して解く方法を紹介しよう。

『数学Ⅰ・A編』の **3-26** や，『数学Ⅱ・B編』の **6-18** で登場したけど

> 『$f(x)=g(x)$ の実数解』は，
> 『$y=f(x)$ と $y=g(x)$ のグラフの共有点の x 座標』

のことなんだよね。だから，今回は，$y=\dfrac{2x-8}{x+5}$ と $y=x-4$ のグラフをかいてから，共有点の x 座標を求めればいいんだ。

まず，$y=\dfrac{2x-8}{x+5}$ のグラフをかこう。

解答 (1) $y=\dfrac{2x-8}{x+5}=\dfrac{-18}{x+5}+2$, 漸近線は, $x=-5$と$y=2$

y軸との交点は, $x=0$を代入すると

$$y=-\frac{8}{5}$$

x軸との交点は, $y=0$を代入すると

$$0=\frac{2x-8}{x+5}$$

よって, $x=4$

次に, $y=x-4$のグラフもかく。

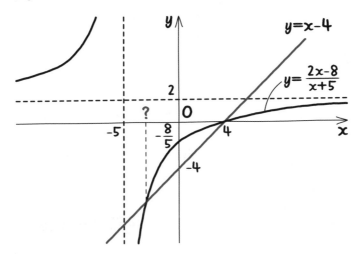

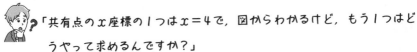

「共有点のx座標の1つは$x=4$で, 図からわかるけど, もう1つはどうやって求めるんですか?」

ふつうに連立するだけだよ。

$$\frac{2x-8}{x+5}=x-4$$

両辺に$x+5$を掛けると

$$2x-8=(x-4)(x+5)$$

$$2x-8=x^2+x-20$$

$$x^2-x-12=0$$

$$(x-4)(x+3)=0$$

$$\underline{x=4,\ -3}\quad \Leftarrow \boxed{\text{答え}}\quad \blacksquare\text{例題 1-4} \quad (1)$$

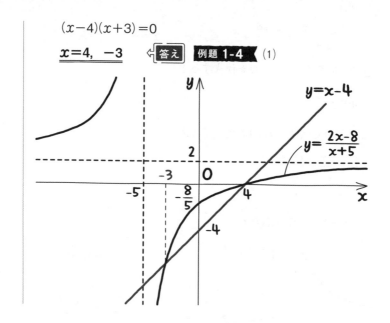

(2)は，$y=\dfrac{2x-8}{x+5}$ が $y=x-4$ と同じ値かそれより大きい。つまり，グラフ

が交わるか，$y=\dfrac{2x-8}{x+5}$ のほうが上側にあるときの x の範囲を見ればいいん

だ。

$\boxed{\text{解答}}\quad (2)\quad \underline{x<-5,\ -3\leqq x\leqq 4}\quad \Leftarrow \boxed{\text{答え}}\quad \blacksquare\text{例題 1-4} \quad (2)$」

「$x=-5$ のときは含まないんですね。」

そうだよ。$x=-5$ の場所では，$y=\dfrac{2x-8}{x+5}$ のグラフそのものがないからね。
比較しようもないんだ。

「交点の x 座標がわかれば，グラフからすぐわかるってことですね。」

分数関数を使った方程式，不等式を グラフを使わずに解いたら……

さて，**1-4** でミサキさんから，ふつうに計算して求めたらダメなのか という意見があったけど，じゃあ，試しにさっきの **例題 1-4** を，計算だ けで，グラフを使わずに解いてみて。

例題 1-4

定期テスト 出題度 **❗❗❗**　　2次・私大試験 出題度 **❗❗❗**

次の方程式，不等式を解け。

(1) $\dfrac{2x-8}{x+5} = x-4$

(2) $\dfrac{2x-8}{x+5} \geqq x-4$

「両辺に $x+5$ を掛けると，

$$2x-8 = (x-4)(x+5)$$

で，あとは，これを計算していけば……。」

うん。ほぼ，正解。ただし，計算のルールとして，**"分数が登場したと きは，分母≠0"をいわなきゃいけない**というのがあるんだ。今回は， $x+5$ が分母に使われているわけだから，$x+5≠0$，つまり，$x≠-5$ になる んだ。

解答 (1) $\dfrac{2x-8}{x+5}=x-4$　$(x \neq -5)$

両辺に $x+5$ を掛けると

$$2x-8=(x-4)(x+5)$$

$$2x-8=x^2+x-20$$

$$x^2-x-12=0$$

$$(x-4)(x+3)=0$$

$x \neq -5$ より，**$x=4, -3$**　◁ **答え**　**例題 1-4** (1)

「あっ，そうか！　数学って細かいんですね。」

「(2)は等号が不等号に変わったものだな。これも，ふつうに解けば

$$\dfrac{2x-8}{x+5} \geqq x-4 \quad (x \neq -5)$$

両辺に $x+5$ を掛けると

$$2x-8 \geqq (x-4)(x+5)$$

………………………」

いや。その計算はおかしいよ。正の数を掛けたときは不等号の向きはそのままだけど，負の数を掛けたときは逆向きになるんだよね。両辺に $x+5$ を掛けたみたいだけど，$x+5$ って，正か負かわからないよね。ということは？

「えっ？　まさか!!　場合分けですか？」

残念ながら，そうなんだ(笑)。正解は次のようになるよ。

解答 (2) $\dfrac{2x-8}{x+5} \geqq x-4$　$(x \neq -5)$

(i) $x+5>0$ つまり，$x>-5$ のとき

$$2x-8 \geqq (x-4)(x+5)$$

$$2x-8 \geqq x^2+x-20$$

$$x^2-x-12 \leqq 0$$

$$(x-4)(x+3) \leqq 0$$

数Ⅲ
1
章

$-3 \leqq x \leqq 4$

これは条件 $x > -5$ を満たすから

$-3 \leqq x \leqq 4$

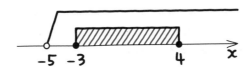

(ⅱ)　$x + 5 < 0$ つまり，$x < -5$ のとき

$$2x - 8 \leqq (x - 4)(x + 5)$$

$$2x - 8 \leqq x^2 + x - 20$$

$$x^2 - x - 12 \geqq 0$$

$$(x - 4)(x + 3) \geqq 0$$

$$x \leqq -3, \ 4 \leqq x$$

これと条件 $x < -5$ との共通部分は

$$x < -5$$

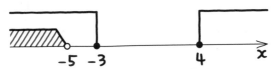

(ⅰ)，(ⅱ)より

$$\underline{x < -5, \ -3 \leqq x \leqq 4}$$　⇐ 答え　例題 **1-4** (2)

「わーっ!!　面倒くさい。」

「 **1-4** のようにグラフをかいて解いたほうが，絶対いいですね。」

無理関数は，$\sqrt{}$ の中に x などが含まれているという，今までになかった関数なんだ。$\sqrt{}$ の中に文字を含む式を無理式というんだ。

　ここでは，$y=\sqrt{ax+b}$ の形の**無理関数**を扱うよ。まず，この関数のグラフの基本として，次の4つの形を覚えよう。"$\sqrt{}$ の中は0以上"だから，定義域は(i)，(iv)は $x \geqq 0$，(ii)，(iii)は $x \leqq 0$ となるよ。

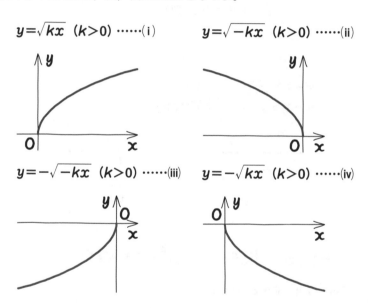

$y=\sqrt{kx}\ (k>0)$ ……(i)　　　$y=\sqrt{-kx}\ (k>0)$ ……(ii)

$y=-\sqrt{-kx}\ (k>0)$ ……(iii)　　$y=-\sqrt{kx}\ (k>0)$ ……(iv)

　どれも，数学Ⅰで学んだ放物線の半分を横にしたもので，$\sqrt{}$ の中の頭と，$\sqrt{}$ の外にマイナスがついているかどうかで，向きが違うんだ。

数Ⅲ
1
章

例題 1-5　定期テスト 出題度 ❗❗❗　2次・私大試験 出題度 ❗❗❗

次の関数のグラフをかけ。

$$y = -\sqrt{-3x}$$

「式が前ページのグラフの(ⅲ)の形だから，原点から左下にのばせばいいんですね。」

その通り。でも，それだけだと，カーブの具合がわからないよね。そこで，今までのグラフでもたびたび登場してきたけど，$x=-1$ のとき $y=-\sqrt{3}$ だから，$(-1, \ -\sqrt{3})$ のように，通る点を1つとっておけばいいよ。

解答

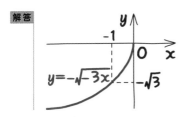

⇐**答え**　例題 1-5

例題 1-6　定期テスト 出題度 ❗❗❗　2次・私大試験 出題度 ❗❗❗

次の関数のグラフをかけ。

(1) $y = \sqrt{3x+12}$

(2) $y = -\sqrt{x-1} - 3$

(1)はまず，**xの係数でくくろう。**

$$y=\sqrt{3(x+4)}$$

すると，$y=\sqrt{3x}$ のグラフに似ているよね。

xのところが$x+4$になっているだけだ。ということは？

「どういうことですか？」

「x軸方向に-4だけ平行移動したということです！　$\sqrt{}$ の中でも考え方は変わらないんですね。」

そうだね。そして，x軸との共有点はわかっているし，y軸との共有点は，$x=0$ を代入すると$y=2\sqrt{3}$ とわかるね。

解答　(1)

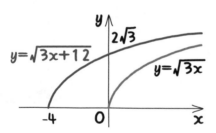

$\Leftarrow$ 答え　**例題 1-6** (1)

続いて(2)だが，定数-3を移項して右辺を$\sqrt{}$ だけの式にすればいい。

$$y=-\sqrt{x-1}-3$$
$$y+3=-\sqrt{x-1}$$

「$y=-\sqrt{x}$ のグラフをx軸方向に1，y軸方向に-3だけ平行移動したものですね。」

うん。これは軸と交わらないので，カーブの具合がわからない。さっきのように点 (1，−3) の他にもう1つ点 (2，−4) をとっておこう。

解答 (2)

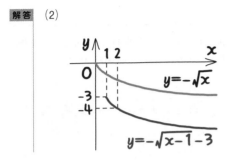

1-6　無理関数を使った方程式，不等式

ここで紹介する問題は，解いたことがあるようで，実は今まで扱わなかったものなんだ。
数学Ⅰ・A，数学Ⅱ・Bだけの知識で解くには，あまりにも難しい問題だからだよ。

例題 1-7　定期テスト 出題度 ●!● 　2次・私大試験 出題度 ●!●

次の方程式，不等式を解け。ただし，x は実数とする。

(1) $\sqrt{-x+7} = -x+1$

(2) $\sqrt{-x+7} > -x+1$

1-4 でやったように，グラフをかいて見比べればいいよ。

解答　(1) $y = \sqrt{-x+7} = \sqrt{-(x-7)}$ より

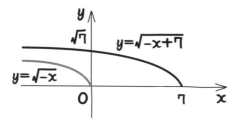

また，$y = \sqrt{-x+7}$ のグラフと $y = -x+1$ のグラフの交点を求めると

$$\sqrt{-x+7} = -x+1$$

両辺を2乗すると

$$-x+7 = (-x+1)^2$$

$$-x+7 = x^2 - 2x + 1$$

$$x^2 - x - 6 = 0$$

$$(x+2)(x-3) = 0$$

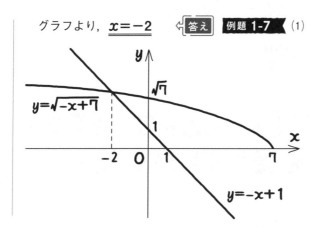

グラフより，$x=-2$　←答え　例題 1-7　(1)

「この場合，$x=3$ が解ではないことを説明しなくていいんですか？」

　うん。 お役立ち話 ❷ で説明するけど，"$\sqrt{}$ が登場したときは，$\sqrt{}$ の中が0以上"というのも計算のルールとしていわなきゃいけない。でも，グラフがあるときはこういったものは省略できるんだ。$x=3$ もグラフを見れば，交点ではないことが明らかだね。だから省略したんだよ。では，ミサキさん，(2)の答えはわかる？

「解答 　(2)　$-2<x≦7$　←答え　例題 1-7　(2)
　　ですね。」

　そうだね。$y=\sqrt{-x+7}$ のグラフが $y=-x+1$ のグラフの上を走っているところを見ればいいよね。

　「$7<x$ のところは $y=\sqrt{-x+7}$ のグラフがないな……。」

　そうだね。だから，比較しようがないね。

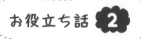

お役立ち話 2

無理関数を使った方程式，不等式をグラフを使わずに解いたら……

例題 **1-7** をグラフを使わないで解いてみよう。

例題 **1-7**

定期テスト 出題度 !!!) (2次・私大試験 出題度 !!!)

次の方程式，不等式を解け。ただし，x は実数とする。

(1) $\sqrt{-x+7} = -x+1$

(2) $\sqrt{-x+7} > -x+1$

「たぶん，ふつうに両辺を2乗してなんてわけにはいかないんだろうな……。」

うん，その悪い予感は当たっている(笑)。計算のルールとして，"$\sqrt{}$ が登場したときは，$\sqrt{}$ の中が0以上"をいわなきゃいけないというのがあるんだ。

今回は，$-x+7 \geqq 0$ だから，$x \leqq 7$ になる。そして，両辺を2乗したくなるがそうはいかないんだ。

「えっ？　ダメなんですか？」

　『数学Ⅰ・A編』の **3-29** でも登場したけど，等式では両辺が同符号であることをいってから2乗するんだ。

　左辺の $\sqrt{-x+7}$ は0以上で，両辺は等しいんだから，右辺の $-x+1$ も0以上とわかる。

　実際に解いてみると，次のようになるよ。

数Ⅲ　1章

解答　(1)　$\sqrt{-x+7}=-x+1$

　　　　$-x+7\geqq0$ より，$x\leqq7$

　　　　さらに，両辺は同符号より，$-x+1\geqq0$，$x\leqq1$

　　　　よって，$x\leqq1$

　　　　両辺を2乗すると

$$-x+7=(-x+1)^2$$
$$-x+7=x^2-2x+1$$
$$x^2-x-6=0$$
$$(x+2)(x-3)=0$$

　　　　$x\leqq1$ より

　　　　$\underline{x=-2}$　←**答え**　**例題 1-7**　(1)

　(2)はもっと大変なんだ。まず，$\sqrt{}$ の中が0以上なので，$x\leqq7$

　そして，さらに両辺を2乗するのだが，

(ⅰ)　$-x+1\geqq0$ のときは，両辺とも0以上ということで2乗できる。

　一方，

(ⅱ)　$-x+1<0$ のときは，左辺は0以上，右辺が負ということで，常に成り立つんだ。

よって，場合分けだね。

解答　(2)　$\sqrt{-x+7}>-x+1$

　　　$-x+7\geqq0$ より，$x\leqq7$

　　　さらに

　　　　(i)　$-x+1\geqq0$ つまり，$x\leqq1$ のときは，両辺を2乗すると

　　　　　　　　　$-x+7>(-x+1)^2$

　　　　　　　　　$-x+7>x^2-2x+1$

　　　　　　　$x^2-x-6<0$

　　　　　　$(x+2)(x-3)<0$

　　　　よって，$-2<x<3$

　　　　$x\leqq1$ より

　　　　　$-2<x\leqq1$

　　　　(ii)　$-x+1<0$ つまり，$1<x\leqq7$ のときは常に成り立つ。

　　　　よって

　　　　　$1<x\leqq7$

　　　(i)，(ii)で求めた解を合わせて

　　　　$\underline{-2<x\leqq7}$　⇦ 答え　例題 1-7　(2)

実数解の個数

数Ⅲ
1章

1-6 でやったことの応用編だよ。

例題 **1-8**　　定期テスト 出題度 ❗❗　　2次・私大試験 出題度 ❗❗❗

次の方程式の実数解の個数を求めよ。

$$\sqrt{x-2}+1=kx$$

「$y=\sqrt{x-2}+1$ と $y=kx$ のグラフの共有点の個数を求めればいいということですね。」

「$y=\sqrt{x-2}+1$ は $y-1=\sqrt{x-2}$ だから，$y=\sqrt{x}$ のグラフを x 軸方向に 2，y 軸方向に 1 だけ平行移動したものだな。」

「$y=kx$ は原点を通り，傾き k の直線なので……。」

　傾き k がいくらなのかによって，実数解の個数が変わりそうだよね。最大で2回交わりそうだ。ちなみに，2回交わるのはどういう状態のとき？

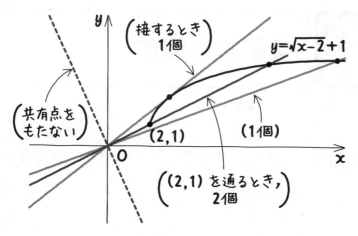

「直線が点 (2, 1) を通るときですね。」

「あっ，でもその傾きより少し急のときも，2個にならない？」

　そういうことになるね。『点 (2, 1) を通るときの傾き』以上で，『$y=\sqrt{x-2}+1$ のグラフと接するときの傾き』未満なら，2個になる。それぞれの傾きはどうなる？

「点 (2, 1) を通るときは，傾きは $\dfrac{1}{2}$ ですね。」

「$y=\sqrt{x-2}+1$ のグラフと接するときの傾きは……あれっ？　どうやって求めればいいのかなぁ？？」

　簡単だよ。連立させると2次方程式になるからね。判別式 $D=0$ でいいんだ。初めから解いてみるよ。

解答　$y=\sqrt{x-2}+1$ と $y=kx$ のグラフの共有点の個数を求めればよい。
　　　　直線が点 (2, 1) を通るときの傾きは $\dfrac{1}{2}$
　　　　また
　　　　　　$y=\sqrt{x-2}+1$　……①

と

$y=kx$ ……②

のグラフが接するときの k の値を求めると，①，②より

$\sqrt{x-2}+1=kx$

$\sqrt{x-2}=kx-1$

両辺を2乗すると

$x-2=k^2x^2-2kx+1$

$k^2x^2-(2k+1)x+3=0$

接するのは $k\neq0$ で，判別式 $D=0$ のとき

$D=(2k+1)^2-12k^2$

$\quad=-8k^2+4k+1$

$D=0$ になるのは

$-8k^2+4k+1=0$

$8k^2-4k-1=0$

$k=\dfrac{2\pm\sqrt{12}}{8}=\dfrac{1\pm\sqrt{3}}{4}$

グラフより，$k>0$ だから，$k=\dfrac{1+\sqrt{3}}{4}$

よって，求める実数解の個数は

$\dfrac{1}{2}\leqq k<\dfrac{1+\sqrt{3}}{4}$ のとき，2個

$0<k<\dfrac{1}{2}$，$k=\dfrac{1+\sqrt{3}}{4}$ のとき，1個

$k\leqq0$，$\dfrac{1+\sqrt{3}}{4}<k$ のとき，0個 　⇦答え　例題 1-8

最後のところは大丈夫かな？

$y=\sqrt{x-2}+1$ のグラフと接するときの傾きは $\dfrac{1+\sqrt{3}}{4}$ だけど，そのときの

共有点は1個だ。傾き k が0より大きく $\dfrac{1}{2}$ より小さいときも1個になるね。

「傾きkが0よりほんの少し大きいくらいなら，共有点がないんじゃないのかな……？」

えっ？　あっ，例えば，傾き$\frac{1}{10}$なら交わらないとか？

「あっ，そう！　そうです。」

いや。それは違うんだ。①のグラフは，xを限りなく大きくしていけば，水平に近づいていくんだ。つまり，傾きはほとんど0なんだ。でも，②のグラフの傾きはずっと$\frac{1}{10}$だから，ずっと右のほうでいつかは交わるんだよね。

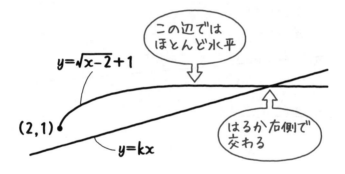

逆関数

数に逆数があるように，関数には逆関数がある。まあ，求めかたは全然違うんだけどね。

　逆関数というのは，x と y の立場が逆になった関数なんだ。しかし，注意してほしい。すべての関数が逆関数をもつというわけじゃないんだ。

「逆関数をもつ，もたないはどこで区別するのですか？」

　x，y が，1対1で対応している関数だけが逆関数をもつんだ。

「『1対1で対応』って？」

　例えば，1次関数 $y=2x+1$ は，

$x=-1$ のとき $y=-1$

$x=2$ のとき $y=5$

というふうに1つの x に対して y が1つしかない。反対に，1つの y に対しても x が1つしかない。こういう状態のとき，この1次関数は逆関数をもつといえる。

　一方，2次関数 $y=x^2$ は違う。$y=4$ のとき，$x=2$，-2 の2つあるから，1対1で対応していない。つまり，逆関数をもたないんだ。

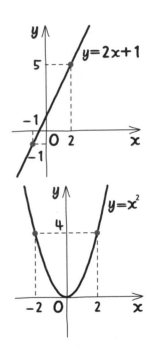

例題 **1-9**　定期テスト 出題度 **!!!**　2次・私大試験 出題度 **!!!**

次の関数の逆関数 $f^{-1}(x)$ を求めよ。

(1)　$f(x) = 3x - 1$

(2)　$f(x) = a^x$　（ただし，a は1でない正の定数）

「$f(x)$ の逆関数を $f^{-1}(x)$ と書くんですか？」

うん，『f インバース x』と読むよ。(1)で逆関数の求めかたの手順を学ぼう。

まず，❶　**$y=\sim$ とおく**。$y=3x-1$ だ。

次に，❷　**x，y の範囲を求める**。(1)は特に範囲は書いていない。x，y ともに実数全体の範囲になるね。(2)は x は実数全体だが，y は正にしかならない。

そして，❸　**$x=\sim$ の形にして，x と y を交換する**んだ。範囲も x と y を交換することを忘れずに。

解答　(1)　$y=3x-1$ とおく。

$$3x = y + 1$$
$$x = \frac{1}{3}y + \frac{1}{3}$$

x と y を交換すると

$$y = \frac{1}{3}x + \frac{1}{3}$$

よって，$\boldsymbol{f^{-1}(x) = \dfrac{1}{3}x + \dfrac{1}{3}}$　　例題 **1-9**　(1)

じゃあ，ミサキさん，(2)を $y=a^x\ (y>0)$ として，やってみて。

「解答　(2)　$y=a^x\ (y>0)$ とおく。

$$x = \log_a y$$

x と y を交換すると

$$y = \log_a x \quad (x > 0)$$

よって，$\underline{f^{-1}(x) = \log_a x \quad (x > 0)}$

$\Longleftarrow$ 答え　■ 例題 **1-9** (2)」

数Ⅲ
1
章

元の関数 $y = f(x)$ のグラフとその逆関数 $y = f^{-1}(x)$ のグラフは直線

$y = x$ に関して対称になる んだ。

(1)

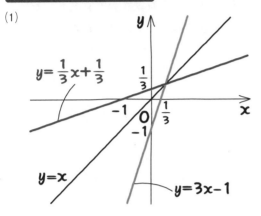

(2)

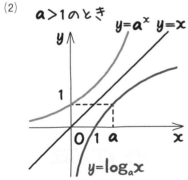 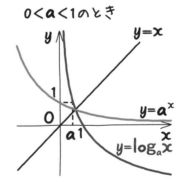

例題 **1-10**　定期テスト 出題度 !!!　2次・私大試験 出題度 !!!

次の関数の逆関数 $f^{-1}(x)$ を求めよ。

$$f(x) = (x-6)^2 \quad (x \geq 6)$$

まず、❶$y=$ 〜 とおく。これは、問題ないね。$y=(x-6)^2$ だ。

次に、❷x, y の範囲を求めるのだが、$x \geqq 6$ と

いう範囲が書いてある。y の範囲も求められるよ。

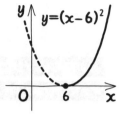

「$y \geqq 0$ ですね。」

そうだね。グラフをかいてみれば、わかるもんね。

そして、❸$x=$ 〜 の形にして、x と y を交換すればいい。まず、

$$x-6=\sqrt{y}$$

で……

「あれっ？　$y=(x-6)^2$ を変形すれば、$x-6=\pm\sqrt{y}$ じゃないんですか？」

うん。でも、今回は $x \geqq 6$ だから、$x-6 \geqq 0$ となり $-\sqrt{y}$ は適さないことがわかるんだ。最初から通して解いてみるよ。

解答

$$y=(x-6)^2 \quad (x \geqq 6, \ y \geqq 0)$$

$$x-6=\sqrt{y}$$

$$x=\sqrt{y}+6$$

x と y を交換すると

$$y=\sqrt{x}+6 \quad (x \geqq 0, \ y \geqq 6)$$

$$\underline{f^{-1}(x)=\sqrt{x}+6 \quad (x \geqq 0, \ y \geqq 6)}$$

 答え　例題 **1-10**

「あっ、そうか！　式だけでなく、$(x \geqq 6, \ y \geqq 0)$ の範囲のほうも、x と y が交換されるんだ。」

$f(x)$ の意味

　数や点をうつすことを写像というんだ。元々，$f(x)$ というのは，"x という数を写像 f でうつしたもの"という意味なんだ。

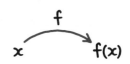

「えっ。そうなんですか？　単に"x の式"の意味かと思っていた……。」

　うん。たしかに数学Bまでは，$f(x)$ は"x の式"と認識しておけばいいけどね。

「例えば，$f(x)=-2x+3$ なら，f はどういう意味になるんですか？」

　『x を f でうつすと $-2x+3$ になる。』ということなんだ。f はどんなうつしかたをするのかを説明しているんだよ。ちなみに，**f と逆のうつしかたをするものは f^{-1} と表す**んだ。ちょっと，ここで，$y=f(x)$ の逆関数を求めてみようか。まず，"$x=$"の形に直す。

　x を f でうつすと y になるから，y を f^{-1} でうつすと x になる。つまり，

$$x=f^{-1}(y)$$

ということだね。

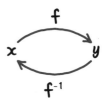

　そして，x と y を交換すると

$$y=f^{-1}(x)$$

となるはずだ。

逆関数の応用

逆関数の特徴を理解することが大切だよ。

例題 1-11　　定期テスト 出題度 **❗❗❗**　　2次・私大試験 出題度 **❗❗❗**

　　関数 $f(x) = ax + b$　$(a \neq 0)$ が，$f^{-1}(3) = -1$，$f^{-1}(-9) = 2$ を満たすとき，定数 a，b の値を求めよ。

「まず，$f^{-1}(x)$ を求めなきゃだめだな。」

　うん。それでも解けるんだけど，$f^{-1}(3) = -1$ ということは，『3を f^{-1} でうつしたら -1』という意味だよね。それでは，-1 を f でうつしたらいくつ？

「f は f^{-1} の逆だから，-1 は 3 にうつります。」

　そうだね。ということは，**$f(-1) = 3$** という意味になるよね。

「あっ，そうか！　もう一方の $f^{-1}(-9) = 2$ のほうは，$f(2) = -9$ になるんだ。じゃあ，$f^{-1}(x)$ を求めなくてもいいのか。」

解答　$f(-1) = 3$ より，$-a + b = 3$　　……①

　　　$f(2) = -9$ より，$2a + b = -9$　　……②

　　　①－②より，$-3a = 12$

　　　　　　　　　$a = -4$

　　　①に代入すると，$b = -1$

　　　よって，**$\underline{a = -4,\ b = -1}$**　　　**例題 1-11**

例題 **1-12**　　定期テスト 出題度 **❗❗❗**　　2次・私大試験 出題度 **❗❗❗**

関数 $f(x) = \sqrt{x+2}$ について，次の問いに答えよ。

(1)　逆関数 $f^{-1}(x)$ を求めよ。

(2)　$f(x) = f^{-1}(x)$ の実数解を求めよ。

1-8 でやった方法で逆関数を求めてみよう。

「まず，$y = \sqrt{x+2}$ として，範囲は書いていないから……。」

ここで，注意してほしい。**書いていなくても，x，y に範囲があること
もあるんだ。**まず，$\sqrt{}$ の中は0以上だから，$x+2 \geqq 0$ より，$x \geqq -2$ になるし，
$\sqrt{}$ 自体が0以上だから，$y \geqq 0$ だね。

「あっ，そうか！　でも，面倒くさいなぁ。」

それなら，いっそのこと，グラフをかいてみれば
いいよ。見た目で $x \geqq -2$，$y \geqq 0$ とわかるからね。

「こっちのほうがラクでいいですね。」

ハルトくん，(1)を解いてみて。

「解答　(1)　$y = \sqrt{x+2}$　　$(x \geqq -2, \ y \geqq 0)$

両辺を2乗すると

$y^2 = x+2$

$x = y^2 - 2$

x と y を交換すると

$y = x^2 - 2$　$(x \geqq 0, \ y \geqq -2)$

よって，$\underline{f^{-1}(x) = x^2 - 2 \ (x \geqq 0, \ y \geqq -2)}$

◁答え　例題 **1-12** (1)」

「(2)はわかった！　**1-6** のようにグラフでやればいいんじゃないの？　$y=\sqrt{x+2}$ と $y=x^2-2$ のグラフをかいて，その共有点の x 座標を出せばいい。」

　うん，いい考えだと思う。でも，もう1つやっかいなことがある。$x+2=(x^2-2)^2$ を展開すると4次方程式になるよね。計算が大変なんじゃないかな。

「でも，根性でやればって，やっぱりダメ？ (笑)」

　前の問題でもいったけど，関数のグラフとその逆関数のグラフは直線 $y=x$ に関して対称なんだよね。$y=\sqrt{x+2}$ のグラフと $y=x^2-2$ のグラフの交点を求めたければ，**$y=x$以外のところで交わっていないか確認した後，$y=x^2-2$のグラフと直線$y=x$の交点を求めればいい** んだ。

「あっ，それいい！　連立させると2次方程式ですむから，計算がラクですね。」

　うん，いいことずくめだと思うね。じゃあ，ミサキさん，(2)を解いて。

「解答」　(2) $y=\sqrt{x+2}$ $(x\geqq-2, y\geqq 0)$ と，その逆関数 $y=x^2-2$ $(x\geqq 0, y\geqq -2)$ のグラフの共有点の x 座標を求めればいい。

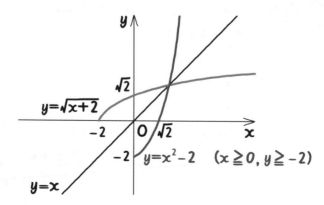

$$y = x \quad \cdots\cdots ①$$

と

$$y = x^2 - 2 \quad (x \geqq 0, \ y \geqq -2) \quad \cdots\cdots ②$$

の共有点を求めればいいので

$$x = x^2 - 2$$

$$x^2 - x - 2 = 0$$

$$(x + 1)(x - 2) = 0$$

$x \geqq 0$ より

$$\underline{x = 2} \quad \Leftarrow \boxed{答え} \ \blacktriangleleft 例題 \ 1\text{-}12 \ (2)」$$

例題 **1-13**　[定期テスト 出題度 **❗❗**]　[2次・私大試験 出題度 **❗❗**]

関数 $f(x) = \dfrac{1}{2} x^2 - 2 \ (x \leqq 0)$ の逆関数を $f^{-1}(x)$ とするとき，

$f(x) = f^{-1}(x)$ の実数解を求めよ。

ミサキさん。逆関数 $f^{-1}(x)$ は求められる？

「 **解答**

$$y = \frac{1}{2} x^2 - 2 \quad (x \leqq 0, \ y \geqq -2)$$

$$2y = x^2 - 4$$

$$x^2 = 2y + 4$$

$x \leqq 0$ より

$$x = -\sqrt{2y + 4}$$

x と y を交換すると

$$y = -\sqrt{2x + 4}$$

$$(x \geqq -2, \ y \leqq 0)$$

よって，$f^{-1}(x) = -\sqrt{2x + 4} \quad (x \geqq -2, \ y \leqq 0)$

です。」

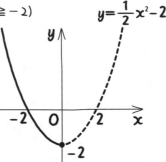

正解。さて，例題 **1-12**と同様にグラフにしてみよう。

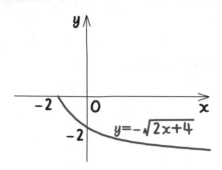

$y=\dfrac{1}{2}x^2-2$ $(x\leqq0,\ y\geqq-2)$ のグラフと重ねて考えると，**今回は直線**

$y=x$**以外のところでも交わることがわかる。**

 「交点は $(-2,\ 0)$ $(0,\ -2)$ ですね。あっ，でも他にもあるかも
……。」

 「第3象限のところの曲線のカーブがわかりにくいなあ。」

そう思う。実は $y=x$以外のところに共有点があるときは逆関数を求め
る段階で初めに x と y を交換するんだ。

$$y=\frac{1}{2}x^2-2 \quad (x\leqq0,\ y\geqq-2) \quad \cdots\cdots①$$

$$x=\frac{1}{2}y^2-2 \quad (y\leqq0,\ x\geqq-2) \quad \cdots\cdots②$$

 「$y=$ の形をしていないですね……。」

うん。形は変だが，x と y を交換した時点で逆関数とはいえる。この①，②
を連立させればいい。　お互い引いて計算するんだ。

解答　$y=\dfrac{1}{2}x^2-2 \quad (x\leqq0,\ y\geqq-2) \quad \cdots\cdots①$

逆関数は，

$$x = \frac{1}{2}y^2 - 2 \quad (y \leqq 0, \ x \geqq -2) \quad \cdots\cdots ②$$

①−②より

$$y - x = \frac{1}{2}(x^2 - y^2)$$

$$\frac{1}{2}(x^2 - y^2) + x - y = 0$$

$$(x^2 - y^2) + 2(x - y) = 0$$

$$(x + y)(x - y) + 2(x - y) = 0$$

$$(x - y)(x + y + 2) = 0$$

$x = y$ または $x = -y - 2$ $\quad (-2 \leqq x \leqq 0, \ -2 \leqq y \leqq 0) \quad \cdots\cdots ③$

③を②に代入すると,

$x = y$ のとき

$$y = \frac{1}{2}y^2 - 2$$

$$2y = y^2 - 4$$

$$y^2 - 2y - 4 = 0$$

$-2 \leqq y \leqq 0$ より

$$y = 1 - \sqrt{5}$$

$$x = 1 - \sqrt{5} \qquad これも条件-2 \leqq x \leqq 0 を満たす。$$

$x = -y - 2$ のとき

$$-y - 2 = \frac{1}{2}y^2 - 2$$

$$-2y - 4 = y^2 - 4$$

$$y^2 + 2y = 0$$

$$y(y + 2) = 0$$

$-2 \leqq y \leqq 0$ より,

$$y = 0, \ -2$$

$y = 0$ なら, $x = -2$

$y=-2$なら，$x=0$　これらも条件$-2 \leqq x \leqq 0$を満たす。

よって，**$x=-2,\ 1-\sqrt{5},\ 0$**　⇦ 答え　例題 1-13

①の条件は，$x \leqq 0$，$y \geqq -2$，②の条件は，$x \geqq -2$，$y \leqq 0$で，③は両方満たしている必要があるから，$-2 \leqq x \leqq 0$，$-2 \leqq y \leqq 0$ということだよ。

数Ⅲ
1
章

$y=g(f(x))$は，$f(x)=u$　……①とおくと，$y=g(u)$　……②という式にもなる。いいか たを変えれば，$y=g(f(x))$は，①，②を合成したものともいえる。合成関数という名前に はそういう意味もあるんだ。

例題 1-14　定期テスト 出題度 !!!　2次・私大試験 出題度 !!!

$f(x)=5x-9$，$g(x)=\dfrac{4x+6}{x-1}$ であるとき，次の関数を求めよ。

(1)　$(g \circ f)(x)$

(2)　$(f \circ g)(x)$

(3)　$(f^{-1} \circ g^{-1})(x)$

「$(g \circ f)(x)$ ってなんですか？　すごく難しそう……。」

　いや，そんなに怖がる必要はないよ。**お役立ち話 3** で説明した，写像で 考えよう。x を f でうつすと $f(x)$ になるね。それをさらに g でうつしたものは $g(f(x))$ と表せるんだ。また，f でうつしたあと，g でうつすことをまとめて $g \circ f$ とも書くんだよ。このように，2つの関数が合わさったようなものを**合成関 数**という。

「2連続でうつしたということですね。
　最初にうつすものを後ろに書くのか。」

　だから，x を f でうつしたあと，g でうつしたものは $(g \circ f)(x)$ とも表せる。 つまり，

$$(g \circ f)(x)=g(f(x))$$

なんだ。

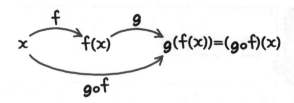

「(1)は，$g(f(x))$ を求めるという意味なんですね。」

そうなんだ。$g(f(x))$ ということは，$g(x)$ の x のところを $f(x)$ に変えて計算すればいいんだ。じゃあ，ハルトくん，求めてみて。

「**解答**　(1)　$(g \circ f)(x) = g(f(x))$

$$= \frac{4f(x) + 6}{f(x) - 1}$$

$$= \frac{4(5x - 9) + 6}{(5x - 9) - 1}$$

$$= \frac{20x - 30}{5x - 10}$$

$$= \frac{4x - 6}{x - 2}$$　◁**答え**　**例題 1-14**　(1)」

正解。じゃあ，ミサキさん，(2)は？

「**解答**　(2)　$(f \circ g)(x) = f(g(x))$

$$= 5g(x) - 9$$

$$= 5 \cdot \frac{4x + 6}{x - 1} - 9$$

$$= \frac{20x + 30}{x - 1} - 9$$

$$= \frac{20x + 30}{x - 1} - \frac{9x - 9}{x - 1}$$

$$= \frac{11x + 39}{x - 1}$$　◁**答え**　**例題 1-14**　(2)」

そう，正解。じゃあ，続いて(3)だが……。

「まず，$f^{-1}(x)$や$g^{-1}(x)$を求めてから，同じようにすればいいのね。」

　うん。それでもできないことはないが，ちょっと面倒くさいよね。さっき，

fでうつした後gでうつすことは　　$g \circ f$

と習ったよね。同様に，

g^{-1}でうつした後f^{-1}でうつすことは　　$f^{-1} \circ g^{-1}$

といえる。そして，この両方は互いに逆のうつしかたになるんだよ。

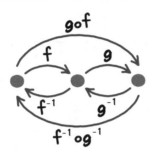

よって，

$f^{-1} \circ g^{-1}$ は $(g \circ f)^{-1}$ と同じ意味 だよ。

「(3)は，$(g \circ f)^{-1}(x)$を求めればいいんですね！」

「$(g \circ f)(x)$は(1)で求めているから，その逆関数を出すということか。」

　それでいいね。じゃあ，ハルトくん，求めてみて。

「**解答**　(3)　$(g \circ f)(x) = \dfrac{4x - 6}{x - 2}$

　　　　　だから，$y = \dfrac{4x - 6}{x - 2}$とおくと

　　　　　$y(x - 2) = 4x - 6$

　　　　　$xy - 2y = 4x - 6$

$$xy - 4x = 2y - 6$$

$$(y - 4)x = 2y - 6$$

$$x = \frac{2y - 6}{y - 4} \quad (y \neq 4)$$

x と y を交換すると

$$y = \frac{2x - 6}{x - 4}$$

$$(g \circ f)^{-1}(x) = \frac{2x - 6}{x - 4}$$

よって，$(f^{-1} \circ g^{-1})(x) = \dfrac{2x - 6}{x - 4} \quad (x \neq 4)$

⇐ 答え 例題 1-14 (3)」

　そう。正解。新しい記号が出てきて驚いたかもしれないけど，やっていることは 1-8 と同じだね。

極限

万の1万倍は億，億の1万倍は兆，じゃ
あ，兆の1万倍は？

 「あっ，知っています！ 『京』です
よね。」

その通り！ そのあとは，垓，秄，
……というふうに続いていくよ。一般的
に，無量大数という10^{68}の数まで名前が
あるんだ。

 「そんなにあっても意味ないんじゃな
い (笑)。」

 「さらに大きい数を考えるときは，ど
うしたらいいんだろう？」

無限数列の極限

この単元は『数学Ⅱ・B編』の数列がわかっているという前提で，話をするからね。わかっていない人は，まず，そちらをやってからこの内容に入ろう。

例題 2-1

定期テスト 出題度 **!!!**　　2次・私大試験 出題度 **!!!**

次の無限数列の極限を求めよ。

(1) $\left\{\dfrac{1}{n}\right\}$

(2) $\{3n^2\}$

(3) $\{\sin n\pi\}$

(4) $\{\cos n\pi\}$

『数学Ⅱ・B編』の **8-1** で，"限りなく続く数列を無限数列という"と習ったよね。**数列の極限**というのは，その無限数列を永久に書き続けていけば，最後は何に近づくか？　なんだ。

「どうやって求めればいいんですか？」

その前に，限りなく大きい数を無限大といい，∞と書くと覚えておこう。負の数で限りなく小さい数は −∞ と書くよ。

今回の問題は要するに，**第∞項を求めよ**ということだよね。だから，**第n項を求めて，n→∞とすればいい**よ。だから，これを $\lim\limits_{n\to\infty} a_n$ と書いたりするんだ。

「{ } の中に書かれているのが，第n項ですよね。」

そうだったね。例えば，(1)なら，$a_n = \dfrac{1}{n}$ だよね。ということは，

$$a_1 = \frac{1}{1}, \quad a_2 = \frac{1}{2}, \quad a_3 = \frac{1}{3}, \quad \cdots\cdots$$

ということで，何に近づく？

「分母が大きくなって……0に近づく！」

そう。正解。

|解答| (1) $\displaystyle \lim_{n\to\infty} \frac{1}{n} = \underline{\underline{0}}$ ⇦|答え| 例題 **2-1** (1)

となるね。ミサキさん，(2)は，わかる？

「$a_1 = 3\cdot 1^2,\ a_2 = 3\cdot 2^2,\ a_3 = 3\cdot 3^2,\ a_4 = 3\cdot 4^2,\ \cdots\cdots$
限りなく大きくなっていきますね。」

その通り。

|解答| (2) $\displaystyle \lim_{n\to\infty} 3n^2 = \underline{\underline{\infty}}$ ⇦|答え| 例題 **2-1** (2)

が答えだ。じゃあ，(3)は？

「$a_1 = \sin\pi = 0,\ a_2 = \sin 2\pi = 0,\ a_3 = \sin 3\pi = 0,\ a_4 = \sin 4\pi = 0,$
……だから，

　|解答| (3) $\displaystyle \lim_{n\to\infty} \sin n\pi = \underline{\underline{0}}$ ⇦|答え| 例題 **2-1** (3)
ですか？」

そうだね。近づくもなにも，ずっと0ばかり続くわけだからね（笑）。ハルトくん，(4)は，わかる？

「$a_1 = \cos \pi = -1$, $a_2 = \cos 2\pi = 1$, $a_3 = \cos 3\pi = -1$,

$a_4 = \cos 4\pi = 1$, ……あれっ？　－1と1が交互にくる。」

うん。こういった状態を**振動する**というんだ。結局，何にも近づかないということで，

解答　(4) $\lim_{n \to \infty} \cos n\pi$ は**極限なし**　◁**答え**　例題 **2-1** (4)

が正解だよ。

　極限が定数になることを**収束する**という。一方，極限が∞や－∞になったり，極限なしになったりすることを**発散する**というんだ。今回は，(1), (3)が収束，(2), (4)が発散だね。

　さて，これから極限の問題をいろいろ解いていくんだけど，いちいちa_1, a_2, a_3, ……と書かなくても，求められることが多いんだ。例えば，今回の(1)は $a_n = \dfrac{1}{n}$ だが，$n \to \infty$ にすると $\dfrac{1}{\infty}$, つまり $\dfrac{1}{\text{極めて大きい数}}$ ということで0に近づくとわかるよね。(2)も，そんなノリで解けるよ。

「$a_n = 3n^2$ で $n \to \infty$ にすると，$3 \cdot \infty^2$ か！　$3 \cdot (\text{極めて大きい数})^2$ だから，ムチャクチャ大きい数になるな！　∞だ。」

お役立ち話 **4**

不定形とは？

『数学Ⅱ・B編』の **6-1** でも出てきたけど，例えば$\displaystyle\lim_{x\to\infty}\frac{x^2-9}{x-3}$で$x\to3$

とすると，$\dfrac{0}{0}$となって，そのままだと極限が求められない，なんていう場

合があった。今回もそうで，「→∞」にすると，$\dfrac{\infty}{\infty}$，$\infty-\infty$，$0\cdot\infty$，と

いった求められない形になることがある。これらを不定形というよ。

これらは変形をしてから，「→∞」にすれば求められる場合があるんだ。

「$\dfrac{\infty}{\infty}$って1じゃないんですか？」

いや，そうじゃないよ。例えば，$\displaystyle\lim_{n\to\infty}\dfrac{2n}{9n}$なら，そのままやれば$\dfrac{\infty}{\infty}$だよね。

でも，実際に分子と分母をnで割ってから$n\to\infty$にすると，

$$\lim_{n\to\infty}\frac{2n}{9n}=\lim_{n\to\infty}\frac{2}{9}$$

『$\dfrac{2}{9}$のnの部分を∞にする』といっても，nがないよね（笑）。極限は$\dfrac{2}{9}$にな

るんだ。

「あっ，そうか！　じゃあ，$\infty-\infty$や$0\cdot\infty$は0になりそうな気がす

るけど，違うのかなぁ……？」

うん，違う。例えば，$\lim\limits_{n \to \infty}(n-5n)$ なら，そのままやれば $\infty-\infty$ だけど，実際に計算してから，$n\to\infty$ にすると，

$$\lim_{n \to \infty}(n-5n)$$
$$=\lim_{n \to \infty}(-4n)$$
$$=-\infty$$

になるよね。0じゃない。また，例えば，$\lim\limits_{n \to \infty}\left(\dfrac{3}{n}\cdot n^2\right)$ なら？

「$\dfrac{3}{n}$ は $\dfrac{3}{\infty}$ だから 0 か。n^2 は ∞^2 だから，∞ になるかな。」

うん，そのままやれば $0\cdot\infty$ だ。しかし，n で約分してから $n\to\infty$ にすれば

$$\lim_{n \to \infty}\left(\frac{3}{n}\cdot n^2\right)$$
$$=\lim_{n \to \infty}3n$$
$$=\infty$$

になったりする。

「不定形は変形してから，$n\to\infty$ にしないと求められないんですね。」

2-2 不定形の変形（多項式の場合）

ここからは不定形になったときの変形を紹介しよう。この他にも **2-3** から **2-6** の変形もあるよ。

例題 2-2

定期テスト 出題度 **! ! !** ／ 2次・私大試験 出題度 **! ! !**

$$\lim_{n \to \infty} (-3n^2 + n + 7) \text{ を求めよ。}$$

ふつうに，「→∞」にすると，−∞＋∞＋7となって，∞−∞より不定形になってしまうよね。これは変形をしてから，「→∞」にすれば求められるよ。

 「どうやって変形すればいいんですか？」

多項式のときは，最高次の項をくくり出せばいいよ。 今回はn^2でくくろう。

 「係数の−3でくくらなくてもいいんですか？」

うん。n^2だけでいいよ。

解答

$$\lim_{n \to \infty} (-3n^2 + n + 7)$$
$$= \lim_{n \to \infty} \left\{ n^2 \left(-3 + \frac{1}{n} + \frac{7}{n^2} \right) \right\}$$
$$= -\infty \qquad \Leftarrow \boxed{\text{答え}} \text{ 例題 2-2}$$

$n \to \infty$にしたら，n^2は∞になるし，$-3 + \dfrac{1}{n} + \dfrac{7}{n^2}$は−3＋0＋0つまり，−3になるからね。

「∞×（−3）だから，−∞ということか。」

　さて，このようにすれば求められるけど，いちいち変形するのが面倒だ。次のように覚えておけばいいよ。

 多項式の極限

　多項式の極限は，"最高次の項だけの極限"と一致する。

　今回の，$\lim\limits_{n \to \infty}(-3n^2+n+7)$ は，$\lim\limits_{n \to \infty}(-3n^2)$ と同じになる。つまり，−∞でいいんだよ。

2-3 不定形の変形（分数式の場合）

分数式の場合，「→定数」に近づけるときと，「→∞」にするときでやりかたが違うんだ。

例題 2-3
定期テスト 出題度 ❗❗❗　2次・私大試験 出題度 ❗❗❗

$\displaystyle \lim_{n \to \infty} \frac{-3n^2 - 11n + 4}{2n^2 + 5n - 12}$ を求めよ。

これもそのまま $n \to \infty$ にすると，$\dfrac{-\infty}{\infty}$ の不定形になってしまう。そこで変

形をするんだけど，「→∞」にするときは，

❶ 分数式は，分母の最高次の項で分子，分母を割るんだ。

今回は分母の最高次は n^2 なので，分子と分母を n^2 で割ればいいよ。

「係数の"2"では，割らなくていいんですね。」

解答

$$\lim_{n \to \infty} \frac{-3n^2 - 11n + 4}{2n^2 + 5n - 12}$$

分子と分母を n^2 で割る

$$= \lim_{n \to \infty} \frac{-3 - \dfrac{11}{n} + \dfrac{4}{n^2}}{2 + \dfrac{5}{n} - \dfrac{12}{n^2}}$$

$$= \frac{-3 - 0 + 0}{2 + 0 - 0} = -\frac{3}{2}$$　答え 例題 2-3

「あれっ？　でも，たしか，『数学Ⅱ・B編』の **6-1** で，分数式の

極限は約分すると教わった気が……？」

定数に近づけるときは，約分するんだ。でも，今回のように「→∞」にす

るときは，分母の最高次の項で分子，分母を割るからね。 区別して覚えよう。

2-4 不定形の変形（√A − √B の場合）

これも，定番の変形だよ。$\sqrt{A} - \sqrt{B}$ の形だったら，$\sqrt{A} + \sqrt{B}$ を分子と分母に掛けるんだ。

例題 2-4

定期テスト 出題度 **!!!**　　2次・私大試験 出題度 **!!!**

$\lim\limits_{n \to \infty}(n - \sqrt{n^2 - 5n + 9})$ を求めよ。

今回は次のように考えるよ。

❷　$\sqrt{A} - \sqrt{B}$ は，$\sqrt{A} + \sqrt{B}$ を分子，分母に掛ける。（一方が $\sqrt{}$ でなくてもよい。）そして，

$$(a+b)(a-b) = a^2 - b^2$$

の公式が使えるところだけ展開する。

一方に $\sqrt{}$ がついていない場合でも同じだよ。$n - \sqrt{n^2 - 5n + 9}$ だから，$n + \sqrt{n^2 - 5n + 9}$ を分子と分母に掛ければいいんだ。

「えっ？　でも，分数になっていないですよ。」

$\dfrac{n - \sqrt{n^2 - 5n + 9}}{1}$ だと考えればいいよ。できるところまで解いてみよう。

　「**解答**

$\lim\limits_{n \to \infty}(n - \sqrt{n^2 - 5n + 9})$　｜分子と分母に $n + \sqrt{n^2-5n+9}$ を掛ける

$= \lim\limits_{n \to \infty}\dfrac{(n - \sqrt{n^2 - 5n + 9})(n + \sqrt{n^2 - 5n + 9})}{n + \sqrt{n^2 - 5n + 9}}$

$= \lim\limits_{n \to \infty}\dfrac{n^2 - (n^2 - 5n + 9)}{n + \sqrt{n^2 - 5n + 9}}$　｜$(\sqrt{n^2-5n+9})^2 = n^2 - 5n + 9$

$= \lim\limits_{n \to \infty}\dfrac{5n - 9}{n + \sqrt{n^2 - 5n + 9}}$

⋯⋯⋯⋯⋯⋯

このまま，$n\to\infty$ にすると，$\dfrac{\infty}{\infty+\infty}$ になって求められないですね。」

　そうだね。せっかく変形したのに，別の形の不定形になってしまった。でも，大丈夫なんだ。分数の形になったよね。ということは……。

　「あっ，　❶分母の最高次の項で分子，分母を割るんですか？」

　そうだね。 2-3 でやったよね。

　「えっ？　❶と❷の両方やるの？　面倒だなぁ……。」

　「分母の最高次の項は n^2？　でも，$\sqrt{}$ がついているし……。」

　うん。それでいいんだ。分子と分母を $\sqrt{n^2}$ で割ればいいね。

　「でも，他には $\sqrt{}$ がついていないですよ。」

　うん。$\sqrt{}$ がついていないところも，$\sqrt{n^2}$ と同じもので割ればいいね。

　「$\sqrt{n^2}$ と同じものということは，$|n|$ ですか？」

　そうだね。『数学Ⅰ・A編』の 1-25 で扱ったね。でも，今回は n を ∞ にする。**つまり n は正**なんだ。絶対値の中身が正ということは，絶対値記号はそのままはずせるね。$\sqrt{n^2}$ は，n と同じということになる。

　「他のところは n で割ればいいということですね。じゃあ，続きは，

$$= \lim_{n\to\infty} \frac{5-\dfrac{9}{n}}{1+\sqrt{1-\dfrac{5}{n}+\dfrac{9}{n^2}}}$$

$$= \frac{5}{2} \quad \text{←}\boxed{答え} \; 例題\,2\text{-}4$$
」

　そう。正解だよ。

不定形の変形 (r^n の場合)

何回もたくさん掛ければ∞になるとは限らない。例えば，$\lim\limits_{n\to\infty}\left(\dfrac{1}{2}\right)^n=0$になるよ。ケーキを半分にして，さらに半分にして……とやっていけば0に近づくもんね。

　初項r，公比rの無限に続く等比数列，すなわち無限等比数列 $\{r^n\}$ の極限は，次のような性質があるんだ。

数列$\{r^n\}$ の極限

$$\lim_{n\to\infty} r^n = \begin{cases} \infty & (1<r\text{のとき}) & :\text{発散する} \\ 1 & (r=1\text{のとき}) & \left.\begin{array}{l}\end{array}\right\}-1<r\leqq1\text{のとき} \\ 0 & (-1<r<1\text{のとき}) & \text{収束する} \\ \text{極限なし} & (r\leqq-1\text{のとき}) & :\text{発散する（振動する）} \end{cases}$$

　これはとても大事だから，しっかり覚えてほしい。イメージがわくかな？例えば$\lim\limits_{n\to\infty}2^n$なら，2は掛ければ掛けるほど大きくなるから，無限回掛けると限りなく大きな数になるよね。

「$\lim\limits_{n\to\infty}3^n$でもそうですよね。3も掛けるたびに大きくなっていきますもんね。」

　そうだね。底が1より大きい数なら，すべてそうなるね。しかし，底が1なら話が違う。1は何回掛けても変わらず1のままだ。$\lim\limits_{n\to\infty}1^n=1$になるね。

また，$\displaystyle\lim_{n \to \infty}\left(\dfrac{1}{2}\right)^n$ ならどうだろう？　$\dfrac{1}{2}$ は掛ければ掛けるほど0に近づいて

いく。$\dfrac{1}{2}$ に限らず，底が−1より大きく1より小さい数のときはそうなるんだ。

　「$(-1)^n$ はどうなのかな？　−1を掛けていくと，−1，1，−1，1，

　　……となっていくから……？」

2-1 で登場した "**振動する**" だね。何にも近づかないということで，極

限なしになるね。底が−1より小さいときもそうだ。例えば，$(-2)^n$ なら，

−2，4，−8，16，……というふうに振動し，極限なしだね。

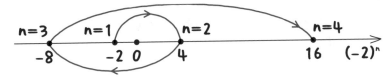

　「えっ？　でも，例えば，$\left(-\dfrac{1}{2}\right)^n$ でも，振動しますよね。」

その通り。$-\dfrac{1}{2}$ を掛けていくと，$-\dfrac{1}{2}$，$\dfrac{1}{4}$，$-\dfrac{1}{8}$，$\dfrac{1}{16}$，……となって正

と負が交互にくるから，振動する。でも，振動の幅がだんだんせまくなっていっ

て，最終的に0に近づいていくよね。したがって，$\displaystyle\lim_{n \to \infty}\left(-\dfrac{1}{2}\right)^n=0$ なんだ。

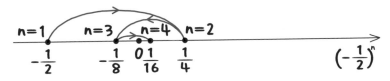

例題 2-5

定期テスト 出題度 **❶❶❶**　　2次・私大試験 出題度 **❶❶❶**

数列 $\{(-7)^n - 2^{n+2}\}$ の極限を求めよ。

「$(-7)^n$ は極限なしだし，2^{n+2} は ∞ だから，極限なし $-\infty$？？　えっ？何，これ？？」

「不定形ですね。」

うん。そこで変形をしよう。まず，n 乗にそろえよう。

$$(-7)^n - 2^{n+2}$$
$$= (-7)^n - 2^n \cdot 2^2$$
$$= (-7)^n - 4 \cdot 2^n$$

そして，

❸　n 乗を含む式は，"底の絶対値の大きいほう"の n 乗でくくるんだ。
底は -7 と 2 で，絶対値はそれぞれ 7 と 2。よって，絶対値が大きい "-7" の
n 乗でくくるんだ。その後，$n \to \infty$ を考えるよ。

解答
$$\{(-7)^n - 2^{n+2}\}$$
$$= \{(-7)^n - 2^n \cdot 2^2\}$$
$$= \{(-7)^n - 4 \cdot 2^n\}$$
$$= (-7)^n \left\{ 1 - 4 \cdot \left(-\frac{2}{7}\right)^n \right\}$$

よって，**極限なし**　⇐ **答え** 例題 2-5

$(-7)^n$ は極限なしだし，$1 - 4 \cdot \left(-\dfrac{2}{7}\right)^n$ は $1 - 4 \cdot 0$ で 1 になるね。だから，極
限なしになるよ。

2-6 不定形の変形（r^n を含む分数式の場合）

2-5 の数列 $\{r^n\}$ の極限を使った応用問題に挑んでみよう。

例題 2-6

定期テスト 出題度 **❗❗❗** ／ 2次・私大試験 出題度 **❗❗❗**

$$\lim_{n \to \infty} \frac{8^n + 4 \cdot 9^n - 2}{9^{n+1} - (-5)^n} \text{ を求めよ。}$$

まず，n 乗にそろえよう。

$$\lim_{n \to \infty} \frac{8^n + 4 \cdot 9^n - 2}{9^{n+1} - (-5)^n}$$

$$= \lim_{n \to \infty} \frac{8^n + 4 \cdot 9^n - 2}{9 \cdot 9^n - (-5)^n}$$

$$\left. \begin{array}{l} 9^{n+1} = 9^n \cdot 9^1 \\ \quad = 9 \cdot 9^n \end{array} \right.$$

「これも，変形してから求めるんですね。」

うん。今までに登場したものの中に，

❶ **分数式は，分母の最高次の項で分子，分母を割る。**

❸ **n 乗を含む式は，"底の絶対値の大きいほう"の n 乗でくくる。**

というのがあったね。今回はこの2つを合体させたような感じで，

❹ **n 乗を含む分数式は，分母のうち，"底の絶対値の大きいほう"の n 乗で分子，分母を割るんだ。**

「分母の底は9と−5か。」

「9の絶対値は9だし，−5の絶対値は5だから，9^n で割るということですね。」

解答

$$\lim_{n \to \infty} \frac{8^n + 4 \cdot 9^n - 2}{9^{n+1} - (-5)^n}$$

$$= \lim_{n \to \infty} \frac{8^n + 4 \cdot 9^n - 2}{9 \cdot 9^n - (-5)^n}$$

分子と分母を
9^nで割る

$$= \lim_{n \to \infty} \frac{\left(\dfrac{8}{9}\right)^n + 4 - 2 \cdot \left(\dfrac{1}{9}\right)^n}{9 - \left(-\dfrac{5}{9}\right)^n}$$

$$= \frac{4}{9} \quad \boxed{答え} \quad \blacksquare例題 2-6$$

「分子の最後の2を9^nで割ったところはどうして$2 \cdot \left(\dfrac{1}{9}\right)^n$になったんですか?」

9^nで割るということは，$\left(\dfrac{1}{9}\right)^n$を掛けるということだよね。

「あっ，そうか。逆数を掛けるのか！ でも，2を直接9^nで割ると，$\left(\dfrac{2}{9}\right)^n$になりそうな気がするんだけど……。」

えっ？ 違うよ。『数学Ⅱ・B編』の 5-6 でも登場したよね。底か指数の少なくとも一方がそろっていないと，掛け算，割り算ができないんだ。2と9^nだと，つまり2^1と9^nだから，底も指数も違うからね。割り算ができないよ。

「えっ？ でも，$1 \div 9^n$は$\left(\dfrac{1}{9}\right)^n$とできますよね。」

うん。だって，1は1^nと同じだもんね。1^nと9^nと考えたら，指数がそろっているから，割れるもんね。

「あっ，そうか！ えっ？ じゃあ，直接9^nで割るときはどうやればいいんですか?」

2は$2 \cdot 1^n$と考えればいいんだよ。$2 \cdot 1^n \div 9^n = 2 \cdot \left(\dfrac{1}{9}\right)^n$になるね。

例題 2-7

定期テスト 出題度 ❗❗❗   2次・私大試験 出題度 ❗❗❗

次の問いに答えよ。

(1) 関数 $f(x) = \lim\limits_{n \to \infty} \dfrac{x^{n+1} - 1}{x^n + 1}$ $(x \neq -1)$ を求めよ。

ただし，n は自然数とする。

(2) (1)の関数 $y = f(x)$ のグラフをかけ。

数Ⅲ 2章

これも，まず，n 乗にそろえよう。

$$\lim_{n \to \infty} \frac{x^{n+1} - 1}{x^n + 1}$$

$$= \lim_{n \to \infty} \frac{x \cdot x^n - 1}{x^n + 1}$$

「 $\{r^n\}$ の極限って，いくつもあったな……。」

そうだね。　2-5　でやったね。r が x になっただけで意味は変わらないからね。

$$\lim_{n \to \infty} x^n = \begin{cases} \infty \ (1 < x \text{ のとき}) & : 発散する \\ 1 \ (x = 1 \text{ のとき}) & \left.\begin{matrix} \\ \\ \end{matrix}\right\} -1 < x \leqq 1 \text{ のとき} \\ 0 \ (-1 < x < 1 \text{ のとき}) & 収束する \\ 極限なし (x \leqq -1 \text{ のとき}) & : 発散する（振動する） \end{cases}$$

今回はどれかわからないから，場合分けしてやってみよう。どれからやってもいいのだが……，簡単なものからやるよ。まず，

(i) $-1 < x < 1$ のときは，

x^n は0に近づくので，$\dfrac{x \cdot 0 - 1}{0 + 1}$ つまり，極限は -1 になる。

(ⅱ) $x = 1$ のときは,

x^n は1なので, $\dfrac{1 \cdot 1 - 1}{1 + 1}$ つまり, 極限は0になるね。

ここまでは, 大丈夫?

 「はい。でも, (ⅲ) $1 < x$ のときは, $\dfrac{x \cdot \infty - 1}{\infty + 1}$ になってしまいますね。どうすれば?」

例題 **2-6** の問題と同じだよ。分母のうち, "底の絶対値の大きいほう" の n 乗で……といっても, 今回は x^n しかないね。これで分子と分母を割ればいいんだ。

$$f(x) = \lim_{n \to \infty} \frac{x \cdot x^n - 1}{x^n + 1}$$

$$= \lim_{n \to \infty} \frac{x - \left(\dfrac{1}{x}\right)^n}{1 + \left(\dfrac{1}{x}\right)^n}$$

$1 < x$ ということは, $0 < \dfrac{1}{x} < 1$ になるんだよね。

 「あっ, そうか! $\dfrac{1}{1 より大きい数}$ ですもんね!」

"−1から1の間の数" の n 乗は0に近づくからね。$\dfrac{x - 0}{1 + 0}$ で, 極限は x になるね。

$x < -1$ のときも, 同様だよ。x^n で分子と分母を割ると,

$$f(x) = \lim_{n \to \infty} \frac{x - \left(\dfrac{1}{x}\right)^n}{1 + \left(\dfrac{1}{x}\right)^n}$$

$x < -1$ ということは, $-1 < \dfrac{1}{x} < 0$ になる。やはり, "−1から1の間の数" の n 乗ということで $\dfrac{x - 0}{1 + 0}$ で, 極限は x になるね。

「１＜x のときと，x＜－１のときは，求めかたも，結果も同じになる

んですね。」

そうだね。だから，この２つは分けて書く必要がないね。

解答　(1)　$f(x) = \lim\limits_{n \to \infty} \dfrac{x^{n+1}-1}{x^n+1}$

$= \lim\limits_{n \to \infty} \dfrac{x \cdot x^n - 1}{x^n + 1}$

（ i ）　$-1 < x < 1$ のとき

$f(x) = \dfrac{x \cdot 0 - 1}{0 + 1} = -1$

（ ii ）　$x = 1$ のとき

$f(x) = \dfrac{1 \cdot 1 - 1}{1 + 1} = 0$

（ iii ）　$x < -1$，$1 < x$ のとき

$f(x) = \lim\limits_{n \to \infty} \dfrac{x \cdot x^n - 1}{x^n + 1}$

$\Big)$ 分子と分母を x^n で割る

$= \lim\limits_{n \to \infty} \dfrac{x - \left(\dfrac{1}{x}\right)^n}{1 + \left(\dfrac{1}{x}\right)^n}$

$x < -1$，$1 < x$ より，$-1 < \dfrac{1}{x} < 1$ になるので，$\lim\limits_{n \to \infty}\left(\dfrac{1}{x}\right)^n = 0$

よって

$f(x) = \dfrac{x - 0}{1 + 0} = x$

（ i ），（ ii ），（ iii ）より

$f(x) = \begin{cases} -1 & (-1 < x < 1 \text{ のとき}) \\ 0 & (x = 1 \text{ のとき}) \\ x & (x < -1,\ 1 < x \text{ のとき}) \end{cases}$

$\Leftarrow$ **答え**　**例題 2-7**　(1)

「$x=-1$ の場合はどうして登場しなかったのですか？」

もし，$x=-1$ なら，問題の式は，

$$f(x)=\lim_{n\to\infty}\frac{(-1)^{n+1}-1}{(-1)^n+1}$$

となってしまう。でも，これは変なんだ。だって，n が奇数のときは分母が $(-1)+1=0$ になってしまうからね。

「だから，⑴の問題文に，$x\neq-1$ と書いてあるのか。」

納得した？　さて，⑵は，⑴の結果をグラフにするだけだね。

解答 ⑵

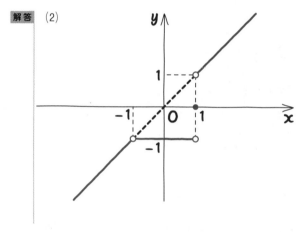

⇦ 答え　例題 **2-7** ⑵

例題 **2-8**　　定期テスト 出題度 ❗❗❗　　2次・私大試験 出題度 ❗❗❗

関数 $f(x)=\lim_{n\to\infty}\dfrac{x^{2n}+4}{x^{2n+1}+2}$ を求めよ。

まず，n乗に変えよう。

$(2n+1)$乗は，1乗×$2n$乗とできる。そして，**$2n$乗は"2乗のn乗"にす**

ればいい。 つまり，$f(x)=\lim\limits_{n\to\infty}\dfrac{(x^2)^n+4}{x\cdot(x^2)^n+2}$ になる。

「底がx^2になるのですね。」

「 例題 2-7 と同様に場合分けか。

(i) $-1<x^2<1$ のとき

(ii) $x^2=1$ のとき

(iii) $x^2<-1$，$1<x^2$ のとき　で分けると……」

あっ，ハルト君。ちょっと待って。x^2は実数の2乗だから，0以上だよね。(i)は，"$0\leqq x^2<1$のとき"でいいし，(iii)は，"$1<x^2$のとき"だけだよ。

「あっ，そうか。範囲が絞れるのか。」

ちなみに，**条件は最も簡単な言いかたで書くのが鉄則**だよ。例えば，(i)は，"$0\leqq x^2<1$のとき"ではなく，同じ意味の"$-1<x<1$のとき"にしよう。

 $f(x)=\lim\limits_{n\to\infty}\dfrac{x^{2n}+4}{x^{2n+1}+2}$

$\qquad=\lim\limits_{n\to\infty}\dfrac{(x^2)^n+4}{x\cdot(x^2)^n+2}$

(i) $0\leqq x^2<1$，つまり，$-1<x<1$ のとき

$\qquad f(x)=\dfrac{0+4}{x\cdot 0+2}=2$

(ii) $x^2=1$，つまり，$x=1$，-1 のとき

$\qquad x=1$ ならば，$f(x)=\dfrac{1+4}{1\cdot 1+2}=\dfrac{5}{3}$

$\qquad x=-1$ ならば，$f(x)=\dfrac{1+4}{-1\cdot 1+2}=5$

数III 2章

(iii) $1 < x^2$, つまり, $x < -1$, $1 < x$ のとき

$$f(x) = \lim_{n \to \infty} \frac{(x^2)^n + 4}{x \cdot (x^2)^n + 2}$$

) 分子と分母を $(x^2)^n$ で割る

$$= \lim_{n \to \infty} \frac{1 + 4 \cdot \left(\dfrac{1}{x^2}\right)^n}{x + 2 \cdot \left(\dfrac{1}{x^2}\right)^n}$$

$1 < x^2$ より, $0 < \dfrac{1}{x^2} < 1$ になるので, $\lim_{n \to \infty} \left(\dfrac{1}{x^2}\right)^n = 0$

よって

$$f(x) = \frac{1 + 4 \cdot 0}{x + 2 \cdot 0} = \frac{1}{x}$$

(i), (ii), (iii)より

$$f(x) = \begin{cases} 2 & (-1 < x < 1 \text{ のとき}) \\ \dfrac{5}{3} & (x = 1 \text{ のとき}) \\ 5 & (x = -1 \text{ のとき}) \\ \dfrac{1}{x} & (x < -1, \ 1 < x \text{ のとき}) \end{cases}$$

⇐ 答え　例題 2-8

ちなみに, $y = f(x)$ のグラフは下の図のようになるよ。

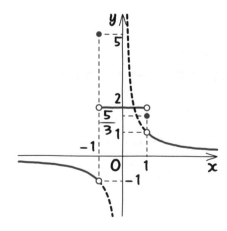

2-7　漸化式で a_n を求めてから，極限を求める

漸化式の解きかたを知っている人にとっては，新たに覚えることがまったくないというありがたい問題だね。忘れた人は，『数学Ⅱ・B編』の 8-25 をまず，勉強しよう。

例題 2-9

定期テスト 出題度 **!!**　　2次・私大試験 出題度 **!!!**

次のように定められた数列 $\{a_n\}$ の極限を求めよ。

$$a_1 = 1, \quad a_{n+1} = \frac{1}{4} a_n - 6 \quad (n = 1, 2, 3, \cdots\cdots)$$

「やった！　隣接2項間漸化式は，覚えてます！　そのまま解けばいいんですか？」

『数学Ⅱ・B編』の 8-25 でやったね。一般項を求めて，最後に $n \to \infty$ にすればいいだけだ。

「 解答 $\quad a_{n+1} = \frac{1}{4} a_n - 6 \qquad \cdots\cdots$①

$\qquad a_{n+1} = a_n = \alpha$ とおくと

$\qquad\qquad \alpha = \frac{1}{4} \alpha - 6 \qquad \cdots\cdots$②

$\qquad\qquad \frac{3}{4} \alpha = -6$

$\qquad\qquad \alpha = -8 \qquad \cdots\cdots$③

①－②より

$$a_{n+1} = \frac{1}{4}a_n - 6$$

$$-)\quad \alpha = \frac{1}{4}\alpha - 6$$

$$a_{n+1} - \alpha = \frac{1}{4}(a_n - \alpha)$$

③より

$$a_{n+1} + 8 = \frac{1}{4}(a_n + 8)$$

数列 $\{a_n + 8\}$ は公比 $\frac{1}{4}$, 初項 $a_1 + 8 = 9$ の等比数列だから

$$a_n + 8 = 9 \cdot \left(\frac{1}{4}\right)^{n-1}$$

$$a_n = 9 \cdot \left(\frac{1}{4}\right)^{n-1} - 8$$

$$\lim_{n \to \infty} a_n = \lim_{n \to \infty}\left\{9 \cdot \left(\frac{1}{4}\right)^{n-1} - 8\right\} = \underline{\underline{-8}} \quad \leftarrow 答え \quad \text{例題 2-9}$$

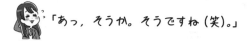「$\left(\frac{1}{4}\right)^n$ の極限は0ですけど, $\left(\frac{1}{4}\right)^{n-1}$ の極限も0なんですか?」

同じだよ。どちらも, $\left(\frac{1}{4}\right)^{\infty}$ になることには, 変わりないね。

「あっ, そうか。そうですね (笑)。」

はさみうちの原理

両親にはさまれて両親と手をつないだ子どもがいる。このとき，両親が遊園地の4番ゲートを通ろうとすれば子どもも4番ゲートを通ることになる，といえばわかりやすいかな。

数III
2章

例題 2-10　定期テスト 出題度 ❗❗　2次・私大試験 出題度 ❗❗❗

$$\lim_{n \to \infty} \frac{\cos n}{n} \text{ を求めよ。}$$

そのまま，$n \to \infty$にしても求められないんだ。分母は無限になり，分子は極限がない。$\dfrac{\text{極限なし}}{\infty}$という不定形になってしまうんだ。

「どのようにして求めるんですか？」

これは次の性質を使うよ。

Point 3　はさみうちの原理

$$a_n \leqq b_n \leqq c_n \quad (\text{イコールがなくてもいい})$$

が常に成り立つとき，

$$\lim_{n \to \infty} a_n = k \quad \text{かつ} \quad \lim_{n \to \infty} c_n = k \quad (\text{ただし } k \text{ は定数})$$

なら，

$$\lim_{n \to \infty} b_n = k$$

b_n は a_n と c_n にはさまれているんだよね。a_n と c_n が同じものに近づくなら、その間にある b_n もそこに近づくしかないということなんだ。実際にこれを使って解いてみよう。最初にはさむのだが、いきなり、$\dfrac{\cos n}{n}$ をはさむのは難しいので、まず、$\cos n$ をはさもう。$-1 \leqq \cos n \leqq 1$ になるね。そして、各辺を n で割る。

「文字で割るんだから、場合分けがいりますよね。」

そうだよね。『数学 I・A 編』の 1-20 で扱ったね。ふつう、不等式のときは、割る数 n が正、負、0 のときの 3 通りに分けるけど、今回は必要ないよ。今回は、$n \to \infty$ にするわけだから n は正だ。だから、n で割っても不等号の向きは変わらないね。

$$-\frac{1}{n} \leqq \frac{\cos n}{n} \leqq \frac{1}{n}$$

になる。そして、はさみうちの原理を使えばいいんだ。

解答　$-1 \leqq \cos n \leqq 1$ より

$$-\frac{1}{n} \leqq \frac{\cos n}{n} \leqq \frac{1}{n}$$

ここで、$\displaystyle\lim_{n \to \infty}\left(-\frac{1}{n}\right) = 0$、$\displaystyle\lim_{n \to \infty}\frac{1}{n} = 0$ で、

はさみうちの原理より

$$\lim_{n \to \infty}\frac{\cos n}{n} = \underline{\underline{0}}$$　◁ 答え　例題 2-10

無限等比数列の極限

無限数列のなかでも，等比数列になっているものは特別扱い。専用の公式もあるんだよ。

例題 2-11　定期テスト 出題度 ❗❗❗　2次・私大試験 出題度 ❗❗❗

次の無限数列の収束，発散を調べよ。

また，収束する場合は極限を求めよ。

(1)　$5, \ -\dfrac{5}{2}, \ \dfrac{5}{4}, \ -\dfrac{5}{8}, \ \cdots\cdots$

(2)　$\{(-2)^n\}$

2-1 でやったように，第 n 項がわかっていれば，$n \to \infty$ にすればいいだけだが，(1)は第 n 項が書いていないね。

「じゃあ，まず，第 n 項を求めてから，$n \to \infty$ にするということですか？」

それでもできるけど，手間がかかるね。実は，無限数列のうちで等比数列になっているものを，特に，無限等比数列というんだ。そのままの名前だけどね（笑）。無限等比数列の極限は，次の公式で求めればいいよ。

Point 4　無限等比数列の極限

(i)　「初項＝0」または「－1＜公比≦1」のときは収束

極限は，$\begin{cases} \text{公比＝1のときは} & \text{初項} \\ \text{それ以外のときは} & \mathbf{0} \end{cases}$

(ii)　「初項≒0」かつ「公比≦－1，1＜公比」のときは発散

「解答　(1)　初項5，公比$-\dfrac{1}{2}$の無限等比数列で，－1＜公比≦1だか

ら，収束。極限は，$\underline{0}$　←答え　例題 2-11 (1)」

「(2)は……，{　}の中に書いてあるのは第n項？」

そうだよ。

「$a_n = (-2)^n$とおくと$a_1 = -2$，$a_2 = (-2)^2$，$a_3 = (-2)^3$，……と

いうことは，

解答　(2)　初項$a_1 = -2$，公比－2の無限等比数列で，公比≦－1だ

から，発散　←答え　例題 2-11 (2)」

お役立ち話 **5**

無限等比数列の極限の公式は
なぜ成り立つのか

2-9 の(4)が，なぜ成り立つかを見ていこう。まず，等比数列の初項 a_1 が0なら，公比がいくつであろうと，関係なく，0，0，0，……という数列になるね。

「極限は0になるから，収束ですね。」

うん。じゃあ，初項 a_1 （≠0），公比 r として考えてみよう。まず，$a_n=a_1 r^{n-1}$ になる。そして，$n \to \infty$ にするとどうなるかな？

「あっ，そうか。rがどんな数かで違うんだ。」

そうだね。**2-5** の(2)で，$\lim_{n \to \infty} r^n$ が4通りあるというのを習ったよね。それを使えばいいよ。

「$\lim_{n \to \infty} r^{n-1}$ の極限も同じでいいんですよね。」

そうだね。**2-7** でもいった通り，どちらも，r^∞ になることには，変わりないからね。

(A)　$1<r$ のとき　$\displaystyle\lim_{n \to \infty} a_n=a_1 \cdot \infty=\infty$ より，発散

(B)　$r=1$ のとき　$\displaystyle\lim_{n \to \infty} a_n=a_1$ より，収束

(C)　$-1<r<1$ のとき　$\displaystyle\lim_{n \to \infty} a_n=a_1 \cdot 0=0$ より，収束

(D)　$r \leqq -1$ のとき　$\displaystyle\lim_{n \to \infty} a_n$ は極限なし（振動）

よって，「$a_1=0$」または「$-1<r \leqq 1$」のときに収束することがわかるね。

無限級数

『数学Ⅱ・B編』で習った数列のかなりの部分を忘れていても，このあたりまでは，ごまかしながらもできる人が少なくない。しかし，そういう人はここからは相当苦しくなるよ。『数学Ⅱ・B編』の知識があいまいなら，そこからやり直そうね。

例題 2-12　　定期テスト 出題度 !!!　　2次・私大試験 出題度 !!!

次の無限級数の収束，発散を調べよ。

また，収束する場合はその和を求めよ。

(1) $(-8)+(-5)+(-2)+1+\cdots\cdots$

(2) $\dfrac{1}{1\cdot 2}+\dfrac{1}{2\cdot 3}+\dfrac{1}{3\cdot 4}+\dfrac{1}{4\cdot 5}+\cdots\cdots$

2-1 で登場した数列の極限は，無限数列を永久に書き続けていけば，最後は何に近づくか？　の話だったね。

今回は，各項を次々と足してみようということなんだ。これを**無限級数**というよ。そうすると，その和は何に近づくか？　ということなんだ。

「永久に足していくわけか……。」

うん。つまり，『**初項から第∞項までの和**』ともいえるね。だから，まず，

初項から第n項までの和（部分和という）を求めてから$n\to\infty$にすればいい。

ミサキさん，求められる？

「 解答 　(1)　初項-8，公差3の等差数列の初項から第n項までの和S_n
は

$$S_n = \frac{n\{2 \cdot (-8) + (n-1) \cdot 3\}}{2} \quad \leftarrow S_n = \frac{n\{2a_1 + (n-1)d\}}{2}$$

に $a_1 = -8$, $d = 3$ を代入

$$= \frac{n(3n - 19)}{2}$$

よって，$\lim_{n \to \infty} S_n = \infty$ より，**発散**　⟵答え　例題 **2-12** (1)」

そうだね。初項 a_1，公差 d の等差数列の初項から第 n 項までの和 S_n は，

$S_n = \dfrac{n\{2a_1 + (n-1)d\}}{2}$ になるというのが，『数学Ⅱ・B編』の **8-3** の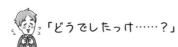

で登場したね。大丈夫だったかな？

数Ⅲ
2章

さて(2)だが，これは等差数列になっていないから，初項から第 n 項までの和
の公式が使えないよね。このときはどうするんだっけ？

「どうでしたっけ……？」

しょうがないなあ……『数学Ⅱ・B編』の **8-13** でやったよ。
第 k 項を求めて，Σ記号をつければいいんだ。

第1項は $\dfrac{1}{1 \cdot 2}$，第2項は $\dfrac{1}{2 \cdot 3}$，第3項は $\dfrac{1}{3 \cdot 4}$，第4項は $\dfrac{1}{4 \cdot 5}$，……

なら，第 k 項はといわれてもピンとこないから……。

「あっ，そうか！　部分ごとに見ていくやつだ。思い出した。」

分子は，1，1，1，1，……だから，第 k 項は1，
分母の左の数は，1，2，3，4，……と続くから，第 k 項は k，
分母の右の数は，2，3，4，5，……で，第 k 項は $k+1$ になる。

だから，第 k 項は $\dfrac{1}{k(k+1)}$ になるね。

「それにΣ記号をつけて，あとは，部分分数分解ですね。」

そうだね。『数学Ⅱ・B編』の **8-16** で扱ったね。

解答 (2) まず，初項から第n項までの和S_nを求めると

$$S_n = \sum_{k=1}^{n} \frac{1}{k(k+1)}$$

$$= \sum_{k=1}^{n} \left(\frac{1}{k} - \frac{1}{k+1} \right)$$

$$= \left(1 - \frac{1}{2} \right) + \left(\frac{1}{2} - \frac{1}{3} \right) + \cdots\cdots + \left(\frac{1}{n-1} - \frac{1}{n} \right) + \left(\frac{1}{n} - \frac{1}{n+1} \right)$$

$$= 1 - \frac{1}{n+1}$$

$$\lim_{n \to \infty} \left(1 - \frac{1}{n+1} \right) = 1$$

より，**収束**して和は**1**になる。 ⇐ 答え  (2)

「あれっ？ S_nは，

$$1 - \frac{1}{n+1} = \frac{n+1}{n+1} - \frac{1}{n+1} = \frac{n}{n+1}$$

としなくてもいいんですか？」

うーん……間違いじゃないけど，そうやってしまうと，$n \to \infty$にするときに，$\frac{\infty}{\infty}$になってしまうんだ。

「じゃあ，$\frac{n}{n+1}$の分子と分母をnで割るのか。うーん。なんか面倒くさそうだな。」

この問題は最終的に$\lim_{n \to \infty} S_n$が求まればいいわけなので，途中のS_nは通分しなくてもいいよ。 $1 - \frac{1}{n+1}$の形のままのほうがわかりやすいね。$n \to \infty$にすれば，ふつうに1と求められるからさ。

無限等比級数

等比数列の無限級数を無限等比級数というよ。これも， **2-10** のように部分和を求めて
$n \to \infty$ にする方法でやっても解けるけど，公式でやったほうが絶対ラクだよ。

例題 2-13　　定期テスト 出題度 **! ! !**　　2次・私大試験 出題度 **! ! !**

次の無限級数の収束，発散を調べよ。

また，収束する場合はその和を求めよ。

(1)　$2 + \dfrac{2}{3} + \dfrac{2}{9} + \dfrac{2}{27} + \cdots\cdots$

(2)　$-1 + 2 - 4 + 8 - \cdots\cdots$

無限級数の中でも，特に，等比数列を永久に足したものを**無限等比級数**と
いい，次のような特別な公式があるんだ。

5　無限等比級数の収束，発散と和の公式

(ⅰ)　「初項＝0」または「−1＜公比＜1」のときは収束

和はそれぞれ， 0， $\dfrac{\text{初項}}{1 - \text{公比}}$

(ⅱ)　「初項≠0」かつ「公比≦−1， 1≦公比」のときは発散

「あれっ？　 **2-9** の"無限等比数列の極限"に似ているな……。」

そうだね。でも，微妙に違う。収束する条件が違うんだ。

"無限等比数列の極限" のほうは,

「初項＝0」または「－1＜公比≦1」だけど,

"無限等比級数" のほうは,

「初項＝0」または「－1＜公比＜1」というふうに,等号が入っていないんだよね。

じゃあ, さっそく問題を解いてみよう。

<u>解答</u>　(1)　初項2, 公比$\frac{1}{3}$の無限等比級数で公比が－1から1の間にあるから

$$\underline{収束}し, 和は \frac{2}{1-\frac{1}{3}}=\frac{2}{\frac{2}{3}}\underline{\underline{=3}}$$　⇦ 答え　例題 **2-13** (1)

ハルトくん, (2)はわかる？

「<u>解答</u>　(2)　初項－1, 公比－2だから初項は0でないし, 公比は

－1から1の間にないから, <u>発散</u>　⇦ 答え　例題 **2-13** (2)」

うん。正解！

例題 **2-14**　　（定期テスト 出題度 **❗❗❗**）　（2次・私大試験 出題度 **❗❗❗**）

　　次の無限等比級数が収束するときの x の値の範囲と, そのとき
の和を求めよ。

$$x+x(2-x)+x(2-x)^2+\cdots\cdots$$

<u>解答</u>　初項 x, 公比 $2-x$ の無限等比級数だから, 収束するのは,

初項＝0のとき, $x=0$

－1＜公比＜1のとき, $-1<2-x<1$

$-1<2-x$ より, $x<3$

$2-x<1$ より, $1<x$　になるので,

　$1<x<3$

よって，**$x=0$, $1<x<3$**

和はそれぞれ， 0， $\dfrac{x}{1-(2-x)}=\dfrac{x}{x-1}$ より， $\dfrac{x}{x-1}$

⇐ 答え 例題 2-14

『$x=0$のとき0，$1<x<3$のとき$\dfrac{x}{x-1}$』という結果になったけど，

$x=0$なら$\dfrac{x}{x-1}$は0だから，どちらも$\dfrac{x}{x-1}$でまとめられるよ。

数Ⅲ
2
章

例題 2-15

定期テスト 出題度 ❗❗❗   2次・私大試験 出題度 ❗❗❗

第2項が-2で，和が$\dfrac{9}{2}$になる無限等比級数の初項および公比を
求めよ。

初項a，公比rとおこう。まず

第2項$a_2=ar=-2$

となる。

「さらに，『和が$\dfrac{9}{2}$』からも式が作れますね。」

そうだね。それ以前に，無限等比級数の和が定数になる，つまり，**収束す
るということは，$a=0$か，または，$-1<r<1$になるはず**だ。しかも，
もし，$a=0$なら，第2項arは-2にならないから，問題文に合わないよね。

「$-1<r<1$ということか。」

「そして，和$\dfrac{a}{1-r}$が$\dfrac{9}{2}$ということね。」

解答　初項a，公比rとおくと

　　第2項$a_2＝ar＝-2$ ……①

また，無限等比級数が収束するので

　$a＝0$　または　$-1＜r＜1$

しかし，$a＝0$なら①が成り立たない。

よって，$-1＜r＜1$　……②

さらに，和$\dfrac{a}{1-r}＝\dfrac{9}{2}$　……③

$a\neq0$なので，①÷③より

$$ar\cdot\dfrac{1-r}{a}＝-\dfrac{4}{9}$$　←右辺は，$-2\div\dfrac{9}{2}$

$$r(1-r)＝-\dfrac{4}{9}$$

$$9r(1-r)＝-4$$

$$9r-9r^2＝-4$$

$$9r^2-9r-4＝0$$

$$(3r+1)(3r-4)＝0$$

$$r＝-\dfrac{1}{3},\ \dfrac{4}{3}$$

②より　$r＝-\dfrac{1}{3}$

これを①に代入すると　$a＝6$

よって，**初項6，公比$-\dfrac{1}{3}$**　

　①÷③の計算は大丈夫かな？　等比数列の問題で連立方程式を解くときは，$a\times●＝$の形を2つ作って，割るということが多かったね。『数学Ⅱ・B編』の **例題 8-7** で出てきたね。

無限等比級数の収束，発散と和の公式はなぜ成り立つのか

数III
2章

　まず，無限等比数列の初項 a_1 が 0 なら，公比がいくつであろうと関係なく，0, 0, 0, 0, ……という数列になる。和が 0 になるから，収束だね。

　じゃあ，初項 a_1（$a_1 \neq 0$），公比 r として，初項から第 n 項までの和 S_n を求めてみようか。『数学II・B編』の 8-6 に登場したね。

（I）　$r \neq 1$ のとき

$$S_n = \frac{a_1(1-r^n)}{1-r}$$

になるよね。そして，$n \to \infty$ にするのだが，2-5 であったように，底 r がどんな数かによって r^n の極限が変わるよね。

（ア）　$1 < r$ のとき

$$\lim_{n \to \infty} S_n = \frac{a_1(1-\infty)}{1-r} \quad \text{より，発散}$$

（イ）　$-1 < r < 1$ のとき

$$\lim_{n \to \infty} S_n = \frac{a_1(1-0)}{1-r} = \frac{a_1}{1-r} \quad \text{より，収束}$$

（ウ）　$r \leq -1$ のとき

$$\lim_{n \to \infty} S_n = \frac{a_1(1-極限なし)}{1-r} \quad \text{より，発散}$$

(II)　$r=1$ のとき

　　　$S_n=na_1$

　　　$\lim\limits_{n\to\infty}S_n=\infty\times a_1$　より，発散

だよね。結果を見れば，(I)の(イ)の $-1<r<1$ のときだけ収束するわけだ。

「$a_1=0$ か $-1<r<1$ なら収束するということだな。」

2-12 無限等比級数を使って，循環小数を分数に直す

今回の問題は，これまでの知識を使っても解けるけど，無限等比数列を使っても解けるんだ。人とちがった解きかたができるなんて，ちょっぴり優越感を抱かない？

例題 2-16

定期テスト 出題度 ❗❗❗　　2 次・私大試験 出題度 ❗❗❗

次の循環小数を分数に直せ。

(1) $4.\dot{5}$

(2) $0.1\dot{6}\dot{2}$

これは，『数学Ⅰ・A編』の 1-11 で登場したのと，同じ問題なんだ。

「えっ？　どうしてここで登場するんですか？」

実は，この問題は無限等比級数の和の公式を使って解くこともできるんだ。

まず，(1)は，

　　4.555……

というふうに ■5をくり返すので，1つひとつ分けて，足し算の形にしよう。■

$$4 + 0.5 + 0.05 + 0.005 + \cdots\cdots$$

　　　　　　↑　　　　　↑
　　　　0.5 × 0.1　　0.5 × 0.1²

最初の4を除いては，初項が0.5，公比が0.1の無限等比級数の和になるんだよね。

解答　(1)　$4.\dot{5}$

$= 4.555\cdots\cdots$

$= 4 + 0.5 + 0.05 + 0.005 + \cdots\cdots$

第2項以下が，初項0.5，公比0.1の無限等比級数より，収束し

$4.\dot{5} = 4 + \dfrac{0.5}{1 - 0.1}$ ← $\dfrac{初項}{1 - 公比}$

$= 4 + \dfrac{5}{9}$

$= \underline{\dfrac{41}{9}}$ ⇐ 答え 例題 2-16 (1)

「(2)は，$0.162162162\cdots\cdots$ ですよね。このときは，どのように分けるんですか？」

"162" をくり返すから，これをひとかたまりとして，足し算に分解すればいいよ。

解答　(2)　$0.\dot{1}6\dot{2}$

$= 0.162162162\cdots\cdots$

$= 0.162 + 0.000162 + 0.000000162 + \cdots\cdots$

初項0.162，公比0.001の無限等比級数より，収束し

$0.\dot{1}6\dot{2} = \dfrac{0.162}{1 - 0.001} = \dfrac{162}{999} = \underline{\dfrac{6}{37}}$ ⇐ 答え 例題 2-16 (2)

$\sum\limits_{n=1}^{\infty}$ の計算

無限級数は項を限りなく書き並べてあるものの他に，$\sum$記号で書かれているものもある。入試問題では，むしろ，こっちのほうが多いくらいだよ。

例題 2-17　定期テスト 出題度 ❶❶❶ ／ 2次・私大試験 出題度 ❶❶❶

無限級数 $\displaystyle\sum_{n=1}^{\infty}\frac{5^n-7}{8^n}$ の収束，発散を調べよ。

また，収束する場合はその和を求めよ。

$\sum\limits_{n=1}^{\infty}$ が登場したら，『無限級数』だと思えばいい。特に，$\boxed{\displaystyle\sum_{n=1}^{\infty}ar^{n-1} \text{の形をし}}$

$\boxed{\text{ているものは，『初項} a \text{，公比} r \text{の無限等比級数』を表すよ。}}$　実際に，$n=1$，

2，3，……と書き並べると，

$\qquad a+ar+ar^2+\cdots\cdots$

となるからそうだとわかるけど，面倒だよね。公式として覚えておくといいよ。

　「今回は，$\displaystyle\sum_{n=1}^{\infty}$ の後が，ar^{n-1} の形になっていないですよ。」

うん。一見，そう見えるが，$\displaystyle\sum_{n=1}^{\infty}ar^{n-1}$ の形に直せるんだ。まず，分子と分母

を 8^n で割ろう。分母は 1 だね。分子は，5^n を 8^n で割ると $\left(\dfrac{5}{8}\right)^n$ だし，

7 を 8^n で割ると，$7\cdot\left(\dfrac{1}{8}\right)^n$ だ。

$\left(\dfrac{7}{8}\right)^n$ じゃないよ。

「はい。 2-6 で出てきた話ですよね？」

よかった。じゃあ，大丈夫だね。

$$\sum_{n=1}^{\infty} \frac{5^n-7}{8^n}$$

$$=\sum_{n=1}^{\infty}\left\{\left(\frac{5}{8}\right)^n-7\cdot\left(\frac{1}{8}\right)^n\right\}$$

$$=\sum_{n=1}^{\infty}\left(\frac{5}{8}\right)^n-\sum_{n=1}^{\infty}7\cdot\left(\frac{1}{8}\right)^n$$

になる。∑記号は分けられるんだったよね。『数学Ⅱ・Ｂ編』の 8-11 でやったよ。

「でも，n乗になっているし ar^{n-1} の形ではないですよね？」

『数学Ⅱ・Ｂ編』の 8-5 などで頻繁に登場したよ。n乗は1乗×$(n-1)$乗にすればいいんだ。

解答

$$\sum_{n=1}^{\infty} \frac{5^n-7}{8^n}$$

分子と分母を8^nで割る

$$=\sum_{n=1}^{\infty}\left\{\left(\frac{5}{8}\right)^n-7\cdot\left(\frac{1}{8}\right)^n\right\}$$

$$=\sum_{n=1}^{\infty}\left(\frac{5}{8}\right)^n-\sum_{n=1}^{\infty}7\cdot\left(\frac{1}{8}\right)^n$$

$$7\cdot\left(\frac{1}{8}\right)^n$$
$$=7\cdot\frac{1}{8}\cdot\left(\frac{1}{8}\right)^{n-1}$$
$$=\frac{7}{8}\cdot\left(\frac{1}{8}\right)^{n-1}$$

$$=\sum_{n=1}^{\infty}\frac{5}{8}\cdot\left(\frac{5}{8}\right)^{n-1}-\sum_{n=1}^{\infty}\frac{7}{8}\cdot\left(\frac{1}{8}\right)^{n-1}$$

$\sum_{n=1}^{\infty}\frac{5}{8}\cdot\left(\frac{5}{8}\right)^{n-1}$ は，初項 $\frac{5}{8}$，公比 $\frac{5}{8}$ の無限等比級数より，収束。

$\sum_{n=1}^{\infty}\frac{7}{8}\cdot\left(\frac{1}{8}\right)^{n-1}$ は，初項 $\frac{7}{8}$，公比 $\frac{1}{8}$ の無限等比級数より，収束。

よって，**収束**し，

和は $\dfrac{\frac{5}{8}}{1-\frac{5}{8}}-\dfrac{\frac{7}{8}}{1-\frac{1}{8}}=\dfrac{\frac{5}{8}}{\frac{3}{8}}-\dfrac{\frac{7}{8}}{\frac{7}{8}}=\dfrac{5}{3}-1=\underline{\underline{\dfrac{2}{3}}}$ ◁ 答え 例題 2-17

例題 **2-18**　定期テスト 出題度 ❗❗　2次・私大試験 出題度 ❗❗

次の無限級数の収束，発散を調べよ。

また，収束する場合はその和を求めよ。

(1) $\displaystyle\sum_{n=1}^{\infty}\left(\frac{1}{2}\right)^{n}\sin\frac{n\pi}{3}$

(2) $\displaystyle\sum_{n=1}^{\infty}\frac{1}{\sqrt{n}+\sqrt{n+1}}$

数Ⅲ **2** 章

$\displaystyle\sum_{n=1}^{\infty}$ の後が，ar^{n-1} の形に直せないものは，まず，$n=1$, 2, 3, ……のとき

を書き並べればいいよ。そうすると気づくことがあるかもしれない。

ハルトくん，(1)をちょっと多めに書き並べてみて。

「$\displaystyle\sum_{n=1}^{\infty}\left(\frac{1}{2}\right)^{n}\sin\frac{n\pi}{3}=\frac{1}{2}\sin\frac{\pi}{3}+\left(\frac{1}{2}\right)^{2}\sin\frac{2\pi}{3}+\left(\frac{1}{2}\right)^{3}\sin\frac{3\pi}{3}$

$+\left(\frac{1}{2}\right)^{4}\sin\frac{4\pi}{3}+\left(\frac{1}{2}\right)^{5}\sin\frac{5\pi}{3}+\left(\frac{1}{2}\right)^{6}\sin\frac{6\pi}{3}+\left(\frac{1}{2}\right)^{7}\sin\frac{7\pi}{3}$

$+\left(\frac{1}{2}\right)^{8}\sin\frac{8\pi}{3}+\left(\frac{1}{2}\right)^{9}\sin\frac{9\pi}{3}+\cdots\cdots$

$=\frac{\sqrt{3}}{4}+\frac{\sqrt{3}}{8}+0-\frac{\sqrt{3}}{32}-\frac{\sqrt{3}}{64}+0+\frac{\sqrt{3}}{256}+\frac{\sqrt{3}}{512}+0-\cdots\cdots$

あれっ？　どういう規則性で並んでいるのですか？」

0が3つごとに出ているということは，3つごとのローテーションになって

いるのでは？　と予想できるよね。実際に，

第1項 $\dfrac{\sqrt{3}}{4}$, 第4項 $-\dfrac{\sqrt{3}}{32}$, 第7項 $\dfrac{\sqrt{3}}{256}$, ……を1つのグループ，

第2項 $\dfrac{\sqrt{3}}{8}$, 第5項 $-\dfrac{\sqrt{3}}{64}$, 第8項 $\dfrac{\sqrt{3}}{512}$, ……を1つのグループと見てい

くと，いずれも，公比 $-\dfrac{1}{8}$ の無限等比級数になっているね。

「あっ，ホントだ。どうしてそうなるのですか？」

例えば，第1項の $\dfrac{1}{2}\sin\dfrac{\pi}{3}$ と，第4項の $\left(\dfrac{1}{2}\right)^4\sin\dfrac{4\pi}{3}$ を比べてみようか。係

数は $\left(\dfrac{1}{2}\right)^3$ 倍だし，角度が π 増えるわけだから $\sin$ の値は -1 倍になるよね。

「$\sin(\theta+\pi)=-\sin\theta$ だからですね。」

そういうことだ。よって，$-\dfrac{1}{8}$ 倍になる。他も同じだよ。それを解答に書

くようにしよう。

解答　(1) $\displaystyle\sum_{n=1}^{\infty}\left(\dfrac{1}{2}\right)^n\sin\dfrac{n\pi}{3}$

$$=\dfrac{1}{2}\sin\dfrac{\pi}{3}+\left(\dfrac{1}{2}\right)^2\sin\dfrac{2\pi}{3}+\left(\dfrac{1}{2}\right)^3\sin\pi+\left(\dfrac{1}{2}\right)^4\sin\dfrac{4\pi}{3}+\left(\dfrac{1}{2}\right)^5\sin\dfrac{5\pi}{3}$$

$$+\left(\dfrac{1}{2}\right)^6\sin 2\pi+\left(\dfrac{1}{2}\right)^7\sin\dfrac{7\pi}{3}+\left(\dfrac{1}{2}\right)^8\sin\dfrac{8\pi}{3}+\left(\dfrac{1}{2}\right)^9\sin 3\pi+\cdots\cdots$$

$$=\dfrac{\sqrt{3}}{4}+\dfrac{\sqrt{3}}{8}+0-\dfrac{\sqrt{3}}{32}-\dfrac{\sqrt{3}}{64}+0+\dfrac{\sqrt{3}}{256}+\dfrac{\sqrt{3}}{512}+0-\cdots\cdots$$

第4項以降は，3つ前の項と比べ，係数が $\left(\dfrac{1}{2}\right)^3$ 倍，さらに，角度が π

増えたことで $\sin$ の値が -1 倍より，$-\dfrac{1}{8}$ 倍になるから，

$$=\left(\dfrac{\sqrt{3}}{4}-\dfrac{\sqrt{3}}{32}+\dfrac{\sqrt{3}}{256}-\cdots\cdots\right)+\left(\dfrac{\sqrt{3}}{8}-\dfrac{\sqrt{3}}{64}+\dfrac{\sqrt{3}}{512}-\cdots\cdots\right)$$

それぞれ，初項 $\dfrac{\sqrt{3}}{4}$，公比 $-\dfrac{1}{8}$ の無限等比級数，

初項 $\dfrac{\sqrt{3}}{8}$，公比 $-\dfrac{1}{8}$ の無限等比級数より，和は収束し，

$$=\dfrac{\dfrac{\sqrt{3}}{4}}{1+\dfrac{1}{8}}+\dfrac{\dfrac{\sqrt{3}}{8}}{1+\dfrac{1}{8}}$$

$$= \frac{\dfrac{\sqrt{3}}{4}}{\dfrac{9}{8}} + \frac{\dfrac{\sqrt{3}}{8}}{\dfrac{9}{8}}$$

$$= \frac{2\sqrt{3}}{9} + \frac{\sqrt{3}}{9}$$

$$= \frac{\sqrt{3}}{3}$$　⇐ 答え　例題 2-18 (1)

数Ⅲ 2章

(1)のように角度の分母が 3 なら，3 つごとのローテーションになっていると考えればいいよ。

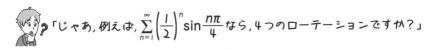 「じゃあ，例えば，$\displaystyle\sum_{n=1}^{\infty}\left(\dfrac{1}{2}\right)^{n}\sin\dfrac{n\pi}{4}$ なら，4 つのローテーションですか?」

その通り。

　　第 1 項，第 5 項，第 9 項，……でグループ，

　　第 2 項，第 6 項，第 10 項，……でグループ，

　　第 3 項，第 7 項，第 11 項，……でグループ　と考えると解けるよ。

さて，(2)も書き並べてみよう。

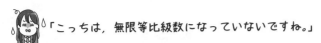

$$\sum_{n=1}^{\infty}\frac{1}{\sqrt{n}+\sqrt{n+1}}$$
$$=\frac{1}{1+\sqrt{2}}+\frac{1}{\sqrt{2}+\sqrt{3}}+\frac{1}{\sqrt{3}+\sqrt{4}}+\frac{1}{\sqrt{4}+\sqrt{5}}+\cdots\cdots$$

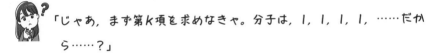 「こっちは，無限等比級数になっていないですね。」

うん，ふつうの無限級数だね。ということは，2-10 のやりかたで求めるしかない。

「じゃあ，まず第 k 項を求めなきゃ。分子は，1，1，1，1，……だから……?」

いや，今回は，そんなふうに求める必要はないよ。問題の式で$\sum\limits_{n=1}^{\infty}$の後に書かれているのが第$n$項だから，$n$を$k$に変えればいいんだ。

「第n項が$\dfrac{1}{\sqrt{n}+\sqrt{n+1}}$ということは，$n$を$k$に変えると，第$k$項は

$\dfrac{1}{\sqrt{k}+\sqrt{k+1}}$ですね。」

解答　(2)　まず，初項から第n項までの和S_nを求めると

$$S_n=\sum_{k=1}^{n}\frac{1}{\sqrt{k}+\sqrt{k+1}}$$

$$=\sum_{k=1}^{n}\frac{\sqrt{k}-\sqrt{k+1}}{(\sqrt{k}+\sqrt{k+1})(\sqrt{k}-\sqrt{k+1})}$$

$$=\sum_{k=1}^{n}\frac{\sqrt{k}-\sqrt{k+1}}{-1}$$

$$=-\sum_{k=1}^{n}(\sqrt{k}-\sqrt{k+1})$$

$$=-\{(\sqrt{1}-\sqrt{2})+(\sqrt{2}-\sqrt{3})+(\sqrt{3}-\sqrt{4})+\cdots\cdots$$
$$+(\sqrt{n-2}-\sqrt{n-1})+(\sqrt{n-1}-\sqrt{n})+(\sqrt{n}-\sqrt{n+1})\}$$

$$=-(1-\sqrt{n+1})$$

$$=-1+\sqrt{n+1}$$

$\lim\limits_{n\to\infty}(-1+\sqrt{n+1})=\infty$より，**発散**　　◁ 答え　例題 2-18 (2)

「$\sqrt{\ }$ の数列は，『数学Ⅱ・B編』の 8-19 でやったやつだな！」

無限級数の∑は
なぜ n を使うの？

「数学Bでの数列では，∑はkを使うことが多かったのに，数学Ⅲ
での無限級数ではnを使うんですね。kじゃいけないんですか？」

あっ，kを使ってもいいよ。**アルファベットは何でもいいんだ。**
$\sum_{k=1}^{\infty} ar^{k-1}$ とかでも，『初項a，公比rの無限等比級数』の意味になる。まれに
だけど，それでテストに出ることもあるよ。

「えっ？　じゃあ，どうしてわざわざnを使ったんですか？」

数は英語でnumberだから，数学者はできるだけ自然数を表すのにnを用
いたいんだよね。でも，例えば，初項から第n項までの和を∑で表そうと
しても，nはすでに使われているからね。しかたなくkを使った∑記号で表
すんだ。

$$a_1 + a_2 + a_3 + \cdots\cdots + a_n = \sum_{k=1}^{n} a_k$$

でも，今回は，初項から第∞項までの和だ。nという文字が使われていない。
だから，数学者は堂々とnを使った∑にできるんだよね。

$$a_1 + a_2 + a_3 + \cdots\cdots = \sum_{n=1}^{\infty} a_n$$

「数学の世界って面倒くさいなぁ……。kで統一すればいいのに
（笑）。」

2-14 無限等比級数を使った文章問題に挑戦

2-12 で無限等比級数を使って解く問題の1つを紹介したけど，他にも有名なものがあるんだ。

例題 2-19

定期テスト 出題度 ❗❗　　2次・私大試験 出題度 ❗❗❗

自然落下したとき，元の $\frac{3}{4}$ の高さまで跳ね返るボールがある。1mの高さでボールをもち，手を離したとき，ボールの移動する道のりの和を求めよ。ただし，ボールの大きさは無視できるものとする。

1mの高さから，落とすと $\frac{3}{4}$ m跳ね返るよね。そして，$\frac{3}{4}$ m落ちる。そして，再び跳ね返るときの高さは？

「さらに $\frac{3}{4}$ 倍だから，$\left(\frac{3}{4}\right)^2$ mですね。」

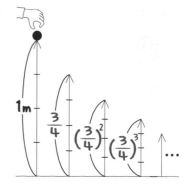

そうだね。そして，当然，$\left(\frac{3}{4}\right)^2$ m落ちる。これのくり返しなんだ。

「$1 + \frac{3}{4} + \frac{3}{4} + \left(\frac{3}{4}\right)^2 + \left(\frac{3}{4}\right)^2 + \left(\frac{3}{4}\right)^3 + \left(\frac{3}{4}\right)^3 + \cdots\cdots$ というふうにずっと足していくから，無限級数か。」

「1は1つしかないけど，次の項からはぜんぶ2つずつありますね。」

そうだね。式をまとめると

$$1+2\left\{\frac{3}{4}+\left(\frac{3}{4}\right)^2+\left(\frac{3}{4}\right)^3+\cdots\cdots\right\}$$

ということだね。じゃあ，解けるんじゃないかな。ミサキさん。解いて。

「解答　$1+\dfrac{3}{4}+\dfrac{3}{4}+\left(\dfrac{3}{4}\right)^2+\left(\dfrac{3}{4}\right)^2+\left(\dfrac{3}{4}\right)^3+\left(\dfrac{3}{4}\right)^3+\cdots\cdots$

$=1+2\left\{\dfrac{3}{4}+\left(\dfrac{3}{4}\right)^2+\left(\dfrac{3}{4}\right)^3+\cdots\cdots\right\}$

{　}の中が初項$\dfrac{3}{4}$，公比$\dfrac{3}{4}$の無限等比級数より，収束し，

その和は

$1+2\cdot\dfrac{\frac{3}{4}}{1-\frac{3}{4}}=1+2\cdot\dfrac{\frac{3}{4}}{\frac{1}{4}}$

$=1+2\cdot3=7$

ボールの移動する道のりの和は**7 m**　◁答え　例題 2-19

ですね。」

例題 **2-20**　定期テスト 出題度 ❗❗❗　2次・私大試験 出題度 ❗❗❗

AB=2，BC=1，CA=$\sqrt{3}$の直角三角形ABCがあり，右の図のように正方形を限りなくかいていくとき，それらの正方形の面積の和を求めよ。

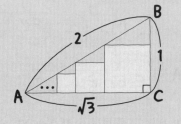

正方形の面積は1辺の長さがわかれば求められるね。まず，辺の長さを求めよう。正方形の1辺の長さを長いほうから順に，a_1，a_2，a_3，……とおく。そして，『数学Ⅱ・B編』の **8-35** でやったように，

　同じことをくり返したときの"n番目"を求めたければ，

（Ⅰ）1番目を求める。

（Ⅱ）n番目と（$n+1$）番目の関係を求める。

それで，漸化式ができるから，それを解けばいいんだ。

（Ⅰ）1番目（a_1）を求める。

　図形問題だから，『数学Ⅰ・A編』の **O-10** で紹介した手順でやっていくよ。まず，

❶　**図を大きくかこう。**

そして，

❷　**補助線を引いて，点に名前をつける。**

今回は補助線は必要ないよ。

「じゃあ，ABとの交点をD，CAとの交点をE，BCとの交点をFとおきます。」

　うん，悪くない。でも，このあとにたくさんの正方形が登場すると，ABとの交点，CAとの交点がたくさん登場しそうだよね。

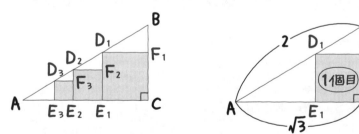

　だから，1個目は，『交点その1』というイメージで，添え字を使って，D_1，E_1とかにして，1個目の正方形を$D_1E_1CF_1$としよう。この考えかたは，『数学Ⅰ・A編』の **例題 7-18** で登場しているよ。

さらに，

❸　**求められる角の大きさや長さはドンドン求めて図にかき込もう。**

ハルトくん，やってみて。

 「∠A，∠B，∠Cはそれぞれ30°，60°，90°だし，正方形の1辺の長さがa_1ということは，$BF_1 = 1 - a_1$になるな。」

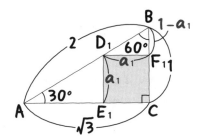

うん，いいよ。そして，△BD_1F_1に注目してみると，$BF_1 : D_1F_1 = 1 : \sqrt{3}$になっているね。あとでちゃんと計算するけど，結果からいっちゃうと，

$$a_1 = \frac{3 - \sqrt{3}}{2}$$

が求められるんだ。

（Ⅱ）n番目（a_n）と（$n+1$）番目（a_{n+1}）の関係を求める。

n個目の正方形とAB，ACとの交点は，D_n，E_nとすればいいね。だから，n個目の正方形は$D_nE_nE_{n-1}F_n$としよう。

（$n+1$）個目の正方形との交点のほうは，D_{n+1}，E_{n+1}でいいね。△$D_nD_{n+1}F_{n+1}$を使って，a_nとa_{n+1}の関係を表せばいいよ。

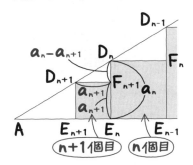

$D_nF_{n+1}：D_{n+1}F_{n+1}=1：\sqrt{3}$ でこれを計算すると，

$$a_{n+1}=\frac{3-\sqrt{3}}{2}a_n \qquad となるよ。$$

「あっ，初項 $\dfrac{3-\sqrt{3}}{2}$，公比 $\dfrac{3-\sqrt{3}}{2}$ の等比数列になるんですね。」

そう。a_n が求まれば，n 個目の正方形の面積もわかるし，正方形の面積の和もわかるよ。

解答　正方形の1辺の長さを長いほうから順に，a_1，a_2，a_3，……とおき，図のようにn個目の正方形と直角三角形の交点をD_n，E_n，F_nとおくと

$$BF_1：D_1F_1=1：\sqrt{3}$$
$$(1-a_1)：a_1=1：\sqrt{3}$$
$$a_1=\sqrt{3}-\sqrt{3}a_1$$
$$\sqrt{3}a_1+a_1=\sqrt{3}$$
$$(\sqrt{3}+1)a_1=\sqrt{3}$$
$$a_1=\frac{\sqrt{3}}{\sqrt{3}+1}=\frac{\sqrt{3}(\sqrt{3}-1)}{(\sqrt{3}+1)(\sqrt{3}-1)}$$
$$=\frac{3-\sqrt{3}}{2}$$

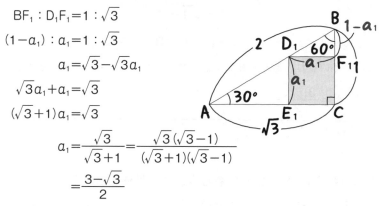

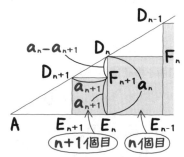

$$D_nF_{n+1}：D_{n+1}F_{n+1}=1：\sqrt{3}$$
$$(a_n-a_{n+1})：a_{n+1}=1：\sqrt{3}$$
$$a_{n+1}=\sqrt{3}a_n-\sqrt{3}a_{n+1}$$
$$\sqrt{3}a_{n+1}+a_{n+1}=\sqrt{3}a_n$$

$$(\sqrt{3}+1)a_{n+1}=\sqrt{3}a_n$$

$$a_{n+1}=\frac{\sqrt{3}}{\sqrt{3}+1}a_n=\frac{\sqrt{3}(\sqrt{3}-1)}{(\sqrt{3}+1)(\sqrt{3}-1)}a_n$$

$$=\frac{3-\sqrt{3}}{2}a_n$$

数列$\{a_n\}$は，初項$\dfrac{3-\sqrt{3}}{2}$，公比$\dfrac{3-\sqrt{3}}{2}$の等比数列より

$$a_n=\frac{3-\sqrt{3}}{2}\cdot\left(\frac{3-\sqrt{3}}{2}\right)^{n-1}$$

$$=\left(\frac{3-\sqrt{3}}{2}\right)^n$$

よって，n個目の正方形の面積は

$$(a_n)^2=\left(\frac{3-\sqrt{3}}{2}\right)^{2n}=\left\{\left(\frac{3-\sqrt{3}}{2}\right)^2\right\}^n=\left(\frac{6-3\sqrt{3}}{2}\right)^n$$

正方形の面積の和は

$$\frac{6-3\sqrt{3}}{2}+\left(\frac{6-3\sqrt{3}}{2}\right)^2+\left(\frac{6-3\sqrt{3}}{2}\right)^3+\cdots\cdots$$

より，初項$\dfrac{6-3\sqrt{3}}{2}$，公比$\dfrac{6-3\sqrt{3}}{2}$の無限等比級数なので，収束し，
和は

$$\frac{\dfrac{6-3\sqrt{3}}{2}}{1-\dfrac{6-3\sqrt{3}}{2}}=\frac{6-3\sqrt{3}}{2-(6-3\sqrt{3})}=\frac{6-3\sqrt{3}}{-4+3\sqrt{3}}$$

$$=\frac{(6-3\sqrt{3})(-4-3\sqrt{3})}{(-4+3\sqrt{3})(-4-3\sqrt{3})}=\frac{3-6\sqrt{3}}{-11}$$

$$=\underline{\underline{\frac{6\sqrt{3}-3}{11}}}$$ ⇐ 答え　例題 **2-20**

2-15 数列の極限が0でないなら、無限級数は発散する

無限級数の和が求められないのに、収束、発散を調べるというムチャな問題があるんだ。
そのウラ技を紹介するよ。

例題 2-21

定期テスト 出題度 ❗❗　　2次・私大試験 出題度 ❗❗

次の無限級数の収束、発散を調べよ。

$$\frac{1}{2}+\frac{2}{5}+\frac{3}{8}+\frac{4}{11}+\cdots\cdots$$

「等比じゃない、ふつうの無限級数か！ じゃあ、 2-10 でやったようにやればいいんじゃないんですか？」

そう？ じゃあ、一応、それでやってみる？

「分子は1、2、3、4、……と続くから、k番目はk

分母は、初項2、公差3の等差数列だから、

k番目は$2+(k-1)\cdot3=3k-1$

ということは、第k項$a_k=\dfrac{k}{3k-1}$

初項から第n項までの和$S_n=\displaystyle\sum_{k=1}^{n}\dfrac{k}{3k-1}$

……あれっ？ これって計算できるんですか？」

残念ながら、できないんだ。その場合は、次の定理を使うんだ。

 無限級数の和が求まらないもの①

$\displaystyle\lim_{n\to\infty}a_n\neq0$ ⇒ 無限級数は発散する

いま，ハルトくんが，$a_k = \dfrac{k}{3k-1}$ と求めてくれたね。つまり，$a_n = \dfrac{n}{3n-1}$ と

わかっている。これの極限が0にならないことをいえばいいんだよ。

解答　無限級数の第n項をa_nとおくと

$$a_n = \frac{n}{3n-1}$$

$$\lim_{n \to \infty} a_n = \lim_{n \to \infty} \frac{n}{3n-1}$$

$$= \lim_{n \to \infty} \frac{1}{3 - \dfrac{1}{n}}$$

$$= \frac{1}{3} \neq 0$$

より，**発散**　⇐ 答え　例題 2-21

「でも，どうして成り立つといえるのかなあ……？」

　例えば，ある人が10万円を貯めようと思って，貯金していった。最初は気合いを入れて，1000円，次は500円，……というふうに貯めていった。

その後かなり時間がたって，もう少しで10万円になりそうなのに，なかなかそうならない。ということは，『おしまいのころには，せいぜい2円とか1円とかで，ほとんど貯めていない。』ということなんだよね。

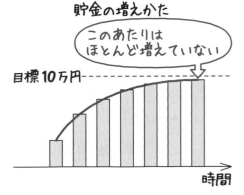

貯金の増えかた

このあたりはほとんど増えていない

目標10万円

時間

「"尻すぼみ"になっていったということか（笑）。長続きしない性格だなあ。」

『無限に足していった和が一定の値に限りなく近づく。』なら，『後のほうは
ほとんど0に近い数になっている。』ということだ。数学的にいえば，

$$無限級数 \sum_{n=1}^{\infty} a_n \ が収束する \ \Rightarrow \ \lim_{n \to \infty} a_n = 0$$

ということなんだよね。

「わかりやすいです（笑）。」

そして，『数学Ⅰ・A編』の 2-7 で登場した**対偶**の話を覚えている？
命題『PならばQ』に対して
『QでないならばPでない』を対偶といい，
元の命題とその対偶はともに真か，ともに偽になるんだった。

$$無限級数 \sum_{n=1}^{\infty} a_n \ が収束する \ \Rightarrow \ \lim_{n \to \infty} a_n = 0$$

が成り立つということは，その"対偶"である，

$$\lim_{n \to \infty} a_n \neq 0 \ \Rightarrow \ 無限級数 \sum_{n=1}^{\infty} a_n は発散する$$

も成り立つといえるんだ。

「えっ？　じゃあ，

$$\lim_{n \to \infty} a_n = 0 \ \Rightarrow \ 無限級数 \sum_{n=1}^{\infty} a_n は収束する$$

はいえるのですか？」

それは元の命題の"逆"だね。残念ながら，それはいえないんだ。

例えば，$1 + \dfrac{1}{2} + \dfrac{1}{3} + \dfrac{1}{4} + \dfrac{1}{5} + \dfrac{1}{6} + \dfrac{1}{7} + \dfrac{1}{8} + \dfrac{1}{9} + \cdots\cdots$ ……① は，第n

項a_nは$a_n = \dfrac{1}{n}$となり，

$\lim_{n \to \infty} a_n = 0$ だが，無限級数①は発散する。

分母3のものを4に，

分母5，6，7のものを8に，

分母9，10，11，12，13，14，15のものを16に，

……

というふうに，**分母をすべて2の累乗の自然数にしてみよう。**つまり，

$$1+\frac{1}{2}+\frac{1}{4}+\frac{1}{4}+\frac{1}{8}+\frac{1}{8}+\frac{1}{8}+\frac{1}{8}$$

$$+\frac{1}{16}+\frac{1}{16}+\frac{1}{16}+\frac{1}{16}+\frac{1}{16}+\frac{1}{16}+\frac{1}{16}+\frac{1}{16}+\cdots\cdots \quad\cdots\cdots②$$

にするわけだ。②は①より小さくなるのはわかる？

「分母が増えたからですね。」

その通り。さて，②を見ると，$\frac{1}{4}$ が2個で $\frac{1}{2}$，$\frac{1}{8}$ が4個で $\frac{1}{2}$，$\frac{1}{16}$ が8個

で $\frac{1}{2}$，……となり，$\frac{1}{2}$ を永久に足し続けることになり，∞になるとわかる。

これより大きい①も，∞になるよ。

2-16 奇数番目，偶数番目までの和の極限

これも 2-15 と並んで，発散を調べるための有名な方法だよ。

例題 2-22

定期テスト 出題度 ❗❗　　2次・私大試験 出題度 ❗❗

次の無限級数の収束，発散を調べよ。

また，収束する場合はその和を求めよ。

(1) $\dfrac{1}{2} - \dfrac{2}{3} + \dfrac{2}{3} - \dfrac{3}{4} + \dfrac{3}{4} - \dfrac{4}{5} + \dfrac{4}{5} - \cdots\cdots$

(2) $\dfrac{1}{2} + \left(-\dfrac{2}{3} + \dfrac{2}{3}\right) + \left(-\dfrac{3}{4} + \dfrac{3}{4}\right) + \left(-\dfrac{4}{5} + \dfrac{4}{5}\right) + \cdots\cdots$

まず(1)だけど，これもふつうに，第 k 項を求めて，Σ記号をつけて……，と
やっていきたいんだけど，第 k 項が求められないんだよね。まず，奇数番目と，
偶数番目に分けよう。

$$\dfrac{1}{2} - \dfrac{2}{3} + \dfrac{2}{3} - \dfrac{3}{4} + \dfrac{3}{4} - \dfrac{4}{5} + \dfrac{4}{5} - \cdots\cdots$$

コツ 3　無限級数の和が求まらないもの②

初項から第 $(2n-1)$ 項までの和 S_{2n-1} を求め，$n \to \infty$ に
したときと，初項から第 $2n$ 項までの和 S_{2n} を求め，$n \to$
∞ にしたときが一致すれば，収束。一致しなければ発散
になる。

 「第 $(2n-1)$ 項？」

1，3，5，……と奇数を書いていくと，n個目は$2n-1$になるのはわかる？

「あっ，はい。」

『奇数番目の項』は，第1項，第3項，第5項，……だから，そのn個目は，第$(2n-1)$項だよね。

「そうか。『奇数番目の項』のn個目まで足すということか。」

「奇数番目の項は，$\frac{1}{2}$，$\frac{2}{3}$，$\frac{3}{4}$，$\frac{4}{5}$，……だから，n個目は$\frac{n}{n+1}$ですね。」

そう，正解。じゃあ，ハルトくん，初項から第$(2n-1)$項まで，ぜんぶ足すと，どうなる？

「$\frac{1}{2}$で始まって，$\frac{n}{n+1}$で終わるから，

$$S_{2n-1} = \frac{1}{2} - \frac{2}{3} + \frac{2}{3} - \frac{3}{4} + \frac{3}{4} - \frac{4}{5} + \frac{4}{5} - \cdots\cdots + \frac{n}{n+1} \text{か。}$$」

そうだね。$\frac{n}{n+1}$の前の項は何だろう？

「えっ？」

数の並びをよく見てごらん。最初の$\frac{1}{2}$は違うけど，その後は，

$\frac{2}{3}$の前は$-\frac{2}{3}$，$\frac{3}{4}$の前は$-\frac{3}{4}$，$\frac{4}{5}$の前は$-\frac{4}{5}$，……となっているよね。

「あっ，じゃあ，$-\frac{n}{n+1}$だ！」

そうだね。2つずつペアになっている感じだね。

$$S_{2n-1}=\frac{1}{2}-\frac{2}{3}+\frac{2}{3}-\frac{3}{4}+\frac{3}{4}-\frac{4}{5}+\frac{4}{5}-\cdots\cdots-\frac{n}{n+1}+\frac{n}{n+1}$$

じゃあ，和はどうなる？

 「$S_{2n-1}=\frac{1}{2}+0+0+0+\cdots\cdots+0$

$=\frac{1}{2}$」

その通り。そして，$\displaystyle\lim_{n\to\infty}S_{2n-1}=\frac{1}{2}$だね。

じゃあ，今度は，S_{2n}つまり第$2n$項までの和を求めてみようか。初項から第$(2n-1)$項まで足したものは，さっき書いたからね。第$2n$項を求めてお尻にくっつければいいだけだ。

「第$2n$項ということは，『偶数番目の項』のn個目ですね。

$-\frac{2}{3},\ -\frac{3}{4},\ -\frac{4}{5},\ \cdots\cdots$だから，$-\frac{n+1}{n+2}$です。」

そうだね。

$$S_{2n}=\frac{1}{2}-\frac{2}{3}+\frac{2}{3}-\frac{3}{4}+\frac{3}{4}-\frac{4}{5}+\frac{4}{5}+\cdots\cdots-\frac{n}{n+1}+\frac{n}{n+1}-\frac{n+1}{n+2}$$

ということになる。今回は最初の$\frac{1}{2}$と，最後の$-\frac{n+1}{n+2}$があぶれちゃっていて，他はぜんぶペアになっているね。和は？　あっ，ついでだから，極限も求めて。さっきの極限と同じかどうか調べてみよう。

 解答　(1)　初項から第n項までの和をS_nとおくと，

$$S_{2n-1}=\frac{1}{2}+0+0+\cdots\cdots+0$$

$$=\frac{1}{2}$$

より

$$\lim_{n\to\infty}S_{2n-1}=\frac{1}{2}$$

$$S_{2n} = \frac{1}{2} + 0 + 0 + 0 + \cdots\cdots + 0 - \frac{n+1}{n+2}$$

$$= \frac{1}{2} - \frac{n+1}{n+2}$$

$$\lim_{n \to \infty} S_{2n} = \lim_{n \to \infty} \left(\frac{1}{2} - \frac{n+1}{n+2} \right)$$

$$= \lim_{n \to \infty} \left(\frac{1}{2} - \frac{1 + \frac{1}{n}}{1 + \frac{2}{n}} \right)$$

$$= \frac{1}{2} - 1$$

$$= -\frac{1}{2}$$

$\displaystyle \lim_{n \to \infty} S_{2n-1} \neq \lim_{n \to \infty} S_{2n}$ より，一致しないから<u>**発散**</u>

◁ 答え ▷ **例題 2-22** (1)」

そう。正解。

「あれっ？　(2)は(1)とどう違うのかなあ……？」

カッコがついているということは，"これでひとかたまり"ということだから，

$$a_1 = \frac{1}{2}, \quad a_2 = \left(-\frac{2}{3} + \frac{2}{3} \right), \quad a_3 = \left(-\frac{3}{4} + \frac{3}{4} \right), \quad \cdots\cdots$$

という意味になるよ。

「ということは，$\frac{1}{2} + 0 + 0 + 0 + \cdots\cdots$。$\frac{1}{2}$に0を永久に足していくということですか？」

そうだね。(1)のような面倒なことをしなくても，すぐ答えがわかるね。

解答 (2)　$\dfrac{1}{2} + 0 + 0 + 0 + \cdots\cdots$　より<u>**収束**</u>し，和は　$\dfrac{1}{2}$

◁ 答え ▷ **例題 2-22** (2)

関数の極限

関数の極限も，最初のうちは，数列の極限で習ったのと同じ方法で求められるところが多いんだ。

　関数の極限は，『数学Ⅱ・B編』の　6-1　で登場したね。

例えば，$\lim\limits_{x \to 3} x^2$ は，$y = x^2$ のグラフで，$x \to 3$ に近づけると，y は何に近づくか？
という意味だった。

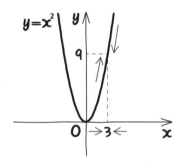

「グラフをかかなくても，$x = 3$ を
　　　代入すればいいんでしたよね。
　　　$\lim\limits_{x \to 3} x^2 = 9$ ですね。」

　そうだね。それと同様に，$\lim\limits_{x \to \infty} x^2$ は，$y = x^2$ のグラフで，$x \to \infty$ にしていくと，y は何に近づくか？　ということだ。

「グラフをかかずに，そのまま代入すると，∞^2 だから，∞ だ！」

　その通り。$\lim\limits_{x \to -\infty} x^2$ の場合は，$y = x^2$ のグラフで，$x \to -\infty$ にしていくと，y は何に近づくか？　だが，そのまま代入して，$(-\infty)^2$ だから，∞ になるね。

例題 2-23　定期テスト 出題度 ❗❗❗　2次・私大試験 出題度 ❗❗❗

$$\lim_{x \to -4} \frac{-3x^2 - 11x + 4}{2x^2 + 5x - 12} \text{ を求めよ。}$$

　これと同じ形のものは，『数学Ⅱ・B編』の　例題 6-1　で登場したんだけど，覚えているかな？　ミサキさん，解ける？

「そのままやると $\dfrac{0}{0}$ という不定形になるから，因数分解し，約分して

から $x \to -4$ にするんですよね。

解答
$$\lim_{x \to -4} \frac{-3x^2 - 11x + 4}{2x^2 + 5x - 12}$$

$$= \lim_{x \to -4} \frac{-(3x^2 + 11x - 4)}{2x^2 + 5x - 12}$$

$$= \lim_{x \to -4} \frac{-(x+4)(3x-1)}{(x+4)(2x-3)}$$

$$= \lim_{x \to -4} \frac{-(3x-1)}{2x-3}$$

$$= -\frac{13}{11} \quad \Longleftarrow \boxed{\text{答え}} \quad \boxed{\text{例題 2-23}}$$ 」

「$x = -4$ を代入して分子と分母がともに0になるということは，分子

と分母がともに $(x+4)$ を因数にもつこともわかるというやつか！

これは，『数学Ⅱ・B編』の $\boxed{6\text{-}2}$ でやりましたね。」

うん。よく覚えてました。

例題 **2-24**　　定期テスト 出題度 ❗❗❗　　2次・私大試験 出題度 ❗❗❗

次の極限を求めよ。

(1) $\displaystyle \lim_{x \to 3} \frac{x-3}{\sqrt{2x-2} - \sqrt{-x+7}}$

(2) $\displaystyle \lim_{x \to -2} \frac{\sqrt{-x-1} - \sqrt{2x+5}}{\sqrt{x+18} - \sqrt{-6x+4}}$

$\sqrt{A} - \sqrt{B}$ がある関数の極限は $\boxed{2\text{-}4}$ と同じやりかたで解けるよ。

❷　$\sqrt{A} - \sqrt{B}$ は，$\sqrt{A} + \sqrt{B}$ を分子，分母に掛ける。（一方が $\sqrt{}$ でなくて

もよい。）

そして,

$$(a+b)(a-b)=a^2-b^2$$

の公式が使えるところだけ展開する。

 「$\sqrt{A}-\sqrt{B}$ が, 分母にあるときだけですか?」

いや, 分子にあるときもやるよ。やりかたは同じだ。じゃあ, (1)をやってみよう。$\sqrt{2x-2}-\sqrt{-x+7}$ だから, $\sqrt{2x-2}+\sqrt{-x+7}$ を分子と分母に掛ければいいね。

解答 (1) $\displaystyle\lim_{x\to 3}\dfrac{x-3}{\sqrt{2x-2}-\sqrt{-x+7}}$

$\displaystyle=\lim_{x\to 3}\dfrac{(x-3)(\sqrt{2x-2}+\sqrt{-x+7})}{(\sqrt{2x-2}-\sqrt{-x+7})(\sqrt{2x-2}+\sqrt{-x+7})}$

$\displaystyle=\lim_{x\to 3}\dfrac{(x-3)(\sqrt{2x-2}+\sqrt{-x+7})}{(2x-2)-(-x+7)}$

$\displaystyle=\lim_{x\to 3}\dfrac{(x-3)(\sqrt{2x-2}+\sqrt{-x+7})}{3x-9}$

$\displaystyle=\lim_{x\to 3}\dfrac{\cancel{(x-3)}(\sqrt{2x-2}+\sqrt{-x+7})}{3\cancel{(x-3)}}$

$\displaystyle=\lim_{x\to 3}\dfrac{\sqrt{2x-2}+\sqrt{-x+7}}{3}$

$\displaystyle=\underline{\underline{\dfrac{4}{3}}}$ ⇐ 答え **例題 2-24** (1)

分母の $(\sqrt{2x-2}-\sqrt{-x+7})(\sqrt{2x-2}+\sqrt{-x+7})$ は, $(a+b)(a-b)$ の形だからね。展開するよ。一方, 分子の $(x-3)(\sqrt{2x-2}+\sqrt{-x+7})$ のほうは, その形をしていないからね。展開しないよ。ここは注意しよう。

 「あーっ。なんか, つい展開しちゃいそう (笑)。」

そうだね。気をつけなきゃいけないよ。

 「(2)はどうするんですか? $\sqrt{}-\sqrt{}$ が2つあるし……。」

うん。2組ともやらなきゃいけないよ。

$\sqrt{-x-1}-\sqrt{2x+5}$ があるから，$\sqrt{-x-1}+\sqrt{2x+5}$ を分子と分母に掛けるし，$\sqrt{x+18}-\sqrt{-6x+4}$ があるから，$\sqrt{x+18}+\sqrt{-6x+4}$ を分子と分母に掛けることになるね。

解答

(2) $\displaystyle\lim_{x\to-2}\frac{\sqrt{-x-1}-\sqrt{2x+5}}{\sqrt{x+18}-\sqrt{-6x+4}}$

$\displaystyle=\lim_{x\to-2}\frac{(\sqrt{-x-1}-\sqrt{2x+5})(\sqrt{-x-1}+\sqrt{2x+5})(\sqrt{x+18}+\sqrt{-6x+4})}{(\sqrt{x+18}-\sqrt{-6x+4})(\sqrt{-x-1}+\sqrt{2x+5})(\sqrt{x+18}+\sqrt{-6x+4})}$

$\displaystyle=\lim_{x\to-2}\frac{\{(-x-1)-(2x+5)\}(\sqrt{x+18}+\sqrt{-6x+4})}{\{(x+18)-(-6x+4)\}(\sqrt{-x-1}+\sqrt{2x+5})}$

$\displaystyle=\lim_{x\to-2}\frac{(-3x-6)(\sqrt{x+18}+\sqrt{-6x+4})}{(7x+14)(\sqrt{-x-1}+\sqrt{2x+5})}$

$\displaystyle=\lim_{x\to-2}\frac{-3(x+2)(\sqrt{x+18}+\sqrt{-6x+4})}{7(x+2)(\sqrt{-x-1}+\sqrt{2x+5})}$

$\displaystyle=\lim_{x\to-2}\frac{-3(\sqrt{x+18}+\sqrt{-6x+4})}{7(\sqrt{-x-1}+\sqrt{2x+5})}$

$\displaystyle=\frac{-3\cdot8}{7\cdot2}$

$\displaystyle=-\frac{12}{7}$ ⇦**答え** 例題 2-24 (2)

数Ⅲ **2**章

例題 2-25

定期テスト 出題度 **❶❶❶**　2次・私大試験 出題度 **❶❶❶**

次の極限を求めよ。

(1) $\displaystyle\lim_{x\to\infty}\frac{x^2+6x+7}{4x^2-9x+2}$

(2) $\displaystyle\lim_{x\to-\infty}(\sqrt{x^2-3x+8}+x)$

(3) $\displaystyle\lim_{x\to\infty}\frac{-5^{x+1}+7^x}{2^x+7^{x+2}-4}$

(1)は，このまま $x \to \infty$ にしてしまうと，$\dfrac{\infty}{\infty}$ という不定形になってしまう。これも，前に扱ったね。変形をしてから，$x \to \infty$ にすればいい。 例題 2-3 のときと同じだよ。ハルトくん，やってみて。

「解答 (1) $\displaystyle \lim_{x \to \infty} \frac{x^2 + 6x + 7}{4x^2 - 9x + 2}$

$= \displaystyle \lim_{x \to \infty} \frac{1 + \dfrac{6}{x} + \dfrac{7}{x^2}}{4 - \dfrac{9}{x} + \dfrac{2}{x^2}}$

$= \dfrac{1}{4}$ 　答え 例題 2-25 (1)

です。分母の最高次の項で，分子，分母を割るんですよね！」

そう。正解だ。次の(2)は？　$x \to -\infty$ にするのだが，そのままなら，$\infty - \infty$ という不定形になってしまうね。

「変形が必要なんですね。$\sqrt{A} + \sqrt{B}$ だったら，$\sqrt{A} - \sqrt{B}$ を分子と分母に掛けるということですか？」

今回のように，一方が $\sqrt{}$ でなくても，その変形でいいよ。そして，$(a+b)(a-b) = a^2 - b^2$ の公式が使えるところだけ展開しよう。 例題 2-4 のときと同じだ。ハルトくん，やってみて。

「(2) $\displaystyle \lim_{x \to -\infty} (\sqrt{x^2 - 3x + 8} + x)$

$= \displaystyle \lim_{x \to -\infty} \frac{(\sqrt{x^2 - 3x + 8} + x)(\sqrt{x^2 - 3x + 8} - x)}{\sqrt{x^2 - 3x + 8} - x}$

$= \displaystyle \lim_{x \to -\infty} \frac{(x^2 - 3x + 8) - x^2}{\sqrt{x^2 - 3x + 8} - x}$

$= \displaystyle \lim_{x \to -\infty} \frac{-3x + 8}{\sqrt{x^2 - 3x + 8} - x}$

$= \displaystyle \lim_{x \to -\infty} \frac{-3 + \dfrac{8}{x}}{\sqrt{1 - \dfrac{3}{x} + \dfrac{8}{x^2}} - 1}$

……」

あっ，ちょっと待って！　分子と分母を$\sqrt{x^2}$で割ったんだよね。その考え
かたは正しいんだけど，$\sqrt{x^2}$と同じものって何？

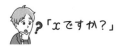「xですか？」

「違う。$|x|$でしょ。」

そう。$\sqrt{x^2}=|x|$だよね。そして，今回は$x\to-\infty$にするということは，
xは負だから，$|x|=-x$で，$\sqrt{x^2}=-x$になるよ。だから，　√　のついてい
ないところは，$\sqrt{x^2}$と同じものである『$-x$』で割らなきゃいけないんだ。

「あっ，そうか！　何回習っても，つい，$\sqrt{x^2}=x$と考えちゃうな。気
をつけます。」

最初から解いてみて。

「解答　(2)　$\displaystyle\lim_{x\to-\infty}(\sqrt{x^2-3x+8}+x)$

$\displaystyle=\lim_{x\to-\infty}\frac{(\sqrt{x^2-3x+8}+x)(\sqrt{x^2-3x+8}-x)}{\sqrt{x^2-3x+8}-x}$

$\displaystyle=\lim_{x\to-\infty}\frac{(x^2-3x+8)-x^2}{\sqrt{x^2-3x+8}-x}$

$\displaystyle=\lim_{x\to-\infty}\frac{-3x+8}{\sqrt{x^2-3x+8}-x}$

$\displaystyle=\lim_{x\to-\infty}\frac{3-\dfrac{8}{x}}{\sqrt{1-\dfrac{3}{x}+\dfrac{8}{x^2}}+1}$

$\sqrt{}$の中はx^2
$\sqrt{}$の外は$-x$で割る

$=\dfrac{3}{2}$　⇐答え　例題 2-25 (2)

です。」

そうだね。できているよ。

「でも，→−∞の極限って，なんか間違えそうだな。」

うん。それなら，→∞に変えてしまうという方法もあるよ。

後ろの 2-23 で登場するんだけど，

『$x→−∞$』を『$t→∞$』にするには，$x＝−t$とおく。

ということなんだ。次のようにして求められるよ。

解答 (2) $\displaystyle\lim_{x→−∞}(\sqrt{x^2−3x+8}+x)$

$x＝−t$とおくと

$\displaystyle(与式)＝\lim_{t→∞}(\sqrt{t^2+3t+8}−t)$

$\displaystyle＝\lim_{t→∞}\frac{(\sqrt{t^2+3t+8}−t)(\sqrt{t^2+3t+8}+t)}{\sqrt{t^2+3t+8}+t}$

$\displaystyle＝\lim_{t→∞}\frac{(t^2+3t+8)−t^2}{\sqrt{t^2+3t+8}+t}$

$\displaystyle＝\lim_{t→∞}\frac{3t+8}{\sqrt{t^2+3t+8}+t}$

$\displaystyle＝\lim_{t→∞}\frac{3+\dfrac{8}{t}}{\sqrt{1+\dfrac{3}{t}+\dfrac{8}{t^2}}+1}$

$\displaystyle＝\frac{3}{2}$　⇦ 答え **例題 2-25** (2)

「こっちのほうがわかりやすい！」

うん，じゃあこの方法でもOKだ。

(3)は，2-6 でやったね。最も底の絶対値が大きい7^xで分子と分母を割るよ。今度はミサキさんがやってみて。

「解答　(3) $\displaystyle \lim_{x \to \infty} \frac{-5^{x+1} + 7^x}{2^x + 7^{x+2} - 4}$

$\displaystyle = \lim_{x \to \infty} \frac{-5 \cdot 5^x + 7^x}{2^x + 7^2 \cdot 7^x - 4}$

$\displaystyle = \lim_{x \to \infty} \frac{-5 \cdot 5^x + 7^x}{2^x + 49 \cdot 7^x - 4}$

$\displaystyle = \lim_{x \to \infty} \frac{-5 \cdot \left(\dfrac{5}{7}\right)^x + 1}{\left(\dfrac{2}{7}\right)^x + 49 - 4 \cdot \left(\dfrac{1}{7}\right)^x}$

$\displaystyle = \underline{\underline{\frac{1}{49}}}$ ←答え　例題 2-25 (3)」

そうだね。よくできました。

左極限，右極限

数学Ⅰ，数学Ⅱで習ったグラフは，（特殊なものを除けば）一本につながっているものばかりだったけど，数学Ⅲのグラフは途中で切れているものもある。切れたところの左と右で別のところに近づくこともあるんだ。

例題 2-26　定期テスト 出題度 ❗❗❗　2次・私大試験 出題度 ❗❗❗

次の極限を求めよ。

(1) $\displaystyle\lim_{x \to 4}\left(\frac{1}{x-4}+3\right)$

(2) $\displaystyle\lim_{x \to 1}\left|\frac{5}{(x-1)^2}-2\right|$

　「$x \to 4$にすると，$\dfrac{1}{0}+3$……えっ？　求められない。」

$\dfrac{1}{0}$は不定形じゃないからね。変形はできないんだ。そのときはふつうにグラフをかいて，xを4に近づければいいよ。

　「$y = \dfrac{1}{x-4}+3$のグラフ？　あっ，分数関数のグラフですね。懐かしい。」

1-1 でやったもんね。右のようなグラフになるね。そして，xを4に近づけるのだが，ここで注目してほしい。左右から近づけたときで結果が違うよね。**xを4に左から近づけることを，左（または，左側，左方）極限といい，$x \to 4-0$と書くんだ。**

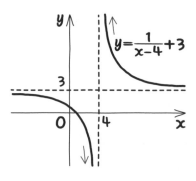

解答 (1) $\displaystyle\lim_{x\to 4-0}\left(\frac{1}{x-4}+3\right)=-\infty$

　一方，x を 4 に右から近づけることを，**右（または，右側，右方）極限**といい，$x\to 4+0$ と書くんだ。

$$\lim_{x\to 4+0}\left(\frac{1}{x-4}+3\right)=\infty$$

　そして，　**左極限と右極限が一致したとき，極限があるといえる**　んだ。今回は，一致していないね。だから，

$$\lim_{x\to 4}\left(\frac{1}{x-4}+3\right)\text{は}\underline{\textbf{極限なし}}$$

◁ 答え ▷　例題 2-26 (1)

「"左極限もある"し，"右極限もある"のに，"極限はなし"ということですか？　なんか不思議な感じ……。」

「4−0とか，4＋0とかいう書きかたも，不思議な感じだなあ。どっちも4じゃないの？」

　−0は，『限りなく0に近い負の数』というニュアンスだと思ってほしいんだ。−0.000……1とかいうイメージでね。

　一方，＋0は，『限りなく0に近い正の数』。つまり，＋0.000……1とかいう感じだ。

　4に左から近づけるということは，小さいほうから近づける。つまり，3.9999……に近づけるという意味を込めて，$x\to 4-0$ と書くんだよ。

「じゃあ，右から近づけるということは，大きいほうから近づけるわけだから，4.000……1にしていくということですか？」

　そうだよ。$x\to 4+0$ と書くのも，そういう意味があるからなんだ。

「(2)のグラフって，どんな感じになるのですか？」

(1)のような$y=\dfrac{k}{x-a}+b$のグラフは，漸近線が$x=a$，$y=b$で，

$k>0$なら，漸近線の左下と右上にグラフ。

$k<0$なら，漸近線の左上と右下にグラフだったよね（ 1-1 ）。

(2)のような$y=\dfrac{k}{(x-a)^2}+b$のグラフは，漸近線が$x=a$，$y=b$なのは今ま

でと同じなんだけど，次のようなグラフになるんだ。つまり，左極限と右極限

は一致するから極限がある。

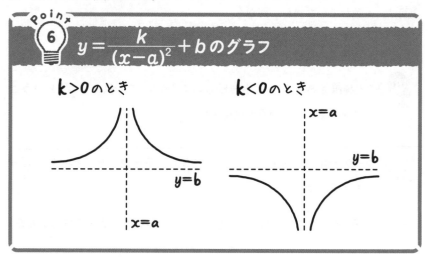

Point 6　$y=\dfrac{k}{(x-a)^2}+b$ のグラフ

k>0のとき　　　　　**k<0のとき**

今回は，$k=5$だから，上の左の図でハの字形のグラフになるよ。

「じゃあ

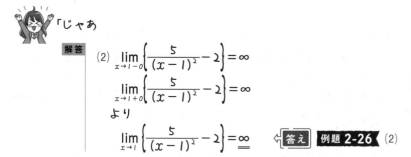

解答　(2) $\displaystyle\lim_{x\to 1-0}\left\{\dfrac{5}{(x-1)^2}-2\right\}=\infty$

$\displaystyle\lim_{x\to 1+0}\left\{\dfrac{5}{(x-1)^2}-2\right\}=\infty$

より

$\displaystyle\lim_{x\to 1}\left\{\dfrac{5}{(x-1)^2}-2\right\}=\infty$　　◁答え 例題 2-26 (2)

が正解ですね！」

グラフをかかないで 左極限，右極限を求める

「不定形でもないときは，実際にグラフをかいて，左極限，右極限を求めるのか……なんか，面倒だな。」

それなら，x に直接 $4-0$ や $4+0$ を代入してしまってもいいよ。さっきの問題の(1)なら，$\lim_{x \to 4-0}\left(\dfrac{1}{x-4}+3\right)$ なら，$\dfrac{1}{4-0-4}+3$ だから，$\dfrac{1}{-0}+3$ になるよね。$\dfrac{1}{-0}$ は，$\dfrac{1}{-0.000\cdots1}$。つまり，$-\infty$ ということだね。

「$-\infty+3$ ということは，$-\infty$ か！」

そういうことだ。ミサキさん，$\lim_{x \to 4+0}\left(\dfrac{1}{x-4}+3\right)$ なら，どうなる？

「$\dfrac{1}{4+0-4}+3$ だから，$\dfrac{1}{+0}+3$ で，$\dfrac{1}{+0}$ は，$\dfrac{1}{0.000\cdots1}$ だから，∞。つまり，$\infty+3$ だから，∞ ですね。」

そうだね。じゃあ，(2)は？

「$\lim_{x \to 1-0}\left\{\dfrac{5}{(x-1)^2}-2\right\}$ なら，$\dfrac{5}{(1-0-1)^2}-2$ だから，$\dfrac{5}{(-0)^2}-2$ ということは，$\dfrac{5}{+0}-2$ だから，∞ です。」

そうだね。$\lim_{x \to 1+0}\left\{\dfrac{5}{(x-1)^2}-2\right\}$ でも，$\dfrac{5}{(1+0-1)^2}-2$ だから，$\dfrac{5}{(+0)^2}-2$。ということは，やっぱり，$\dfrac{5}{+0}-2$ になって，∞ なんだよね。

数列の極限と，
関数の極限の違い

「数列の極限で→∞にするのと，関数の極限で→∞にするのって，一緒のような気がするけど，どこが違うんですか？」

数列で登場するnは自然数だ。だから，1，2，3，4，……という感じで増えていく。ピョンピョンと飛び石を進むイメージだ。

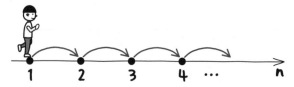

それに対して，関数は整数に限らず，0.4とか，$\frac{2}{3}$とか，$\sqrt{5}$とか，いろいろな数になる。連続的に増えていくんだ。車が道を走るイメージなんだ。

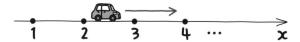

「でも，結局，∞にすることには変わりないですよね。」

いや。じゃあ，まず，数列の極限の例を挙げてみようか。

$$\lim_{n \to \infty} \sin n\pi$$

これは **2-1** でも登場した問題だけど，

$n=$1，2，3，4，……としていくと，

$\sin \pi$，$\sin 2\pi$，$\sin 3\pi$，$\sin 4\pi$，……となるね。

「π，2π，3π，4π，……という

ことは，単位円の左端と右端に交互

にくるということですね。」

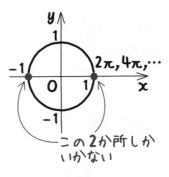

うん。どちらも y 座標，つまり，sin は 0 だ。

0，0，0，0，……で極限は 0 だよね。

　一方，関数の極限の例として，

$$\lim_{x \to \infty} \sin x\pi$$

を考えてみよう。これも，角度が増えていく

けど，x は整数だけでなく，小数とか，分数

とか，$\sqrt{}$ とかいろいろな数になる。単位円を

ぐるぐる回るということになるね。

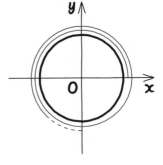

「y 座標は定まらないな……sin の値は

何にも近づかないということか……。」

そうだね。極限なしということになるんだ。

はさみうちの原理で関数の極限を求めてみよう

はさみうちの原理は関数の極限でも使えるよ。

例題 2-27

定期テスト 出題度 ❗❗ ❘ ❘　　2次・私大試験 出題度 ❗❗❗

$\lim_{x \to 0} x \sin \dfrac{1}{x}$ を求めよ。

これは，そのまま $x \to 0$ にしても，$0 \times \sin \infty$ とか，$0 \times \sin(-\infty)$ とかになって求められないんだ。これは，2-8 で登場したはさみうちの原理を使えばいいよ。そのときと同様に，いきなり $x \sin \dfrac{1}{x}$ をはさむのは難しいので，まず，$\sin \dfrac{1}{x}$ をはさもう。

$-1 \le \sin \dfrac{1}{x} \le 1$ になるね。そして，両辺を x 倍するのだが，ここで注意してほしい。x は正か負かわからないよね。

「そうか，不等号の向きがわからないな……。じゃあ，場合分けということか。」

解答

$$-1 \le \sin \frac{1}{x} \le 1$$

（ⅰ）$x > 0$ のとき

$$-x \le x \sin \frac{1}{x} \le x$$

$$\lim_{x \to +0}(-x) = 0,\ \lim_{x \to +0} x = 0$$

なので，はさみうちの原理より

$$\lim_{x \to +0} x \sin \frac{1}{x} = 0$$

(ii)　$x<0$ のとき

$$-x \geqq x\sin\frac{1}{x} \geqq x$$

$$\lim_{x\to-0}(-x)=0,\ \lim_{x\to-0}x=0$$

なので，はさみうちの原理より

$$\lim_{x\to-0}x\sin\frac{1}{x}=0$$

よって，(i)，(ii)より

$$\lim_{x\to0}x\sin\frac{1}{x}\underset{=}{=}0 \quad \Longleftarrow \boxed{答え}\ \boxed{例題\ 2\text{-}27}$$

「(i)で，どうして $x\to0$ でなく，$x\to+0$ になるんですか？」

『$x\to0$』ということは，普通は，正のほうから0に近づける場合の $x\to+0$ と，負のほうから0に近づける場合の $x\to-0$ を含むよね。でも，今回は，

(i)　$x>0$ のとき

となっているのだから，正のほうから近づける $x\to+0$ のほうだけ考えるんだ。

「あっ，そうか。(ii)のほうが，$x\to-0$ になっているのも，同じ理由なんですね。」

「左右の極限ともに0なので，極限が0ということなんですね。」

「なんか，(i)，(ii)と分けるのが面倒だな……。」

それならば，最初に絶対値をつけてしまうという方法もあるんだ。

$$-1\leqq\sin\frac{1}{x}\leqq1 \quad より \quad 0\leqq\left|\sin\frac{1}{x}\right|\leqq1 \quad になる。$$

「えっ？　そこの変形がよくわからないです……。」

『数学Ⅰ・A編』の **1-23** の ⑰ で登場したよね。

$$|f(x)|<a\ (a\text{は正の定数})\Longleftrightarrow -a<f(x)<a$$

というのを使ったよ。

?「それじゃあ，$\left|\sin\dfrac{1}{x}\right|\leqq 1$ じゃないんですか？ "$0\leqq$" はどこから出て

　きたのですか？」

『はさみうちの原理』を使いたいから，はさまなきゃいけないんだよね。

絶対値をつけたものって0以上でしょ？　$0\leqq\left|\sin\dfrac{1}{x}\right|\leqq 1$ になるわけだ。さて，

そのあとは，両辺に $|x|$ を掛けよう。$|x|$ は0以上だからね。掛けても不等号の

向きは変わらない。場合分けしなくてもいいね。

解答

$$-1\leqq\sin\frac{1}{x}\leqq 1$$

より

$$0\leqq\left|\sin\frac{1}{x}\right|\leqq 1$$

$$0\leqq\left|x\sin\frac{1}{x}\right|\leqq|x|$$

$$\lim_{x\to 0}|x|=0$$

なので，はさみうちの原理より

$$\lim_{x\to 0}\left|x\sin\frac{1}{x}\right|=0$$

$$\lim_{x\to 0}x\sin\frac{1}{x}=\underline{\underline{0}}$$　◁ **答え** **例題 2-27**

ガウス記号

大カッコとか,定積分とかいろいろなところで使われるのが,[　]という記号だ。ここでは,また,違う意味として使われているよ。

　ここでは**ガウス記号**というのを覚えてほしい。数や文字を[　]でくくって表したりするんだけど,

[x]は,"xを超えない最大の整数"を表す

ということなんだ。例えば,[2.7] なら,2.7を超えない,つまり,2.7以下の整数で最大のものということだよ。

　「2.7以下の整数といえば,2,1,0,−1,−2,……」

　「最大のものは2ですね。」

そうだね。[2.7]＝2になる。じゃあ,[−6.4]は?

「−6だ!」

「えっ?　違うと思う。−6は−6.4より大きいでしょ?」

「あっ,そうか。−7だ。」

そうだね。混乱しそうなら,数直線をかいて考えてみればいいよ。

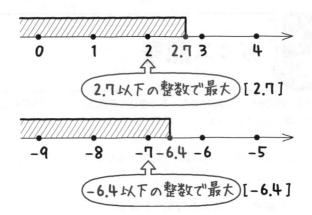

それじゃあ，[5] は？

「5です。」

そう。正解だ。5を超えない，つまり，**5以下**ということは，5も含むからね。

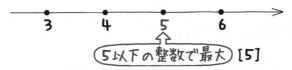

じゃあ，もうひとつ話をしよう。数直線をかいて，整数を●で印をつけておく。そして，数直線上の適当なところに x をとろう。そうすると，ミサキさん，$x-1$ や $x+1$ ってどのあたりになる？

「この辺ですか？」

そうだね。じゃあ，ハルトくん，[x] や [x+1] はどこになる？

「[x] は x を超えない最大の整数だからここで, [x＋1] はここだ！」

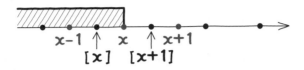

その通り。そして, x や [x] の場所に注目してごらん。次の不等式が成り立つよ。

Point 7 ガウス記号の不等式

$[x] \leqq x < [x+1]$

$x-1 < [x] \leqq x$

さっきも出てきたけど, x が整数の場合は, [x]＝x になるからね。イコールが入るよ。

例題 2-28 定期テスト 出題度 ❗️   2次・私大試験 出題度 ❗️❗️❗️

$$\lim_{x \to \infty} \frac{[x] + x}{x} \text{を求めよ。}$$

ただし, [x] は x を超えない最大の整数を表すとする。

これも, イッキにはさむのは難しい。 2-19 のように, 順にはさんでいこう。まず, [x] をはさんで x を足してから, x で割ればよい。できるかな？ じゃあ, ミサキさん, 解いてみて。

「x－1 ＜ [x] ≦ x だから

2x－1 ＜ [x]＋x ≦ 2x

各辺を x で割ると

………

　　　　xが正のときと，負のときに場合分けですか？」

いや。分ける必要はないよ。だって，今回は，$x \to \infty$にするわけだろう？
だから，xは正なんだよね。

「そうか！　はじめからやります。

解答　$2x - 1 < [x] + x \leqq 2x$　←$x-1 < [x] \leqq x$の各辺にxを足した

各辺をxで割ると

$$\frac{2x - 1}{x} < \frac{[x] + x}{x} \leqq 2$$

ここで

$$\lim_{x \to \infty} \frac{2x - 1}{x} = \lim_{x \to \infty} \left(2 - \frac{1}{x}\right) = 2$$

なので，はさみうちの原理より

$$\lim_{x \to \infty} \frac{[x] + x}{x} = 2$$　←答え　例題 2-28 」

そう。正解。ガウス記号は，後ろの 2-27 でまた登場するよ。

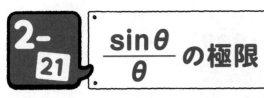

$\dfrac{\sin\theta}{\theta}$ の極限

はじめて見ると，どうして成り立つのか，とても不思議に思える公式だ。

ここでは，$\displaystyle\lim_{\theta\to 0}\dfrac{\sin\theta}{\theta}$ というのが登場するんだ。

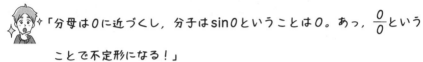「分母は0に近づくし，分子はsin0ということは0。あっ，$\dfrac{0}{0}$ という

　ことで不定形になる！」

うん。そうなんだけど，実は，次の公式が成り立つんだ。

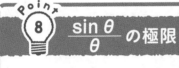

Point

8 $\dfrac{\sin\theta}{\theta}$ の極限

$$\lim_{\theta\to 0}\frac{\sin\theta}{\theta}=1,\ \ \lim_{\theta\to 0}\frac{\theta}{\sin\theta}=1$$

「どうして成り立つのですか？」

うーん。ここで理由を説明すると長くなってしまうので，またあとで。

お役立ち話 ⑪ で説明するよ。とりあえず，問題を解いてみよう。

例題 **2-29**　　定期テスト 出題度 **! ! !**　　2次・私大試験 出題度 **! ! !**

次の関数の極限を求めよ。

(1)　$\displaystyle\lim_{x \to 0} \frac{\sin 5x}{x}$

(2)　$\displaystyle\lim_{x \to 0} \frac{\sin 4x}{\sin(-7x)}$

(3)　$\displaystyle\lim_{x \to 0} \frac{x}{\sin(\sin x)}$

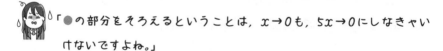

の形を頭においてほしい。まず，●の部分をそろえるんだ。

「(1)は sin 5x を sin x に直すのですか？」

できないことはないけど，かなり面倒なんだ。今回は逆に，分母のほうを $5x$ に変えればいい。つまり $\displaystyle\lim_{x \to 0} \frac{\sin 5x}{5x}$ という形になるんだ。

❶　**分子が sin ●なら分母を●にしたペア，分母が sin ●なら分子を●に したペアを作るんだ。**

「●の部分をそろえるということは，$x \to 0$ も，$5x \to 0$ にしなきゃい けないですよね。」

理屈でいえばそうだよね。でも，『x を 0 に近づける』ということは，自動的 に『$5x$ を 0 に近づける』という意味にもなるからね。あえて変える必要はない。 これは，『数学Ⅱ・B編』の 例題 **6-5** でも，登場したよ。

「そうでしたっけ？　忘れていました……。」

さて，$\lim\limits_{x \to 0}\dfrac{\sin 5x}{x}$ を $\lim\limits_{x \to 0}\dfrac{\sin 5x}{5x}$ にしたら，全体が $\dfrac{1}{5}$ 倍になってしまっているよね。だから，❷　**後ろで調整する**んだ。全体を5倍すればいい。

解答　(1) $\lim\limits_{x \to 0}\dfrac{\sin 5x}{x}$

$\qquad =\lim\limits_{x \to 0}\left(\dfrac{\sin 5x}{5x}\cdot 5\right)$

$\qquad =1\cdot 5$

$\qquad =\underline{\underline{5}}$　⇐**答え**　**例題 2-29**　(1)

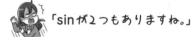「調整のところは，分母を5倍したから，分子を5倍すると考えてもいいんですか？」

うん。そう考えてもいいと思う。じゃあ，(2)だけど……。

「sinが2つもありますね。」

うん。だから，2ペア作ることになるね。

分子が $\sin 4x$ だから，分母に $4x$。

分母が $\sin(-7x)$ だから，分子に $-7x$ を用意してペアを作ると，

$\dfrac{\sin 4x}{4x}\cdot\dfrac{-7x}{\sin(-7x)}$ となるんだけど，この状態なら，何倍になっている？

「分母に $4x$ を掛けて，分子に $-7x$ を掛けたわけだから，$-\dfrac{7}{4}$ 倍ですか？」

そうだね。じゃあ，どのような調整をすればいいのかがわかるんじゃないかな？　ミサキさん，解いてみて。

「解答 (2) $\displaystyle\lim_{x \to 0} \frac{\sin 4x}{\sin(-7x)}$

$\displaystyle= \lim_{x \to 0} \left\{ \frac{\sin 4x}{4x} \cdot \frac{-7x}{\sin(-7x)} \cdot \left(-\frac{4x}{7x}\right) \right\}$

$\displaystyle= 1 \cdot 1 \cdot \left(-\frac{4}{7}\right)$

$\displaystyle= -\frac{4}{7}$ ◁ 答え 例題 2-29 (2)」

そうだね。$-\dfrac{4}{7}$ 倍すればいいんだよね。

「これも，$x \to 0$ のところを変えなくていいんですね。」

そうだね。$x \to 0$ は，$4x \to 0$ の意味にも，$-7x \to 0$ の意味にもなるからね。じゃあ，続いて(3)だ。**分母が sin ● なら分子を ● にしたペアを作らなければいけない。**

今回は，分母が $\sin(\sin x)$ だから，分子を $\sin x$ にしてペアを作ることになるね。

「$\dfrac{x}{\sin(\sin x)}$ だったのが，$\dfrac{\sin x}{\sin(\sin x)}$ になるというわけね。

何倍になったのかな……？」

まず，x で割ると $\dfrac{1}{\sin(\sin x)}$ になるね。それに $\sin x$ を掛けただけなんだよね。

「あっ，$\dfrac{1}{x}$ 倍して，$\sin x$ 倍したのだから，$\dfrac{\sin x}{x}$ 倍になっていますね！

ということは，$\dfrac{x}{\sin x}$ を掛ければいいんですね！」

「あっ，そうか。うーん。でも，思いつくかな？」

それじゃあ，$\dfrac{x}{\sin(\sin x)}$ を，$\dfrac{1}{\sin(\sin x)} \cdot x$ と切り離して考えたらいいよ。

$\dfrac{1}{\sin(\sin x)}$ を $\dfrac{\sin x}{\sin(\sin x)}$ にしたら，$\sin x$ 倍だもんね。$\dfrac{1}{\sin x}$ を掛ければいい。

「あっ，なんか，こっちのほうがラクそう。」

そう？　じゃあ，それでやってみて。

「解答 (3) $\displaystyle\lim_{x\to 0}\dfrac{x}{\sin(\sin x)}$

$\qquad = \displaystyle\lim_{x\to 0}\left\{\dfrac{1}{\sin(\sin x)}\cdot x\right\}$

$\qquad = \displaystyle\lim_{x\to 0}\left\{\dfrac{\sin x}{\sin(\sin x)}\cdot\dfrac{1}{\sin x}\cdot x\right\}$

$\qquad = \displaystyle\lim_{x\to 0}\left\{\dfrac{\sin x}{\sin(\sin x)}\cdot\dfrac{x}{\sin x}\right\}$

$\qquad = 1\cdot 1$

$\qquad = \underline{\underline{1}}$　◁ 答え　例題 2-29 (3)

あっ，やった！　できた（笑）。」

うん，お見事。気づかなかったかもしれないが，これも，$x\to 0$ のところは変えなくていいよ。$x\to 0$ なら，$\sin x\to 0$ になるもんね。

例題 2-30　定期テスト 出題度 !! 　　2 次・私大試験 出題度 !!!

$\displaystyle\lim_{x\to 0}\dfrac{\sin x^{\circ}+\tan 5x}{x}$ を求めよ。

まず，前半と後半の2つに分けよう。

$\displaystyle\lim_{x\to 0}\dfrac{\sin x^{\circ}+\tan 5x}{x}=\lim_{x\to 0}\left(\dfrac{\sin x^{\circ}}{x}+\dfrac{\tan 5x}{x}\right)$

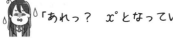

「あれっ？　x° となっていますけど，x とどこが違うんですか？」

　数学Ⅱでは，角度は"度"ではなく，弧度法の"ラジアン"のほうが多く使われたよね。数学Ⅲならなおさらで，特に指定がない限りは，"ラジアン"のほうの意味だと思ってほしい。

　今回は，わざわざ"x度"といっているんだね。これも，弧度法にそろえてしまおう。

「どうやって変えればいいんですか？」

　『数学Ⅱ・B編』の **4-1** でやったよ。180°＝π（ラジアン）ということは，

$$1° = \frac{\pi}{180}（ラジアン）になるね。$$

「$x°$ということは，$\frac{\pi}{180}x$（ラジアン）ですね。」

　そういうことだ。また，tanのほうは，$\tan\theta = \frac{\sin\theta}{\cos\theta}$で変形すればいいよ。

$$（与式）= \lim_{x\to 0}\left(\frac{\sin\frac{\pi}{180}x}{x} + \frac{\sin 5x}{x\cos 5x} \right) \quad \leftarrow \frac{\tan 5x}{x} = \frac{\frac{\sin 5x}{\cos 5x}}{x} = \frac{\sin 5x}{x\cos 5x}$$

sinが2つ出てきたね。じゃあ，ペア作りだ。

「分子が$\sin\frac{\pi}{180}x$ということは，分母も$\frac{\pi}{180}x$にしなきゃダメだな。」

そして，そのあとの調整は？

「分母を$\frac{\pi}{180}$倍したということは，$\frac{\pi}{180}$を掛ければいいのか！」

「$\frac{\sin 5x}{x\cos 5x}$のほうはどうすればいいんですか？」

　まぎらわしいなら，$\frac{\sin 5x}{x} \cdot \frac{1}{\cos 5x}$というふうに分けて考えればいいよ。

「あっ，分子が$\sin 5x$ということは，分母も$5x$にすればいいんですね。」

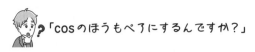「cos のほうもペアにするんですか?」

いや。cos は，何も変形せずに，そのまま $x \to 0$ にすればいいよ。

$\cos 0 = 1$ だからね。

じゃあ，ミサキさん，最初から解いてみて。

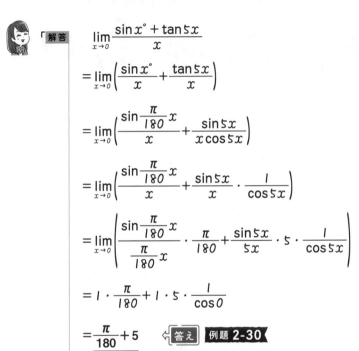

「解答

$$\lim_{x \to 0} \frac{\sin x° + \tan 5x}{x}$$

$$= \lim_{x \to 0} \left(\frac{\sin x°}{x} + \frac{\tan 5x}{x} \right)$$

$$= \lim_{x \to 0} \left(\frac{\sin \frac{\pi}{180}x}{x} + \frac{\sin 5x}{x \cos 5x} \right)$$

$$= \lim_{x \to 0} \left(\frac{\sin \frac{\pi}{180}x}{x} + \frac{\sin 5x}{x} \cdot \frac{1}{\cos 5x} \right)$$

$$= \lim_{x \to 0} \left(\frac{\sin \frac{\pi}{180}x}{\frac{\pi}{180}x} \cdot \frac{\pi}{180} + \frac{\sin 5x}{5x} \cdot 5 \cdot \frac{1}{\cos 5x} \right)$$

$$= 1 \cdot \frac{\pi}{180} + 1 \cdot 5 \cdot \frac{1}{\cos 0}$$

$$= \frac{\pi}{180} + 5$$　⇐答え　例題 2-30

ですね。」

そう。正解。よくできました。

お役立ち話 ⑩

「はさみうちの原理」？
「$\lim_{\theta \to 0} \dfrac{\sin \theta}{\theta}$，$\lim_{\theta \to 0} \dfrac{\theta}{\sin \theta}$」？

「 2-19 で $\lim\limits_{x \to 0} x \sin \dfrac{1}{x}$ という問題がありましたよね。今，気づいた

んですけど，x を掛けるということは，$\dfrac{1}{x}$ で割るということなので，

$\lim\limits_{x \to 0} \dfrac{\sin \dfrac{1}{x}}{\dfrac{1}{x}}$ の形にできませんか？」

「あっ，ホントだ。頭いい（笑）。そうなれば，1？　あれっ？　答

えはたしか0じゃなかったっけ……？？」

いや。$\lim\limits_{x \to 0} \dfrac{\sin \dfrac{1}{x}}{\dfrac{1}{x}}$ と変形したとしても，2-21 のやりかたではできない

よ。$x \to 0$ なら，$\dfrac{1}{x} \to 0$ にならないもん。

「あっ！　そうだ。ダメなんだ。」

「えっ？　何か，頭が混乱してきた。三角関数が出てきたとき，『は

さみうちの原理』と『$\lim\limits_{\theta \to 0} \dfrac{\sin \theta}{\theta}$，$\lim\limits_{\theta \to 0} \dfrac{\theta}{\sin \theta}$』のどちらを使うかは

どこで区別するのですか？」

まず，念のためにいっておくけど，極限がそのまま求められるものは，変形も何もいらないよ。例えば，$\displaystyle\lim_{x\to 0}\dfrac{x}{\sin\dfrac{x+\pi}{2}}$ とかは，ふつうに $x\to 0$ にすれば，$\dfrac{0}{1}$。つまり，0になるわけだからね。

「不定形になってしまうものだけ変形するんですよね。それは大丈夫です。」

さて，不定形になる場合だけど，

コツ 4　三角関数の極限

" sinのうしろの角の部分 "が，

0に近づかないもの→『はさみうちの原理』

0に近づくものは→$\left\llbracket\displaystyle\lim_{\theta\to 0}\dfrac{\sin\theta}{\theta}, \ \lim_{\theta\to 0}\dfrac{\theta}{\sin\theta}\right\rrbracket$

今までの例でいうと，2-19 の $\displaystyle\lim_{x\to 0}x\sin\dfrac{1}{x}$ は $0\times\sin\infty$ とか，$0\times\sin(-\infty)$ とかになって，不定形だ。角の部分は0に近づかないからね。だから，はさみうちの原理を使うことになる。

一方，2-21 の $\displaystyle\lim_{x\to 0}\dfrac{\sin 5x}{x}$，$\displaystyle\lim_{x\to 0}\dfrac{\sin 4x}{(-7x)}$，$\displaystyle\lim_{x\to 0}\dfrac{x}{\sin(\sin x)}$ は，すべて $\dfrac{0}{0}$ という不定形で，角の部分が0に近づくから，『$\displaystyle\lim_{\theta\to 0}\dfrac{\sin\theta}{\theta}$，$\displaystyle\lim_{\theta\to 0}\dfrac{\theta}{\sin\theta}$』の公式を使うことになるね。

2-22 $1-\cos\theta$ は，$1+\cos\theta$ を分子と分母に掛ける

2-4 で，$\sqrt{A}-\sqrt{B}$ は，$\sqrt{A}+\sqrt{B}$ を分子と分母に掛け，$(a+b)(a-b)=a^2-b^2$ の公式が使えるところだけ展開するというのがあったよね。それに似ているよ。

例題 2-31

定期テスト 出題度 ❗❗❗　　2次・私大試験 出題度 ❗❗❗

次の関数の極限を求めよ。

(1) $\displaystyle\lim_{x\to0}\dfrac{1-\cos3x}{x^2}$

(2) $\displaystyle\lim_{x\to0}\dfrac{\cos x-1}{1-\cos6x}$

「そのまま，x を0に近づけると，$\dfrac{0}{0}$ になってしまいますね。」

コツ 5　$1-\cos\theta$ を含む関数の極限

$1-\cos\theta$ があるときは，

❶　$1+\cos\theta$ を分子と分母に掛け，

$$(a+b)(a-b)=a^2-b^2$$

　の公式が使えるところだけ展開する。

❷　$1-\cos^2\theta=\sin^2\theta$ で変形する。

というのがあるんだ。

「(1)は $1-\cos3x$ だから，$1+\cos3x$ を分子と分母に掛けるということですね。」

解答 (1) $\displaystyle \lim_{x \to 0} \frac{1 - \cos 3x}{x^2}$

$$= \lim_{x \to 0} \frac{(1 - \cos 3x)(1 + \cos 3x)}{x^2(1 + \cos 3x)}$$

$$= \lim_{x \to 0} \frac{1 - \cos^2 3x}{x^2(1 + \cos 3x)}$$

$$= \lim_{x \to 0} \frac{\sin^2 3x}{x^2(1 + \cos 3x)}$$

$$= \lim_{x \to 0} \frac{\sin 3x \cdot \sin 3x}{x^2(1 + \cos 3x)}$$

$$= \lim_{x \to 0} \left(\frac{\sin 3x}{3x} \cdot \frac{\sin 3x}{3x} \cdot 9 \cdot \frac{1}{1 + \cos 3x} \right)$$

$$= 1 \cdot 1 \cdot 9 \cdot \frac{1}{1 + \cos 0}$$

$$= \frac{9}{2}$$

◁ **答え** 例題 **2-31** (1)

数III 2章

後半の計算は大丈夫かな？ $\displaystyle \lim_{x \to 0} \frac{\sin^2 3x}{x^2(1 + \cos 3x)}$ は分子に $\sin 3x$ があるか

ら，分母に $3x$ を用意してペアが作れるね。

「2つあるということは，2ペアできるということか。」

うん。そして，うしろで調整すればいい。分母は元々 x^2 だったのだが，

$\dfrac{\sin 3x}{3x} \cdot \dfrac{\sin 3x}{3x}$ を作ったために，この時点で，分母が $9x^2$ になってしまって

いるね。

「分母を9倍したから，分子も9倍するということか。」

「1＋cos 3x のほうは，変形しないのですか？」

そのまま $x \to 0$ にすればいいよ。 例題 **2-30** で cos θ は，変形の必要はな

いといったけど，**1＋cos θ も，変形の必要はない**よ。

さて，続いては，(2)だ。

「cos x － I は，どうすればいいんですか？」

マイナスでくくって，－(I－cos x) にすればいい。あとは，同様に計算できるね。

「I－cos x があるということは，分子と分母に I ＋cos x を掛けるし，I－cos 6 x があるということは，分子と分母に I ＋cos 6 x を掛ける？　ムチャクチャ大変だな。これ。」

そうだよ。 **例題 2-24** (2)の $\sqrt{}$ － $\sqrt{}$ のときもそうだったもんね。じゃあ，ハルトくん，やってみて。

　解答　(2) $\displaystyle \lim_{x \to 0} \frac{\cos x - 1}{1 - \cos 6x}$

$$= \lim_{x \to 0} \frac{-(1 - \cos x)}{1 - \cos 6x}$$

$$= \lim_{x \to 0} \frac{-(1 - \cos x)(1 + \cos x)(1 + \cos 6x)}{(1 - \cos 6x)(1 + \cos x)(1 + \cos 6x)}$$

$$= \lim_{x \to 0} \frac{-(1 - \cos^2 x)(1 + \cos 6x)}{(1 - \cos^2 6x)(1 + \cos x)}$$

$$= \lim_{x \to 0} \left\{ -\frac{\sin^2 x (1 + \cos 6x)}{\sin^2 6x (1 + \cos x)} \right\}$$

$$= \lim_{x \to 0} \left(-\frac{\sin x}{x} \cdot \frac{\sin x}{x} \cdot \frac{6x}{\sin 6x} \cdot \frac{6x}{\sin 6x} \cdot \frac{x^2}{36x^2} \cdot \frac{1 + \cos 6x}{1 + \cos x} \right)$$

$$= -1 \cdot 1 \cdot 1 \cdot 1 \cdot \frac{1}{36} \cdot \frac{1 + \cos 0}{1 + \cos 0}$$

$$= -\frac{1}{36} \quad \boxed{\text{答え}} \ \text{例題 2-31} \ (2) 」$$

正解だよ。よく頑張ったね。

「わーっ！　きつかった！　sin が 4 つも出てくるんだもんな……。」

極限の変更

極限つまり$x→$定数や$x→∞$のところを変えてしまうのは，掟破り？　でも，とてもよく使われる方法なんだよ。

例題 2-32　　定期テスト 出題度 ❗❗　　2次・私大試験 出題度 ❗❗❗

次の関数の極限を求めよ。

(1) $\displaystyle\lim_{x→\frac{\pi}{2}}\frac{2x-\pi}{\cos x}$

(2) $\displaystyle\lim_{x→∞}\left(\frac{x^2}{x+4}\sin\frac{1}{x}\right)$

「今回は，$x→0$じゃないですよね。公式が使えない……。」

うん。実は次のやりかたを使うと，極限を変えて，**2-21** の ⑧ の「$\dfrac{\sin\theta}{\theta}$ の極限」の公式が使えるんだ。

コツ 6　極限の変更

❶　『$x→a$』を『$t→0$』にするには，

　　$x=t+a$とおく。

❷　『$x→-∞$』を『$t→+∞$』にしたり，

　　『$x→-0$』を『$t→+0$』にするには，

　　（あるいは，その逆は）$x=-t$とおく。

❸　『$x→+∞$』を『$t→+0$』にしたり，

　　『$x→-∞$』を『$t→-0$』にするには，

　　（あるいは，その逆は）$x=\dfrac{1}{t}$とおく。

「(1)は……❶だな。$x=t+\dfrac{\pi}{2}$ に変えればいいということか。

$$\lim_{t\to 0}\frac{2\left(t+\dfrac{\pi}{2}\right)-\pi}{\cos\left(t+\dfrac{\pi}{2}\right)}=\lim_{t\to 0}\frac{2t}{\cos\left(t+\dfrac{\pi}{2}\right)}$$

えっ？　このあとは？」

『数学Ⅰ・A編』の お役立ち話 **7** や『数学Ⅱ・B編』の **4-5** で登場した，
$\cos(90°+\theta)=-\sin\theta$ の公式を使えばいいんだ。

解答　(1)　$\displaystyle\lim_{x\to\frac{\pi}{2}}\frac{2x-\pi}{\cos x}$

$x=t+\dfrac{\pi}{2}$ とおくと，$x\to\dfrac{\pi}{2}$ のとき $t\to 0$ だから

$$（与式）=\lim_{t\to 0}\frac{2\left(t+\dfrac{\pi}{2}\right)-\pi}{\cos\left(t+\dfrac{\pi}{2}\right)}$$

$\cos\left(t+\dfrac{\pi}{2}\right)$
$=\cos(t+90°)$
$=-\sin t$

$$=\lim_{t\to 0}\frac{2t}{-\sin t}$$

$$=\lim_{t\to 0}\frac{t}{\sin t}\cdot(-2)$$

$$=\underline{-2}\ \ ⇐\boxed{答え}\ \ \blacksquare\text{例題}\,2\text{-}32\,(1)$$

ということなんだ。

「(2)は，❺ですね。$x=\dfrac{1}{t}$ に，つまり $\dfrac{1}{x}$ を t に変えればいいんですね。」

うん。答えは次のようになるよ。

解答 (2) $\displaystyle\lim_{x\to\infty}\left(\frac{x^2}{x+4}\sin\frac{1}{x}\right)$

$x=\dfrac{1}{t}$ とおくと，$x\to\infty$ のとき $t\to+0$ だから

$$(与式)=\lim_{t\to+0}\left(\frac{\dfrac{1}{t^2}}{\dfrac{1}{t}+4}\sin t\right)$$

$$=\lim_{t\to+0}\left(\frac{1}{t+4t^2}\sin t\right)$$

$$=\lim_{t\to+0}\left\{\frac{1}{t(4t+1)}\sin t\right\}$$

$$=\lim_{t\to+0}\left(\frac{\sin t}{t}\cdot\frac{1}{4t+1}\right)$$

$$=1\cdot1$$

$$=\underline{\underline{1}} \quad \Leftarrow 答え \quad 例題 2-32 (2)$$

それから❷のやり方を使ったのが，例題 2-25 の(2)にあったね。確認して
おこう。

お役立ち話 **11**

$\lim_{\theta \to 0} \dfrac{\sin\theta}{\theta} = 1$ は なぜ成り立つのか

まず，半径 r，中心角 θ（ラジアン）の扇形を用意する。
面積っていくつになる？

　「円全体の面積が πr^2 で，その $360°$ のうち，つまり 2π

のうちの θ だから……，$\pi r^2 \cdot \dfrac{\theta}{2\pi} = \dfrac{1}{2}r^2\theta$ です。」

うん，それでもいいね。でも，『数学Ⅱ・B編』の お役立ち話 **8** で，

> 半径 r，中心角 θ（ラジアン）の扇形の面積は，$\dfrac{1}{2}r^2\theta$

というのが登場したよ。

　「それを覚えておけば，いちいち計算しなくてもいいんだ。」

そして，弧の両端を線分でつなぐと，扇形よりも小さい三
角形ができるよね。

　「膨らみの部分がない分だけ，少し面積が小さいですね。」

この三角形の面積は $\dfrac{1}{2}r^2\sin\theta$ となるよ。『数学Ⅰ・A編』の **4-13** で出

てきたね。

また，弧の一方のはしを通り，半径に垂直な直線を引いて，もう一方の半径の延長線と交わらせると，面積の大きい三角形も作れる。ミサキさん，この面積ってわかる？

 「縦の長さがわからないです……。」

『数学Ⅰ・A編』の **4-1** で出てきたよ。"直角三角形の三角比"だ。

$\dfrac{高さ}{底辺}=\tan\theta$ ということは，高さ＝底辺×$\tan\theta$ といえるよ。

 「あっ，そうか！　高さが $r\tan\theta$ だから，面積は，

$$\frac{1}{2}\cdot r\cdot r\tan\theta=\frac{1}{2}r^2\tan\theta$$

です。」

うん。よって，以上の3つの三角形の面積を比較すると，次の不等式が成り立つ。

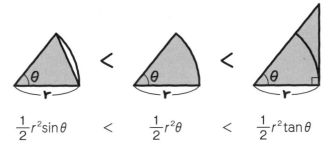

$$\frac{1}{2}r^2\sin\theta\quad<\quad\frac{1}{2}r^2\theta\quad<\quad\frac{1}{2}r^2\tan\theta$$

さらに，すべての辺を $\dfrac{1}{2}r^2\sin\theta$ で割ると，

$$1<\frac{\theta}{\sin\theta}<\frac{\tan\theta}{\sin\theta}$$

$$1<\frac{\theta}{\sin\theta}<\frac{1}{\cos\theta}$$

そして，θ の角を限りなく0に近づける，つまり，$\theta\to+0$ にすると，$\displaystyle\lim_{\theta\to+0}\frac{1}{\cos\theta}=1$ で，はさみうちの原理より，

$$\lim_{\theta \to +0} \frac{\theta}{\sin \theta} = 1$$

になるということなんだ。

「$\theta \to -0$でも成り立つんですか?」

　うん。 2-23 で習ったように,極限を変更すればいいので コツ6 の❷
のやりかたを使うよ。$\theta = -\theta'$ とすると,$\theta \to -0$のとき$\theta' \to +0$

$$\lim_{\theta \to -0} \frac{\theta}{\sin \theta} = \lim_{\theta' \to +0} \frac{-\theta'}{\sin(-\theta')} = \lim_{\theta' \to +0} \frac{-\theta'}{-\sin \theta'} \quad \leftarrow \sin(-\theta) = -\sin \theta$$

$$= \lim_{\theta' \to +0} \frac{\theta'}{\sin \theta'} = 1$$

が成り立つよ。

「左極限,右極限が一致するということは,$\lim_{\theta \to 0} \dfrac{\theta}{\sin \theta} = 1$がいえる

　　ということか。なるほど。」

　$\dfrac{\theta}{\sin \theta}$が1に近づくということは,その逆数である$\dfrac{\sin \theta}{\theta}$も1に近づくと

いえるよ。

e って何?

$e = 2.71828\cdots\cdots$ は『鮒(ふな)，一鉢二鉢(ひとはちふたはち)……』と覚えたりするよ。

ここでは，$\displaystyle\lim_{h \to +0} (1+h)^{\frac{1}{h}}$ という極限を扱うよ。

「h が 0 に近づけば，$1+h$ は 1 になりますよね。$\dfrac{1}{h}$ は ∞ に近づくわけ
だから，1^{∞} ですね。」

「1 は何回掛けても変わらないから，極限は 1 だ！」

いや。そうじゃないんだ。h は正のほうから 0 に近づくのであって，0 にな
るわけじゃない。$h = 0.00000\cdots\cdots1$ になるというイメージなんだ。
$(1$ よりわずかに大きい数$)^{\infty}$ ということなんだよね。

「あっ，じゃあ，いくつかわからない……。」

うん。実は，昔の数学者で実際に調べた人がいるんだ。h に限りなく小さい
正の数を代入してね。そうすると，$2.71828\cdots\cdots$ という数に近づくことを発見
したんだ。この値を，e と表すよ。e の値は，円周率みたいに，規則性のない
数が限りなく続いていくんだ。まあ，2.7 くらいの数だと覚えておけば十分だよ。

ちなみに，$h \to -0$ でも同じ結果になる。

Point 9　（　）の中が 1，指数が ∞ や −∞ に近づく式

① $\displaystyle\lim_{h \to 0} (1+h)^{\frac{1}{h}} = e$ 　$(e = 2.71828\cdots\cdots)$

② $\displaystyle\lim_{x \to \pm\infty}\left(1 + \frac{1}{x}\right)^{x} = e$

も成り立つ。

①で $h=\dfrac{1}{x}$ とおけば $\begin{cases} h\to+0のとき\quad x\to+\infty \\ h\to-0のとき\quad x\to-\infty \end{cases}$ で②になるよ。

ここが逆数

①を $\displaystyle\lim_{\bullet\to0}(1+\bullet)^{\frac{1}{\bullet}}=e$ の形，②を $\displaystyle\lim_{\bullet\to\pm\infty}\left(1+\dfrac{1}{\bullet}\right)^{\bullet}=e$ の形と頭に入

れてほしい。

例題 2-33　定期テスト 出題度 **!!!**　2次・私大試験 出題度 **!!!**

　　　次の関数の極限を求めよ。

(1)　$\displaystyle\lim_{h\to0}(1+2h)^{\frac{1}{h}}$

(2)　$\displaystyle\lim_{h\to0}(1-h)^{\frac{1}{h}}$

(3)　$\displaystyle\lim_{x\to\infty}\left(\dfrac{x+2}{x+1}\right)^{x}$

---

(1)，(2)は

ここが逆数

$$\lim_{\bullet\to0}(1+\bullet)^{\frac{1}{\bullet}}=e$$

の形に似ているね。そして，**2-21** でやったように，●の部分をそろえることが大切なんだ。

「（　）の中の2hのところをhにできるのかなぁ……。」

うん。難しいだろうね。指数のほうを変えるんだ。（　）の中の右側の部分の逆数になるように変えればいいよ。

「そうすると $\dfrac{1}{2h}$ 乗になってしまいますけど……。どのように調整すれ

　ばいいんですか？」

$\dfrac{1}{h}$乗は$\dfrac{1}{2h}$乗を2乗したものと考えればいいよ。

解答 (1) $\displaystyle\lim_{h\to 0}(1+2h)^{\frac{1}{h}}$

$\displaystyle=\lim_{h\to 0}\left\{(1+2h)^{\frac{1}{2h}}\right\}^{2}$

$=\underline{\underline{e^{2}}}$ ◁**答え** **例題 2-33** (1)

「(2)は，指数をそろえなくていいような。あっ，違う！ （ ）の中が引き算になっている。」

$1-h$は$1+(-h)$と考えればいいよ。

「じゃあ，指数のほうは$\dfrac{1}{-h}$に変えるということですね。」

その通りだ。じゃあ，ミサキさん，解いてみて。

「**解答** (2) $\displaystyle\lim_{h\to 0}(1-h)^{\frac{1}{h}}$

$\displaystyle=\lim_{h\to 0}\left\{(1-h)^{\frac{1}{-h}}\right\}^{-1}$ ← $h\to 0$より，$-h\to -0$

$=e^{-1}$

$=\underline{\underline{\dfrac{1}{e}}}$ ◁**答え** **例題 2-33** (2)」

そう。正解。

「(3)は （ ）の中が変な形ですね。」

1-1 でやったように，分子を分母で割ってみよう。

$$\lim_{x\to\infty}\left(1+\dfrac{1}{x+1}\right)^{x}$$

となって，もうひとつの形にそっくりになったね。

ここが逆数

「あっ，ホントだ。じゃあ，指数のほうを $x+1$ にして……，あれっ？
どうすればいいんですか？」

x乗は，$(x+1)$乗×(-1)乗とすればいいよ。

解答 (3) $\displaystyle\lim_{x \to \infty}\left(\frac{x+2}{x+1}\right)^{x}$

$\displaystyle=\lim_{x \to \infty}\left(1+\frac{1}{x+1}\right)^{x}$

$\displaystyle=\lim_{x \to \infty}\left\{\left(1+\frac{1}{x+1}\right)^{x+1}\left(1+\frac{1}{x+1}\right)^{-1}\right\}$ ← $x \to \infty$ より，$x+1 \to \infty$

$=e \times 1^{-1}$

$=\underline{\underline{e}}$ ← 答え 例題 2-33 (3)

「$\displaystyle\lim_{x \to \infty}\left(1+\frac{1}{x+1}\right)^{-1}$ の計算ってどんな公式を使ったのですか？」

いや。公式でも何でもないよ。ただ，$x \to \infty$ にしただけだよ。$\dfrac{1}{x+1} \to 0$ と

なり，1^{-1} だから，1 だよね。

例題 2-34 定期テスト 出題度 !! 2次・私大試験 出題度 !!!

$\displaystyle\lim_{x \to \infty} x\{\log(x+3) - \log x\}$ を求めよ。

「あれっ？ logの底が書いていないですよ。」

『数学Ⅱ・B編』でlogを習ったときは，底を書いていたけど，数学Ⅲでは，
底がeのときに省略するのがふつう なんだ。だから，単に$\log x$と書いてあ
るときは，$\log_e x$を表していると思ってね。

底がeである対数を自然対数というんだ。さて，問題のほうだけれど，ど
うやって変形すればいいのかわかる？

「log どうしの引き算で，真数は割り算になるから

$$\lim_{x \to \infty} x\{\log(x+3) - \log x\}$$

$$= \lim_{x \to \infty} x \log \frac{x+3}{x} \quad でいいんですか？」$$

そうだね。『数学Ⅱ・B編』の 5-15 の ⑱ で登場した

$$\log_a M - \log_a N = \log_a \frac{M}{N}$$

の公式でいいね。

さて，$\frac{x+3}{x}$ は，さらに変形して $1 + \frac{3}{x}$ としておこう。

$$= \lim_{x \to \infty} x \log\left(1 + \frac{3}{x}\right)$$

さらに，$k \log_a M = \log_a M^k$ の公式を使えば，解けるはずだ。じゃあ，ミサキさん，最初からやってみて。

「解答

$$\lim_{x \to \infty} x\{\log(x+3) - \log x\}$$

$$= \lim_{x \to \infty} x \log \frac{x+3}{x}$$

$$= \lim_{x \to \infty} x \log\left(1 + \frac{3}{x}\right)$$

$$= \lim_{x \to \infty} \log\left(1 + \frac{3}{x}\right)^x$$

$$= \lim_{x \to \infty} \log\left\{\left(1 + \frac{3}{x}\right)^{\frac{x}{3}}\right\}^3 \quad \leftarrow x \to \infty より，\frac{3}{x} \to \infty$$

$$= \log e^3$$

$$= \underline{3} \quad \Leftarrow 答え \quad 例題 2-34$$

ですか？」

自信なさげに答えたけど（笑）。うん，大丈夫。できているよ。最後の $\log e^3$ は自然対数だから，$\log_e e^3$。つまり，「e を何乗したら e^3 になるか？」の答えだからね。3になるね。

例題 2-35　定期テスト 出題度 !!!　2次・私大試験 出題度 !!!

$\displaystyle\lim_{x \to 0}\frac{e^{\sin x}-1}{x}$を求めよ。

Point
⑩ $\dfrac{e^x-1}{x}$ の極限

$$\lim_{x \to 0}\frac{e^x-1}{x}=1 \quad \lim_{x \to 0}\frac{x}{e^x-1}=1$$

これも同じで，分子，分母の一方に$e^{●}-1$の形があれば，他方を●にして，後は調整すればいいよ。

$$\lim_{● \to 0}\frac{e^{●}-1}{●}=1, \quad \lim_{● \to 0}\frac{●}{e^{●}-1}=1$$

「分子が$e^{\sin x}-1$だから，分母を$\sin x$にすればいいのか。」

その通り。$x \to 0$なら，$\sin x \to 0$になるから，●の部分が0に近づき，公式が使える。

「分母に$\sin x$を掛けたから，分子に$\sin x$を掛けて…あっ，分母にxがあるから，$\dfrac{\sin x}{x}$のペアも出来ますね。」

解答

$$\lim_{x \to 0}\frac{e^{\sin x}-1}{x}$$

$$=\lim_{x \to 0}\frac{e^{\sin x}-1}{\sin x}\cdot\frac{\sin x}{x}$$

$$=1\cdot 1$$

$$=\underline{1} \quad ◁\text{答え}　\textbf{例題 2-35}$$

2-25 関数の極限の応用

ここは，まず，『数学Ⅱ・B編』の **6-2** を勉強してから，取りかかるようにしよう。すでに理解している人には，1問目は楽勝かも。

例題 2-36　定期テスト 出題度 ❗❗❗　2次・私大試験 出題度 ❗❗❗

$$\lim_{x \to 4} \frac{\sqrt{ax+1} - b}{x-4} = \frac{1}{3} \text{ のとき，定数 } a, \ b \text{ の値を求めよ。}$$

『数学Ⅱ・B編』の **6-2** の Point 54 で登場したものを使えばいいんだ。

$$\lim_{x \to c} \frac{f(x)}{g(x)} = 定数，かつ，\lim_{x \to c} g(x) = 0 \text{ なら}$$
$$\lim_{x \to c} f(x) = 0$$

「分数が定数に近づいて，分母が0に近づけば，分子も0に近づくというのですね！　覚えています！　めずらしく（笑）。」

そうか。嬉しいなぁ（笑）。正解は次のようになるよ。

解答　$\displaystyle\lim_{x \to 4} \frac{\sqrt{ax+1} - b}{x-4} = \frac{1}{3}$，かつ，$\displaystyle\lim_{x \to 4} (x-4) = 0$ より

$$\lim_{x \to 4} (\sqrt{ax+1} - b) = 0$$
$$\sqrt{4a+1} - b = 0$$
$$b = \sqrt{4a+1} \quad \cdots\cdots ①$$

①を元の式に代入すると

$$\lim_{x \to 4} \frac{\sqrt{ax+1} - \sqrt{4a+1}}{x-4} = \frac{1}{3}$$

$$\lim_{x \to 4} \frac{(\sqrt{ax+1}-\sqrt{4a+1})(\sqrt{ax+1}+\sqrt{4a+1})}{(x-4)(\sqrt{ax+1}+\sqrt{4a+1})}=\frac{1}{3}$$

$$\lim_{x \to 4} \frac{(ax+1)-(4a+1)}{(x-4)(\sqrt{ax+1}+\sqrt{4a+1})}=\frac{1}{3}$$

$$\lim_{x \to 4} \frac{ax-4a}{(x-4)(\sqrt{ax+1}+\sqrt{4a+1})}=\frac{1}{3}$$

$$\lim_{x \to 4} \frac{a(x-4)}{(x-4)(\sqrt{ax+1}+\sqrt{4a+1})}=\frac{1}{3}$$

$$\lim_{x \to 4} \frac{a}{\sqrt{ax+1}+\sqrt{4a+1}}=\frac{1}{3}$$

$$\frac{a}{2\sqrt{4a+1}}=\frac{1}{3}$$

両辺に $6\sqrt{4a+1}$ を掛けると

$$3a=2\sqrt{4a+1}$$

$a \geqq 0$ で，両辺を2乗すると

$$9a^2=4(4a+1)$$

$$9a^2-16a-4=0$$

$$(9a+2)(a-2)=0$$

$a \geqq 0$ より

$$a=2 \quad \cdots\cdots②$$

②を①に代入すると，　$b=3$

よって，__$a=2$，$b=3$__　←答え　例題 2-36

2-4 や 2-17 で登場したけど，$\sqrt{A}-\sqrt{B}$ は，$\sqrt{A}+\sqrt{B}$ を分子，分母に掛けるんだ。このとき，一方が $\sqrt{}$ でなくても同じやりかたでよかったよね。

「あっ，それはわかりますが，$3a=2\sqrt{4a+1}$ の両辺を2乗するとき，どうして『$a \geqq 0$』がいえるのかがわかりません。」

あっ，そっちか。$3a=2\sqrt{4a+1}$ の右辺は $\sqrt{}$ だから0以上だよね。

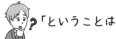「ということは

(i) 3aが0以上のとき　　　と

(ii) 3aが負のとき　　　　　に分けるということですか。」

理屈だとそうなんだけど，(ii)のほうは考えなくていいよ。この場合，$3a = 2\sqrt{4a+1}$ は，左辺が負で，右辺が0以上なんてことになり，この式は成り立たないからね。

「あっ，そうか。3aが0以上と決めつけちゃっていいんだ。」

そう。だから両辺とも0以上ということで，式を2乗したんだ。これは『数学Ⅰ・A編』の 3-29 で登場したね。

では，もう1問やってみよう。

例題 2-37

定期テスト 出題度 ❗

2次・私大試験 出題度 ❗❗❗

$$\lim_{x \to \infty}(\sqrt{x^2+1} + ax + b) = 3 \text{ のとき，定数 } a, \ b \text{ の値を求めよ。}$$

「$\sqrt{}$ ＋● ということは，不定形ではないから変形しなくていいんですね。そのまま $x \to \infty$ にすると，$\infty + a \cdot \infty + b$ ……えっ？　これが3になるって，どういうことですか？」

まず，❶aは，正，0，負のどれなのかを考えるんだ。

もし，$a > 0$ なら，$\infty + \infty + b$ なので∞だ。3になることはありえない。$a = 0$ でも，やはり∞になってしまうね。

しかし，$a < 0$ なら，$\infty - \infty + b$ という不定形になる。ということは，変形して計算していけば3になる可能性があるというということなんだ。

「aが負ということは……。あっ，この式は，$\sqrt{}$ －● なんですね！」

「そういうオチか！ マズイ。つい，aとかいう文字を見たら正と決め
つけちゃうな……。」

$\sqrt{}-●$ の形に近づけるために，うしろをマイナスでくくってしまおう。

$$\lim_{x \to \infty} \{(\sqrt{x^2+1}-(-ax-b)\} =3$$

$a<0$ ということは，$-a$ は正だよ。ちょっとややこしいけど大丈夫？

「はい。何とか。」

$\sqrt{A}-\sqrt{B}$ の形になったから，さっきもやった通りの変形でいいね。

$$\lim_{x \to \infty} \frac{\{\sqrt{x^2+1}-(-ax-b)\}\{\sqrt{x^2+1}+(-ax-b)\}}{\sqrt{x^2+1}+(-ax-b)}=3$$

あとでちゃんと計算するけど，これを計算すると，次の式になる。

$$\lim_{x \to \infty} \frac{(1-a^2)x^2-2abx+1-b^2}{\sqrt{x^2+1}+(-ax-b)}=3$$

このあとは，**2-4** でやったように，分子と分母を $\sqrt{x^2}$ で割ればいい。ふつう，
$\sqrt{x^2}=|x|$ だけど，今回は x は $x \to \infty$ なので正だから，$\sqrt{x^2}=x$ だ。$\sqrt{}$ のつい
ていないところは x で割ればいいんだね。

$$\lim_{x \to \infty} \frac{(1-a^2)x-2ab+\dfrac{1-b^2}{x}}{\sqrt{1+\dfrac{1}{x^2}}+\left(-a-\dfrac{b}{x}\right)}=3$$

　次に，**❷分子の x の係数が，正，0，負のどれなのか**を考えよう。もし，
$1-a^2>0$ なら，$\dfrac{\infty-2ab}{1-a}$ なので ∞ だし，$1-a^2<0$ なら，$\dfrac{-\infty-2ab}{1-a}$ なので
$-\infty$ だ。ともに3になることはない。

　でも，$1-a^2=0$ なら，$\dfrac{-2ab}{1-a}$ となって，3になる可能性があるよね。じゃあ，
実際に解いてみるよ。

解答 $a \geqq 0$ なら，左辺$=\infty$より，不成立。

よって，$a < 0$　……①

与式より

$$\lim_{x \to \infty} \{(\sqrt{x^2+1} - (-ax-b)\} = 3$$

$$\lim_{x \to \infty} \frac{\{\sqrt{x^2+1} - (-ax-b)\}\{\sqrt{x^2+1} + (-ax-b)\}}{\sqrt{x^2+1} + (-ax-b)} = 3$$

$$\lim_{x \to \infty} \frac{(x^2+1) - (-ax-b)^2}{\sqrt{x^2+1} + (-ax-b)} = 3$$

$$\lim_{x \to \infty} \frac{x^2+1-a^2x^2-2abx-b^2}{\sqrt{x^2+1} + (-ax-b)} = 3$$

$$\lim_{x \to \infty} \frac{(1-a^2)x^2-2abx+1-b^2}{\sqrt{x^2+1} + (-ax-b)} = 3$$

$$\lim_{x \to \infty} \frac{(1-a^2)x-2ab+\dfrac{1-b^2}{x}}{\sqrt{1+\dfrac{1}{x^2}} + \left(-a-\dfrac{b}{x}\right)} = 3 \qquad ……②$$

$1-a^2 \neq 0$ なら，左辺$=\infty$または$-\infty$となるから不成立。

よって　　$1-a^2=0$，$a^2=1$

①より　　$a=-1$　……③

②より　　$\dfrac{-2ab}{1-a} = 3$

③を代入すると

$$\dfrac{2b}{2} = 3$$

$$b = 3$$

よって，__$a=-1$, $b=3$__　◁ 答え　 例題 2-37

　例題 2-36 と 例題 2-37 は，応用ということもあって難しかったでしょ？しっかり復習しておこうね。

連続

『連続』ということは，つながっているということ。これを数学的にいうと「$f(x)$ は $x=a$ で連続である。」という感じになるよ。

関数の連続とグラフ

$\displaystyle \lim_{x \to a} f(x) = f(a)$ のとき，$y = f(x)$ は $x = a$ で連続で，そのグラフは $x = a$ でつながっている。

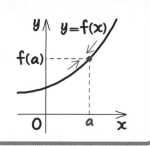

数学Ⅲでは連続じゃないグラフが頻繁に登場するんだ。ちょっと問題を解いてみよう。

例題 2-38　定期テスト 出題度 ●● ／ 2次・私大試験 出題度 ●●●

次の関数は $x = 0$ で連続であるといえるか。

$$y = \begin{cases} \dfrac{|x|}{x} & (x \neq 0) \\ 0 & (x = 0) \end{cases}$$

「$x \neq 0$ の部分と，$x = 0$ のところで式が違うのか……。」

実際にグラフをかいてみようか。

「絶対値をはずすということは，場合分けですね。」

そうだね。

(i)　$x>0$ のときは，$y=\dfrac{x}{x}=1$

(ii)　$x<0$ のときは，$y=\dfrac{-x}{x}=-1$

さらに，$x=0$ のときは，$y=0$ なので，次のようになるね。

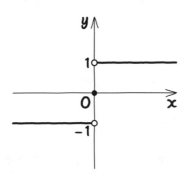

「$x=0$ のところで連続じゃないですね。」

　うん。しかし，実際はグラフをかかなくても求めることができるんだ。次の定理がある。

Point 12　関数の連続

『$x=a$ で連続である』

$\Longleftrightarrow$『**❶**　$x=a$ のときの値，$x\to a$ のときの極限がともに存在し，

　　　　　　かつ

❷　その両方が等しい』

　今回は，**❶** がいえないんだ。$x=0$ のときの値はある。しかし，$x\to0$ の極限はないよね。

「左から近づけたときと，右から近づけたときで違うからですか？」

そうだよ。まず，左極限 $\lim\limits_{x \to -0} \dfrac{|x|}{x}$ は，$x \to -0$ にするということは，x は負だ。絶対値は -1 倍してはずせる。そのあと，約分して計算すればいい。一方，右極限 $\lim\limits_{x \to +0} \dfrac{|x|}{x}$ は，x は正だ。絶対値はそのままはずせるね。解答にすると次のような感じだ。

解答

$$\lim_{x \to -0} \frac{|x|}{x} = \lim_{x \to -0} \frac{-x}{x} = \lim_{x \to -0} (-1) = -1$$

$$\lim_{x \to +0} \frac{|x|}{x} = \lim_{x \to +0} \frac{x}{x} = \lim_{x \to +0} 1 = 1$$

より，$\lim\limits_{x \to 0} \dfrac{|x|}{x}$ は存在しないから，$x=0$ で**不連続**

⇐ 答え　例題 **2-38**

「ちなみに，❷のほうがいえなくて不連続，なんて例もあるんですか？」

うん。例えば，もし下のようなグラフの場合，$x=0$ で連続じゃないよね。

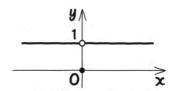

$x=0$ のときの値は 0，$x \to 0$ の極限は 1 なので，❶は成り立つけど，❷はいえないよ。

2-27 ガウス記号を使った関数のグラフ

ガウス記号を使った関数は，かなりめずらしい場合分けのやりかたをするよ。ぶっつけ本番でテストに出ても，絶対に思いつかないので，やりかたを前もってしっかり覚えておこう。

2-20 でガウス記号について学んだけど，ここでは，$y=[x]$ のグラフのかきかたを説明しよう。

"整数の以上，未満"で，1ずつ区切って，場合分けをするんだ。

(i)　$-2 \leqq x < -1$ のとき

　　$y = -2$

(ii)　$-1 \leqq x < 0$ のとき

　　$y = -1$

(iii)　$0 \leqq x < 1$ のとき

　　$y = 0$

(iv)　$1 \leqq x < 2$ のとき

　　$y = 1$

(v)　$2 \leqq x < 3$ のとき

　　$y = 2$

意味はわかるかな？　例えば，(v)なら，$2 \leqq x < 3$，つまり，$x = 2.\cdots\cdots$ということで，$y = [2.\cdots\cdots] = 2$ ということだ。

「−2から3までの間でかくと決まっているんですか？」

いや。特にルールはないんだ。実際に x は果てしなく続くわけだし，グラフをぜんぶかくことは不可能だからね。一応，習慣として，$x = 0$ 周辺を4，5個場合分けしてかけばいいよ。さて，以上の結果をグラフにすると，次のようになる。

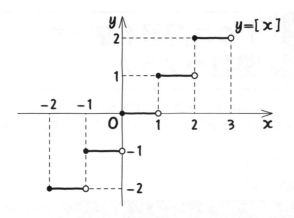

「グラフは全然連続じゃないですね。」

$y=[x]$ のグラフがわかったところで，実際に問題を解いてみようか。

例題 **2-39**　　定期テスト 出題度 ❶❶　　2次・私大試験 出題度 ❶❶❶

　　関数 $y=x[x]$ は次の点で連続であるといえるか。

(1)　$x=0$

(2)　$x=1$

「さっきの $y=[x]$ のように分ければいいんですか？」

　うん。ふつうの場合はそうなんだ。でも，今回は，$x=0$，1のとき連続かどうか調べたいんだよね。だから，**$x=0$，1の周辺だけかけば十分**だよ。$-1≦x<0$，$0≦x<1$，$1≦x<2$ だけにしておこう。やってみて。

「(i)　$-1≦x<0$ のとき

　　　　$[x]$ は-1だし……，x は？」

　x はいくつかわからないね。x のままでいいよ。

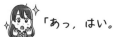

「あっ，はい。

解答　(1)　(i)　$-1 \leqq x < 0$ のとき

$$y = x \cdot (-1)$$
$$= -x$$

(ii)　$0 \leqq x < 1$ のとき

$$y = x \cdot 0$$
$$= 0$$

(iii)　$1 \leqq x < 2$ のとき

$$y = x \cdot 1$$
$$= x$$

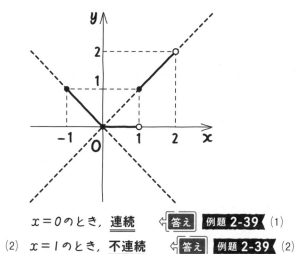

$x = 0$ のとき，<u>**連続**</u>　←[答え]　**例題 2-39**　(1)

(2)　$x = 1$ のとき，<u>**不連続**</u>　←[答え]　**例題 2-39**　(2)

です。」

正解。さて，これも，[2-26] の問題のように，グラフをかかなくても求めることができるよ。$x = 0$ のところで連続ということは，$x = 0$ のときの値も，$x \to 0$ のときの極限もあり，しかも，その両方が等しいということがいえればいいんだ。やってみるよ。

解答　(1)　$f(x)=x[x]$ とおくと　　$f(0)=0$

さらに

$$\lim_{x \to -0} x[x] = 0 \cdot (-1) = 0$$

$$\lim_{x \to +0} x[x] = 0 \cdot 0 = 0$$

より

$$\lim_{x \to 0} x[x] = 0$$

よって，$x=0$ のとき，**連続**　　⇐ 答え　例題 **2-39** (1)

「$x[x]$ で $x \to -0$ にすると，x が 0 に近づくのはわかるんですけど，どうして，$[x]$ が -1 なんですか？」

えっ？　だって，$x \to -0$ にするということは，$-0.000 \cdots\cdots 1$ に近づけるということだよね。$[-0.000 \cdots\cdots 1]$ って，いくつ？

「$-0.000 \cdots\cdots 1$ 以下の整数で最大のものは $\cdots\cdots$ あっ，-1 だ！」

「$x \to +0$ のほうも，同じ考えでいいんですか？」

うん。そうだよ。$x \to +0$ にするということは，$0.000 \cdots\cdots 1$ に近づけるということだ。$[0.000 \cdots\cdots 1]$ は 0 だよね。

(2)の解答は次のようになるよ。

解答　(2)　$\lim_{x \to 1-0} x[x] = 1 \cdot 0 = 0$

$$\lim_{x \to 1+0} x[x] = 1 \cdot 1 = 1$$

より

$$\lim_{x \to 1} x[x] は存在しない。$$

よって，$x=1$ のとき，**不連続**　　⇐ 答え　例題 **2-39** (2)

連続を使った応用問題

『連続』の意味がよく理解できていたら，難しいところはないと思うよ。

数Ⅲ
2章

例題 2-40　定期テスト 出題度 ❗❗　　2次・私大試験 出題度 ❗❗❗

次の関数が実数全体で連続であるとき，定数 a, b の値を求めよ。

$$f(x) = \begin{cases} b + \cos x & (x < 0) \\ a & (x = 0) \\ \sqrt{x^2 + 7x + 4} & (x > 0) \end{cases}$$

まず，$y = b + \cos x$ は $x < 0$ の範囲で連続だということは，わかる？

「えっ？　どうしてですか？」

じゃあ，グラフを使って説明するよ。$y = \cos x$ のグラフは覚えている？

「波の形をしているものですよね。」

そうだね。『数学Ⅱ・B編』の **4-6** で登場したね。全体が一本につながっているグラフだ。そして，$y = b + \cos x$ のグラフは，$y - b = \cos x$ と考えれば，$y = \cos x$ のグラフを y 軸方向に b だけ平行移動したものとわかるね。

「ずらしただけだから形は変わらないし，これもつながったグラフだな。」

そういうことだ。

「$y = \sqrt{x^2 + 7x + 4}$ のグラフってどういう形をしているんですか？」

　いや。グラフの形がわからなくてもいいんだ。**連続な関数に$\sqrt{}$をかぶせても連続なんだよ。もちろん,$\sqrt{}$の中は必ず0以上になる必要があるけ**どね。

　今回の$y=\sqrt{x^2+7x+4}$の場合では,$y=x^2+7x+4$のグラフは放物線だから連続だよね。また,$x>0$では$\underset{\text{0より大きい}}{\underline{x^2+7x+4}}>0$だから$y=\sqrt{x^2+7x+4}$は連続なんだ。

　さて,$y=b+\cos x$は$x<0$の範囲で連続だし,$y=\sqrt{x^2+7x+4}$のグラフも$x>0$の範囲で連続。**あとは, "つなぎ目"の$x=0$のところで連続であることをいえばいいんだね。**

「$x=0$のときの値と,$x\to0$の極限が存在し,しかも,一致するということですね。」

　うん。$x\to0$のときの$f(x)$の極限を考えてみよう。

　まず,左極限だけど,$x<0$の方向から近づけていくんだよね。

「じゃあ,グラフは,$f(x)=b+\cos x$ということか。」

　そうだね。左極限はどうなる?

「$\lim_{x\to-0}f(x)=\lim_{x\to-0}(b+\cos x)=b+1$　です。」

　その通り。次に,右極限を調べてみよう。

「$x>0$の方向から近づけるのだから,$f(x)=\sqrt{x^2+7x+4}$を使うんですね。$\lim_{x\to+0}f(x)=\lim_{x\to+0}\sqrt{x^2+7x+4}=2$　です。」

　そうなるね。そして,極限が存在するということはその両者が一致するということだ。

「$b+1=2$ということですね。」

うん。一方，$x=0$ のとき値は a だとわかっている。そして，この値は，極限と同じになるということだね。

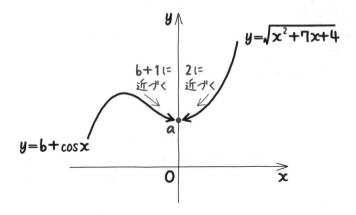

解答　$y=b+\cos x\ (x<0)$，$y=\sqrt{x^2+7x+4}\ (x>0)$

のグラフがそれぞれの範囲で連続であるのは明らか。

さらに，$x=0$ で連続より

$$\lim_{x \to -0} f(x) = \lim_{x \to -0} (b+\cos x) = b+1$$
$$\lim_{x \to +0} f(x) = \lim_{x \to +0} \sqrt{x^2+7x+4} = 2$$

で

$b+1=2$ より　　$\underline{b=1}$

また，$f(0)=a$ より　　$\underline{a=2}$　　⇐ 答え　例題 2-40

中間値の定理

方程式の解は求められないけど，ある範囲内に解があるかないかを示すというムチャな問題もあるんだ。意外に解きかたは単純なんだけどね。

　ここでは，**中間値の定理**というのを勉強するよ。次のようなものだ。

Point 13　中間値の定理

　関数 $f(x)$ が $a \leqq x \leqq b$ で連続で，$f(a) \neq f(b)$ ならば，m を，$f(a)$ と $f(b)$ の間の値とするとき，$f(c) = m$，$a < c < b$ となる c が少なくとも1つ存在する。

「意味がよくわからない……。」

　例えば，2点 $(a, f(a))$，$(b, f(b))$ を取ってみよう。$f(a)$ と $f(b)$ の値は違うから，高さを変えて取るんだよ。そして，その2点の間に直線 $y = m$ をひく。そして，2点をつなぐ $y = f(x)$ のグラフをかくと，連続で，途中で切れていないから，直線 $y = m$ と少なくとも1回は交わるね。そういうことをいっているんだ。

「えっ？　それって当たり前ですよね。」

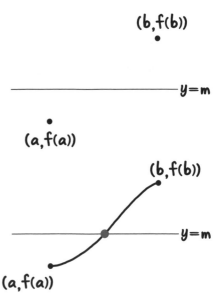

まあ，そうだよね（笑）。$f(x)$の値がmになるときのxをcとしよう。つまり，$f(c)=m$となるcはa，bの間に少なくとも1つ存在するよね。

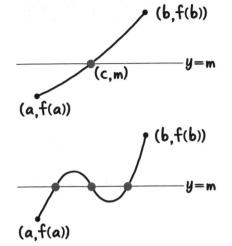

「『少なくとも1つ』ということは，2つ，3つ，……と存在することもあるの？」

そうだよ。上がったり，下がったりするグラフだと，何度も交わることもあるものね。

例題 2-41 　定期テスト 出題度 !! 　2次・私大試験 出題度 !!!

　方程式$3^x-7x+2=0$が$2<x<3$で少なくとも1つの実数解をもつことを示せ。

「因数分解できないな……。」

1-4 ， 1-6 や， 1-7 でも登場した考えかただよ。

$y=3^x-7x+2$と$y=0$のグラフが$2<x<3$で少なくとも1つの**共有点**をもつことを示せばいいんだ。

「$y=3^x-7x+2$ってどんなグラフになるんですか？」

あとの4章を勉強すればかけるんだけど……ここでは，グラフがなくても大丈夫だよ。まず，$y=3^x-7x+2$のグラフに関してなんだけど，$y=3^x$，$y=-7x+2$ともに連続なグラフだから，連続になる。

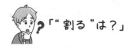 連続なグラフどうしを足したり，引いたり，掛けたりしたグラフは連続　なんだよ。

「" 割る " は？」

あっ，それはダメ。必ずしも連続になるとは限らない。例えば，

$y=\dfrac{3^x}{-7x+2}$ なら，$-7x+2\neq0$，つまり，$x\neq\dfrac{2}{7}$ となり，$x=\dfrac{2}{7}$ のところは

値がない。だから，$x=\dfrac{2}{7}$ では連続にならないよ。いい？

じゃあ，話を元に戻すよ。$y=3^x-7x+2$ のグラフは連続だとわかった。ちなみに，$x=2$，3のときの値はどうなる？　3^x-7x+2 に代入してごらん。

「$x＝2$ のときは -3 で……，$x＝3$ のときは 8 です。」

そう。$x=2$ のときは負で，$x=3$ のときは正になっているということは，その2点をつなげると，途中で $y=0$ のグラフと少なくとも1回は交わるよね。

> **解答**　$f(x)=3^x-7x+2$ とすると，
> $y=3^x$ は指数関数で連続，$y=-7x+2$ は1次関数で連続だから，それらを加えた $y=f(x)$ は連続。
> さらに，$f(2)=-3$，$f(3)=8$ で，
> 0は -3 と8の間の値だから，中間値の定理より，$f(x)=0$，つまり，$3^x-7x+2=0$ となる x が $2<x<3$ に少なくとも1つ存在する。

例題 2-41

「実数解は求めなくていいんですか？」

必要ないよ。この問題は実数解をもつことを証明すればいいだけだからね。

微分

「微分も，数学Ⅱでやりましたけど……。
さらに難しい内容になるということ
ですか？」

　数学Ⅱではn次関数の微分だけだっ
た。でも，他にも関数ってあるよね。三
角関数，指数関数，対数関数，分数関数，
無理関数，……とかいろいろと。そうい
う微分もここでは扱うんだ。

「うーん……，数学Ⅱの微分って，ま
だ序の口だったのか。ここからがた
いへんそうだな。」

　うん。微分の種類だっていろいろある。
しかも，微分ができるか？　できないか？
などの話も登場するよ。

微分係数の定義

数学Ⅱでは，微分係数の定義から勉強したけど，長い間公式ばかり使っていたせいで，定義を忘れてしまっているかもしれないね。

　『数学Ⅱ・B編』の **6-4** で微分係数の定義というのを習ったよね。そのとき説明したけど，簡単に振り返っておこう。

"$x=a$のときの一瞬の変化の割合"を求めたいとき，まず，$x=a$から$x=b$までの平均変化率$\dfrac{f(b)-f(a)}{b-a}$を求め，bをaに限りなく近づければいいんだったね。

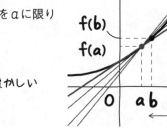

「あっ，そうだった！　懐かしいな。」

　これを，$x=a$における**微分係数**といい，$f'(a)$ と表すんだった。

$$f'(a) = \lim_{b \to a} \frac{f(b)-f(a)}{b-a}$$

　さらに，bはaより少し大きい（または小さい）という意味を込めて，$b=a+h$とおけば

$$f'(a) = \lim_{h \to 0} \frac{f(a+h)-f(a)}{h}$$

と表せた。

　同様に，"$y=f(x)$ のx座標がxのときの変化の割合"は

$$f'(x) = \lim_{h \to 0} \frac{f(x+h)-f(x)}{h}$$

「名前は，えーっと……。あっ，導関数といって，関数でしたね。」

その通り。式の形はソックリだけど，意味も呼びかたも違ったんだよね。

例題 3-1　定期テスト 出題度 **!** **!**　　2次・私大試験 出題度 **!**

次の関数の導関数を，定義を用いて求めよ。

(1) $f(x) = \dfrac{1}{x^2}$

(2) $f(x) = \sqrt[3]{x}$

(3) $f(x) = e^x$

(4) $f(x) = \log x$

(5) $f(x) = \sin x$

(1)は，まず，次のようになるね。

$$f'(x) = \lim_{h \to 0} \frac{f(x+h) - f(x)}{h}$$

$$= \lim_{h \to 0} \frac{\dfrac{1}{(x+h)^2} - \dfrac{1}{x^2}}{h}$$

このように，分子や分母が分数になっているときは，どうするんだっけ？

「あっ，思い出した！　"小さい分母"の最小公倍数を掛けるやつか！」

そうだね。『数学Ⅱ・B編』の **1-14** で登場した繁分数式と呼ばれるものだ。今回は"小さい分母"が，$(x+h)^2$ と x^2 だから，$(x+h)^2 x^2$ を分子，分母に掛ければいいね。

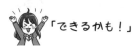「できるかも！」

そう？　じゃあ，ミサキさん，解いてみて。

「解答」 (1) $\displaystyle f'(x) = \lim_{h \to 0} \frac{f(x+h) - f(x)}{h}$

$\displaystyle = \lim_{h \to 0} \frac{\dfrac{1}{(x+h)^2} - \dfrac{1}{x^2}}{h}$

分子，分母に $(x+h)^2 x^2$ を掛ける

$\displaystyle = \lim_{h \to 0} \frac{x^2 - (x+h)^2}{h(x+h)^2 x^2}$

$\displaystyle = \lim_{h \to 0} \frac{-2xh - h^2}{h(x+h)^2 x^2}$

$\displaystyle = \lim_{h \to 0} \frac{-h(2x+h)}{h(x+h)^2 x^2}$

$\displaystyle = \lim_{h \to 0} \frac{-(2x+h)}{(x+h)^2 x^2}$

$\displaystyle = \frac{-2x}{x^4} = -\frac{2}{x^3}$ ⇐「答え」 例題 **3-1** (1)」

そうだね。よくできました。(2)は，$\displaystyle \lim_{h \to 0} \frac{\sqrt[3]{x+h} - \sqrt[3]{x}}{h}$ の計算になるが，分子の3乗根をなくしたいね。

「3乗すればいいのか。分子は，

$(\sqrt[3]{x+h} - \sqrt[3]{x})^3 = (\sqrt[3]{x+h})^3 - 3(\sqrt[3]{x+h})^2 \cdot \sqrt[3]{x}$
$\qquad\qquad\qquad\qquad + 3\sqrt[3]{x+h} \cdot (\sqrt[3]{x})^2 - (\sqrt[3]{x})^3$

$\qquad\qquad = (x+h) - 3(\sqrt[3]{x+h})^2 \cdot \sqrt[3]{x}$
$\qquad\qquad\qquad\qquad + 3\sqrt[3]{x+h} \cdot (\sqrt[3]{x})^2 - x$

あれっ？」

$\sqrt[3]{x+h}$ を a，$\sqrt[3]{x}$ を b とみなせば，$a - b$ になっているわけだ。
$a - b$ を3乗したら，$a^3 - 3a^2b + 3ab^2 - b^3$ になり，a^3，b^3 はいいけど，
$3a^2b$，$3ab^2$ には3乗根を含んでしまう。ここは，**$a^2 + ab + b^2$ にあたるものを掛ければ，$a^3 - b^3$ になってうまくいくよ。**

「$\sqrt[3]{x+h} - \sqrt[3]{x}$ だから，$(\sqrt[3]{x+h})^2 + \sqrt[3]{x+h} \cdot \sqrt[3]{x} + (\sqrt[3]{x})^2$ を掛ければいいのですね。」

分子，分母に掛けるから，分母に 3 乗根が残るけど，それは構わない。そのまま $h \to 0$ にすると，極限が求まる。ハルトくん。解いてみて。

「解答 (2) $f'(x) = \lim_{h \to 0} \dfrac{f(x+h) - f(x)}{h}$

$= \lim_{h \to 0} \dfrac{\sqrt[3]{x+h} - \sqrt[3]{x}}{h}$

$= \lim_{h \to 0} \dfrac{\{\sqrt[3]{x+h} - \sqrt[3]{x}\}\{(\sqrt[3]{x+h})^2 + \sqrt[3]{x+h}\cdot\sqrt[3]{x} + (\sqrt[3]{x})^2\}}{h\{(\sqrt[3]{x+h})^2 + \sqrt[3]{x+h}\cdot\sqrt[3]{x} + (\sqrt[3]{x})^2\}}$

$= \lim_{h \to 0} \dfrac{(\sqrt[3]{x+h})^3 - (\sqrt[3]{x})^3}{h\{(\sqrt[3]{x+h})^2 + \sqrt[3]{x+h}\cdot\sqrt[3]{x} + (\sqrt[3]{x})^2\}}$

$= \lim_{h \to 0} \dfrac{(x+h) - x}{h\{(\sqrt[3]{x+h})^2 + \sqrt[3]{x+h}\cdot\sqrt[3]{x} + (\sqrt[3]{x})^2\}}$

$= \lim_{h \to 0} \dfrac{h}{h\{(\sqrt[3]{x+h})^2 + \sqrt[3]{x+h}\cdot\sqrt[3]{x} + (\sqrt[3]{x})^2\}}$

$= \lim_{h \to 0} \dfrac{1}{(\sqrt[3]{x+h})^2 + \sqrt[3]{x+h}\cdot\sqrt[3]{x} + (\sqrt[3]{x})^2}$

$= \dfrac{1}{3(\sqrt[3]{x})^2}$

$= \underline{\dfrac{1}{3\sqrt[3]{x^2}}}$ ⇐ 答え **例題 3-1** (2)

です。」

正解。(3)は，**例題 2-35** で出てきた，$\lim_{h \to 0} \dfrac{e^h - 1}{h} = 1$ を使えば解ける。

解答 (3) $f'(x) = \lim_{h \to 0} \dfrac{f(x+h) - f(x)}{h}$

$= \lim_{h \to 0} \dfrac{e^{x+h} - e^x}{h}$

$= \lim_{h \to 0} \dfrac{e^x(e^h - 1)}{h}$

$= e^x \cdot 1$

$= \underline{\underline{e^x}}$ ⇐ 答え **例題 3-1** (3)

数III **3** 章

「(4)は底が書いてないんですけど……。」

おっと, これは, 例題 **2-34** で説明したよ。底が e のときは省略できるんだったね。

 「あっ, そうか。自然対数ってやつか。」

$$f'(x) = \lim_{h \to 0} \frac{f(x+h) - f(x)}{h}$$

$$= \lim_{h \to 0} \frac{\log(x+h) - \log x}{h}$$

$$= \lim_{h \to 0} \frac{\log \dfrac{x+h}{x}}{h}$$

$$= \lim_{h \to 0} \frac{\log \left(1 + \dfrac{h}{x}\right)}{h}$$

ここは,『数学Ⅱ・B編』の **5-15** の $\overset{Point}{48}$ で登場した $\log_a M - \log_a N = \log_a \dfrac{M}{N}$ の公式だったけど, 大丈夫かな?

さて, このあと, まず, $\dfrac{1}{h}$ を前に出す。すると, $k \log_a M = \log_a M^k$ の公式も使えるね。

$$= \lim_{h \to 0} \left\{ \frac{1}{h} \log \left(1 + \frac{h}{x}\right) \right\}$$

$$= \lim_{h \to 0} \log \left(1 + \frac{h}{x}\right)^{\frac{1}{h}}$$

このあとは, **2-24** の $\overset{Point}{10}$ で登場した $\lim_{h \to 0} (1+h)^{\frac{1}{h}} = e$ の公式を使えばいい。

解答 (4) $f'(x) = \lim_{h \to 0} \dfrac{f(x+h)-f(x)}{h}$

$\qquad = \lim_{h \to 0} \dfrac{\log(x+h)-\log x}{h}$

$\qquad\qquad\qquad\qquad\qquad\qquad$ $\log_a M - \log_a N$
$\qquad\qquad\qquad\qquad\qquad\qquad$ $= \log_a \dfrac{M}{N}$

$\qquad = \lim_{h \to 0} \dfrac{\log \dfrac{x+h}{x}}{h}$

$\qquad = \lim_{h \to 0} \dfrac{\log\left(1+\dfrac{h}{x}\right)}{h}$

$\qquad = \lim_{h \to 0} \left\{\dfrac{1}{h}\log\left(1+\dfrac{h}{x}\right)\right\}$

$\qquad\qquad\qquad\qquad\qquad\qquad$ $k\log_a M = \log_a M^k$

$\qquad = \lim_{h \to 0} \log\left(1+\dfrac{h}{x}\right)^{\frac{1}{h}}$

$\qquad\qquad\qquad\qquad\qquad\qquad$ $\lim_{\square \to 0}(1+\square)^{\frac{1}{\square}}=e$ で
$\qquad\qquad\qquad\qquad\qquad\qquad$ $\square$ がすべて同じに
$\qquad\qquad\qquad\qquad\qquad\qquad$ なるようにする

$\qquad = \lim_{h \to 0} \log\left\{\left(1+\dfrac{h}{x}\right)^{\frac{x}{h}}\right\}^{\frac{1}{x}}$

$\qquad = \log e^{\frac{1}{x}}$

$\qquad = \underline{\underline{\dfrac{1}{x}}}$　◁ **答え** **例題 3-1** (4)

(5)の $f(x)=\sin x$ も途中までやってみよう。

$\qquad f'(x) = \lim_{h \to 0} \dfrac{f(x+h)-f(x)}{h}$

$\qquad\qquad = \lim_{h \to 0} \dfrac{\sin(x+h)-\sin x}{h}$

「わかった！　$\sin(x+h)$ のところで加法定理を使えばいいんだ。」

　うん。それでもできないことはない。でも，『数学Ⅱ・B編』の **4-19** で登場した

和→積の公式
$$\sin A - \sin B = 2\cos\dfrac{A+B}{2}\sin\dfrac{A-B}{2}$$

を使えばもっとラクだよ。

$$f'(x) = \lim_{h \to 0} \frac{2\cos\left(x + \dfrac{h}{2}\right)\sin\dfrac{h}{2}}{h} \quad \begin{array}{l} \leftarrow A = x + h, \ B = x \ \text{で} \\ A + B = 2x + h, \ A - B = h \end{array}$$

となるね。あとは，　2-21　で勉強した通りの変形をすればいい。sinが1つあ

るから，$\dfrac{\sin\bullet}{\bullet}$ が1ペア作れる。まぎらわしかったら，cosを移動して，

$$= \lim_{h \to 0}\left\{\frac{\sin\dfrac{h}{2}}{h} \cdot 2\cos\left(x + \frac{h}{2}\right)\right\}$$

とすればわかりやすいかもね。じゃあ，ミサキさん，最初からやってみて。

「解答　(5)　$f'(x) = \lim\limits_{h \to 0} \dfrac{f(x + h) - f(x)}{h}$

$\qquad = \lim\limits_{h \to 0} \dfrac{\sin(x + h) - \sin x}{h}$ 　$\begin{array}{l}\sin A - \sin B \\ = 2\cos\dfrac{A+B}{2}\sin\dfrac{A-B}{2}\end{array}$

$\qquad = \lim\limits_{h \to 0} \dfrac{2\cos\left(x + \dfrac{h}{2}\right)\sin\dfrac{h}{2}}{h}$

$\qquad = \lim\limits_{h \to 0}\left\{\dfrac{\sin\dfrac{h}{2}}{h} \cdot 2\cos\left(x + \dfrac{h}{2}\right)\right\}$

$\qquad = \lim\limits_{h \to 0}\left\{\dfrac{\sin\dfrac{h}{2}}{\dfrac{h}{2}} \cdot \cos\left(x + \dfrac{h}{2}\right)\right\}$ 　$\leftarrow \lim\limits_{\bullet \to 0}\dfrac{\sin\bullet}{\bullet} = 1$

$\qquad = \underline{\cos x}$ 　　⇦ 答え　例題 3-1 (5)

でいいですか？」

そう。正解だね。

第 *n* 次導関数

　微分した関数を導関数といい，y' とか $f'(x)$ で表すよね。

　ちなみに，2回微分した関数は**第2次導関数**といい，y'' とか $f''(x)$ で表すし，同じように，y を x で3回微分した関数は第3次導関数といい，y''' とか $f'''(x)$ で表すんだ。

　　「じゃあ，10回微分したときは，'を10個もつけるんですか？　たいへんだなあ……。」

　微分した回数が多いとき，例えば10回微分したときは，$y^{(10)}$ とか $f^{(10)}(x)$ というふうに書けばいいよ。あと，もう1つ。『数学Ⅱ・B編』の

お役立ち話⑭ でやったように，『x で微分』のときは，前に $\dfrac{d}{dx}$ をつける

という方法もあったね。だから，y を x で微分した関数は $\dfrac{d}{dx}\cdot y$ とか，分子

に y を乗っけちゃって，$\dfrac{dy}{dx}$ と書いたりしたよね。じゃあ，y を x で2回微

分した関数はどう書けばいいと思う？

　　「$\dfrac{d}{dx}\cdot\dfrac{d}{dx}\cdot y$ ですか？」

　そうだね。まとめて，もっと簡単にすれば，$\dfrac{d^2y}{dx^2}$ と表せるよ。

x^r の導関数

公式は余裕かな？　むしろ，数学Ⅱの指数をしっかり覚えているかが心配だ。

14　x^r の導関数

$y = x^r$（rは有理数）なら，$y' = rx^{r-1}$

　「あれっ？　これ，『数学Ⅱ・B編』の 6-6 でやりましたよね？」

　うん。でも，そのときは，x^n で "n は自然数" となっていたね。でも，実際は，指数 n が負でも，分数でも，この公式は成り立つんだ。実際に問題を解いてみよう。導関数を求めることを「微分する」というんだ。

例題 3-2　　定期テスト 出題度 ❗❗❗　　2次・私大試験 出題度 ❗❗❗

次の関数を微分せよ。

(1)　$y = \dfrac{1}{x^4}$

(2)　$y = \sqrt{x}$

(3)　$y = \dfrac{2}{\sqrt[5]{x^3}}$

　このままだと微分できないから，まず，指数の形に直そう。直しかたは，以下のようにやろう。『数学Ⅱ・B編』の 5-4 でやったよね。

$$a^{-n} = \frac{1}{a^n}, \quad a^{\frac{1}{n}} = \sqrt[n]{a}, \quad a^{\frac{1}{2}} = \sqrt{a}, \quad a^{\frac{p}{n}} = \left(\sqrt[n]{a}\right)^p = \sqrt[n]{a^p}$$

「(1)は, $y = x^{-4}$ ですね。」

うん。そして, 微分すると, 指数の -4 が前に出て, 指数は1小さくなる。これは, 数学Ⅱのときと同じだよ。

解答　(1)　$y = \dfrac{1}{x^4}$　　　$\dfrac{1}{a^n} = a^{-n}$

$\qquad = x^{-4}$

$\qquad y' = -4x^{-5}$

$\qquad = -4 \cdot \dfrac{1}{x^5} = -\dfrac{4}{x^5}$　　答え　例題 3-2　(1)

数Ⅲ
3章

微分が終わったら, もとの形に戻せばいいよ。

「$-4x^{-5}$ のままじゃダメなんですか？」

問題が『$y = x^{-4}$ を微分せよ。』というふうに指数の形になっていたら, それでいいよ。でも, 今回は元の式が分数の形になっているから, 分数の形で答えるようにしよう。

「暗黙のルールということか。」

そうだね。じゃあ, ミサキさん。(2)は, どうなると思う？

「$\sqrt{}$ ということは $\dfrac{1}{2}$ 乗だから, $y = x^{\frac{1}{2}}$。これを微分すると, まず, 指数の $\dfrac{1}{2}$ が前に出て, 指数は1小さくなるから……？」

$\dfrac{1}{2}$ より1小さい数っていくつ？

「$\dfrac{1}{2} - 1 = -\dfrac{1}{2}$ だから, $y' = \dfrac{1}{2}x^{-\frac{1}{2}}$ ですね。あっ, そうだ。$x^{-\frac{1}{2}}$ の形を変えなきゃいけないですね。どのようにすれば……？」

まず，マイナス乗を何とかしよう。マイナス乗は逆数になるんだったね。

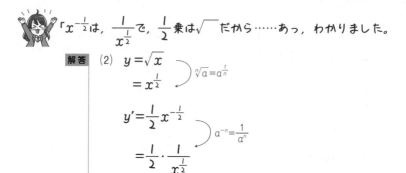

「$x^{-\frac{1}{2}}$は，$\dfrac{1}{x^{\frac{1}{2}}}$で，$\dfrac{1}{2}$乗は$\sqrt{}$だから……あっ，わかりました。

解答　(2)　$y = \sqrt{x}$

$\qquad = x^{\frac{1}{2}}$ 　　$\sqrt[n]{a} = a^{\frac{1}{n}}$

$\qquad y' = \dfrac{1}{2} x^{-\frac{1}{2}}$ 　　$a^{-n} = \dfrac{1}{a^n}$

$\qquad = \dfrac{1}{2} \cdot \dfrac{1}{x^{\frac{1}{2}}}$

$\qquad = \dfrac{1}{2} \cdot \dfrac{1}{\sqrt{x}} = \dfrac{1}{2\sqrt{x}}$ 　⇐ 答え 例題 3-2 (2)」

「分母は有理化しなくてもいいんですか？」

答えは最も簡単な形で答えるのが鉄則なんだ。今回は，もし有理化したら，$\dfrac{\sqrt{x}}{2x}$になるのだが，これは簡単になったとはいえないんじゃないかな？ xが1つだったのに，有理化したおかげでxが2つになるし，かえって面倒くさい式になっちゃうよね。

さて，(3)だけど，ハルトくん。できるところまででいいから，解いてみて。

「解答　(3)　$y = \dfrac{2}{\sqrt[5]{x^3}}$

$\qquad = \dfrac{2}{x^{\frac{3}{5}}}$ 　　$\sqrt[n]{a^p} = a^{\frac{p}{n}}$

$\qquad = 2x^{-\frac{3}{5}}$ 　　$\dfrac{1}{a^n} = a^{-n}$

$\qquad y' = 2 \cdot \left(-\dfrac{3}{5}\right) x^{-\frac{8}{5}}$ 　←$-\dfrac{3}{5} - 1 = -\dfrac{8}{5}$

$\qquad = \left(-\dfrac{6}{5}\right) \cdot \dfrac{1}{x^{\frac{8}{5}}}$

$\qquad$ ……　　」

ちょっと，ストップ！　そこまではいい。そのあと，どう直そうと思った？

「$-\dfrac{6}{5\sqrt[5]{x^8}}$ ですが……。ダメですか？」

"1より大きい数"乗は，"整数＋1より小さい数"乗に直してから変形

してほしいんだ。今回の場合は，

$$\dfrac{8}{5}=1+\dfrac{3}{5} \qquad とするんだ。$$

↑　　　↑
1より　1より
大きい数　小さい数

$$= \left(-\dfrac{6}{5}\right)\cdot\dfrac{1}{x^{1+\frac{3}{5}}}$$

$$= \left(-\dfrac{6}{5}\right)\cdot\dfrac{1}{x\cdot x^{\frac{3}{5}}}$$

$$= -\dfrac{6}{5x\sqrt[5]{x^3}}$$ ◁ 答え 例題 3-2 (3)

とするべきなんだ。

「$-\dfrac{6}{5\sqrt[5]{x^8}}$ じゃ，間違いなんですか？」

計算としては，間違ってはいない。でも，この後の4章に入ると，微分して値を代入するという計算が多く登場するんだ。例えば，$x=7$ を代入するなんて場面になると，$-\dfrac{6}{5\sqrt[5]{7^8}}$ とかになって，計算がたいへんだよね。でも，今回のように変形すると，$-\dfrac{6}{35\sqrt[5]{7^3}}$ となるね。7の3乗を求めるのは，そんなにたいへんではないはずだ。

合成関数の微分（かたまりの微分）

『数学Ⅱ・B編』の 6-6 の⑥で，$y=(ax+b)^n$なら，$y'=n(ax+b)^{n-1}\cdot a$になるというのを習ったね。そうなる理由がここでわかるよ。

例題 3-3　（定期テスト 出題度 ❗❗❗）（2次・私大試験 出題度 ❗❗❗）

関数 $y=(4x^2-x+9)^6$ を微分せよ。

「展開してから微分するのは計算が大変だ……。」

　うん。大変だね。だけど，今回は展開せずに微分できるんだ。まず，（ ）の中の式をuとおいて考える。

解答　$u=4x^2-x+9$　……①　とおく。

　そうすると，

$$y=u^6 \quad ……②$$

ともいえる。

「①と②の式ができるんですね。」

　そうなんだ。問題の関数は①と②の合成関数というよ。

　まず，①の式を使って，uをxで微分すると，

$$\frac{du}{dx}=8x-1$$

　次に，②の式を使って，yをuで微分すると，

$$\frac{dy}{du}=6u^5$$

になる。求めたいものは，$\frac{dy}{dx}$だよね。この2つの式を掛ければ求められるんだよ。

$$\frac{dy}{dx} = \frac{dy}{du} \cdot \frac{du}{dx} = 6u^5 \cdot (8x-1)$$

$$= \underline{\underline{6(4x^2 - x + 9)^5(8x - 1)}} \quad \Leftarrow \boxed{\text{答え}} \quad \boxed{\text{例題 3-3}}$$

$u = 4x^2 - x + 9$ を代入すれば，x のみの式になるね。

15 合成関数の微分

$$\frac{dy}{dx} = \frac{dy}{du} \cdot \frac{du}{dx}$$

　実はもっと便利なやりかたがある。まず，（　）の中の式，今回は $4x^2 - x + 9$ だけど，これを 1 つのかたまりと考えるんだ。

$$y = (\underset{\bullet}{\underline{4x^2 - x + 9}})^6$$

$y = \bullet^6$ の形になり，これを $\bullet$ で微分すれば，$y' = 6\bullet^5$ になる。

これに"かたまり $\bullet$ を x で微分したもの"を掛ければいい。

「$4x^2 - x + 9$ を微分すると，$8x - 1$ ですね。」

そう。だから，

$$y' = 6\underset{\bullet}{(\underline{4x^2 - x + 9})}^5 \underset{\bullet'}{(\underline{8x - 1})}$$

これでいいんだ。これは展開しなくていいよ。

「こっちのほうがずっとラクですね（笑）。でも，どうしてその計算でいいのですか？」

かたまりの $\bullet$ は，さっきの u だ。

y を $\bullet$ で微分してできた $6\bullet^5$ はさっきの $\dfrac{dy}{du}$ にあたるよ。さらに，$\bullet$ を x で微分した $\bullet'$ は $\dfrac{du}{dx}$ のことだろう？　だから，その両方を掛ければいいんだ。

例題 **3-4**　　定期テスト 出題度 **❶❶❶**　　2次・私大試験 出題度 **❶❶❶**

次の関数を微分せよ。

(1)　$y = \dfrac{1}{-5x+2}$

(2)　$y = \sqrt[3]{(2x+7)^2}$

じゃあ，練習してみよう。ハルトくんは(1)，ミサキさんは(2)を解いてみて。

「**解答**　(1)　$y = \dfrac{1}{-5x+2}$

$= (-5x+2)^{-1}$ ← $\dfrac{1}{a^n} = a^{-n}$

$y' = -(-5x+2)^{-2} \cdot (-5)$ ← $(-5x+2)' = -5$

$= 5(-5x+2)^{-2}$

$= \dfrac{5}{(-5x+2)^2}$ ⟵ **答え** 例題 **3-4** (1)

です。」

「**解答**　(2)　$y = \sqrt[3]{(2x+7)^2}$

$= (2x+7)^{\frac{2}{3}}$ ← $\sqrt[n]{a^p} = a^{\frac{p}{n}}$

$y' = \dfrac{2}{3}(2x+7)^{-\frac{1}{3}} \cdot 2$ ← $(2x+7)' = 2$

$= \dfrac{4}{3}(2x+7)^{-\frac{1}{3}}$

$= \dfrac{4}{3} \cdot \dfrac{1}{(2x+7)^{\frac{1}{3}}}$ ← $a^{-n} = \dfrac{1}{a^n}$

$= \dfrac{4}{3\sqrt[3]{2x+7}}$ ⟵ **答え** 例題 **3-4** (2)

です。」

おっ，いいね。正解だよ。この微分のやりかたに慣れてね。

3-4 積，商の微分

これも，**3-3** と並んで絶対はずせないものだ。知らないと，数学Ⅲのほぼすべての微分の問題ができないよ。

例題 3-5
定期テスト 出題度 ❗❗❗　2次・私大試験 出題度 ❗❗❗

次の関数を微分せよ。

(1) $y = (x^2 + 7x - 1)(4x - 9)$

(2) $y = \dfrac{x^2 + 6x - 1}{3x - 8}$

x の式どうしの掛け算や，分子，分母が x の式になっているものを微分する公式があるんだ。

Point 16 積，商の導関数

積の導関数

$y = f(x)g(x)$ なら，$y' = f'(x)g(x) + f(x)g'(x)$

商の導関数

$y = \dfrac{f(x)}{g(x)}$ なら，$y' = \dfrac{f'(x)g(x) - f(x)g'(x)}{\{g(x)\}^2}$

(1)は，展開してから微分してもいいのだけど，一応練習の意味も兼ねて，上の公式で解いてみよう。

「前の式を微分したものと，後ろの式そのままを掛けたもの」＋「前の式そのままと，後ろの式を微分したものを掛けたもの」だね。

解答　(1)　$y=(x^2+7x-1)(4x-9)$

前の式$f(x)$　　　後ろの式$g(x)$

$y'=(x^2+7x-1)'(4x-9)+(x^2+7x-1)(4x-9)'$　←$y'=f'(x)g(x)$
$+f(x)g'(x)$

前の式を微分　後ろの式　　　前の式　　後ろの式を
したもの$f'(x)$　$g(x)$　　　$f(x)$　　微分したもの
$g'(x)$

$\quad=(2x+7)(4x-9)+(x^2+7x-1)\cdot4$

$\quad=8x^2-18x+28x-63+4x^2+28x-4$

$\quad=\underline{\mathbf{12x^2+38x-67}}$　⇐答え　例題 **3-5**　(1)

　(2)もやってみよう。

『分母』は，そのまま2乗する。

『分子』は，「分子の式を微分したものと，分母の式そのままを掛けたもの」

引く「分子の式そのままと，分母の式を微分したものを掛けたもの」だよ。

　ミサキさん，解いてみて。

「今度は"引く"なんですね。間違えそう……。

解答　(2)　$y=\dfrac{x^2+6x-1}{3x-8}$　　$y'=\dfrac{f'(x)g(x)-f(x)g'(x)}{\{g(x)\}^2}$

$y'=\dfrac{(x^2+6x-1)'(3x-8)-(x^2+6x-1)(3x-8)'}{(3x-8)^2}$

$\quad=\dfrac{(2x+6)(3x-8)-(x^2+6x-1)\cdot3}{(3x-8)^2}$

$\quad=\dfrac{6x^2-16x+18x-48-3x^2-18x+3}{(3x-8)^2}$

$\quad=\underline{\dfrac{3x^2-16x-45}{(3x-8)^2}}$　⇐答え　例題 **3-5**　(2)

ですか？」

そう。正解だね。

例題 3-6　定期テスト 出題度 ❗❗❗　2次・私大試験 出題度 ❗❗❗

次の関数を微分せよ。

(1) $y=(-2x+7)^5(5x-8)^3$

(2) $y=\sqrt[3]{\left(\dfrac{x-1}{x+1}\right)^2}$

「(1)は積の微分か。まず，$(-2x+7)^5$ を微分して……あれっ？　どうなるのかなあ？」

「あっ，**3-3** でやった『かたまりの微分』じゃない？」

「そうか。積の微分の途中でかたまりの微分が出てくるのか。あーっ！頭が混乱しそう。」

そうだね。混乱しないように，すぐに微分できるものは，やってしまえばいいし，**時間がかかりそうなものは，いったん，微分の意味の『′』をつけておいて，あとであらためて微分したほうがいい**よ。計算ミスも防げると思う。

解答　(1) $y=\underbrace{(-2x+7)^5}_{f(x)}\underbrace{(5x-8)^3}_{g(x)}$

$y'=\{(-2x+7)^5\}'(5x-8)^3$

$\qquad +(-2x+7)^5\{(5x-8)^3\}'$

$y'=f'(x)g(x)+f(x)g'(x)$

$=5(-2x+7)^4\cdot(-2)(5x-8)^3$

$\qquad +(-2x+7)^5\cdot 3(5x-8)^2\cdot 5$

かたまりの微分
$y=(ax+b)^n$
$y'=n(ax+b)^{n-1}\cdot a$

$=-10(-2x+7)^4(5x-8)^3+15(-2x+7)^5(5x-8)^2$

$-5(-2x+7)^4(5x-8)^2$
をくくり出す

$=-5(-2x+7)^4(5x-8)^2\{2(5x-8)-3(-2x+7)\}$

数Ⅲ 3章

$$= -5(-2x+7)^4(5x-8)^2(10x-16+6x-21)$$
$$= \underline{\underline{-5(-2x+7)^4(5x-8)^2(16x-37)}}$$

⇦ 答え 例題 **3-6** (1)

微分したあとは，展開しないで因数分解しておこう。

「(2)は，$y = \left(\dfrac{x-1}{x+1}\right)^{\frac{2}{3}}$ で……？」

$\dfrac{x-1}{x+1}$ を1つのかたまりと考えればいいよ。$y = ●^{\frac{2}{3}}$ の形になるから，かたまりの微分が使えるね。

「$\dfrac{2}{3}\left(\dfrac{x-1}{x+1}\right)^{-\frac{1}{3}}$ で，これに，$\dfrac{x-1}{x+1}$ を微分したものを掛ける……？」

$\dfrac{x-1}{x+1}$ を微分したものがすぐ出てこないなら，いったん『′』をつけて，あとでゆっくり計算すればいいよ。

「あっ，商の微分でいいですね。」

解答 (2)　$y = \sqrt[3]{\left(\dfrac{x-1}{x+1}\right)^2} = \left(\dfrac{x-1}{x+1}\right)^{\frac{2}{3}}$

$\left(\dfrac{x-1}{x+1}\right)^{-\frac{1}{3}} = \dfrac{1}{\left(\dfrac{x-1}{x+1}\right)^{\frac{1}{3}}} = \left(\dfrac{x+1}{x-1}\right)^{\frac{1}{3}}$

$y' = \dfrac{2}{3}\left(\dfrac{x-1}{x+1}\right)^{-\frac{1}{3}}\left(\dfrac{x-1}{x+1}\right)'$

$= \dfrac{2}{3}\left(\dfrac{x+1}{x-1}\right)^{\frac{1}{3}} \cdot \dfrac{1 \cdot (x+1) - (x-1) \cdot 1}{(x+1)^2}$

$\left\{\dfrac{f(x)}{g(x)}\right\}'$
$= \dfrac{f'(x)g(x) - f(x)g'(x)}{\{g(x)\}^2}$

$= \dfrac{2}{3} \cdot \dfrac{(x+1)^{\frac{1}{3}}}{(x-1)^{\frac{1}{3}}} \cdot \dfrac{2}{(x+1)^2}$

$= \dfrac{4}{3} \cdot \dfrac{1}{(x-1)^{\frac{1}{3}}(x+1)^{2-\frac{1}{3}}}$

$= \dfrac{4}{3} \cdot \dfrac{1}{(x-1)^{\frac{1}{3}}(x+1)^{\frac{5}{3}}}$

$$=\frac{4}{3}\cdot\frac{1}{(x-1)^{\frac{1}{3}}(x+1)^{1+\frac{2}{3}}}$$

$$=\frac{4}{3}\cdot\frac{1}{(x-1)^{\frac{1}{3}}(x+1)(x+1)^{\frac{2}{3}}}$$

$$=\underline{\underline{\frac{4}{3(x+1)\sqrt[3]{(x-1)(x+1)^2}}}}$$

⇐ 答え 例題 3-6 (2)

「$\left(\dfrac{x-1}{x+1}\right)^{-\frac{1}{3}}$ から $\left(\dfrac{x+1}{x-1}\right)^{\frac{1}{3}}$ への変形がわからないんですが……。」

マイナス乗は逆数の意味だよね。$\dfrac{x-1}{x+1}$ の $-\dfrac{1}{3}$ 乗ということは，$\dfrac{x-1}{x+1}$ の

逆数の $\dfrac{1}{3}$ 乗ということなんだ。

$$\left(\frac{x-1}{x+1}\right)^{-\frac{1}{3}}=\left\{\left(\frac{x-1}{x+1}\right)^{-1}\right\}^{\frac{1}{3}}=\left(\frac{1}{\dfrac{x-1}{x+1}}\right)^{\frac{1}{3}}=\left(\frac{x+1}{x-1}\right)^{\frac{1}{3}}$$

と考えればいいよ。

三角関数，指数関数，対数関数の微分

3-1 で定義を用いてyを微分したけど，もちろん公式を使ったほうがラクだ。他にもさまざまな関数が微分できるよ。

　三角関数，指数関数，対数関数の微分の公式というのがあるんだ。

Point 17　三角関数，指数関数，対数関数の導関数

〈三角関数の導関数〉

$y = \sin x$ なら，$y' = \cos x$

$y = \cos x$ なら，$y' = -\sin x$

$y = \tan x$ なら，$y' = \dfrac{1}{\cos^2 x}$

〈指数関数の導関数〉

$y = e^x$ なら，$y' = e^x$

$y = a^x$（a は 1 でない正の数）なら，$y' = a^x \log a$

〈対数関数の導関数〉

$y = \log x$，$y = \log(-x)$，$y = \log|x|$ なら，$y' = \dfrac{1}{x}$

$y = \log_a x$，$y = \log_a(-x)$，$y = \log_a|x|$

　　　（a は 1 でない正の数）なら，　　$y' = \dfrac{1}{x \log a}$

　$\sin x$，e^x，$\log x$ は **3-1** でやったよ。他の公式の説明は

お役立ち話 13 でするから，とにかくこれらはしっかり覚えておこう。

例題 **3-7**　定期テスト 出題度 **! ! !**　2次・私大試験 出題度 **! ! !**

次の関数を微分せよ。

(1)　$y = \sin 5x$

(2)　$y = \cos x^3$

(3)　$y = \cos^3 x$

これは，**3-3** で登場した，合成関数の微分を使えばいい。次の●のところがかたまりになるようにするんだ。

$y = ●^n$ なら，$\boldsymbol{y' = n●^{n-1} \cdot ●'}$

$y = \sin ●$ なら，$\boldsymbol{y' = \cos ● \cdot ●'}$

$y = \cos ●$ なら，$\boldsymbol{y' = -\sin ● \cdot ●'}$

$y = \tan ●$ なら，$\boldsymbol{y' = \dfrac{1}{\cos^2 ●} \cdot ●'}$

$y = e^●$ なら，$\boldsymbol{y' = e^● \cdot ●'}$

$y = a^●$（a は1でない正の数）なら，$\boldsymbol{y' = a^● \log a \cdot ●'}$

$y = \log ●$，$y = \log(-●)$，$y = \log|●|$ なら，$\boldsymbol{y' = \dfrac{1}{●} \cdot ●'}$

$y = \log_a ●$，$y = \log_a(-●)$，$y = \log_a|●|$

　　（a は1でない正の数）なら，　$\boldsymbol{y' = \dfrac{1}{● \log a} \cdot ●'}$

---

(1)なら，$5x$ をかたまりと考えればいいよ。$\sin ●$ の形をしているね。$\sin ●$ を微分すると $\cos ●$ で，これにかたまり●を x で微分したものを掛けるんだったよね。

　「$5x$ を微分したものは5ですね。」

そうだね。5を掛けることになるね。

$y = \sin 5x$

$y' = (\cos 5x) \cdot 5$

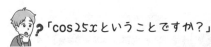「cos25xということですか？」

えっ？ あっ，違うよ！ ┃5は角度ではなく，全体に掛ける┃ んだよ。

解答　(1)　$y = \sin 5x$

$\qquad y' = (\cos 5x) \cdot 5$ $\qquad$ $(\sin \bullet)' = \cos \bullet \cdot \bullet'$
$\qquad\qquad\qquad\qquad\qquad\qquad$ $(5x)' = 5$

$\qquad\quad = \underline{\underline{5\cos 5x}}$ ◁答え 例題 3-7 (1)

(2)は，わかる？

「x^3をかたまりと考えて，cos$\bullet$を微分すると，$-\sin\bullet \cdot \bullet$でしょ。

x^3を微分したら$3x^2$だから，

解答　(2)　$y = \cos x^3$

$\qquad y' = (-\sin x^3) \cdot 3x^2$ $\qquad$ $(\cos\bullet)' = -\sin\bullet \cdot \bullet'$
$\qquad\qquad\qquad\qquad\qquad\qquad\qquad$ $(x^3)' = 3x^2$

$\qquad\quad = \underline{\underline{-3x^2\sin x^3}}$ ◁答え 例題 3-7 (2)」

そう。正解だよ。

「(3)は，どこをかたまりと考えればいいのかなぁ……？」

まず，(2)との違いは大丈夫かな？ $\cos x^3$は，xだけを3乗しているのに対し，$\cos^3 x$は『$\cos x$を3乗したもの』ということだ。だから意味的に考えると，$(\cos x)^3$と書いたほうがわかりやすいよ。まあ，ふだんはそう書くのが面倒だから，$\cos^3 x$という書きかたをしているんだけどね。さて，そう考えると，$\cos x$をかたまりと考えればいいんじゃないかな？

$\qquad y = \cos^3 x = (\cos x)^3$

「あっ，そうか！ $\bullet^n$の形をしている。」

そうだね。解ける？

解答 (3) $y = \cos^3 x = (\cos x)^3$

$$y' = 3(\cos x)^2 (-\sin x)$$

$(\bullet^3)' = 3\bullet^2 \cdot \bullet'$
$(\cos x)' = -\sin x$

$$= -3\cos^2 x \sin x$$

答え 例題 **3-7** (3)」

よくできました。$\cos x$ をかたまりと考えたから，それを微分した"$-\sin x$"を掛けるんだよね。

例題 **3-8**

定期テスト 出題度 **❗❗❗**　　2次・私大試験 出題度 **❗❗❗**

数Ⅲ **3** 章

関数 $y = \log(x + \sqrt{x^2 + 1})$ を微分せよ。

「わかりました！　$x + \sqrt{x^2 + 1}$ をかたまりと考えればいいんですね。」

そう。そうすると，$\log \bullet$ の形になるね。

$$y = \log(x + \sqrt{x^2 + 1}) \qquad \leftarrow y = \log \bullet$$

$$y' = \frac{1}{x + \sqrt{x^2 + 1}} \cdot (x + \sqrt{x^2 + 1})' \qquad \leftarrow y' = \frac{1}{\bullet} \cdot \bullet'$$

『$x + \sqrt{x^2 + 1}$ を微分したものは？』と聞かれて，すぐ答えが出ないよね。

例題 **3-6** でもいったけども，こういうときは『′』をつけておいて，あとでゆっくり微分すればよかった。

「$\sqrt{}$ の微分ということは，$\frac{1}{2}$ 乗に直すんですね。」

その通り。$x + (x^2 + 1)^{\frac{1}{2}}$ になるのだが，これはどうやって微分したらいいと思う？

「……あっ！　$x^2 + 1$ をかたまりと考えるんですか？」

「そうか。かたまりを2回も考えることもあるのか。」

そういうことだ。じゃあ，ミサキさん，最初から解いて。

「解答　$y = \log(x + \sqrt{x^2 + 1})$

$y=\log\bullet$
$y'=\dfrac{1}{\bullet}\cdot\bullet'$

$y' = \dfrac{1}{x + \sqrt{x^2 + 1}} \cdot (x + \sqrt{x^2 + 1})'$

$= \dfrac{1}{x + \sqrt{x^2 + 1}} \cdot \left\{ x + (x^2 + 1)^{\frac{1}{2}} \right\}'$

$\left\{(x^2+1)^{\frac{1}{2}}\right\}'$
$=\dfrac{1}{2}(x^2+1)^{\frac{1}{2}-1}\cdot(x^2+1)'$

$= \dfrac{1}{x + \sqrt{x^2 + 1}} \cdot \left\{ 1 + \dfrac{1}{2} (x^2 + 1)^{-\frac{1}{2}} \cdot 2x \right\}$

$= \dfrac{1}{x + \sqrt{x^2 + 1}} \cdot \left\{ 1 + (x^2 + 1)^{-\frac{1}{2}} \cdot x \right\}$

$(x^2+1)^{-\frac{1}{2}}\cdot=\dfrac{1}{(x^2+1)^{\frac{1}{2}}}$
$\frac{1}{2}$乗は$\sqrt{}$

$= \dfrac{1}{x + \sqrt{x^2 + 1}} \cdot \left\{ 1 + \dfrac{1}{\sqrt{x^2 + 1}} \cdot x \right\}$

$= \dfrac{1}{x + \sqrt{x^2 + 1}} \cdot \left(\dfrac{\sqrt{x^2 + 1}}{\sqrt{x^2 + 1}} + \dfrac{x}{\sqrt{x^2 + 1}} \right)$ ←通分する

$= \dfrac{1}{x + \sqrt{x^2 + 1}} \cdot \dfrac{\sqrt{x^2 + 1} + x}{\sqrt{x^2 + 1}}$

$= \dfrac{1}{\sqrt{x^2 + 1}}$　←**答え**　**例題 3-8**」

その通り。正解だよ。

例題 3-9　定期テスト 出題度 **! ! !**　2次・私大試験 出題度 **! ! !**

　　　次の関数を微分せよ。

(1)　$y = 4^x \tan x$

(2)　$y = \dfrac{\sqrt{x}}{\sin x}$

今度は，**3-4** の積，商の微分を使って問題を解いてみよう。

？「(1)は 4^x と $\tan x$ を掛けていると考えればいいんですか？」

そうだよ。それがわかっていたら，解けるはずだよ。

「解答 (1) $y=4^x\tan x$

$y'=\underwave{(4^x)'}\tan x+4^x\underwave{(\tan x)'}$

$=4^x\log 4\cdot\tan x+4^x\cdot\dfrac{1}{\cos^2 x}$

$(a^x)'=a^x\log a$
$(\tan x)'=\dfrac{1}{\cos^2 x}$

$=\underline{\underline{4^x\log 4\cdot\tan x+\dfrac{4^x}{\cos^2 x}}}$　⟸ 答え　例題 3-9 (1)

でいいんですか？」

うん。正解。

(2)は，まず，指数に直すと $y=\dfrac{x^{\frac{1}{2}}}{\sin x}$ だ。そして，3-2 でやった通り，微分したあとは $\sqrt{}$ に戻すよ。商の微分を使えばいい。

解答 (2) $y=\dfrac{x^{\frac{1}{2}}}{\sin x}$

$y'=\dfrac{(x^{\frac{1}{2}})'\sin x-x^{\frac{1}{2}}(\sin x)'}{(\sin x)^2}$

$=\dfrac{\dfrac{1}{2}x^{-\frac{1}{2}}\sin x-x^{\frac{1}{2}}\cos x}{\sin^2 x}$

$=\dfrac{\dfrac{1}{2\sqrt{x}}\sin x-\sqrt{x}\cos x}{\sin^2 x}$

$=\underline{\underline{\dfrac{\sin x-2x\cos x}{2\sqrt{x}\sin^2 x}}}$　⟸ 答え　例題 3-9 (2)

「あっ，わかった！　繁分数式だから，"小さい分母"の $2\sqrt{x}$ を分子，分母に掛ければいいんですね。」

うん。3-1 でも登場したけど，『数学Ⅱ・B編』の 1-14 の繁分数式だね。

例題 3-10　定期テスト 出題度 ❗❗　2次・私大試験 出題度 ❗❗❗

関数 $y=e^{x^2}\log|\cos x|$ を微分せよ。

「これも積の微分だな。

$$y' = (e^{x^2})' \log|\cos x| + e^{x^2} (\log|\cos x|)'$$

で……, あれっ？　e^{x^2} はどうやって微分すればいいんですか？」

x^2 をかたまりと考えよう。

$e^{\bullet}$ を微分しても $e^{\bullet}$ だ。それに, かたまりの x^2 を微分したものを掛ければいいね。

「$\log|\cos x|$ の微分は $|\cos x|$ をかたまりにすれば, "$\log \bullet$ を微分すると $\dfrac{1}{\bullet}$" が使えますね。そして, かたまりの $|\cos x|$ を微分したものを掛けると……。これって何になるのですか？」

残念ながら, $|\cos x|$ の微分の公式はない。よって, ミサキさんのやり方では解けないんだ。ここは,

絶対値の中身の"$\cos x$"だけかたまりとしよう。

「$\log|\bullet|$ だから, 微分すると $\dfrac{1}{\bullet}$ か。そして, かたまりの $\cos x$ を微分すると $-\sin x$ だ！

解答　$y = e^{x^2} \log|\cos x|$

$\quad y' = (e^{x^2})' \log|\cos x| + e^{x^2} (\log|\cos x|)'$

$\qquad = 2x e^{x^2} \log|\cos x| + e^{x^2} \dfrac{1}{\cos x} \cdot (-\sin x)$

$\qquad = 2x e^{x^2} \log|\cos x| - e^{x^2} \tan x$ ⇐ 答え　例題 **3-10**

ですね。」

お役立ち話 **13**

三角関数，指数関数，対数関数の微分の公式はなぜ成り立つの？

『$\sin x$ を微分したら，$\cos x$』は，**3-1** で証明したね。同じ方法を使えば『$\cos x$ を微分したら，$-\sin x$』も証明できる。じゃあ，この2つの結果を利用して，$\tan x$ も微分してみよう。$\tan x$ を $\dfrac{\sin x}{\cos x}$ に直して，**3-4** の商の微分を使えばいいよ。

ミサキさん，計算してみて。

「$y = \tan x$

$= \dfrac{\sin x}{\cos x}$

$y' = \dfrac{(\sin x)' \cdot \cos x - \sin x \cdot (\cos x)'}{(\cos x)^2}$ 　←$\begin{array}{l}(\sin x)'=\cos x \\ (\cos x)'=-\sin x\end{array}$

$= \dfrac{\cos x \cdot \cos x - \sin x \cdot (-\sin x)}{\cos^2 x}$

$= \dfrac{\cos^2 x + \sin^2 x}{\cos^2 x} = \dfrac{1}{\cos^2 x}$ 　←$\cos^2 x + \sin^2 x = 1$

あっ，ホントだ。$(\tan x)' = \dfrac{1}{\cos^2 x}$ になりました！」

「『$\log x$ を微分したら，$\dfrac{1}{x}$』は **3-1** で証明したけど，$\log(-x)$ や $\log|x|$ も微分したら，$\dfrac{1}{x}$ になるのは，どうしてなのかなあ？」

じゃあ，$\log|x|$ を微分してみよう。場合分けで絶対値をはずしてからそれぞれ微分すればいいよ。$x>0$ のときと，$x<0$ のときに分けよう。

「" $=$ "はどちらかに入らないんですか？」

うん。$x=0$ のときは，真数が0になって対数は存在しないからね。ハルトくん，やってみて。

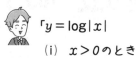「$y=\log|x|$

（i）$x>0$ のとき

$$y=\log x$$
$$y'=\frac{1}{x}$$

（ii）$x<0$ のとき

$$y=\log(-x)$$
$$y'=\frac{1}{-x}\cdot(-1)$$
$$=\frac{1}{x}$$」

$(\log \bullet)'=\dfrac{1}{\bullet}\cdot \bullet'$
$(-x)'=-1$

そうだね。どっちに転んでも，$\log|x|$ を微分すると $\dfrac{1}{x}$ になる。計算の途中で，$\log(-x)$ を微分したら $\dfrac{1}{x}$ になることも，証明できちゃったね。ちなみに，$\log_a x$ は，底を e に変換して $\dfrac{\log x}{\log a}$ にしてから微分すればいい。

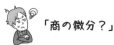「商の微分？」

いや，分母は x を含んでいない，つまり，定数だよね。だから，前に出せばいいよ。

$$y=\log_a x=\frac{\log x}{\log a}=\frac{1}{\log a}\cdot \log x$$
$$y'=\frac{1}{\log a}\cdot\frac{1}{x}=\frac{1}{x\log a}$$

$(\log x)'=\dfrac{1}{x}$

$\log_a(-x)$，$\log_a|x|$ も同様だ。

逆関数の微分

x と y の立場を逆にして微分することから，このように呼ばれているよ。

例題 3-11 定期テスト 出題度 !! 2次・私大試験 出題度 !

x，y が $x = y^2 + 5y - 9$ を満たすとき，$\dfrac{dy}{dx}$ を y を用いて表せ。

「まず，$y = \sim$ の形に直すんですか？」

いや。実際に直してみると，$y = \dfrac{-5 \pm \sqrt{4x+61}}{2}$ という分子に $\pm$ が含まれて難しい式になる。変形せずに，そのまま両辺を y で微分してしまおう。

「えっ？　でも，x を y で微分したら，$\dfrac{dx}{dy}$ が求められちゃいますよね。」

うん。そこで $\dfrac{dy}{dx} = \dfrac{1}{\dfrac{dx}{dy}}$ という逆関数の微分の公式を使うんだ。

Point 18 逆関数の微分

$$\frac{dy}{dx} = \frac{1}{\dfrac{dx}{dy}} \quad ただし，\frac{dx}{dy} \neq 0$$

解答 $x = y^2 + 5y - 9$

両辺を y で微分する

$\dfrac{dx}{dy} = 2y + 5$

$\dfrac{dy}{dx} = \dfrac{1}{\dfrac{dx}{dy}} = \underline{\dfrac{1}{2y+5}}$　ただし，$y \neq -\dfrac{5}{2}$　 例題 3-11

陰関数の微分

$y=\sim$の形ではないものをどうやって微分するか。分数みたいに$\dfrac{dy}{dx}$を考えよう。

例題 3-12　定期テスト 出題度 ❗❗❗　2次・私大試験 出題度 ❗❗❗

x, yが$x^2+y^2=6$を満たすとき，$\dfrac{dy}{dx}$をx, yを用いて表せ。

$y=\sim$の形で表される関数を**陽関数**，上の例題のように関数を表す式の中にxもyも含まれるものを**陰関数**というよ。

$x^2+y^2=6$も$y=\sim$の形に直すと，$y=\pm\sqrt{6-x^2}$となり，±が含まれた式になってしまい面倒だ。そこで$x^2+y^2=6$の両辺をそのままxで微分するんだ。まず，x^2をxで微分すると$2x$だね。

「y^2をxで微分すると……えっ？　どうなるんですか？」

"微分されるもの"と"微分するもの"の文字がそろっていないと微分はできないんだ。

例えば，

x^2をxで微分することはできる。

y^2をyで微分することもできる。

どちらも，文字がそろっているもんね。

「でも，今までにも，『yをxで微分せよ。』なんていう問題があったような気がするけど……。」

うん。しかし，そういうときでも，$y=4x^3-x$ とか書いてあったよね。だから，結局は，『$4x^3-x$ を x で微分する。』ということになるから，できるんだよね。

「今回は，y が x の式で表せていないですね。」

うん。y^2 を x で微分できないんだよね。そこで，まず，y^2 を y で微分すると $2y$。そして，y を x で微分すると $\dfrac{dy}{dx}$ だ。その両方を掛ければいいんだ。

「えっ？　どうしてそうなるんですか？」

"y^2 を x で微分したもの" は $\dfrac{d(y^2)}{dx}$ だ。これは，

"y^2 を y で微分したもの" $\dfrac{d(y^2)}{dy}$ と

"y を x で微分したもの" $\dfrac{dy}{dx}$

を掛けたものなんだよね。$\dfrac{d(y^2)}{dy}\cdot\dfrac{dy}{dx}=\dfrac{d(y^2)}{dx}$ になるでしょ？

「そうか。分数みたいに dy どうしが約分されるイメージなんだ！」

「右辺は 6 だから，微分したら 0 でいいんですよね。」

$$2x+2y\cdot\dfrac{dy}{dx}=0$$

さて，この問題は『$\dfrac{dy}{dx}$ を x，y を用いて表せ。』というものだった。だから，あとは，$\dfrac{dy}{dx}=\sim$ の形に変えればいいだけだ。

$$2y\cdot\dfrac{dy}{dx}=-2x$$

両辺を $2y$ で割れば，$\dfrac{dy}{dx}$ が求められるけど，$y=0$ のときは

$0\cdot\dfrac{dy}{dx}=-2x$ だから，左辺が 0 になって求められないね。

だから，$y \neq 0$ のとき だけ求められるよ。

解答　$x^2 + y^2 = 6$

両辺を x で微分すると

$$2x + 2y \cdot \frac{dy}{dx} = 0$$

$$2y \cdot \frac{dy}{dx} = -2x$$

$y \neq 0$ のとき，両辺を $2y$ で割ると

$$\frac{dy}{dx} = -\frac{x}{y}$$ ⇐ 答え **例題 3-12**

例題 3-13　定期テスト 出題度 **❗❗❗**　2次・私大試験 出題度 **❗❗❗**

x, y が $4x^2 - xy - y^2 = 5$ を満たすとき，$\dfrac{dy}{dx}$ を x, y を用いて表せ。

「まず，$4x^2$ を x で微分すると $8x$。xy を x で微分すると y で……」

いや，xy を x で微分しても y にはならないよ。たぶん，『ax（a は定数）を x で微分したら a』と同じノリでやったと思うんだけど，y は定数じゃなくて，x の式なんだよ。実際にこの式を，$y = \sim$ の形にすると，$y = \dfrac{-x \pm \sqrt{17x^2 - 20}}{2}$ になるんだけどね。これを微分するのは難しいからやめるよ。

「あっ，そうか……。じゃあ，どう解けばいいんですか？」

xy は **3-4** でやった，“積の微分法”でいいんだ。

まず，前の x を微分した“1”と，後ろの“y”を掛ける。

一方，前の“x”と，後ろの y を x で微分した“$\dfrac{dy}{dx}$”を掛ける。

そして，その両者を足せばいいよ。y^2 の微分は **例題 3-12** でやったね。

じゃあ，ハルトくん，最初から解いてみて。

「解答　$4x^2 - xy - y^2 = 5$

両辺を x で微分すると

$$8x - \left(1 \cdot y + x \cdot \dfrac{dy}{dx} \right) - 2y \cdot \dfrac{dy}{dx} = 0$$

積の微分法

$$8x - y - x \cdot \dfrac{dy}{dx} - 2y \cdot \dfrac{dy}{dx} = 0$$

$$(-x - 2y)\dfrac{dy}{dx} = -8x + y$$

$$(x + 2y)\dfrac{dy}{dx} = 8x - y$$

$x + 2y \neq 0$ のとき，両辺を $x + 2y$ で割ると

$$\dfrac{dy}{dx} = \dfrac{8x - y}{x + 2y} \qquad \text{答え} \quad 例題\ 3\text{-}13$$

です。」

正解。じゃあ，次に進もう。

対数微分法

対数の式でもないのに，あえてlogをつけて計算するというのは，とても奇妙に思うだろうね。「特殊な微分」の中でも特に特殊なものといえるよ。

微分には，対数微分法というのがあるんだ。対数微分法を用いると，対数の性質より，積の微分が和の微分になったりするんだ。それを使う2つの例を紹介するよ。

[例1]　たくさんの累乗の積，商の形になっているとき

例題 3-14　定期テスト 出題度 ❗　　2次・私大試験 出題度 ❗

関数 $y = \dfrac{(x+4)^5}{(x-1)^2(x+7)^3}$ を微分せよ。

コツ 7　対数微分法の手順

❶　両辺に絶対値をつける。（両辺とも正のときは不要）
　　さらに，logをつける。

❷　右辺を変形する。

❸　両辺を x で陰関数の微分をする。

「陰関数の微分は， 3-7 で登場しましたね。」

解答

$$|y|=\left|\frac{(x+4)^5}{(x-1)^2(x+7)^3}\right| \quad \leftarrow \text{両辺に絶対値をつける}$$

$$=\frac{|x+4|^5}{|x-1|^2|x+7|^3} \quad \leftarrow \left|\frac{a}{b}\right|=\frac{|a|}{|b|}$$

$$\log|y|=\log\frac{|x+4|^5}{|x-1|^2|x+7|^3} \quad \leftarrow \text{logをつける}$$

$$\quad\quad\quad\quad\quad\quad\quad\quad\quad -(\log|x-1|^2+\log|x+7|^3)$$

$$\log|y|=\log|x+4|^5\underline{-\log|x-1|^2-\log|x+7|^3} \quad \curvearrowleft$$

$$\log|y|=5\log|x+4|-2\log|x-1|-3\log|x+7|$$

両辺を x で微分すると

数Ⅲ **3** 章

$$\frac{1}{y}\cdot\frac{dy}{dx}=5\cdot\frac{1}{x+4}-2\cdot\frac{1}{x-1}-3\cdot\frac{1}{x+7}$$

$$\frac{1}{y}\cdot\frac{dy}{dx}=\frac{5}{x+4}-\frac{2}{x-1}-\frac{3}{x+7} \quad \text{通分する}$$

$$\frac{1}{y}\cdot\frac{dy}{dx}=\frac{5(x-1)(x+7)-2(x+4)(x+7)-3(x+4)(x-1)}{(x+4)(x-1)(x+7)}$$

$$\frac{1}{y}\cdot\frac{dy}{dx}=\frac{5(x^2+6x-7)-2(x^2+11x+28)-3(x^2+3x-4)}{(x+4)(x-1)(x+7)}$$

$$\frac{1}{y}\cdot\frac{dy}{dx}=\frac{5x^2+30x-35-2x^2-22x-56-3x^2-9x+12}{(x+4)(x-1)(x+7)}$$

$$\frac{1}{y}\cdot\frac{dy}{dx}=\frac{-x-79}{(x+4)(x-1)(x+7)}$$

$$\frac{dy}{dx}=y\cdot\frac{-x-79}{(x+4)(x-1)(x+7)} \quad \leftarrow y=\frac{(x+4)^5}{(x-1)^2(x+7)^3}$$

$$=\frac{(x+4)^{\cancel{5}\,4}}{(x-1)^2(x+7)^3}\cdot\frac{-x-79}{\cancel{(x+4)}(x-1)(x+7)}$$

$$=-\frac{(x+4)^4(x+79)}{(x-1)^3(x+7)^4} \quad \lhd\boxed{\text{答え}}\ \blacktriangleright\text{例題 3-14}\blacktriangleleft$$

というわけだ。こっちは，ちょっと面倒だったね。

じゃあ，もう1つの例があるから，そっちをハルトくんに解いてもらおう。

[例2]　底，指数ともに x の式のとき

例題 3-15　定期テスト 出題度 ❷❷　2次・私大試験 出題度 ❷❷

関数 $y = x^x\ (x>0)$ について，$\dfrac{dy}{dx}$ を求めよ。

まず，❶　**両辺に絶対値をつける。**

今回は，$x>0$ だから両辺とも正なので必要ないね。**そして，log をつける。**

$\log y = \log x^x$

次に，❷　**右辺を変形する。**

$\log y = x \log x$

その後，❸　**両辺を x で陰関数の微分をすればいい。**

ヒントはここまで。ハルトくん，続きをやってみて。

「解答」

$y = x^x$

$\log y = \log x^x$　←両辺に log をつける

$\log y = x \log x$

両辺を x で微分すると

$\dfrac{1}{y} \cdot \dfrac{dy}{dx} = 1 \cdot \log x + x \cdot \dfrac{1}{x}$

$\dfrac{1}{y} \cdot \dfrac{dy}{dx} = \log x + 1$

$\dfrac{dy}{dx} = y(\log x + 1)$　←$y = x^x$

$\underline{= x^x(\log x + 1)}$　←答え　例題 3-15 」

そうだね。正解。

媒介変数を使った関数の微分

『数学Ⅱ・B編』の **3-23** で登場したときは媒介変数が消去できたが，今回はそうはいかないんだ。

例題 3-16　定期テスト 出題度 ❗❗　2次・私大試験 出題度 ❗❗❗

関数 $\begin{cases} x = \tan t \\ y = -t^2 + 7t - 3 \end{cases}$

について，$\dfrac{dy}{dx}$，$\dfrac{d^2y}{dx^2}$ を求めよ。

「x と y の式にしたいけど，t が消去できないな……。」

実は，この形のまま微分する方法があるんだ。それを紹介するね。

まず，関数 $x = \tan t$ の x を t で微分する。

$$\frac{dx}{dt} = \frac{1}{\cos^2 t}$$

次に，関数 $y = -t^2 + 7t - 3$ の y を t で微分する。

$$\frac{dy}{dt} = -2t + 7$$

そして，$\dfrac{dy}{dt} \div \dfrac{dx}{dt}$ をすればいいんだ。

$$\dfrac{\dfrac{dy}{dt}}{\dfrac{dx}{dt}} = \dfrac{dy}{dx} \text{ となって，} \dfrac{dy}{dx} \text{ が求められるからね。}$$

「$\dfrac{\dfrac{dy}{dt}}{\dfrac{dx}{dt}}$ の分子，分母に dt を掛けたような感じですね。」

解答 $x=\tan t$ より　　$\dfrac{dx}{dt}=\dfrac{1}{\cos^2 t}$ ← $(\tan t)' = \dfrac{1}{\cos^2 t}$

$y=-t^2+7t-3$ より　　$\dfrac{dy}{dt}=-2t+7$

$$\dfrac{dy}{dx}=\dfrac{\dfrac{dy}{dt}}{\dfrac{dx}{dt}}=\dfrac{-2t+7}{\dfrac{1}{\cos^2 t}}$$

$$=\underline{(-2t+7)\cos^2 t}$$

⟨**答え**⟩ **例題 3-16**

さて，もう１つの $\dfrac{d^2 y}{dx^2}$ だけど……。

「お役立ち話 **12** で出てきた第２次導関数というやつか。」

「y を x で２回微分するということね。１回微分したのが

$(-2t+7)\cos^2 t$ だから，これをさらにもう１回 x で微分すれば……

えっ？　でも，x の式になっていないし……。」

うん。そこで，**3-7** の陰関数の微分法のやりかただ。

「まず，$(-2t+7)\cos^2 t$ を "同じ文字" の t で微分して……。」

「それに，t を x で微分したものを掛けるのか。」

うん。実際に記号で表しても，その通りになっているよ。

『t で微分』は前に $\dfrac{d}{dt}$ をつけて，$\dfrac{d}{dt}$ ● と表すんだよね。t を x で微分したもの

は $\dfrac{dt}{dx}$ で，両方を掛けたら $\dfrac{d}{dt}$ ● $\cdot\dfrac{dt}{dx}$ となるから dt を約分したような感じで，

$\dfrac{d}{dx}$ ●になる。「x で微分」と同じだよね。

「なるほど。あれっ？　でも，$\dfrac{dt}{dx}$ の式がわかっていないし……。」

いや。心配ない。$\dfrac{dx}{dt}$ は $\dfrac{1}{\cos^2 t}$ と求められているよね。これを逆数にすればいいんだ。

解答

$$\dfrac{d^2y}{dx^2} = \dfrac{d}{dx} \cdot \dfrac{dy}{dx}$$

$$= \dfrac{d}{dx} \{(-2t+7)\cos^2 t\}$$

$$= \dfrac{d}{dt} \{(-2t+7)\cos^2 t\} \cdot \dfrac{dt}{dx}$$

$$= \dfrac{d}{dt} \{\underset{f(t)}{(-2t+7)}\ \underset{g(t)}{(\cos t)^2}\} \cdot \dfrac{dt}{dx}$$

$$= \{\underset{f'(t)}{-2}\ \underset{g(t)}{(\cos t)^2} + \underset{f(t)}{(-2t+7)} \cdot \underset{g'(t)}{2\cos t\,(-\sin t)}\} \cdot \dfrac{dt}{dx} \quad \begin{matrix}\leftarrow (\bullet^2)' \\ = 2\bullet \cdot \bullet'\end{matrix}$$

$$= \{-2\cos^2 t + 2(2t-7)\sin t\cos t\} \cdot \dfrac{dt}{dx}$$

$$= 2\cos t\{-\cos t + (2t-7)\sin t\} \cdot \dfrac{dt}{dx}$$

$$= 2\cos t\{-\cos t + (2t-7)\sin t\} \cos^2 t$$

$$\underline{\underline{= 2\cos^3 t\{-\cos t + (2t-7)\sin t\}}}$$

$\dfrac{dx}{dt} = \dfrac{1}{\cos^2 t}$ より，
$\dfrac{dt}{dx} = \cos^2 t$

⇐ **答え** ▶ **例題 3-16** ◀

微分可能

関数の中には微分できない部分があるものもある。グラフから見つけるのはとても簡単だけど，証明するのはけっこう，たいへんなんだ。

例題 3-17　定期テスト 出題度 **!!**　　2次・私大試験 出題度 **!!!**

> 関数 $y=|x|$ は $x=0$ で連続といえるか。
> また，微分可能といえるか。

「連続は 2-26 で出てきましたよね。」

「グラフをかいてみれば一発じゃないんですか？」

うん。どんなふうになる？

「場合分けで絶対値をはずせばいいんですよね。

$y=|x|$ は，

(i) $0 \leqq x$ のとき

$y = x$

(ii) $x < 0$ のとき

$y = -x$

だから，右図です。」

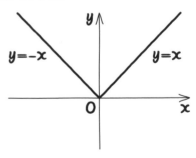

うん。それでいいね。また，『数学Ⅰ・A編』の 3-28 でも，登場したけど，

$y=|f(x)|$ のグラフは，$y=f(x)$ のグラフの $y<0$ の部分を x 軸に関して
対称移動（折り返し）したものになる。

というのがあったから，それを使ってもいいよ。

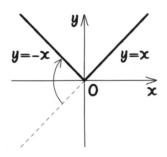

$y=|x|$ のグラフのうち，

$0≦x$ の部分は元々あったところだから，$y=x$ だし，

$x<0$ の部分は x 軸に関して対称移動したものだから，$-y=x$

つまり，$y=-x$ になるよ。

 「たしか，もう1つやりかたがありましたよね。$x=0$ のときの極限が
あって，そのときの値があり，しかも一致するという。」

おっ，さえているね。**2-26** の ⑫ でやった。じゃあ，ミサキさん，それで
求めてみて。

 「まず，$x=0$ のときの値はありますよね。そして，$x→0$ の極限は，
左右から近づけて一致すればいいから……。

解答
$$\lim_{x\to -0}|x|=\lim_{x\to -0}(-x)=0$$
$$\lim_{x\to +0}|x|=\lim_{x\to +0}x=0$$
よって　$$\lim_{x\to 0}|x|=0$$
さらに，$f(x)=|x|$ とおくと，$f(0)=0$ より
$$\lim_{x\to 0}f(x)=f(0)$$
だから

$x=0$ では，<u>連続</u>　⟵ 答え　**例題 3-17** 」

うん。そうなるね。

「微分可能ってどういう意味ですか？」

まず，不連続な点では微分係数が存在しない。つまり，微分できない。

連続なグラフのうち，なめらかにつながっている点では微分できるけど，とがっている点では微分できないんだ。

「今回は，グラフが $x=0$ のところでとがっていますね。」

「えっ？　じゃあ，『$x=0$ でグラフがとがっているから，微分可能ではない。』で，正解？」

うーん……。残念ながら，それじゃあ，数学的に証明したとはいえないんだよね。次のことをいわなきゃいけないんだ。

Point

⑲ 微分可能

「$x=a$ で微分可能」というのは，

❶❷ $x=a$ で連続であり（⑫），

❸ $x=a$ の左側で $\dfrac{f(a+h)-f(a)}{h}$ をとり，$h \to -0$ にしたものと，$x=a$ の右側で $\dfrac{f(a+h)-f(a)}{h}$ をとり，$h \to +0$ にしたものが一致するとき。

「今回は，右側と左側で式が違うんですよね。」

うん。だから，分けてやる必要があるんだ。『数学Ⅱ・B編』の **6-4** や，最近では **3-1** でも説明した通りにやってみるよ。

まず，$x=a$と，さらにその右側に$x=a+h$をとる。

hは"0に近い正の数"というニュアンスだ。

そして，その間の平均変化率は

$\dfrac{f(a+h)-f(a)}{h}$になり，$h\to+0$に近づければ，

『右側から近づけたときの変化の割合』が求まるはずだ。

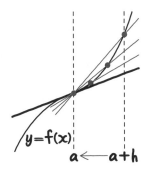

これは，左側でも同じことをやるよ。

$x=a$と，さらにその左側に$x=a+h$をとる。

 「今度のhは"0に近い負の数"ですね。」

うん。そうなるね。平均変化率は同じで，$h\to-0$に近づければ，やはり，『左側から近づけたときの変化の割合』が求まる。

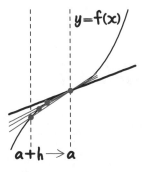

そして，■微分可能だということは，この左側で『変化の割合』を求めたときも，右側で求めたときも，同じ結果にならないといけない■んだ。実際に計算してみよう。今回は『$x=0$で微分可能』かを考えるんだね。

解答 $x<0$のときは，$f(x)=-x$より

$$\lim_{h\to-0}\frac{f(0+h)-f(0)}{h}=\lim_{h\to-0}\frac{f(h)-f(0)}{h}$$
$$=\lim_{h\to-0}\frac{(-h)-0}{h}$$

$$=\lim_{h \to -0} \frac{-h}{h}$$

$$=-1$$

$x>0$ のときは，$f(x)=x$ より

$$\lim_{h \to +0} \frac{f(0+h)-f(0)}{h}=\lim_{h \to +0} \frac{f(h)-f(0)}{h}$$

$$=\lim_{h \to +0} \frac{h-0}{h}$$

$$=\lim_{h \to +0} \frac{h}{h}$$

$$=1$$

両者は一致しないから，**微分可能ではない。** ⇐ 答え 　例題 **3-17**

例題 **3-18**　　定期テスト 出題度 ❗❗　　2次・私大試験 出題度 ❗❗❗

$$関数 f(x) = \begin{cases} p\sin\pi x + q & (x<1) \\ r & (x=1) \\ \log x & (x>1) \end{cases}$$

がすべての実数 x で微分可能であるとき，定数 $p,\ q,\ r$ の値を求めめよ。

　まず，$y=\sin x$ のグラフは連続だし，なめらかにつながっている。そして，『数学Ⅱ・B編』の **4-9** でも登場したけど，$y=p\sin\pi x+q$ は，$y=\sin x$ のグラフを拡大・縮小して平行移動とか対称移動したものだ。

「伸ばしたり，縮めたり，ずらしたり，折り返したりしても連続のまま
　だし，なめらかにつながっていますね。」

　そうだね。$y=p\sin\pi x+q$ は常に微分可能だ。また，$y=\log x$ のグラフも
$1<x$ で微分可能といえる。

「あとは，つなぎ目の $x=1$ のところで，微分可能になっているかどう
　かということですね。」

解答　$y=p\sin\pi x+q$，$y=\log x$ のグラフがそれぞれの範囲で微分可能なの
は明らか。

$x=1$ で連続より

$$\lim_{x\to 1-0}f(x)=\lim_{x\to 1-0}(p\sin\pi x+q)$$
$$=p\sin\pi+q=q \quad \text{←左極限}$$

$$\lim_{x\to 1+0}f(x)=\lim_{x\to 1+0}\log x$$
$$=\log 1=0 \quad \text{←右極限}$$

であるから $\displaystyle\lim_{x\to 1-0}f(x)=\lim_{x\to 1+0}f(x)$ より

　<u>$q=0$</u>　⇐ **答え**　**例題 3-18**

また，$f(1)=r$，$\displaystyle\lim_{x\to 1}f(x)=f(1)$ より

　<u>$r=0$</u>　⇐ **答え**　**例題 3-18**

以上より，

$x<1$ のときは，$f(x)=p\sin\pi x$ より　←$q=0$だから

$$\lim_{h\to -0}\frac{f(1+h)-f(1)}{h}=\lim_{h\to -0}\frac{p\sin(\pi+\pi h)-p\sin\pi}{h} \quad {\scriptsize\begin{array}{l}\leftarrow\sin(\theta+\pi)=-\sin\theta\\ \sin\pi=0\end{array}}$$

$$=\lim_{h\to -0}\frac{-p\sin\pi h}{h}$$

$$=\lim_{h\to -0}\left(-p\cdot\frac{\sin\pi h}{h}\right)$$

$$=\lim_{h\to -0}\left(-p\cdot\frac{\sin\pi h}{\pi h}\cdot\pi\right) \quad {\scriptsize\leftarrow\lim_{h\to 0}\frac{\sin\pi h}{\pi h}=1}$$

$f(x)=\log x$

0に
近づく

r

qに
近づく

1

$f(x)=p\sin\pi x+q$

数Ⅲ **3** 章

$$=-\pi p$$

$x>1$ のときは，$f(x)=\log x$ より

$$\lim_{h\to+0}\frac{f(1+h)-f(1)}{h}=\lim_{h\to+0}\frac{\log(1+h)-\log1}{h}\quad\leftarrow\log1=0$$

$$=\lim_{h\to+0}\frac{\log(1+h)}{h}$$

$$=\lim_{h\to+0}\left\{\frac{1}{h}\cdot\log(1+h)\right\}$$

$$=\lim_{h\to+0}\log(1+h)^{\frac{1}{h}}$$

$$=\log e$$

$$=1$$

$$\left.\begin{array}{l}\lim_{h\to0}(1+h)^{\frac{1}{h}}=e\\[2mm]\log_e e=1\end{array}\right\}$$

よって，$-\pi p=1$ より

$$\underline{\underline{p=-\frac{1}{\pi}}}\quad\Leftarrow\boxed{答え}\ \ \blacksquare\text{例題}\ 3\text{-}18\blacktriangleleft$$

微分の応用

$\displaystyle \lim_{x \to 0} \frac{x^2}{1-\cos x}$ の値は？

「そのままだったら，$\dfrac{0}{0}$ になるから，2-22 のやりかたでやると……

2です。」

そうだね。実は，『ロピタルの定理』というのもあるんだ。

$\displaystyle \lim_{x \to a} \frac{f(x)}{g(x)} = \frac{0}{0}$ になったとき，$\displaystyle \lim_{x \to a} \frac{f'(x)}{g'(x)}$

は，$\displaystyle \lim_{x \to a} \frac{f(x)}{g(x)}$ と一致するんだよ。今回は，

分子と分母を微分すると，$\displaystyle \lim_{x \to 0} \frac{2x}{\sin x} = 2$

となって，同じ値になるだろう？

「あっ，ホントだ。 すごい！ このやりかた！」

これは，高校では習わない公式だから，記述式の試験では使えないよ。答えだけ書けばいい問題とか，検算のときに使うといいよ。

接線，法線

求める手順は，数学Ⅱで習ったことと何ら変わりない。計算が面倒くさくなるけどね。

例題 4-1　　（定期テスト 出題度 ❗❗❗）　（2次・私大試験 出題度 ❗❗❗）

> 関数 $y = \tan x$ のグラフについて，次の問いに答えよ。
>
> (1)　点 $\left(\dfrac{\pi}{3}, \sqrt{3}\right)$ における接線の方程式を求めよ。
>
> (2)　点 $\left(\dfrac{\pi}{3}, \sqrt{3}\right)$ における法線の方程式を求めよ。

接線は次の手順で求めればいい。

❶　**接点をおく。**

❷　**微分して接点の x 座標を代入すれば接線の傾きがわかる。**

❸　**接線の方程式は，$y - y$ 座標 ＝ 傾き $(x - x$ 座標$)$ で求められる。**

「あれっ？　今までと変わらない……。」

そう。『数学Ⅱ・B編』の **6-8** のときと一緒なんだ。今回は❶はいらないんだけどね。じゃあ，ハルトくん，解けるかな？

「**解答**　(1)　接点は $\left(\dfrac{\pi}{3}, \sqrt{3}\right)$

$y' = \dfrac{1}{\cos^2 x}$ より，傾きは　$\dfrac{1}{\cos^2 \dfrac{\pi}{3}} = \dfrac{1}{\left(\dfrac{1}{2}\right)^2} = 4$

よって，接線の方程式は

$y - \sqrt{3} = 4\left(x - \dfrac{\pi}{3}\right)$

$$y - \sqrt{3} = 4x - \frac{4}{3}\pi$$

$$y = 4x - \frac{4}{3}\pi + \sqrt{3}$$

← 答え　例題 **4-1**（1）」

「じゃあ，法線も，今までと変わらない方法で求められるんですか？」

うん。法線は，『接点を通り，接線に垂直な直線』のことだ。

だから，接線の傾きがわかっていたら，"垂直なら，傾きどうしを掛けて−1"を使えば法線の傾きが求められたよね。ミサキさん，やってみて。

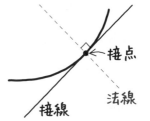

接点
法線
接線

数Ⅲ
4
章

「 解答 （2）　法線の傾きを m とすると

$$4m = -1 \quad \text{←接線の傾きは4}$$

$$m = -\frac{1}{4}$$

よって，法線の方程式は

$$y - \sqrt{3} = -\frac{1}{4}\left(x - \frac{\pi}{3}\right)$$

$$y - \sqrt{3} = -\frac{1}{4}x + \frac{\pi}{12}$$

$$y = -\frac{1}{4}x + \frac{\pi}{12} + \sqrt{3}$$

← 答え　例題 **4-1**（2）」

うん。正解だね。

例題 **4-2**　定期テスト 出題度 **! ! !**　2次・私大試験 出題度 **! ! !**

関数 $y = 2^x$ のグラフの接線で，傾きが $\log \sqrt{2}$ になるものの方程式を求めよ。

「接点がわかっていないから，おかなきゃいけないですよね。」

そうだね。『数学Ⅱ・B編』の **6-9** で紹介したものと同じだ。

$y=2^x$ 上にあるのだから，x 座標を t とすると，y 座標は 2^t になる。

❶ **接点 $(t,\ 2^t)$ とおけるね。**

「" $y=\sim$ "のグラフ上の点だから，x 座標を1文字でおくのですね。」

うん。『数学Ⅱ・B編』の **お役立ち話 5** で登場した話だね。

そして，❷ $y'=2^x\log 2$ より，**傾きは $2^t\log 2$ になる。**

「これが $\log\sqrt{2}$ になるから，t が求められる。懐かしいな（笑）。だんだん思い出してきた。」

正解は，次のようになるよ。

解答　接点を $(t,\ 2^t)$ とおくと，

$y'=2^x\log 2$ より，傾きは $2^t\log 2$

これが $\log\sqrt{2}$ になるから

$2^t\log 2=\log\sqrt{2}$

$2^t\log 2=\log 2^{\frac{1}{2}}$

$2^t\log 2=\dfrac{1}{2}\log 2$ ⎫
⎬ 両辺を $\log 2$ で割る
$2^t=\dfrac{1}{2}$ ⎭

$t=-1$ ←$2^t=2^{-1}$

接点は $\left(-1,\ \dfrac{1}{2}\right)$，傾きは $\log\sqrt{2}$ より，接線の方程式は

$y-\dfrac{1}{2}=(\log\sqrt{2})(x+1)$

$y-\dfrac{1}{2}=(\log\sqrt{2})x+\log\sqrt{2}$

$\underline{\underline{y=(\log\sqrt{2})x+\log\sqrt{2}+\dfrac{1}{2}}}$　 **例題 4-2**

「x の前の $\log\sqrt{2}$ がカッコでくくられているのはどうしてですか？」

$\log\sqrt{2}\,x$ と書くと，真数が $\sqrt{2x}$？　とか誤解されそうだからだよ。

"$\log\sqrt{2}$ 全体に x を掛けたもの"ということがわかるように，$\log\sqrt{2}\cdot x$ または，$(\log\sqrt{2})x$ のように書くとまぎらわしくないよ。

例題 4-3

定期テスト 出題度 **❗❗❗**　　2次・私大試験 出題度 **❗❗❗**

> 関数 $y=-\sqrt{x+4}$ のグラフの接線で，点 $(-7,\ 1)$ を通るものの方程式を求めよ。

「あっ，これも，やりましたね。点 $(-7,1)$ は接点じゃないんですよね。」

そうだね。これも，『数学II・B編』の **6-9** で説明した通り，『点 $(-7,\ 1)$ を通る』といっているだけだもんね。まず，

❶，❷，❸の手順で，t を使って，接線まで求めちゃおう。そして，この接線は点 $(-7,\ 1)$ を通るから……，とすればいいね。

解答　接点を $(t,\ -\sqrt{t+4})$ とおくと，

$y=-(x+4)^{\frac{1}{2}}$ だから

$$y'=-\frac{1}{2}(x+4)^{-\frac{1}{2}}$$

$$=-\frac{1}{2}\cdot\frac{1}{(x+4)^{\frac{1}{2}}}$$

$$=-\frac{1}{2\sqrt{x+4}}$$

より，傾きは $-\dfrac{1}{2\sqrt{t+4}}$ ←接点の x 座標を代入

接線の方程式は

$$y + \sqrt{t+4} = -\frac{1}{2\sqrt{t+4}}(x-t)$$

$$y = -\frac{1}{2\sqrt{t+4}}x + \frac{t}{2\sqrt{t+4}} - \sqrt{t+4}$$

$$y = -\frac{1}{2\sqrt{t+4}}x + \frac{t-2(t+4)}{2\sqrt{t+4}}$$

$$y = -\frac{1}{2\sqrt{t+4}}x + \frac{-t-8}{2\sqrt{t+4}}$$

）分母をそろえる

この接線は点 $(-7, 1)$ を通るので

$$1 = \frac{7}{2\sqrt{t+4}} + \frac{-t-8}{2\sqrt{t+4}}$$

$$1 = \frac{-t-1}{2\sqrt{t+4}}$$

$$2\sqrt{t+4} = -t-1 \quad \cdots\cdots ①$$

ここで，$t+4 \geqq 0$ より　$t \geqq -4$，$-t-1 \geqq 0$ より　$t \leqq -1$

よって，$-4 \leqq t \leqq -1$ で，両辺を2乗すると

$$4(t+4) = (-t-1)^2$$

$$4t+16 = t^2+2t+1$$

$$t^2-2t-15 = 0$$

$$(t+3)(t-5) = 0$$

$-4 \leqq t \leqq -1$ より

$$t = -3$$

求める接線の方程式は，$\underline{y = -\dfrac{1}{2}x - \dfrac{5}{2}}$　←答え

①の両辺を2乗するところは大丈夫かな？　**お役立ち話 2** で説明したよね。

「$y = 2\sqrt{t+4}$ と $y = -t-1$ のグラフをかいて，交点を調べてもいいんですよね。」

4-2 陰関数で表された曲線（グラフ）の接線

陰関数の微分を知っているという前提で話をするよ。忘れている人は $\boxed{3\text{-}7}$ を勉強し直してから，ここを読むようにしよう。

例題 4-4

定期テスト 出題度 ❶❶❶ ／ 2次・私大試験 出題度 ❶❶❶

曲線 $3x^2 - xy - 5y^2 = 9$ 上の点 $(-2,\ 1)$ における接線の方程式を求めよ。

数Ⅲ
4 章

曲線上の点における接線の傾きを求めるときは，微分係数を求めればいいから，まず，$\dfrac{dy}{dx}$ を求めるんだ。

正解は次のようになる。

解答　接点は $(-2,\ 1)$

$3x^2 - xy - 5y^2 = 9$ の両辺を x で微分すると

$$6x - \underbrace{\left(1 \cdot y + x \cdot \frac{dy}{dx}\right)}_{\text{積の微分}} - \underbrace{10y \cdot \frac{dy}{dx}}_{\text{合成関数の微分}} = 0$$

$$6x - y - x \cdot \frac{dy}{dx} - 10y \cdot \frac{dy}{dx} = 0$$

$$x \cdot \frac{dy}{dx} + 10y \cdot \frac{dy}{dx} = 6x - y$$

$$(x + 10y) \cdot \frac{dy}{dx} = 6x - y$$

$x + 10y \neq 0$ のとき

$$\frac{dy}{dx} = \frac{6x - y}{x + 10y}$$

接線の傾きは　$\dfrac{6 \cdot (-2) - 1}{(-2) + 10 \cdot 1} = -\dfrac{13}{8}$　$\Big)$ $x = -2,\ y = 1$ を代入する

よって，接線の方程式は

$$y-1=-\frac{13}{8}(x+2)$$

$$y-1=-\frac{13}{8}x-\frac{13}{4}$$

$$\underline{\underline{y=-\frac{13}{8}x-\frac{9}{4}}}$$　⇦ 答え　例題 4-4

「接線の傾きを求めるところがよくわからないのですが……。」

"$y=(x\text{の式})$"では，微分すればy'はxの式になるよね。だから，"接点のx座標"を代入すればいいんだけど，陰関数では，y'は，xとyの式になる。だから，"接点のx座標とy座標"の両方を代入すれば接線の傾きを求められるんだ。

「微分したら，$\dfrac{6x-y}{x+10y}$だから，これに，$x=-2$，$y=1$を代入したということか！」

媒介変数を使った曲線の接線

4-3

ここも，3-9 を理解していないと難しい内容だよ。不安のある人は，まず，そこの復習から始めよう。

例題 4-5

定期テスト 出題度 !!!　　2次・私大試験 出題度 !!!

$\begin{cases} x = \sin t - 3t \\ y = \cos t + 1 \end{cases}$ で表された曲線の $t = \dfrac{\pi}{3}$ における接線の方程式を求めよ。

数III **4** 章

まず，接点を求めよう。『$t = \dfrac{\pi}{3}$ における接線』だから，x，y それぞれの式

に $t = \dfrac{\pi}{3}$ を代入すると，接点の座標が求められるよ。

解答 $t = \dfrac{\pi}{3}$ のときは

$$x = \sin \frac{\pi}{3} - 3 \cdot \frac{\pi}{3} = \frac{\sqrt{3}}{2} - \pi$$

$$y = \cos \frac{\pi}{3} + 1 = \frac{3}{2}$$

よって，接点の座標は $\left(\dfrac{\sqrt{3}}{2} - \pi, \ \dfrac{3}{2} \right)$

だから，『点 $\left(\dfrac{\sqrt{3}}{2} - \pi, \ \dfrac{3}{2} \right)$ における接線』ということになるね。

じゃあ，次に傾きを求めるよ。ハルトくん，それぞれの式を微分して $\dfrac{dy}{dx}$

を求めてみて。

3-9 で説明した次の媒介変数の微分を使うよ。

$$x=f(t),\ y=g(t)\ \text{のとき,}\ \frac{dy}{dx}=\frac{\dfrac{dy}{dt}}{\dfrac{dx}{dt}}=\frac{g'(t)}{f'(t)}$$

 「

$x=\sin t-3t$ を t で微分すると

$\dfrac{dx}{dt}=\cos t-3$ ←$(\sin t)'=\cos t$

$y=\cos t+1$ を t で微分すると

$\dfrac{dy}{dt}=-\sin t$ ←$(\cos t)'=-\sin t$

より

$\dfrac{dy}{dx}=\dfrac{\dfrac{dy}{dt}}{\dfrac{dx}{dt}}=\dfrac{-\sin t}{\cos t-3}$ 」

そうだね。ふつうの $y=(x\text{の式})$ の場合は, 微分すれば x の式になるから, "接点での x 座標" を代入する。それに対して, 今回は微分すると t の式になったよね。

「"接点での t の値"を代入するということですね!」

その通り。では，やってみるよ。

$t=\dfrac{\pi}{3}$ における接線の傾きは

$$\dfrac{-\sin\dfrac{\pi}{3}}{\cos\dfrac{\pi}{3}-3}=\dfrac{-\dfrac{\sqrt{3}}{2}}{-\dfrac{5}{2}}\quad\leftarrow t=\dfrac{\pi}{3}\text{を代入する}$$

$$\qquad\qquad\quad=\dfrac{\sqrt{3}}{5}\qquad\text{分母，分子に}-2\text{を掛ける}$$

よって，接点 $\left(\dfrac{\sqrt{3}}{2}-\pi,\ \dfrac{3}{2}\right)$ より，接線の方程式は

$$y-\dfrac{3}{2}=\dfrac{\sqrt{3}}{5}\left\{x-\left(\dfrac{\sqrt{3}}{2}-\pi\right)\right\}$$

$$y-\dfrac{3}{2}=\dfrac{\sqrt{3}}{5}\left(x-\dfrac{\sqrt{3}}{2}+\pi\right)$$

$$y-\dfrac{3}{2}=\dfrac{\sqrt{3}}{5}x-\dfrac{3}{10}+\dfrac{\sqrt{3}}{5}\pi$$

$$\underline{y=\dfrac{\sqrt{3}}{5}x+\dfrac{6}{5}+\dfrac{\sqrt{3}}{5}\pi}\quad\Leftarrow\ \boxed{\text{答え}}\ \blacktriangleright\text{例題 4-5}$$

数Ⅲ **4** 章

2つの曲線が接する

この問題も有名で，数学Ⅱでも登場したよ。求めかたは，数学Ⅱも数学Ⅲも変わらないからね。

例題 4-6　〔定期テスト 出題度 ❗❗〕　〔2次・私大試験 出題度 ❗❗❗〕

2曲線 $C_1 : y = e^x$, $C_2 : y = \sqrt{x+a}$ が接するときの定数 a の値を求めよ。

これも，『数学Ⅱ・B編』の **6-20** で登場したよね。"曲線どうしが接する" というのは次のような意味だった。

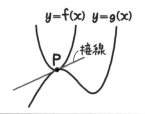

2曲線 $y = f(x)$, $y = g(x)$ が点Pで接する。

⟺　2曲線がともに点Pを通り，点Pにおける接線が同じ。

接点をPとして，そのx座標をtとすると，点Pの座標はどう表せるかな？

「Pは $C_1 : y = e^x$ 上にあるから，P(t, e^t) ですね。」

うん。グラフはこんな感じになるよ。

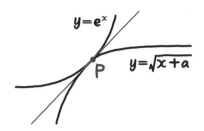

 「そして，この P は 2 曲線上にあるから，それぞれの式に代入すればいいんだね！」

そうだね。点 $(t,\ e^t)$ が $y=e^x$ 上にあるのは明らかだ。

また，曲線 $y=\sqrt{x+a}$ 上にあるということで代入すると，$e^t=\sqrt{t+a}$ になるね。また，わざと接点の x 座標だけ t として，その場所では y 座標が同じなので，$e^t=\sqrt{t+a}$ としてもよかったね。

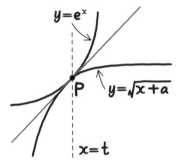

 「できる式は，同じですね！」

うん。次に，接線だ。あとでちゃんと計算するけど，結果を先にいってしまうと，

　　　C_1 の接線の傾きは，e^t

　　　C_2 の接線の傾きは，$\dfrac{1}{2\sqrt{t+a}}$

になる。このまま C_1 の接線も，C_2 の接線も求めることができるのだが，面倒だからやらなくてもよかったね。<mark>同じ点を通ることはわかっているのだから，あとは，傾きが同じであることをいえば，接線が同じといったことになる</mark>んだった。

解答 接点を P(t, e^t) とおくと，

2曲線ともこの点を通るので

$$e^t = \sqrt{t+a} \quad \cdots\cdots ①$$

C_1 の接線の傾きは

$y' = e^x$ より，e^t

C_2 の接線の傾きは

$$y = \sqrt{x+a} = (x+a)^{\frac{1}{2}} \text{ から}$$

$$y' = \frac{1}{2}(x+a)^{-\frac{1}{2}} = \frac{1}{2} \cdot \frac{1}{(x+a)^{\frac{1}{2}}}$$

$$= \frac{1}{2\sqrt{x+a}}$$

より，$\dfrac{1}{2\sqrt{t+a}}$

C_1，C_2 の接線の傾きが同じであることから

$$e^t = \frac{1}{2\sqrt{t+a}} \quad \cdots\cdots②$$

①，②より

$$e^t = \frac{1}{2e^t} \quad \leftarrow e^t = \frac{1}{2\sqrt{t+a}} \cdots ② \text{に} \sqrt{t+a} = e^t \cdots ① \text{を代入}$$

両辺に e^t を掛ける

$$e^{2t} = \frac{1}{2}$$

両辺の log をとる
$\log e^{2t} = 2t$

$$2t = \log\frac{1}{2}$$

$$t = \frac{1}{2}\log\frac{1}{2}$$

①に代入すると

$$\frac{1}{\sqrt{2}} = \sqrt{\frac{1}{2}\log\frac{1}{2} + a}$$

よって

$$a > -\frac{1}{2}\log\frac{1}{2} \quad \cdots\cdots③$$

両辺を2乗すると

$$\frac{1}{2} = \frac{1}{2}\log\frac{1}{2} + a$$

$$a=\frac{1}{2}-\frac{1}{2}\log\frac{1}{2}$$

このaは③を満たす。

したがって，$\underline{a=\frac{1}{2}+\frac{1}{2}\log 2}$ ⇦答え 例題4-6

$\log\frac{1}{2}=\log 2^{-1}=-\log 2$

「おわりのほうで，$t=\frac{1}{2}\log\frac{1}{2}$を①に代入する場面がありますよね。

右辺はわかるんですけど，左辺はどうして$\frac{1}{\sqrt{2}}$になるのですか?」

まず，『数学Ⅱ・B編』の **5-14** の **コツ⑰** で登場した$a^{\log_a c}=c$という公式を使うよ。

今回は，そのままe^tのtに$\frac{1}{2}\log\frac{1}{2}$を代入して計算すると，

$e^{\frac{1}{2}\log\frac{1}{2}}=e^{\log\left(\frac{1}{2}\right)^{\frac{1}{2}}}=e^{\log\frac{1}{\sqrt{2}}}$だね。$e^{\log\frac{1}{\sqrt{2}}}$は$e^{\log_e\frac{1}{\sqrt{2}}}$のことだからね。$\frac{1}{\sqrt{2}}$になるよ。

「そうか……。でも，なんか，計算が面倒になりそう……。」

うん。そこで，$t=\frac{1}{2}\log\frac{1}{2}$の2行前の$e^{2t}=\frac{1}{2}$に注目しよう。

ここから$(e^t)^2=\frac{1}{2}$だから，$e^t=\frac{1}{\sqrt{2}}$とわかるね。

「あっ，そうか。これを代入すればいいのか! うまいなぁ。」

代入するときは，まともにやるのではなく，まわりを見て，よりラクに計算できるいい式がないかを探すようなクセをつければいいね。計算が面倒になりがちな数学Ⅲは，特にね。

数Ⅲ 4章

$(x-\alpha)^2$ を因数にもつ

数学Ⅱで習った「因数定理」がさらに広がった内容のものがこれだ。

例題 4-7　｜ 定期テスト 出題度 ❗ ｜ 　｜ 2次・私大試験 出題度 ❗❗ ｜

　多項式 $f(x)$ について，次の問いに答えよ。

(1)　$f(x)$ が $(x-\alpha)^2$ を因数にもつための必要十分条件は $f(\alpha)=0$, かつ，$f'(\alpha)=0$ であることを示せ。

(2)　$f(-1)=0$, $f(4)=0$, $f'(4)=0$, $f(2)=36$ を満たす3次式 $f(x)$ を求めよ。

じゃあ，$f(x)$ を $(x-\alpha)^2$ で割った余りを $ax+b$ としようか。

「2次式で割ったから，余りは1次式以下ということですね。」

うん。そして，『数学Ⅱ・B編』の 2-12 でもやったように，

割られる式＝割る式×商＋余り

にあてはめてみよう。商を $Q(x)$ とすると，

　　$f(x)=(x-\alpha)^2 Q(x)+ax+b$

になるね。これを微分すると，どうなる？

「$(x-\alpha)^2 Q(x)$ のところは，"積の微分法"ですね。
　　$f'(x)=\{(x-\alpha)^2\}'Q(x)+(x-\alpha)^2 Q'(x)+a$
　　　　　$=2(x-\alpha)Q(x)+(x-\alpha)^2 Q'(x)+a$
です。」

そうだね。これらに，$x=\alpha$ を代入すれば証明できるよ。

解答 (1) $\underline{f(\alpha)=0,\ かつ,\ f'(\alpha)=0}$

$\underline{\Rightarrow\ f(x)が(x-\alpha)^2を因数にもつ}$　の証明

$f(x)$ を $(x-\alpha)^2$ で割った余りを $ax+b$ とすると

$f(x)=(x-\alpha)^2Q(x)+ax+b$ 　（$Q(x)$ は商）

$f'(x)=2(x-\alpha)Q(x)+(x-\alpha)^2Q'(x)+a$

$x=\alpha$ を代入すると

$f(\alpha)=a\alpha+b=0$　……①

$f'(\alpha)=a=0$　　　……②

②を①に代入すると，$b=0$

よって，余り 0 より，$f(x)$ は $(x-\alpha)^2$ を因数にもつ。

$\underline{f(x)が(x-\alpha)^2を因数にもつ}$

$\underline{\Rightarrow\ f(\alpha)=0,\ かつ,\ f'(\alpha)=0}$　の証明

$f(x)$ は $(x-\alpha)^2$ で割り切れるから

$f(x)=(x-\alpha)^2P(x)$ とすると

$f'(x)=2(x-\alpha)P(x)+(x-\alpha)^2P'(x)$

よって，$f(\alpha)=0$，$f'(\alpha)=0$ が成り立つ。　**例題 4-7** (1)

$f(x)$ が $x-\alpha$ を因数にもつ $\Longleftrightarrow f(\alpha)=0$

というのが『数学Ⅱ・B編』の **2-15** であったね。同様に，

$(x-\alpha)^2$ を因数にもつ条件

$f(x)$ が $(x-\alpha)^2$ を因数にもつ

$$\Longleftrightarrow\ f(\alpha)=0,\ かつ,\ f'(\alpha)=0$$

も公式として覚えておこう。

　「(2)は，流れ的に，今の式を使いそうだな。」

　　そうだね。**最初に何かしらの証明をさせるということは，以降の問題で，それを使うのだろうと考えていいよね。**

「$f(-1)=0$ということは，$x+1$を因数にもつということだし，$f(4)=0$，$f'(4)=0$ということは，$(x-4)^2$を因数にもつということですね。」

「ということは，$(x+1)(x-4)^2$を因数にもつということか。あれっ？3次式になっちゃったぞ……，これが答え？」

「でも，$f(x)$ は最高次の係数は1とは限らないでしょ？」

　　そうだよね。$(x+1)(x-4)^2$の定数倍ということになるね。

> **解答**　(2)　$f(x)$ は，$f(-1)=0$，$f(4)=0$，$f'(4)=0$より，$(x+1)(x-4)^2$を因数にもち，しかも3次式より
>
> 　　$f(x)=a(x+1)(x-4)^2$　　$(a\neq0)$
>
> とおける。さらに
>
> 　$f(2)=36$より，$12a=36$
>
> 　　$a=3$
>
> よって，求める3次式は
>
> 　　$\underline{f(x)=3(x+1)(x-4)^2}$　⇐ 答え　例題 **4-7**　(2)

4-6 平均値の定理

ちなみに，平均値の定理で，$f(a)=f(b)$ になっているものを「ロルの定理」というよ。

　ここでは，**平均値の定理**というのを勉強するよ。次のようなものだ。

21 平均値の定理1

　関数 $f(x)$ が，$a \leqq x \leqq b$ で連続，$a < x < b$ で微分可能なら

$$\frac{f(b)-f(a)}{b-a}=f'(c)$$

を満たす c $(a<c<b)$ が少なくとも1つ存在する。

数Ⅲ **4**章

　まず，2点 $(a,\ f(a))$，$(b,\ f(b))$ をとり，線分で結ぶ。

　一方，この2点を適当に曲線でつないでみよう。そうすると，$x=a$ から $x=b$ の途中で，曲線の接線が線分と平行になる点 $x=c$ が少なくとも1か所はあるよね。

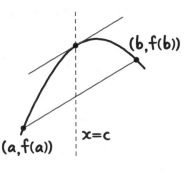

「たしかに，そうだ……。曲線がもっと曲がりくねったりしていたら，もっといっぱいありそうだし。」

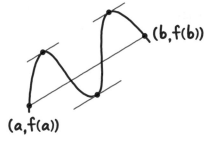

「でも，式の意味がよくわからないです。」

まず，両端の2点を結ぶ線分の傾きは？

「$\dfrac{y \text{の増加分}}{x \text{の増加分}}$ だから，$\dfrac{f(b) - f(a)}{b - a}$ です。」

そうだね。$x=a$ から $x=b$ までの平均変化率というやつだ。『数学Ⅱ・B編』の **6-3** で登場したね。

一方，$x=c$ における接線の傾きは？

「微分して，$x=c$ を代入すればいいから，$f'(c)$ です。」

「そうか。線分と平行だから，$\dfrac{f(b) - f(a)}{b - a} = f'(c)$ になりますね。」

「あっ，じゃあ，もうひとついいですか？ 『$a \leqq x \leqq b$ で連続，$a < x < b$ で微分可能』とありますけど，$x=a$, b のところは微分可能じゃなくてもいいんですか？」

「そう。$x=a$, b のところでとがっていたりしたら……。」

いや。それは，関係ないよ。

だって，c は a と b を除いた $a < c < b$ の範囲の値で，そこで $f'(c)$ が存在すればいいんだからね。

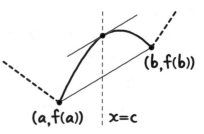

例題 **4-8** 定期テスト 出題度 ❗❗❗ 2次・私大試験 出題度 ❗

関数 $f(x) = -x^3 + 4x^2 + 3x - 9$ について，$a = -1$，$b = 5$ のとき，
平均値の定理

$$\frac{f(b) - f(a)}{b - a} = f'(c)$$

を満たす c $(a < c < b)$ を求めよ。

まず，平均値の定理を使うときは，関数 $f(x) = -x^3 + 4x^2 + 3x - 9$ が，**問題で与えられている範囲で連続で，かつ，微分可能かをチェックしなければいけない**よ。

「3次関数のグラフは，数学Ⅱでやっていますよね。」

「うん。$-1 \leqq x \leqq 5$ に限らずずっと連続だし，どの場所でも微分できたよ。」

その通りだね。じゃあ，計算できる。ただ，式に代入するだけだけど（笑）。

解答 $f(x) = -x^3 + 4x^2 + 3x - 9$ は，$-1 \leqq x \leqq 5$ で連続，

$-1 < x < 5$ で微分可能より，平均値の定理が使える。

$f'(x) = -3x^2 + 8x + 3$ より，

$\dfrac{f(b) - f(a)}{b - a} = f'(c)$ に $a = -1$，$b = 5$ を代入すると

$\dfrac{f(5) - f(-1)}{5 - (-1)} = f'(c)$

$\dfrac{(-19) - (-7)}{6} = -3c^2 + 8c + 3$ ←$f(5) = -5^3 + 4 \cdot 5^2 + 3 \cdot 5 - 9$
$f(-1) = -(-1)^3 + 4 \cdot (-1)^2$
$+ 3 \cdot (-1) - 9$

$-2 = -3c^2 + 8c + 3$

$$3c^2-8c-5=0$$

$$c=\frac{4\pm\sqrt{31}}{3}$$

$5<\sqrt{31}<6$ だから， ← $\sqrt{25}<\sqrt{31}<\sqrt{36}$

この値は $-1<c<5$ を満たす。← $\begin{cases} 9<4+\sqrt{31}<10 より 3<\dfrac{4+\sqrt{31}}{3}<\dfrac{10}{3} \\ -2<4-\sqrt{31}<-1 より -\dfrac{2}{3}<\dfrac{4-\sqrt{31}}{3}<-\dfrac{1}{3} \end{cases}$

$$\underline{\underline{c=\frac{4\pm\sqrt{31}}{3}}}$$ ◁答え 例題 4-8

　さて，さっきの平均値の定理だが，$a<c<b$ のとき，b は a より h 大きいという意味で $b=a+h$ と書こう。

　また，c は a より "h の0.●●倍" 大きいという意味で，$c=a+\theta h$

($0<\theta<1$) と書こう。そうすると，$\dfrac{f(b)-f(a)}{b-a}=f'(c)$ は

$$\frac{f(a+h)-f(a)}{h}=f'(a+\theta h)$$

$$f(a+h)-f(a)=hf'(a+\theta h)$$

$$f(a+h)=f(a)+hf'(a+\theta h)$$

なので，次のようにも表せるよ。

Point
22 平均値の定理2

関数 $f(x)$ が，$a\leqq x\leqq a+h$ で連続，

$a<x<a+h$ で微分可能なら，

$$f(a+h)=f(a)+hf'(a+\theta h)$$

を満たす θ ($0<\theta<1$) が少なくとも1つ存在する。

例題 4-9　定期テスト 出題度 ❗❗❗ ／ 2次・私大試験 出題度 ❗

関数 $f(x) = \dfrac{1}{x+6}$ について，$a=-4$，$h=6$ のとき，平均値の定理

$$f(a+h) = f(a) + hf'(a+\theta h)$$

を満たす $\theta\,(0<\theta<1)$ を求めよ。

今回の，$f(x) = \dfrac{1}{x+6}$ は分数関数だから，グラフには漸近線があるよね。

「直線 $x=-6$ と $y=0$，つまり x 軸か……。」

そうだね。 **1-1** で登場したね。

$x=-6$ でグラフがプッツリ切れているということになる。

でも，今回の範囲は a から $a+h$。

つまり，-4 から 2 だ。

この範囲なら，**グラフも切れていないし，ずっと微分できる状態**だね。

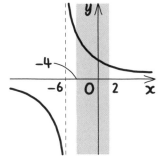

「平均値の定理が使えますね。」

うん。それを最初にいうのを忘れないでおこう。さて，計算のほうは，簡単だよ。さっきの問題のように，代入するだけで解けるからね。ミサキさん，解いてみて。

「**解答**　$f(x) = \dfrac{1}{x+6}$ は，$-4 \leqq x \leqq 2$ で連続，

$-4 < x < 2$ で微分可能より，平均値の定理が使える。

$f(x) = (x+6)^{-1}$ より

$$f'(x) = -(x+6)^{-2}$$

$$= -\frac{1}{(x+6)^2}$$

$f(a+h) = f(a) + hf'(a+\theta h)$ に $a = -4$, $h = 6$ を代入する

と

$$f(2) = f(-4) + 6f'(-4+6\theta)$$

よって

$$\frac{1}{8} = \frac{1}{2} + 6 \cdot \left\{ -\frac{1}{(2+6\theta)^2} \right\}$$

$$-\frac{3}{8} = -\frac{6}{(2+6\theta)^2}$$

$$\frac{1}{8} = \frac{2}{(2+6\theta)^2}$$

両辺を−3で割る

両辺に $8(2+6\theta)^2$ を掛けると

$$(2+6\theta)^2 = 16$$

$$2 + 6\theta = \pm 4$$

$$6\theta = 2, \; -6$$

$$\theta = \frac{1}{3}, \; -1$$

$0 < \theta < 1$ より

$$\theta = \frac{1}{3}$$

←答え 例題 4-9

よくできました。

お役立ち話 **14**

閉区間，開区間

$a \leqq x \leqq b$ のような，**イコールを含む不等号の区間**を閉区間といい，$[a, b]$ と書くこともあるんだ。

また，$a < x < b$ のような，**イコールを含まない不等号の区間**を開区間といい，(a, b) と書いたりもするよ。

数Ⅲ
4
章

「そうなのか……。なんか，［ ］や，（ ）っていろいろな場所で出てくる気がするな。」

「そうね。［ ］は数学Ⅱの積分のところでも登場したし，（ ）は座標の意味もあるわけでしょう？　もちろん，単なるカッコの意味で使うこともあるし。」

数学全体って膨大な量になるけど，記号の数は限られているから，仕方ないかもね……。

「数学者って，ズボラなのかな（笑）？　新しいことを発見したら，新しい記号を作ってほしいな。」

ボクもそう思う。まあ，昔の数学者が決めたことだから，しようがないんだけどね。

平均値の定理を使った 不等式の証明

この問題を試験で初めて見て解ける人は，まず，いないと思う。求める手順は決まっているからね。前もって覚えて本番に臨もう。

例題 4-10

定期テスト 出題度 **! !**　　2次・私大試験 出題度 **! !**

$a < b$ のとき，不等式 $1 - \dfrac{a}{b} < \log b - \log a < \dfrac{b}{a} - 1$ が成り立つことを証明せよ。

まず，

❶　$\log a$ や $\log b$ ならば，$f(x) = \log x$ とおき，連続や，微分可能になっていることを確認する。

次に，

❷　$\dfrac{f(b) - f(a)}{b - a} = f'(c)$ において，両辺の式をそれぞれ求めると，これを満たす c $(a < c < b)$ が少なくとも1つ存在するといえる。

計算して①としよう。

$\dfrac{f(b) - f(a)}{b - a}$ のほうは $\dfrac{\log b - \log a}{b - a}$ になるし，$f(x) = \log x$ なら

$f'(x) = \dfrac{1}{x}$ だから，$f'(c) = \dfrac{1}{c}$ になる。

$$\frac{\log b - \log a}{b - a} = \frac{1}{c} \quad \cdots\cdots ①$$

というわけだ。ちなみに真数条件より a，b ともに正だよ。大丈夫？

「あっ，そうか。じゃあ，a，b の間の数である c も正ということか。」

うん。そして,

❸ 右辺を不等式ではさむ。

これを②としよう。

$a<c<b$ということは

$$\frac{1}{b}<\frac{1}{c}<\frac{1}{a} \quad \cdots\cdots②$$

になる。

「正の数だから,分母が大きいほど小さいですもんね。」

そう。そして,最後に,

❹ ②に①を代入して計算すればいい。

最初から通して解いてみるよ。

解答 $f(x)=\log x$とおくと,関数$y=f(x)$は$x>0$で連続かつ微分可能なので,平均値の定理より

$$\frac{f(b)-f(a)}{b-a}=f'(c)$$

$$\frac{\log b-\log a}{b-a}=\frac{1}{c} \quad \cdots\cdots① \leftarrow (\log x)'=\frac{1}{x}$$

を満たす$c\,(a<c<b)$が少なくとも1つ存在する。

さらに,$0<a<c<b$より

$$\frac{1}{b}<\frac{1}{c}<\frac{1}{a} \quad \cdots\cdots②$$

が成り立つので,①,②より

$$\frac{1}{b}<\frac{\log b-\log a}{b-a}<\frac{1}{a}$$

すべての辺に$b-a$を掛けると,$b-a>0$だから

$$\frac{b-a}{b}<\log b-\log a<\frac{b-a}{a}$$

よって, $1-\dfrac{a}{b}<\log b-\log a<\dfrac{b}{a}-1$ が成り立つ。 **例題 4-10**

例題 **4-11**　定期テスト 出題度 **❶❶**　2次・私大試験 出題度 **❶❶**

$1<a<b<e$ のとき，平均値の定理を用いて，不等式

$1<\dfrac{b\log b-a\log a}{b-a}<2$ が成り立つことを証明せよ。

「肝心の真ん中の式が，分数になっていますけど……。」

うん。そのときは分子の "$b\log b-a\log a$" だけ注目すればいいよ。

「 例題 **4-10** は，$\log a$ や $\log b$ だったから，$f(x)=\log x$ とおいたんですよね。今回は，$a\log a$ や $b\log b$ だから，$f(x)=x\log x$ とおくということですか？」

その通り。ちょっと，できるところまで解いてみて。

「$f(x)=x\log x$ とおくと，関数 $f(x)$ は $1\leqq x\leqq e$ で連続かつ $1<x<e$ で微分可能で，積の微分を使うと，$f'(x)=\log x+1$

よって，平均値の定理より

$$\dfrac{f(b)-f(a)}{b-a}=f'(c)$$

$$\dfrac{b\log b-a\log a}{b-a}=\log c+1 \qquad \cdots\cdots\text{①}$$

を満たす $c\,(a<c<b)$ が少なくとも1つ存在する。

$a<c<b$ だから

$$\log a+1<\log c+1<\log b+1 \qquad \cdots\cdots\text{②}$$

①，②より

$$\log a+1<\dfrac{b\log b-a\log a}{b-a}<\log b+1$$

……

あれっ？　おかしい。」

うまくいかなかったときは，c をもっと広い範囲ではさみ直せばいいよ。

$a<c<b$ でなく，$1<c<e$ というふうにね。それでやれば，できると思うよ。

「やってみます。

解答　$f(x)=x\log x$ とおくと，関数 $y=f(x)$ は $1\le x\le e$ で連続

かつ $1<x<e$ で微分可能なので，平均値の定理より

$$\frac{f(b)-f(a)}{b-a}=f'(c)$$

$$\frac{b\log b-a\log a}{b-a}=\log c+1 \quad\cdots\cdots①$$

を満たす $c\,(a<c<b)$ が少なくとも1つ存在する。

また，$1<c<e$ より

$\log 1<\log c<\log e$

$0<\log c<1$ 　　　　$\log 1=0,\ \log e=1$

$1<\log c+1<2 \quad\cdots\cdots②$

①，②より

$1<\dfrac{b\log b-a\log a}{b-a}<2$ 　が成り立つ。　　　　例題 4-11 」

例題 **4-12**　　定期テスト 出題度 ❗❗　　2次・私大試験 出題度 ❗❗

　$a,\ b$ が異なる定数のとき，不等式 $|\sin b-\sin a|\le|b-a|$ が成り

立つことを証明せよ。

「$\sin$ の式だから，$f(x)=\sin x$ とおけばいいですか？　絶対値がつい

ていますけど……。」

うん。それでいい。注意しなきゃいけないのは，今回は今までとは違い，

$a,\ b$ の大小がわかっていないということなんだよね。

まず，$a<b$ のとき，

$$\frac{f(b)-f(a)}{b-a}=f'(c)$$

一方，$b<a$ のときは，

$$\frac{f(a)-f(b)}{a-b}=f'(c)$$

になるが，これは，

$$\frac{f(b)-f(a)}{b-a}=f'(c)$$

と同じだよね。

$$\frac{\sin b-\sin a}{b-a}=\cos c \quad \cdots\cdots①$$

を満たす c（$a<c<b$ または $b<c<a$）が少なくとも1つ存在するでいい。

「$\cos c$ はどうはさめばいいんですか？」

単純だよ。$\cos$ は -1 から 1 までの値しかとらないことを使えばいいよ。

解答 $f(x)=\sin x$ とおくと，関数 $y=f(x)$ は実数全体で連続かつ微分可能な

ので，平均値の定理より

$$\frac{f(b)-f(a)}{b-a}=f'(c)$$

$$\frac{\sin b-\sin a}{b-a}=\cos c \quad \cdots\cdots①$$

を満たす c（$a<c<b$ または $b<c<a$）が少なくとも1つ存在する。

さらに

$$-1\leqq\cos c\leqq1 \quad \cdots\cdots②$$

が成り立つので，①，②より

$$-1\leqq\frac{\sin b-\sin a}{b-a}\leqq1$$

$$\left|\frac{\sin b-\sin a}{b-a}\right|\leqq1$$

つまり，　$|\sin b-\sin a|\leqq|b-a|$　が成り立つ。

例題 4-12

4-8 平均値の定理を使って極限を求める

4-7 と並んで，平均値の定理を使った代表的な問題だよ。

例題 4-13

定期テスト 出題度 !! !　　2次・私大試験 出題度 !! !

平均値の定理を用いて，次の極限を求めよ。

$$\lim_{x \to 0} \frac{\tan x - \tan(\sin x)}{x - \sin x}$$

4-7 と❶，❷のやりかたは同じだ。

「今回は，$\tan$の式だから，❶　$f(x) = \tan x$とおけばいいんですね。」

そうだね。$y = \tan x$のグラフを思い出してみて。連続でないところがあるね。『数学Ⅱ・B編』の 4-6 でも紹介したけど，$x = -\dfrac{\pi}{2}$，$x = \dfrac{\pi}{2}$，$x = \dfrac{3}{2}\pi$，……とかが漸近線になっている。

「そこで切れているということか。」

でも，今回は，$x \to 0$に近づけるわけだから，**$x = 0$の周辺が連続で微分可能になっていればいいんだよね。**だから，漸近線は気にしなくていいよ。

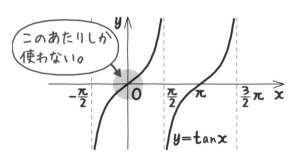

問題の式は

❷ $\dfrac{f(x)-f(\sin x)}{x-\sin x}=f'(c)$

$\dfrac{\tan x-\tan(\sin x)}{x-\sin x}=\dfrac{1}{\cos^2 c}$

を満たす $c(\sin x<c<x$ または $x<c<\sin x)$ が少なくとも1つ存在する。

そして，ここから手順が変わるんだ。右辺を不等式ではさむのではなく，

❸′　右辺の極限を求めるんだ。

「$\displaystyle\lim_{x\to 0}\dfrac{1}{\cos^2 c}$ は，$\dfrac{1}{\cos^2 c}$ ですね。」

いや，違うよ。c って定数じゃないよ。c って，$\sin x$ と x に常にはさまれた数だよね。そして，x がいろいろ変わるわけだから，c も変化する数なんだ。

「えっ？　じゃあ，極限はどうなるのですか？」

$\sin x<c<x$ でも $x<c<\sin x$ でも，$x\to 0$ に近づけるなら，$\sin x\to 0$ より $c\to 0$ だよね。 2-8 でやった，はさみうちの原理を使おう。

正解は，次のようになる。

解答　$f(x)=\tan x$ とおけば，関数 $y=f(x)$ は $x=0$ の近くでは連続かつ微分可能で，$f'(x)=\dfrac{1}{\cos^2 x}$ だから，平均値の定理より

$\dfrac{f(x)-f(\sin x)}{x-\sin x}=f'(c)$

$\dfrac{\tan x-\tan(\sin x)}{x-\sin x}=\dfrac{1}{\cos^2 c}$

を満たす c（$\sin x<c<x$ または $x<c<\sin x$）が少なくとも1つ存在する。

$x\to 0$ のとき，$\sin x\to 0$ より，$c\to 0$ であるから，

$\displaystyle\lim_{x\to 0}\dfrac{1}{\cos^2 c}=\dfrac{1}{\cos^2 0}=1$ より　←$\cos 0=1$

$\displaystyle\lim_{x\to 0}\dfrac{\tan x-\tan(\sin x)}{x-\sin x}=\underline{1}$　◁ 答え　例題 4-13

増減表と実数解の個数

数学Ⅲの増減表は，数学Ⅱのときと比べて，やることが多いから，最初は特に面倒くさく感じるかも。グラフも複雑な形をしている場合が多いしね。

例題 4-14 (定期テスト 出題度 !!!) (2次・私大試験 出題度 !!!)

次の問いに答えよ。

(1) 関数 $y = \dfrac{e^{2x}}{x-1}$ の増減を調べて，グラフをかき，漸近線を求めよ。

(2) 方程式 $e^{2x} - ax + a = 0$（a は定数）の実数解の個数を求めよ。

「増減表は，『数学Ⅱ・B編』の 6-11 でも登場しましたよね。同じやりかたでいいんですか？」

いや，少し違うんだ。まず，微分する前に，

❶ 分数は『分母が0でない。』

　$\sqrt{}$ の式は，『$\sqrt{}$ の中が0以上。』

　log は『真数条件』をチェックする。

ということをしなきゃダメなんだ。

「そんなチェック，数学Ⅱではやらなかったな……。」

うん。でも，数学Ⅱで登場したのは，3次関数とか，4次関数とかだったよね。分数，$\sqrt{}$，log のいずれでもないから，やらなくてよかっただけの話なんだ。

「本来は，やらなければいけないんですね。」

その通り。今回は，分数だからね。『分母が0でない』をいおう。

$x-1 \neq 0$ より，$x \neq 1$ になる。

以降は，数学Ⅱのときと同じようにやればいいよ。

❷　微分して，因数分解する。

「　$y = \dfrac{e^{2x}}{x-1}$

$y' = \dfrac{(e^{2x})' \cdot (x-1) - e^{2x} \cdot 1}{(x-1)^2}$

$= \dfrac{2e^{2x}(x-1) - e^{2x}}{(x-1)^2}$

$= \dfrac{e^{2x}\{2(x-1)-1\}}{(x-1)^2}$

$= \dfrac{e^{2x}(2x-3)}{(x-1)^2}$

ですね。」

商の微分
$\left\{\dfrac{f(x)}{g(x)}\right\}' = \dfrac{f'(x)g(x) - f(x)g'(x)}{\{g(x)\}^2}$

$(e^{2x})' = e^{2x} \cdot (2x)'$

うん。そして，

❸　$y'=0$ になる x を求める。

$y'=0$ になるのは

$$\dfrac{e^{2x}(2x-3)}{(x-1)^2} = 0$$

$$2x-3 = 0$$

$$x = \dfrac{3}{2}$$

「えっ？　どうして，$2x-3=0$ になるのですか？」

e^{2x} が0になることはないよ。e は2.7くらいの数だから。底が正の指数関数は，常に正になるんだったよね。$(x-1)^2$ も "0でない数の2乗" だから正だ。

$\dfrac{e^{2x}(2x-3)}{(x-1)^2}$ のうち正になるところは無視すればいい。

「$\dfrac{e^{2x}(2x-3)}{(x-1)^2}=0$ の両辺を $\dfrac{e^{2x}}{(x-1)^2}$ で割ったと考えてもいいんですか？」

うん，それでもいいね。続いて，

❹ **$y'>0$ になる x を求める。**

ミサキさん，やってみて。

「$y'>0$ になるのは

$$\frac{e^{2x}(2x-3)}{(x-1)^2}>0$$

$$2x-3>0$$

$$x>\frac{3}{2}$$

でいいんですか？」

うん。完ペキ。さて，これで増減表を書いてみよう。まず，

❺ **上段は，両はしを $-\infty$ と ∞ にする。（範囲があるときは，その範囲。）** そして，❶の"x が値をとれないところ"と，❸の"$y'=0$ になる x の値" を小さい順に左から1マスずつ空けて書く。

❶で，$x \ne 1$ とわかっているし，❸で，$y'=0$ になるのは $x=\dfrac{3}{2}$ と求められて いるからね。1と $\dfrac{3}{2}$ の欄を作ろう。

x	$-\infty$	……	1	……	$\dfrac{3}{2}$	……	∞
y'							
y							

「"xが値をとれないところ"を書くというのが新しいですね。」

　さっきもいったけど，本来はやらなきゃいけないんだ。でも，数学Ⅱの3次関数や4次関数には，"xが値をとれないところ"なんてなかったからね。幸運にもやらずに済んだんだ。

「両はしを$-\infty$や∞にするのはどうしてですか？」

　数学Ⅱで増減表を習ったときに扱ったグラフでは，∞，$-\infty$のところは，右の図のように限りなく上まで行ったり，下まで行ったりするものだったね。

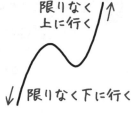

限りなく
上に行く

限りなく下に行く

「数学Ⅲのグラフは，そうとは限らないんですか？」

　それはまあ，あとでグラフをかくときに登場するからね。その前に，とりあえず表を完成させよう。

❻　中段は，❸，❹を参考にy'の符号を書く。

　$y'=0$になるのは$x=\dfrac{3}{2}$，$y'>0$になるのは$x>\dfrac{3}{2}$のときだ。

　$x=1$のところは値がとれないから斜線を引いておこう。

x	$-\infty$	……	1	……	$\dfrac{3}{2}$	……	∞
y'		$-$	／	$-$	0	$+$	
y							

　……のところは正，負のどちらかにしかならないから，"$-\infty$と1の間"，"1と$\dfrac{3}{2}$の間"は負になるよ。

❼　下段は，矢印を書く。y' が正のときは y は増加，y' が負のときは y は減少になる。そして，値や極限も記入する。

「$y = \dfrac{e^{2x}}{x-1}$ は $x = \dfrac{3}{2}$ のとき，$y = 2e^3$ ですね。」

極限も求めよう。$\displaystyle\lim_{x \to -\infty} \dfrac{e^{2x}}{x-1}$ は？

「分母は $-\infty$ に近づくし，分子は $e^{-\infty}$ だから……あっ，0 か！」

そうだよね。$e^{-\infty}$ は $\dfrac{1}{e^{\infty}}$ だもんね。

「$\displaystyle\lim_{x \to -\infty} \dfrac{e^{2x}}{x-1} = \dfrac{0}{-\infty}$ ということは，0 ですね。」

「$\displaystyle\lim_{x \to \infty} \dfrac{e^{2x}}{x-1}$ なら……あっ，$\dfrac{\infty}{\infty}$ になっちゃう。不定形だ。」

❓「ということは，変形？」

それでもいいんだけど，

極限には強い・弱いがあるということを覚えておくといいよ。log がいちばん弱くて，x の1乗，2乗，3乗，……となるにしたがって強くなり，最強は指数関数の a^x $(a>1)$ なんだ。

$$\log x \quad x \quad x^2 \quad x^3 \cdots\cdots a^x \ (ただし，a>1)$$
弱　　　　　　　　　　　　　　強

今回，$x-1$ は1次関数なのに対し，e^{2x} は $(e^2)^x$ と考えたら指数関数だ。分母のほうが弱くて，分子のほうが強いから，分子のほうが勝っちゃうんだ。つまり，**分子のほうの極限にしたがう**ことになる。

$$\lim_{x \to \infty} \frac{e^{2x}}{x-1} \left(= \frac{\infty \, (\text{強})}{\infty \, (\text{弱})} \text{だから,} \right) = \infty$$

「えっ？　どうして強い・弱いでわかるんですか？」

グラフを思い出せばいい。

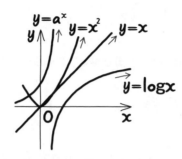

　どれも，$x \to \infty$ にすると値が ∞ になる。でも，∞ になるまでの勢いが違うよね。x を増やしていくと，

　分母の $x-1$ が5くらいになる頃，分子の e^{2x} はすでに何万とかいう数になるんだ。

　分母が10くらいになると，分子は何億，

　分母が15くらいになると，分子は何兆,

　……………

とかいうふうに，分母がゆっくり増えている間に，分子は急速に巨大化していくんだ。最終的には，∞ になるということだ。

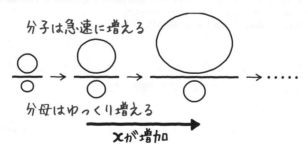

「じゃあ，もし，$\lim_{x \to \infty} \dfrac{x-1}{e^{2x}}$ なら，分母のほうが強いですよね。」

そうだね。$\dfrac{\infty \,(弱)}{\infty \,(強)}$ ということで，0 に近づくよ。この "極限の強弱" は公式じゃないんだけど，増減表を書くときは暗黙の了解として使っていいんだ。ただし，『**極限を求めよ。**』**という問題のときは，このことをそのまま使っちゃいけないからね。注意しよう。**さて，表は次のように完成した。

x	$-\infty$	……	1	……	$\dfrac{3}{2}$	……	∞
y'		$-$		$-$	0	$+$	
y	0	$\searrow$		$\searrow$	$2e^3$	$\nearrow$	∞

　グラフだが，まず，$x=1$ のところはない。つまり，ここでグラフが切れてしまっているんだ。縦に破線をかいておこう。

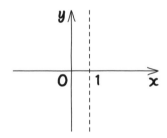

　次に，$x=1$ の左側だけど，ここは減少していくね。でも，右の図のようにかいちゃダメなんだ。x が $-\infty$ のときは，値は限りなく 0 に近いから，x 軸のわずか下のところに点を取って，そこから減少させていくんだ。

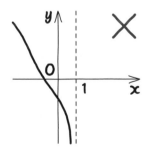

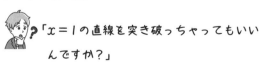「$x=1$ の直線を突き破っちゃってもいいんですか？」

あっ，それは，ダメ。$x=1$のところにはグラフがない。でも，$\lim\limits_{x \to 1-0} \dfrac{e^{2x}}{x-1}=-\infty$で，減少し続けるから，限りなく下に行くしかないんだ。

「途中で，y軸と1回交わりますね。」

そうだね。y切片を求めておこう。$x=0$を代入すると，$y=-1$になるね。

最後に，$x=1$の右側だ。$\lim\limits_{x \to 1+0} \dfrac{e^{2x}}{x-1}=\infty$だから，はるか上のところから下りてくることになる。やはり，$x=1$の直線を突き破れない。そして，$x=\dfrac{3}{2}$のとき，値が$2e^3$になる。そのあとは増加し，xが∞のとき，∞になる。つまり，ずっと上まで増えていくことになるんだ。

解答 （1）$x-1 \neq 0$より，$x \neq 1$

$$y=\frac{e^{2x}}{x-1}$$

$$y'=\frac{(e^{2x})' \cdot (x-1)-e^{2x} \cdot 1}{(x-1)^2}$$

$$=\frac{2e^{2x}(x-1)-e^{2x}}{(x-1)^2}$$

$$=\frac{e^{2x}\{2(x-1)-1\}}{(x-1)^2}$$

$$=\frac{e^{2x}(2x-3)}{(x-1)^2}$$

$y'=0$になるのは

$$\frac{e^{2x}(2x-3)}{(x-1)^2}=0$$

$$2x-3=0$$

$$x=\frac{3}{2}$$

$y'>0$になるのは

$$\frac{e^{2x}(2x-3)}{(x-1)^2}>0$$

$$2x-3>0$$

$$x>\frac{3}{2}$$

x	$-\infty$	……	1	……	$\dfrac{3}{2}$	……	∞
y'		$-$		$-$	0	$+$	
y	0	$\searrow$	$\begin{smallmatrix}-\infty\\ \infty\end{smallmatrix}$	$\searrow$	$2e^3$	$\nearrow$	∞

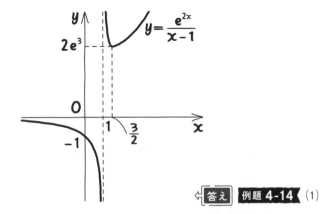

<答え 例題 4-14 (1)

「それにしても，すごいグラフだなぁ。さすがは数学Ⅲだ。」

漸近線とは，グラフが限りなく近づく線のことだったよね。『数学Ⅱ・Ｂ編』の 4-6 の $y=\tan x$ のグラフで出てきたし，数学Ⅲでも 1-1 の分数関数のグラフで登場したよ。

「じゃあ，今回は，

漸近線は $x=1$，$y=0$　<答え 例題 4-14 (1)

となって，2直線が漸近線ということですね。」

その通り。さて, (2)は大丈夫かな?　これは, 『数学 I・A編』の 3-26 や,

『数学 II・B編』の 6-18 で登場したよね。**まず, x は一方の辺に集めるんだ。**

そして, 他方の辺を a だけにしよう。 a を含む項を片方の辺に集めて, a で

くくり, a の係数で割ればいいね。

$$e^{2x} - ax + a = 0$$

$$e^{2x} = ax - a$$

$$e^{2x} = a(x-1)$$

「両辺を $x-1$ で割ると……, あっ, でも文字で割るから 0 か 0 でない
かに場合分けか。」

うん, 普通はね。でも, もし $x-1=0$ なら $x=1$ だから, 式は $e^2 = 0$ となって,

成り立たないよね。$x-1 \neq 0$ といえるよ。

両辺を $x-1$ で割ると,

$$\frac{e^{2x}}{x-1} = a$$

(範囲の制限のない) 2次方程式の実数解の個数を求めるときは判別式を使う

が, それ以外はすべて,

『$y=f(x)$ と $y=g(x)$ のグラフの共有点の x 座標』

は 『$f(x)=g(x)$ の実数解』

を使えばいいんだったよね。

「『$y = \dfrac{e^{2x}}{x-1}$ と $y=a$ のグラフの共有点の個数』を求めればいいとい
うことか。」

うん。しかも, $y = \dfrac{e^{2x}}{x-1}$ のグラフは, (1)でかいているよね。

「あっ，そうですね（笑）。じゃあ

解答 (2) $e^{2x} - ax + a = 0$

$e^{2x} = ax - a$

$e^{2x} = a(x - 1)$

$x = 1$なら左辺$= e^2$，右辺$= 0$より矛盾。

よって，$x \neq 1$より，両辺を$x - 1$で割ると

$$\frac{e^{2x}}{x - 1} = a$$

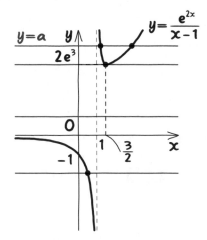

$y = \dfrac{e^{2x}}{x - 1}$と$y = a$のグラフの共有点の個数より

$a > 2e^3$のとき， $\quad$ 2個

$a = 2e^3$，$a < 0$のとき，1個

$0 \leqq a < 2e^3$のとき， $\quad$ なし $\qquad$ ←答え **例題 4-14** (2)」

対数関数の増減表

対数関数の増減表をやるついでに，応用問題にも挑戦してみよう。最大，最小を求めるのに増減表を書くことも多いよ。

例題 4-15　　定期テスト 出題度 ❗❗　　2次・私大試験 出題度 ❗❗❗

関数 $y=\log x$ のグラフ上の $x=t$ の点における接線と，x 軸，y 軸との交点をそれぞれ A，B とするとき，次の問いに答えよ。

(1)　A，B の座標を求めよ。

(2)　$0<t<1$ のとき，$\triangle$OAB の面積 S の最大値を求めよ。

　「x 座標が t の点ということは，y 座標は $\log t$ ですね。」

そういうことになるね。　**4-1** がわかっていたら，(1)はできるんじゃないかな？　ミサキさん，解いてみて。

　「**解答**　(1)　接点の座標を $(t,\ \log t)$ とおくと，

$y'=\dfrac{1}{x}$ より，傾きは $\dfrac{1}{t}$

接線の方程式は

$y-\log t=\dfrac{1}{t}(x-t)$

$y-\log t=\dfrac{1}{t}x-1$

$y=\dfrac{1}{t}x+\log t-1$

x 切片は

$0=\dfrac{1}{t}x+\log t-1$　←$y=0$を代入

$$\frac{1}{t}x = -\log t + 1$$

$$x = -t\log t + t$$

y切片は

$$y = \log t - 1 \quad \leftarrow x=0 を代入$$

よって，**A$(-t\log t + t,\ 0)$，B$(0,\ \log t - 1)$**

答え　例題 4-15 (1)」

そう。正解だよ。続いての(2)だが，まず，△OABの面積を求めよう。

「Aはx軸上，Bはy軸上にあるわけだから，△OABは直角三角形だな。
OA$= -t\log t + t$，OB$= \log t - 1$で……。」

ハルトくん，Bのy座標の$\log t - 1$は正なの？　負なの？

「えっ??　……$\log t$と1のどちらが大きいかを考えればいいんですよ
ね……。」

まあ，それでもいいかな。

「1は$\log e$のことだから，$\log t$と$\log e$を比べるのか……。」

「あっ，今回は$0<t<1$だから，$\log t$のほうが小さいよ。」

「あっ，そうか！　eは2.7くらいの数だもんな。じゃあ，$\log t - 1$は
負なのか。」

Aのx座標のほうは？

「$-t\log t + t = -t(\log t - 1)$だから，負×負で，正ですね。」

うん。あるいは，図にしてみてもいい。

$y=\log x$のグラフがあり，$0<t<1$で，$x=t$の点における接線をかき込むと次のようになり，Aのx座標は正，Bのy座標は負とわかるね。

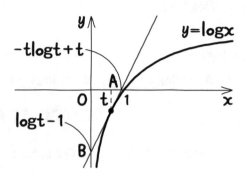

「なるほど！　こっちのほうがラクですね。あれっ？　じゃあ，OB＝$\log t-1$は変。長さが負になるわけないもん……。」

うん。Oのy座標は，Bのy座標より大きいよね。

「あっ，そうか。大きいほうから小さいほうを引くから，OB＝$0-(\log t-1)=-\log t+1$ということか。面積は，

$$S=\frac{1}{2}(-t\log t+t)(-\log t+1)$$
$$=\frac{1}{2}t(-\log t+1)^2$$

になるな。」

その通り。そして，これの$0<t<1$における最大値を求めればいいわけだから……。

「あっ，増減表だ！」

そうだね。面積Sは変数tの式だから，$f(t)$とおこうか。さて，$\log$の式になるから，ふつうは，真数条件をいわなきゃいけないけど，今回は，問題文に$0<t<1$とあるから，4-9 で説明した❶のチェックは不要だ。じゃあ，ハルトくん，(2)を解いて。

「解答」(2) △OABの面積 S を $f(t)$ とおくと，(1)より

$$f(t) = \frac{1}{2}(-t\log t + t)(-\log t + 1)$$

$$= \frac{1}{2}t(-\log t + 1)^2$$

$$f'(t) = \frac{1}{2} \cdot (-\log t + 1)^2 + \frac{1}{2}t\{(-\log t + 1)^2\}'$$

（補足）$\{g(x)^2\}' = 2g(x)g'(x)$

$$= \frac{1}{2}(-\log t + 1)^2 + \frac{1}{2}t \cdot 2(-\log t + 1)\left(-\frac{1}{t}\right)$$

$$= \frac{1}{2}(-\log t + 1)^2 - (-\log t + 1)$$

$$= \frac{1}{2}\{(-\log t + 1)^2 - 2(-\log t + 1)\}$$

$$= \frac{1}{2}(-\log t + 1)\{(-\log t + 1) - 2\}$$

$$= \frac{1}{2}(-\log t + 1)(-\log t - 1)$$

$$= \frac{1}{2}(\log t - 1)(\log t + 1)$$

（補足）$\frac{1}{2}\{-(\log t - 1)\}\{-(\log t + 1)\}$

$f'(t) = 0$ になるのは

$$\frac{1}{2}(\log t - 1)(\log t + 1) = 0$$

$$\log t = -1, \ 1$$

$$t = e^{-1}, \ e$$

$0 < t < 1$ より，$t = e^{-1}$

$f'(t) > 0$ になるのは

$$\frac{1}{2}(\log t - 1)(\log t + 1) > 0$$

$$\log t < -1, \ 1 < \log t$$

$$t < e^{-1}, \ e < t$$

$0 < t < 1$ より，$0 < t < e^{-1}$

数Ⅲ **4**章

t	0	......	e^{-1}	......	1
$f'(t)$		+	0	−	
$f(t)$	0	↗	$2e^{-1}$	↘	$\dfrac{1}{2}$

$$f(e^{-1})=\frac{1}{2}e^{-1}(-\log e^{-1}+1)^2$$
$$=\frac{1}{2}e^{-1}\{(-1)(\log e^{-1})+1\}^2$$
$$=\frac{1}{2}e^{-1}\{(-1)(-1)+1\}^2$$
$$=\frac{1}{2}e^{-1}\cdot 4=2e^{-1}$$

$t=\dfrac{1}{e}$ のとき，Sの最大値 $\dfrac{2}{e}$ 　◁ 答え　例題 4-15 (2)」

うん。あっているよ。$f(t)$ は $t\to+0$ にすると $\log t\to-\infty$ なので，$0\times\infty$ なんだけど，4-9 で出てきた極限の強弱から0になるね。

「$f'(t)=0$になるときを求めたとき，最後に『$0<t<1$より，$t=e^{-1}$』というふうにしぼり込まなきゃいけないんですか？」

いや。そこまでやらずに，表でしぼり込んでもいい。$t=e^{-1}$，eでも，どうせeは表に出てこないからね。

「あっ，そうか。0から1までだから，eは表より右のところですもんね。」

「$f'(t)>0$になるのを求めたときも，$t<e^{-1}$，$e<t$で大丈夫ですか？」

そうだね。$t<e^{-1}$ ということは "e^{-1}より左" の部分なので，表でいえば0からe^{-1}の間のところになるし，$e<t$は "eより右" ということで表には書かなくていいね。

三角関数の増減表

三角関数は，数学Ⅰ，数学Ⅱで習った公式がふんだんに登場するよ。苦手な人はまず，そこの復習からやろう。

例題 4-16

定期テスト 出題度 ❗❗❗   2次・私大試験 出題度 ❗❗❗

図のように，中心 O，半径 r の半円がある。

これに内接する，AD∥BC の台形をかくとき，次の問いに答えよ。

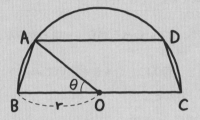

(1) ∠AOB＝θ とするとき，台形 ABCD の面積 S を，r，$θ$ を使って表せ。

(2) (1)で求めた面積 S の最大値を求めよ。

まず，左右対称な図形だから，次の図のように OD を引くと ∠DOC＝θ になるね。

「ということは，∠AOD＝π－2θ もいえる！」

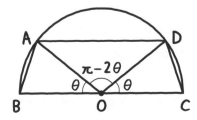

数Ⅲ 4章

そうだね。△AOB, △AOD, △DOCの面積を足せばいいね。

「**解答**　(1) $S = \dfrac{1}{2}r^2\sin\theta + \dfrac{1}{2}r^2\sin(\pi - 2\theta) + \dfrac{1}{2}r^2\sin\theta$

$\qquad = r^2\sin\theta + \dfrac{1}{2}r^2\sin 2\theta$　⇐**答え**　**例題 4-16**　(1)

ですね。」

「あれっ？　$\sin(\pi - 2\theta)$ が, $\sin 2\theta$ になるのは, どうしてですか？」

『数学Ⅰ・A編』の **お役立ち話 7** や『数学Ⅱ・B編』の **4-5** で登場した, $\sin(180° - \theta)$ の公式だよ。

「あっ, そうか。πでいわれたから, 一瞬わからなかった……。」

さて, (2)は, 今までと同様に, 増減表を書いてみよう。ところで, θの範囲は書いていないけど, わかる？

「鋭角ですよね。」

そうだね。θが直角や鈍角なら, ∠AODがなくなっちゃうもんね (笑)。そして, Sはθの式ということで, $f(\theta)$ とおこうか。

「まず, ❶分数でもないし, $\sqrt{}$ でもないし, **log**でもないから, チェックはいらないな。

❷　微分して, 因数分解する。

$\qquad f(\theta) = r^2\sin\theta + \dfrac{1}{2}r^2\sin 2\theta$

$\qquad f'(\theta) = r^2\cos\theta + r^2\cos 2\theta$

$\qquad\qquad = r^2(\cos\theta + \cos 2\theta)$

……………

あれっ？　このあとはどうやって因数分解すればいいんですか？」

そもそもθと2θで角がそろっていないから……。

「あっ，わかった！　2倍角の公式ですね。」

うん，そう。この手の問題は，『数学Ⅱ・B編』の 4-13 でやったね。

「あっ，そうか。何かいけそうな気がするな……。」

そう？　じゃあ，あらためて最初から解いてみて。

「**解答**

(2) $f(\theta) = r^2\sin\theta + \dfrac{1}{2}r^2\sin 2\theta \left(0 < \theta < \dfrac{\pi}{2}\right)$ とおくと

$\qquad f'(\theta) = r^2\cos\theta + r^2\cos 2\theta$ ← $(\sin\theta)' = \cos\theta,$
$\qquad\qquad\qquad\qquad\qquad\qquad\qquad (\sin 2\theta)' = \cos 2\theta \cdot (2\theta)'$

$\qquad\qquad\quad = r^2(\cos\theta + \cos 2\theta)$

$\qquad\qquad\quad = r^2(2\cos^2\theta + \cos\theta - 1)$ ｝ $\cos 2\theta = 2\cos^2\theta - 1$

$\qquad\qquad\quad = r^2(2\cos\theta - 1)(\cos\theta + 1)$

$f'(\theta) = 0$ になるのは

$\qquad r^2(2\cos\theta - 1)(\cos\theta + 1) = 0$

$\qquad\quad (2\cos\theta - 1)(\cos\theta + 1) = 0$ ｝ 両辺を r^2 で割る

より

$\qquad \cos\theta = \dfrac{1}{2},\ -1$

$0 < \theta < \dfrac{\pi}{2}$ より，　$\theta = \dfrac{\pi}{3}$

$f'(\theta) > 0$ になるのは

$\qquad r^2(2\cos\theta - 1)(\cos\theta + 1) > 0$

$\qquad\quad (2\cos\theta - 1)(\cos\theta + 1) > 0$

$\qquad\qquad \cos\theta < -1,$

$\qquad\qquad \dfrac{1}{2} < \cos\theta$

$0 < \theta < \dfrac{\pi}{2}$ より

$\qquad 0 < \theta < \dfrac{\pi}{3}$

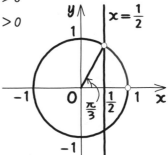

数Ⅲ **4** 章

θ	0	⋯⋯	$\dfrac{\pi}{3}$	⋯⋯	$\dfrac{\pi}{2}$
$f'(\theta)$		$+$	0	$-$	
$f(\theta)$	0	↗	$\dfrac{3\sqrt{3}}{4}r^2$	↘	r^2

$$r^2\sin\frac{\pi}{3}+\frac{1}{2}r^2\sin\frac{2}{3}\pi$$
$$=r^2\cdot\frac{\sqrt{3}}{2}+\frac{1}{2}r^2\cdot\frac{\sqrt{3}}{2}=\frac{3\sqrt{3}}{4}r^2$$

$\theta=\dfrac{\pi}{3}$ のとき，面積 S の最大値 $\dfrac{3\sqrt{3}}{4}r^2$

⇦ 答え **例題 4-16** (2)」

そうだね。正解。

$\sqrt{}$ を含む関数の増減表

4-12

関数の増減表を作るとき，e や $\log$ を含んでいると，初めはとっつきにくいけど，慣れてくると意外に計算がラクだと気がつく。実は，$\sqrt{}$ や三角関数を含んでいるほうが面倒なんだよね。

例題 4-17

定期テスト 出題度 ❗❗ ）　（2次・私大試験 出題度 ❗❗❗

関数 $y=\sqrt{2-x^2}+x$ の増減を調べて，グラフをかけ。

まず，❶ $\sqrt{}$ の中が0以上なので，

解答　関数 $y=\sqrt{2-x^2}+x$ において

$$2-x^2 \geqq 0$$
$$x^2-2 \leqq 0$$
$$(x+\sqrt{2})(x-\sqrt{2}) \leqq 0$$
$$-\sqrt{2} \leqq x \leqq \sqrt{2}$$

「あっ，そうか。$\sqrt{}$ だから，チェックがいるんだ！」

うん。忘れやすいからね。注意しよう。じゃあ，このあとは，できるかな？
ハルトくん，やってみて。

「❷ 微分して，因数分解する。

$$y=\sqrt{2-x^2}+x$$
$$=(2-x^2)^{\frac{1}{2}}+x$$

これを微分して

$$y'=\frac{1}{2}(2-x^2)^{-\frac{1}{2}} \cdot (-2x)+1$$

$$= -x(2-x^2)^{-\frac{1}{2}} + 1$$

$$= -x \cdot \frac{1}{(2-x^2)^{\frac{1}{2}}} + 1$$

$$= -x \cdot \frac{1}{\sqrt{2-x^2}} + 1$$

$$= \frac{-x + \sqrt{2-x^2}}{\sqrt{2-x^2}}$$

因数分解できないから，このまま進めます。

❸　$y'=0$になるxを求める。

$y'=0$になるのは

$$\frac{-x + \sqrt{2-x^2}}{\sqrt{2-x^2}} = 0$$

両辺に$\sqrt{2-x^2}$を掛けると

$$-x + \sqrt{2-x^2} = 0$$

$$\sqrt{2-x^2} = x$$

両辺を2乗すると，

………」

「お役立ち話 ❷ で出てきたけど，等式の両辺を2乗するから，両辺
が同符号であることのチェックが必要でしょ？」

「あっ，そうか。じゃあ，この後の不等式は場合分けか。もっとキツイ
な……。」

うん。場合分けをしてもいいけど，$y=\sqrt{2-x^2}$と$y=x$のグラフを利用して
みよう。実は，半円のグラフというのがある。

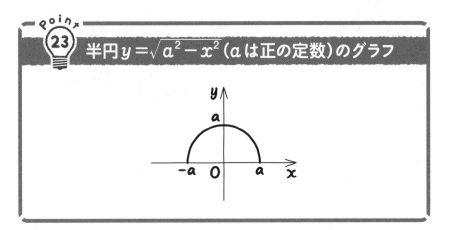

Point

23 半円 $y=\sqrt{a^2-x^2}$ (a は正の定数)のグラフ

「$y=\sqrt{a^2-x^2}$ なら，『原点中心，半径 a の円の上半分』になるということか。」

これを使うと，$y=\sqrt{2-x^2}$ のグラフがかけるよね。一方，$y=x$ のグラフも当然，かける。その両方のグラフの値が一致するところの x の値を求めればいいんだ。

「あっ，これ，いいですね。グラフを使うと，2乗するとき x の範囲を求めるなどの，わずらわしいことしなくていいですもん。」

うん。 1-6 でもやったもんね。❸以降を解いてみるよ。

❸ $y'=0$ になる x を求める。

$y'=0$ になるのは

$$\dfrac{-x+\sqrt{2-x^2}}{\sqrt{2-x^2}}=0$$

両辺に $\sqrt{2-x^2}$ を掛けると

$$-x+\sqrt{2-x^2}=0$$

$$\sqrt{2-x^2}=x \quad \cdots\cdots ①$$

$y=\sqrt{2-x^2}$ と $y=x$ のグラフの共有点の x 座標は，①の両辺を2乗すると

$$2-x^2=x^2$$

$$2x^2=2$$

$$x^2=1$$

グラフより，$x>0$だから

$$x=1$$

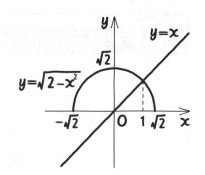

❹ **$y'>0$になるxを求める。**

$y'>0$になるのは

$$\frac{-x+\sqrt{2-x^2}}{\sqrt{2-x^2}}>0$$

両辺に$\sqrt{2-x^2}$を掛けると

$$-x+\sqrt{2-x^2}>0$$

$$\sqrt{2-x^2}>x$$

上のグラフより

$$-\sqrt{2}\leqq x<1$$

x	$-\sqrt{2}$	……	1	……	$\sqrt{2}$
y'		$+$	0	$-$	
y	$-\sqrt{2}$	↗	2	↘	$\sqrt{2}$

$\sqrt{2-(-\sqrt{2})^2}-\sqrt{2}$
$=-\sqrt{2}$

$\sqrt{2-1^2}+1$
$=2$

$\sqrt{2-(\sqrt{2})^2}+\sqrt{2}$
$=\sqrt{2}$

「そうか。❹は，$\sqrt{2-x^2}>x$なら，$y=\sqrt{2-x^2}$のグラフが$y=x$のグラフより上にあるときのxの範囲を答えればいいんだ。」

増減表は，いい？　両はしは，今まで$-\infty$と∞としてたけど，今回は，$-\sqrt{2}\leqq x\leqq\sqrt{2}$という範囲があるから，両はしは$-\sqrt{2}$と$\sqrt{2}$になるからね。

「あっ，それは，大丈夫です。」

よかった（笑）。あとは，グラフの x 切片，y 切片を求めるだけだ。ミサキさん，やってみて。

「
> x 切片は，$y=0$ を代入して
> $$0 = \sqrt{2-x^2} + x$$
> $$\sqrt{2-x^2} = -x$$
> 両辺を2乗すると
> $$2-x^2 = x^2$$
> $$2x^2 = 2$$
> $$x^2 = 1$$
> グラフより，$x = -1$
> y 切片は，$x=0$ を代入して
> $$y = \sqrt{2}$$

ということですね。」

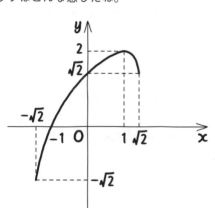

うん。正解。グラフはこんな感じだね。

 答え　例題 4-17

絶対値を含む関数の増減表

絶対値といえば, 定番の場合分け。後半は, そこまでやった計算を利用できることも多いよ。

例題 4-18

定期テスト 出題度 ❶❶　　2次・私大試験 出題度 ❶❶❶

関数 $y = |x|\sqrt{x+3}$ の極値を求めよ。

「❶ $\sqrt{}$ があるということは, $\sqrt{}$ の中が0以上だから,

$x + 3 \geqq 0$ で, $x \geqq -3$ ですね。」

「次に, 微分だけど……。絶対値の微分ってできるのかなあ……。」

絶対値は, 場合分けで絶対値記号をはずしてからでないと微分できないよ。

「絶対値の中が0以上のときはそのままはずし, 絶対値の中が負のとき
は−1倍してはずせばいいんですね。」

そうだね。『数学Ⅰ・A編』の 1-21 で登場したよね。ミサキさん, 解ける
ところまでやってみて。

「(ⅰ) $x \geqq 0$ のとき

❷ 微分して, 因数分解する。

$y = x\sqrt{x+3} = x(x+3)^{\frac{1}{2}}$

$y' = 1 \cdot (x+3)^{\frac{1}{2}} + x \cdot \dfrac{1}{2}(x+3)^{-\frac{1}{2}} \cdot 1$ 　$\begin{array}{l}\{f(x)\,g(x)\}' \\ = f'(x)\,g(x) \\ \quad + f(x)\,g'(x)\end{array}$

$\quad = (x+3)^{\frac{1}{2}} + \dfrac{1}{2}x \cdot \dfrac{1}{(x+3)^{\frac{1}{2}}}$

$$= \sqrt{x+3} + \frac{x}{2\sqrt{x+3}}$$

$$= \frac{2(x+3)+x}{2\sqrt{x+3}} = \frac{3x+6}{2\sqrt{x+3}}$$

$$= \frac{3(x+2)}{2\sqrt{x+3}}$$

❸ $y'=0$ になる x を求める。

$y'=0$ になるのは

$$\frac{3(x+2)}{2\sqrt{x+3}} = 0$$

両辺に $2\sqrt{x+3}$ を掛けると

$$3(x+2)=0$$

$$x=-2$$

条件 $x \geqq 0$ より，解なし。

❹ $y'>0$ になる x を求める。

$y'>0$ になるのは

$$\frac{3(x+2)}{2\sqrt{x+3}} > 0$$

両辺に $2\sqrt{x+3}$ を掛けると

$$3(x+2)>0$$

$$x>-2$$

条件 $x \geqq 0$ より，$x \geqq 0$

x	0	……	∞
y'		$+$	
y	0	↗	∞

………」

　うん，とりあえず，ここまででふり返ってみよう。

$x \geqq 0$ のときで計算してみたら，

　"$y'=0$ になることは一度もない。

$y'>0$ になるのは $x≧0$ つまり, すべて。"

という結果になったみたいだね。

「はい。めずらしいなあと思って。」

ミサキさんのように基本に忠実に求めていっても答えは出せるんだけど, 実は❸, ❹の作業をしなくても, ❷の時点でわかるんだ。今回, $x≧0$ なんだろう?

じゃあ, $y'=\dfrac{3(x+2)}{2\sqrt{x+3}}$ は常に正とわかるよ。

「あっ, そうか。分子も, 分母も, 正になるからだ。」

「ということは, y は常に増加するんですね。」

そうだね。実をいうと微分すらしなくていいんだ。$y=x\sqrt{x+3}$ の式をよく見てごらん。今回, $x≧0$ だけど, x を大きくするほど y は大きくなるよね。

「あっ, ホントだ。えーっ‼ じゃあ, 先に教えてくださいよ。すっご
　いムダな計算しちゃった (笑)。」

まあ, ミサキさんのやりかたでも, 間違っていないからね。ちなみに,
$x=0$ のときの値は0なので, **原点から単調増加する**ということだね。

「じゃあ, 次は, (ⅱ) $x<0$ のとき……。」

ちょっと待って, 条件が違うよ。たしかに $x<0$ だけど, ミサキさんが❶で,
『$x≧-3$』というのを求めているよね。

「あっ, そうか。(ⅱ) $-3≦x<0$ のときですね。
　まず, 絶対値をはずして, $y=-x\sqrt{x+3}$
　このあと, 微分するのか。」

解答 (i) $x \geqq 0$ のとき

$y = x\sqrt{x+3}$ より，

$x=0$ のとき $y=0$ で，$x \geqq 0$ のとき y は単調増加する。

(ii) $-3 \leqq x < 0$ のとき

$$y = -x\sqrt{x+3}$$
$$= -x(x+3)^{\frac{1}{2}}$$

$$y' = -\left\{1 \cdot (x+3)^{\frac{1}{2}} + x \cdot \frac{1}{2}(x+3)^{-\frac{1}{2}} \cdot 1\right\}$$

$$= -\left\{\sqrt{x+3} + \frac{1}{2}x \cdot \frac{1}{(x+3)^{\frac{1}{2}}}\right\}$$

$$= -\left\{\sqrt{x+3} + \frac{x}{2\sqrt{x+3}}\right\}$$

$$= -\frac{2(x+3)+x}{2\sqrt{x+3}}$$

$$= -\frac{3x+6}{2\sqrt{x+3}}$$

$$= -\frac{3(x+2)}{2\sqrt{x+3}}$$

$y'=0$ になるのは

$$-\frac{3(x+2)}{2\sqrt{x+3}} = 0$$
$$3(x+2) = 0$$
$$x = -2$$

これは条件を満たす。

$y'>0$ になるのは

$$-\frac{3(x+2)}{2\sqrt{x+3}} > 0$$
$$3(x+2) < 0$$
$$x < -2$$

数III **4** 章

条件 $-3 \leqq x < 0$ より，$-3 \leqq x < -2$

x	-3	……	-2	……	0
y'		$+$	0	$-$	
y	0	↗	2	↘	0

$-(-2) \cdot \sqrt{-2+3} = 2$

そして，(i), (ii)の結果をグラフに
すると，右のようになる。

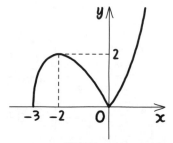

| $x=-2$ のとき極大値2，$x=0$ のとき極小値0 | ◁ 答え | 例題 4-18 |

「(i)と(ii)のグラフが接合しているところがありますよね。ここって滑らかにつながっているんですか？　それとも，とがっているんですか？」

今回は，とがっているよ。 **3-10** の『微分可能』で習ったやりかたを使えば実際に調べられるけど，今回は「グラフをかけ」という問題じゃないので，どっちなのかは気にする必要ないね。

「えっ？　とがっていたら，極小といえないですよね。」

えっ？　いや，そうじゃない。滑らかにつながっていようが，とがっていようが，減少から増加に変わる点はすべて極小というんだ。今回の $x=0$ となる点では極小になるんだよ。

「へーっ……，知らなかった。極大もそうなんですか？」

そうだよ。増加から減少に変わるところは，滑らかにつながっていようが，とがっていようが，極大だ。

対称な図形

4-14

ちょっとしたことでも，知っていると計算の手間が格段に減るやりかたがある。その代表的な話をしよう。

例題 4-19

定期テスト 出題度 ❗❗　　2次・私大試験 出題度 ❗❗

曲線 $y^2 = x^2(6 - x^2)$ の増減を調べて，概形をかけ。

 「" $y = \sim$ "の形に直すと，$y = \pm\sqrt{\quad}$ になるのか。面倒だな……。」

うん。でもこの場合は，関数のグラフが対称になっていることを使えば，簡単にかけたりするんだ。

式で $x \to -x$ にすると，そのグラフは y 軸（$x=0$）に関して対称移動した図になる。いいかたを変えると，式で $x \to -x$ にしても変化しなかったら，グラフ自身が y 軸に関して対称になっているということだよね。

同様に，式で $y \to -y$ にすると，そのグラフは x 軸（$y=0$）に関して対称移動した図になる。いいかたを変えると，式で $y \to -y$ にしても変化しなかったら，グラフ自身が x 軸に関して対称になっているということなんだ。

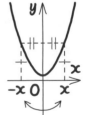

 「対称移動は『数学Ⅰ・A編』の 3-7 をはじめ，グラフが登場するたびに出てきますね（苦笑）。」

今回は，$y^2 = x^2(6-x^2)$ の x を $-x$ に変えても式は変わらないよね。ということは，y 軸に関して対称なんだ。

「y を $-y$ にしても変わらないですよ。じゃあ，x 軸に関しても対称ですか？」

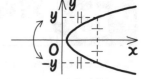

そうだね。じゃあ，場合分けして考えるよ。まず，第1象限の部分のグラフをかいてみよう。$y = \sim$ の形に変形しよう。

「$y = \pm\sqrt{x^2(6-x^2)}$ だけど，$y \geqq 0$ だから，$y = \sqrt{x^2(6-x^2)}$ か。」

そうだね。さらに簡単にしておこう。$\sqrt{x^2} = |x|$ だから，
$y = |x|\sqrt{6-x^2}$ と直せる。

「あっ，わかった！ $x \geqq 0$ だから，絶対値がはずれますね！」

そうだね。$y = x\sqrt{6-x^2}$ になるね。ミサキさん，冒頭部分に，『グラフは x 軸に関しても，y 軸に関しても対称だから，$x \geqq 0$，$y \geqq 0$ で考えると』と前置きして，以降を解いてみて。

「**解答** グラフは x 軸に関しても，y 軸に関しても対称だから

$x \geqq 0$，$y \geqq 0$ で考えると

$\quad y = x\sqrt{6-x^2}$

$6 - x^2 \geqq 0$ より

$\quad x^2 - 6 \leqq 0$

$\quad (x + \sqrt{6})(x - \sqrt{6}) \leqq 0$

$\quad -\sqrt{6} \leqq x \leqq \sqrt{6}$

$x \geqq 0$ より

$\quad 0 \leqq x \leqq \sqrt{6}$

y' を求めると

$$y = x\sqrt{6-x^2}$$
$$= x(6-x^2)^{\frac{1}{2}}$$

より

$$y' = 1 \cdot (6-x^2)^{\frac{1}{2}} + x \cdot \frac{1}{2}(6-x^2)^{-\frac{1}{2}} \cdot (-2x)$$

$$= (6-x^2)^{\frac{1}{2}} - x^2(6-x^2)^{-\frac{1}{2}}$$

$$= (6-x^2)^{\frac{1}{2}} - \frac{x^2}{(6-x^2)^{\frac{1}{2}}}$$

$$= \sqrt{6-x^2} - \frac{x^2}{\sqrt{6-x^2}}$$

$$= \frac{(6-x^2)-x^2}{\sqrt{6-x^2}} = \frac{6-2x^2}{\sqrt{6-x^2}}$$

$$= \frac{-2(x^2-3)}{\sqrt{6-x^2}} = \frac{-2(x+\sqrt{3})(x-\sqrt{3})}{\sqrt{6-x^2}}$$

$y' = 0$ になるのは

$$\frac{-2(x+\sqrt{3})(x-\sqrt{3})}{\sqrt{6-x^2}} = 0$$

両辺に$\sqrt{6-x^2}$を掛ける

$$-2(x+\sqrt{3})(x-\sqrt{3}) = 0$$
$$(x+\sqrt{3})(x-\sqrt{3}) = 0$$
$$x = \pm\sqrt{3}$$

$0 \leqq x \leqq \sqrt{6}$ より，$x = \sqrt{3}$

$y' > 0$ になるのは

$$\frac{-2(x+\sqrt{3})(x-\sqrt{3})}{\sqrt{6-x^2}} > 0$$

両辺に$\sqrt{6-x^2}$を掛ける

$$-2(x+\sqrt{3})(x-\sqrt{3}) > 0$$

両辺を-2で割る
不等号の向きが変わる

$$(x+\sqrt{3})(x-\sqrt{3}) < 0$$
$$-\sqrt{3} < x < \sqrt{3}$$

$0 \leqq x \leqq \sqrt{6}$ より，$0 \leqq x < \sqrt{3}$

x	0	……	$\sqrt{3}$	……	$\sqrt{6}$
y'		$+$	0	$-$	
y	0	↗	3	↘	0

$\sqrt{3} \cdot \sqrt{6-(\sqrt{3})^2} = \sqrt{3 \cdot 3} = 3$

数III 4章

4-10 でもいったけど,

　$y'=0$ になるときの,計算の最後の『$0 \leq x \leq \sqrt{6}$ より,$x=\sqrt{3}$』

　$y'>0$ になるときの,計算の最後の『$0 \leq x \leq \sqrt{6}$ より,$0 \leq x < \sqrt{3}$』

はあってもなくてもいいよ。表を書くときにしぼり込んでもいい。表は同じに
なるからね。

　さて,グラフにすると,第1象限では次のようになる。

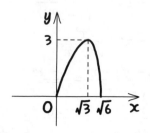

　他の象限では x 軸,y 軸について対称移動した形,つまり上下,左右に鏡に
映したように同じ図形があるわけで,他の部分もかけてしまうんだ。求めるグ
ラフのだいたいの形は,次のようになるよ。

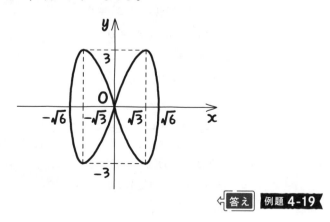

⇐答え 例題 **4-19**

2回微分で，グラフの凹凸，変曲点を調べる

2回微分すれば，1回微分しただけではわからなかったことも求められるんだ。

お役立ち話 **12** で，2回微分した関数を第2次導関数と習ったよね。実は，これを使えば，グラフの"曲がりくねりかた"がわかるんだ。なぜそうなるかは，次の お役立ち話 **15** で説明するよ。

Point

24 曲線の凹凸の判定

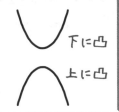

$f''(x) > 0 \iff y = f(x)$ のグラフは下に凸　　下に凸

$f''(x) < 0 \iff y = f(x)$ のグラフは上に凸　　上に凸

数Ⅲ **4** 章

例題 4-20

定期テスト 出題度 ❗❗❗　　2次・私大試験 出題度 ❗❗❗

関数 $y = \log(x^2 + 2x + 5)$ のグラフの変曲点を求めよ。

「変曲点ってなんですか？」

"グラフが，下に凸から上に凸に，または上に凸から下に凸に変わる境の点を変曲点というんだ。

『$f''(x)$ が0で，しかもその前後の符号が異なるところ』

ということもできる。実際に，問題を解きながら説明していくよ。

まず，❶ **log**なので，**真数条件**だ。

「$x^2+2x+5>0$……，あれっ？　どう解くんだっけ？」

簡単に因数分解できないし，$x^2+2x+5=0$を解の公式で計算しても，実数
解をもたないからね。この場合は，平方完成だね。

$$x^2+2x+5=(x+1)^2+4$$

で，「0以上 +4」ということで，常に正とわかる。これは，『数学Ⅰ・A編』
の **3-16** でも登場したよ。そして，次は，導関数だけど，今回は，

❷ **第2次導関数を求めて，因数分解しよう。**

ハルトくん，最初からやってみて。

「2回微分するのか。

解答　関数$y=\log(x^2+2x+5)$において

$$x^2+2x+5$$
$$=(x+1)^2+4>0$$

より，真数条件が成り立つ。

　　$y=\log(x^2+2x+5)$を微分して

$$y'=\frac{2x+2}{x^2+2x+5}$$

$y=\log\bullet$なら，
$y'=\dfrac{1}{\bullet}\cdot\bullet'$

$$y''=\frac{(2x+2)'(x^2+2x+5)-(2x+2)(x^2+2x+5)'}{(x^2+2x+5)^2}$$

$$=\frac{2(x^2+2x+5)-(2x+2)^2}{(x^2+2x+5)^2}$$

$$=\frac{2x^2+4x+10-4x^2-8x-4}{(x^2+2x+5)^2}$$

$$=\frac{-2x^2-4x+6}{(x^2+2x+5)^2}$$

$$=\frac{-2(x^2+2x-3)}{(x^2+2x+5)^2}$$

$$=\frac{-2(x+3)(x-1)}{(x^2+2x+5)^2}$$

です。」

その通り。そして，

❸ $y''=0$ になる x と，❹ $y''>0$ になる x を求める。

ミサキさん，どうなる？

「解答 $y''=0$ になるのは

$$\frac{-2(x+3)(x-1)}{(x^2+2x+5)^2}=0$$

両辺に $(x^2+2x+5)^2$ を掛けると

$$-2(x+3)(x-1)=0$$

$$(x+3)(x-1)=0$$

$$x=-3,\ 1$$

$y''>0$ になるのは

$$\frac{-2(x+3)(x-1)}{(x^2+2x+5)^2}>0$$

両辺に $(x^2+2x+5)^2$ を掛けると

$$-2(x+3)(x-1)>0$$

　　両辺を-2で割る
　　不等号の向きが変わる

$$(x+3)(x-1)<0$$

$$-3<x<1$$

であっていますか？」

うん，正解。次に，表にしてみよう。いつもだと真ん中の段は y' だけど，今回は y'' でいくよ。これをグラフの**凹凸表**というんだ。

まず，中段の y'' の符号を書く。そして，

$\begin{cases} y''>0 \text{ になるときは，下に凸だから，} \cup \\ y''<0 \text{ になるときは，上に凸だから，} \cap \end{cases}$

という記号を使うことにしよう。もちろん，値も今まで通りに求めるよ。

x	$-\infty$	……	-3	……	1	……	∞
y''		$-$	0	$+$	0	$-$	
y		$\cap$	$\log 8$	$\cup$	$\log 8$	$\cap$	

$\log\{(-3)^2+2\cdot(-3)+5\}=\log(9-6+5)=\log 8$

「$x=-3$ のとき，y'' が 0 で，その前後の符号が違いますね。」

　そうだね。$x=-3$ より小さいときは $y''<0$ となり，グラフは上に凸，$x=-3$ より大きいときは $y''>0$ となり，グラフは下に凸になっているしね。まさに変曲点だ。

「$x=1$ のところもそうなっているな。」

「変曲点は $x=-3$ や $x=1$ ということですか？」

　いや。変曲"点"だから，座標で答えなければならないよ。

<u>（-3, log 8）, （1, log 8）</u>　答え　例題 4-20

が正解だね。

お役立ち話 **15**

なぜ2回微分すると，
グラフの凹凸がわかるのか?

「どうして，2回微分して正ならグラフは下に凸，負ならグラフは上
に凸になるんですか?」

まず，

$$f'(x)>0 \iff f(x) \text{ は増加}$$

$$f'(x)<0 \iff f(x) \text{ は減少}$$

だったよね。ということは，

$$f''(x)>0 \iff f'(x) \text{ は増加}$$

$$f''(x)<0 \iff f'(x) \text{ は減少}$$

もいえる。これは大丈夫?

「はい。$f''(x)$ は $f'(x)$ を微分したものだからですよね。」

よかった。そして，思い出してほしい。$f'(x)$ は "$f(x)$ の接線の傾き" の
ことだ。ということは，

$$f''(x)>0 \text{ なら，"傾き} f'(x) \text{ が増加する"}$$

ということだ。

傾きが1，2，3，……とか正の状態で増えていくと，
右の図のようなカーブになっていくよね。

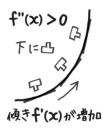

　一方，傾きが−3，−2，−1，……とか負の状態で
増えていくと，右の図のようなカーブになり，
どっちも下に膨らんだ形になるのがわかるね。

「なるほど！　あっ，じゃあ，$f''(x)$ が負なら，
　　　　上に凸になるのも同じような理由でいいんで
　　　　すよね。」

うん。

　　$f''(x) < 0$ なら，"傾き $f'(x)$ が減少する"
ということだ。

　傾きが3，2，1，……とか正の状態で減っていくと，
右の上の図のようになるし，

　傾きが−1，−2，−3，……とか負の状態で減ってい
くと，右の下の図のようになる。いずれも上に膨らんだ
形になるよね。

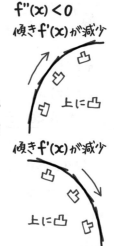

増減凹凸表

1回微分しても，そこそこの形のグラフをかくことができるけど，2回微分すれば，もっとくわしいグラフがかけるよ。

例題 4-21　定期テスト 出題度 !!! 　2次・私大試験 出題度 !!!

　　　関数 $y = xe^x$ の増減，グラフの凹凸を調べ，そのグラフをかき，変曲点と漸近線を求めよ。

数Ⅲ
4章

まず，❶　**分数でも，$\sqrt{}$ でも，log でもないから，チェックはいらない**ね。ミサキさん，まず，1回目の微分を今まで通りの手順でやってみて。

「❷　**y を微分して，因数分解する。**

解答　$y = xe^x$ より

$$y' = 1 \cdot e^x + x \cdot e^x$$

$\quad y = f(x)\,g(x)$ なら
$\quad y' = f'(x)\,g(x) + f(x)\,g'(x)$

$$= (x+1)e^x$$

❸　**$y' = 0$ になる x を求める。**

$y' = 0$ になるのは

$$(x+1)e^x = 0$$
$$x + 1 = 0$$
$$x = -1$$

❹　**$y' > 0$ になる x を求める。**

$y' > 0$ になるのは

$$(x+1)e^x > 0$$
$$x + 1 > 0$$
$$x > -1$$

……………」

うん。それでいいね。そして，4-15 で，2回微分すれば凹凸がわかるというのをやったよね。よりくわしいグラフをかくために，もう1回微分して，❷，❸，❹の作業を再びやってみよう。

まず，❷ **y' を微分して，因数分解する。**

$\quad y'=(x+1)e^x$ より

$\quad\quad y''=1\cdot e^x+(x+1)\cdot e^x$

$\quad\quad\quad =(x+2)e^x$

次に，❸ **$y''=0$ になる x を求める。**

$\quad y''=0$ になるのは

$\quad\quad (x+2)e^x=0$

$\quad\quad\quad x+2=0$

$\quad\quad\quad\quad x=-2$

さらに，❹ **$y''>0$ になる x を求める。**

$\quad y''>0$ になるのは

$\quad\quad (x+2)e^x>0$

$\quad\quad\quad x+2>0$

$\quad\quad\quad\quad x>-2$

さて，今回は，増減表と凹凸表をひとまとめにしたものを書いてみよう。

「だから，“増減凹凸表”ということか（笑）。」

まあ，そういう感じだね。これは，いちばん上が x，真ん中が y' と y''，いちばん下が y の4段の表になるんだ。

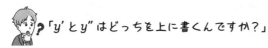「y' と y'' はどっちを上に書くんですか？」

うん，どっちでもいい。まあ，y' を上にする人が多いから，そうしよう。

　まず，❺上段だが，これは今までと同じだ。両はしを ∞ と $-\infty$ にして，"x が値をとれないところ"や"導関数と第2次導関数が0になる x"を小さい順に，『……』で1つずつ空けて記入する。

　「"x が値をとれないところ"はないし，"導関数が0になる x"は，$x = -1$ ですね。」

うん。しかも，今回は2回微分しているよね。

1回微分したものが0になる x の値だけでなく，

2回微分したものが0になる x の値も書かなきゃいけない。

　「第2次導関数 $y'' = 0$ になるのは，$x = -2$ だから，これも書いて，

x	$-\infty$	……	-2	……	-1	……	∞
y'							
y''							
y							

ということか。」

そうだね。❻中段の y' の符号を書くとどうなる？　ミサキさん，やってみて。

　「$y' = 0$ になるのは $x = -1$

　$y' > 0$ になるのは $x > -1$ より，

x	$-\infty$	……	-2	……	-1	……	∞
y'		$-$	$-$	$-$	0	$+$	
y''							
y							

ですか？」

そうだね。さて，同じようにy''の符号も書こう。

$y''=0$になるのは，$x=-2$

$y''>0$になるのは，$x>-2$　より，

x	$-\infty$	……	-2	……	-1	……	∞
y'		$-$	$-$	$-$	0	$+$	
y''		$-$	0	$+$	$+$	$+$	
y							

そして，❼下段だが，

$y'>0$なら増加，$y'<0$なら減少になるし，

$y''>0$なら下に凸，$y''<0$なら上に凸になる。

その組み合わせがどうなるか？　を考えてカーブをかくんだ。

「えっ？　どういうことですか？」

例えば，$-\infty$と-2の間は，

$y'<0$かつ$y''<0$ということは，

『減少で，上に凸』といえる。

よって，＼という形のグラフになるんだよね。表のyの段には矢印をつけて ↘と書いておこう。

x	$-\infty$	……	-2	……	-1	……	∞
y'		$-$	$-$	$-$	0	$+$	
y''		$-$	0	$+$	$+$	$+$	
y		↘					

「じゃあ，-2と-1の間は，

$y'<0$かつ$y''>0$だから，

『減少で，下に凸』ということですか？」

そうだね。＼の形になるね。ここには↘と記入する。

「−1と∞の間は，

y′＞0かつy″＞0だから，

『増加で，下に凸』だから，↗と書けばいいんですね。」

そうだね。そして，もちろん，今までのように極値や極限も記入する。

まず，$x \to -\infty$のときは，$e^x \to 0$となり，$-\infty \times 0$になるが，$\boxed{4\text{-}9}$ でやった通りxよりe^xのほうが強いから，$y = xe^x$は限りなく0に近い。

増減凹凸表は次のようになる。

x	$-\infty$	……	-2	……	-1	……	∞
y'		$-$	$-$	$-$	0	$+$	
y''		$-$	0	$+$	$+$	$+$	
y	0	↘	$-2e^{-2}$	↘	$-e^{-1}$	↗	∞

さて，増減凹凸表が書けたので，これをグラフにしてみよう。

まず，次の図のように上に凸の状態で減少し，

$x = -2$のとき，$y = -2e^{-2}$すなわち$-\dfrac{2}{e^2}$という値にたどりつく。

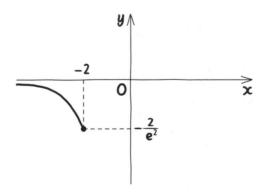

そのあとは，次の図のように下に凸の状態で減少し，

$x = -1$のとき，$y = -e^{-1} = -\dfrac{1}{e}$になる。

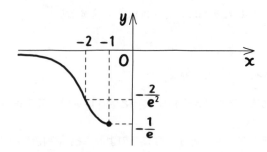

さらに，下に凸の状態で増加し，$x \to \infty$ のとき，∞ になる。

「x軸やy軸と交わりそうだから，交点の座標を求めなきゃいけないですね。」

「y切片は$x=0$を代入すると，$y=0$だ。

x切片は$y=0$を代入すると

$$xe^x = 0$$

$e^x \neq 0$ より，　$x=0$

....

あっ，そうか。通るのは原点だ。」

うん。最終的な答えは，このようなグラフになるね。

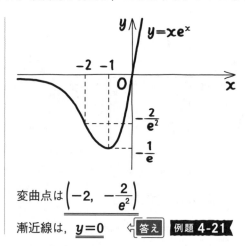

変曲点は $\left(-2, \ -\dfrac{2}{e^2} \right)$

漸近線は，$\underline{y=0}$　⇐ 答え　例題 4-21

「えっ？　でも，グラフは直線 $y=0$ と原点で交わるから，直線 $y=0$ は漸近線にならないんじゃないんですか？」

えっ？　いや，"$x \to -\infty$ にしたとき，グラフは直線 $y=0$ に近づく" という意味で漸近線といえるんだ。他の場所で交わっていても関係ないよ。

何回微分する?

「結局，どういうときに1回微分して，どういうときに2回微分すればいいんですか?　違いがいまいちよくわからないんですけど……。」

　『極値，増減を調べよ。(あるいは，『極値，増減を調べて，グラフをかけ。』)』とか，『最大値や最小値を求めよ。』のときは，1回微分して，増減表を書くんだ。また，5章で登場するんだけど，面積や体積を求めるために，グラフが必要というときもあるんだ。そのときも1回微分でいい。

　一方，『凹凸を調べよ。』とか，『変曲点を求めよ。』のときは，2回微分して，凹凸表を書くんだ。

「"両方"っていうときがありますよね。例えば，『増減，凹凸を調べよ。』とか，『極値，変曲点を求めよ。』とか。そういうときは増減凹凸表を書けばいいんですね。」

　そういうことだね。与えられた関数がどんなグラフかわからず，単に『グラフをかけ。』のときも，増減凹凸表を書くようにしよう。問題文で，第2次導関数を使うことを指示されている場合もあるけどね。

4-17 分子の次数が分母より高い分数関数のグラフ

増減表を書くときは，いつもの手順でやるけど，分数関数は，「分子を分母で割る」という定番の変形をするよ。

例題 4-22 〔定期テスト 出題度 ❗❗❗〕 〔2次・私大試験 出題度 ❗❗❗〕

関数 $y=\dfrac{x^2-x-2}{x-3}$ の増減，極値，グラフの凹凸，漸近線などを調べ，そのグラフをかけ。

まず，❶ **分数だから，"分母が0でないときの x の値"を求める。**

「$x-3 \neq 0$ より，$x \neq 3$ ということか……。」

そうだね。まず，1回微分して，❷，❸，❹の作業をやるよ。

❷ **y を微分して，因数分解する。**

解答
$$y=\frac{x^2-x-2}{x-3}$$

$x-3 \neq 0$ より，$x \neq 3$

$$y'=\frac{(2x-1)(x-3)-(x^2-x-2)\cdot 1}{(x-3)^2}$$

$$=\frac{2x^2-7x+3-x^2+x+2}{(x-3)^2}$$

$$=\frac{x^2-6x+5}{(x-3)^2}$$

$$=\frac{(x-1)(x-5)}{(x-3)^2}$$

$$\left\{\frac{f(x)}{g(x)}\right\}'=\frac{f'(x)\,g(x)-f(x)\,g'(x)}{\{g(x)\}^2}$$

❸ **$y'=0$ になる x を求める。**

$y'=0$ になるのは

数III 4章

$$\frac{(x-1)(x-5)}{(x-3)^2}=0$$

両辺に $(x-3)^2$ を掛けて

$$(x-1)(x-5)=0$$

$$x=1,\ 5$$

❹　**$y'>0$ になる x を求める。**

$y'>0$ になるのは

$$\frac{(x-1)(x-5)}{(x-3)^2}>0$$

両辺に $(x-3)^2$ を掛けて

$$(x-1)(x-5)>0$$

$$x<1,\ 5<x$$

そうだね。さて，もう1回微分するのだが，因数分解したあとの，

$y'=\dfrac{(x-1)(x-5)}{(x-3)^2}$ をもう一度微分しようとすると計算がたいへんになりそう

なんだよね。**y' の式はいくつかの表しかたがあるのだから，いちばん微分しやすいものでやるのがいいよ。**この場合，分子を因数分解する前の式

の $y'=\dfrac{x^2-6x+5}{(x-3)^2}$ がいいと思うね。ハルトくん，この式で2回目の微分をやってみて。

❷　**y' を微分して，因数分解する。**

$y'=\dfrac{x^2-6x+5}{(x-3)^2}$ より

$$y''=\frac{(2x-6)(x-3)^2-(x^2-6x+5)\cdot 2(x-3)\cdot 1}{(x-3)^4}$$

〔分母・分子を $x-3$ で割る〕

$$=\frac{(2x-6)(x-3)-2(x^2-6x+5)}{(x-3)^3}$$

$$=\frac{2x^2-12x+18-2x^2+12x-10}{(x-3)^3}$$

$$=\frac{8}{(x-3)^3}$$

この場合，分子が8だから，因数分解は考えなくていいね。

❸ $y''=0$ になる x を求める。

分母は $x \neq 3$ で0ではない。また，分子は8より，$y''=0$
となる x の値はない。

❹ $y''>0$ になる x を求める。

$y''>0$ になるのは

$$\frac{8}{(x-3)^3}>0$$

両辺に $(x-3)^3$ を掛けて，

....

あっ，ここで，ストップ。不等式の両辺に $(x-3)^3$ を掛けたけど，$(x-3)^3$ って，正か負かわからないんだ。等式なら，両辺に $(x-3)^3$ を掛けてもいいけど，❹の不等式では，正を掛けたときと，負を掛けたときで不等号の向きが違うんだ。

「……あっ，場合分け……。」

「$(x-3)^3>0$ のときと，$(x-3)^3<0$ のときに分けて考えるということですね。」

うん。でも，面倒だ(笑)。そこで，$(x-3)^3$ ではなく，偶数乗を掛けるようにするといいんだ。 $x-3$ が正だろうが，負だろうが，偶数乗は正になるからね。ここは，$(x-3)^4$ を掛けよう。❹をやり直してみるよ。

❹ $y''>0$ になる x を求める。

$y''>0$ になるのは

$$\frac{8}{(x-3)^3}>0$$

両辺に $(x-3)^4$ を掛けて

$8(x-3)>0$ ←不等号の向きは変わらない

$$x-3>0$$

$$x>3$$

増減凹凸表は次のようになる。

x	$-\infty$	......	1	......	3	......	5	......	∞
y'		$+$	0	$-$		$-$	0	$+$	
y''		$-$	$-$	$-$		$+$	$+$	$+$	
y	$-\infty$	↗	1	↘	$\dfrac{-\infty}{\infty}$	↘	9	↗	∞

$$\frac{1^2-1-2}{1-3}=1$$

$$\frac{5^2-5-2}{5-3}=9$$

グラフの形は

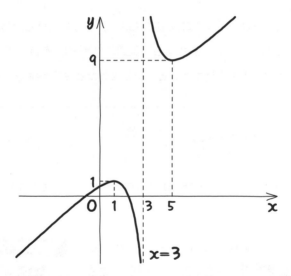

という感じになりそうだ。

　直線 $x=3$ が縦の漸近線になるよ。 縦や横の漸近線に関しては，グラフの

形を見ればすぐにわかるんだ。

 「あと，x 切片は，$y=\dfrac{x^2-x-2}{x-3}$ に $y=0$ を代入して

$$\frac{x^2-x-2}{x-3}=0$$

両辺に $x-3$ を掛けて

$$x^2 - x - 2 = 0$$

$$(x + 1)(x - 2) = 0$$

$$x = -1,\ 2$$

y切片は，$y = \dfrac{x^2 - x - 2}{x - 3}$ に $x = 0$ を代入して

$$y = \frac{2}{3}$$

をグラフにかき込めばいいんですね。」

　うん。実は，最後にもう1つ，

❽ "斜め漸近線" を求める。

という作業があるんだ。

コツ ❽　斜め漸近線

関数 $y = f(x)$ で，

$$\lim_{x \to \infty} \{f(x) - (ax + b)\} = 0$$

になるならば，

$x \to \infty$ で，**グラフは直線**
$y = ax + b$ **に限りなく**
近づく。

$$\lim_{x \to -\infty} \{f(x) - (ax + b)\} = 0$$

になるならば，

$x \to -\infty$ で，**グラフは直線**

$y = ax + b$ **に限りなく近づく。**

$y = f(x)$

限りなく
近づく

距離

$y = ax + b$

$f(x) - (ax + b)$

　コツ❽ を見ると，$x \to \pm\infty$ にすると，$y = f(x)$ と $y = ax + b$ の差がほとんどなくなるのがわかるだろう？　$y = f(x)$ のグラフが直線 $y = ax + b$ に限りなく近づいていくわけだ。

「どんなグラフも"斜め漸近線"があるんですか？」

いや，そうとは限らない。この問題のように，　分子の次数が分母より高い

分数関数のときはあることが多いよ。

じゃあ，漸近線を求めてみよう。　1-1　で，仮分数を帯分数に直すという

のがあったね。今回も，同様にやってみよう。

x^2-x-2 を $x-3$ で割ると，商が $x+2$，余りが4より

$$y=\frac{x^2-x-2}{x-3}$$

$$=\frac{4}{x-3}+x+2$$

$$
\begin{array}{r}
x+2 \\
x-3{\overline{\smash{\big)}\,x^2-x-2}} \\
\underline{x^2-3x} \\
2x-2 \\
\underline{2x-6} \\
4
\end{array}
$$

コツ8 で示してある式と見比べて，

$\dfrac{x^2-x-2}{x-3}$ から $x+2$ を引いた，"$\dfrac{4}{x-3}$" の部分の極限を求めてみると，

$\displaystyle\lim_{x\to\infty}\frac{4}{x-3}=0$　になる。

つまり，$x\to\infty$ では，$\dfrac{x^2-x-2}{x-3}$ と $x+2$ の差はほとんど0だね。

だから，$y=\dfrac{x^2-x-2}{x-3}$ のグラフは直線 $y=x+2$ に限りなく近づくといえる

んだ。

「同様に $\displaystyle\lim_{x\to-\infty}\frac{4}{x-3}=0$　になりますよね。ということは，

$x\to-\infty$ でも，グラフは直線 $y=x+2$ に近づくということですね。」

「つまりは，分子を分母で割った"商"の部分が，斜め漸近線になるん

ですね。」

まあ，結果としては，そうなるね。

$$y = \frac{x^2 - x - 2}{x - 3}$$

$$ = \frac{4}{x - 3} + x + 2$$

で

$$\lim_{x \to \pm\infty} \left\{ \frac{x^2 - x - 2}{x - 3} - (x + 2) \right\} = \lim_{x \to \pm\infty} \frac{4}{x - 3} = 0$$

より，斜め漸近線は

$$y = x + 2$$

漸近線は，$x = 3$，$y = x + 2$

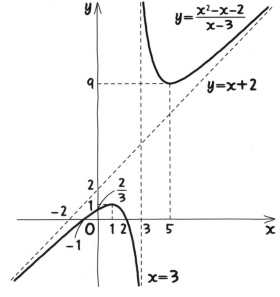

⇐ 答え 例題 4-22

極値，変曲点をもつ条件

極値をもつ条件は，すでに数学Ⅱで勉強しているね。今回はそれに沿った話だよ。

例題 4-23

定期テスト 出題度 ❗❗❗　　2次・私大試験 出題度 ❗❗❗

関数 $f(x)=(-x^2+3x+k)e^{-x}$ について，次の問いに答えよ。
(1) 極値をもつときの定数 k の値の範囲を求めよ。
(2) グラフが変曲点をもつときの定数 k の値の範囲を求めよ。

結果から先にいっちゃうけど，導関数を求めると，

$$f'(x)=(x^2-5x-k+3)e^{-x}$$

になる。そして，$y'=0$ になるのは，

$$(x^2-5x-k+3)e^{-x}=0$$

といっても，e^{-x} は正にしかならないから，実際は，

$$x^2-5x-k+3=0$$

のときだね。そして，微分可能な関数の場合，**関数 $f(x)$ が極値をもつのは，$f'(x)$ が0になり，その前後の符号が変わるとき**だった。正から負になるなら極大，負から正になるなら極小だよ。

「そういうところがあるということですね。2次関数で符号が変わるということは……。あっ，グラフが x 軸と異なる2点で交わればいいんですね。」

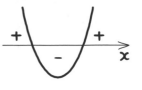

「判別式が $D>0$ ということだ！」

その通り。同じような話が，『数学Ⅱ・B編』の 6-13 でも登場したよね。

「あっ，そうでしたっけ？　何かすごいことを思いついた気になっていた（笑）。」

じゃあ，(2)もいけるんじゃないかな？　関数 y のグラフが変曲点をもつのは，y'' が0になり，その前後の符号が変わるときだよね。

「第2次導関数で同じように判別式を使えばいいんですね！」

解答 (1)　$f(x)=(-x^2+3x+k)e^{-x}$ より

$$f'(x)=(-2x+3)e^{-x}+(-x^2+3x+k)(-e^{-x})$$

$\qquad(e^{-x})'=e^{-x}\cdot(-1)$

$$=(-2x+3)e^{-x}+(x^2-3x-k)e^{-x}$$

$$=(x^2-5x-k+3)e^{-x}$$

$f'(x)=0$ になるのは

$$x^2-5x-k+3=0$$

のときで，極値をもつときは

判別式 $D_1=(-5)^2-4(-k+3)$

$$=25+4k-12$$

$$=4k+13$$

$4k+13>0$

より

$$\underline{k>-\dfrac{13}{4}}$$　◁ **答え**　**例題 4-23** (1)

解答 (2)　$f'(x)=(x^2-5x-k+3)e^{-x}$ より

$$f''(x)=(2x-5)e^{-x}+(x^2-5x-k+3)(-e^{-x})$$

$$=(2x-5)e^{-x}+(-x^2+5x+k-3)e^{-x}$$

$$=(-x^2+7x+k-8)e^{-x}$$

$f''(x)=0$ になるのは

$$-x^2+7x+k-8=0$$

のときで，変曲点をもつときは

$$判別式 D_2 = 7^2 - 4 \cdot (-1) \cdot (k-8)$$
$$= 49 + 4k - 32$$
$$= 4k + 17$$

$4k + 17 > 0$

より

$$\underline{k > -\frac{17}{4}}$$ ◁ 答え 例題 4-23 (2)

「判別式の記号 D の右下に小さく"1"とか"2"をつけたのはどうしてですか？」

(1), (2)の判別式は違うものだよね。どちらも D とすると，同じもの？　とみなされたりしてまぎらわしい。だから通し番号をつけて区別するといいんだ。この考えかたは，『数学Ⅰ・A編』の 7-13 で登場しているよ。

例題 4-24　定期テスト 出題度 !!!　2次・私大試験 出題度 !!!

　関数 $f(x) = \sin x + kx$ が極値をもつときの定数 k の値の範囲を求めよ。

まず，$f'(x) = \cos x + k$ になる。そして，$y = \cos x + k$ のグラフを考えればいい。

「$y - k = \cos x$ と考えると……　$y = \cos x$ のグラフを，y 軸方向に k だけ平行移動したものですね。」

正解。$y = k$ を中心に，$k-1$ と $k+1$ の間を波打つグラフになるね。それが x 軸と交わり，正から負とか，負から正とかに変わればいい。

解答 $f'(x)=\cos x + k$ の値が0で，その前後の符号が変わるところがあれば いいので，

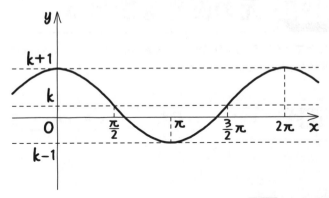

$k-1<0$, かつ，$0<k+1$ より，**$-1<k<1$** ⟨答え⟩ 例題 **4-24**

数Ⅲ **4** 章

極値，変曲点から元の関数を求める

極値になっているかどうかを確認するという数学Ⅱではおなじみだった問題。数学Ⅲでも
その知識をさらにふくらませたものがあるよ。

例題 4-25　　定期テスト 出題度 ❗❗　　2次・私大試験 出題度 ❗❗❗

次の問いに答えよ。

(1)　$x=3$ のとき極小値 -7 をとり，グラフの変曲点が（1, 9）である3次関数 $f(x)$ を求めよ。

(2)　(1)で求めた3次関数 $f(x)$ のグラフは，変曲点に関して対称であることを示せ。

『数学Ⅱ・B編』の 6-15 で登場した話をまとめると，微分可能な関数は，

$f(x)$ が $x=α$ のとき極値をとる　⇒　$f'(α)=0$

というのがあった。

　『$x=3$ のとき極小になる』だから，$f'(3)=0$ になるし，

　『$x=3$ のとき値が -7 になる』だから，$f(3)=-7$ もいえるね。

「『$x=3$ のとき極小値 -7 になる』というのは，この2つを合わせた言葉ですもんね。これは，覚えています。」

うん，よかった（笑）。そして，4-15 で，

$f(x)$ が $x=α$ のとき変曲点になる　⇒　$f''(α)=0$

がいえることもわかった。

「$x=1$ のとき，$f''(x)$ が0になるということか。」

「点 $(1, 9)$ を通るともいえますよね。」

そうだね。"$x=1$ のときの値が 9" といってもいいね。『変曲点が $(1, 9)$』だから，$f''(1)=0$，$f(1)=9$ になるわけだ。ミサキさん，解いてみて。

 「**解答** (1)　求める3次関数を，

$f(x) = ax^3 + bx^2 + cx + d \ (a \neq 0)$ とおくと

$f'(x) = 3ax^2 + 2bx + c$

$f''(x) = 6ax + 2b$

$x=3$ のとき極小値 -7 になるので

$f'(3) = 27a + 6b + c = 0$ ……①

$f(3) = 27a + 9b + 3c + d = -7$ ……②

また，変曲点が $(1, 9)$ より

$f''(1) = 6a + 2b = 0$

から

$3a + b = 0$ ……③

$f(1) = a + b + c + d = 9$ ……④

②－④より

$26a + 8b + 2c = -16$ ←dを消去する

$13a + 4b + c = -8$ ……⑤

①－⑤より

$14a + 2b = 8$ ←cを消去する

$7a + b = 4$ ……⑥

③－⑥より

$-4a = -4$ ←bを消去する

$a = 1$

③より　$b = -3$ ←$3 \cdot 1 + b = 0$

①より　$c = -9$ ←$27 \cdot 1 + 6 \cdot (-3) + c = 0$

数Ⅲ **4** 章

④より　　$d = 20$　←1−3−9+d=9

……………」

そうだね。でも，まだ終わりじゃないよ。『数学Ⅱ・B編』の **6-15** でも説明したけど，$x=3$ のとき極小なら，$f'(3)=0$ になるけど，その逆は成り立つとは限らなかったよね。

「あっ，そうか。それがあったな……。」

同じく，$x=1$ のとき，変曲点になるなら，$f''(1)=0$ になるけど，その逆が成り立つとは限らない。$x=1$ の前後が同符号になることもあるからね。

「じゃあ，$y=f(x)$ のグラフをかいて調べるということですか？」

グラフまでかかなくても，増減凹凸表だけでいいよ。しかも，$x=3$ のとき極小になり，$x=1$ のとき変曲点になることが確認できればいいから，y の値も求める必要ないしね。続きをやってみて。

「

$a=1,\ b=-3,\ c=-9,\ d=20$ より

$f(x) = x^3 - 3x^2 - 9x + 20$

$f'(x) = 3x^2 - 6x - 9$

　　　　$= 3(x^2 - 2x - 3)$

　　　　$= 3(x+1)(x-3)$

$f'(x) = 0$ になるのは

　$3(x+1)(x-3) = 0$

　　　　　　　$x = -1,\ 3$

$f'(x) > 0$ になるのは

　$3(x+1)(x-3) > 0$

　　　$x < -1,\ 3 < x$

$f''(x) = 6x - 6$

$f''(x) = 0$ になるのは

$$6x - 6 = 0$$

$$x - 1 = 0$$

$$x = 1$$

$f''(x) > 0$ になるのは

$$6x - 6 > 0$$

$$x - 1 > 0$$

$$x > 1$$

x	$-\infty$	……	-1	……	1	……	3	……	∞
$f'(x)$		$+$	0	$-$	$-$	$-$	0	$+$	
$f''(x)$		$-$	$-$	$-$	0	$+$	$+$	$+$	
$f(x)$		↗	極大	↘	変曲点	↘	極小	↗	

たしかに $x=3$ のとき極小になり，$x=1$ のとき変曲点にな
る。

よって，$a = 1$，$b = -3$，$c = -9$，$d = 20$ より

$$\underline{f(x) = x^3 - 3x^2 - 9x + 20} \quad ⇐ 答え \quad 例題 4\text{-}25 \ (1)』$$

そう。正解。計算が長くて大変だったね（笑）。

さて(2)だけど，実は，3次関数のグラフはすべて，変曲点に関して対称な図形になっているんだ。

証明の方法はまず，変曲点 $(1, 9)$ が原点に来るようにグラフをずらす。このグラフが原点に関して対称ならば，元のグラフは点 $(1, 9)$ に関して対称であるといえるんだ。

「そうですよねぇ……。形が変わらないんですもんね。」

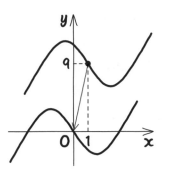

解答　(2)　関数 $y=x^3-3x^2-9x+20$ のグラフを

x 軸方向に -1, y 軸方向に -9 だけ平行移動すると

$$y+9=(x+1)^3-3(x+1)^2-9(x+1)+20$$

$$y+9=x^3+3x^2+3x+1-3x^2-6x-3-9x-9+20$$

$$y=x^3-12x$$

x を $-x$, y を $-y$ にすると

$$-y=(-x)^3-12\cdot(-x)$$

$$-y=-x^3+12x$$

$$y=x^3-12x$$

元の式と一致するので, 原点に関して対称である。

よって, $y=x^3-3x^2-9x+20$ のグラフは,

変曲点 $(1,\ 9)$ に関して対称である。　⇦答え 例題 **4-25** (2)

「原点に関する対称移動って, 『数学Ⅰ・A編』の 3-7 で登場した やつを使ったんですね。」

「そうか。じゃあ, 変曲点 $(1,\ 9)$ を中心にぐるっと $180°$ 回転させると 元のグラフと重なるということですか?」

そうだよ。

(1)では求めなかったけど, $x=-1$ のとき $y=x^3-3x^2-9x+20$ に代入して極大値は 25 になり, $x=3$ のとき極小値は -7 になる。実際に, この3次関数の変曲点 $(1,\ 9)$ は, 右の図のように, 極大点 $(-1,\ 25)$, 極小点 $(3,\ -7)$ を両端とする線分の中点になっているよね。

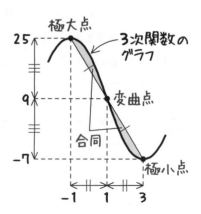

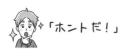「ホントだ！」

　例えば，変曲点を通るように直線を引くと，元の曲線とで囲まれる２つの図形は合同になるんだ。

「へーっ，なんか面白い（笑）。」

　まあ，これは３次関数のときしかいえないんだけどね。

　さて，(1)だけど，極大，極小を確認するのに，**$y=f'(x)$ のグラフを考える**というのもあった。

$y=f'(x)=3(x+1)(x-3)$ より，

右図のようになる。

「$x=-1$ で正から負になるから極大，$x=3$ で負から正になるから極小ですね。」

　その通り。例えば，$f'(x)=e^{-2x}(x+1)(x-3)$ とかになってもできるよ。

　まず，$y=(x+1)(x-3)$ だけなら，

さっきのような正，負になる。

そして，**e^{-2x} は常に正だから**，

これを掛けると曲線のカーブは変わるけど，

正のところは正，負のところは負のままだよ。

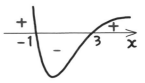

例題 4-26　定期テスト 出題度 **❗❗**　　2次・私大試験 出題度 **❗❗**

　関数 $f(x)=(ax+b)\log x$ $(a\neq0)$ が $x=e$ で極小値 $-e$ をもつときの定数 a，b の値を求めよ。

解答　$f(x)=(ax+b)\log x$

真数条件より，$x>0$

$$f'(x)=a\log x+(ax+b)\cdot\frac{1}{x}$$

$$=a\log x+a+\frac{b}{x}$$

$$f'(e)=a\log e+a+\frac{b}{e}$$

$$=2a+\frac{b}{e}=0 \quad \text{から，}$$

$$2ea+b=0 \quad \cdots\cdots ①$$

$$f(e)=(a\cdot e+b)\log e$$

$$=ea+b=-e \quad \cdots\cdots ②$$

①－②より

$$ea=e$$

$$a=1$$

①に代入すると，

$$b=-2e$$

逆に，$a=1$，$b=-2e$なら，

$$f'(x)=\log x+1-\frac{2e}{x}$$

「$f'(x)=0$の解が求められないから，増減表が書けないな。」

「じゃあ，さっきのように，$y=f'(x)$ のグラフを考えて……えっ？その形もわからないですよ。」

うん。実は，他にもやりかたがあるんだ。

極大，極小になっているかの確認

方法1　増減表を作る。

方法2　$y=f'(x)$ の簡単なグラフをかく。(正，負がわかるもので十分。)

負から正になる x が極小，正から負になる x が極大。

方法3　『$f'(\alpha)=0$　かつ　$f''(\alpha)>0$』　なら，$f(x)$ は $x=\alpha$ で極小，『$f'(\alpha)=0$　かつ　$f''(\alpha)<0$』　なら，$f(x)$ は $x=\alpha$ で極大。

$f''(\alpha)>0$ なら，下に凸になるわけだから，極小だし，
$f''(\alpha)<0$ なら，上に凸になるわけだから，極大ということだよ。

数III
4章

$$f'(x)=\log x+1-2ex^{-1}$$

$$f''(x)=\frac{1}{x}+2ex^{-2}$$

$$=\frac{1}{x}+\frac{2e}{x^2}$$

$f'(e)=0$，$f''(e)=\dfrac{3}{e}>0$ より，$x=e$ で極小になる。

よって，**$a=1$，$b=-2e$**　　例題 **4-26**

不等式の証明

これは，数学Ⅱでも勉強した内容だから，前半はスムーズに入れるはずだね。後半で2段階で増減表を書くというのがわかるかがミソだ。

例題 4-27

定期テスト 出題度 **❗❗❗**　　2次・私大試験 出題度 **❗❗❗**

$x \geqq 0$ のとき，不等式 $\sin x \leqq x$ が成り立つことを証明せよ。（等号成立の条件は示さなくてよい）

不等式の証明は，『数学Ⅱ・B編』の **1-19** でもやっているよね。今回は，左辺－右辺を計算して0以下になることを示してもいいし，右辺－左辺を計算して0以上でもいい。今回は，$f(x) = x - \sin x$ とおこう。

 「これが，常に0以上になっていればいいんですね。」

そうだね。増減表を書いて調べればいい。ふつう，増減表は両はしが $-\infty$ と ∞ の場合が多いけれど，今回は，『$x \geqq 0$』となっているからね。左はしは0になるよ。解答は，次のようになる。

解答 $f(x) = x - \sin x \ (x \geqq 0)$ とおく。

$\quad f'(x) = 1 - \cos x$ ←$(\sin x)' = \cos x$

$f'(x) = 0$ になるのは

$\quad 1 - \cos x = 0$

$\quad\quad \cos x = 1$

$\quad\quad\quad x = 0, \ 2\pi, \ 4\pi, \ \cdots\cdots$

$f'(x) > 0$ になるのは

$\quad 1 - \cos x > 0$

$\cos x < 1$

$x \neq 0,\ 2\pi,\ 4\pi,\ \cdots\cdots$

x	0	$\cdots\cdots$	2π	$\cdots\cdots$	4π	$\cdots\cdots\cdots$	∞
$f'(x)$	0	$+$	0	$+$	0	$+$	
$f(x)$	0	$\nearrow$	2π	$\nearrow$	4π	$\nearrow$	∞

$x \geqq 0$ のとき，常に $f(x) \geqq 0$ より， $\sin x \leqq x$

←答え　例題 4-27

なお，次のような増減表を使わない解きかたもあるので，紹介しておくよ。

例題 4-27 の別解

〈グラフが増加関数であることを使う〉

解答 $f(x) = x - \sin x\ (x \geqq 0)$ とおく。

$\quad f'(x) = 1 - \cos x$

ここで，$-1 \leqq \cos x \leqq 1$ であるから

$\quad f'(x) \geqq 0$

よって，$f(x)$ は $x \geqq 0$ で減少しない。

また，$f(0) = 0$ であるから

$x \geqq 0$ で，$f(x) \geqq 0$

したがって，$x \geqq 0$ のとき　$\sin x \leqq x$　←答え　例題 4-27

数III 4章

例題 **4-28**　定期テスト 出題度 ❗❗　2次・私大試験 出題度 ❗❗❗

次の問いに答えよ。

(1)　$x \geqq 0$ のとき，不等式 $e^x \geqq 1 + x + \dfrac{1}{2}x^2$ が成り立つことを証明せ

よ。(等号成立の条件は示さなくてよい)

(2)　$\displaystyle\lim_{x \to \infty} \dfrac{x}{e^x}$ を求めよ。

(3)　$\displaystyle\lim_{x \to \infty} \dfrac{e^{2x}}{x-1}$ を求めよ。

「 解答 　(1)　$f(x) = e^x - \left(1 + x + \dfrac{1}{2}x^2\right)(x \geqq 0)$ とおくと

$f(x) = e^x - 1 - x - \dfrac{1}{2}x^2$

$f'(x) = e^x - 1 - x$

…………

あれっ？　因数分解できない……。」

1回微分して正負がわからなかったり，因数分解できなかったりするときな
どは，もう1回微分してみよう。

$f''(x) = e^x - 1$

$f''(x) = 0$ になるのは

$e^x - 1 = 0$

$e^x = 1$

$x = 0$

$f''(x) > 0$ になるのは

$e^x - 1 > 0$

$$e^x > 1 \quad \leftarrow e^x > e^0$$
$$x > 0$$

ふつうは，$f'(x)$ の符号がわかって，$f(x)$ の増減がわかるんだよね。今回は，まず，$f''(x)$ の符号を使って，$f'(x)$ の増減を調べるんだ。真ん中の段が $f''(x)$，下段が $f'(x)$ の表を作ろう。

x	0	……	∞
$f''(x)$	0	+	
$f'(x)$	0	↗	

「$f'(x)$ は0から始まって，その後増加していくわけだから……，$f'(x)$ は常に0以上ですね！」

「えっ？ 証明するのは "$f(x)$ が0以上" じゃないの？」

「あっ，そうか……。これじゃあ，ダメですね。」

いや。でも，さっきの表の下段をよく見てごらん。

$x=0$ のとき $f'(x)=0$

$x>0$ のとき $f'(x)>0$

とわかったよね。これがすごく大切なんだ。これを利用して，今度は，真ん中の段が $f'(x)$，下段が $f(x)$ の表を作るんだ。

x	0	……	∞
$f'(x)$	0	+	
$f(x)$	0	↗	

$f(x)$ は0から始まって，その後増加していくから，$x \geqq 0$ のとき，常に $f(x) \geqq 0$ より

数III
4章

$$e^x \geqq 1 + x + \frac{1}{2}x^2$$ ←答え 例題 **4-28** (1)

(1)も 例題 **4-27** と同様に，増減表を使わない解きかたがあるので紹介しておこう。

例題 **4-28** (1)の別解

〈グラフが増加関数であることを使う〉

解答 (1) $f(x) = e^x - \left(1 + x + \frac{1}{2}x^2\right)$ $(x \geqq 0)$ とおくと

$$f(x) = e^x - 1 - x - \frac{1}{2}x^2$$

$$f'(x) = e^x - 1 - x$$

$$f''(x) = e^x - 1$$

ここで，$x \geqq 0$ のとき $e^x \geqq 1$ であるから

$$f''(x) \geqq 0$$

よって，$f'(x)$ は $x \geqq 0$ で減少しない。

ここで，$f'(0) = e^0 - 1 - 0 = 0$ であるから

$x \geqq 0$ で，$f'(x) \geqq 0$

したがって，$f(x)$ も $x \geqq 0$ で減少しない。

また，$f(0) = e^0 - 1 - 0 - \frac{1}{2} \cdot 0^2 = 0$ であるから

$x \geqq 0$ で，$f(x) \geqq 0$

したがって，　$e^x \geqq 1 + x + \frac{1}{2}x^2$ ←答え 例題 **4-28** (1)

「(2)は，極限か。懐かしいな。」

不等式の証明をさせた後，極限の問題が出てきたら，"はさみうちの原理"を使うことが多いよ。 今回もそうだ。

「$\dfrac{x}{e^x}$ の極限を求めるということは，これをはさまなきゃいけないんですね。」

まず，(1)の不等式の両辺の逆数をとると

$$\frac{1}{e^x} \leqq \frac{1}{1+x+\dfrac{1}{2}x^2}$$

「不等号の向きが逆になるのはどうしてですか？」

e^x も $1+x+\dfrac{1}{2}x^2$ も両方正で，しかも，e^x のほうが大きいよね。分子が同じ分数では，分母が大きいほうが小さくなるはずだもんね。

この式をさらに x 倍すると $\dfrac{x}{e^x}$ になる。

$$\frac{x}{e^x} \leqq \frac{x}{1+x+\dfrac{1}{2}x^2}$$

「x は正と決めつけていいんですか？」

うん。今回は，$x \to \infty$ で考えるんだから，x はとても大きい数ということだから正だね。

さらに，$x>0$，$e^x>0$ だから　$\dfrac{x}{e^x}>0$ もいえているよ。

$$0 < \frac{x}{e^x} \leqq \frac{x}{1+x+\dfrac{1}{2}x^2}$$

"はさみうちの原理" を使いたいから，もう片方にも不等号をつけて，はさむようにしよう。

数Ⅲ **4** 章

解答 (2) (1)の不等式より, 逆数をとると

$$\frac{1}{e^x} \leqq \frac{1}{1+x+\dfrac{1}{2}x^2}$$

$x > 0$ より

$$0 < \frac{x}{e^x} \leqq \frac{x}{1+x+\dfrac{1}{2}x^2}$$

$$\lim_{x\to\infty} \frac{x}{1+x+\dfrac{1}{2}x^2} = \lim_{x\to\infty} \frac{\dfrac{1}{x}}{\dfrac{1}{x^2}+\dfrac{1}{x}+\dfrac{1}{2}} = 0$$

はさみうちの原理より

$$\lim_{x\to\infty} \frac{x}{e^x} = \underline{0}$$　← **答え** **例題 4-28** (2)

　　次に(3)を考えよう。今回は指数部分が $2x$ だから, (1)の不等式の x を $2x$ に
おき換えて考える。

$$e^{2x} \geqq 1+2x+2x^2 \quad \leftarrow e^x \geqq 1+x+\frac{1}{2}x^2$$
$$\qquad\qquad\qquad\quad {}_{2x\,\text{に}}$$

この両辺を $x-1$ で割る。$x\to\infty$ だから $x-1$ は十分大きい数だね。

$$\frac{e^{2x}}{x-1} \geqq \frac{1+2x+2x^2}{x-1}$$

「$\displaystyle\lim_{x\to\infty} \frac{1+2x+2x^2}{x-1} = \lim_{x\to\infty} \frac{\dfrac{1}{x}+2+2x}{1-\dfrac{1}{x}} = \infty$　ですね。」

∞ より大きいということは, ∞ しかない。今回は, はさむ必要がないんだ。

解答 (3) (1)の式より

$$e^{2x} \geqq 1+2x+2x^2$$
$$\frac{e^{2x}}{x-1} \geqq \frac{1+2x+2x^2}{x-1} \qquad \Big\rangle \text{ 両辺を } x-1 \text{ で割る}$$

$$\lim_{x \to \infty} \frac{1+2x+2x^2}{x-1} = \lim_{x \to \infty} \frac{\dfrac{1}{x}+2+2x}{1-\dfrac{1}{x}} = \infty$$

より

$$\lim_{x \to \infty} \frac{e^{2x}}{x-1} \underset{=}{=} \infty \quad \Leftarrow \boxed{答え} \quad \blacksquare 例題 4\text{-}28 \; (3)$$

(2), (3)は，一応， **4-9** で出てきた『極限の強弱』の証明になっているんだけどね。

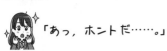「あっ，ホントだ……。」

4-21 媒介変数を使った関数の増減

4-3 で媒介変数を使った曲線の接線が登場したけど，ここでは，そのグラフをかいてみよう。

例題 4-29　定期テスト 出題度 **❗❗**　2次・私大試験 出題度 **❗❗❗**

次の関数のグラフを$0 \leq \theta \leq 2\pi$の範囲でかけ。ただし，凹凸は調べなくてよい。

$$\begin{cases} x = r\,(\theta - \sin\theta) \\ y = r\,(1 - \cos\theta) \end{cases} \quad (\theta\text{は媒介変数，} r > 0)$$

「θを消去したいんだけど，できないですね。」

うん。だから，このまま微分してしまおう。微分は， **3-9** でやっているよね。

「$\dfrac{dx}{dt}$と$\dfrac{dy}{dt}$を求めるってやつですね。あっ，今回はθだから，$\dfrac{dx}{d\theta}$と$\dfrac{dy}{d\theta}$か！」

そうだね。 **3-9** では，$\dfrac{dy}{dx}$を求めたかったから，最後に$\dfrac{dy}{dt}$を$\dfrac{dx}{dt}$で割ったけど，今回は，それはしない。$\dfrac{dx}{d\theta}$，$\dfrac{dy}{d\theta}$それぞれで，

❷　微分して，因数分解をする。

❸　導関数＝0になるものを求める。

❹　導関数＞0になるものを求める。

をやるんだ。次のようにね。

解答　$x=r(\theta-\sin\theta)$ より

$\dfrac{dx}{d\theta}=r(1-\cos\theta)$　←$(\sin\theta)'=\cos\theta$

$\dfrac{dx}{d\theta}=0$になるのは

$r(1-\cos\theta)=0$

$1-\cos\theta=0$

$\cos\theta=1$

$\theta=0,\ 2\pi$

$\dfrac{dx}{d\theta}>0$になるのは

$r(1-\cos\theta)>0$

$1-\cos\theta>0$

$\cos\theta<1$

$\theta\neq0,\ 2\pi$

$y=r(1-\cos\theta)$ より

$\dfrac{dy}{d\theta}=r\sin\theta$　←$(\cos\theta)'=-\sin\theta$

$\dfrac{dy}{d\theta}=0$になるのは

$r\sin\theta=0$

$\sin\theta=0$

$\theta=0,\ \pi,\ 2\pi$

$\dfrac{dy}{d\theta}>0$になるのは

$r\sin\theta>0$

$\sin\theta>0$

$0<\theta<\pi$

数III 4章

　さて，次は増減表だ。媒介変数θを使った関数の場合は，5段の増減表にするんだ。媒介変数がθなら，いちばん上の段はθ。それ以降は，$\dfrac{dx}{d\theta}$，x，$\dfrac{dy}{d\theta}$，yの順に書いていくよ。

「5段というのは，すごいな（笑）。えっ？　じゃあ，もし，媒介変数が t なら，t，$\dfrac{dx}{dt}$，x，$\dfrac{dy}{dt}$，y と書くんですか？」

うん，そうなるね。さて，まず，1段目の両端は，0と2π。そして，"導関数が0になるところ"も書く。

「$\dfrac{dx}{d\theta}=0$ になるのは，$\theta=0$，2π

$\dfrac{dy}{d\theta}=0$ になるのは，$\theta=0$，π，2πだから，

0，π，2πの欄を書けばいいんですね。」

θ	0	……	π	……	2π
$\dfrac{dx}{d\theta}$					
x					
$\dfrac{dy}{d\theta}$					
y					

そうだね。次に2段目は $\dfrac{dx}{d\theta}$ の符号を書く。そうすると，x の増加・減少がわかるから，3段目も書けるよね。x が増えるということは，右へ移動するということで→と書くんだ。

θ	0	……	π	……	2π
$\dfrac{dx}{d\theta}$	0	+	+	+	0
x	0	→	πr	→	$2\pi r$
$\dfrac{dy}{d\theta}$					
y					

同様に，4段目，5段目も書く。y の増減は上下の矢印で表すよ。

θ	0	……	π	……	2π
$\dfrac{dx}{d\theta}$	0	+	+	+	0
x	0	→	πr	→	$2\pi r$
$\dfrac{dy}{d\theta}$	0	+	0	−	0
y	0	↑	$2r$	↓	0

「表はできましたけど……。どうやって，グラフにしていくんですか？」

最初，$\theta=0$のとき，$x=0$，$y=0$。つまり，原点にいる。

　その後，**xが増加するということは，右に移動するということだし，y が増加するということは，上に移動するということだ。つまり，右上に 向かって動く**ことになる。

　そして，$\theta=\pi$になったとき，$x=\pi r$，$y=2r$の地点にたどり着くことになる。

「その後は，xが増加するので，右に移動。yが減少するから，下に移 動か……。」

「右下に動くということですね。」

その通り。$\theta=2\pi$になったとき，$x=2\pi r$，$y=0$の地点になる。

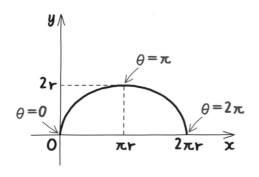

直線上の速度，加速度

物理で，『真上に向かって初速度 v_0 で投げたときの，時刻 t での位置は $v_0 t - \dfrac{1}{2} g t^2$，速度は $v_0 - gt$，加速度は $-g$』と習うと思う。よく見てごらん，速度の式は位置の式を，加速度の式は速度の式をそれぞれ t で微分したものになっているよね。

例題 4-30

定期テスト 出題度 ❗❗ ┃ 2次・私大試験 出題度 ❗❗❗

　　数直線上を動く点Pの時刻 t における座標が，$x = 3^t$ であるとき，次の問いに答えよ。

(1)　時刻 $t = 4$ における速度を求めよ。

(2)　時刻 $t = 4$ における加速度を求めよ。

　『数学Ⅱ・B編』の 6-7 で，

『時刻 t における位置（座標）』を表す式を t で微分すれば，『時刻 t における速度』の式になる。

というのをやったね。

　さらに，もう1回 t で微分すれば，『時刻 t における加速度』の式が求められるんだ。

「これって，数学Ⅱ，数学Ⅲに関係なくどんな関数でも速度や加速度を求めるときに使えるんですか？」

　そうだよ。ミサキさん，解ける？

「解答 (1) $\dfrac{dx}{dt} = 3^t \log 3$ ←$(a^x)' = a^x \log a$

より，時刻 t における速度は，$3^t \log 3$

時刻 $t=4$ における速度は

$3^4 \log 3 = \underline{81 \log 3}$　←答え 例題 4-30 (1)

(2) $\dfrac{dx}{dt} = 3^t \log 3$

$\dfrac{d^2x}{dt^2} = 3^t (\log 3)^2$

より，時刻 t における加速度は，$3^t (\log 3)^2$

時刻 $t=4$ における加速度は

$3^4 (\log 3)^2 = \underline{81 (\log 3)^2}$　←答え 例題 4-30 (2)」

そう，正解。これは，簡単だったかなぁ……？

平面上の速度，加速度

ここは，7章のベクトルを学んでから読んでください。

例題 4-31

定期テスト 出題度 ❗❗　　2次・私大試験 出題度 ❗❗❗

平面上を動く点Pの時刻 t $(t \geqq 0)$ における座標が，

$\left(\log (t+1),\ \dfrac{t}{t+1} \right)$ であるとき，次の問いに答えよ。

(1) 時刻 t における，速度ベクトルおよび速さを求めよ。

(2) 時刻 t における，加速度ベクトルおよび加速度の大きさを求めよ。

「logだから，真数条件がいりますね。あっ，でも，$t \geqq 0$だから，成り立っていますね。」

「時刻 t が変わると，x 座標も，y 座標も変わるということは……？」

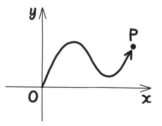

平面上をグニャグニャ曲がりながら移動しているってイメージかな？

「えーっ‼　難しそう……。」

とりあえず，『x 方向の速度，y 方向の速度』を求めてみよう。これは簡単だよ。 4-22 と同じで，

『時刻 t における x 方向の位置（x 座標）』を表す式を t で微分すれば，

『時刻tにおける**x方向の速度**』
の式になり，さらに，tで微分すれば，
『時刻tにおける**x方向の加速度**』
の式が求められる。yのほうも同じだ。

「**解答**　(1)　$x = \log(t+1)$ より，

x方向の速度は

$$\frac{dx}{dt} = \frac{1}{t+1}$$

$y = \dfrac{t}{t+1}$ より，

y方向の速度は

$$\frac{dy}{dt} = \frac{1 \cdot (t+1) - t \cdot 1}{(t+1)^2} = \frac{1}{(t+1)^2}$$

ということですね。」

「問題文にある速度ベクトルって，なんですか？」

**x成分が"x方向の速度"，y成分が"y方向の速度"になっているベク
トル**のことだよ。

$$速度ベクトル \vec{v} = \left(\frac{dx}{dt},\ \frac{dy}{dt} \right)$$

図のように速度ベクトルは

　　（x方向の速度ベクトル）

　　　　＋（y方向の速度ベクトル）

で考えられるよね。

　そして，速さは，"速度ベクトルの大きさ"，
つまり，長さのことなんだ。

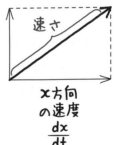

数III
4章

「"ベクトルの大きさ"ということは，絶対値ですよね。ということは，記号でいうと，$|\vec{v}|$ですか？」

そうだね。速さは，三平方の定理を使って，
$\sqrt{(x方向の速度)^2+(y方向の速度)^2}$ で計算できるんだ。

$$速さ\,|\vec{v}|=\sqrt{\left(\frac{dx}{dt}\right)^2+\left(\frac{dy}{dt}\right)^2}$$

「

$$\underline{\underline{速度ベクトル\,\vec{v}=\left(\frac{1}{t+1},\ \frac{1}{(t+1)^2}\right)}}$$

$\underline{\underline{速さ\,|\vec{v}|}}=\sqrt{\dfrac{1}{(t+1)^2}+\dfrac{1}{(t+1)^4}}$ ←$\sqrt{(x方向の速度)^2+(y方向の速度)^2}$

$\phantom{速さ\,|\vec{v}|}=\sqrt{\dfrac{1}{(t+1)^4}\{(t+1)^2+1\}}$ ←$\dfrac{1}{(t+1)^4}$をくくり出す

$\phantom{速さ\,|\vec{v}|}=\dfrac{1}{(t+1)^2}\sqrt{(t+1)^2+1}$

$\phantom{速さ\,|\vec{v}|}=\dfrac{\sqrt{t^2+2t+2}}{(t+1)^2}$ ⇐答え 例題 **4-31** (1)

ということですか？」

そう。正解。

「じゃあ，もしかして，(2)も同じようにしてできるんですか？」

うん，そうだよ。**加速度ベクトルは，x成分が"x方向の加速度"，y成分が"y方向の加速度"になっているベクトル$\vec{\alpha}$のことだ。**

また，加速度の大きさは，$|\vec{\alpha}|$で表せて，
$\sqrt{(x方向の加速度)^2+(y方向の加速度)^2}$ で計算できるよ。

$$加速度ベクトル\,\vec{\alpha}=\left(\frac{d^2x}{dt^2},\ \frac{d^2y}{dt^2}\right)$$

$$加速度の大きさ\,|\vec{\alpha}|=\sqrt{\left(\frac{d^2x}{dt^2}\right)^2+\left(\frac{d^2y}{dt^2}\right)^2}$$

ミサキさん，(2)をやってみて。

「解答」 (2) $\dfrac{dx}{dt} = \dfrac{1}{t+1}$

$= (t+1)^{-1}$

より，x 方向の加速度は

$\dfrac{d^2x}{dt^2} = -(t+1)^{-2}$

$= -\dfrac{1}{(t+1)^2}$

$\dfrac{dy}{dt} = \dfrac{1}{(t+1)^2}$

$= (t+1)^{-2}$

より，y 方向の加速度は

$\dfrac{d^2y}{dt^2} = -2(t+1)^{-3}$

$= -\dfrac{2}{(t+1)^3}$

加速度ベクトル $\vec{\alpha} = \left(-\dfrac{1}{(t+1)^2}, \ -\dfrac{2}{(t+1)^3} \right)$

加速度の大きさ $|\vec{\alpha}| = \sqrt{\dfrac{1}{(t+1)^4} + \dfrac{4}{(t+1)^6}}$

$= \sqrt{\dfrac{1}{(t+1)^6} \{(t+1)^2 + 4\}}$ ← $\dfrac{1}{(t+1)^6}$ を くくり出す

$= \dfrac{1}{(t+1)^3} \sqrt{(t+1)^2 + 4}$

$= \dfrac{\sqrt{t^2 + 2t + 5}}{(t+1)^3}$

答え 例題 4-31 (2)」

正解だよ。よくできました。

数Ⅲ
4
章

近似式

微分を使って関数を1次式で近似する方法を考えよう。

『数学Ⅱ・B編』の **6-4** や，最近では **3-1** で微分係数の定義というのを習ったよね。

0からxまでの平均変化率$\dfrac{f(x)-f(0)}{x}$を求め，xを0に限りなく近づけることで，$f'(0)$を求めた。

つまり，$\displaystyle\lim_{x \to 0}\dfrac{f(x)-f(0)}{x}=f'(0)$ で，このことは，xが十分0に近いとき，

$\dfrac{f(x)-f(0)}{x}$ は$f'(0)$にかなり近い数ということを表しているんだ。

$$f'(0) \fallingdotseq \dfrac{f(x)-f(0)}{x}$$

これを変形すると，次のようになる。これを**(1次) 近似式**というんだ。

関数の値の近似式1

xが十分0に近い数のとき，
$$f(x) \fallingdotseq f(0)+xf'(0)$$

例題 4-32　　定期テスト 出題度 **!**　　2次・私大試験 出題度 **!**

xが十分0に近い数であるとき，次の式の (1次) 近似式を求めよ。

(1)　e^x

(2)　$\dfrac{1}{x+4}$

まず,

❶　**求めるものを $f(x)$ とおく。**

(1)なら, $f(x)=e^x$ だね。次に,

❷　**導関数を求める。**

あとは, さっきの公式を使って計算すればいいよ。

解答　(1)　$f(x)=e^x$ とすると, $f'(x)=e^x$ で, x が十分0に近い数であるとき

$$f(x) ≒ f(0)+xf'(0)$$

$$=e^0+x \cdot e^0$$

$$=\underline{\underline{x+1}}$$ ◁答え　例題 **4-32** (1)

じゃあ, ミサキさん, 同じように, (2)を解いてみて。

「解答　(2)　$f(x)=\dfrac{1}{x+4}$ とすると

$$f(x)=(x+4)^{-1}$$

$$f'(x)=-(x+4)^{-2}$$

$$=-\dfrac{1}{(x+4)^2}$$

で, x が十分0に近い数であるとき

$$f(x) ≒ f(0)+xf'(0)$$

$$=\dfrac{1}{4}+x \cdot \left(-\dfrac{1}{4^2}\right)$$

$$=\underline{\underline{-\dfrac{1}{16}x+\dfrac{1}{4}}}$$　◁答え　例題 **4-32** (2)」

そうだね。正解。

近似値

関数の値が求めにくいとき，近似式を使うとその近似値が簡単に求められるよ。

さっきの **4-24** で，0から x までの範囲でなく，$x=a$ から $x=a+h$（h は0に近い数）の範囲で同じことをやってみたら次のようになるよ。

関数の値の近似式2

h が十分0に近い数のとき，$f'(a) \fallingdotseq \dfrac{f(a+h)-f(a)}{h}$ より

$$f(a+h) \fallingdotseq f(a)+hf'(a)$$

これを使って，近似値を求めるんだ。

例題 4-33

定期テスト 出題度 **❶**　2次・私大試験 出題度 **❶**

（1次）近似式を使って，次の近似値を求めよ。ただし，(2)では，$\pi=3.14$，$\sqrt{3}=1.73$ として，答えは四捨五入をして，小数第3位まで求めよ。

(1) $\sqrt{24.98}$

(2) $\sqrt{17}$

(3) $\sin 31°$

まず，**❶** $\sqrt{}$ の式だから，$f(x)=\sqrt{x}$ とする。

次に，**❷** 導関数を求める。$f'(x)=\dfrac{1}{2\sqrt{x}}$ だね。

「$\sqrt{25}$ なら，ちょうど5なんだけどな……。」

うん。❸　24.98は，"25にかなり近い"ということに注目して，25－0.02という形にする。

そして，❹　求めたいものを $f(\bullet)$ の形にする。

$f(x)=\sqrt{x}$ なのだから，$\sqrt{24.98}$ ということは，$\sqrt{25-0.02}$ つまり $f(25-0.02)$ になるんだ。

あとは，近似式を使って計算できるよ。㉖の式で $a=25$，$h=-0.02$ とする。

解答　(1)　$f(x)=\sqrt{x}$ とすると

$$f(x)=x^{\frac{1}{2}}$$

$$f'(x)=\frac{1}{2}x^{-\frac{1}{2}}$$

$$=\frac{1}{2\sqrt{x}} \quad \text{である。}$$

$$\sqrt{24.98}=\sqrt{25-0.02}$$

$$=f(25-0.02)$$

$$\fallingdotseq f(25)-0.02\cdot f'(25)$$

$$\left.\begin{array}{l} f(a+h)\fallingdotseq f(a)+hf'(a) \\ \text{で}a=25, \ h=-0.02\text{とおく} \end{array}\right.$$

$$=\sqrt{25}-0.02\cdot\frac{1}{2\sqrt{25}}$$

$$=5-0.002$$

$$=\underline{4.998} \quad \Leftarrow \boxed{\text{答え}} \ \blacktriangleright\text{例題 4-33}\blacktriangleleft (1)$$

「(2)は，$\sqrt{16}$ なら4だから，$\sqrt{17}$ は $\sqrt{16+1}$ にできますね。」

いや。そうすると **h が1になり，"十分0に近い数"じゃないよね。こういうときは，a にあたる数（今回は16）でくくって，変形するんだ。**

解答　(2)　$\sqrt{17}=\sqrt{16+1}$

$$=\sqrt{16\left(1+\frac{1}{16}\right)}$$

$$=4\sqrt{1+\frac{1}{16}}$$

数Ⅲ **4** 章

$$= 4f\left(1 + \frac{1}{16}\right)$$

$$\fallingdotseq 4\left\{f(1) + \frac{1}{16}f'(1)\right\}$$

$$= 4\left(1 + \frac{1}{16} \cdot \frac{1}{2}\right)$$

$$= \frac{33}{8}$$

$$= \underline{\mathbf{4.125}}$$ ←答え **例題 4-33** (2)

「(3)なら，❶ sinの式だから，$f(x) = \sin x$ とおけばいいのですね。ということは，❷ 導関数は，$f'(x) = \cos x$ です。」

そうだね。また，$\sin 30° = \dfrac{1}{2}$ だから，$\sin 31°$ は "$\dfrac{1}{2}$ にかなり近い。" つまり 31°は，30°＋1°と考えよう。弧度法でいえば，❸ $\dfrac{31}{180}\pi$ を $\dfrac{\pi}{6} + \dfrac{\pi}{180}$ というふうに分割する。

そして，❹ $\sin\dfrac{31}{180}\pi$，つまり，$f\left(\dfrac{31}{180}\pi\right)$ を計算するんだ。

解答 (3) $f(x) = \sin x$ とすると，$f'(x) = \cos x$ で

$$\sin 31° = \sin\left(\frac{\pi}{6} + \frac{\pi}{180}\right)$$

$$= f\left(\frac{\pi}{6} + \frac{\pi}{180}\right)$$

$$\fallingdotseq f\left(\frac{\pi}{6}\right) + \frac{\pi}{180} \cdot f'\left(\frac{\pi}{6}\right)$$

$f(a+h) \fallingdotseq f(a) + hf'(a)$
で $a = \dfrac{\pi}{6}$, $h = \dfrac{\pi}{180}$ とおく

$$= \frac{1}{2} + \frac{\pi}{180} \cdot \frac{\sqrt{3}}{2}$$

$$= \frac{1}{2} + \frac{3.14}{180} \cdot \frac{1.73}{2}$$

$$= 0.5150\cdots$$

$$\fallingdotseq \underline{\mathbf{0.515}}$$ ←答え **例題 4-33** (3)

積分

『数学Ⅱ・B編』のお役立ち話 **23** でもやったけど，図形を薄く切って，ひとつひとつが極めて細長い長方形と考え，それらの面積を足し合わせると図形の面積に近いものが求められるのでは？　と考えたのが積分の始まりだったんだ。

下の図のような，$y = f(x)$ のグラフと x 軸の間の部分の面積を求める場合は x の地点での縦の長さは $f(x)$ だ。そして，横の幅を dx とするんだったね。

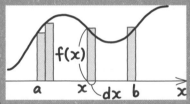

「"dx"ってどういう意味でしたっけ？」

『限りなく0に近い x の値』という意味だよ。長方形の面積は，$f(x) \cdot dx$ になり，それを $x=a$ から $x=b$ まで足し合わせるという意味で，

$\int_a^b f(x)dx$ としたんだよ。

「アタマにつける $\int$ という記号は誰が考えたんですか？」

微分積分の発明者の1人であるドイツ人のライプニッツという人だよ。『合計』は英語で summation（ドイツ語では summa）という。その頭文字の S を縦に長くのばして作った記号なんだ。

積分の基本

まず，基本形から。数学Ⅲの積分は数学Ⅱと比べて，とても公式が多いよ。

不定積分の公式をまとめておくよ。

Point 27 不定積分の公式

$$\int x^n dx = \frac{1}{n+1}x^{n+1}+C \quad (ただし，n \neq -1)$$

$$\int \sin x\, dx = -\cos x + C$$

$$\int \cos x\, dx = \sin x + C$$

$$\int \frac{1}{\cos^2 x}dx = \tan x + C$$

$$\int e^x dx = e^x + C$$

$$\int a^x dx = \frac{1}{\log a}a^x + C \quad (a は1でない正の数)$$

$$\int \frac{1}{x}dx = \log|x| + C$$

（Cは積分定数）

$\int f(x)dx = F(x)+C$ は $F'(x)=f(x)$ ということ
だから，上の公式の右辺を微分すると左辺の積分さ
れる関数になることでたしかめられるよ。
　上の Point 27 のいちばん上の公式の右辺

$\frac{1}{n+1}x^{n+1}+C$ を微分すると，

$\left(\frac{1}{n+1}x^{n+1}+C\right)' = x^n$ という具合だ。

```
┌─微分する─┐
              ↓
F(x)          f(x)
  ↑         │
  └─積分する─┘
```

例題 5-1　　定期テスト 出題度 !!!　　2次・私大試験 出題度 !!!

　　次の不定積分を求めよ。

(1) $\displaystyle\int \sqrt[3]{x^2}\,dx$

(2) $\displaystyle\int \frac{-7x+4}{x^2}\,dx$

　まず，(1)なんだけど，このままでは公式が使えないね。$\sqrt[3]{x^2}$ を指数の形に直そう。

　「$\displaystyle\int x^{\frac{2}{3}}\,dx$ と直せます。」

　そうすると，後は，$\displaystyle\int x^n\,dx=\dfrac{1}{n+1}x^{n+1}+C$　の公式が使える。n にあたる数は $\dfrac{2}{3}$ だね。

　「$\dfrac{2}{3}$ より1大きい数は $\dfrac{5}{3}$ だから，"$\dfrac{5}{3}$ で割って，x は $\dfrac{5}{3}$ 乗にする" ということか。数学Ⅱのときと同じだな。」

　「$\dfrac{3}{5}x^{\frac{5}{3}}+C$ ということね。」

　うん。そして，**3-2** の微分のときと同じように，元の式と答えの式の形をそろえよう。今回は，**積分する前の式が累乗根だから，答えも累乗根に直そう。**

　「$\dfrac{3}{5}\sqrt[3]{x^5}+C$ が答えですね。」

　あっ，それなんだけど，指数が1より大きくなるときは，
"整数＋(1より小さい数)乗" にして，$a^{p+q}=a^p\cdot a^q$ の公式で変形してから，累乗根に変える ようにするんだったよね。

解答 (1) $\int \sqrt[3]{x^2}\,dx$

$= \int x^{\frac{2}{3}}\,dx$

$\int x^n\,dx = \dfrac{1}{n+1}x^{n+1}+C \quad (n \neq -1)$

$= \dfrac{3}{5}x^{\frac{5}{3}}+C$

$= \dfrac{3}{5}x^{1+\frac{2}{3}}+C$

$= \dfrac{3}{5}x \cdot x^{\frac{2}{3}}+C$

$= \dfrac{3}{5}x\sqrt[3]{x^2}+C \quad (C は積分定数)$ ⇦答え 例題 5-1 (1)

じゃあ、(2)も解いてみよう。まず、$\dfrac{-7x+4}{x^2}$ を2つの分数に分けて

$\dfrac{-7x+4}{x^2} = -\dfrac{7}{x}+\dfrac{4}{x^2}$

とできる。そして、やはり、指数の形に直すのだが……。

「$\int(-7x^{-1}+4x^{-2})\,dx$ で……」

いや、そうじゃない。

$\dfrac{1}{x}$ は、x^{-1} に直さないで積分するんだ。

$\int x^n\,dx = \dfrac{1}{n+1}x^{n+1}+C$ の公式は、$n=-1$ のときは使えないよ。 実際

に計算してみても、$\int x^{-1}\,dx = \dfrac{1}{0}x^0+C$ になっちゃうよね。

「分母が0は変ですもんね。」

「あっ、ホントだ。公式にも『$n \neq -1$』と書いてある！ じゃあ、

$\dfrac{1}{x}$ の積分は……。あっ、$\int \dfrac{1}{x}\,dx = \log|x|+C$ の公式で求めればい

いのか。」

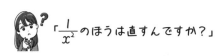「$\dfrac{1}{x^2}$ のほうは直すんですか?」

　その通り。そっちは x^{-2} に直して積分するよ。ミサキさん，あらためて解いてみて。

「**解答**

(2) $\displaystyle\int \dfrac{-7x+4}{x^2}dx$

$= \displaystyle\int \left(-\dfrac{7}{x}+\dfrac{4}{x^2}\right)dx$

$= \displaystyle\int \left(-\dfrac{7}{x}+4x^{-2}\right)dx$

$= -7\log|x|-4x^{-1}+C$

$= -7\log|x|-\dfrac{4}{x}+C$　（C は積分定数）

$\displaystyle\int \dfrac{1}{x}dx=\log|x|+C$

$\displaystyle\int x^n dx=\dfrac{1}{n+1}x^{n+1}+C$　$(n \neq -1)$

⇐ **答え**　例題 **5-1**　(2)」

そう。正解。

数Ⅲ 5章

例題 **5-2**　定期テスト 出題度 !!!　2次・私大試験 出題度 !!!

　　次の定積分を求めよ。

(1) $\displaystyle\int_{-2}^{1} 5^x dx$

(2) $\displaystyle\int_{1}^{16} \dfrac{1}{x^2 \cdot \sqrt[4]{x}}dx$

「定積分ですね。今までと同じ要領でやればいいんですよね。」

　そうだね。『数学Ⅱ・B編』の **7-4** でやったもんね。じゃあ，ハルトくん，(1)を解いて。

解答 (1) $\displaystyle\int_{-2}^{1}5^{x}dx$

$\displaystyle\int a^x dx=\frac{1}{\log a}a^x+C$ （aは1でない正の数）

$\displaystyle=\left[\frac{1}{\log 5}\cdot 5^{x}\right]_{-2}^{1}$

$\displaystyle=\frac{1}{\log 5}\cdot 5-\frac{1}{\log 5}\cdot 5^{-2}$

$\displaystyle=\frac{5}{\log 5}-\frac{1}{25\log 5}$

$\displaystyle=\frac{124}{25\log 5}$ 答え 例題 5-2 (1)」

そうだね。正解。続いての(2)は計算がちょっと面倒くさいよ。

解答 (2) $\displaystyle\int_{1}^{16}\frac{1}{x^2\cdot\sqrt[4]{x}}dx$

$\displaystyle=\int_{1}^{16}\frac{1}{x^2\cdot x^{\frac{1}{4}}}dx=\int_{1}^{16}\frac{1}{x^{\frac{9}{4}}}dx$

$\displaystyle=\int_{1}^{16}x^{-\frac{9}{4}}dx$

$\dfrac{1}{-\frac{9}{4}+1}x^{-\frac{9}{4}+1}$

$\displaystyle=\left[-\frac{4}{5}x^{-\frac{5}{4}}\right]_{1}^{16}$

$\displaystyle=\left[-\frac{4}{5x^{\frac{5}{4}}}\right]_{1}^{16}=\left[-\frac{4}{5x^{1+\frac{1}{4}}}\right]_{1}^{16}$

$\displaystyle=\left[-\frac{4}{5x\cdot x^{\frac{1}{4}}}\right]_{1}^{16}=\left[-\frac{4}{5x\sqrt[4]{x}}\right]_{1}^{16}$

$\displaystyle=-\frac{4}{5\cdot 16\cdot\sqrt[4]{16}}-\left(-\frac{4}{5\cdot 1\cdot\sqrt[4]{1}}\right)$

$\displaystyle=-\frac{1}{20\cdot\sqrt[4]{16}}-\left(-\frac{4}{5}\right)$

$\sqrt[4]{16}=\sqrt[4]{2^4}=2$

$\displaystyle=-\frac{1}{40}+\frac{4}{5}$

$\displaystyle=\frac{31}{40}$ 答え 例題 5-2 (2)

5-2 合成関数の積分（かたまりの積分）

3-3 で，合成関数の微分というのを習った。微分のときは何をかたまりにしても答えは同じだったけど，積分では，そうはいかないんだ。

　合成関数の積分のくわしいやりかたを説明しよう。

その1　1次式の部分をかたまりにするとき

　まず，以下の基本の形を覚えるんだ。●の部分を"かたまり"と考えればいいよ。

コツ⑩　積分した形

$●^n$ を積分すると，$\dfrac{1}{n+1}●^{n+1}\cdot\dfrac{1}{●'}+C$　$(n \neq -1)$

$\sin●$ を積分すると，$-\cos●\cdot\dfrac{1}{●'}+C$

$\cos●$ を積分すると，$\sin●\cdot\dfrac{1}{●'}+C$

$\dfrac{1}{\cos^2●}$ を積分すると，$\tan●\cdot\dfrac{1}{●'}+C$

$e^●$ を積分すると，$e^●\cdot\dfrac{1}{●'}+C$

$a^●$ を積分すると，$\dfrac{1}{\log a}a^●\cdot\dfrac{1}{●'}+C$

（a は1でない正の数）

$\dfrac{1}{●}$ を積分すると，$\log|●|\cdot\dfrac{1}{●'}+C$

（C は積分定数）

数III 5章

例題 5-3　　定期テスト 出題度 !!!　　2次・私大試験 出題度 !!!

次の不定積分や定積分を求めよ。

(1) $\int \sin(4x-1)dx$

(2) $\int_0^1 2^{-5x+3}dx$

1次式の部分をかたまりと考えてそのまま積分する。それを, "かたまりをxで微分したもの"で割ればいい　んだ。

「微分のときは, "かたまりをxで微分したもの"を掛けたけど, 積分では, 割るんですね。」

「納得。積分は, 微分の逆の作業ですもんね。」

(1)は, $4x-1$をかたまりと考えればいい。$\sin\bullet$の状態だから, そのまま積分すると$-\cos\bullet$, つまり, $-\cos(4x-1)$になるね。そして, これを"$4x-1$をxで微分したもの", つまり, 4で割ればいい。

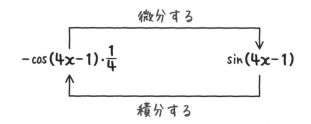

解答 (1) $\int \underline{\sin(4x-1)}dx$

$=\underline{-\cos(4x-1)}\cdot\dfrac{1}{4}+C$

$=-\dfrac{1}{4}\cos(4x-1)+C$　　(Cは積分定数)

⇦**答え** 例題 **5-3** (1)

「(2)は……あっ，指数の $-5x+3$ の部分をかたまりと考えれば，$2^\bullet$ の

形になりますね。」

うん。これを積分すると，$\dfrac{1}{\log 2}\cdot 2^\bullet$，つまり，$\dfrac{1}{\log 2}\cdot 2^{-5x+3}$ で，

$-5x+3$ を x で微分したものは -5 だから，-5 で割ればいい。

解答

(2) $\displaystyle\int_0^1 2^{-5x+3}dx$

$\displaystyle =\left[\dfrac{1}{\log 2}\cdot 2^{-5x+3}\cdot\left(-\dfrac{1}{5}\right)\right]_0^1$

$\displaystyle \int a^\bullet dx=\dfrac{1}{\log a}a^\bullet\cdot\dfrac{1}{\bullet'}+C$
（aは1でない正の数）

$\displaystyle =\left[-\dfrac{1}{5\log 2}\cdot 2^{-5x+3}\right]_0^1$

$\displaystyle =\left(-\dfrac{1}{5\log 2}\cdot 2^{-2}\right)-\left(-\dfrac{1}{5\log 2}\cdot 2^3\right)$

$\displaystyle =-\dfrac{1}{20\log 2}+\dfrac{8}{5\log 2}$

$\displaystyle =\underline{\dfrac{31}{20\log 2}}$　　**答え**　**例題 5-3**　(2)

数Ⅲ
5
章

その2　"1次式でない部分"をかたまりにするとき

例題 5-4　　定期テスト 出題度 ❗❗❗　　2次・私大試験 出題度 ❗❗❗

次の不定積分や定積分を求めよ。

(1) $\displaystyle\int (x^3-7x+9)^3(3x^2-7)\,dx$

(2) $\displaystyle\int \sin x\cdot e^{\cos x}\,dx$

(3) $\displaystyle\int_1^7 \dfrac{x}{\sqrt{x^2+5}}\,dx$

(4) $\displaystyle\int_{\frac{1}{e}}^{e^2} \dfrac{\log x}{x}\,dx$

さて，(1)だが，x^3-7x+9をかたまりとして考えよう。まず，$(x^3-7x+9)^3$があるよね。そして， 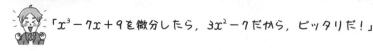 "1次式でない部分"をかたまりにするときは，となりに"かたまりを微分したもの"が掛けられていなければならないんだ。

「x^3-7x+9を微分したら，$3x^2-7$だから，ピッタリだ！」

●$^3\cdot$●′ の形になっているよね。●^{3}の積分だから，$\dfrac{1}{4}$●^{4}になる。そして，(●を微分したもの) は消滅しちゃうんだ。

解答 (1) $\displaystyle\int (x^3-7x+9)^3(3x^2-7)\,dx$ ← $\int(x^3-7x+9)^3(x^3-7x+9)'dx$

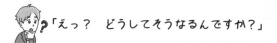

$$= \frac{1}{4}(x^3-7x+9)^4+C \quad (C \text{は積分定数})$$ ⇐ **答え** **例題 5-4** (1)

「えっ？ どうしてそうなるんですか？」

$\dfrac{1}{4}$●^{4}を微分すると，●をかたまりと考えて，$\dfrac{1}{4}\cdot 4$●$^3\cdot$●′ つまり，●$^3\cdot$●′

になるよね。今回はその逆をやっているんだよ。さて，(2)は，指数の$\cos x$をかたまりとして考えよう。

「$\cos x$を微分したものは$-\sin x$だけど……，となりにないですよ。」

でも，$\sin x$はあるよね。だから，$-\sin x$に変えちゃえばいいよ。
そうすると-1倍したことになるから，-1で割って調整しておけばいい。

解答 (2) $\int \sin x \cdot e^{\cos x} dx$

$= \int e^{\cos x} \cdot \sin x \, dx$

$= -\int e^{\cos x} \cdot (-\sin x) \, dx$ ← $\int e^{\cos x} (\cos x)' \, dx$

$= -e^{\cos x} + C$ （**C** は積分定数） ⟵ **答え** **例題 5-4** (2)

「(3)は，難しそうだな……。」

まず，$\dfrac{1}{\sqrt{}}$ を指数の形にしよう。$\displaystyle\int_1^7 x \, (x^2+5)^{-\frac{1}{2}} dx$　になるね。

x^2+5 をかたまりと考えると，それを微分したものがとなりにあればいいよね。

「x^2+5 を微分したら，x でなく，$2x$ ですよ。」

うん。そこで，$2x$ に変えてしまえばいいよ。2倍したことになるから，2で

割っておけばいいだけだ。

$$\frac{1}{2}\int_1^7 2x (x^2+5)^{-\frac{1}{2}} dx$$

とすればいいね。

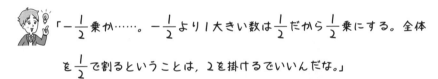「$-\dfrac{1}{2}$ 乗か……。$-\dfrac{1}{2}$ より1大きい数は $\dfrac{1}{2}$ だから $\dfrac{1}{2}$ 乗にする。全体

を $\dfrac{1}{2}$ で割るということは，2を掛けるでいいんだな。」

そうだね。答えはどうなる？

「**解答** (3) $\displaystyle\int_1^7 \dfrac{x}{\sqrt{x^2+5}} dx$

$= \displaystyle\int_1^7 \dfrac{x}{(x^2+5)^{\frac{1}{2}}} dx$

$= \displaystyle\int_1^7 x(x^2+5)^{-\frac{1}{2}} dx$

$= \dfrac{1}{2} \displaystyle\int_1^7 2x(x^2+5)^{-\frac{1}{2}} dx$ ⟶ $\dfrac{1}{2}\displaystyle\int_1^7 (x^2+5)'(x^2+5)^{-\frac{1}{2}} dx$

$= \dfrac{1}{2} \left[2(x^2+5)^{\frac{1}{2}} \right]_1^7$

数III **5**章

$$=\left[\sqrt{x^2+5}\right]_1^7$$

$$=\sqrt{54}-\sqrt{6}$$

$$=3\sqrt{6}-\sqrt{6}$$

$$=\underline{2\sqrt{6}} \quad \Leftarrow \boxed{答え} \text{ 例題 } \mathbf{5\text{-}4}\ (3)」$$

そう。正解。最後の(4)も，解いたことがないと思いつかないだろうな……。

$$\int_{\frac{1}{e}}^{e^2}\frac{1}{x}\log x\,dx$$

とすればいい。$\log x$のとなりにそれを微分した$\dfrac{1}{x}$があるよね。

解答 (4) $\displaystyle\int_{\frac{1}{e}}^{e^2}\frac{\log x}{x}dx$

$$=\int_{\frac{1}{e}}^{e^2}\frac{1}{x}\log x\,dx$$

$$\int_{\frac{1}{e}}^{e^2}(\log x)'\log x\,dx$$

$$=\left[\frac{1}{2}(\log x)^2\right]_{\frac{1}{e}}^{e^2} \quad \leftarrow(\log x)^1 を積分したと考える$$

$$=\frac{1}{2}(\log e^2)^2-\frac{1}{2}\left(\log\frac{1}{e}\right)^2 \quad \begin{array}{l}\leftarrow(\log e^2)^2=(2\log e)^2=2^2\\ \left(\log\frac{1}{e}\right)^2=(\log e^{-1})^2=(-1)^2\end{array}$$

$$=\frac{1}{2}\cdot 2^2-\frac{1}{2}\cdot(-1)^2$$

$$=\underline{\underline{\frac{3}{2}}} \quad \Leftarrow\boxed{答え}\text{ 例題 }\mathbf{5\text{-}4}\ (4)$$

5-3 $\dfrac{f'(x)}{f(x)}$ の積分

分数を積分するとき、"分母を微分したら、分子"の形になっている場合は、とてもラッキーだ。

ところで、$y=\log|f(x)|$ を微分したら、どうなる？

「合成関数の微分でいいんですよね。$f(x)$ を"かたまり"とすると、

$$y=\log|f(x)|$$

$$y'=\frac{1}{f(x)}\cdot f'(x)$$

$$=\frac{f'(x)}{f(x)}$$

です。」

そうだよね。ということは、逆に言えば次も成り立つよね。

$$\int\frac{f'(x)}{f(x)}dx=\log|f(x)|+C$$

"分母を微分したら、分子"の形になっているものを積分したら、"log|分母|"になるんだ。つまり

$$\int\frac{\bullet'}{\bullet}dx=\log|\bullet|+C$$

数III
5
章

例題 **5-5**　　定期テスト 出題度 **❶❶❶**　　2次・私大試験 出題度 **❶❶❶**

次の不定積分や定積分を求めよ。

(1) $\displaystyle\int \frac{x}{x^2-7}\,dx$

(2) $\displaystyle\int \tan x\,dx$

(3) $\displaystyle\int_e^{e^3} \frac{1}{x\log x}\,dx$

「(1)は, 分母の x^2-7 を微分したら, $2x$……。あっ, そうか。分子を $2x$ に変えればいいのか。」

そうだね。 **5-2** でも, 似たようなものが登場したけど, $\dfrac{2x}{x^2-7}$ にしたら, 2倍したことになるからね。2で割っておけばいい。

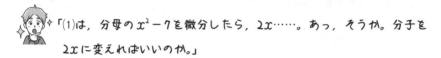「解答」 (1) $\displaystyle\int \frac{x}{x^2-7}\,dx$ 　　　$\frac{f'(x)}{f(x)}$ の形にする

$\displaystyle =\frac{1}{2}\int \frac{2x}{x^2-7}\,dx$

$\displaystyle =\frac{1}{2}\log|x^2-7|+C$ 　（C は積分定数）

答え 例題 **5-5** (1)

ですね。」

その通り。(2)は, $\tan x=\dfrac{\sin x}{\cos x}$ の公式で変形してから, 積分すればいいよ。

「分母の $\cos x$ を微分したら $-\sin x$ になってしまうな……。」

「じゃあ, 分子を $-\sin x$ に変えちゃえばいいんですね。」

そうすると，-1 倍したことになるから，-1 で割ればいいね。

解答 (2) $\displaystyle\int \tan x\,dx$

$\displaystyle =\int \frac{\sin x}{\cos x}dx$

$\displaystyle =-\int \frac{-\sin x}{\cos x}dx \quad\leftarrow \int\frac{f'(x)}{f(x)}dx=\log|f(x)|+C$

$\underline{=-\log|\cos x|+C}$ **（C は積分定数）** $\Leftarrow$ **答え** **例題 5-5** (2)

(3)は，なかなか思いつかないかな。まず，分子，分母を x で割る。

? 「$\displaystyle =\int_e^{e^3} \dfrac{\dfrac{1}{x}}{\log x}dx$ ですか？」

うん。分母の $\log x$ を微分すると，分子の $\dfrac{1}{x}$ になっているよね。

解答 (3) $\displaystyle\int_e^{e^3} \frac{1}{x\log x}dx \quad\leftarrow$ 分子，分母を x で割る

$\displaystyle =\int_e^{e^3} \frac{\dfrac{1}{x}}{\log x}dx \quad\leftarrow (\log x)'=\frac{1}{x} \text{より} \int\frac{f'(x)}{f(x)}dx$

$\displaystyle =\Big[\log|\log x|\Big]_e^{e^3}$

$=\log|\log e^3|-\log|\log e| \quad\leftarrow \log e=1$

$=\log 3-\log 1 \quad\leftarrow \log 1=0$

$\underline{=\log 3}$ $\Leftarrow$ **答え** **例題 5-5** (3)

数III **5** 章

"分子の次数が分母の次数以上" の分数の積分

分数の変形といえば？ と言われたら，これと 5-5 の2つを頭に浮かべるようにしよう。

例題 5-6

定期テスト 出題度 **❶❗❗** 　 2次・私大試験 出題度 **❶❗❗**

$$\int \frac{-4x^2+14x-26}{x^2-2x+5}\,dx \text{ を求めよ。}$$

これは，1-1 や 4-17 でも登場したね。

$-4x^2+14x-26$ を x^2-2x+5 で割ると，商が -4，余りが $6x-6$ になるので，商を外に出して，余りを分子に残すと，

$\dfrac{-4x^2+14x-26}{x^2-2x+5}$ は

$\dfrac{6x-6}{x^2-2x+5}-4$

のようになるね。

$$
\begin{array}{r}
-4 \\
x^2-2x+5\overline{\smash{)}-4x^2+14x-26} \\
\underline{-4x^2+\ 8x-20} \\
6x-6
\end{array}
$$

「"仮分数を帯分数に直す"というやつか。」

その通り。そして，$\dfrac{6x-6}{x^2-2x+5}$ は，5-3 の，"分母を微分したら，分子"の形に近いよ。

「x^2-2x+5 を微分したら $2x-2$ ですよね。」

うん。だから，分子を3でくくればいいね。

「$\displaystyle\int\left(3\cdot\frac{2x-2}{x^2-2x+5}-4\right)dx$

$=3\log|x^2-2x+5|-4x+C$

ですね。」

　　あっ，そこなんだけど，絶対値の中の数は平方完成すると

$$x^2-2x+5=(x-1)^2+4$$

となって，"0以上+4"になり，常に正ということになる。よって，絶対値が
はずせるんだ。

解答

$$\int \frac{-4x^2+14x-26}{x^2-2x+5}dx$$

$$=\int\left(\frac{6x-6}{x^2-2x+5}-4\right)dx$$

$$=\int\left(3\cdot\frac{2x-2}{x^2-2x+5}-4\right)dx$$

$$=3\log|x^2-2x+5|-4x+C$$

ここで

$$x^2-2x+5$$

$$=(x-1)^2+4>0$$

より

$$与式=3\log(x^2-2x+5)-4x+C \quad （Cは積分定数）$$

答え　例題 5-6

数Ⅲ **5** 章

不定積分では$\int\frac{1}{x}dx=\log|x|+C$の公式を使ったときは，『もしかした
ら，絶対値の中が常に正や，常に負になっているんじゃないか？』と1回考
えるクセをつけておこう。

部分分数分解してから積分

『数学Ⅱ・B編』の数列でも部分分数分解を使ったけど，今回はそこで使わなかった変形も登場するよ。

例題 5-7　定期テスト 出題度 **！！！**　2次・私大試験 出題度 **！！！**

$\int \dfrac{1}{x^2+5x-6}\,dx$ を求めよ。

「これは，**5-4** と違って，分子のほうが次数が低いですよね。」

「**5-3** の，"分母を微分したら，分子"にもなっていないし……。」

　そうだね。これは，『数学Ⅱ・B編』の **8-16** で登場した，部分分数分解を使おう。

　$\dfrac{1}{x^2+5x-6}$ の分母を因数分解すると，$\dfrac{1}{(x-1)(x+6)}$ になる。

　そして，$\dfrac{1}{\text{分母の小さいもの}}-\dfrac{1}{\text{分母の大きいもの}}$ にし，**分母の差で割**ればよかったね。

「$\dfrac{1}{x-1}-\dfrac{1}{x+6}$ で，$x-1$ と $x+6$ の差が7なので，7で割って，

$\left(\dfrac{1}{x-1}-\dfrac{1}{x+6}\right)\cdot\dfrac{1}{7}$ ですね。」

　うん。そのあとは，ふつうに積分できるよ。

解答

$$\int \frac{1}{x^2+5x-6}\,dx$$

$$=\int \frac{1}{(x-1)(x+6)}\,dx$$

$$=\int \left(\frac{1}{x-1}-\frac{1}{x+6}\right)\cdot \frac{1}{7}\,dx$$

$$=\frac{1}{7}\int \left(\frac{1}{x-1}-\frac{1}{x+6}\right)dx$$

$$=\frac{1}{7}(\log|x-1|-\log|x+6|)+C$$

$$=\frac{1}{7}\log\left|\frac{x-1}{x+6}\right|+C \quad (C\text{は積分定数}) \qquad \Longleftarrow \boxed{\text{答え}} \quad \boxed{\text{例題 5-7}}$$

「$\dfrac{1}{x-1}$ は $x-1$ をかたまりと考えて積分すればいいんですよね。」

うん。$\dfrac{1}{x-1}$ を $x-1$ をかたまりとして考えて積分すると $\log|x-1|$。そして，かたまりの $x-1$ を微分した 1 で割ったということだ。

「$x-1$ を微分すれば 1 じゃないですか。だから，"分母を微分すれば分子" になっているから，$\log|$分母$|$ としてもいいんですよね。」

うん，いいと思う。$-\dfrac{1}{x+6}$ のほうも同様にできるね。

例題 **5-8**　定期テスト 出題度 **❗❗**　2次・私大試験 出題度 **❗❗❗**

$$\int_{-1}^{2} \frac{-2x+41}{(x-3)^2(x+4)}\,dx \text{ を求めよ。}$$

「さっきと同じように変形すればいいんですか？」

いや。『分子も x を含んでいるとき』または，『分母に $(\;\;)^n$ を含んでいるとき』は部分分数分解のしかたが違うんだ。

数III 5章

今回は両方ともそうなっているよね。

ちょっと変形に時間がかかるので，まず，$\dfrac{-2x+41}{(x-3)^2(x+4)}$ だけ抜き取って，変形し終わってから，あらためて元の式に入れて積分しよう。

これは $\dfrac{a}{x-3}+\dfrac{b}{(x-3)^2}+\dfrac{c}{x+4}$ とおいて，定数 a，b，c を求めるんだ。

 「分母は，$(x-3)^2$ と $x+4$ のはずなのに，$x-3$ってどこから出てきたんですか？」

分母が（　）^{n} のときは，分母が1乗のものから，分母が n 乗のものまですべて用意するんだ。

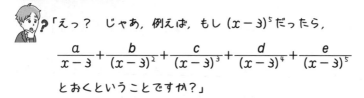 「えっ？　じゃあ，例えば，もし $(x-3)^5$ だったら，

$$\dfrac{a}{x-3}+\dfrac{b}{(x-3)^2}+\dfrac{c}{(x-3)^3}+\dfrac{d}{(x-3)^4}+\dfrac{e}{(x-3)^5}$$

とおくということですか？」

その通り。まあ，実際にそこまですごい変形は出ないけどね（笑）。

さて，話を元に戻そう。$\dfrac{-2x+41}{(x-3)^2(x+4)}=\dfrac{a}{x-3}+\dfrac{b}{(x-3)^2}+\dfrac{c}{x+4}$

の a，b，c は，『数学Ⅱ・B編』の **1-15** で登場した，恒等式で計算できるよ。右辺を変形して左辺と比べてもいいし，いっそのこと，両辺に $(x-3)^2(x+4)$ を掛けて，分母をはらっちゃって，係数比較してもよかった。

 「あっ，たしか，やりましたよね。思い出しました。」

正解は次のようになる。

解答　$\dfrac{-2x+41}{(x-3)^2(x+4)}=\dfrac{a}{x-3}+\dfrac{b}{(x-3)^2}+\dfrac{c}{x+4}$ とおく。

両辺に $(x-3)^2(x+4)$ を掛けると

$-2x+41=a(x-3)(x+4)+b(x+4)+c(x-3)^2$

$-2x+41=a(x^2+x-12)+b(x+4)+c(x^2-6x+9)$

$$-2x+41=ax^2+ax-12a+bx+4b+cx^2-6cx+9c$$

$$-2x+41=(a+c)x^2+(a+b-6c)x-12a+4b+9c$$

よって，係数を比較して

$$\begin{cases} a+c=0 & \cdots\cdots① \\ a+b-6c=-2 & \cdots\cdots② \\ -12a+4b+9c=41 & \cdots\cdots③ \end{cases}$$

①より，$c=-a$ を②，③に代入して

$$7a+b=-2 \quad \cdots\cdots④$$

$$-21a+4b=41 \quad \cdots\cdots⑤$$

④×3+⑤より

$$7b=35$$

$$b=5$$

④より，$a=-1$

①より，$c=1$

よって，$-\dfrac{1}{x-3}+\dfrac{5}{(x-3)^2}+\dfrac{1}{x+4}$ と変形できる。

$$\int_{-1}^{2}\frac{-2x+41}{(x-3)^2(x+4)}dx$$

$$=\int_{-1}^{2}\left\{-\frac{1}{x-3}+\frac{5}{(x-3)^2}+\frac{1}{x+4}\right\}dx$$

$$=\int_{-1}^{2}\left\{-\frac{1}{x-3}+5(x-3)^{-2}+\frac{1}{x+4}\right\}dx$$

$$=\left[-\log|x-3|-5(x-3)^{-1}+\log|x+4|\right]_{-1}^{2}$$

$$=\left[-\log|x-3|-\frac{5}{x-3}+\log|x+4|\right]_{-1}^{2}$$

$$=(-\log1+5+\log6)-\left(-\log4+\frac{5}{4}+\log3\right) \qquad \log1=0$$

$$=5+\log6+\log4-\frac{5}{4}-\log3$$

$$=\frac{15}{4}+\log\frac{6\times4}{3}$$

数III **5** 章

$$= \frac{15}{4} + \log 8$$

＜ **答え** 例題 **5-8**

例題 **5-9**　定期テスト 出題度 **!!**　　2次・私大試験 出題度 **!!!**

$$\int_{-1}^{4} \frac{3x^2 + 12x + 24}{x^3 - 8} \, dx \text{ を求めよ。}$$

まず，分母を因数分解すると，$\dfrac{3x^2 + 12x + 24}{(x-2)(x^2 + 2x + 4)}$ になる。

「$x^2 + 2x + 4$ はこれ以上因数分解できないですよね。じゃあ，

$\dfrac{a}{x-2} + \dfrac{b}{x^2 + 2x + 4}$ とおくということですか？」

いや，分母が因数分解できない2次式のときは，分子は1次式以下，

つまり，●x＋○の形におくんだ。

？「じゃあ，もし，分母が因数分解できない3次式なら，分子は

$ax^2 + bx + c$ とおくということですか？」

そうだよ。じゃあ，ミサキさん，解いてみて。

「**解答**　$\dfrac{3x^2 + 12x + 24}{x^3 - 8} = \dfrac{a}{x-2} + \dfrac{bx + c}{x^2 + 2x + 4}$ とおく。

両辺に $(x-2)(x^2 + 2x + 4)$ を掛けると

$3x^2 + 12x + 24 = a(x^2 + 2x + 4) + (bx + c)(x - 2)$

$3x^2 + 12x + 24 = ax^2 + 2ax + 4a + bx^2 - 2bx + cx - 2c$

$3x^2 + 12x + 24 = (a + b)x^2 + (2a - 2b + c)x + 4a - 2c$

よって，係数を比較して

　$a + b = 3$ ……①

$2a - 2b + c = 12$ ……②

$4a - 2c = 24$ より

$2a - c = 12$ ……③

②+③より

$4a - 2b = 24$

$2a - b = 12$ ……④

①+④より

$3a = 15$

$a = 5$

①より, $b = -2$

③より, $c = -2$

よって, $\dfrac{5}{x-2} + \dfrac{-2x-2}{x^2 + 2x + 4}$ と変形できる。

$$\int_{-1}^{4} \frac{3x^2 + 12x + 24}{x^3 - 8} dx$$

$$= \int_{-1}^{4} \left(\frac{5}{x-2} + \frac{-2x-2}{x^2 + 2x + 4} \right) dx$$

$$= \int_{-1}^{4} \left(\frac{5}{x-2} - \frac{2x+2}{x^2 + 2x + 4} \right) dx$$

$$= \Big[5\log|x-2| - \log|x^2 + 2x + 4| \Big]_{-1}^{4}$$

$\int \dfrac{f'(x)}{f(x)} dx$
$= \log|f(x)| + C$

$$= (5\log 2 - \log 28) - (5\log 3 - \log 3)$$

$$= 5\log 2 - \log 28 - 4\log 3$$

$$= \log 2^5 - \log 28 - \log 3^4$$

$$= \log \frac{2^5}{28 \cdot 3^4}$$

$$= \underline{\underline{\log \frac{8}{567}}}$$ ⇐ 答え 例題 5-9

数Ⅲ
5
章

そう。正解。

"sinの累乗, cosの累乗" の積分

$\int\sin^3 xdx$, $\int\cos^3 xdx$は，3倍角の公式を変形した，「$\sin^3 x=-\dfrac{1}{4}\sin 3x+\dfrac{3}{4}\sin x$，

$\cos^3 x=\dfrac{1}{4}\cos 3x+\dfrac{3}{4}\cos x$」を使って累乗のない形に直してから，積分する方法もある

けど，ここでは別の方法でやるよ。

例題 5-10　　定期テスト 出題度 **!!!**　　2次・私大試験 出題度 **!!!**

次の不定積分や定積分を求めよ。

(1) $\displaystyle\int\cos^3 xdx$

(2) $\displaystyle\int_0^{\frac{\pi}{3}}\sin^5 xdx$

コツ 11　sinの累乗，cosの累乗の積分 I

「sin, cosの奇数乗」は，

❶　1乗×偶数乗にする。

❷　偶数乗を，"2乗のナントカ乗"にする。

❸　三角関数の相互関係の公式

$$\sin^2 x = 1 - \cos^2 x \qquad \cos^2 x = 1 - \sin^2 x$$

で変形し，展開する。

❹　積分する。

(1)だが，まず，❶　1乗×2乗にしよう。

$$\int\cos^3 xdx=\int\cos x\cdot\cos^2 xdx$$

❷　偶数乗を，"2乗のナントカ乗"にする。

といっても，すでに2乗だからね。直す必要はない。

次に, ❸ $\cos^2 x = 1 - \sin^2 x$ で変形し, 展開しよう。

$$= \int \cos x (1 - \sin^2 x)\,dx$$
$$= \int (\cos x - \cos x \cdot \sin^2 x)\,dx$$

「❹ 積分する。$\cos x$ は積分できますけど, $\cos x \cdot \sin^2 x$ はどうやって積分するのですか?」

$\cos x (\sin x)^2$ と書いたほうがわかりやすいかな? $\sin x$ を微分したら $\cos x$ だよね……。

「あっ, 合成関数の積分だ!」

そう。 5-2 で登場したね。$\sin x$ をかたまりと考えれば, それを微分した "$\cos x$" がとなりに掛けられているもんね。

解答 (1) $\displaystyle\int \cos^3 x\,dx$

$\displaystyle = \int \cos x \cdot \cos^2 x\,dx$ ←1乗×偶数乗にする

$\displaystyle = \int \cos x (1 - \sin^2 x)\,dx$

$\displaystyle = \int (\cos x - \cos x \cdot \sin^2 x)\,dx$

$\displaystyle = \int \{\cos x - \cos x (\sin x)^2\}\,dx$ ←合成関数の積分, $(\sin x)' = \cos x$

$\displaystyle = \sin x - \frac{1}{3}(\sin x)^3 + C$

$\displaystyle = \sin x - \frac{1}{3}\sin^3 x + C$ (Cは積分定数) ←答え 例題 5-10 (1)

ポイントは $\displaystyle\int \cos x \cdot (\sin x\text{の式})\,dx$ か $\displaystyle\int \sin x \cdot (\cos x\text{の式})\,dx$ の形を作ればいい, ということだね。

じゃあ, ハルトくん, これを参考に, (2)をやってみて。

数Ⅲ
5章

「解答　(2) $\int_0^{\frac{\pi}{3}} \sin^5 x\, dx$

$= \int_0^{\frac{\pi}{3}} \sin x \cdot \underline{\sin^4 x}\, dx$ ←1乗×偶数乗にする

$= \int_0^{\frac{\pi}{3}} \sin x \underline{(\sin^2 x)^2}\, dx$ ←偶数乗を2乗のナントカ乗にする

$= \int_0^{\frac{\pi}{3}} \sin x (1 - \cos^2 x)^2\, dx$

$= \int_0^{\frac{\pi}{3}} \sin x (1 - 2\cos^2 x + \cos^4 x)\, dx$

$= \int_0^{\frac{\pi}{3}} (\sin x - 2\sin x \cos^2 x + \sin x \cos^4 x)\, dx$

$= \int_0^{\frac{\pi}{3}} \{\sin x + 2(-\sin x)(\cos x)^2 - (-\sin x)(\cos x)^4\}\, dx$

合成関数
の積分

$= \left[-\cos x + \dfrac{2}{3}(\cos x)^3 - \dfrac{1}{5}(\cos x)^5 \right]_0^{\frac{\pi}{3}}$

$= \left\{ -\cos\dfrac{\pi}{3} + \dfrac{2}{3}\left(\cos\dfrac{\pi}{3}\right)^3 - \dfrac{1}{5}\left(\cos\dfrac{\pi}{3}\right)^5 \right\}$

$\qquad\qquad - \left\{ -\cos 0 + \dfrac{2}{3}(\cos 0)^3 - \dfrac{1}{5}(\cos 0)^5 \right\}$

$= \left\{ -\dfrac{1}{2} + \dfrac{2}{3}\cdot\left(\dfrac{1}{2}\right)^3 - \dfrac{1}{5}\cdot\left(\dfrac{1}{2}\right)^5 \right\} - \left(-1 + \dfrac{2}{3} - \dfrac{1}{5} \right)$

$= -\dfrac{1}{2} + \dfrac{1}{12} - \dfrac{1}{160} + 1 - \dfrac{2}{3} + \dfrac{1}{5}$

$= \dfrac{-240 + 40 - 3 + 480 - 320 + 96}{480}$

$= \dfrac{53}{480}$　答え　**例題 5-10** (2)」

そうだね。正解。

例題 **5-11**　定期テスト 出題度 ❗❗❗　2次・私大試験 出題度 ❗❗❗

次の不定積分や定積分を求めよ。

(1) $\displaystyle\int \sin^2 x\,dx$

(2) $\displaystyle\int_{-\frac{\pi}{2}}^{\frac{\pi}{4}} \cos^4 x\,dx$

コツ 12　sinの累乗，cosの累乗の積分2

「sin，cosの偶数乗」は，

❶ "2乗のナントカ乗"にする。

❷ 半角の公式

$$\sin^2 x = \frac{1-\cos 2x}{2} \qquad \cos^2 x = \frac{1+\cos 2x}{2}$$

で変形し，展開する。

❸ 積分する。

数Ⅲ
5
章

(1)をやってみよう。❶　"2乗のナントカ乗"にする。

これは，すでに2乗になっているからやらなくていいよ。

次に，『数学Ⅱ・B編』の **4-12** で登場した，❷　半角の公式

$\sin^2 x = \dfrac{1-\cos 2x}{2}$ で変形しよう。

$$\int \sin^2 x\,dx = \int \frac{1-\cos 2x}{2}\,dx$$

$\dfrac{1}{2}$ は積分の計算には関係ないので，積分記号の前に出しておこう。

$$\int \sin^2 x\,dx = \frac{1}{2}\int (1-\cos 2x)\,dx$$

「❸　積分する。1はふつうに積分できるし，cos2xは2xをかたまりと考えればいいんですね。」

そうだね。 5-2 の合成関数の積分だね。

解答 (1) $\int \sin^2 x\, dx$

$$= \int \frac{1 - \cos 2x}{2}\, dx$$

$$= \frac{1}{2} \int (1 - \cos 2x)\, dx$$

$$= \frac{1}{2} \left(x - \frac{1}{2} \sin 2x \right) + C$$

$$= \frac{1}{2} x - \frac{1}{4} \sin 2x + C \quad （C は積分定数） \quad \Leftarrow \boxed{答え} \quad 例題 5-11 (1)$$

 「(2)は4乗ですよね。ということは， 例題 5-10 (2)のように2乗の2
乗にするということですか？」

そうだね。

 「じゃあ，解いてみます。

$$\int_{-\frac{\pi}{2}}^{\frac{\pi}{4}} \cos^4 x\, dx$$

$$= \int_{-\frac{\pi}{2}}^{\frac{\pi}{4}} (\cos^2 x)^2\, dx$$

$$= \int_{-\frac{\pi}{2}}^{\frac{\pi}{4}} \left(\frac{1 + \cos 2x}{2} \right)^2 dx$$

$$= \frac{1}{4} \int_{-\frac{\pi}{2}}^{\frac{\pi}{4}} (1 + \cos 2x)^2\, dx$$

$$= \frac{1}{4} \int_{-\frac{\pi}{2}}^{\frac{\pi}{4}} (1 + 2\cos 2x + \cos^2 2x)\, dx$$

....

あれっ？ 2乗が残っちゃいましたよ。」

それじゃあ，もう1回変形すればいいよ。

解答 (2) $\displaystyle\int_{-\frac{\pi}{2}}^{\frac{\pi}{4}} \cos^4 x\, dx$

$\displaystyle =\int_{-\frac{\pi}{2}}^{\frac{\pi}{4}} (\cos^2 x)^2\, dx$

$\displaystyle =\int_{-\frac{\pi}{2}}^{\frac{\pi}{4}} \left(\frac{1+\cos 2x}{2}\right)^2 dx$

$\displaystyle =\frac{1}{4}\int_{-\frac{\pi}{2}}^{\frac{\pi}{4}} (1+\cos 2x)^2\, dx$

$\displaystyle =\frac{1}{4}\int_{-\frac{\pi}{2}}^{\frac{\pi}{4}} (1+2\cos 2x+\cos^2 2x)\, dx$

$\displaystyle \qquad\qquad\qquad\qquad\qquad\qquad \cos^2 x=\frac{1+\cos 2x}{2}$

$\displaystyle =\frac{1}{4}\int_{-\frac{\pi}{2}}^{\frac{\pi}{4}} \left(1+2\cos 2x+\frac{1+\cos 4x}{2}\right) dx$

$\displaystyle =\frac{1}{8}\int_{-\frac{\pi}{2}}^{\frac{\pi}{4}} (2+4\cos 2x+1+\cos 4x)\, dx$

$\displaystyle =\frac{1}{8}\int_{-\frac{\pi}{2}}^{\frac{\pi}{4}} (3+4\cos 2x+\cos 4x)\, dx$

$\displaystyle =\frac{1}{8}\left[3x+2\sin 2x+\frac{1}{4}\sin 4x\right]_{-\frac{\pi}{2}}^{\frac{\pi}{4}}$

$\displaystyle =\frac{1}{8}\left[\left(\frac{3}{4}\pi+2\sin\frac{\pi}{2}+\frac{1}{4}\sin\pi\right)\right.$

$\displaystyle \qquad\qquad\qquad \left.-\left\{-\frac{3}{2}\pi+2\sin(-\pi)+\frac{1}{4}\sin(-2\pi)\right\}\right]$

$\displaystyle =\frac{1}{8}\left(\frac{3}{4}\pi+2+\frac{3}{2}\pi\right)$

$\displaystyle =\frac{1}{8}\left(\frac{9}{4}\pi+2\right)$

$\displaystyle =\underline{\underline{\frac{9}{32}\pi+\frac{1}{4}}}$ ⇐**答え** **例題 5-11** (2)

"tan の累乗" の積分

tanは奇数乗でも，偶数乗でも求めかたは同じだ。

例題 5-12

定期テスト 出題度 **❗❗❗**　　2次・私大試験 出題度 **❗❗❗**

次の不定積分や定積分を求めよ。

(1) $\displaystyle\int \tan^2 x\,dx$

(2) $\displaystyle\int_{-\frac{\pi}{3}}^{\frac{\pi}{6}} \tan^4 x\,dx$

コツ 13　tan の累乗の積分

「tanの累乗」は，

❶　2乗×●乗にする。

❷　2乗を，三角関数の相互関係の公式

$$1+\tan^2 x=\frac{1}{\cos^2 x}\ \text{つまり，}\ \tan^2 x=\frac{1}{\cos^2 x}-1$$

で変形し，展開する。

❸　3乗以上は，❶，❷で「tan単独のほう」の次数が2つ下がるので，これを繰り返し，積分できる状態になった時点で積分する。

さて，(1)だが，❶　2乗×●乗にする。

やはり，何もしなくても既に2乗だから省略していい。

次に，『数学Ⅰ・A編』の 4-5 や，『数学Ⅱ・B編』の 4-10 で登場した，

❷　三角関数の相互関係の公式 $\tan^2 x=\dfrac{1}{\cos^2 x}-1$ で変形し，積分しよう。

$$\int \tan^2 x\, dx = \int \left(\frac{1}{\cos^2 x} - 1 \right) dx$$

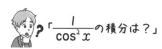 「$\dfrac{1}{\cos^2 x}$の積分は？」

これは，**5-1** の **㉗** の不定積分の公式にあるよ。

 「えっ？　あっ，そうか！　tan x だ（笑）。」

解答 (1) $\displaystyle \int \tan^2 x\, dx$

$= \displaystyle \int \left(\frac{1}{\cos^2 x} - 1 \right) dx$

$= \boldsymbol{\tan x - x + C}$　（**C は積分定数**）　◁ 答え　例題 **5-12** (1)

じゃあ，ミサキさん。(2)に挑戦してみようか。

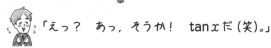 「**❶　2乗×●乗にする。**
$\displaystyle \int_{-\frac{\pi}{3}}^{\frac{\pi}{6}} \tan^4 x\, dx = \int_{-\frac{\pi}{3}}^{\frac{\pi}{6}} \tan^2 x \cdot \tan^2 x\, dx$
……2乗が2つあるときは，両方変えるんですか？」

いや。一方だけでいいよ。

 「**❷　三角関数の相互関係の公式** $\tan^2 x = \dfrac{1}{\cos^2 x} - 1$ **で変形し，**

展開すると，

$= \displaystyle \int_{-\frac{\pi}{3}}^{\frac{\pi}{6}} \left(\frac{1}{\cos^2 x} - 1 \right) \tan^2 x\, dx$

$= \displaystyle \int_{-\frac{\pi}{3}}^{\frac{\pi}{6}} \left(\frac{1}{\cos^2 x} \cdot \tan^2 x - \tan^2 x \right) dx$

ですね。」

うん。さて，ここで注目。**❸**　**❶**，**❷**の作業を1回やった結果，「**tan の**
単独のほうの」次数が2つ下がったよね。はじめは$\displaystyle \int_{-\frac{\pi}{3}}^{\frac{\pi}{6}} \tan^4 x\, dx$だったけど，
$\displaystyle \int_{-\frac{\pi}{3}}^{\frac{\pi}{6}} \tan^2 x\, dx$に変わっているのがわかるだろう？

数III
5
章

「じゃあ，$\int_{-\frac{\pi}{3}}^{\frac{\pi}{6}} \tan^2 x dx$ をさらに変形するんですね。」

その通り。通常はね。でも，今回は(1)で$\int \tan^2 x dx$ を求めているから，これを使えばいいね。

「そうか。前の結果を利用できるんだ。じゃあ，$\int_{-\frac{\pi}{3}}^{\frac{\pi}{6}} \dfrac{1}{\cos^2 x} \cdot \tan^2 x dx$ のほうは？」

そっちは，もう，いじる必要はない。積分できる状態になっているよ。

$\int_{-\frac{\pi}{3}}^{\frac{\pi}{6}} \dfrac{1}{\cos^2 x}(\tan x)^2 dx$ と書けば，もっとわかりやすいかも。

「$\tan x$ をかたまりとすると，それを微分すると$\dfrac{1}{\cos^2 x}$ だから……。」

「あっ，5-2 の合成関数の積分で，$\dfrac{1}{3}(\tan x)^3$ になりますね。なんか，できそう！　解いてみます。」

解答 (2) $\int_{-\frac{\pi}{3}}^{\frac{\pi}{6}} \tan^4 x dx$

$= \int_{-\frac{\pi}{3}}^{\frac{\pi}{6}} \tan^2 x \cdot \tan^2 x dx$

$= \int_{-\frac{\pi}{3}}^{\frac{\pi}{6}} \left(\dfrac{1}{\cos^2 x} - 1\right) \tan^2 x dx$

$= \int_{-\frac{\pi}{3}}^{\frac{\pi}{6}} \left(\dfrac{1}{\cos^2 x} \cdot \tan^2 x - \tan^2 x\right) dx$　←$\int \tan^2 x dx = \tan x - x + C$

$= \left[\dfrac{1}{3}(\tan x)^3 - (\tan x - x)\right]_{-\frac{\pi}{3}}^{\frac{\pi}{6}}$

$= \left[\dfrac{1}{3}\tan^3 x - \tan x + x\right]_{-\frac{\pi}{3}}^{\frac{\pi}{6}}$

$= \left(\dfrac{1}{3}\tan^3 \dfrac{\pi}{6} - \tan \dfrac{\pi}{6} + \dfrac{\pi}{6}\right)$

$\qquad - \left\{\dfrac{1}{3}\tan^3\left(-\dfrac{\pi}{3}\right) - \tan\left(-\dfrac{\pi}{3}\right) - \dfrac{\pi}{3}\right\}$

$$=\left(\frac{\sqrt{3}}{27}-\frac{\sqrt{3}}{3}+\frac{\pi}{6}\right)-\left(-\sqrt{3}+\sqrt{3}-\frac{\pi}{3}\right)$$

$$=\frac{\sqrt{3}}{27}-\frac{\sqrt{3}}{3}+\frac{\pi}{6}+\frac{\pi}{3}$$

$$=-\frac{8\sqrt{3}}{27}+\frac{\pi}{2}$$　◁ 答え　例題 5-12 (2)

ですね。」

うん，大正解。

「質問があるんですけど，例えば，$\int \tan^5 x\,dx$なら，❶，❷の作業を1
回すれば，$\int \tan^3 x\,dx$が現れるということですか？」

その通り。そして，そこを再び同じように変形をすれば，$\int \tan x\,dx$が現れ
るよ。

「$\int \tan x\,dx$は，どうやって積分するんですか？」

それは，例題 5-5 (2)でやっているよ。

「えっ？　あっ，ホントだ。」

"三角関数の積" の積分

微分では，数学Ⅱで登場した三角関数の公式をよく使ったけど，積分でも不可欠だよ。

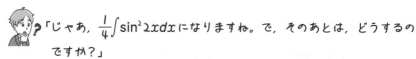

例題 5-13　定期テスト 出題度 **❗❗❗**　2次・私大試験 出題度 **❗❗❗**

$\int \sin^2 x \cos^2 x\, dx$ を求めよ。

2倍角の公式の，$\sin 2x = 2\sin x \cos x$ を変形した，

$$\sin x \cos x = \frac{1}{2}\sin 2x$$

を使って直してから，積分すればいい。

「じゃあ，$\frac{1}{4}\int \sin^2 2x\, dx$ になりますね。で，そのあとは，どうするのですか？」

5-6 でやったよ。半角の公式で変形して，積分だよ。ミサキさん，やってみて。

「**解答**　$\int \sin^2 x \cos^2 x\, dx$　　　$\sin x \cos x = \frac{1}{2}\sin 2x$

$= \frac{1}{4}\int \sin^2 2x\, dx$　　　$\sin^2 x = \frac{1-\cos 2x}{2}$

$= \frac{1}{4}\int \frac{1-\cos 4x}{2}\, dx$

$= \frac{1}{8}\int (1-\cos 4x)\, dx$

$= \frac{1}{8}\left(x - \frac{1}{4}\sin 4x\right) + C$

$= \frac{1}{8}x - \frac{1}{32}\sin 4x + C$　（C は積分定数）

答え　例題 **5-13**

そうだね。正解。

例題 5-14　　定期テスト 出題度 **❗❗❗**　　2次・私大試験 出題度 **❗❗❗**

$\int \sin 3x \cos 5x\, dx$ を求めよ。

「今回は，sinとcosの角が違うから2倍角の公式が使えませんね。」

うん。積→和の公式

$$\sin\alpha\cos\beta = \frac{1}{2}\{\sin(\alpha+\beta)+\sin(\alpha-\beta)\}$$

で変形してから，積分すればいい。この積→和の公式は他にもたくさんあったし，覚えかたもあった。『数学Ⅱ・B編』の **4-19** で登場したよね。じゃあ，ハルトくん，計算してみて。

「**解答**

$\int \sin 3x \cos 5x\, dx$

$= \dfrac{1}{2}\int \{\sin 8x + \sin(-2x)\}\, dx$ 〔$\sin\alpha\cos\beta = \dfrac{1}{2}\{\sin(\alpha+\beta)+\sin(\alpha-\beta)\}$〕

　　　　　　　　　　　　　　　　　　〔$\sin(-\theta) = -\sin\theta$〕

$= \dfrac{1}{2}\int (\sin 8x - \sin 2x)\, dx$

$= \dfrac{1}{2}\left(-\dfrac{1}{8}\cos 8x + \dfrac{1}{2}\cos 2x\right) + C$

$= -\dfrac{1}{16}\cos 8x + \dfrac{1}{4}\cos 2x + C$　（Cは積分定数）

◁**答え** 例題 **5-14**」

うん。正解だよ。

部分積分法

数学Ⅲの積分の中でも特に有名なもので，積分が苦手といいつつも，これは知っていると いう人は意外に多いんだ。

xの式どうしの掛け算の積分は次の公式で求められることがある。

28 部分積分法（不定積分）

$g(x)$の不定積分を$G(x)$とすると，
$$\int f(x)g(x)dx = f(x)G(x) - \int f'(x)G(x)dx$$

例題 5-15

定期テスト 出題度 ❗❗❗　　2次・私大試験 出題度 ❗❗❗

$\int(2x-3)\sin x\,dx$ を求めよ。

$(2x-3)$も$\sin x$もxの式だ。上の🔟の**部分積分法**の公式を使って解いて みよう。まず，$\sin x$を積分して，$-\cos x$だね。

$$\underset{f(x)}{(2x-3)}\cdot\underset{G(x)}{(-\cos x)}$$

これが🔟の式の右辺の第1項にあたる。

そして，次の第2項は，積分した$(-\cos x)$はそのままで，もう一方の $2x-3$を微分した2を掛ける。こっちは積分記号がついたままになるから，

$$\int\underset{f'(x)}{2}\cdot\underset{G(x)}{(-\cos x)}dx$$

の状態になる。

そして前から後ろを引く。計算後は式が汚くなるから，きれいにしよう。

$$= \underset{f(x)}{(2x-3)} \cdot \underset{G(x)}{(-\cos x)} - \int \underset{f'(x)}{2} \cdot \underset{G(x)}{(-\cos x)} dx$$

$$= -(2x-3)\cos x + 2\int \cos x\, dx$$

「積分が残っちゃった……。」

いや，大丈夫だ。$\int \cos x\, dx$ はふつうに積分できる。

 解答

$$\int \underset{f(x)}{(2x-3)} \underset{g(x)}{\sin x}\, dx$$

$$= \underset{f(x)}{(2x-3)} \cdot \underset{G(x)}{(-\cos x)} - \int \underset{f'(x)}{2} \cdot \underset{G(x)}{(-\cos x)} dx$$

$$= (-2x+3)\cos x + 2\int \cos x\, dx$$

$$= \underline{(-2x+3)\cos x + 2\sin x + C} \quad (C は積分定数)$$

← 答え　例題 5-15

「今回は，$\sin x$ のほうを積分して，$2x-3$ のほうを微分したけど，逆でもいいのですか？」

いや，そうじゃない。"微分"，"積分"の担当決めには，ちゃんとルールがあるんだ。

> ## コツ 14　部分積分法
>
> ❶ 積分できないほう（log など）を「微分」する。
>
> もし，両方とも積分できるときは，
>
> ❷ 微分して x が早く消えるほうを「微分」する。

まず，❶で考えると，$2x-3$ と $\sin x$ は両方とも積分できるね。❶では決まらなかった。

その場合は❷で考える。$2x-3$ は1回微分すると x は消える。一方，$\sin x$ は何回微分しても，$\cos x$，$-\sin x$，$-\cos x$，……という感じで x は永久に消えないよね。

ということで，微分担当は"$2x-3$"と決まった。

「残りの"$\sin x$"は積分担当ですね。」

そうだね。さて，部分積分のやりかたは，定積分でも使えるよ。積分した後の式に [　] をつけるだけだ。

Point

29 部分積分法（定積分）

$$\int_a^b f(x)g(x)dx$$
$$=\Big[f(x)G(x)\Big]_a^b-\int_a^b f'(x)G(x)dx$$

例題 5-16　定期テスト 出題度 **❗❗❗**　2次・私大試験 出題度 **❗❗❗**

$\int_1^3 (x^2-x+8)e^{-x+5}dx$ を求めよ。

「$(x^2-x+8)e^{-x+5}$ は x の式どうしの掛け算だから，部分積分か……。面倒くさそう。」

「まず，コツの❶で考えるんですね。x^2-x+8 と e^{-x+5} は両方とも積分できますね。」

「じゃあ，コツの❷で考えるのか。x^2-x+8 は2回微分すると x がなくなる。だから，x^2-x+8 のほうが，微分担当だ。」

そうだね。さて，1回部分積分すると次のようになる。

$$\int_1^3 (x^2-x+8)e^{-x+5}dx$$

$$=\left[(x^2-x+8)(-e^{-x+5})\right]_1^3-\int_1^3 (2x-1)(-e^{-x+5})dx$$

$e^{\bullet}$を積分すると $e^{\bullet}\cdot\dfrac{1}{\bullet}$

$$=(9-3+8)(-e^2)-(1-1+8)(-e^4)+\int_1^3 (2x-1)e^{-x+5}dx$$

$$=-14e^2+8e^4+\int_1^3 (2x-1)e^{-x+5}dx$$

「$\displaystyle\int_1^3 (2x-1)e^{-x+5}dx$ は，もう1回部分積分すればいいのか。」

うん。はじめから解くと，こうなる。

解答

$$\int_1^3 (x^2-x+8)e^{-x+5}dx \quad \leftarrow\text{微分担当}\,x^2-x+8,\ \text{積分担当}\,e^{-x+5}$$

$$=\left[(x^2-x+8)(-e^{-x+5})\right]_1^3-\int_1^3 (2x-1)(-e^{-x+5})dx$$

$$=(9-3+8)(-e^2)-(1-1+8)(-e^4)+\int_1^3 (2x-1)e^{-x+5}dx$$

$$=-14e^2+8e^4+\int_1^3 \underset{f(x)}{(2x-1)}\,\underset{g(x)}{e^{-x+5}}dx \quad \leftarrow\text{もう1回部分積分する}$$

$$=-14e^2+8e^4+\left\{\left[\underset{f(x)}{(2x-1)}\underset{G(x)}{(-e^{-x+5})}\right]_1^3-\int_1^3 \underset{f'(x)}{2}\,\underset{G(x)}{(-e^{-x+5})}dx\right\}$$

$$=-14e^2+8e^4+\left\{(-5e^2)-(-e^4)-2\left[e^{-x+5}\right]_1^3\right\}$$

$$=-14e^2+8e^4-5e^2+e^4-2(e^2-e^4)$$

$$=\underline{\underline{11e^4-21e^2}} \quad \Leftarrow\boxed{\text{答え}}\ \boxed{\text{例題 5-16}}$$

例題 5-17

定期テスト 出題度 **! ! !**　　2次・私大試験 出題度 **! ! !**

次の不定積分や定積分を求めよ。

(1) $\displaystyle\int \log x\,dx$

(2) $\displaystyle\int_{-5}^{-2} \{\log(x+6)\}^2 dx$

「あれっ？　(1)は，掛け算の形になっていない……。」

$\log x$ の積分は，$\log x \cdot 1$ として，部分積分を行えばいいよ。

$\int \log x \cdot 1 \, dx$

「コツの❶で考えると，$\log x$ は積分できないから，こっちが微分担当ですね。」

そうだね。1のほうが積分担当ということになる。じゃあ，解いてみて。

「**解答**　(1)　$\int \log x \, dx$

$\quad = \int \log x \cdot 1 \, dx$

$\quad = (\log x) \cdot x - \int \dfrac{1}{x} \cdot x \, dx$

$\quad = x \log x - \int 1 \, dx$

$\quad = \underline{x \log x - x + C}$　(Cは積分定数)

◁**答え**　例題 5-17　(1)」

そう。正解。

「じゃあ，(2)は，$\{\log(x+6)\}^2 \cdot 1$ として，

$\displaystyle \int_{-5}^{-2} \{\log(x+6)\}^2 \cdot 1 \, dx$

$\quad = \left[\{\log(x+6)\}^2 \cdot x \right]_{-5}^{-2} - \int_{-5}^{-2} 2\{\log(x+6)\} \cdot \dfrac{1}{x+6} \cdot x \, dx$

$\quad = -2(\log 4)^2 + 5(\log 1)^2 - \int_{-5}^{-2} \{\log(x+6)\} \cdot \dfrac{2x}{x+6} \, dx$

………………」

えーっと，計算としては間違ってはいないけど，

$\displaystyle \int_{-5}^{-2} \{\log(x+6)\} \cdot \dfrac{2x}{x+6} \, dx$ の積分がそのあと，面倒だよね。

「はい。自分でやりながら，そう思いました（笑）。」

じゃあ，1の不定積分は，xの他にも，$x-1$，$x+4$，……など無数に

あるはずだ。 今回は真数が$x+6$であることに注目して，1の積分をあえて

$x+6$でやってみるといいよ。

「……えっ？？　はい。

$$= \left[\{\log(x+6)\}^2 \cdot (x+6) \right]_{-5}^{-2}$$

$$- \int_{-5}^{-2} 2\{\log(x+6)\} \cdot \frac{1}{x+6} \cdot (x+6)dx$$

$$= 4(\log 4)^2 - (\log 1)^2 - 2 \int_{-5}^{-2} \log(x+6)\, dx$$

……………」

後半の式が $\displaystyle\int_{-5}^{-2} \log(x+6)dx$ となって，だいぶラクなんじゃない？

「あっ，ホントだ（笑）。頭のいいやりかたですね。」

「$\displaystyle\int_{-5}^{-2}\log(x+6)dx$ は，$\displaystyle\int_{-5}^{-2}\log(x+6)\cdot 1dx$ とみなして，もう1回部

分積分すればいいんですね。」

うん。でも，(1)で

$$\int \log x\, dx = x\log x - x + C$$

というのがわかったからね。これを使えばいいよ。$x+6$をかたまりとして考

えればいい。

「そうか……。

解答 (2) $\displaystyle\int_{-5}^{-2}\{\log(x+6)\}^2 dx$

$\displaystyle =\int_{-5}^{-2}\underbrace{\{\log(x+6)\}^2}_{f(x)}\cdot\underbrace{1}_{g(x)}dx$

$\displaystyle =\Big[\underbrace{\{\log(x+6)\}^2}_{f(x)}\cdot\underbrace{(x+6)}_{G(x)}\Big]_{-5}^{-2}$

$\displaystyle \qquad -\int_{-5}^{-2}\underbrace{2\{\log(x+6)\}\cdot\dfrac{1}{x+6}}_{f'(x)}\cdot\underbrace{(x+6)}_{G(x)}dx$

$\displaystyle =4(\log 4)^2-(\log 1)^2-2\int_{-5}^{-2}\log(x+6)dx \quad\leftarrow\log 1=0$

$\displaystyle =4(\log 4)^2-2\Big[(x+6)\log(x+6)-(x+6)\Big]_{-5}^{-2}$

$\displaystyle =4(\log 4)^2-2\{(4\log 4-4)-(\log 1-1)\}$

$\displaystyle =4(\log 4)^2-2(4\log 4-3)$

$\displaystyle =\underline{\underline{4(\log 4)^2-8\log 4+6}} \quad\Leftarrow\boxed{答え}\ \boxed{\text{例題 }5\text{-}17}\ (2)$

ですね。」

よくできました。

お役立ち話 **17**

部分積分法の公式が
成り立つ理由

「部分積分法の解きかたはわかりましたけど，部分積分法の公式って，
どうして成り立つんですか？」

まず，$g(x)$ の不定積分を $G(x)$ としよう。つまり，$G'(x)=g(x)$ だ。
では，$f(x)G(x)$ を微分すると，どうなる？

「積の微分だから
$$f'(x)G(x)+f(x)G'(x)$$
$$=f'(x)G(x)+f(x)g(x)　です。」$$

そうだよね。いいかたを変えると，
『**$f'(x)G(x)+f(x)g(x)$ の不定積分が，$f(x)G(x)+C$**』
ともいえる。

微分する

$$f(x)G(x)+C \qquad f'(x)G(x)+f(x)g(x)$$

積分する

これを使うと，以下の変形ができるんだ。

$$\int \{f'(x)G(x)+f(x)g(x)\}\,dx=f(x)G(x)+C$$
$$\int f'(x)G(x)\,dx+\int f(x)g(x)\,dx=f(x)G(x)+C$$
$$\int f(x)g(x)\,dx=f(x)G(x)-\int f'(x)G(x)\,dx$$

「あれっ？　部分積分法の公式になったけど，"＋C"って，いつの
間になくなっちゃったんですか？」

　そもそも，**不定積分自体が積分定数を含んでいる**よね。だから，例えば，
$\int x^2 dx+C$ という書きかたはしない。

　$\dfrac{1}{3}x^3+$（積分定数）＋（積分定数）となって不自然だもんね。

　1行目の式に話を戻すと，もし，

$$\int \{f'(x)G(x)+f(x)g(x)\}\,dx=f(x)G(x)$$

だけなら，左辺は不定積分を含んでいるけど，右辺は含んでいないことにな
る。

「その両方が等しい……。えっ？　変！」

　そうだよね。だから，積分定数の"＋C"を右辺につける必要が出てくる
んだ。その後，$\int f'(x)G(x)dx$ を右辺に移項して，

$$\int f(x)g(x)dx=f(x)G(x)-\int f'(x)G(x)dx$$

とすると，両辺とも不定積分があるから，積分定数を含んでおり，"＋C"を
つける必要がなくなっちゃうんだ。

指数関数×三角関数の積分

今回は，不定積分だけとりあげるけど，定積分でもやりかたは同じだ。定積分のときは，もちろん "+C" はつけないよ。

例題 5-18

定期テスト 出題度 !!!　　2次・私大試験 出題度 !!!

$\int e^x \sin x \, dx$ を求めよ。

「まず，微分，積分の担当決めですね。e^x も $\sin x$ も積分できる。そして，微分すると……，あれっ？　どっちも消えないですよ。」

この場合は，**どっちを微分，積分させてもいいよ**。結果からいうと，これは2回部分積分して解くんだ。

「そうなんですか……。じゃあ，e^x を微分して，三角関数の $\sin x$ を積分するでいいですか？」

うん，いいと思う。1回目をそうするのなら，2回目の部分積分も，e^x が微分，三角関数が積分でやるんだよ。**"担当" は変えちゃだめなんだ。**

さて，肝心なのは求めかたのほうで，e^x，$\sin x$ ともに何回微分しても消えないのだから，ふつうに部分積分しても求められないんだ。

まず，**求めたいものを I などとおいて，2回部分積分すると，再び右辺に I が現れる** んだ。I を左辺に集めれば。答えが出せる。

数Ⅲ
5
章

解答

$I=\int e^x \sin x\,dx$ とおくと

$I=e^x(-\cos x)-\int e^x(-\cos x)\,dx$

e^x が微分担当,
$-\cos x$ が積分担当

$=-e^x\cos x-\left\{e^x(-\sin x)-\int e^x(-\sin x)\,dx\right\}$

$=-e^x\cos x+e^x\sin x-\int e^x\sin x\,dx$

$=-e^x\cos x+e^x\sin x-I$

$2I=e^x\sin x-e^x\cos x+C$ （C は積分定数）

$I=\dfrac{1}{2}e^x\sin x-\dfrac{1}{2}e^x\cos x+\dfrac{C}{2}$

$$\int e^x\sin x\,dx=\dfrac{1}{2}e^x\sin x-\dfrac{1}{2}e^x\cos x+D \quad （D\text{ は積分定数}）$$

答え　例題 **5-18**

 「$2I$ に直したときに，"$+C$"がつくのはどうしてですか？」

I は不定積分だよね。**お役立ち話 17** で説明したけど，

$I=e^x\sin x-e^x\cos x-I$

のときは，両辺とも積分定数を含んでいる。しかし，

$2I=e^x\sin x-e^x\cos x$

にしてしまうと，左辺は積分定数を含んでいるけど，右辺は含んでいないので，

式として変だ。だから"$+C$"を付けるんだ。

 「$\dfrac{C}{2}$ は D とおき換えたのですね。」

うん，そっちのほうが簡単だからね。また，C はすべての実数を表すから，

その半分である $\dfrac{C}{2}$ も "すべての実数" を表す。

よって，C, $\dfrac{C}{2}$ は同じ意味とみなせるので

$$\int e^x\sin x\,dx=\dfrac{1}{2}e^x\sin x-\dfrac{1}{2}e^x\cos x+C \quad （C\text{ は積分定数}）$$

と答えてもいいよ。

さて，この問題だけど，他にも求めかたがあるよ。まず，$e^x \sin x, \ e^x \cos x$ をそれぞれ微分するんだ。

「$(e^x \sin x)' = e^x \sin x + e^x \cos x$

　$(e^x \cos x)' = e^x \cos x - e^x \sin x$　ですが……。」

うん。いいね。そして，連立させて，右辺が $e^x \sin x$ になるようにする。

「両辺を引いて，2で割ればいいですね。」

その通り。そうすると，"左辺の式を微分したら右辺"の形になるので，"右辺の不定積分が左辺"ということになる。

解答

$$(e^x \sin x)' = e^x \sin x + e^x \cos x \quad \cdots\cdots①$$

$$(e^x \cos x)' = e^x \cos x - e^x \sin x \quad \cdots\cdots②$$

①－②より

$$(e^x \sin x - e^x \cos x)' = 2e^x \sin x$$

$$\frac{1}{2}(e^x \sin x - e^x \cos x)' = e^x \sin x$$

$$\int e^x \sin x\, dx = \frac{1}{2}(e^x \sin x - e^x \cos x) + C$$

$$= \frac{1}{2}e^x \sin x - \frac{1}{2}e^x \cos x + C \quad (C は積分定数)$$

数III 5章

置換積分法

積分の中で最も計算が面倒くさいのがこれなんだ。他に求めかたがあるときは，そっちでやったほうがいい。置換積分法はあくまで奥の手だよ。

例題 5-19

定期テスト 出題度 **!!!**　　2次・私大試験 出題度 **!!!**

次の不定積分や定積分を求めよ。

(1) $\displaystyle\int \frac{e^{2x}}{e^x+1}\,dx$

(2) $\displaystyle\int_1^{\log 3} \frac{1}{e^{2x}-4}\,dx$

（1)はこのままでは積分できないので，もっと簡単な積分に変えよう。**置換積分法**というやりかたを使えばいいよ。

$$t=e^x+1$$

とおき換えよう。すると，$e^x=t-1$ ともいえる。

さらに，$t=e^x+1$ を x で微分すると，$\dfrac{dt}{dx}=e^x$

これを，$\dfrac{dt}{dx}$ を分数のように考えて，

$$dt=e^x dx$$

と変形するんだ。

　「dt を x の式で表すということですか？」

うん。そして，問題は x の式になっているが，**dt，t の順におき換えて結果的に，t の式のみの積分にするんだ。**　まず，分子は $e^{2x}=e^x \cdot e^x$ だから e^x を1つだけ dx とペアにして dt に変える。残った e^x は $t-1$ にする。

解答は次のようになるよ。

解答 (1) $t=e^x+1$ とおくと $e^x=t-1$

また，$\dfrac{dt}{dx}=e^x$ より $dt=e^x dx$

よって

$$与式=\int\frac{e^x}{e^x+1}\cdot e^x dx=\int\frac{t-1}{t}dt$$

$$=\int\left(1-\frac{1}{t}\right)dt$$

$$=t-\log|t|+C$$

$$=e^x+1-\log(e^x+1)+C$$

 t を e^x+1 に戻して，$e^x+1>0$ だから，絶対値をはずす

定数 1 を積分定数に含めて，$C+1$ を D とおく

$$\underline{=e^x-\log(e^x+1)+D}\quad（D は積分定数）$$

⟸ 答え 例題 **5-19** (1)

最後に x に戻すのを忘れちゃダメだよ。

また，C も $C+1$ も"すべての実数"で同じ意味だから

$e^x-\log(e^x+1)+C$ （C は積分定数）

と答えてもいい。

 「e^{2x} のほうを t とおいて，解いてもいいんですか？」

いや，それだと式が複雑になってしまう。

> ## コツ ⑮ e^x を含む分数の積分
>
> ●**方法1**
> 分母を因数分解し，e^x または因数の1つを t とおいて，置換積分する。
> （因数が1つしかないときは，それを t とおくのがよい。）
> ●**方法2**
> e^x×分数式とし，分数式の分子が定数になるように変形し，展開すると積分できる。

方法2で解くと，次のようになるよ。

解答 (1) $\displaystyle\int \frac{e^{2x}}{e^x+1}dx$

$\displaystyle =\int e^x\cdot\frac{e^x}{e^x+1}dx$

$\displaystyle =\int e^x\cdot\left(1-\frac{1}{e^x+1}\right)dx$

$\displaystyle =\int\left(e^x-\frac{e^x}{e^x+1}\right)dx$

$=e^x-\log|e^x+1|+C$

$\underline{\boldsymbol{=e^x-\log(e^x+1)+C \quad (Cは積分定数)}}$ ⇦ **答え** **例題 5-19** (1)

「$\dfrac{e^x}{e^x+1}$ がどうして $1-\dfrac{1}{e^x+1}$ になるのですか？」

分子が，『分母の何倍よりどれだけ大きい，小さい。』で考えればいいよ。

e^x は (e^x+1) の1倍より1小さいから，$\dfrac{(e^x+1)-1}{e^x+1}$ ということで，$1-\dfrac{1}{e^x+1}$

になるよ。

次に(2)だが，分母を因数分解すれば，$\displaystyle\int_1^{\log 3}\frac{1}{(e^x-2)(e^x+2)}dx$ になる。

「そのあとは **コツ 15** の方法1で解けそうですね。e^x，e^x-2，e^x+2 のどれを t とおいてもいいのですか？」

そうだよ。例えば，$t=e^x-2$ とおくと，

$\dfrac{dt}{dx}=e^x$ で，$dt=e^xdx$ ということは，$dx=\dfrac{1}{e^x}dt$ ということだ。まず，これ

を入れる。さらに，範囲も t のものに変える。

x	$1 \to \log 3$
t	$e-2 \to 1$

「$x=\log 3$ なら $t=e^{\log 3}-2$ だけど，これって1ですか？」

『数学Ⅱ・B編』の **5-14** の **コツ** **17** で登場したよ。$a^{\log_a c}$ は c だったよね。$e^{\log 3}$ は $e^{\log_e 3}$ だから3だよ。

さて、今までのものを変えると、

$$与式=\int_{e-2}^{1}\frac{1}{e^x(e^x-2)(e^x+2)}dt \quad \leftarrow dx=\frac{1}{e^x}dtを入れて、範囲もtのものに変える$$

になり、最後に $t=e^x-2$、つまり、$e^x=t+2$ を入れると、

$$与式=\int_{e-2}^{1}\frac{1}{t(t+2)(t+4)}dtになる。 \;例題\;5\text{-}8\; のように、$$

$$\frac{1}{t(t+2)(t+4)}=\frac{a}{t}+\frac{b}{t+2}+\frac{c}{t+4}とおいて、a,\,b,\,cを求めてもいいのだけど……。$$

「$\dfrac{1}{t(t+2)(t+4)}$ って、数列で習った変形ですよね？」

おっ、鋭い！　『数学Ⅱ・B編』の **8-17** で勉強したね。

分母は $t,\,t+2,\,t+4$ で、$\dfrac{1}{分母の小さいコンビ}-\dfrac{1}{分母の大きいコンビ}$ にして、1番大きい $t+4$ と、1番小さい t の差4で全体を割ればいい。

$$\int_{e-2}^{1}\frac{1}{4}\left\{\frac{1}{t(t+2)}-\frac{1}{(t+2)(t+4)}\right\}dt \quad になるはずだ。$$

「でも、これだと積分できないです。」

そうだね。そこで 　例題 5-7 　や、『数学Ⅱ・B編』の **8-16** で登場した変形を使えばいい。

解答 (2) $\displaystyle\int_{1}^{\log 3}\frac{1}{e^{2x}-4}dx$

$$=\int_{1}^{\log 3}\frac{1}{(e^x-2)(e^x+2)}dx$$

$$t=e^x-2とおくと、$$

数Ⅲ **5** 章

$$\frac{dt}{dx}=e^x$$

$$dt=e^x dx, \quad dx=\frac{1}{e^x}dt$$

x	$1 \rightarrow \log 3$
t	$e-2 \rightarrow 1$

$$与式=\int_{e-2}^{1}\frac{1}{t(t+2)(t+4)}dt$$

$$=\int_{e-2}^{1}\frac{1}{4}\left\{\frac{1}{t(t+2)}-\frac{1}{(t+2)(t+4)}\right\}dt$$

$$=\frac{1}{4}\int_{e-2}^{1}\left\{\frac{1}{t(t+2)}-\frac{1}{(t+2)(t+4)}\right\}dt$$

$$=\frac{1}{4}\int_{e-2}^{1}\left\{\frac{1}{2}\left(\frac{1}{t}-\frac{1}{t+2}\right)-\frac{1}{2}\left(\frac{1}{t+2}-\frac{1}{t+4}\right)\right\}dt$$

$$=\frac{1}{8}\int_{e-2}^{1}\left(\frac{1}{t}-\frac{2}{t+2}+\frac{1}{t+4}\right)dt$$

$$=\frac{1}{8}\left[\log|t|-2\log|t+2|+\log|t+4|\right]_{e-2}^{1}$$

$$=\frac{1}{8}\{(\log 1-2\log 3+\log 5)-(\log|e-2|-2\log|e|+\log|e+2|)\}$$

$$=\frac{1}{8}\{-2\log 3+\log 5-\log(e-2)+2\log e-\log(e+2)\}$$

$$=\frac{1}{8}\{-\log 9+\log 5-\log(e-2)+2-\log(e+2)\}$$

$$\underline{\underline{=\frac{1}{8}\left\{\log\frac{5}{9(e-2)(e+2)}+2\right\}}} \quad \Leftarrow 答え \quad 例題 \textbf{5-19} \text{(2)}$$

コツ**15** の方法2でも解けるよ。

解答 (2) $\displaystyle\int_{1}^{\log 3}\frac{1}{e^{2x}-4}dx$

$$=\int_{1}^{\log 3}\frac{1}{(e^x-2)(e^x+2)}dx$$

$$=\int_{1}^{\log 3} e^{x}\cdot\frac{1}{(e^{x}-2)\,e^{x}(e^{x}+2)}\,dx$$

$$=\int_{1}^{\log 3} e^{x}\cdot\frac{1}{4}\left\{\frac{1}{(e^{x}-2)\,e^{x}}-\frac{1}{e^{x}(e^{x}+2)}\right\}dx$$

$$=\frac{1}{4}\int_{1}^{\log 3} e^{x}\left\{\frac{1}{(e^{x}-2)\,e^{x}}-\frac{1}{e^{x}(e^{x}+2)}\right\}dx$$

$$=\frac{1}{4}\int_{1}^{\log 3} e^{x}\left\{\frac{1}{2}\left(\frac{1}{e^{x}-2}-\frac{1}{e^{x}}\right)-\frac{1}{2}\left(\frac{1}{e^{x}}-\frac{1}{e^{x}+2}\right)\right\}dx$$

$$=\frac{1}{8}\int_{1}^{\log 3} e^{x}\left(\frac{1}{e^{x}-2}-\frac{2}{e^{x}}+\frac{1}{e^{x}+2}\right)dx$$

$$=\frac{1}{8}\int_{1}^{\log 3}\left(\frac{e^{x}}{e^{x}-2}-2+\frac{e^{x}}{e^{x}+2}\right)dx$$

$$=\frac{1}{8}\Big[\log|e^{x}-2|-2x+\log|e^{x}+2|\Big]_{1}^{\log 3}$$

$$=\frac{1}{8}\big\{(\log 1-2\log 3+\log 5)-(\log|e-2|-2+\log|e+2|)\big\}$$

$$=\frac{1}{8}\big\{-2\log 3+\log 5-\log(e-2)+2-\log(e+2)\big\}$$

$$=\frac{1}{8}\big\{-\log 9+\log 5-\log(e-2)+2-\log(e+2)\big\}$$

$$=\frac{1}{8}\left\{\log\frac{5}{9(e-2)(e+2)}+2\right\}$$ ⇦ 答え **例題 5-19** (2)

例題 **5-20**　　定期テスト 出題度 **! !**　　　2次・私大試験 出題度 **! !**

$\displaystyle\int_{\frac{\pi}{3}}^{\frac{\pi}{2}}\frac{1}{\sin x}\,dx$ を求めよ。

コツ16 sin, cos の逆数の積分

❶ sin x なら sin x, cos x なら cos x を分子, 分母に
掛ける。

❷ 分母を三角関数の相互関係の公式

$$\sin^2 x = 1 - \cos^2 x \qquad \cos^2 x = 1 - \sin^2 x$$

で変形し, 分子, 分母を -1 倍する。

❸ 方法1 分母を因数分解し, sin x, cos x または因
数の1つを t とおいて置換積分する。

方法2 sin x × 分数式か cos x × 分数式にして, 分
数式の分子が定数になるように変形し, 展開
すると積分できる。

「❶, ❷の作業が増えたけど, ❸はさっきと同じような感じですね。」

解答

$$\int_{\frac{\pi}{3}}^{\frac{\pi}{2}} \frac{1}{\sin x} dx = \int_{\frac{\pi}{3}}^{\frac{\pi}{2}} \frac{\sin x}{\sin^2 x} dx \quad \leftarrow \sin x を分子, 分母に掛ける$$

$$= \int_{\frac{\pi}{3}}^{\frac{\pi}{2}} \frac{\sin x}{1 - \cos^2 x} dx \quad \leftarrow \sin^2 x = 1 - \cos^2 x$$

$$= \int_{\frac{\pi}{3}}^{\frac{\pi}{2}} \frac{-\sin x}{\cos^2 x - 1} dx$$

$$= \int_{\frac{\pi}{3}}^{\frac{\pi}{2}} \frac{-\sin x}{(\cos x + 1)(\cos x - 1)} dx$$

$t = \cos x$ とおくと

$$\frac{dt}{dx} = -\sin x より, \quad dt = -\sin x dx$$

x	$\dfrac{\pi}{3} \rightarrow \dfrac{\pi}{2}$
t	$\dfrac{1}{2} \rightarrow 0$

$$与式 = \int_{\frac{1}{2}}^{0} \frac{1}{(t+1)(t-1)} dt$$

部分分数分解

$$= \frac{1}{2} \int_{\frac{1}{2}}^{0} \left(\frac{1}{t-1} - \frac{1}{t+1} \right) dt$$

$$= \frac{1}{2} \Big[\log|t-1| - \log|t+1| \Big]_{\frac{1}{2}}^{0}$$

$$= \frac{1}{2} \left[\log \left| \frac{t-1}{t+1} \right| \right]_{\frac{1}{2}}^{0}$$

$$= \frac{1}{2} \left(\log 1 - \log \frac{1}{3} \right)$$

$\log 1 = 0, \quad \log \dfrac{1}{3} = -\log 3$

$$= \underline{\underline{\frac{1}{2} \log 3}} \quad \Leftarrow 答え \quad 例題 5\text{-}20$$

数Ⅲ **5**章

これも **コツ₁₆** の方法2でも解ける。

解答

$$\int_{\frac{\pi}{3}}^{\frac{\pi}{2}} \frac{1}{\sin x} dx$$

$$=\int_{\frac{\pi}{3}}^{\frac{\pi}{2}} \frac{\sin x}{\sin^2 x} dx$$

$$=\int_{\frac{\pi}{3}}^{\frac{\pi}{2}} \frac{\sin x}{1-\cos^2 x} dx$$

$$=\int_{\frac{\pi}{3}}^{\frac{\pi}{2}} \frac{-\sin x}{\cos^2 x-1} dx$$

$$=\int_{\frac{\pi}{3}}^{\frac{\pi}{2}} \sin x \cdot \frac{-1}{\cos^2 x-1} dx$$

$$=\int_{\frac{\pi}{3}}^{\frac{\pi}{2}} \sin x \cdot \frac{-1}{(\cos x+1)(\cos x-1)} dx$$

$$=\frac{1}{2}\int_{\frac{\pi}{3}}^{\frac{\pi}{2}} \sin x \cdot \left(\frac{-1}{\cos x-1}-\frac{-1}{\cos x+1}\right) dx$$

$$=\frac{1}{2}\int_{\frac{\pi}{3}}^{\frac{\pi}{2}} \left(\frac{-\sin x}{\cos x-1}-\frac{-\sin x}{\cos x+1}\right) dx$$

$$=\frac{1}{2}\Big[\log|\cos x-1|-\log|\cos x+1|\Big]_{\frac{\pi}{3}}^{\frac{\pi}{2}} \quad \Big) \cos\frac{\pi}{2}=0,\ \cos\frac{\pi}{3}=\frac{1}{2}$$

$$=\frac{1}{2}\left\{(\log 1-\log 1)-\left(\log\frac{1}{2}-\log\frac{3}{2}\right)\right\}$$

$$=\frac{1}{2}\left(-\log\frac{1}{3}\right)$$

$$=\underline{\underline{\frac{1}{2}\log 3}} \quad \Leftarrow \boxed{\text{答え}} \ \blacktriangleleft\text{例題 5-20}\blacktriangleright$$

5-12 $\int_0^{\frac{\pi}{2}} \sin^n x dx, \int_0^{\frac{\pi}{2}} \cos^n x dx$ の定積分

範囲が 0 から $\frac{\pi}{2}$ のときしか使えない方法だよ。それ以外のときは，5-6 のやりかたで解こう。

例題 5-21

定期テスト 出題度 ❗❗   2次・私大試験 出題度 ❗❗

次の問いに答えよ。

(1) $I_n = \int_0^{\frac{\pi}{2}} \sin^n x dx$ とする。

n が2以上の自然数のとき，$I_n = \dfrac{n-1}{n} I_{n-2}$ が成り立つことを証明せよ。

(2) I_5 の値を求めよ。

(3) I_6 の値を求めよ。

(4) $\int_0^{\frac{\pi}{2}} \sin^n x dx = \int_0^{\frac{\pi}{2}} \cos^n x dx$ が成り立つことを証明せよ。

数Ⅲ
5
章

(1)は，$\sin^n x$ を $(\sin x)^{n-1} \cdot \sin x$ として，1回だけ部分積分したあと，すべて $\sin$ に変えれば I_n や I_{n-2} が再び現れるよ。

「$(\sin x)^{n-1} \cdot \sin x$ だったら，$(\sin x)^{n-1}$ は積分できないけど $\sin x$ は積分できるので，$\sin x$ のほうが積分担当ですね。」

解答 (1) $I_n = \int_0^{\frac{\pi}{2}} \sin^n x dx$

$= \int_0^{\frac{\pi}{2}} \underbrace{(\sin x)^{n-1}}_{f(x)} \cdot \underbrace{\sin x}_{g(x)} dx$

$= \left[\underbrace{(\sin x)^{n-1}}_{f(x)} \cdot \underbrace{(-\cos x)}_{G(x)} \right]_0^{\frac{\pi}{2}}$

$\qquad - \int_0^{\frac{\pi}{2}} \underbrace{(n-1)(\sin x)^{n-2} \cos x}_{f'(x)} \cdot \underbrace{(-\cos x)}_{G(x)} dx$

$= \left[-(\sin x)^{n-1} \cdot \cos x \right]_0^{\frac{\pi}{2}} + (n-1) \int_0^{\frac{\pi}{2}} (\sin x)^{n-2} \cdot \cos^2 x dx$

$$= \left\{-\left(\sin\frac{\pi}{2}\right)^{n-1}\cdot\cos\frac{\pi}{2}\right\} - \left\{-(\sin 0)^{n-1}\cdot\cos 0\right\}$$

$$\underset{1}{\vdots}\quad\underset{0}{\vdots}\quad\underset{0}{\vdots}\quad\underset{1}{\vdots}$$

$$+ (n-1)\int_0^{\frac{\pi}{2}}(\sin x)^{n-2}\cdot(1-\sin^2 x)\,dx$$

$$= (n-1)\int_0^{\frac{\pi}{2}}(\sin^{n-2}x - \sin^n x)\,dx$$

$$= (n-1)(I_{n-2}-I_n)$$

$$= (n-1)I_{n-2}+(-n+1)I_n$$

$$nI_n = (n-1)I_{n-2}$$

$$I_n = \frac{n-1}{n}I_{n-2}$$

よって，題意を満たす。　　**例題 5-21** (1)

(2)は(1)で求めた式に $n=5$ を代入すればいい。

$$I_5 = \frac{4}{5}I_3$$

「でも，I_3 もわからないですよ。」

うん。そこで $n=3$ を(1)の式に代入すればいい。$I_3 = \frac{2}{3}I_1$ が求まるし，I_1 はふつうに計算すればいいよ。

解答 (2) (1)より，$I_5 = \frac{4}{5}I_3$，$I_3 = \frac{2}{3}I_1$ になるから

$$I_5 = \frac{4}{5}\cdot\frac{2}{3}I_1$$

$$= \frac{8}{15}I_1$$

さらに

$$I_1 = \int_0^{\frac{\pi}{2}}\sin x\,dx$$

$$= \left[-\cos x\right]_0^{\frac{\pi}{2}}$$

$$= \left(-\cos\frac{\pi}{2}\right) - (-\cos 0)$$

$$= 0 - (-1)$$

$$= 1$$

より

$$I_5 = \frac{8}{15} \quad \Leftarrow \boxed{答え} \; \blacksquare 例題 \; 5\text{-}21 \; (2)$$

ミサキさん，同じ要領で(3)をやってみて。

「**解答** (3) (1)より，$I_6 = \frac{5}{6} I_4$, $I_4 = \frac{3}{4} I_2$, $I_2 = \frac{1}{2} I_0$

になるから

$$I_6 = \frac{5}{6} \cdot \frac{3}{4} \cdot \frac{1}{2} I_0$$

$$= \frac{5}{16} I_0$$

さらに

$$I_0 = \int_0^{\frac{\pi}{2}} 1 dx \quad \leftarrow (\sin x)^0 = 1$$

$$= \Big[x \Big]_0^{\frac{\pi}{2}}$$

$$= \frac{\pi}{2}$$

より

$$I_6 = \frac{5}{32}\pi \quad \Leftarrow \boxed{答え} \; \blacksquare 例題 \; 5\text{-}21 \; (3)」$$

「(4)は(1)と同じ解きかたでいいんですか？」

それでもいいが，面倒だ。『数学Ⅰ・A編』の **お役立ち話 7** や『数学Ⅱ・B編』の **4-5** で登場した，$\sin x = \cos\left(\frac{\pi}{2} - x\right)$ の公式を使うとラクにできるんだ。**5-11** の置換積分法で計算できる。

解答 (4) $\displaystyle\int_0^{\frac{\pi}{2}} \sin^n x dx = \int_0^{\frac{\pi}{2}} \cos^n\left(\frac{\pi}{2} - x\right) dx \quad \leftarrow \sin x = \cos\left(\frac{\pi}{2} - x\right)$

$t = \dfrac{\pi}{2} - x$ とおくと，

$\dfrac{dt}{dx} = -1$ より，$dx = -dt$

x	$0 \to \dfrac{\pi}{2}$
t	$\dfrac{\pi}{2} \to 0$

$$\int_0^{\frac{\pi}{2}} \cos^n\left(\frac{\pi}{2}-x\right)dx=\int_{\frac{\pi}{2}}^0 \cos^n t\cdot(-dt)$$

$$=\int_0^{\frac{\pi}{2}} \cos^n t\,dt$$

$$=\int_0^{\frac{\pi}{2}} \cos^n x\,dx$$

よって，題意を満たす。　　**例題 5-21** (4)

最後のところはいい？　定積分の文字を変えても，結果は同じだもんね。

?「それは大丈夫です。それよりも，その前の，$\int_{\frac{\pi}{2}}^0 \cos^n t\cdot(-dt)$ が

$\int_0^{\frac{\pi}{2}} \cos^n t\,dt$ になるのはどうしてですか？」

『数学Ⅱ・B編』の **7-5** の **67** の ❹$\int_b^a f(x)dx=-\int_a^b f(x)dx$ の公式を

使ったんだよ。

5-13 $\int_\alpha^\beta \sqrt{a^2-x^2}\,dx$ の定積分

$\int_0^2 \sqrt{4-x^2}\,dx$ という問題を出されたとき，解けない人，時間を掛けて解く人がいる中，10秒くらいで「πです！」と答えられる人がクラスにいたりする。その理由が，ここを読むとわかるよ。

例題 5-22

定期テスト 出題度 **！！！**　2次・私大試験 出題度 **！！！**

$\int_0^1 \sqrt{4-x^2}\,dx$ を求めよ。

$\int_\alpha^\beta \sqrt{a^2-x^2}\,dx$ （a は正の定数，$-a \le \alpha < \beta \le a$）は，

$x = a\sin\theta \ \left(-\dfrac{\pi}{2} \le \theta \le \dfrac{\pi}{2}\right)$ とおく。

じゃあ，実際に問題を解いてみようか。$\sqrt{4-x^2}$ は，$\sqrt{2^2-x^2}$ とみなすと，$x = 2\sin\theta$ とおけばいいね。

そして，**5-11** でやったように，θ で微分すると，

$\dfrac{dx}{d\theta} = 2\cos\theta$

$dx = 2\cos\theta\,d\theta$

もちろん，範囲も θ のものに変えなければならない。

$x = 2\sin\theta$ とおいたから，$x = 1$ のとき，$\sin\theta = \dfrac{1}{2}$ だ。しかも，

$-\dfrac{\pi}{2} \le \theta \le \dfrac{\pi}{2}$ だから $\theta = \dfrac{\pi}{6}$ になる。じゃあ，$x = 0$ のときは？

　「$\sin\theta = 0$ だから，$\theta = 0$ ですね。」

そうだね。次のように3段の表にするとわかりやすいね。

解答 $x=2\sin\theta\left(-\dfrac{\pi}{2}\leqq\theta\leqq\dfrac{\pi}{2}\right)$とおくと

x	$0\to1$
$\sin\theta$	$0\to\dfrac{1}{2}$
θ	$0\to\dfrac{\pi}{6}$

$\dfrac{dx}{d\theta}=2\cos\theta$

$dx=2\cos\theta d\theta$

よって

$\displaystyle\int_0^1\sqrt{4-x^2}\,dx$

$\displaystyle=\int_0^{\frac{\pi}{6}}\sqrt{4-4\sin^2\theta}\cdot2\cos\theta d\theta$

$\displaystyle=4\int_0^{\frac{\pi}{6}}\sqrt{1-\sin^2\theta}\cdot\cos\theta d\theta$

$\displaystyle=4\int_0^{\frac{\pi}{6}}\sqrt{\cos^2\theta}\cdot\cos\theta d\theta$

$\displaystyle=4\int_0^{\frac{\pi}{6}}|\cos\theta|\cdot\cos\theta d\theta$

$0\leqq\theta\leqq\dfrac{\pi}{6}$で，$\cos\theta>0$より　←絶対値がはずせる

$\displaystyle4\int_0^{\frac{\pi}{6}}|\cos\theta|\cdot\cos\theta d\theta=4\int_0^{\frac{\pi}{6}}\cos^2\theta d\theta$ ）$\cos^2\theta=\dfrac{1+\cos2\theta}{2}$

$\displaystyle=4\int_0^{\frac{\pi}{6}}\dfrac{1+\cos2\theta}{2}d\theta$

$\displaystyle=2\int_0^{\frac{\pi}{6}}(1+\cos2\theta)d\theta$

$=2\left[\theta+\dfrac{1}{2}\sin2\theta\right]_0^{\frac{\pi}{6}}$

$=2\left\{\left(\dfrac{\pi}{6}+\dfrac{1}{2}\sin\dfrac{\pi}{3}\right)-\left(0+\dfrac{1}{2}\sin0\right)\right\}$

$=2\left(\dfrac{\pi}{6}+\dfrac{\sqrt{3}}{4}\right)$

$=\underline{\dfrac{\pi}{3}+\dfrac{\sqrt{3}}{2}}$ ⇐ 答え 例題 5-22

「$\sqrt{\cos^2\theta}$って，$|\cos\theta|$なんですね。」

そうだよ。『数学Ⅰ・A編』の 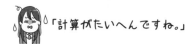 で、"2乗の√￣は絶対値"と学んだよね。まあ、今回は $0 \leqq \theta \leqq \dfrac{\pi}{6}$ だから、$\cos\theta$ は正ということで、絶対値記号はすぐはずれるんだけどね。

「$4\displaystyle\int_0^{\frac{\pi}{6}}\cos^2\theta\,d\theta$ まで来たとき、もう少しで終わりだ！ と思ったら、半角の公式だもんな（苦笑）。」

そうだね。 例題 5-11 で学んだやりかただね。

「計算がたいへんですね。」

うん。実は、とっておきの求めかたがあるんだ。『数学Ⅱ・B編』の 7-16 で、『定積分を面積で考える』という方法を紹介したよね。今回の $\sqrt{4-x^2}$ も0以上だからね。そのやりかたで解けるよ。

$\sqrt{4-x^2}$ を $x=0$ から $x=1$ の範囲で積分するということは、"$y=\sqrt{4-x^2}$ のグラフと x 軸にはさまれる、$x=0$ から $x=1$ の部分の面積を求めればいい"ということだよね？

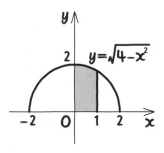

「$y=\sqrt{4-x^2}$ のグラフって、どうやってかけばいいんですか？」

4-12 の 23 で、"$y=\sqrt{a^2-x^2}$ のグラフ"というのを勉強したよね。

「あっ、そうか！ 半円のグラフか！
　忘れていた……。」

右の図の影をつけた部分の面積ということになるね。

「円の一部分の面積になりますよね。
　どうやって求めれば……？」

これも、『数学Ⅱ・B編』の 7-19 ですでに習っているよ。

　円の一部の面積を求めたいときは、中心や交点を結んで三角形や扇形を作ればいいんだ。右の図のように点A, P, Hをとると、$x=1$のとき、y座標は、

$$y=\sqrt{4-1^2}=\sqrt{3}$$

だから、$P(1, \sqrt{3})$になるね。

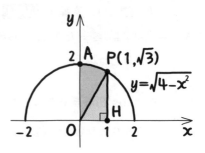

「扇形OAPの面積と、△OHPの面積を足せばいいんですね？」

　ちなみに、∠POHの角度はわかる？

「OP＝2、OH＝1、PH＝$\sqrt{3}$だから……、$60°$です。」

　そう。大丈夫そうだね。ではハルトくん、解いてみて。

　解答　右の図の色をつけた部分と影をつけた部分の面積の和を求めればいい。図のように点A, P, Hとおくと、

OP＝2、OH＝1、PH＝$\sqrt{3}$、∠POH＝$60°$より

（扇形OAPの面積）＋（△OHPの面積）

$$=\pi \cdot 2^2 \cdot \frac{30}{360} + \frac{1}{2} \cdot 1 \cdot \sqrt{3}$$

$$=\frac{\pi}{3} + \frac{\sqrt{3}}{2}$$ ◁ 答え **例題 5-22**」

　正解。こっちのほうが圧倒的にラクだろう？　ちなみに、扇形OAPの面積を求めるのに、『数学Ⅱ・B編』の お役立ち話 **8** で登場した公式

$\dfrac{1}{2}r^2\theta$（半径r、中心角θ）で、$\dfrac{1}{2} \cdot 2^2 \cdot \dfrac{\pi}{6} = \dfrac{\pi}{3}$と求めてもいいよ。

例題 **5-23**　定期テスト 出題度 !!　2次・私大試験 出題度 !!!

$$\int_{-1}^{5} \frac{1}{\sqrt{-x^2+2x+15}}\,dx \text{ を求めよ。}$$

$\int_\alpha^\beta \sqrt{a^2-x^2}\,dx$ の形に限らず，$\int_\alpha^\beta (\sqrt{a^2-x^2})^3 dx$ というふうに奇数乗がついていたり，$\int_\alpha^\beta \dfrac{1}{\sqrt{a^2-x^2}}\,dx$ というふうに逆数になっていたりするものも，$x = a\sin\theta$ とおくやりかたで解けるよ。

「えっ？　そんな形になっていませんよ。」

これは，$\sqrt{}$ の中を平方完成すればいいんだ。

$$\int_{-1}^{5} \frac{1}{\sqrt{-x^2+2x+15}}\,dx$$

$$=\int_{-1}^{5} \frac{1}{\sqrt{-\{x^2-2x\}+15}}\,dx$$

$$=\int_{-1}^{5} \frac{1}{\sqrt{-\{(x-1)^2-1\}+15}}\,dx$$

$$=\int_{-1}^{5} \frac{1}{\sqrt{16-(x-1)^2}}\,dx$$

これでもわからなければさらに，次のように変えればいい。

$$=\int_{-1}^{5} \frac{1}{\sqrt{4^2-(x-1)^2}}\,dx$$

これは，$\int_\alpha^\beta \dfrac{1}{\sqrt{a^2-x^2}}\,dx$ の形だよね。

「$\sqrt{a^2-x^2}$ なら，$x = a\sin\theta$ とおくわけでしょう。
$\sqrt{4^2-(x-1)^2}$ だから，$x-1 = 4\sin\theta$ とおけばいいんですね。」

そういうことだね。解ける？

数Ⅲ **5**章

解答

$$\int_{-1}^{5} \frac{1}{\sqrt{-x^2+2x+15}}\,dx$$

$$=\int_{-1}^{5} \frac{1}{\sqrt{-\{x^2-2x\}+15}}\,dx$$

$$=\int_{-1}^{5} \frac{1}{\sqrt{-\{(x-1)^2-1\}+15}}\,dx$$

$$=\int_{-1}^{5} \frac{1}{\sqrt{16-(x-1)^2}}\,dx$$

$x-1=4\sin\theta \left(-\frac{\pi}{2}\leqq\theta\leqq\frac{\pi}{2}\right)$ とおくと

$x=4\sin\theta+1$

$\frac{dx}{d\theta}=4\cos\theta,\ dx=4\cos\theta d\theta$

よって

x	$-1 \to 5$
$\sin\theta$	$-\frac{1}{2} \to 1$
θ	$-\frac{\pi}{6} \to \frac{\pi}{2}$

$$\int_{-1}^{5} \frac{1}{\sqrt{16-(x-1)^2}}\,dx$$

$$=\int_{-\frac{\pi}{6}}^{\frac{\pi}{2}} \frac{1}{\sqrt{16-16\sin^2\theta}}\cdot 4\cos\theta d\theta$$

$$=\int_{-\frac{\pi}{6}}^{\frac{\pi}{2}} \frac{\cos\theta}{\sqrt{1-\sin^2\theta}}\,d\theta = \int_{-\frac{\pi}{6}}^{\frac{\pi}{2}} \frac{\cos\theta}{\sqrt{\cos^2\theta}}\,d\theta = \int_{-\frac{\pi}{6}}^{\frac{\pi}{2}} \frac{\cos\theta}{|\cos\theta|}\,d\theta$$

└─ $1-\sin^2\theta=\cos^2\theta$

$-\frac{\pi}{6}\leqq\theta\leqq\frac{\pi}{2}$ で，$\cos\theta\geqq 0$ より

$$=\int_{-\frac{\pi}{6}}^{\frac{\pi}{2}} \frac{\cos\theta}{\cos\theta}\,d\theta = \int_{-\frac{\pi}{6}}^{\frac{\pi}{2}} 1\,d\theta$$

$$=\left[\theta\right]_{-\frac{\pi}{6}}^{\frac{\pi}{2}} = \frac{\pi}{2}-\left(-\frac{\pi}{6}\right)$$

$$=\underline{\underline{\frac{2}{3}\pi}}$$　◁ 答え　例題 5-23

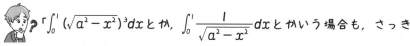

「$\int_{0}^{1}(\sqrt{a^2-x^2})^3 dx$ とか，$\int_{0}^{1}\frac{1}{\sqrt{a^2-x^2}}dx$ とかいう場合も，さっき

の 例題 5-22 の図を使ったやりかたはできないんですか？」

あっ，それは無理なんだ。

5-14　$\displaystyle\int_\alpha^\beta \frac{1}{a^2+x^2}\,dx$ の定積分

これは $x=a\tan\theta$ とおくのだが，5-13 とほぼ同時に教わることが多いので，$x=a\sin\theta$ とおく方法と混乱しちゃって，ちょっと厄介なんだ。

例題 5-24

定期テスト 出題度 !!!　2次・私大試験 出題度 !!!

$\displaystyle\int_{-1}^{3}\frac{1}{3+x^2}\,dx$ を求めよ。

$\displaystyle\int_\alpha^\beta \frac{1}{a^2+x^2}dx$（$a$ は正の定数）は，$x=a\tan\theta\left(-\dfrac{\pi}{2}<\theta<\dfrac{\pi}{2}\right)$ とおく。

「$\dfrac{1}{3+x^2}$ は，$\dfrac{1}{(\sqrt{3})^2+x^2}$ とみなせばいいんですね。」

さっきの問題と同じようにして，解けるよ。

解答　$x=\sqrt{3}\tan\theta\left(-\dfrac{\pi}{2}<\theta<\dfrac{\pi}{2}\right)$ とおくと

$$\frac{dx}{d\theta}=\frac{\sqrt{3}}{\cos^2\theta}$$

$$dx=\frac{\sqrt{3}}{\cos^2\theta}\,d\theta$$

よって

x	$-1 \to 3$
$\tan\theta$	$-\dfrac{1}{\sqrt{3}} \to \sqrt{3}$
θ	$-\dfrac{\pi}{6} \to \dfrac{\pi}{3}$

$$\int_{-1}^{3}\frac{1}{3+x^2}\,dx$$

$$=\int_{-\frac{\pi}{6}}^{\frac{\pi}{3}}\frac{1}{3+3\tan^2\theta}\cdot\frac{\sqrt{3}}{\cos^2\theta}\,d\theta$$

$$=\frac{\sqrt{3}}{3}\int_{-\frac{\pi}{6}}^{\frac{\pi}{3}}\frac{1}{1+\tan^2\theta}\cdot\frac{1}{\cos^2\theta}\,d\theta \quad \leftarrow 1+\tan^2\theta=\frac{1}{\cos^2\theta}$$

数III
5
章

$$=\frac{\sqrt{3}}{3}\int_{-\frac{\pi}{6}}^{\frac{\pi}{3}}\cos^2\theta\cdot\frac{1}{\cos^2\theta}d\theta$$

$$=\frac{\sqrt{3}}{3}\int_{-\frac{\pi}{6}}^{\frac{\pi}{3}}1\,d\theta$$

$$=\frac{\sqrt{3}}{3}\Big[\theta\Big]_{-\frac{\pi}{6}}^{\frac{\pi}{3}}$$

$$=\frac{\sqrt{3}}{3}\left\{\frac{\pi}{3}-\left(-\frac{\pi}{6}\right)\right\}$$

$$=\frac{\sqrt{3}}{6}\pi$$ ⇐ 答え 例題 5-24

「$\dfrac{1}{1+\tan^2\theta}$ が，どうして $\cos^2\theta$ になるんですか？」

 5-7 でも出てきたけど，三角関数の相互関係の公式 $1+\tan^2\theta=\dfrac{1}{\cos^2\theta}$

を使ったよ。逆数にすれば，$\dfrac{1}{1+\tan^2\theta}=\cos^2\theta$ もいえるよね。

　ちなみに，これも，$\displaystyle\int_{\alpha}^{\beta}\frac{1}{a^2+x^2}dx$ の形に限らず，$\displaystyle\int_{\alpha}^{\beta}\frac{1}{\sqrt{a^2+x^2}}dx$，

$\displaystyle\int_{\alpha}^{\beta}\frac{1}{(a^2+x^2)^2}dx$ というふうに，$\sqrt{}$ や累乗がついているものも同じやりかた

で解けるよ。

例題 5-25

定期テスト 出題度 ❗❗　　2次・私大試験 出題度 ❗❗❗

$$\int_{-3}^{-2}\frac{1}{x^2+4x+5}\,dx \text{ を求めよ。}$$

「平方完成すれば，いけそうだな……。」

　そうだね。もし，分母が因数分解できれば分数の差に直すけど，この問題で
は平方完成だね。ハルトくん，解いてみて。

「解答

$$\int_{-3}^{-2} \frac{1}{x^2+4x+5} dx = \int_{-3}^{-2} \frac{1}{(x+2)^2+1} dx$$

$x+2 = \tan\theta \left(-\dfrac{\pi}{2} < \theta < \dfrac{\pi}{2}\right)$ とおくと

$x = -2 + \tan\theta$

$\dfrac{dx}{d\theta} = \dfrac{1}{\cos^2\theta}$

$dx = \dfrac{1}{\cos^2\theta} d\theta$

x	$-3 \to -2$
$\tan\theta$	$-1 \to 0$
θ	$-\dfrac{\pi}{4} \to 0$

よって

$$\int_{-3}^{-2} \frac{1}{(x+2)^2+1} dx$$

$$= \int_{-\frac{\pi}{4}}^{0} \frac{1}{\tan^2\theta+1} \cdot \frac{1}{\cos^2\theta} d\theta$$

$$= \int_{-\frac{\pi}{4}}^{0} 1\, d\theta \qquad \frac{1}{1+\tan^2\theta} = \cos^2\theta$$

$$= \Big[\theta\Big]_{-\frac{\pi}{4}}^{0}$$

$$= 0 - \left(-\frac{\pi}{4}\right)$$

$$= \frac{\pi}{4}$$

⇦ 答え 」

そう。正解だね。

奇関数，偶関数の積分

奇関数は$x→-x$にすると$y→-y$になるから，グラフは原点対称になるんだ。偶関数は$x→-x$にしても変わらないからy軸対称になるよ。

　奇関数，偶関数は，『数学Ⅱ・B編』の 7-6 でも登場したよね。

　xを$-x$にしたとき，値が-1倍になるものを**奇関数**といった。x，x^3，x^5，……のように，xの奇数乗のものが奇関数だった。

　一方，値が同じになるものを**偶関数**といったね。定数とか，x^2，x^4，x^6，……といった，xの偶数乗のものが偶関数だった。

　でも，実は他にもある。　 $\sin x$と$\tan x$は奇関数になるし，$\cos x$は偶関数になるんだ 　よ。

「$\sin x$で，xを$-x$にすると，$\sin(-x)$で……？」

　『数学Ⅱ・B編』の 4-5 の㉝⑬の公式を使えばいいよ。$\sin(-x)=-\sin x$になるね。元の値の-1倍になるから，奇関数なんだ。

「あっ，そうか。$\tan x$も，xを$-x$にすると，$\tan(-x)=-\tan x$だから，やっぱり奇関数だ。」

「$\cos x$なら，xを$-x$にすると，$\cos(-x)=\cos x$だから，偶関数ですね。」

　うん。そして，積分すると次のようになることも『数学Ⅱ・B編』の 7-6 で習ったよね。

$$\int_{-a}^{a} 奇関数\, dx = 0$$

$$\int_{-a}^{a} 偶関数\, dx = 2\int_{0}^{a} 偶関数\, dx$$

例題 5-26　定期テスト 出題度 **!!!**　2次・私大試験 出題度 **!!!**

次の定積分を求めよ。

(1) $\displaystyle\int_{-\frac{\pi}{6}}^{\frac{\pi}{6}} x^2 \sin x\, dx$

(2) $\displaystyle\int_{-\frac{\pi}{4}}^{\frac{\pi}{4}} (\tan x - \cos x)\, dx$

(1)だが，まず，x^2 は偶関数だし，$\sin x$ は奇関数だ。

「じゃあ，$x^2 \sin x$ は偶関数ですか？」

いや，違うよ。x を $-x$ にしたら，x^2 は変化しないが，$\sin x$ は -1 倍になるんだよね？　じゃあ，両方を掛けたものは？

「あっ，-1 倍になるから，奇関数か！　"偶数" × "奇数" と混乱しちゃった……。」

たしかに，名前は似ているね (笑)。全然，別のものなんだけどね。

「例えば，もし，奇関数×奇関数なら，偶関数になるということですよね。」

そうだね。両方とも -1 倍になるわけだから，全体では変わらないね。さて，(1)に話を戻すよ。**奇関数の，$-\dfrac{\pi}{6}$ から $\dfrac{\pi}{6}$ という "対" の範囲での積分だから，わざわざ計算する必要はない。**$\displaystyle\int_{-a}^{a} 奇関数\, dx = 0$ を使えばいいね。

解答 (1) $\displaystyle\int_{-\frac{\pi}{6}}^{\frac{\pi}{6}} x^2 \sin x \, dx$

$= \underline{\mathbf{0}}$ ⇦ **答え** **例題 5-26** (1)

(2)は，$\tan x$ は奇関数だから，$-\dfrac{\pi}{4}$ から $\dfrac{\pi}{4}$ の範囲で積分すれば 0 になるから，消しちゃえばいい。一方，$\cos x$ は偶関数だから，2倍になって，0 から $\dfrac{\pi}{4}$ という範囲になるよ。

解答 (2) $\displaystyle\int_{-\frac{\pi}{4}}^{\frac{\pi}{4}} (\tan x - \cos x) \, dx$

$\displaystyle = -2\int_{0}^{\frac{\pi}{4}} \cos x \, dx$

$= -2 \Big[\sin x \Big]_{0}^{\frac{\pi}{4}}$

$= -2 \left(\sin \dfrac{\pi}{4} - \sin 0 \right)$

$= -2 \cdot \dfrac{1}{\sqrt{2}}$

$= \underline{\mathbf{-\sqrt{2}}}$ ⇦ **答え** **例題 5-26** (2)

「角度が x じゃなくて，x^2 とか $3x+5$ とかでも，sin と tan は奇関数，cos は偶関数になるんですか？」

いや，ならないよ。

例えば，$\sin x^2$ なら，x を $-x$ にすると，$\sin(-x)^2 = \sin x^2$ ということで，偶関数になるね。

$\cos(3x+5)$ なら，x を $-x$ にすると，$\cos(-3x+5)$ だから，同じ値になるわけでもない。かといって -1 倍でもない。偶関数でも奇関数でもないよ。

「そのつど，確認しないといけないということか！」

絶対値の積分

数学Ⅱで習った,「絶対値の積分」も覚えていて, 三角・指数・対数関数の不等式もわかっていたら, 問題なくこなせるはずだよ。

例題 5-27   定期テスト 出題度 ❗❗❗   2次・私大試験 出題度 ❗❗❗

$\int_{-1}^{3} |2^{x+1} - 8| \, dx$ を求めよ。

「たしか, 絶対値の積分って, まず, 場合分けではずしてから, 積分するんでしたよね?」

その通り。絶対値をつけたままだと積分できないもんね。これは, 『数学Ⅱ・B編』の 7-16 で紹介しているよ。さらに, 指数不等式は『数学Ⅱ・B編』の 5-10 でやっているしね。

じゃあ, 解いてみよう。

解答 $|2^{x+1} - 8|$ について

(ⅰ) $2^{x+1} - 8 \geqq 0$

つまり

$2^{x+1} \geqq 8$

$2^{x+1} \geqq 2^3$

$x + 1 \geqq 3$ ←指数で比べる

$x \geqq 2$

さらに, $-1 \leqq x \leqq 3$ より

$2 \leqq x \leqq 3$ のとき

$|2^{x+1} - 8| = 2^{x+1} - 8$

数Ⅲ 5章

(ii)　$2^{x+1}-8<0$

　　つまり　　$x<2$

　　さらに，$-1\leqq x\leqq 3$ より

　　$-1\leqq x<2$ のとき

　　　$|2^{x+1}-8|=-2^{x+1}+8$

よって

$$\int_{-1}^{3}|2^{x+1}-8|\,dx=\int_{-1}^{2}(-2^{x+1}+8)\,dx+\int_{2}^{3}(2^{x+1}-8)\,dx$$

$$=\left[-\frac{1}{\log 2}\cdot 2^{x+1}+8x\right]_{-1}^{2}+\left[\frac{1}{\log 2}\cdot 2^{x+1}-8x\right]_{2}^{3}$$

$\int a^x dx$
$=\frac{1}{\log a}a^x+C$

$$=\left\{\left(-\frac{8}{\log 2}+16\right)-\left(-\frac{1}{\log 2}-8\right)\right\}+\left\{\left(\frac{16}{\log 2}-24\right)-\left(\frac{8}{\log 2}-16\right)\right\}$$

$$=-\frac{8}{\log 2}+16+\frac{1}{\log 2}+8+\frac{16}{\log 2}-24-\frac{8}{\log 2}+16$$

$$=\underline{\frac{1}{\log 2}+16}$$　⇐ 答え　例題 5-27

例題 **5-28**　　定期テスト 出題度 **! !**　　2次・私大試験 出題度 **! ! !**

$$\int_{\frac{\pi}{6}}^{\frac{3}{4}\pi}|\sin x-\sqrt{3}\cos x-1|\,dx$$ を求めよ。

「まず，絶対値をはずせばいいんですね。

　(1)　$\sin x-\sqrt{3}\cos x-1\geqq 0$ のときは

　　…………

　三角関数の合成でいいんですか？」

『数学Ⅱ・B編』の 4-14 で登場したやつだね。まあ，それでもできるけれど，$\sin x \geqq \sqrt{3}\cos x + 1$ として，$\sin$ を y 座標，$\cos$ を x 座標と考えて，$y \geqq \sqrt{3}x + 1$ とみなしたほうがラクだよ。単位円をかいて，$-\dfrac{\pi}{6} \leqq x \leqq \dfrac{3}{4}\pi$ のうちで，$y \geqq \sqrt{3}x + 1$ を満たすところを調べればいいんだ。

 「$y = \sqrt{3}x + 1$ のグラフより上の部分 (境界も含む) ということですね。何かできそう……。最初からやってみます。

解答 $|\sin x - \sqrt{3}\cos x - 1|$ について

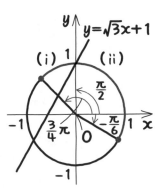

(ⅰ) $\sin x - \sqrt{3}\cos x - 1 \geqq 0$

つまり，$\sin x \geqq \sqrt{3}\cos x + 1$

さらに，$-\dfrac{\pi}{6} \leqq x \leqq \dfrac{3}{4}\pi$ より

$\dfrac{\pi}{2} \leqq x \leqq \dfrac{3}{4}\pi$ のとき

$\quad |\sin x - \sqrt{3}\cos x - 1|$

$\quad = \sin x - \sqrt{3}\cos x - 1$

(ⅱ) $\sin x - \sqrt{3}\cos x - 1 < 0$

つまり，$\sin x < \sqrt{3}\cos x + 1$

さらに，$-\dfrac{\pi}{6} \leqq x \leqq \dfrac{3}{4}\pi$ より

$-\dfrac{\pi}{6} \leqq x < \dfrac{\pi}{2}$ のとき

$\quad |\sin x - \sqrt{3}\cos x - 1|$

$\quad = -\sin x + \sqrt{3}\cos x + 1$

よって

$\displaystyle \int_{-\frac{\pi}{6}}^{\frac{3}{4}\pi} |\sin x - \sqrt{3}\cos x - 1|\, dx$

$\displaystyle = \int_{-\frac{\pi}{6}}^{\frac{\pi}{2}} (-\sin x + \sqrt{3}\cos x + 1)\, dx$

$\displaystyle \qquad\qquad + \int_{\frac{\pi}{2}}^{\frac{3}{4}\pi} (\sin x - \sqrt{3}\cos x - 1)\, dx$

$\displaystyle = \Big[\cos x + \sqrt{3}\sin x + x\Big]_{-\frac{\pi}{6}}^{\frac{\pi}{2}} + \Big[-\cos x - \sqrt{3}\sin x - x\Big]_{\frac{\pi}{2}}^{\frac{3}{4}\pi}$

$$= \left(\cos \frac{\pi}{2} + \sqrt{3} \sin \frac{\pi}{2} + \frac{\pi}{2} \right)$$

$$- \left\{ \cos \left(-\frac{\pi}{6} \right) + \sqrt{3} \sin \left(-\frac{\pi}{6} \right) - \frac{\pi}{6} \right\}$$

$$+ \left(-\cos \frac{3}{4}\pi - \sqrt{3} \sin \frac{3}{4}\pi - \frac{3}{4}\pi \right)$$

$$- \left(-\cos \frac{\pi}{2} - \sqrt{3} \sin \frac{\pi}{2} - \frac{\pi}{2} \right)$$

$$= \left(\sqrt{3} + \frac{\pi}{2} \right) - \left(\frac{\sqrt{3}}{2} - \frac{\sqrt{3}}{2} - \frac{\pi}{6} \right)$$

$$+ \left(\frac{\sqrt{2}}{2} - \frac{\sqrt{6}}{2} - \frac{3}{4}\pi \right) - \left(-\sqrt{3} - \frac{\pi}{2} \right)$$

$$= \sqrt{3} + \frac{\pi}{2} + \frac{\pi}{6} + \frac{\sqrt{2}}{2} - \frac{\sqrt{6}}{2} - \frac{3}{4}\pi + \sqrt{3} + \frac{\pi}{2}$$

$$= 2\sqrt{3} + \frac{\sqrt{2}}{2} - \frac{\sqrt{6}}{2} + \frac{5}{12}\pi$$ ⇐ 答え　例題 **5-28**」

うん。お見事！　よくできたね。

「計算が大変でした (笑)。」

お役立ち話 **18**

絶対値の積分を面積を
使って解いたら……

「絶対値の積分って，確か，面積を使って解くこともできたような記
　憶があるけど……。」

うん。その記憶は正しい（笑）。$\int_a^b |f(x)|\,dx$ ということは，$y=|f(x)|$

とx軸ではさまれる$a<x<b$の部分の面積を求めればよかったね。

　例題 **5-27** なら，$y=|2^{x+1}-8|$のグラフをかけばいいんですね。」

そういうことだね。しかも，$y=|f(x)|$のグラフは，$y=f(x)$ のグラフの
$y<0$の部分をx軸に関して折り返せばかけた。

「じゃあ，まず，$y=2^{x+1}-8$のグラフをかけばいいのか。」

「$y+8=2^{x+1}$ ということだから，$y=2^x$ のグラフをx軸方向に
　-1，y軸方向に-8だけ平行移動したものですね。」

『数学II・B編』の **5-8** でやったね。

2, 3個の点と漸近線をずらせばよかった。

点$(0, 1)$は，点$(-1, -7)$に，点$(1, 2)$は，点$(0, -6)$に移るし，
漸近線の$y=0$は$y=-8$になる。

「あっ，x軸と交わるから，x切片を求めなきゃ。

$$8 = 2^{x+1} \quad \leftarrow 0 = 2^{x+1} - 8$$

$$2^3 = 2^{x+1}$$

$$3 = x + 1 \quad \leftarrow 累乗の部分$$

$$x = 2 \qquad ですね。」$$

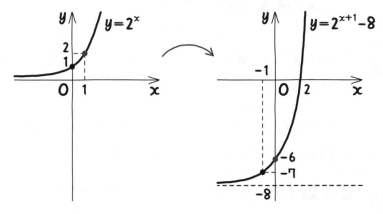

うん。そして，$y < 0$ の部分を x 軸に関して折り返す。折り返された部分は，$y = 2^{x+1} - 8$ を x 軸に関して対称移動したわけだから，y が $-y$ に変わって

$$-y = 2^{x+1} - 8$$

$$y = -2^{x+1} + 8$$

になる。

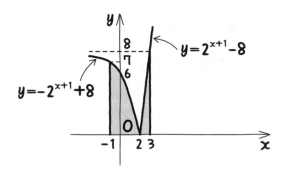

　求めたいものは，図の色をつけた部分の面積ということで，

$$\int_{-1}^{2}(-2^{x+1}+8)\,dx+\int_{2}^{3}(2^{x+1}-8)\,dx$$

になる。以下は同じだ。

「うわぁ，グラフをかくの面倒だな……。」

　数学Ⅱで登場したのは2次式とか，3次式だったから，"簡単なグラフ"なら容易にかけた。しかし，**数学Ⅲの中には，グラフにするのが厄介なものもある。そのときは，場合分けで解くほうがいい**と思うよ。

「例題 **5-28** はもっと面倒臭そうだし。そっちがいいな……。」

5-17 計算できない定積分を含む関数を求める

やりかたは数学Ⅱのときと何ら変わらない。計算が面倒くさくなるだけだ。あっ，そっちが大問題なのか……。

例題 5-29   定期テスト 出題度 ❗❗❗   2次・私大試験 出題度 ❗❗❗

$f(x) = \cos x - \int_0^{\frac{\pi}{6}} x f(t)\,dt$ を満たす関数 $f(x)$ を求めよ。

このように計算できない定積分 $\int_0^{\frac{\pi}{6}} x f(t)\,dt$ を含む関数は，『数学Ⅱ・B編』の **7-8** ですでに勉強した内容だよ。計算できない定積分のところに注目するんだったね。

❶ 注目した定積分に，**積分に関係ない文字が含まれていたら，前に出す。**

 「$\int_0^{\frac{\pi}{6}} x f(t)\,dt$ は t の積分で，$x f(t)$ だから，x を積分記号の前に出すんですよね。」

うん。

$$f(x) = \cos x - x \int_0^{\frac{\pi}{6}} f(t)\,dt$$

となるよね。そして，次に，❷ $\int_{定数}^{定数}$ **のときは，定積分の部分を $=A$（定数）とおく。全体をながめるともう1つの式ができる。**

$$\int_0^{\frac{\pi}{6}} f(t)\,dt = A \,（定数）\quad \cdots\cdots①$$

とおく。そして，式の全体をながめると，

$$f(x) = \cos x - Ax \quad \cdots\cdots②$$

の式も成り立つ。ということは，x を t に変えると，

$$f(t) = \cos t - At$$

も成り立つということだ。

「これを①に代入するということか。あーっ……懐かしいな。」

ハルトくん，やってみて。

「**解答**

$$f(x) = \cos x - \int_0^{\frac{\pi}{6}} x f(t)\,dt$$

$$= \cos x - x\int_0^{\frac{\pi}{6}} f(t)\,dt$$

$\displaystyle\int_0^{\frac{\pi}{6}} f(t)\,dt = A\,(定数)$ ……① とおくと

$f(x) = \cos x - Ax$ ……②

②の x を t に変えて①に代入すると ←$f(t) = \cos t - At$

$$\int_0^{\frac{\pi}{6}} (\cos t - At)\,dt = A$$

$$\left[\sin t - \frac{1}{2}At^2 \right]_0^{\frac{\pi}{6}} = A$$

$$\left(\sin\frac{\pi}{6} - \frac{\pi^2}{72}A \right) - \sin 0 = A$$

$$\frac{1}{2} - \frac{\pi^2}{72}A = A$$

$$36 - \pi^2 A = 72A$$

$$(\pi^2 + 72)A = 36$$

$$A = \frac{36}{\pi^2 + 72}$$

②に代入すると

$$\underline{f(x) = \cos x - \frac{36}{\pi^2 + 72}x}$$
 例題 5-29」

正解！ よく頑張ったね。

例題 5-30　定期テスト 出題度 ❗❗　2次・私大試験 出題度 ❗❗❗

$f(x) = \displaystyle\int_0^{\pi} f(t)\sin(x+t)\,dt + 1$ を満たす関数 $f(x)$ を求めよ。

まず, ❶ t の積分なのに積分に関係のない文字 x が入っているから, x を前に出す。でも t は前に出しちゃいけないからね。

「えっ？　どうやって出せばいいんですか？」

『数学Ⅱ・B編』の 4-10 の加法定理を使えばいいよ。そのあとは, 展開してから, 2つの積分に分ける。

$$f(x)=\int_0^\pi f(t)\sin(x+t)\,dt+1$$
$$=\int_0^\pi f(t)(\sin x\cos t+\cos x\sin t)\,dt+1$$
$$=\int_0^\pi \{f(t)\sin x\cos t+f(t)\cos x\sin t\}\,dt+1$$
$$=\int_0^\pi f(t)\sin x\cos t\,dt+\int_0^\pi f(t)\cos x\sin t\,dt+1$$
$$=\sin x\int_0^\pi f(t)\cos t\,dt+\cos x\int_0^\pi f(t)\sin t\,dt+1$$

そうすると, 積分が2つになっちゃうけど, まあ, これはしかたがない。

❷ $\int_0^\pi f(t)\cos t\,dt,\ \int_0^\pi f(t)\sin t\,dt$ をそれぞれを $A,\ B$ とおけばいい。

「あっ, そこは,『数学Ⅱ・B編』の 7-8 のときと変わらないですね。」

解答
$$f(x)=\int_0^\pi f(t)\sin(x+t)\,dt+1$$
$$=\int_0^\pi f(t)(\sin x\cos t+\cos x\sin t)\,dt+1$$

←加法定理
$\sin(\alpha+\beta)$
$=\sin\alpha\cos\beta+\cos\alpha\sin\beta$

$$=\int_0^\pi \{f(t)\sin x\cos t+f(t)\cos x\sin t\}\,dt+1$$
$$=\int_0^\pi f(t)\sin x\cos t\,dt+\int_0^\pi f(t)\cos x\sin t\,dt+1$$
$$=\sin x\int_0^\pi f(t)\cos t\,dt+\cos x\int_0^\pi f(t)\sin t\,dt+1$$

←関係のない文字は
積分記号の前に出す

$$\int_0^\pi f(t)\cos t\,dt=A\quad\cdots\cdots①$$
$$\int_0^\pi f(t)\sin t\,dt=B\quad\cdots\cdots②$$

$(A,\ B$ は定数) とおくと

$$f(x)=A\sin x+B\cos x+1\quad\cdots\cdots③$$

③の x を t に変えて①に代入すると ←$f(t)=A\sin t+B\cos t+1$

$$\int_0^\pi (A\sin t + B\cos t + 1)\cos t\, dt = A$$

$$\int_0^\pi (A\underline{\sin t\cos t} + B\underline{\cos^2 t} + \cos t)\, dt = A$$

2倍角の公式
$\sin 2\alpha = 2\sin\alpha\cos\alpha$
半角の公式
$\cos^2\dfrac{\alpha}{2} = \dfrac{1+\cos\alpha}{2}$

$$\int_0^\pi \left(A\cdot\frac{\sin 2t}{2} + B\cdot\frac{1+\cos 2t}{2} + \cos t\right)dt = A$$

$$\int_0^\pi \left(\frac{A}{2}\sin 2t + \frac{B}{2} + \frac{B}{2}\cos 2t + \cos t\right)dt = A$$

$$\left[-\frac{A}{4}\cos 2t + \frac{B}{2}t + \frac{B}{4}\sin 2t + \sin t\right]_0^\pi = A$$

$$\left(-\frac{A}{4}\cos 2\pi + \frac{B}{2}\pi + \frac{B}{4}\sin 2\pi + \sin\pi\right)$$

$$-\left(-\frac{A}{4}\cos 0 + \frac{B}{4}\sin 0 + \sin 0\right) = A$$

$$\left(-\frac{A}{4} + \frac{B}{2}\pi\right) - \left(-\frac{A}{4}\right) = A$$

$$\frac{1}{2}\pi B = A \quad \cdots\cdots④$$

同様に，③の x を t に変えて②に代入すると

$$\int_0^\pi (A\sin t + B\cos t + 1)\sin t\, dt = B$$

$$\int_0^\pi (A\sin^2 t + B\sin t\cos t + \sin t)\, dt = B$$

$$\int_0^\pi \left(A\cdot\frac{1-\cos 2t}{2} + B\cdot\frac{\sin 2t}{2} + \sin t\right)dt = B \quad \leftarrow \sin^2\frac{\alpha}{2} = \frac{1-\cos\alpha}{2}$$

$$\int_0^\pi \left(\frac{A}{2} - \frac{A}{2}\cos 2t + \frac{B}{2}\sin 2t + \sin t\right)dt = B$$

$$\left[\frac{A}{2}t - \frac{A}{4}\sin 2t - \frac{B}{4}\cos 2t - \cos t\right]_0^\pi = B$$

$$\left(\frac{A}{2}\pi - \frac{A}{4}\sin 2\pi - \frac{B}{4}\cos 2\pi - \cos\pi\right)$$

$$-\left(-\frac{A}{4}\sin 0 - \frac{B}{4}\cos 0 - \cos 0\right) = B$$

$$\left(\frac{A}{2}\pi - \frac{B}{4} + 1\right) - \left(-\frac{B}{4} - 1\right) = B$$

$$\frac{1}{2}\pi A + 2 = B \quad \cdots\cdots⑤$$

⑤を④に代入すると

$$\frac{1}{2}\pi\left(\frac{1}{2}\pi A+2\right)=A$$

両辺に4を掛ける

$$\pi\left(\pi A+4\right)=4A$$

$$\pi^2 A+4\pi=4A$$

$$(\pi^2-4)A=-4\pi$$

$$A=-\frac{4\pi}{\pi^2-4}$$

⑤より

$$B=\frac{1}{2}\pi\cdot\left(-\frac{4\pi}{\pi^2-4}\right)+2$$

$$\frac{-2\pi^2}{\pi^2-4}+2=\frac{-2\pi^2+2\pi^2-8}{\pi^2-4}$$

$$=-\frac{8}{\pi^2-4}$$

③より

$$f(x)=-\frac{4\pi}{\pi^2-4}\sin x-\frac{8}{\pi^2-4}\cos x+1$$

⇐ 答え　例題 **5-30**

微分と積分の関係

ここも数学Ⅱで習ったことと同じだけれど，数学Ⅱのときにはできなかった新たな計算も勉強するよ。

例題 5-31 　定期テスト 出題度 ❗❗❗ 　2次・私大試験 出題度 ❗❗❗

次の定積分を x の関数とみて微分せよ。

(1) $\displaystyle\int_{-4}^{x}\left\{\tan 3t+\left(\frac{2}{7}\right)^{t}\right\}dt$

(2) $\displaystyle\int_{1}^{x}(x-t)e^{t}dt$

(3) $\displaystyle\int_{2x}^{x^{3}}\frac{1}{\cos t}dt$

積分してから微分するっていう問題は，『数学Ⅱ・B編』の 7-9 で学んだね。積分の計算をして，また，微分するなんて面倒なことをしなくてよかったんだよね。

$$\int_{定数}^{x}f(t)\,dt \text{を}x\text{で微分すると，}f(x)$$

という公式があったよ。

微分と積分の関係

a が定数のとき，$\dfrac{d}{dx}\displaystyle\int_{a}^{x}f(t)\,dt=f(x)$

「解答 (1)　$\dfrac{d}{dx}\displaystyle\int_{-4}^{x}\left\{\tan 3t+\left(\frac{2}{7}\right)^{t}\right\}dt=\underline{\tan 3x+\left(\frac{2}{7}\right)^{x}}$

⇐答え 例題 5-31 (1)

ですね。」

そう。正解。t の部分を x に変えるだけだね。

「(2)は，x を積分記号の前に出さなきゃいけないですよね。」

$$\int_1^x (x-t)e^t dt$$

$$=\int_1^x (xe^t-te^t)\, dt$$

$$=\int_1^x xe^t dt-\int_1^x te^t dt$$

$$=x\int_1^x e^t dt-\int_1^x te^t dt$$

さて，これを微分するのだが，$x\int_1^x e^t dt$ に注意してほしい。

x は，もちろん "x の式" だし，$\boxed{\int_1^x e^t dt}$ も x という文字を含んでいるからね。

$\boxed{\text{"}x\text{の式"だ。}}$ x の式どうしの掛け算を微分するということは

「あっ！　積の微分！」

そうだね。$\boxed{3\text{-}4}$ で登場したね。

$\boxed{\text{解答}}$　(2)　$g(x)=\int_1^x (x-t)e^t dt$ とおくと

$$g(x)=\int_1^x (xe^t-te^t)\, dt$$

$$=\int_1^x xe^t dt-\int_1^x te^t dt$$

$$=\underline{x\int_1^x e^t dt}-\int_1^x te^t dt$$

$$g'(x)=\underbrace{1\cdot\int_1^x e^t dt+x\cdot\frac{d}{dx}\int_1^x e^t dt}_{\text{積の微分}}-\frac{d}{dx}\int_1^x te^t dt \quad\Big)\;\frac{d}{dx}\int_1^x te^t dt=xe^x$$

$$=\int_1^x e^t dt+xe^x-xe^x$$

$$=\int_1^x e^t dt$$

$$=\Big[e^t\Big]_1^x$$

$$=\underline{e^x-e}\quad \boxed{\text{答え}}\;\;\boxed{\text{例題 5-31}}\;(2)$$

「(3)は，x が積分記号の中に入っていないから，前に出す必要ないですね。あれっ？　積分範囲が，上下とも x の式になっていますよ。」

うん。その場合は，『数学Ⅱ・B編』の 7-5 の 67 の❺の公式を使って，積分範囲を2つに分割しよう。

$$\int_{2x}^{x^3}\frac{1}{\cos t}dt$$

$$=\int_{2x}^{a}\frac{1}{\cos t}dt+\int_{a}^{x^3}\frac{1}{\cos t}dt \quad \leftarrow \int_{a}^{c}f(x)dx+\int_{c}^{b}f(x)dx=\int_{a}^{b}f(x)dx$$

さらに，積分範囲の上のほうが x の式になるように❹の公式を使おう。-1 倍すると，範囲の上下が逆になるんだ。

$$=-\int_{a}^{2x}\frac{1}{\cos t}dt+\int_{a}^{x^3}\frac{1}{\cos t}dt \quad \leftarrow \int_{b}^{a}f(x)dx=-\int_{a}^{b}f(x)dx$$

「でも，積分範囲が x^3 とかなっていたら，計算できないですよ。」

「そうだよな。$\int_{a}^{x}\frac{1}{\cos t}dt$ だったら，x で微分すれば $\frac{1}{\cos x}$ なんだけど……。」

うん。そこで，x^3 をかたまりとして考えればいいよ。

$\int_{a}^{\bullet}\frac{1}{\cos t}dt$ だったら，x で微分すれば $\frac{1}{\cos \bullet}\times\bullet'$ になるよ。

「合成関数の微分ですね。だから，かたまりを x で微分したものを掛けているんですよね。」

そうだよ。$3x^2$ を掛けることになるね。$\int_{a}^{2x}\frac{1}{\cos t}dt$ も同様だ。$2x$ をかたまりとして考えればいい。

解答 (3) $h(x)=\int_{2x}^{x^3}\frac{1}{\cos t}dt$ とおくと

$$h(x)=\int_{2x}^{a}\frac{1}{\cos t}dt+\int_{a}^{x^3}\frac{1}{\cos t}dt$$

$$=\int_{a}^{x^3}\frac{1}{\cos t}dt+\int_{2x}^{a}\frac{1}{\cos t}dt$$

$$=\int_{a}^{x^3}\frac{1}{\cos t}dt-\int_{a}^{2x}\frac{1}{\cos t}dt$$

$$h'(x) = \frac{1}{\cos x^3} \cdot 3x^2 - \frac{1}{\cos 2x} \cdot 2$$

$$= \frac{3x^2}{\cos x^3} - \frac{2}{\cos 2x}$$

⇦ 答え　例題 **5-31** (3)

例題 5-32

定期テスト 出題度 ❗❗❗　2次・私大試験 出題度 ❗❗❗

$\int_{\frac{\pi}{2}}^{x} f(t)\,dt = \sin x + a$ を満たす関数 $f(x)$ と，そのときの定数 a の値を求めよ。

　範囲に x を含む定積分の式だけど，これも『数学Ⅱ・B編』の **7-9** でやったね。

❶　t の積分なので x は積分記号の前に出すのだが，今回は必要ない。そして，

❷　**積分の範囲に x を含むときは，$\int$ の上下が同じ値になるような x の値を代入する**んだった。

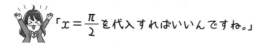 「$x = \dfrac{\pi}{2}$ を代入すればいいんですね。」

　うん。そのあとは，『数学Ⅱ・B編』の **7-5** の ⑥⑦ の❸ $\int_{a}^{a} f(t)\,dt = 0$ の公式を使うと a が求められる。また，**等式の両辺を x で微分**もしたよね。

解答　$x = \dfrac{\pi}{2}$ を代入すると

$$\int_{\frac{\pi}{2}}^{\frac{\pi}{2}} f(t)\,dt = \sin\frac{\pi}{2} + a$$

$$0 = 1 + a$$

$$\underline{a = -1}$$

等式の両辺を x で微分すると，$\underline{f(x) = \cos x}$　⇦ 答え　例題 **5-32**

区分求積法

昔の面積の求めかたと，今の面積の求めかたの奇跡のコラボで生まれた公式が，ここで紹介する区分求積法の式だよ。

例題 5-33 定期テスト 出題度 **❗❗❗** 2次・私大試験 出題度 **❗❗❗**

次の極限値を求めよ。

$$\lim_{n \to \infty}\left(\frac{1}{n^2+1^2}+\frac{2}{n^2+2^2}+\frac{3}{n^2+3^2}+\cdots\cdots+\frac{n}{2n^2}\right)$$

「あれっ？　これって，かなり簡単じゃないんですか？　$n \to \infty$ にすれば，$\frac{1}{n^2+1^2}$，$\frac{2}{n^2+2^2}$，$\frac{3}{n^2+3^2}$，……，$\frac{n}{2n^2}$ はすべて0に近づくわけだから，0じゃないんですか？」

いや。そうじゃないんだ。$\frac{1}{n^2+1^2}$，$\frac{2}{n^2+2^2}$，$\frac{3}{n^2+3^2}$，……，$\frac{n}{2n^2}$ は，ぜんぶで n 個あるんだけど，この個数も増えるんだよね。

「∞個になるということですね。0×∞……，不定形だからいくつかわからないですね。」

ここでは，以下の公式を使えばいい。

30 区分求積法

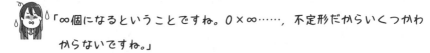

$$\lim_{n \to \infty}\frac{1}{n}\sum_{k=1}^{n}f\left(\frac{k}{n}\right)=\int_0^1 f(x)\,dx \quad \left(注：\sum_{k=1}^{n} は，\sum_{k=0}^{n-1} でもいい。\right)$$

この公式の成り立つわけは **お役立ち話 ㉙** でするが,

まず,　① $\lim\limits_{n\to\infty}$,　② $\dfrac{1}{n}$,　③ $\sum\limits_{k=1}^{n}$,　④ "$\dfrac{k}{n}$ を使った式" の4つの部品を作る

ことが大切だ。

「問題の式には, ① $\lim\limits_{n\to\infty}$ しかないですよね……。」

じゃあ, 他も用意しよう。まず, ② $\dfrac{1}{n}$ を $\lim\limits_{n\to\infty}$ のあとに書く。

「全体が $\dfrac{1}{n}$ 倍に, なっちゃいますね。」

「じゃあ, 後ろを n 倍すればいいのね。

$$\lim_{n\to\infty}\frac{1}{n}\left(\frac{n}{n^2+1^2}+\frac{2n}{n^2+2^2}+\frac{3n}{n^2+3^2}+\cdots\cdots+\boxed{\frac{n^2}{2n^2}}\right)$$

になりますね。」

次に, ③ $\sum$ だが, 意味は忘れていないかな? 『数学Ⅱ・B編』の **8-10** で
初めて登場して, 最近では, **2-10** , **2-13** などでも扱ったよね。

「同じ形の式をまとめるのに使うんですよね。」

うん。さて, 今回の問題なんだけど, $\dfrac{n}{n^2+1^2}$, $\dfrac{2n}{n^2+2^2}$, $\dfrac{3n}{n^2+3^2}$, ……と

続いていったのに, 最後の $\boxed{\dfrac{n^2}{2n^2}}$ だけ形が違うのは不自然だ。そろえよう。

$$=\lim_{n\to\infty}\frac{1}{n}\left(\frac{n}{n^2+1^2}+\frac{2n}{n^2+2^2}+\frac{3n}{n^2+3^2}+\cdots\cdots+\frac{n\cdot n}{n^2+n^2}\right)$$

「整数が1, 2, 3, ……と変化していくところを k におき換えて,

$k=1$ から $k=n$ の $\sum$ 記号にすればいいんですね。」

$$=\lim_{n\to\infty}\frac{1}{n}\sum_{k=1}^{n}\frac{kn}{n^2+k^2}$$

「④ "$\dfrac{k}{n}$を使った式"……は，ないですよ。どうやって作るんですか？」

今回は，分子，分母をn^2で割ればいい。

$$=\lim_{n\to\infty}\frac{1}{n}\sum_{k=1}^{n}\frac{\dfrac{k}{n}}{1+\left(\dfrac{k}{n}\right)^2}$$

となって，4つの部品がそろったね。そして，$\dfrac{k}{n}$のところをxに変えて，

① $\lim\limits_{n\to\infty}$，② $\dfrac{1}{n}$，③ $\sum\limits_{k=1}^{n}$，ぜんぶ取っ払って，$x=0$から$x=1$までの積分記号

$\displaystyle\int_0^1$ をつければいい。

解答

$$\lim_{n\to\infty}\left(\frac{1}{n^2+1^2}+\frac{2}{n^2+2^2}+\frac{3}{n^2+3^2}+\cdots\cdots+\frac{n}{2n^2}\right)$$

$$=\lim_{n\to\infty}\frac{1}{n}\left(\frac{n}{n^2+1^2}+\frac{2n}{n^2+2^2}+\frac{3n}{n^2+3^2}+\cdots\cdots+\frac{n^2}{2n^2}\right)$$

$$=\lim_{n\to\infty}\frac{1}{n}\left(\frac{n}{n^2+1^2}+\frac{2n}{n^2+2^2}+\frac{3n}{n^2+3^2}+\cdots\cdots+\frac{n\cdot n}{n^2+n^2}\right)$$

$$=\lim_{n\to\infty}\frac{1}{n}\sum_{k=1}^{n}\frac{kn}{n^2+k^2}$$

分子，分母をn^2で割る

$$=\lim_{n\to\infty}\frac{1}{n}\sum_{k=1}^{n}\frac{\dfrac{k}{n}}{1+\left(\dfrac{k}{n}\right)^2}$$

$\dfrac{k}{n}$をxに変える

$$=\int_0^1\frac{x}{1+x^2}dx$$

分子のxを$2x$にして$\dfrac{1}{2}$を積分記号の前に出す

$$=\frac{1}{2}\int_0^1\frac{2x}{1+x^2}dx$$

$2x=(1+x^2)'$

$$=\frac{1}{2}\left[\log(1+x^2)\right]_0^1$$

$\displaystyle\int\frac{1}{\bullet}\cdot\bullet'\,dx=\log|\bullet|+C$

$$=\frac{1}{2}(\log 2-\log 1)\quad\leftarrow\log 1=0$$

$$=\frac{1}{2}\log 2\qquad \Leftarrow\boxed{答え}\quad \boxed{例題\ 5\text{-}33}$$

数III 5章

お役立ち話 **19**

なぜ，区分求積法が 成り立つのか？

　例えば，x軸より上の部分に$y=f(x)$のグラフがあるとしよう。

　このグラフとx軸にはさまれている，$x=0$から$x=1$の部分の面積っていくつになる？

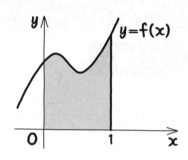

　「$\int_0^1 f(x)\,dx$ですよね。」

　その通り。現在の数学では，そうやって求められるね。

　しかし，積分がない時代は，次の図のように$x=0$から$x=1$の部分を横幅でn等分して，"右上角が曲線上にあるような"細長い長方形をたくさんかいて考えたんだ。

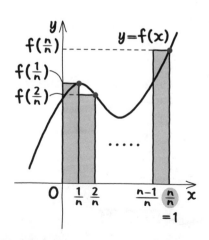

　まず，いちばん左の長方形だけど，$x=\dfrac{1}{n}$ のときの値は $f\left(\dfrac{1}{n}\right)$ だから，

縦の長さ $f\left(\dfrac{1}{n}\right)$，横の長さ $\dfrac{1}{n}$ で，面積は，$f\left(\dfrac{1}{n}\right)\cdot\dfrac{1}{n}$ になる。

　次の長方形も同様だ。$x=\dfrac{2}{n}$ のときの値は $f\left(\dfrac{2}{n}\right)$ だから，

縦の長さ $f\left(\dfrac{2}{n}\right)$，横の長さ $\dfrac{1}{n}$ で，面積は，$f\left(\dfrac{2}{n}\right)\cdot\dfrac{1}{n}$ になる。

……………………

という感じで足していくと，すべての長方形の面積の和は

$$f\left(\dfrac{1}{n}\right)\cdot\dfrac{1}{n}+f\left(\dfrac{2}{n}\right)\cdot\dfrac{1}{n}+\cdots\cdots+f\left(\dfrac{n}{n}\right)\cdot\dfrac{1}{n}$$

$$=\dfrac{1}{n}\left\{f\left(\dfrac{1}{n}\right)+f\left(\dfrac{2}{n}\right)+\cdots\cdots+f\left(\dfrac{n}{n}\right)\right\}$$

$$=\dfrac{1}{n}\sum_{k=1}^{n}f\left(\dfrac{k}{n}\right)$$

になるよね。これは，求めたい面積にかなり近い。

「でも，少し違いますよね。はみ出ていたり，逆に，欠けていたりす
　る部分もありますよ。」

　そうなんだよね。だから，もっと細かく分けるようにするんだ。そうすれ
ば，ミサキさんのいっている，『はみ出ていたり，欠けていたりする部分』
がほとんどなくなって，実際の面積にかなり近づくよね。

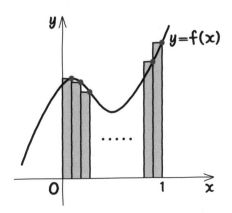

「『n 等分』の "n" を限りなく大きくしていくわけか。」

そうなんだ。よって, 面積は, $\lim\limits_{n\to\infty}\dfrac{1}{n}\sum\limits_{k=1}^{n}f\left(\dfrac{k}{n}\right)$ で計算できるんだ。もちろん, 昔の求めかたも, 今の求めかたもどちらも正しい。よって,

$$\lim_{n\to\infty}\frac{1}{n}\sum_{k=1}^{n}f\left(\frac{k}{n}\right)=\int_0^1 f(x)\,dx$$

が成り立つということなんだ。

「5-19 の 30 の注に, 『$\sum\limits_{k=0}^{n-1}$ でもいい。』とあるのは, どうしてでしょうか?」

長方形をかくのに, 右上角ではなく, 左上角が曲線上にあるようにかいても同じことができるんだ。

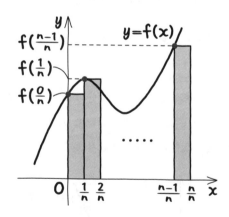

いちばん左の長方形は, $x=0$ つまり $\dfrac{0}{n}$ のときの値は $f\left(\dfrac{0}{n}\right)$ だから, 面積は, $f\left(\dfrac{0}{n}\right)\cdot\dfrac{1}{n}$ で,

　次の長方形の面積は, $f\left(\dfrac{1}{n}\right)\cdot\dfrac{1}{n}$,

………………

という感じで足していくと，すべての長方形の面積の和は

$$f\left(\frac{0}{n}\right)\cdot\frac{1}{n}+f\left(\frac{1}{n}\right)\cdot\frac{1}{n}+\cdots\cdots+f\left(\frac{n-1}{n}\right)\cdot\frac{1}{n}$$

$$=\frac{1}{n}\left\{f\left(\frac{0}{n}\right)+f\left(\frac{1}{n}\right)+\cdots\cdots+f\left(\frac{n-1}{n}\right)\right\}$$

$$=\frac{1}{n}\sum_{k=0}^{n-1}f\left(\frac{k}{n}\right)$$

になるね。

ちなみに，$x=0$ から $x=2$ の部分を横幅で $2n$ 等分して考えると，

$$\lim_{n\to\infty}\frac{1}{n}\sum_{k=1}^{2n}f\left(\frac{k}{n}\right)=\int_0^2 f(x)\,dx$$

$$\left(注：\sum_{k=1}^{2n}は，\sum_{k=0}^{2n-1}でもいい。\right)$$

も成り立つことがわかるよ。

「えっ？　じゃあ，例えば，$x=0$ から $x=3$ の部分を横幅で $3n$ 等

分して，同じことをすると

$$\lim_{n\to\infty}\frac{1}{n}\sum_{k=1}^{3n}f\left(\frac{k}{n}\right)=\int_0^3 f(x)\,dx$$

$$\left(注：\sum_{k=1}^{3n}は，\sum_{k=0}^{3n-1}でもいい。\right)$$

も導けるのですか？」

そうだよ。

長方形の面積を利用した不等式の証明

理屈はわかっていても，テストで解答するときに，採点する人に意味が伝わるように書かないと点数がもらえないよ。そこは，数学でなく，国語力の問題かな？

例題 5-34

定期テスト 出題度 $!!!$ ｜ 2次・私大試験 出題度 $!!$

次の不等式を証明せよ。

$$\log(n+1) < 1 + \frac{1}{2} + \frac{1}{3} + \cdots + \frac{1}{n} < 1 + \log n$$

さっきの **お役立ち話 ⑲** に似た方法で証明できるよ。

$1 + \dfrac{1}{2} + \dfrac{1}{3} + \cdots + \dfrac{1}{n}$ を長方形の面積で表すんだ。

まず，図のように x 軸上に1個目は横1，縦1の長方形をかく。

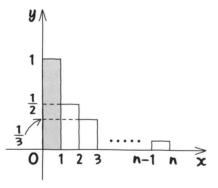

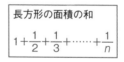

長方形の面積の和
$$1 + \frac{1}{2} + \frac{1}{3} + \cdots + \frac{1}{n}$$

 「正確には正方形ですよね。そう見えないんですけど（笑）。」

　まあ，ホントに正方形でかいちゃうと，そのあとの図がすごく見づらくなるから，ここは，大目に見て（笑）。

続いて，2個目は横1，縦$\frac{1}{2}$で，

3個目は横1，縦$\frac{1}{3}$，

………

という感じで，n個目までかいていく。

 「さっきの お役立ち話 ⑲ では，横幅1をn等分したけど，今回はそれぞれの長方形が横幅1ずつになるようにかくんですね。」

そうだね。そこがちょっと違う。そして，その各長方形の右上角を通る曲線を考えるんだ。

点$(1,\ 1)$，$\left(2,\ \frac{1}{2}\right)$，$\left(3,\ \frac{1}{3}\right)$，……，$\left(n,\ \frac{1}{n}\right)$を通る曲線は？

「ぜんぶ，y座標がx座標の逆数になっている点だから，曲線の方程式は$y=\frac{1}{x}$ですね。」

数Ⅲ 5章

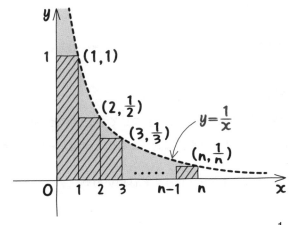

その通り。そして，図をよく見てごらん。点線の曲線$y=\frac{1}{x}$とx軸ではさまれている$x=0$から$x=n$の部分の色をつけた面積って，斜線をつけた長方形の面積の和より大きくなっているよね。

「あっ，ホントだ……。もしかして，面積どうしを比べたら，この不等式のようになるということですか？」

うん。しかし，問題がある。$y=\dfrac{1}{x}$ のグラフは y 軸と交わらないから，

$x=0$ から $x=1$ の部分の面積が求められないんだ。そこで，この部分だけは，長方形を使わせてもらおう。

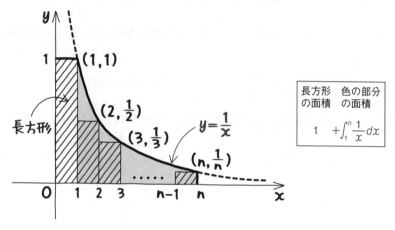

長方形 の面積	色の部分 の面積
1	$+\int_{1}^{n}\dfrac{1}{x}dx$

つまり，上の図の太線と x 軸，y 軸で囲まれた部分の面積を求めればいいんだ。

一方，各長方形の左上角を通る曲線を考えよう。

さっきのように，通る点から法則性を見つけてもいいけど，面倒だよね。さっきの曲線を x 軸方向に -1 だけ平行移動したものと考えたらいいよね。

「すると，式の x を $x+1$ に変えればいいのか。」

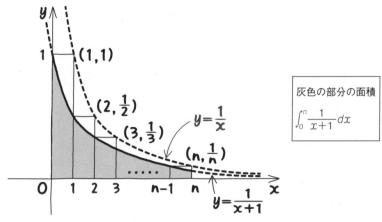

灰色の部分の面積
$\int_0^n \dfrac{1}{x+1}dx$

その通り。$y=\dfrac{1}{x+1}$になるはずだ。この曲線とx軸にはさまれる，

$x=0$から$x=n$までの部分の面積を考えると，これは長方形の面積の和より

小さいはずだ。

「今度は，$x=0$から$x=1$の部分は囲まれていますね。」

そうだね。長方形を考える必要はないね。

以上のことをことばで説明して書いていけばいい。

数Ⅲ
5
章

解答　$1+\dfrac{1}{2}+\dfrac{1}{3}+\cdots\cdots+\dfrac{1}{n}$は図の斜線をつけた長方形の面積の和になる。

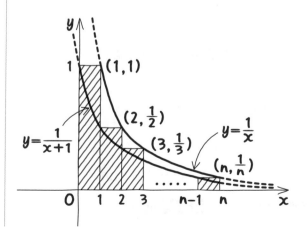

そして，その各長方形の右上角を通る曲線は $y=\dfrac{1}{x}$ で，

（$0 \leqq x \leqq 1$ の部分の長方形の面積）

$\qquad + \left(1 \leqq x \leqq n$ で曲線 $y=\dfrac{1}{x}$ と x 軸にはさまれる部分の面積 $\right)$

$= 1 + \displaystyle\int_1^n \dfrac{1}{x} dx$

$= 1 + \Bigl[\log|x| \Bigr]_1^n$

$= 1 + \log n - \log 1$

$= 1 + \log n$

であり，これは長方形の面積の和より大きくなる。

よって

$\qquad 1 + \dfrac{1}{2} + \dfrac{1}{3} + \cdots\cdots + \dfrac{1}{n} < 1 + \log n \quad \cdots\cdots ①$

一方，各長方形の左上角を通る曲線は $y=\dfrac{1}{x+1}$ で，

$\qquad \left(0 \leqq x \leqq n$ で曲線 $y=\dfrac{1}{x+1}$ と x 軸にはさまれる部分の面積 $\right)$

$= \displaystyle\int_0^n \dfrac{1}{x+1} dx$

$= \Bigl[\log|x+1| \Bigr]_0^n$

$\qquad\qquad\qquad 1=(x+1)' \qquad \displaystyle\int \dfrac{\bullet'}{\bullet} dx = \log|\bullet| + C$

$= \log(n+1) - \log 1$

$= \log(n+1)$

であり，これは長方形の面積の和より小さくなる。

よって

$\qquad \log(n+1) < 1 + \dfrac{1}{2} + \dfrac{1}{3} + \cdots\cdots + \dfrac{1}{n} \quad \cdots\cdots ②$

①，②より

$\qquad \log(n+1) < 1 + \dfrac{1}{2} + \dfrac{1}{3} + \cdots\cdots + \dfrac{1}{n} < 1 + \log n$

となり，題意を満たす。　　**例題 5-34**

積分しても大小は変わらない

両辺に同じものを足したり引いたりしても，大小関係は変わらない。両辺を積分してもそうなるよ。

Point 31 定積分と不等式

$a \leq x \leq b$（または，$a < x < b$）で
$f(x) \leq g(x)$ が成り立つなら，
この範囲すべてで $f(x) = g(x)$ でない限りは

$$\int_a^b f(x)\,dx < \int_a^b g(x)\,dx$$

「どうして成り立つんですか？」

面積で考えてみればいいよ。

$a \leq x \leq b$ で，$f(x) < g(x)$ が成り立つということは，$y = g(x)$ のグラフが，$y = f(x)$ のグラフより上にあるということだね。

そうすると，2つの曲線にはさまれる，$x = a$ から $x = b$ までの部分の面積は，$\int_a^b \{g(x) - f(x)\}\,dx$ で，面積は，もちろん正だ。

$\int_a^b \{g(x) - f(x)\}\,dx > 0$　より，

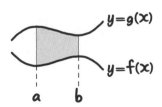

$$\int_a^b g(x)\,dx - \int_a^b f(x)\,dx > 0$$

$$\int_a^b f(x)\,dx < \int_a^b g(x)\,dx$$

が成り立つというわけだ。

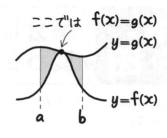

　ちなみに, $a \leqq x \leqq b$ で $f(x) \leqq g(x)$ のとき, ところどころ $f(x) = g(x)$ になるだけなら, 面積は正になるはずだ。

　「『$a \leqq x \leqq b$ で, 常に $f(x) = g(x)$』のときはどうなるんですか?」

　その場合だと, $a \leqq x \leqq b$ で2つのグラフがピッタリ重なった状態になり,

　　面積 $\int_a^b \{g(x) - f(x)\}\,dx = 0$

つまり,

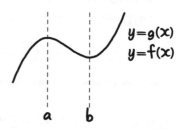

　　$\int_a^b f(x)\,dx = \int_a^b g(x)\,dx$

になってしまうよ。

例題 5-35　定期テスト 出題度 ●● ｜ 2次・私大試験 出題度 ●●●

　　次の問いに答えよ。

(1) $1 \leqq x \leqq 2$ であるとき, 不等式 $\sqrt{x+1} \leqq \sqrt{x^3+1} \leqq x+1$ を証明せよ。

(2) $\log \dfrac{3}{2} < \displaystyle\int_1^2 \dfrac{1}{\sqrt{x^3+1}}\,dx < 2\sqrt{3} - 2\sqrt{2}$ を証明せよ。

　不等式の証明は, 一方の辺から他方の辺を引いて, 正だ, 負だ, で証明したりするけれど, (1)の $\sqrt{x+1} \leqq \sqrt{x^3+1}$ なら,

　　左辺－右辺 $= \sqrt{x+1} - \sqrt{x^3+1}$

はこのままでは計算できないよね。このときは……。

「あっ，これは覚えています。(左辺)² − (右辺)²を計算して0以下になることを示せばいいんですよね。」

あっ，覚えていたか (笑)。そうだね。左辺も右辺も0以上だから，『数学Ⅱ・B編』の 1-20 のやりかたが使えるね。(右辺)² − (左辺)²を計算して0以上になることを示してもいい。今回の証明は，$\sqrt{x+1} \leqq \sqrt{x^3+1}$ と $\sqrt{x^3+1} \leqq x+1$ の2つに式を分けて考えるんだ。じゃあ，ミサキさん，この2つの不等式の両方とも証明して。

解答 (1) $\sqrt{x+1} \leqq \sqrt{x^3+1}$ を証明する。

$1 \leqq x \leqq 2$ であるとき

$$
\begin{aligned}
(\text{右辺})^2 - (\text{左辺})^2 &= (x^3 + 1) - (x + 1) \\
&= x^3 - x \\
&= x(x^2 - 1) \\
&= x(x + 1)(x - 1) \\
&\geqq 0
\end{aligned}
$$

よって，$(\text{左辺})^2 \leqq (\text{右辺})^2$

もとの式の両辺とも0以上だから，左辺 ≦ 右辺

等号成立は，$x = 1$ のとき。

$\sqrt{x^3+1} \leqq x+1$ を証明する。

$1 \leqq x \leqq 2$ であるとき

$$
\begin{aligned}
(\text{右辺})^2 - (\text{左辺})^2 &= (x + 1)^2 - (x^3 + 1) \\
&= x^2 + 2x + 1 - x^3 - 1 \\
&= -x^3 + x^2 + 2x \\
&= -x(x^2 - x - 2) \\
&= -x(x + 1)(x - 2) \\
&\geqq 0
\end{aligned}
$$

よって，$(\text{左辺})^2 \leqq (\text{右辺})^2$

数Ⅲ **5** 章

もとの式の両辺とも0以上だから，左辺≦右辺

等号成立は，$x=2$ のとき。

したがって

$$\sqrt{x+1} \leqq \sqrt{x^3+1} \leqq x+1 \qquad \boxed{例題\ 5\text{-}35}\ (1)$$

です。」

「えっ？　$x(x+1)(x-1)$ はどうして0以上とわかったの？」

「問題文に，『$1 \leqq x \leqq 2$』と書いてあるでしょ。ということは，x と $x+1$ は正，$x-1$ は0以上だから，$x(x+1)(x-1)$ は0以上じゃない？」

「あっ，そういうことか。よく読んでいなかった……。」

うん。$-x(x+1)(x-2)$ のほうも，$x+1$ は正，$-x$ は負，$x-2$ は0以下だから，やはり，0以上になるね。

さて，次の(2)だが，(1)で証明した不等式を利用しよう。

まず，**真ん中の** $\displaystyle\int_1^2 \dfrac{1}{\sqrt{x^3+1}}\,dx$ **は，**(1)**の不等式から作っていく**んだ。

「$\sqrt{x^3+1}$ を逆数にすれば，$\dfrac{1}{\sqrt{x^3+1}}$ になりますね。」

「それに積分記号をつければいいのか。」

そうだね。もちろん，真ん中の辺だけ変形するなんてことはできない。左辺と右辺にも同じことをしよう。

まず，$\sqrt{x+1} \leqq \sqrt{x^3+1} \leqq x+1$ の逆数をとると，

$$\dfrac{1}{\sqrt{x+1}} \geqq \dfrac{1}{\sqrt{x^3+1}} \geqq \dfrac{1}{x+1}$$

になる。不等号が逆向きになるのは大丈夫かな？

$\sqrt{x+1}$, $\sqrt{x^3+1}$, $x+1$ すべて正だからね。分母が大きいほうが，当然，数は小さくなる。

さて，この不等式は $1 \le x \le 2$ のとき，成り立つから……。

「積分記号 $\int_1^2$ をつけても，大小関係は変わらないから，

$$\int_1^2 \frac{1}{\sqrt{x+1}}\,dx \ge \int_1^2 \frac{1}{\sqrt{x^3+1}}\,dx \ge \int_1^2 \frac{1}{x+1}\,dx$$

ですね。」

うん。しかも，(1)で，"$\sqrt{x+1}=\sqrt{x^3+1}$，つまり，$\dfrac{1}{\sqrt{x+1}}=\dfrac{1}{\sqrt{x^3+1}}$ が成り立つのは $x=1$ のときだけ" とわかった。$1 \le x \le 2$ の範囲でずっと同じというわけじゃないんだ。ということは，等号ははずれるよね。

「"$\sqrt{x^3+1}=x+1$，つまり，$\dfrac{1}{\sqrt{x^3+1}}=\dfrac{1}{x+1}$ が成り立つのも

$x=2$ のときだけ "だから，こっちも，等号ははずれますね。」

うん。

$$\int_1^2 \frac{1}{\sqrt{x+1}}\,dx > \int_1^2 \frac{1}{\sqrt{x^3+1}}\,dx > \int_1^2 \frac{1}{x+1}\,dx$$

になるね。真ん中の辺は計算できないけど，左辺と右辺は計算できるね。じゃあ，ハルトくん，解いてみて。

「**解答** (2) (1)より

$$\sqrt{x+1} \le \sqrt{x^3+1} \le x+1$$

の逆数をとって

$$\frac{1}{\sqrt{x+1}} \ge \frac{1}{\sqrt{x^3+1}} \ge \frac{1}{x+1}$$

$$\int_1^2 \frac{1}{\sqrt{x+1}}\,dx > \int_1^2 \frac{1}{\sqrt{x^3+1}}\,dx > \int_1^2 \frac{1}{x+1}\,dx$$

だから

$$\int_1^2 \frac{1}{x+1}\,dx < \int_1^2 \frac{1}{\sqrt{x^3+1}}\,dx < \int_1^2 \frac{1}{\sqrt{x+1}}\,dx \qquad \cdots\cdots ①$$

$a \le x \le b$ で
$f(x) \le g(x)$ なら
$\int_a^b f(x)dx \le \int_a^b g(x)dx$
常に $f(x)=g(x)$
でないなら，
等号はなくなる。

ここで

$$\int_1^2 \frac{1}{x+1}\,dx = \Big[\log|x+1|\Big]_1^2$$

$$= \log 3 - \log 2$$

$$= \log \frac{3}{2} \quad \cdots\cdots ②$$

$$\int_1^2 \frac{1}{\sqrt{x+1}}\,dx = \int_1^2 \frac{1}{(x+1)^{\frac{1}{2}}}\,dx$$

$$= \int_1^2 (x+1)^{-\frac{1}{2}}\,dx$$

$$= \Big[2(x+1)^{\frac{1}{2}}\Big]_1^2$$

$$= \Big[2\sqrt{x+1}\Big]_1^2$$

$$= 2\sqrt{3} - 2\sqrt{2} \quad \cdots\cdots ③$$

①, ②, ③より

$$\log \frac{3}{2} < \int_1^2 \frac{1}{\sqrt{x^3+1}}\,dx < 2\sqrt{3} - 2\sqrt{2}$$

例題 5-35 (2)

です。」

そうだね。よくできました。

積分の応用

熱いお茶を部屋に置いておくと，最初は急激に温度が下がるけど，次第に温度の変化がゆっくりになるよね。

「夏に，麦茶がぬるくなるときもそうですよね（笑）。」

部屋に置いてからt分後の飲み物の温度をy℃とすると，温度の変化の割合（速度）は でやったように $\dfrac{dy}{dt}$ になる。さらに，室温が20℃なら，"飲み物の温度と室温の差"は$y-20$だ。そして，温度の変化の割合と温度差は比例することが知られているんだ。

「ということは，kを正の定数とすると，$\dfrac{dy}{dt}=-k(y-20)$ ですか？」

そうだね。さらに，最初が80℃，1分後に70℃なら，『$t=0$のとき$y=80$，$t=1$のとき$y=70$』だ。これらを使うと，

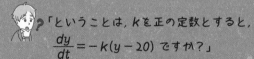

$y=60\cdot\left(\dfrac{5}{6}\right)^{t}+20$ と計算できることが，この章でわかるよ。

面積

数学Ⅱの基本が一通りわかっていて，かつ，数学Ⅲの積分もできるという人は，新しい知識もいらない，ラクな内容だろうね。

32 2つの曲線と面積

$a \leqq x \leqq b$ で，常に $f(x) \geqq g(x)$ のとき，
曲線 $y=f(x)$, $y=g(x)$ と，2直線 $x=a$, $x=b$ で囲まれる面積 S は

$$S=\int_a^b \{f(x)-g(x)\}dx$$

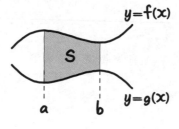

「上の式から下の式を引いて，x の範囲で積分……何だ！　今までと一緒か。」

うん。『数学Ⅱ・B編』の 7-10 で登場したもんね。

例題 6-1

定期テスト 出題度 ❶❶❶　　2次・私大試験 出題度 ❶❶❶

2曲線 $y=\sin x$, $y=\sin 2x$ $(0 \leqq x \leqq \pi)$ で囲まれる部分の面積 S を求めよ。

まず，グラフをかいてみよう。大丈夫かな？ $y=\sin x$ のグラフは，

『数学Ⅱ・B編』の **4-6** でやったよね。

じゃあ，$y=\sin 2x$ は？

「x が $2x$ になっているんですよね。ということは……？」

これは，『数学Ⅱ・B編』の **4-7** で勉強したよ。x 軸方向に $\dfrac{1}{2}$ 倍に縮小し

たものだ。じゃあ，ハルトくん，グラフの共有点の x 座標を求めて。

「$\sin x = \sin 2x$

あっ，そうか。角度が違うからそろえなきゃ。

2倍角の公式を使うと……

$\sin x = 2\sin x \cos x$

$2\sin x \cos x - \sin x = 0$

$\sin x(2\cos x - 1) = 0$

$\sin x = 0$ または，$\cos x = \dfrac{1}{2}$

$0 \le x \le \pi$ より，$x = 0,\ \dfrac{\pi}{3},\ \pi$ です。」

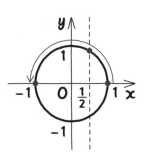

その通り。さて，$x = 0,\ \pi$ で交わっているのは，図を見れば明らかだよね。

「ということは，残りの交点は，$x = \dfrac{\pi}{3}$ のところですね。」

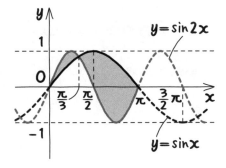

そうだね。じゃあ，面積を求めよう。2つのグラフを比較すると，

$0 < x < \dfrac{\pi}{3}$ では，$y = \sin 2x$ のグラフのほうが上にあるし，

$\dfrac{\pi}{3} < x < \pi$ では，$y = \sin x$ のグラフのほうが上にあるね。

「じゃあ，別々に積分しなきゃいけないですね。」

うん。じゃあ，ミサキさん，解いてみて。

「　解答　$S = \displaystyle\int_0^{\frac{\pi}{3}} (\sin 2x - \sin x)\, dx + \int_{\frac{\pi}{3}}^{\pi} (\sin x - \sin 2x)\, dx$

$= \left[-\dfrac{1}{2}\cos 2x + \cos x \right]_0^{\frac{\pi}{3}} + \left[-\cos x + \dfrac{1}{2}\cos 2x \right]_{\frac{\pi}{3}}^{\pi}$

$= \left(-\dfrac{1}{2}\cos \dfrac{2}{3}\pi + \cos \dfrac{\pi}{3} \right) - \left(-\dfrac{1}{2}\cos 0 + \cos 0 \right)$

$\quad + \left(-\cos \pi + \dfrac{1}{2}\cos 2\pi \right) - \left(-\cos \dfrac{\pi}{3} + \dfrac{1}{2}\cos \dfrac{2}{3}\pi \right)$

$= \left(\dfrac{1}{4} + \dfrac{1}{2} \right) - \left(-\dfrac{1}{2} + 1 \right) + \left(1 + \dfrac{1}{2} \right) - \left(-\dfrac{1}{2} - \dfrac{1}{4} \right)$

$= \dfrac{1}{4} + \dfrac{1}{2} + \dfrac{1}{2} - 1 + 1 + \dfrac{1}{2} + \dfrac{1}{2} + \dfrac{1}{4}$

$= \dfrac{5}{2}$　⇐　答え　例題 6-1

ですね。」

例題 6-2　　定期テスト 出題度 ❗❗❗　　2次・私大試験 出題度 ❗❗❗

曲線 $y = \log x$，直線 $y = 2$，および x 軸，y 軸で囲まれる部分の面積 S を求めよ。

まず，図をかいてみよう。あっ，それから，これも$y=\log x$と$y=2$が交わるはずだから，まず，交点のx座標を求めておこうか。ハルトくん，どうなる？

「$\log x=2$
　………

このあとは，どうやって求めればいいんですか？」

『数学Ⅱ・B編』の 5-14 で出てきたよ。$b=\log_a M$は，$a^b=M$と直せたよね。$\log x=2$ということは，$\log_e x=2$ということだから……。

「あっ，そうか。$x=e^2$だ！」

そうだね。じゃあ，ミサキさん，グラフはどんなカンジになる？

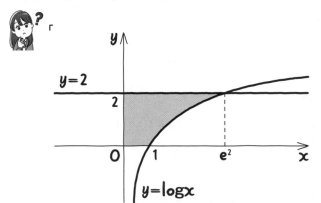

でいいんですか？」

うん。いいと思う。さて，今回は，**色をつけた部分の図形の下を走る線が途中で変わる**よね。この場合はどうやるんだっけ？

「あっ，ありましたね……分割ですか？」

その通り。$x=1$ で縦に切って考えればよかった。そうすれば,

左の長方形の面積は 2×1 だし，右の面積は $\int_1^{e^2}(2-\log x)\,dx$ で計算できる。

でも，足し算の発想より，引き算の発想でやったほうが今回はラクだよ。

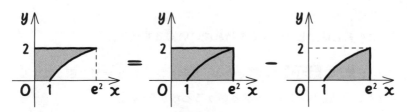

これは，『数学Ⅱ・B編』の 7-13 で学んでいるよ。

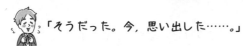「そうだった。今，思い出した……。」

ハルトくん，答えは？

「解答　$S = 2 \cdot e^2 - \int_1^{e^2} \log x \, dx$　←$\log x$は微分担当

$\quad = 2e^2 - \left[x \log x - x \right]_1^{e^2}$

$\quad = 2e^2 - \{(e^2 \log e^2 - e^2) - (\log 1 - 1)\}$

$\quad = 2e^2 - \{(2e^2 - e^2) - (-1)\}$　　$\log e^2 = 2\log e$
$\log e = 1$

$\quad = 2e^2 - (e^2 + 1)$

$\quad = \underline{\underline{e^2 - 1}}$　⇐ 答え　例題 6-2

です。」

そう。正解。

念のため，$\int \log x \, dx$ は部分積分で

$$\int \log x \, dx = \int \log x \cdot 1 \, dx = (\log x) \cdot x - \int \frac{1}{x} \cdot x \, dx$$
$$= x \log x - x + C \quad (C は積分定数)$$

となることは 例題 5-17 (1)でやったね。

実は，これは，x軸が縦軸，y軸が横軸と考えて解いたほうがラクに解けるよ。

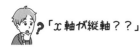「x軸が縦軸？？」

グラフを直線$y=x$に関して折り返してみると下のようになる。このとき，x軸とy軸は下の右図のようになり，x軸が縦軸，y軸が横軸になる。色のついた部分の面積は変わっていないよね。

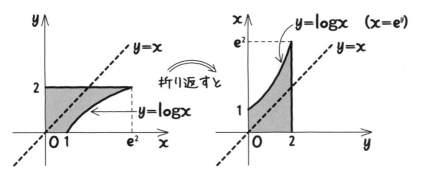

まあ，図をかくのが面倒なら，紙を裏から透かして見て，x軸が縦軸になるように向きを変えてみてもいいよ。

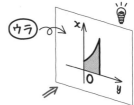

「上を走る線は$y=\log x$。下を走る線はy軸ですね。」

そうだね。今回はx軸が縦軸になるわけなので，式を$x=\sim$の形に変えなきゃいけないんだ。

数Ⅲ
6
章

「$y = \log x$ということは，$x = e^y$。y軸は$x = 0$ですね。」

うん。そして，横軸がyなので，yで定積分だよ。

$$S = \int_0^2 e^y dy$$

$$= \Big[e^y \Big]_0^2$$

$$= \underline{\underline{e^2 - 1}}$$

になる。

「えっ，たったこれだけ？　すごいラクですね！」

お役立ち話 **20**

なぜ，積分で面積が求められるの？

例えば，$y=f(x)$ のグラフが x 軸より上側にあるとする。

そして，ある値 k を考えたとき，

『グラフと x 軸にはさまれた部分の k から x の範囲の面積』

は x の関数だから $g(x)$ としよう。そして，2段階で考えてみよう。

その1．$f(x)$ の不定積分が $g(x)$ であることを証明する。

h を限りなく0に近い正の数としよう。すると，

『グラフと x 軸にはさまれた部分の k から $x+h$ の範囲の面積』

は $g(x+h)$ になるね。

じゃあ，ミサキさん，問題。$g(x+h)-g(x)$ はどういう意味？

「『グラフと x 軸にはさまれた部分の x から $x+h$ の範囲の面積』で
すか？」

そうだね。とても細長い部分だね。
長方形に近い形だが，そうじゃない。

「上の部分が曲線になっています
もんね。」

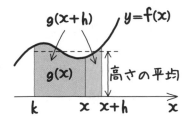

そう。ちなみに，面積 $g(x+h)-g(x)$ を横の長さ h で割った

$\dfrac{g(x+h)-g(x)}{h}$ は，高さの平均になることがわかる。

そして，$h\to+0$ にしてみようか。

「$x+h$ は x に近づくから，限り
なく細い長方形に近い形になり
ますね。」

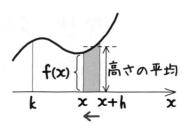

うん。そして，

"高さの平均" $\dfrac{g(x+h)-g(x)}{h}$ は，

"x の地点の高さ" $f(x)$ に近づくよね。

これを式にすると，$\displaystyle\lim_{h\to+0}\dfrac{g(x+h)-g(x)}{h}=f(x)$ ということだ。

「h が負のときは，どうなるんで
すか？」

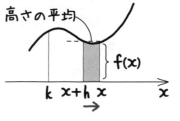

x と $x+h$ の位置が左右逆になるけ
ど，結果は一緒だよ。

面積は $g(x)-g(x+h)$ で，これを横の長さ $-h$ で割ると，"高さの平均"は，
やはり

$\dfrac{g(x)-g(x+h)}{-h}=\dfrac{g(x+h)-g(x)}{h}$ だ。

$\displaystyle\lim_{h\to-0}\dfrac{g(x+h)-g(x)}{h}=f(x)$ もいえる。つまり，

$\displaystyle\lim_{h\to0}\dfrac{g(x+h)-g(x)}{h}=f(x)$

ということになるね。

「あれっ？　左辺って，$g'(x)$ のことですよね？」

そうだね。『数学Ⅱ・B編』の **6-5** でやった，"導関数の定義"だね。

$$g'(x) = f(x)$$

逆に，$f(x)$ の不定積分が $g(x)$ だともいえるね。

その2. $\int_a^b f(x)\,dx$ を計算して考えてみる。

じゃあ，ミサキさん。$\int_a^b f(x)\,dx$ を計算で求めるときはどうする？

「普通にやればいいんですよね……はい。

$$\int_a^b f(x)\,dx = \Big[\,g(x)\,\Big]_a^b$$
$$= g(b) - g(a)$$

です。」

じゃあ，ハルトくん，$g(b) - g(a)$ って，どの部分の何になっている？

「$g(b)$ は，k から b までの面積で，

$g(a)$ は，k から a までの面積だから，引くと，

『グラフと x 軸にはさまれた部分の a から b までの面積』

……あっ，ホントだ‼　ちょっと感動（笑）。」

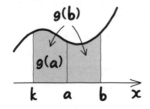

6-2 グラフの上下さえわかれば面積は求められる

数学Ⅱの積分で，面積を求めるのに，図は簡単なもので済ませたね。数学Ⅲでも同じだよ。

例題 6-3

定期テスト 出題度 ❗❗❗　2次・私大試験 出題度 ❗❗❗

曲線 $y=\dfrac{6x}{x^2+5}$ と直線 $y=1$ で囲まれる部分の面積 S を求めよ。

「まず，グラフをかかなきゃ。」

　たしかに，微分して増減表を作ればグラフはかけるよね。でも，6-1 のときと違って，すごく面倒だ。その場合は，グラフをかかないで求めるようにすればいいよ。

「そんなことできるんですか？」

　うん。**まず，グラフが連続であることを確認しよう。** $y=\dfrac{6x}{x^2+5}$ の分母は（0以上）＋5だから，0になることはない。

「グラフは切れ目のない，連続なものになりますね！」

　さらに，『数学Ⅱ・B編』の 例題 7-21 でやったように $y=\dfrac{6x}{x^2+5}$ のグラフが，$y=1$ のグラフより上になるときを求めたければ，$\dfrac{6x}{x^2+5}-1>0$ を計算すればいい。結果を先に言うと，$1<x<5$ になるよ。

　一方，$y=\dfrac{6x}{x^2+5}$ のグラフが，$y=1$ のグラフより下になるときは，計算しなくてもいいね。不等号が逆になるだけだからね。

「$x<1$, $5<x$ですね。」

　その通り。グラフの形はよくわからないけど,
図にすると, こんなカンジになりそうだ。
これで, 面積が求められるんじゃないかな?
ミサキさん, 解ける?

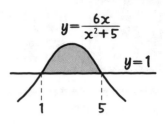

「解答　$y=\dfrac{6x}{x^2+5}$ のグラフは連続。

　さらに, $y=1$のグラフより上になるのは

$$\frac{6x}{x^2+5}-1>0$$

$x^2+5>0$より, 両辺にx^2+5を掛けて

$$6x-(x^2+5)>0$$
$$-x^2+6x-5>0$$
$$x^2-6x+5<0$$
$$(x-1)(x-5)<0$$
$$1<x<5$$

$$S=\int_1^5\left(\frac{6x}{x^2+5}-1\right)dx$$
$$=\int_1^5\left(3\cdot\frac{2x}{x^2+5}-1\right)dx$$

$\displaystyle\int\frac{f'(x)}{f(x)}dx=\log|f(x)|+C$

$$=\Big[3\log(x^2+5)-x\Big]_1^5 \quad \leftarrow x^2+5>0$$
$$=(3\log30-5)-(3\log6-1)$$
$$=3\log30-5-3\log6+1$$
$$=3(\log30-\log6)-4 \quad \leftarrow \log M-\log N=\log\frac{M}{N}$$
$$=\underline{3\log5-4} \quad \Leftarrow 答え \quad 例題6-3 」$$

その通り。正解だね。

媒介変数を使った曲線で囲まれる面積

媒介変数を使って表された曲線って，数学Ⅲに入ったとたんに，図形や微分などでやたら出てくるという印象があるね。もちろん，積分でも頻繁に登場するよ。

例題 6-4

定期テスト 出題度 ❗❗❗　　2次・私大試験 出題度 ❗❗❗

サイクロイド
$$\begin{cases} x = r(\theta - \sin\theta) \\ y = r(1 - \cos\theta) \end{cases} \quad (0 \leq \theta \leq 2\pi, \ r > 0)$$
と x 軸で囲まれる図形の面積 S を求めよ。

これは，例題 4-29 で出てきた曲線だよ。曲線の概形のかきかたは，もう前にやったから，ここでは省略。サイクロイドという曲線なんだけど，詳しくは 9-15 でやるからね。

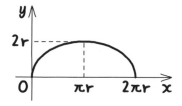

「曲線は x 軸より上側にありますね。」

うん。その場合は，曲線と x 軸ではさまれた部分の面積は，"y にあたるもの"を x で積分，つまり，$\displaystyle\int_0^{2\pi r} y\,dx$ の計算をすることになる。さらに，微分のときと同じく，積分も，**"積分されるもの"と積分する文字は一致しなきゃいけない**。

普通の関数のときは，例えば，$y=x^3$ とかわかっているなら，$\int_0^{2\pi r} x^3 dx$ で計算すればいいよね。"積分されるもの"は x の式で，積分する文字も x だから大丈夫だ。

「でも，今回の曲線は $y=(x\,の式)$ になっていないですよ。」

うん，x でそろえられないよね。だから，　**"積分されるもの"と"積分する文字"ともに，θ にそろえればいいんだ。**

$y=r(1-\cos\theta)$ となっているし，$x=r(\theta-\sin\theta)$ の両辺を θ で微分すれば dx も求められる。 **5-11** でやった置換積分法でいけるね。

「積分する範囲も，x でなく，θ に変えなきゃいけないですよね。」

そうだね。 **4-21** で書いた増減表を見ると，
$x=0$ になるのは $\theta=0$ のときで，
$x=2\pi r$ になるのは $\theta=2\pi$ のとき
とわかるよね。

解答　$S=\int_0^{2\pi r} y\,dx$ で求められる。

ここで，$y=r(1-\cos\theta)$

また，$x=r(\theta-\sin\theta)$ より

$\dfrac{dx}{d\theta}=r(1-\cos\theta)$

$dx=r(1-\cos\theta)\,d\theta$

よって

x	$0 \to 2\pi r$
θ	$0 \to 2\pi$

$S=\int_0^{2\pi} \underset{y}{\underline{r(1-\cos\theta)}} \cdot \underset{dx}{\underline{r(1-\cos\theta)\,d\theta}}$

数III

6章

$$=r^2\int_0^{2\pi}(1-\cos\theta)^2d\theta$$

$$=r^2\int_0^{2\pi}(1-2\cos\theta+\cos^2\theta)\,d\theta$$

$$=r^2\int_0^{2\pi}\left(1-2\cos\theta+\frac{1+\cos2\theta}{2}\right)d\theta \qquad \left.\right)\cos^2\theta=\frac{1+\cos2\theta}{2}$$

$$=\frac{1}{2}r^2\int_0^{2\pi}(3-4\cos\theta+\cos2\theta)\,d\theta$$

$$=\frac{1}{2}r^2\left[3\theta-4\sin\theta+\frac{1}{2}\sin2\theta\right]_0^{2\pi}$$

$$=\frac{1}{2}r^2\left\{\left(6\pi-4\sin2\pi+\frac{1}{2}\sin4\pi\right)-\left(-4\sin0+\frac{1}{2}\sin0\right)\right\}$$

$$=\frac{1}{2}r^2\cdot6\pi$$

$$=\underline{\underline{3\pi r^2}} \quad \Longleftarrow \boxed{答え} \ \blacktriangleright 例題 6\text{-}4 \blacktriangleleft$$

例題 6-5

定期テスト 出題度 ❗❗❗　　2次・私大試験 出題度 ❗❗❗

アステロイド

$$\begin{cases} x=a\cos^3\theta \\ y=a\sin^3\theta \end{cases} \quad （ただし，aは正の定数。0\leqq\theta\leqq2\pi）$$

は図のように，x 軸，y 軸に関してそれぞれ対称な曲線になる。この曲線で囲まれる図形の面積 S を求めよ。

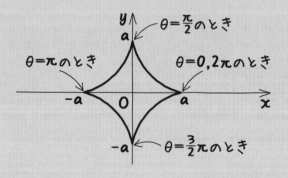

このアステロイドという図形も，**お役立ち話❷** で扱うからね。

「x軸，y軸に関して対称なのだから，第1象限の部分の面積を求めて4倍すればいいのか。」

そうだね。ミサキさん，解いてみて。

「第1象限の部分の面積は，$\int_0^a y dx$ ですよね。じゃあ……。

解答　$S=4\int_0^a y dx$ で求められる。

ここで，$y=a\sin^3\theta$

また，$x=a\cos^3\theta=a(\cos\theta)^3$　より

$\quad\dfrac{dx}{d\theta}=3a(\cos\theta)^2\cdot(-\sin\theta)$

$\qquad\quad=-3a\sin\theta\cos^2\theta$

$\quad dx=-3a\sin\theta\cos^2\theta d\theta$

よって

x	$0 \to a$
θ	$\dfrac{\pi}{2} \to 0$

$S=4\int_{\frac{\pi}{2}}^0 a\sin^3\theta\cdot(-3a\sin\theta\cos^2\theta)d\theta$

$\quad=12a^2\int_0^{\frac{\pi}{2}}\sin^4\theta\cos^2\theta d\theta$　　$\left\rangle\int_b^a f(x)dx=-\int_a^b f(x)dx\right.$

………あれっ？　この後は，どうすればいいんですか？」

まず，積分される関数を $\sin\theta$ だけの式にできるね。

そして，**例題 5-21** (3)に注目だ。

$I_n=\int_0^{\frac{\pi}{2}}\sin^n x dx$ とすると，

n が偶数のときは

$I_n=\dfrac{n-1}{n}\cdot\dfrac{n-3}{n-2}\cdots\cdots\dfrac{1}{2}\cdot I_0$という感じで計算できるし，$I_0=\dfrac{\pi}{2}$ だったね。

数Ⅲ

6
章

ちなみに，　**例題 5-21**　(2)から，n が奇数のときは

$$I_n = \frac{n-1}{n} \cdot \frac{n-3}{n-2} \cdot \ \cdots\cdots \ \cdot \frac{2}{3} \cdot I_1 \text{ となって，} I_1 = 1 \text{ だった。}$$

コツ⑰　定積分 $\displaystyle\int_0^{\frac{\pi}{2}} \sin^n x\, dx, \int_0^{\frac{\pi}{2}} \cos^n x\, dx$

の値

$I_n = \displaystyle\int_0^{\frac{\pi}{2}} \sin^n x\, dx = \int_0^{\frac{\pi}{2}} \cos^n x\, dx$ について

n が偶数のときは

$$I_n = \frac{n-1}{n} \cdot \frac{n-3}{n-2} \cdots\cdots \frac{3}{4} \cdot \frac{1}{2} \cdot \frac{\pi}{2}$$

n が奇数のときは

$$I_n = \frac{n-1}{n} \cdot \frac{n-3}{n-2} \cdots\cdots \frac{4}{5} \cdot \frac{2}{3} \cdot 1$$

これは公式として覚えておくと便利だよ。じゃあ，ミサキさん，これを参考に続きをやってみて。

「

$$S = 12a^2 \int_0^{\frac{\pi}{2}} \sin^4\theta\,(1 - \sin^2\theta)\,d\theta \quad \leftarrow \cos^2\theta + \sin^2\theta = 1$$

$$= 12a^2 \int_0^{\frac{\pi}{2}} (\sin^4\theta - \sin^6\theta)\,d\theta$$

$$= 12a^2 \left(\frac{3}{4} \cdot \frac{1}{2} \cdot \frac{\pi}{2} - \frac{5}{6} \cdot \frac{3}{4} \cdot \frac{1}{2} \cdot \frac{\pi}{2} \right)$$

$$= 12a^2 \left(\frac{3}{16}\pi - \frac{5}{32}\pi \right)$$

$$= 12a^2 \cdot \frac{\pi}{32}$$

$$= \underline{\frac{3}{8}\pi a^2} \quad \boxed{\text{答え}}　\text{例題 6-5}$$

ですね。」

6-4 立体の体積

向こうが透けて見えそうなほどに薄くスライスしてみよう。高い肉を食べるときをイメージすると，よりリアルでいいかも？

『数学Ⅱ・B編』の **お役立ち話㉓** で少し触れたけど，定積分というのは，"限りなく細かく切った1つひとつを足し合わせる"という計算だと思ってほしいんだ。

例えば，x軸より上側に$y=f(x)$のグラフがあるとし，x軸とではさまれた$x=a$から$x=b$までの部分を考えよう。

その図形に縦線をびっしりと隙間なくかくと，縦線すべてを合わせたものが面積になるよね。

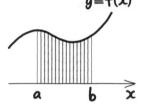

座標がxの点で軸に垂直に切った長さは$f(x)$だ。

これを$x=a$から$x=b$までの定積分で計算すればいい。

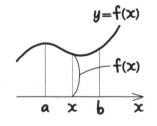

「面積$S=\int_a^b f(x)\,dx$になるということですね。」

そうだよ。なぜ定積分で面積が求められるかの説明は，**お役立ち話⑳** でやったからいいよね？

さて，これと同じ理屈が立体でもいえるんだ。軸に垂直に限りなく薄く切っていく。そのすべての面積を足し合わせると体積になるんだ。

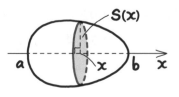

18 回転体でない立体の体積

❶ 軸を通し，座標を置く。

❷ 座標が x のところで，軸に垂直に切った切り口の面
 積 $S(x)$ を求め，それを端から端まで積分すれば体積
 V が求まる。

例題 6-6　（定期テスト 出題度 ❗❗❗）　（2次・私大試験 出題度 ❗❗❗）

　　底面が半径 a の円，高さが a の円柱を，底面の直径を通るように
斜め $45°$ の平面で切断したときにできる小さいほうの立体の体積 V
を求めよ。

下のような立体になるね。

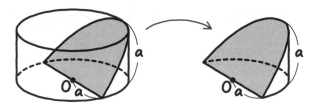

❶ **軸を通し，座標を置く。**

　もちろん，わかりやすいところに軸を通すんだよ。今回は直径のところを軸
にしよう。そして，当然，中心は原点 O とするのが自然だね。そうすると，両
端は $-a$ と a になる。そして，

❷ **座標が x のところで，軸に垂直に切った切り口の面積 $S(x)$ を求め，**
 それを端から端まで積分すれば体積 V が求まる。

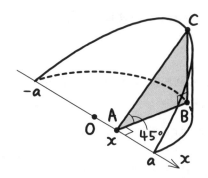

　わかりやすいように，座標がxの地点で切った切り口を△ABCと名前を付けて考えてみようか。もともとは円柱だったから，∠CBAは直角だ。そして斜め45°で切断したので，∠CAB＝45°になるから，直角二等辺三角形になるはずだ。ちなみに，ABの長さってわかる？

　「えっ？　どうやって求めればいいんですか？」

　OとBを補助線で結んでみるといいよ。△OABが∠OAB＝90°の直角三角形なので，三平方の定理が使えるよね。

　「あっ，そうか。OA＝x，OB＝aなので，
　　　　AB＝$\sqrt{OB^2-OA^2}=\sqrt{a^2-x^2}$か。」

　まあ，厳密にいうと，OA＝xという表しかたは間違いだよ。
　確かに，OAの長さは，xと0の差だ。でも，xは正とは限らないもんね。Aの場所を原点に対して反対側に取れば，xが負になることもある。

　「あっ，そうか……。xと0の大小がわからないんだ。」

　「あっ，じゃあ，一方から他方
　　　を引いて絶対値をつければ
　　　いいんじゃない？」

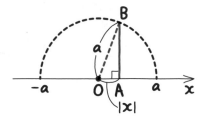

その通り。『数学Ⅰ・A編』の お役立ち話⓭ で登場したよね。
OA＝$|x|$ が正しいね。

「$S(x)$ が求められたら，体積 $V=\int_{-a}^{a}S(x)dx$ で計算するんですね！」

うん。$\int_{-a}^{a}\dfrac{1}{2}(a^2-x^2)dx$ を計算することになるの

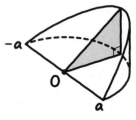

だが，$\dfrac{1}{2}(a^2-x^2)$ は偶関数だから $2\int_{0}^{a}\dfrac{1}{2}(a^2-x^2)dx$

とできる。 5-15 で勉強したよね。また，この立
体をよく見たら，O をはさんで両側が対称な図形に
なっているよね。だから，片方だけ求めて，×2でもいいよね。

「$\int_{0}^{a}S(x)dx$ を2倍するということですね。あっ，こっちのほうがいい
　ですね。範囲に0があるから代入したあとの計算がラクそうだし。」

うん。じゃあ，それでいこうか。

「あれっ，じゃあ，その場合は，座標 x は正だから，OA＝x でいいんだ。」

そうだね。正解は次のようになるね。

解答　図のように，軸を通し，座標をおく。

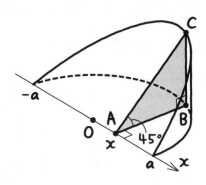

座標 $x\,(>0)$ の地点 A で x 軸と垂直に切った切り口は，∠CBA が直角の直角二等辺三角形であり，OA＝x，OB＝a より

$$AB=\sqrt{OB^2-OA^2}=\sqrt{a^2-x^2}$$

よって，CB＝AB＝$\sqrt{a^2-x^2}$ より，△ABC の面積 $S(x)$ は

$$S(x)=\frac{1}{2}\cdot\sqrt{a^2-x^2}\cdot\sqrt{a^2-x^2}$$

$$=\frac{1}{2}(a^2-x^2)$$

よって

$$V=2\int_0^a S(x)\,dx$$

$$=\int_0^a (a^2-x^2)\,dx \qquad \raisebox{0.5em}{\small $S(x)=\frac{1}{2}(a^2-x^2)$ を代入}$$

$$=\left[a^2x-\frac{1}{3}x^3\right]_0^a$$

$$=\left(a^3-\frac{1}{3}a^3\right)-0$$

$$=\underline{\underline{\frac{2}{3}a^3}} \qquad \Leftarrow \boxed{\text{答え}} \quad \blacksquare\text{例題 6-6}$$

数Ⅲ
6章

球の体積

中学のときに，「半径 r の球の体積は $\frac{4}{3}\pi r^3$」と習ったけど，理由は教わらなかった。そりゃあ，そうだろう。中学生には積分がわからないからね。

例題 6-7　　定期テスト 出題度 **❶❶**　　2次・私大試験 出題度 **❶❶**

次の問いに答えよ。

(1)　半径 r の球の体積は $\frac{4}{3}\pi r^3$ になることを積分を用いて示せ。

(2)　半径 r の半球の容器に水を満たし，$\frac{\pi}{6}$ だけ傾けたとき，こぼれずに半球に残る水の体積を求めよ。

---

(1)は，まず，球の中心を通るように軸を通し，中心を原点Oとしよう。もちろん，両端は $-r$ と r になるね。

そして，座標 x の点で x 軸に垂直に切ると，その切り口は円になるはずだ。じゃあ，ミサキさん，半径は？

「あっ，6-4 と同じようにすればいいですよね？原点との距離が $|x|$ で，球の半径が r だから，三平方の定理より，切り口の円の半径は $\sqrt{r^2-x^2}$ ですね。」

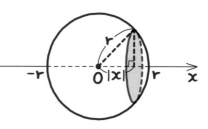

「じゃあ，面積は，$\pi(\sqrt{r^2-x^2})^2$，つまり $\pi(r^2-x^2)$ か。それを $-r$ から r まで積分すればいいんですね。」

$\pi(r^2-x^2)$ は偶関数だから，$\int_{-r}^{r}\pi(r^2-x^2)\,dx$ を $2\int_{0}^{r}\pi(r^2-x^2)\,dx$ にしても

いいし，原点を通る面に関して両側が対称になっているから，片方の半球の体

積だけ求めて，2倍してもいい。

解答 (1) 球の中心を通るように軸を通し，中心を原点Oとすると，

座標 x（>0）の点で x 軸に垂直に切った切り口は円になり，

その面積は，$\pi(\sqrt{r^2-x^2})^2=\pi(r^2-x^2)$ より，求める球の体積 V は

$$V=2\int_{0}^{r}\pi(r^2-x^2)\,dx$$

$$=2\pi\int_{0}^{r}(r^2-x^2)\,dx$$

$$=2\pi\left[r^2x-\frac{1}{3}x^3\right]_{0}^{r}$$

$$=2\pi\left(r^3-\frac{1}{3}r^3\right)$$

$$=\frac{4}{3}\pi r^3$$

よって，半径 r の球の体積は $\dfrac{4}{3}\pi r^3$ になる。

◁ 答え 例題 **6-7** (1)

数Ⅲ **6** 章

 「中学生のときに覚えた『球の体積は $\dfrac{4}{3}\pi r^3$』という公式は，こうやっ

て導くんですね！」

そういうこと。タネ明かしするには，高校の数学Ⅲの知識が必要だったんだ。

(2)は，下向きに軸を通して，同じようにやれ

ばいい。

中心を原点Oとすれば，底の座標は r になる。

図のようにA，B，Cとおこうか。

ちなみに，水面の座標はどうなる？

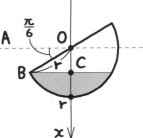

「OB ＝ r で，

∠AOB ＝ $\frac{\pi}{6}$ ということは，

∠OBC ＝ $\frac{\pi}{6}$ になって……。

あっ，そうか。∠OCB は直角だから，

OC : OB : BC ＝ 1 : 2 : $\sqrt{3}$ で，OC ＝ $\frac{1}{2}r$ だ！」

うん。じゃあ，解けるんじゃないかな？　ミサキさん，やってみて。

|解答| (2)　球の中心を通るように軸を通

し，中心を原点 O とし，図のよ

うに A，B，C とすると

∠OBC ＝ ∠AOB ＝ $\frac{\pi}{6}$ より

OC : OB : BC ＝ 1 : 2 : $\sqrt{3}$

になるから，OC ＝ $\frac{1}{2}r$

よって，$x = \frac{1}{2}r$ から $x = r$

までの水面の面積を足し合わせていく。

座標 x（＞0）の点での水面は円になり，

その円の半径は $\sqrt{r^2 - x^2}$

よって，円の面積は $\pi(r^2 - x^2)$ なので，求める水の体積 V は

$$V = \int_{\frac{1}{2}r}^{r} \pi(r^2 - x^2)\,dx$$

$$= \pi\left[r^2 x - \frac{1}{3}x^3 \right]_{\frac{1}{2}r}^{r}$$

$$= \pi\left\{ \left(r^3 - \frac{1}{3}r^3 \right) - \left(\frac{1}{2}r^3 - \frac{1}{24}r^3 \right) \right\}$$

$$= \pi\left(r^3 - \frac{1}{3}r^3 - \frac{1}{2}r^3 + \frac{1}{24}r^3 \right)$$

$$= \underline{\frac{5}{24}\pi r^3}$$

⇐ |答え|　例題 6-7 (2)

ですね。」

回転体の体積

6-5 で登場した球の体積の公式は,「半円$y=\sqrt{r^2-x^2}$をx軸のまわりに1回転させた図形」と考えても求められるよ。

図形を軸のまわりにグルグル回転させると立体ができるよね。それを回転体というんだ。

そして, x軸のまわりの回転体の体積は, "y^2にあたるもの" をxの範囲で積分して, π倍すれば求められる。

曲線の式が$y=f(x)$なら, 次のようになるよ。

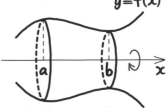

Point 33 x軸のまわりの回転体の体積

x軸のまわりの回転体の体積V_xは
$$V_x=\pi\int_a^b \{f(x)\}^2dx \quad (a<b)$$

「x軸のまわりの回転体の体積は, V_xと書くのは決まりですか?」

いや, 別にルールはない。ただ, このあと, y軸のまわりの回転体の体積というのも登場するので, 両方Vにするとまぎらわしいだろう？　だから, 区別したんだよ。

「この公式が成り立つのは, どうしてですか?」

　例えば，回転させた立体を，座標が x のところで x 軸に垂直に切った切り口は円になるよね。その面積は？

「半径は $|f(x)|$ だから，$\pi\{f(x)\}^2$ です。」

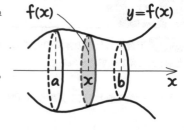

　そうだよね。これを使って　6-5　のやりかたで求めると，

$$体積\ V_x=\int_a^b \pi\{f(x)\}^2 dx$$

$$=\pi\int_a^b \{f(x)\}^2 dx \quad (a<b)$$

になるというわけだ。

例題 6-8　　定期テスト 出題度 !!!　　2次・私大試験 出題度 !!!

　曲線 $C:y=-x^2+4$ および x 軸，y 軸で囲まれる部分のうち，第1象限にあるほうを次のように回転したときにできる立体の体積を求めよ。

(1)　x 軸のまわりに回転したとき

(2)　y 軸のまわりに回転したとき

　グラフは右のようになるね。じゃあ，ハルトくん，(1)を計算してみて。

解答　(1)　求める立体の体積を V_x とすると

$$V_x=\pi\int_0^2 y^2 dx$$

$$=\pi\int_0^2 (-x^2+4)^2 dx$$

$$=\pi\int_0^2 (x^4-8x^2+16)dx$$

$$=\pi\left[\frac{1}{5}x^5-\frac{8}{3}x^3+16x\right]_0^2$$

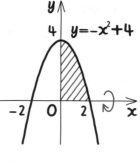

$$= \pi \left(\frac{32}{5} - \frac{64}{3} + 32 \right)$$

$$= \underline{\frac{256}{15}\pi} \quad \text{◁ 答え 例題 6-8 (1)」}$$

うん，正解。次に，y 軸のまわりの回転体だけど，6-1 の最後
と同じ発想でいい。x，y の立場が逆になっただけだ。

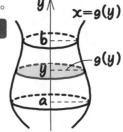

まず，式を $x=\sim$，または，$x^2 = \sim$ の形にする。
そして，"x^2 にあたるもの" を y の範囲で積分
して，π 倍すればいい。

曲線の式が $x = g(y)$ なら，次のようになるよ。

Point

34　y 軸のまわりの回転体の体積

y 軸のまわりの回転体の体積 V_y は

$$V_y = \pi \int_a^b \{g(y)\}^2 dy \quad (a < b)$$

ミサキさん，(2)を解いてみて。

「**解答** (2)　$y = -x^2 + 4$ より，$x^2 = -y + 4$

　　　求める立体の体積を V_y とする

　　　と

$$V_y = \pi \int_0^4 x^2 dy$$

$$= \pi \int_0^4 (-y + 4) dy$$

$$= \pi \left[-\frac{1}{2}y^2 + 4y \right]_0^4$$

$$= \pi(-8 + 16)$$

$$= \underline{8\pi} \quad \text{◁ 答え 例題 6-8 (2)」}$$

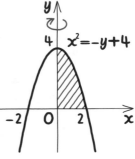

数Ⅲ
6
章

例題 6-9　　定期テスト 出題度 !!!　　2次・私大試験 出題度 !!!

曲線 $C : y = \cos x \left(0 \leqq x \leqq \dfrac{\pi}{2} \right)$ および x 軸，y 軸で囲まれる部分を次のように回転したときにできる立体の体積を求めよ。

(1)　x 軸のまわりに回転したとき

(2)　y 軸のまわりに回転したとき

「(1)は，$V_x = \pi \displaystyle\int_0^{\frac{\pi}{2}} \cos^2 x\, dx$ で……。」

$\cos^2 x$ の積分は，5-6 でやったよね。

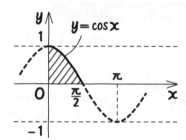

「あっ，そうだ。半角の公式だ！

解答　(1)　求める立体の体積を V_x とすると

$$V_x = \pi \int_0^{\frac{\pi}{2}} \cos^2 x\, dx$$

$$= \pi \int_0^{\frac{\pi}{2}} \frac{1 + \cos 2x}{2} dx \qquad \left(\cos^2 \theta = \frac{1 + \cos 2\theta}{2} \right.$$

$$= \frac{\pi}{2} \int_0^{\frac{\pi}{2}} (1 + \cos 2x)\, dx$$

$$= \frac{\pi}{2} \left[x + \frac{1}{2} \sin 2x \right]_0^{\frac{\pi}{2}}$$

$$= \frac{\pi}{2} \left\{ \left(\frac{\pi}{2} + \frac{1}{2} \sin \pi \right) - \frac{1}{2} \sin 0 \right\}$$

$$= \frac{\pi}{2} \cdot \frac{\pi}{2}$$

$$= \frac{\pi^2}{4} \qquad \Leftarrow \boxed{答え}\ 例題 6-9\ (1)$$ 」

「(2)は，$x =$ ～の形に直して……，あれっ？　直せないですよ。」

今回，"x^2 にあたるもの" を y の範囲で積分して π 倍。つまり，$\pi\displaystyle\int_0^1 x^2 dy$ を計算したい。そして，6-3 でもいったけど，"積分されるもの" と積分する文字は一致しなきゃいけないから，x^2 を y に直したい。でも，できない。そこで，**dy のほうを dx に直しちゃえばいいんだよね。**

だから，範囲も x のものに変えなきゃいけないよ。グラフを見ると，$y=0$ のとき，$x=\dfrac{\pi}{2}$。$y=1$ のとき，$x=0$ だね。ミサキさん，解いてみて。

「解答 (2) 求める立体の体積を V_y とすると

$$V_y = \pi\int_0^1 x^2 dy$$

ここで，$y = \cos x$ より

$$\frac{dy}{dx} = -\sin x$$
$$dy = -\sin x\, dx$$

よって

y	$0 \to 1$
x	$\dfrac{\pi}{2} \to 0$

$$V_y = \pi\int_{\frac{\pi}{2}}^{0} x^2(-\sin x)\,dx$$

$$= \pi\int_0^{\frac{\pi}{2}} x^2 \sin x\, dx$$

$$= \pi\left\{ \left[x^2 \cdot (-\cos x) \right]_0^{\frac{\pi}{2}} - \int_0^{\frac{\pi}{2}} 2x \cdot (-\cos x)\,dx \right\}$$

$$= \pi\left[-x^2 \cos x \right]_0^{\frac{\pi}{2}} + 2\pi\int_0^{\frac{\pi}{2}} x \cdot \cos x\, dx$$

$$= -\frac{\pi^3}{4}\cos\frac{\pi}{2} + 2\pi\left(\left[x\sin x \right]_0^{\frac{\pi}{2}} - \int_0^{\frac{\pi}{2}} 1 \cdot \sin x\, dx \right)$$

$$= 2\pi\left(\frac{\pi}{2}\sin\frac{\pi}{2} + \left[\cos x \right]_0^{\frac{\pi}{2}} \right)$$

$$= 2\pi\left(\frac{\pi}{2} + \cos\frac{\pi}{2} - \cos 0 \right)$$

$$= 2\pi\left(\frac{\pi}{2} - 1 \right)$$

$$= \underline{\pi^2 - 2\pi}$$ ◁答え 例題 6-9 (2)」

回転軸との間に "すきま" があるとき

2曲線 $y=f(x)$ と $y=g(x)$ ではさまれた部分の回転体の体積を求めるのに，間違って $\pi\int_a^b\{f(x)-g(x)\}^2dx$ という計算をする人が多いんだ。面積の公式と，回転体の体積の公式がごっちゃになるんだろうね。

例題 6-10　｜定期テスト 出題度 !!!｜　｜2次・私大試験 出題度 !!!｜

曲線 $C: y=e^x$ の接線で，点 $(1, 0)$ を通るものを ℓ とし，C，ℓ，x 軸，y 軸で囲まれた図形を D とするとき，次の問いに答えよ。

(1) ℓ の方程式を求めよ。

(2) D を x 軸のまわりに回転したときにできる立体の体積を求めよ。

(3) D を y 軸のまわりに回転したときにできる立体の体積を求めよ。

(1)は ｜例題 4-3｜ でやったけど，大丈夫かな？　ハルトくん，やってみて。

「解答　(1)　接点の座標を (t, e^t) とすると

$y'=e^x$ より，接線の傾きは e^t

よって，接線の方程式は

$$y-e^t=e^t(x-t)$$
$$y=e^tx-te^t+e^t$$

この接線は点 $(1, 0)$ を通るので

$$0=e^t-te^t+e^t$$
$$(t-2)e^t=0$$
$$t=2$$

よって，ℓ の方程式は

$$\underline{y=e^2x-e^2}$$ ｜答え｜ ｜例題 6-10｜ (1)」

そう，正解だね。ちなみに，接点の座標は？

「$(2,\ e^2)$ です。」

そうだね。じゃあ，次の(2)だ。ミサキさん，まず，図をかいてみて。

「

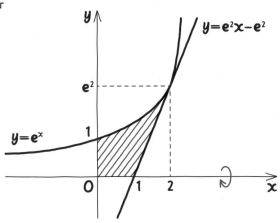

でいいですか？」

うん。そんなカンジだろうね。さて，**今回は図形 D と回転軸である x 軸との間に"すきま"があるよね。**

「そうですよね……，回転させたら"くぼみ"ができそう。」

そういうことだ。こういった場合，

("軸から遠いほうの曲線"の回転体の体積)

　ー("軸から近いほうの曲線"の回転体の体積)

で計算すればいい。

「えっ？　よくわからない……。」

じゃあ，もし，すきまがないと考えよう。粘土を詰めちゃうようなイメージでね。

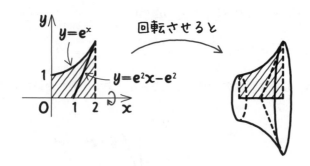

 「$y = e^x$ を回転させるから，体積は，$\pi\int_0^2 (e^x)^2 dx$ で求められますね。」

うん。"軸から遠いほうの曲線"の回転だ。

そして，くぼみの部分を引こう。

 「直線 $y = e^2 x - e^2$ を回転させればいいんだ！　"軸から近いほうの曲線"の回転ということか。」

 「$\pi\int_1^2 (e^2 x - e^2)^2 dx$ で計算すればいいのね。」

うん，正しいね。でも，実は，もっと簡単に求められるよ。回転させる前の図形って三角形だよね。回転させるとどんな図形になる？

 「……あっ，円すい？」

そうだね。底面が半径 e^2 の円，高さが1の円すいになるよね。

ということは，わざわざ積分で計算しなくても，円すいの公式で導けるよ。

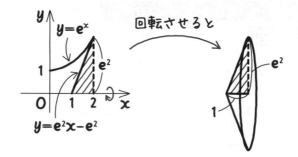

解答　(2)　求める立体の体積を V_x とすると

$$V_x = \pi \int_0^2 (e^x)^2 dx - \underbrace{\frac{1}{3}\pi (e^2)^2 \cdot 1}$$

円すいの体積

$$= \pi \int_0^2 e^{2x} dx - \frac{1}{3}\pi e^4$$

$$= \pi \left[\frac{1}{2} e^{2x} \right]_0^2 - \frac{1}{3}\pi e^4$$

$$= \pi \left(\frac{1}{2} e^4 - \frac{1}{2} e^0 \right) - \frac{1}{3}\pi e^4$$

$$= \pi \left(\frac{1}{6} e^4 - \frac{1}{2} \right)$$

$$= \frac{\pi}{6} e^4 - \frac{\pi}{2}$$

⇦ **答え**　**例題 6-10**　(2)

　次に, (3)の y 軸のまわりに回転したときを考えてみよう。今度は回転軸から遠いほうが直線 $y = e^2 x - e^2$ だ。$x = \sim$ の形に直すと, $x = e^{-2}y + 1$ になるから, 普通は, $\pi \int_0^{e^2} (e^{-2}y + 1)^2 dy$ だが, これも……。

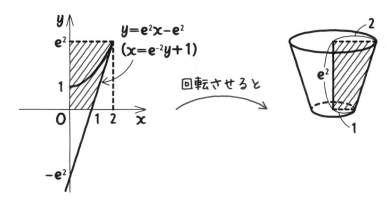

「見たことある図形になるんですね。えっ？　名前は……？？」

　円すい台と呼ばれる形なんだ。大きい円すいから, 小さい円すいの体積を引けばいいんだよね。中学校の数学で登場したよ。

「まさか，数学Ⅲの終わりになって，中学校の内容が出てくるとは。予想してなかった（笑）。」

$y=e^2x-e^2$ のグラフの y 切片は，$-e^2$ だ。

大きい円すいは，底面が半径2の円で，高さが $2e^2$。

小さい円すいは，底面が半径1の円で，高さが e^2 になるね。

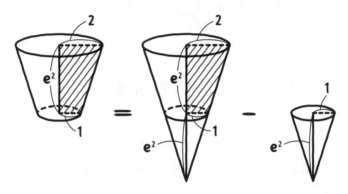

一方，軸から近いほうは $y=e^x$ で，$x=\sim$ の形に直すと，$x=\log y$ になるから，$\pi\int_1^{e^2}(\log y)^2dy$ で計算できる。ミサキさん，解いてみて。

「あっ，$\pi\int_1^{e^2}(\log y)^2dy$ は　5-9　の部分積分法ですね。

解答　(3)　求める立体の体積を V_y とすると

$$V_y=\underbrace{\left(\frac{1}{3}\pi\cdot2^2\cdot2e^2-\frac{1}{3}\pi\cdot1^2\cdot e^2\right)}_{\text{円すい台の体積}}-\pi\underbrace{\int_1^{e^2}(\log y)^2dy}_{\int_1^{e^2}(\log y)^2\cdot1\,dy}$$

$$=\frac{7}{3}\pi e^2-\pi\left\{\left[y(\log y)^2\right]_1^{e^2}-\int_1^{e^2}y\cdot2\log y\cdot\frac{1}{y}dy\right\}$$

$$=\frac{7}{3}\pi e^2-\pi\left\{e^2\underline{(\log e^2)^2}-(\log1)^2-2\int_1^{e^2}\log y\,dy\right\}$$

$$\hspace{6cm}{}_{\textstyle\llcorner\ \log e^2=2}$$

$$=\frac{7}{3}\pi e^2-4\pi e^2+2\pi\int_1^{e^2}\log y\,dy$$

$$=-\frac{5}{3}\pi e^2+2\pi\left[y\log y-y\right]_1^{e^2}$$

$$= -\frac{5}{3}\pi e^2 + 2\pi \{(e^2 \log e^2 - e^2) - (\log 1 - 1)\}$$

$$= -\frac{5}{3}\pi e^2 + 2\pi (e^2 + 1)$$

$$= -\frac{5}{3}\pi e^2 + 2\pi e^2 + 2\pi$$

$$= \underline{\frac{\pi}{3} e^2 + 2\pi} \quad \Leftarrow \boxed{答え}\ \boxed{例題\ 6\text{-}10}\ (3)」$$

正解。$\int \log y\,dy$ は 例題 5-17 (1)で出てきたね。

例題 6-11 ┃ 定期テスト 出題度 ❗❗ ┃ ┃ 2次・私大試験 出題度 ❗❗❗ ┃

円 $C : x^2 + (y-5)^2 = 9$ を x 軸のまわりに回転したときにできる立体の体積 V を求めよ。

「何かドーナツみたいな形になりそう（笑）。」

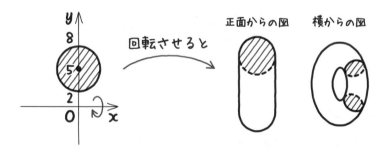

そうだね。数学の世界では**円環体**と呼ばれているんだ。

「今度は"くぼみ"じゃなくて，穴なのか。」

そうなんだ。でも，求めかたは同じだよ。まず，ハルトくん，式を$y =$～の形にしてみて。

「$x^2+(y-5)^2=9$

$(y-5)^2=9-x^2$

$y-5=\pm\sqrt{9-x^2}$

$y=5\pm\sqrt{9-x^2}$

あれっ？　どうして，±になるのですか？」

　図を見てほしい。円のうち上半分はy座標が5より大きいよね。つまり，$y=5+\sqrt{9-x^2}$ の式になるんだ。

「じゃあ，下半分はy座標が5より小さいから，$y=5-\sqrt{9-x^2}$ の式になるということですか？」

そうなんだ。　**2乗を含む式を$y=$～の形にすると，上半分と下半分が違う式になることがあるんだ。**

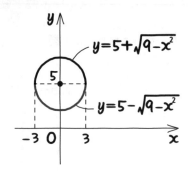

　じゃあ，求めてみよう。

　回転軸から遠いほうの回転体の体積$\pi\int_{-3}^{3}(5+\sqrt{9-x^2})^2 dx$から，近いほうの回転体の体積$\pi\int_{-3}^{3}(5-\sqrt{9-x^2})^2 dx$を引けばいい。また，できるドーナツは図をよく見るとy軸に関して左右対称だ，だから，左半分か右半分のどっちか一方の回転体の体積を求めて2倍してもいい。 **例題 6-6** のときもそうだったよね。

「あっ，これもそっちのほうがいいです。"0から3までの範囲"のほうが値を代入したあとの計算がラクですもん。」

じゃあ，そうしようか。

「$2\left\{\pi\int_0^3 (5+\sqrt{9-x^2})^2dx - \pi\int_0^3 (5-\sqrt{9-x^2})^2dx\right\}$でいいんですね。」

そうだね。でも，もっと簡単にできる。まず，πでくくれる。さらに，積分範囲が一緒だよね。ということは，"積分される式"どうしを引ける。これは，『数学Ⅱ・B編』の 7-5 の 67 の❷で登場したよね。解いてみるよ。

解答

$$V=2\left\{\pi\int_0^3 (5+\sqrt{9-x^2})^2dx - \pi\int_0^3 (5-\sqrt{9-x^2})^2dx\right\}$$

$$=2\pi\left\{\int_0^3 (5+\sqrt{9-x^2})^2dx - \int_0^3 (5-\sqrt{9-x^2})^2dx\right\}$$

$$=2\pi\int_0^3 \{(5+\sqrt{9-x^2})^2 - (5-\sqrt{9-x^2})^2\}\,dx$$

$$=2\pi\int_0^3 20\sqrt{9-x^2}\,dx$$

$$(5+\sqrt{9-x^2}+5-\sqrt{9-x^2})$$
$$\times(5+\sqrt{9-x^2}-5+\sqrt{9-x^2})$$
$$=10\times 2\sqrt{9-x^2}$$

$$=40\pi\int_0^3 \sqrt{9-x^2}\,dx$$

ここで，$\int_0^3 \sqrt{9-x^2}\,dx$ は，右の斜線部の面積で，半径3の円の面積9πの$\dfrac{1}{4}$を表すから，$\dfrac{9}{4}\pi$になる。

したがって

$$V=40\pi\cdot\frac{9}{4}\pi$$

$$=\underline{\underline{90\pi^2}} \quad \Leftarrow 答え \quad 例題 6-11$$

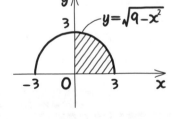

最後のところは大丈夫かな？　半円のグラフで定積分を求めるのは 5-13 で登場したよね。

回転軸の両側に図形が あるとき

頭でイメージしてみよう。針金の片側だけに羽根を付けてグルグル回すと回転体ができる。でも，もう片側にも羽根を付けて回したらどうなるかな？

　回転体の体積の問題によっては，回転軸の両側に図形があることがある。このときは注意してほしいんだ。

　回転軸の片側のみに図形があるときと，もう片側にも対称な図形があるときで，回転体の体積って2倍になるかな？

「ならないですよね。できる図形は同じですもん。」

　そうだね。じゃあ，今度は，両側に違う図形A，Bを付けて回転させよう。回転してできる立体の体積って，

（Aの回転体の体積）＋（Bの回転体の体積）になる？

「そうなるとは限らないです。一部が重なってしまうこともあるだろうし。」

その通りだね。　回転軸の両側に図形があるときは，片方の図形をもう一方の側に折り返してから，その図形を回転させるようにする　といいよ。

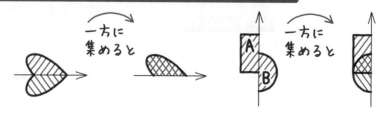

例題 6-12

定期テスト 出題度 ❗❗　　2次・私大試験 出題度 ❗❗❗

　2曲線 $y=\sin x$, $y=\cos x$ （$0\leqq x\leqq 2\pi$）で囲まれる部分を，x 軸のまわりに回転させてできる立体の体積 V を求めよ。

まず，交点の x 座標を求めてみよう。

「$\sin x = \cos x$

$\sin x - \cos x = 0$

あっ，三角関数の合成か……。」

「あっ，合成するよりは，$\sin x = \cos x$ で考えたほうがいいんじゃない？　要するに，（y 座標）＝（x 座標）ということでしょ？」

うん。 例題 5-28 でも出てきたね。単位円周上で $y=x$ になっているところを探せばいいわけだ。

「あっ，そうか！

そっちのほうがいいな。

$x = \dfrac{\pi}{4}$, $\dfrac{5}{4}\pi$　ですね。」

その通り。グラフはこんな感じになるかな？

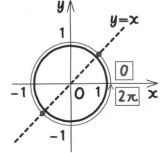

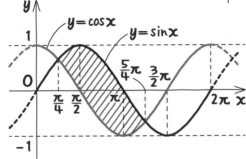

x軸のまわりに回転させるわけだから，片側に集めなきゃいけない。x軸より下側にある部分を折り返そう。まず，$y=\sin x$のグラフをx軸に関して対称移動すると，式はどうなる？

「$y=-\sin x$ですか？」

そうだね。『数学Ⅰ・A編』の 3-7 で出てきたね。yが$-y$になるからね。$-y=\sin x$，つまり，$y=-\sin x$ということだね。

同様に，$y=\cos x$は，$y=-\cos x$になる。折り返すと，次のようなグラフになるはずだ。

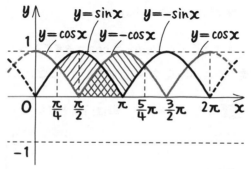

そうすると，$\dfrac{\pi}{2}$からπの間で，$y=\sin x$と$y=-\cos x$が交わるところができてしまうよね。この交点のx座標も求めておこう。

「$\sin x=-\cos x$ということは，つまり，単位円周上で$y=-x$になっているところだから，

$x=\dfrac{3}{4}\pi$

ですね。」

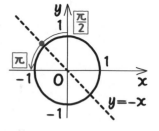

うん，その通りだ。じゃあ，体積を求めてみよう。

「$x=\dfrac{3}{4}\pi$に関して左右対称になっていますね。」

あっ，いいところに気が付いたね！　その通り。片方の体積を求めて2倍すればできちゃうね。

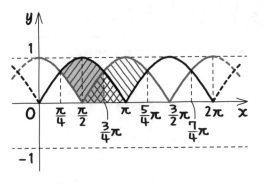

じゃあ，ハルトくん，求めてみて。

「解答

半角の公式
$\sin^2\theta = \dfrac{1-\cos 2\theta}{2}$
$\cos^2\theta = \dfrac{1+\cos 2\theta}{2}$

$$V = 2\pi\left(\int_{\frac{\pi}{4}}^{\frac{3}{4}\pi}\sin^2 x\,dx - \int_{\frac{\pi}{4}}^{\frac{\pi}{2}}\cos^2 x\,dx\right)$$

$$= 2\pi\left(\int_{\frac{\pi}{4}}^{\frac{3}{4}\pi}\frac{1-\cos 2x}{2}\,dx - \int_{\frac{\pi}{4}}^{\frac{\pi}{2}}\frac{1+\cos 2x}{2}\,dx\right)$$

$$= \pi\left\{\int_{\frac{\pi}{4}}^{\frac{3}{4}\pi}(1-\cos 2x)\,dx - \int_{\frac{\pi}{4}}^{\frac{\pi}{2}}(1+\cos 2x)\,dx\right\}$$

$$= \pi\left(\left[x - \frac{1}{2}\sin 2x\right]_{\frac{\pi}{4}}^{\frac{3}{4}\pi} - \left[x + \frac{1}{2}\sin 2x\right]_{\frac{\pi}{4}}^{\frac{\pi}{2}}\right)$$

$$= \pi\left\{\left(\frac{3}{4}\pi - \frac{1}{2}\sin\frac{3}{2}\pi\right) - \left(\frac{\pi}{4} - \frac{1}{2}\sin\frac{\pi}{2}\right)\right.$$
$$\left. - \left(\frac{\pi}{2} + \frac{1}{2}\sin\pi\right) + \left(\frac{\pi}{4} + \frac{1}{2}\sin\frac{\pi}{2}\right)\right\}$$

$$= \pi\left\{\left(\frac{3}{4}\pi + \frac{1}{2}\right) - \left(\frac{\pi}{4} - \frac{1}{2}\right) - \frac{\pi}{2} + \left(\frac{\pi}{4} + \frac{1}{2}\right)\right\}$$

$$= \pi\left(\frac{3}{4}\pi + \frac{1}{2} - \frac{\pi}{4} + \frac{1}{2} - \frac{\pi}{2} + \frac{\pi}{4} + \frac{1}{2}\right)$$

$$= \pi\left(\frac{\pi}{4} + \frac{3}{2}\right)$$

$$= \underline{\underline{\frac{\pi^2}{4} + \frac{3}{2}\pi}}$$　答え　例題 6-12

です。」

数Ⅲ　6章

そうだね。正解。

媒介変数を使った曲線の 回転体の体積

媒介変数を使った曲線はよく出てきたし，回転体の体積もわかっているから大丈夫だよね。

例題 6-13
定期テスト 出題度 ❗❗❗) (2 次・私大試験 出題度 ❗❗❗

サイクロイド
$$\begin{cases} x = r(\theta - \sin\theta) \\ y = r(1 - \cos\theta) \end{cases} \quad (0 \leqq \theta \leqq 2\pi, \ r > 0)$$
と x 軸で囲まれる図形を x 軸のまわりに回転させたときにできる
立体の体積 V を求めよ。

「あっ， 例題 4-29 ， 例題 6-4 でやったのと同じ式だ……。」

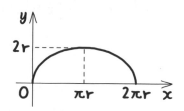

今回は x 軸のまわりの回転体だから， $\pi \displaystyle\int_0^{2\pi r} y^2 dx$ を計算したい。でも，"積分されるもの"と積分する文字が違っているよね。y を x に変えることはできないし，かといって，dx を dy に直すこともできない……。

「わかった！　両方 θ に変えるんですね！」

その通り。じゃあ，ミサキさん，解ける？

「解答 $V = \pi \int_0^{2\pi r} y^2 \, dx$ で求められる。

ここで，$y = r(1 - \cos\theta)$

また，$x = r(\theta - \sin\theta)$ より

$\dfrac{dx}{d\theta} = r(1 - \cos\theta)$

$dx = r(1 - \cos\theta)\, d\theta$

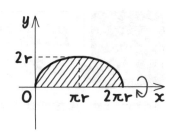

x	$0 \to 2\pi r$
θ	$0 \to 2\pi$

$V = \pi \displaystyle\int_0^{2\pi} \underbrace{r^2(1 - \cos\theta)^2}_{y^2} \cdot \underbrace{r(1 - \cos\theta)}_{dx}\, d\theta$

$\quad = \pi r^3 \displaystyle\int_0^{2\pi} (1 - \cos\theta)^3\, d\theta$

$\qquad\qquad\qquad\qquad\quad \Big)\ (a-b)^3 = a^3 - 3a^2 b + 3ab^2 - b^3$

$\quad = \pi r^3 \displaystyle\int_0^{2\pi} (1 - 3\cos\theta + 3\cos^2\theta - \cos^3\theta)\, d\theta$

$\quad = \pi r^3 \displaystyle\int_0^{2\pi} \left(1 - 3\cos\theta + 3 \cdot \dfrac{1 + \cos 2\theta}{2} - \cos\theta \cdot \cos^2\theta \right) d\theta$

$\quad = \pi r^3 \displaystyle\int_0^{2\pi} \Big(1 - 3\cos\theta + \dfrac{3}{2} + \dfrac{3}{2}\cos 2\theta$

$\qquad\qquad\qquad\qquad\qquad\qquad - \cos\theta \cdot (1 - \sin^2\theta) \Big)\, d\theta$

$\quad = \pi r^3 \displaystyle\int_0^{2\pi} \left(\dfrac{5}{2} - 4\cos\theta + \dfrac{3}{2}\cos 2\theta + \underline{\cos\theta \cdot \sin^2\theta} \right) d\theta$

$\quad = \pi r^3 \left[\dfrac{5}{2}\theta - 4\sin\theta + \dfrac{3}{4}\sin 2\theta + \dfrac{1}{3}\sin^3\theta \right]_0^{2\pi}$

$\qquad\qquad\qquad\qquad\qquad\qquad\qquad \Big)\ \bullet' \times \bullet^2$
$\qquad\qquad\qquad\qquad\qquad\qquad\qquad \Rightarrow \dfrac{1}{3}\bullet^3$

$\quad = \pi r^3 \left\{ \left(5\pi - 4\sin 2\pi + \dfrac{3}{4}\sin 4\pi + \dfrac{1}{3}\sin^3 2\pi \right) - 0 \right\}$

$\quad = \underline{5\pi^2 r^3}$　◁ 答え　例題 6-13 」

うん，いいね。$\cos^2 x$ や $\cos^3 x$ の積分は，5-6 で登場したね。

数Ⅲ
6
章

座標軸ではない直線のまわりの回転体の体積

回転軸は，x軸，y軸だけとは限らないよ。

例題 6-14 　定期テスト 出題度 !!　2次・私大試験 出題度 !!

　　曲線 $C : y = x^2$ と直線 $\ell : y = x$ で囲まれる部分を，直線 ℓ のまわりに回転してできる立体の体積を求めよ。

　曲線 C と直線 ℓ の交点は $(0, 0)$，$(1, 1)$ の2つあり，それぞれを O，A としよう。

　「今回は回転軸が $y = x$ なのか……。これって，公式があるんですか？」

　残念ながらないんだ。だから，6-4 でやった，立体の体積を求めるやりかたで解こう。それも，　まわしてから切るのではなく，切ってからまわすようにするんだ。

　「まず，軸を通して，座標を決めるんですね。」

　うん。今回は，回転軸 $y = x$ を t 軸と呼ぼうか。すると，O，A の t 座標は，それぞれ 0，$\sqrt{2}$ になるね。そして，t 座標が t となる点を P とし，P のところで垂直に切り，曲線 $y = x^2$ との交点を Q，その x 座標は x とする。

　「じゃあ，交点は $Q(x, x^2)$ とおけますね。」

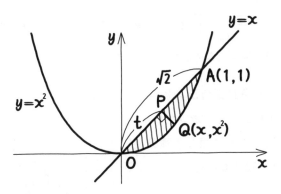

うん。じゃあ，これと直線 ℓ との距離はいくつになる？

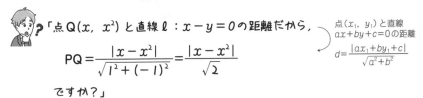

『数学Ⅱ・B編』の **3-9** で登場した公式だね。さらにいうと，$x-x^2$ は $x(1-x)$ と因数分解できる。しかも，$0\leqq x\leqq 1$ なので，0以上とわかる。

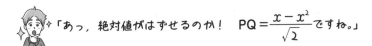

そうだね。さて，図形を回転させてみると，切り口はこの線分PQを t 軸のまわりに回転させた円になるし，今，ハルトくんが求めてくれた長さがその円の半径になる。

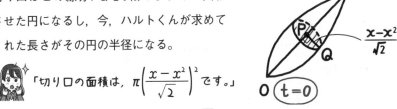

その通り。そして，t 座標は，0から $\sqrt{2}$ まであるから，その範囲で積分すればよい。

「$V=\int_0^{\sqrt{2}} \pi \left(\dfrac{x-x^2}{\sqrt{2}} \right)^2 dt$……。あっ，"積分されるもの"は$x$の式なのに，積分する文字は$t$になっていますね。」

そこで，△OPQが直角三角形なので三平方の定理が成り立つから，これを使って，tをxで表して積分すれば，問題が解けるんだ。

解答　曲線Cと直線ℓの共有点を求めると

$$x^2=x$$
$$x^2-x=0$$
$$x(x-1)=0$$
$$x=0, \ 1$$

より，O$(0, \ 0)$，A$(1, \ 1)$とおける。

また，直線$\ell : y=x$上の，Oからの距離がtの点をPとし，Pを通り，直線ℓに垂直な直線と$y=x^2$との交点をQ$(x, \ x^2)$とすると

$$PQ=\dfrac{|x-x^2|}{\sqrt{1^2+(-1)^2}}$$

ここで，$0\leqq x\leqq 1$より，$x-x^2=x(1-x)\geqq 0$なので

$$PQ=\dfrac{x-x^2}{\sqrt{2}}$$

よって，立体の切り口の円の面積は，$\pi\left(\dfrac{x-x^2}{\sqrt{2}}\right)^2$より，求める立体の体積$V$は

$$V=\int_0^{\sqrt{2}} \pi\left(\dfrac{x-x^2}{\sqrt{2}}\right)^2 dt$$

$$=\dfrac{\pi}{2}\int_0^{\sqrt{2}}(x^2-2x^3+x^4)\,dt$$

$$=\dfrac{\pi}{2}\int_0^{\sqrt{2}}(x^4-2x^3+x^2)\,dt$$

また，$OQ=\sqrt{x^2+(x^2)^2}=\sqrt{x^2+x^4}$

さらに，$\triangle OPQ$ で三平方の定理を使って，

$OP=\sqrt{OQ^2-PQ^2}$ より

$$t=\sqrt{(x^2+x^4)-\left(\frac{x-x^2}{\sqrt{2}}\right)^2}$$

$$=\sqrt{(x^2+x^4)-\frac{x^4-2x^3+x^2}{2}}$$

$$=\sqrt{\frac{x^4+2x^3+x^2}{2}}$$

$$\begin{aligned}&x^4+2x^3+x^2\\&=x^2(x^2+2x+1)\\&=x^2(x+1)^2\end{aligned}$$

$$=\sqrt{\frac{x^2(x+1)^2}{2}}$$

$$=\frac{|x(x+1)|}{\sqrt{2}}$$

ここで，$0\leqq x\leqq 1$ より，$x(x+1)\geqq 0$ なので

$$t=\frac{x(x+1)}{\sqrt{2}}$$

$$\frac{dt}{dx}=\frac{2x+1}{\sqrt{2}}$$

$$dt=\frac{2x+1}{\sqrt{2}}dx$$

t	$0\to\sqrt{2}$
x	$0\to 1$

$$V=\frac{\pi}{2}\int_0^{\sqrt{2}}(x^4-2x^3+x^2)\,dt$$

$$=\frac{\pi}{2}\int_0^1(x^4-2x^3+x^2)\cdot\frac{2x+1}{\sqrt{2}}\,dx$$

$$\begin{aligned}&(x^4-2x^3+x^2)(2x+1)\\&=2x^5-4x^4+2x^3+x^4-2x^3+x^2\\&=2x^5-3x^4+x^2\end{aligned}$$

$$=\frac{\pi}{2\sqrt{2}}\int_0^1(2x^5-3x^4+x^2)\,dx$$

$$=\frac{\pi}{2\sqrt{2}}\left[\frac{1}{3}x^6-\frac{3}{5}x^5+\frac{1}{3}x^3\right]_0^1$$

$$=\frac{\pi}{2\sqrt{2}}\left(\frac{1}{3}-\frac{3}{5}+\frac{1}{3}\right)$$

$$=\underline{\underline{\frac{\pi}{30\sqrt{2}}}}$$　◁ 答え　例題 6-14 ◁

数III 6章

道のり

目的地までの距離は変わるわけないけど, 道に迷ってしまうと, 歩いた"道のり"が長くなってしまうことがあるよね。

　まず,『速度』と『速さ』の違いってわかる？

「えっ？　同じじゃないんですか？」

　いや。日常生活では, ごっちゃになっているけどね。物理の世界では, 明確な違いがあるんだ。

　『速度』は"向き"を考える。正の向きに進んでいたら毎秒3mだが, 負の向きに進んでいたら毎秒−3mというふうにね。しかし,『速さ』だったら, 向きは関係ない。正の向きに進んでも, 負の向きに進んでも, 3m/sになる。

「『速さ』は, 単純に"スピード"ということか……。」

　うん。だから, 速度をvと表せば, 速さは$|v|$と表せるし, 速度を$v(t)$と書けば, 速さは$|v(t)|$と書けるよ。

例題 6-15

定期テスト 出題度 ❶❶❶　　2次・私大試験 出題度 ❶❶❶

　　数直線上を動く点Pは, スタートしてからt秒後の座標が,

　　$x(t) = -t^3 + 3t^2 + 24t + 5$であるとする。

　　スタートしてから7秒間で動く道のりを求めよ。

『数学Ⅱ・B編』の **6-7** や，この本の **4-22** で，"時刻 t における位置（座標）"を t で微分すれば，"時刻 t における速度"になるというのを習ったね。

「t 秒後の速度は，$v(t) = -3t^2 + 6t + 24$ ですね。」

そうだね。ちなみに，t 秒後の座標を単に x，t 秒後の速度を単に v と書く人もいるよ。

さて，この問題は P がどんな動きをするのかがわからないから，調べてみよう。速度が正，負になるときを求めればいいよ。 あとでちゃんと計算するけど，結果からいうと

$v(t) > 0$ になるのは $0 \leqq t < 4$ のとき，

$v(t) < 0$ になるのは $4 < t$ のときになる。

「えっ？　じゃあ，最初の4秒間は正の方向に進み，その後は負の方向に進むということですか？」

そういうことだ。ちなみに，スタート（出発したとき），ターン（速度が正から負に変わったとき），フィニッシュ（7秒経過したとき）の位置はわかる？

「それぞれ，時刻 $t = 0$，4，7 のときですよね。

$x(0) = 5$，

$x(4) = -64 + 48 + 96 + 5 = 85$，

$x(7) = -343 + 147 + 168 + 5 = -23$ です。」

うん。大丈夫そうだね。じゃあ，もうわかっちゃったね。5 の地点から 85 の地点まで進んでから，U ターンして -23 の地点まで戻ってくるんだよね。

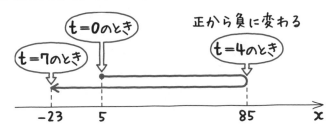

数Ⅲ 6章

「5から85の地点までは85－5＝80だけ動いたことになるのか。」

「85から－23の地点までは85－（－23）＝108だけ動いたのね。」

うん。道のりは，その合計ということになる。

解答

$x(t)＝-t^3+3t^2+24t+5$

t 秒後の速度を $v(t)$ とすると $\Big\}$ $v(t)=\dfrac{dx}{dt}=x'(t)$

$v(t)＝-3t^2+6t+24$

$\qquad ＝-3(t^2-2t-8)$

$\qquad ＝-3(t+2)(t-4)$

$v(t)＞0$ になるのは

$\quad -3(t+2)(t-4)＞0$

$\qquad (t+2)(t-4)＜0$

$\qquad\qquad -2＜t＜4$

$t≧0$ より，$0≦t＜4$

$v(t)＜0$ になるのは，

$\quad t＜-2,\ 4＜t$

$t≧0$ より，$4＜t$

さらに，$x(0)＝5,\ x(4)＝85,\ x(7)＝-23$ より，

道のりは

$\quad (85-5)+\{85-(-23)\}＝80+108$

$\qquad\qquad\qquad\qquad ＝\underline{\underline{188}}$ **例題 6-15**

お役立ち話 **21**

道のりを，公式や面積で求める

実は，　**例題 6-15**　は，

時刻 $t=a$ から $t=b$ までに移動する道のり ℓ は，

$$\ell = \int_a^b |v(t)| \, dt$$

という公式もあり，これを使って求めてもいいんだ。

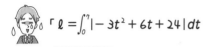 「$\ell = \int_0^7 |-3t^2 + 6t + 24| \, dt$

....

あっ，絶対値の定積分か。面倒くさいんだよな……これ。」

なら，他にも求めかたがある。

時刻 $t=a$ から $t=b$ までに移動する道のり ℓ は，

『横軸 t で $y=v(t)$ のグラフをかいて，それと横軸にはさまれた，$t=a$ から $t=b$ までの部分の面積の和』

になるんだ。

ちなみに，グラフをかくとき，2次関数の頂点を求めたり，3次関数の極値を求めたり……，といった正式なものでなくていいよ。『数学Ⅱ・B編』の **6-14** で登場した，"簡単なグラフ"で十分だ。

$$y = -3t^2 + 6t + 24$$
$$= -3(t^2 - 2t - 8)$$
$$= -3(t+2)(t-4)$$

で，それの，$t=0$ から $t=7$ までの部分の面積の和になる。

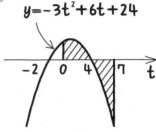

$y = -3t^2 + 6t + 24$

数Ⅲ
6
章

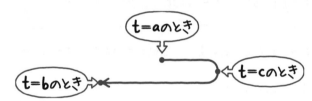

「$\ell = \int_0^4 (-3t^2 + 6t + 24)\,dt + \int_4^7 \{0 - (-3t^2 + 6t + 24)\}\,dt$

$\quad = \int_0^4 (-3t^2 + 6t + 24)\,dt + \int_4^7 (3t^2 - 6t - 24)\,dt$

$\quad = \Big[-t^3 + 3t^2 + 24t\Big]_0^4 + \Big[t^3 - 3t^2 - 24t\Big]_4^7$

$\quad = (-64 + 48 + 96) - 0$

$\qquad\qquad\qquad + (343 - 147 - 168) - (64 - 48 - 96)$

$\quad = 80 + 28 - (-80)$

$\quad = 188$

あっ，ホントだ。でも，どうしてこれで求められるんですか？」

　じゃあ，例えば，時刻 $t=a$ から正の方向に移動して，$t=c$ のときターンして，$t=b$ まで負の方向に進むとしよう。

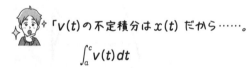

例題 6-15 の計算で求めると，道のり ℓ は

$$\ell = \{x(c) - x(a)\} + \{x(c) - x(b)\}$$

だね。これを変形すると，

$$\ell = \int_a^c v(t)\,dt + \int_b^c v(t)\,dt$$

「$x(c) - x(a)$ が，なぜ，$\int_a^c v(t)\,dt$ になるのかがわからないです……。」

$\int_a^c v(t)\,dt$ を計算したら，どうなる？

「$v(t)$ の不定積分は $x(t)$ だから……。

$$\int_a^c v(t)\,dt$$

$$=\Big[\,x(t)\,\Big]_a^c$$

$$=x(c)-x(a)$$

……………

そうか！ あーっ，いつもの計算の逆なんだ。気がつかなかった！」

続きの変形をやってみるよ。

$$\int_a^c v(t)\,dt+\int_b^c v(t)\,dt$$

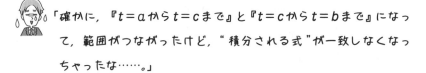

は"積分される式"が同じなので，『数学Ⅱ・B編』の **7-5** の **67** の **⑤** を使ってやったようにしたい。でも，『$t=a$ から $t=c$ まで』と『$t=b$ から $t=c$ まで』だと範囲をくっつけることができないよね。だから，後ろの式の積分範囲を逆さまにしよう。**7-5** の **67** の **❹** の公式でいいね。−1倍してしまおう。

$$\ell=\int_a^c v(t)\,dt+\int_c^b \{-v(t)\}\,dt$$

「確かに，『$t=a$ から $t=c$ まで』と『$t=c$ から $t=b$ まで』になって，範囲がつながったけど，"積分される式"が一致しなくなっちゃったな……。」

ところで，$a<t<c$ のときは正の方向に移動しているから，$v(t)$ は正だよね。$|v(t)|=v(t)$ が成り立つ。

一方，$c<t<b$ のときは負の方向に移動しているから，$v(t)$ は負だ。$|v(t)|=-v(t)$ になる。

これらを用いると，

$$\ell=\int_a^c |v(t)|\,dt+\int_c^b |v(t)|\,dt$$

になるよね。

「あっ，"積分される式"がそろった！」

$$\ell=\int_a^b |v(t)|\,dt$$

になるというわけだ。わかった？

「例えば，最初，負の方向から進んだら……？」

　実際にやってみたら，同じ結果になることがわかるよ。面倒なので，もうやらないけど（笑）。

「1回だけでなく，何回もターンしても？」

　うん。結果は同じだよ。さて，5-16 でやったけど，$\int_a^b |f(x)|\,dx$ ということは，$y=|f(x)|$ のグラフと x 軸にはさまれる $x=a$ から $x=b$ までの面積の和ということになる。

　さらに，『数学Ⅰ・A編』の 3-28 で勉強した通り，$y=|f(x)|$ のグラフって，$y=f(x)$ の $y<0$ の部分を x 軸で折り返したものだよね。

　ということは，
"$y=f(x)$ のグラフと x 軸にはさまれる $x=a$ から $x=b$ までの面積の和" ともいえるんだ。

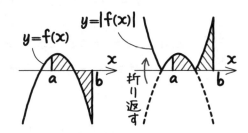

6-12 媒介変数を使った曲線の長さ

6-3 , 6-9 に続いて，"媒介変数を使った曲線"の第三弾だよ。

お役立ち話 21 で登場した，

$$道のり\ \ell = \int_a^b |v(t)|\,dt$$

の公式は直線上に限らず，平面上を動くときも使えるんだ。

$|v(t)|$ は速さだが， 4-23 で，速さは $|\vec{v}|$ とも表せて，しかも，

$|\vec{v}| = \sqrt{\left(\dfrac{dx}{dt}\right)^2 + \left(\dfrac{dy}{dt}\right)^2}$ というのを習っているわけだから，組み合わせると，

$\ell = \int_a^b \sqrt{\left(\dfrac{dx}{dt}\right)^2 + \left(\dfrac{dy}{dt}\right)^2}\,dt$ になるね。

ちなみに，この t は"時刻"に限らなくてもいい。"変化する数"なら何でも

成り立つよ。

Point 35 媒介変数を使った曲線の長さ

曲線 $\begin{cases} x = (t\,の式) \\ y = (t\,の式) \end{cases}$ の $a \leqq t \leqq b$ の部分の長さ L は

$$L = \int_a^b \sqrt{\left(\frac{dx}{dt}\right)^2 + \left(\frac{dy}{dt}\right)^2}\,dt$$

数III

6

章

例題 6-16　（定期テスト 出題度 **❗❗❗**）　（2次・私大試験 出題度 **❗❗❗**）

サイクロイド

$$\begin{cases} x = r(\theta - \sin\theta) \\ y = r(1 - \cos\theta) \end{cases} \quad (0 \le \theta \le 2\pi,\ r > 0)$$

の $0 \le \theta \le 2\pi$ の部分の長さ L を求めよ。

これは，**例題 4-29**，**例題 6-4**，**例題 6-13** で登場した曲線だね。

「さっきの公式を使えばいいのか。今回は，t でなく θ になっているけど，一緒ですよね？」

そうだね。答えは，次のようになる。

解答　$x = r(\theta - \sin\theta)$ より

$$\frac{dx}{d\theta} = r(1 - \cos\theta)$$

$y = r(1 - \cos\theta)$ より

$$\frac{dy}{d\theta} = r\sin\theta$$

$$L = \int_0^{2\pi} \sqrt{\left(\frac{dx}{d\theta}\right)^2 + \left(\frac{dy}{d\theta}\right)^2}\, d\theta$$

$$= \int_0^{2\pi} \sqrt{r^2(1 - \cos\theta)^2 + r^2\sin^2\theta}\, d\theta \qquad \rightarrow r を \sqrt{\ } の外に出す$$

$$= r\int_0^{2\pi} \sqrt{(1 - \cos\theta)^2 + \sin^2\theta}\, d\theta$$

$$= r\int_0^{2\pi} \sqrt{1 - 2\cos\theta + \cos^2\theta + \sin^2\theta}\, d\theta \qquad \rightarrow \sin^2\theta + \cos^2\theta = 1$$

$$= r\int_0^{2\pi} \sqrt{2 - 2\cos\theta}\, d\theta$$

$$= \sqrt{2}\, r\int_0^{2\pi} \sqrt{1 - \cos\theta}\, d\theta \qquad \rightarrow 半角の公式$$

$$= \sqrt{2}\, r\int_0^{2\pi} \sqrt{2\sin^2\frac{\theta}{2}}\, d\theta$$

$$=2r\int_0^{2\pi}\left|\sin\frac{\theta}{2}\right|d\theta$$

ここで，$0\leqq\theta\leqq2\pi$より，$0\leqq\dfrac{\theta}{2}\leqq\pi$

よって，$\sin\dfrac{\theta}{2}\geqq0$より

$$L=2r\int_0^{2\pi}\sin\frac{\theta}{2}d\theta$$

$$=2r\left[\left(-\cos\frac{\theta}{2}\right)\cdot2\right]_0^{2\pi}$$

$$=2r\left[-2\cos\frac{\theta}{2}\right]_0^{2\pi}$$

$$=2r\{(-2\cos\pi)-(-2\cos0)\}$$

$$=2r\{2-(-2)\}$$

$$=\underline{\underline{8r}}\quad\text{◁}\boxed{\text{答え}}\ \blacktriangleright\,\text{例題 6-16}\,\blacktriangleleft$$

 「$\displaystyle\int_0^{2\pi}\sqrt{1-\cos\theta}\,d\theta$の計算は半角の公式を使うんですか？」

その通り。$\sin^2\dfrac{\theta}{2}=\dfrac{1-\cos\theta}{2}$より，$1-\cos\theta=2\sin^2\dfrac{\theta}{2}$を代入する。

ちなみに，$\displaystyle\int_\alpha^\beta\sqrt{1+\cos\theta}\,d\theta$は，$\cos^2\dfrac{\theta}{2}=\dfrac{1+\cos\theta}{2}$より，

$1+\cos\theta=2\cos^2\dfrac{\theta}{2}$を代入して変形してから，積分するんだ。

数Ⅲ
6章

一般の曲線の長さ

直線の長さを求めるのは小学校でできるけど，曲線の長さは高3まで勉強してやっと求められるようになるんだね。

$L=\int_a^b\sqrt{\left(\dfrac{dx}{dt}\right)^2+\left(\dfrac{dy}{dt}\right)^2}dt$ の公式で，dt を $\dfrac{dt}{dx}\cdot dx$ に直し，$\dfrac{dt}{dx}$ は $\sqrt{}$ の中に掛けてしまおう。

「$\sqrt{}$ の中を $\left(\dfrac{dt}{dx}\right)^2$ 倍するということですね。」

そうだね。さらに，x の積分になるから，範囲も x のものに変えよう。例えば，$t=a$ のとき $x=\alpha$ で，$t=b$ のとき $x=\beta$ なら，次のようになる。

$$L=\int_\alpha^\beta\sqrt{\left(\dfrac{dx}{dt}\right)^2+\left(\dfrac{dy}{dt}\right)^2}\cdot\dfrac{dt}{dx}\cdot dx$$
$$=\int_\alpha^\beta\sqrt{1+\left(\dfrac{dy}{dx}\right)^2}dx$$

t や θ といった媒介変数が使われていない普通の関数 $y=f(x)$ のグラフのときは，こちらの公式で計算すればいいよ。

Point 36　一般の曲線の長さ

曲線 $y=(x\,\text{の式})$ で，$\alpha\leqq x\leqq\beta$ の部分の長さ L は
$$L=\int_\alpha^\beta\sqrt{1+\left(\dfrac{dy}{dx}\right)^2}dx$$

 例題 6-17　定期テスト 出題度 ❗❗❗　2次・私大試験 出題度 ❗❗❗

曲線 $y=\dfrac{1}{2}(e^x+e^{-x})$ の $1\leqq x\leqq5$ の部分の長さ L を求めよ。

ハルトくん，やってみて。

「解答

$$y = \frac{1}{2}(e^x + e^{-x})$$

$$\frac{dy}{dx} = \frac{1}{2}(e^x - e^{-x}) \text{ より}$$

$(e^x)' = e^x, \ (e^{-x})' = -e^{-x}$

$$L = \int_1^5 \sqrt{1 + \left(\frac{dy}{dx}\right)^2} \, dx$$

$$= \int_1^5 \sqrt{1 + \frac{1}{4}(e^x - e^{-x})^2} \, dx$$

$\frac{1}{2}$ を $\sqrt{}$ の外に出す

$$= \frac{1}{2}\int_1^5 \sqrt{4 + (e^x - e^{-x})^2} \, dx$$

$$= \frac{1}{2}\int_1^5 \sqrt{4 + e^{2x} - 2e^x \cdot e^{-x} + e^{-2x}} \, dx$$

$e^x \cdot e^{-x} = e^0 = 1$

$$= \frac{1}{2}\int_1^5 \sqrt{4 + e^{2x} - 2 + e^{-2x}} \, dx$$

$$= \frac{1}{2}\int_1^5 \sqrt{e^{2x} + 2 + e^{-2x}} \, dx$$

………このあとは，どう変形すればいいのですか？」

『数学Ⅱ・B編』の 5-7 で，

$$(a^x + a^{-x})^2 = a^{2x} + 2 + a^{-2x}$$

という公式があったよ。右辺の形を左辺の形に直せばいいんだ。

「

$$L = \frac{1}{2}\int_1^5 \sqrt{(e^x + e^{-x})^2} \, dx$$

$$= \frac{1}{2}\int_1^5 |e^x + e^{-x}| \, dx$$

$e^x > 0, \ e^{-x} > 0$

$$= \frac{1}{2}\int_1^5 (e^x + e^{-x}) \, dx$$

$$= \frac{1}{2}\Big[e^x - e^{-x}\Big]_1^5$$

$$= \frac{1}{2}\{(e^5 - e^{-5}) - (e - e^{-1})\}$$

$$= \frac{1}{2}(e^5 - e^{-5} - e + e^{-1})$$

◁答え 例題 6-17

です。」

6- 14 座標空間における 立体の体積

どんな立体かわからなくても，その体積が求められるというのは，ちょっと不思議な感じがするかも。

例題 6-18

定期テスト 出題度 ❗

2次・私大試験 出題度 ❗❗

座標空間内で，
$$x^2+z^2 \leqq 1, \quad -4 \leqq y \leqq 4 \quad \cdots\cdots①$$
または
$$y^2+z^2 \leqq 1, \quad -4 \leqq x \leqq 4 \quad \cdots\cdots②$$
を満たす立体の体積 V を求めよ。

座標空間は『数学Ⅰ・A編』の 8-13 で勉強したね。x, y, z軸の3つ登場するものだ。そのうち，2文字だけ使われている式が出ることがある。そのときは，**"使われていない文字"の軸の方向からのぞいた図を考えるんだ。**

例えば，①で $x^2+z^2 \leqq 1$ なら，y軸の負の方向からのぞくと，x軸やz軸が，左右，上下になるよね。

 「$x^2+z^2 \leqq 1$ ということは，原点中心，半径1の円の円周および内部でいいんですか？」

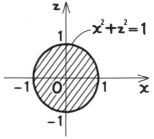

矢印の方向から見た図

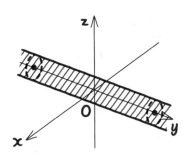

そうだよ。その図形がy軸に沿ってずっと向こうまで続いているということになる。

「y軸を芯にした，円柱のような形か……。」

「②の$y^2+z^2 \leqq 1$は，x軸の正の方向からのぞいて，同様に考えればいいんですか？」

そうだよ。x軸を芯にした円柱になる。

さらに，①では$-4 \leqq y \leqq 4$，②では$-4 \leqq x \leqq 4$も満たすということは，短い筒を十文字にクロスさせたような立体になるんだ。

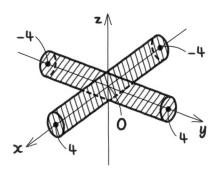

今回は，一応，どういう立体かを説明したけど，それがわからなくても体積を求めることができるよ。まず，複数の変数が入っている式に注目するんだ。最も登場回数の多い変数の軸に垂直な平面で切ればいい。

「①と②の"複数の変数が入っている不等式"$x^2+z^2 \leqq 1$，$y^2+z^2 \leqq 1$ではいちばん登場回数が多いのはzですね。」

そうだね。z軸に垂直に切ろう。"z"の点で切ってもできるが，今回はx, y, zというふうに変数が多いよね。そのようなときは頭が混乱してしまうので，別の文字でおいて，例えば，z座標がtとかの点で切るようにするといいよ。

「$z＝t$で切るということか。水平面だな。でも，元の立体がわからなければ，切り口の図形もわからないんじゃ……。」

　いや。心配ないよ。『$x^2＋z^2≦1$　または　$y^2＋z^2≦1$』という条件では，$z＝t$で交わったところを求めたいのだから，それぞれと$z＝t$を連立すればいいよ。

$$x^2＋t^2≦1$$
$$x^2≦1－t^2$$

　まず，ここで，x^2は0以上だから，$1－t^2≧0$，したがって

$-1≦t≦1$

とわかる。そして，両辺とも0以上のときは，$a^2＜b^2$と$a＜b$が同じ意味になるね。

$x^2≦1－t^2$の両辺に$\sqrt{}$をつけると

$$|x|≦\sqrt{1－t^2}$$

になるはずだ。これは，『数学Ⅰ・A編』の **1-25** で$\sqrt{A^2}＝|A|$というのを勉強したけど，大丈夫かな？　さらに，『数学Ⅰ・A編』の **1-23** の ⑰ を使うと

$$-\sqrt{1-t^2}≦x≦\sqrt{1-t^2}$$

と求められる。$y^2＋z^2≦1$のほうも，xがyに変わっただけで同じだね。

$$-\sqrt{1-t^2}≦y≦\sqrt{1-t^2}$$

になる。これと，①，②のx，yの範囲を合わせると，$z＝t$で切った断面の図形がわかる。それを$t＝-1$から$t＝1$まで積分すればいい。

解答　平面 $z=t$（$-1 \leqq t \leqq 1$）で切った断面の図形の方程式は，

①より

$$x^2+t^2 \leqq 1$$

$$x^2 \leqq 1-t^2$$

両辺が 0 以上より

$$|x| \leqq \sqrt{1-t^2}$$

$$-\sqrt{1-t^2} \leqq x \leqq \sqrt{1-t^2}$$

$y^2+z^2 \leqq 1$ も同様に

$$-\sqrt{1-t^2} \leqq y \leqq \sqrt{1-t^2}$$

よって

$$-\sqrt{1-t^2} \leqq x \leqq \sqrt{1-t^2}, \quad -4 \leqq y \leqq 4 \quad \cdots\cdots ③$$

または

$$-\sqrt{1-t^2} \leqq y \leqq \sqrt{1-t^2}, \quad -4 \leqq x \leqq 4 \quad \cdots\cdots ④$$

で，$z=t$ で切った断面の図形は下のようになる。

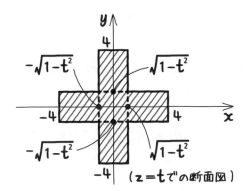

（z＝t での断面図）

断面積 $S = \underline{(8 \cdot 2\sqrt{1-t^2}) \cdot 2} - \underline{(2\sqrt{1-t^2})^2}$

　　　　　　　　長方形の2つ分　　重なった正方形の部分

$$= 32\sqrt{1-t^2} - 4(1-t^2)$$

$$= 32\sqrt{1-t^2} - 4 + 4t^2$$

より

$$V=\int_{-1}^{1}(32\sqrt{1-t^2}-4+4t^2)\,dt$$

$$=2\int_{0}^{1}(32\sqrt{1-t^2}-4+4t^2)\,dt$$

ここで，$\int_{0}^{1}\sqrt{1-t^2}\,dt$は

右図の斜線部の面積だから

$$\pi\cdot1^2\cdot\frac{1}{4}=\frac{1}{4}\pi$$

また

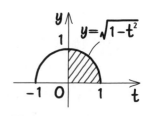

$$\int_{0}^{1}(-4+4t^2)\,dt=\left[-4t+\frac{4}{3}t^3\right]_{0}^{1}$$

$$=-4+\frac{4}{3}$$

$$=-\frac{8}{3}$$

になるので

$$V=2\left(32\cdot\frac{1}{4}\pi-\frac{8}{3}\right)$$

$$=16\pi-\frac{16}{3}\quad\Leftarrow\boxed{答え}\quad\boxed{例題\ 6\text{-}18}$$

「**面積のところは，長方形を2つ足すと，重なった正方形の部分を2回足したことになるから，1回引くんですね。**」

「$\int_{-1}^{1}(32\sqrt{1-t^2}-4+4t^2)\,dt$は，$\boxed{5\text{-}15}$ の奇関数，偶関数の積分を使ったんですね。」

うん。そのあとの$2\int_{0}^{1}(32\sqrt{1-t^2}-4+4t^2)\,dt$は，一度に積分するのはたいへんだからね。分けてやるといい。さらに，$\int_{0}^{1}\sqrt{1-t^2}\,dt$の計算を半円の面積で考えるというのは $\boxed{5\text{-}13}$ で説明したよね。

6-15 座標空間内で回転してできる立体の体積

「まわしてから切るんじゃなくて，切ってからまわせ！」の発想がここでも力を発揮するよ。

例題 6-19   定期テスト 出題度 ❗   2次・私大試験 出題度 ❗❗

座標空間内に2点 A$(0, 1, 1)$，B$(2, 0, 0)$ があるとき，線分 AB を z 軸のまわりに回転させてできる立体の内側の，$0 \leqq z \leqq 1$ の部分の体積 V を求めよ。

線分を軸のまわりに回転させると，円すい台の形になったり，真ん中がちょっと "くびれた" 図形になったりしそうだ。

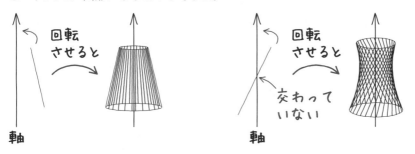

 「『座標空間内の回転体の体積』って，公式があるんですか？」

あっ，残念ながらそれはないんだ。 6-4 ， 6-14 でやったように，軸に垂直に切った断面の面積を求めて，それを積分するという方法でやるしかない。

 「切り口は円になりそうだけど……難しそう。」

6-10 で学んだように，**切ってからまわしてみるのがいいね。** z 軸に垂直に，$z = t$ の地点で切ったときの交点を考えよう。

　右図で，交点のz座標の比が，$t:(1-t)$
だよね？　ということは線分BAを
$t:(1-t)$に内分する点と考えるといいん
だ。

「あっ，そっちのほうがいい！　ラ
クそう(笑)。

　座標空間の原点をO，交点をPと
すると，

　Pは線分ABを$(1-t):t$に内分する点だから，

$$P\left(\frac{t\cdot 0 + (1-t)\cdot 2}{(1-t)+t},\ \frac{t\cdot 1 + (1-t)\cdot 0}{(1-t)+t},\ \frac{t\cdot 1 + (1-t)\cdot 0}{(1-t)+t}\right) より，$$

$(2-2t,\ t,\ t)$ですね。」

　そう，『数学Ⅱ・B編』の 3-2 ではx座標とy座標だけだったけど，z座標
も同じ計算になる。そして，これは$z=t$という水平面上にある点で，z軸の正
の方向から見ると，下の図のようになる。回転させると，円になるはずだ。

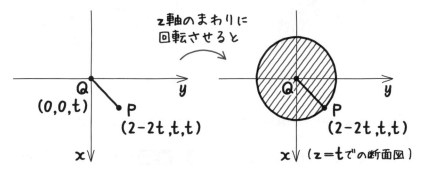

　半径は，2点Q$(0,\ 0,\ t)$，P$(2-2t,\ t,\ t)$間の距離だから，

$$PQ = \sqrt{(2-2t-0)^2 + (t-0)^2 + (t-t)^2}$$
$$= \sqrt{(2-2t)^2 + t^2}$$
$$= \sqrt{5t^2 - 8t + 4}$$

になるよ。

「断面の円の面積は，$\pi(\sqrt{5t^2-8t+4})^2 = \pi(5t^2-8t+4)$ ですね。」

「これを $t=0$ から $t=1$ まで積分すればいいのか！」

そうだね。じゃあ，答えをまとめるよ。

解答　線分 AB を z 軸に垂直な平面で $z=t$ の地点で切った交点は，

P$(2-2t,\ t,\ t)$ だから，

これを回転させてできる円の半径は

$$\sqrt{(2-2t-0)^2+(t-0)^2+(t-t)^2}$$
$$=\sqrt{(2-2t)^2+t^2}$$
$$=\sqrt{5t^2-8t+4}$$

より，断面積は，$\pi(5t^2-8t+4)$

よって，求める体積 V は

$$V=\pi\int_0^1 (5t^2-8t+4)\,dt$$
$$=\pi\left[\frac{5}{3}t^3-4t^2+4t\right]_0^1$$
$$=\pi\left(\frac{5}{3}-4+4\right)$$
$$=\frac{5}{3}\pi$$
　⇐ **答え** 　**例題 6-19**

数Ⅲ　**6**章

微分方程式

これまでは x や y を使った方程式をやってきたけど，ここでは，さらに $\dfrac{dy}{dx}$ が加わったものが登場するよ。

例題 6-20

定期テスト 出題度 ❗❗❗　　2次・私大試験 出題度 ❗❗❗

次の問いに答えよ。
(1) 微分方程式 $y\dfrac{dy}{dx}=-4x$ を解け。
(2) (1)について，初期条件「$x=1$ のとき $y=-3$」が与えられたときの特殊解を求めよ。

まず，(1)からいくよ。x，y，および導関数の間に成り立つ関係式を**微分方程式**といい，微分方程式から，元の関数または方程式を求めることを，『**微分方程式を解く**。』というんだ。次のように考えよう。

Point 37 微分方程式の解き方

y と $\dfrac{dy}{dx}$ を左辺，x を右辺に集めて，

$$(y \text{の式または定数}) \cdot \dfrac{dy}{dx} = (x \text{の式または定数})$$

とし，両辺を x で積分する。

「左辺の y 自身は "y の式" に決まっているし，右辺の $-4x$ も "x の式" だから，もう形になっていますね。」

そうだね。これをxで積分する。つまり，頭に$\int$，お尻にdxを付けよう。

$$\int y\frac{dy}{dx}dx=\int(-4x)dx$$

$$\int ydy=\int(-4x)dx$$

「左辺は，ちょうど，"dxで約分"されたようになるんですね！」

うん。そして計算すると

$$\frac{1}{2}y^2=-2x^2+C$$

となる。

「えっ？　両辺とも不定積分なのに，積分定数が片方だけなのは，どうしてですか？」

**両辺に積分定数があるなら，移項して，片方の辺に集めちゃえばいい
んだよ。**

$$\frac{1}{2}y^2+A=-2x^2+B \quad （A, Bは積分定数）$$

の状態なら

$$\frac{1}{2}y^2=-2x^2+B-A$$

となって，$B-A$をまとめて，Cとみなせばいいからね。

解答　(1) $y\dfrac{dy}{dx}=-4x$

$\qquad\displaystyle\int y\frac{dy}{dx}dx=\int(-4x)dx$ ⎫ 両辺をxで積分する

$\qquad\displaystyle\int ydy=\int(-4x)dx$

$\qquad\quad\dfrac{1}{2}y^2=-2x^2+C \quad （Cは任意の実数）$

$\qquad\qquad y^2=-4x^2+2C$

$\qquad 4x^2+y^2=2C$

$\underline{\mathbf{4x^2+y^2=D \quad （Dは任意の実数）}}$ ←答え 例題 **6-20** (1)

「最後のところは$2C＝D$とおき換えたのですか？」

数Ⅲ **6** 章

うん。2Cがすべての実数ということは，Dもすべての実数ということになる。この考えかたは，**5-10** でも出てきたね。

「Dは任意の実数だから4x^2＋y^2＝1とか，

4x^2＋y^2＝$\sqrt{5}$とか……答えが無数にありますね。」

そうだね。このように，任意の実数Dなどを使って表された解を**一般解**というよ。さらに，(2)のように，『$x=1$のとき$y=-3$』などの条件があれば，Dの値を決めることができる。このような条件を**初期条件**といい，それを満たす関数や方程式を**特殊解**というよ。

解答　(2)　(1)より，$4x^2+y^2=D$

さらに，$x=1$のとき$y=-3$より $\Big)$ $4\times 1^2+(-3)^2=D$

$D=13$

よって，求める特殊解は

$\underline{4x^2+y^2=13}$ ⇐**答え**　**例題 6-20** (2)

例題 **6-21**　定期テスト 出題度 !! 　2次・私大試験 出題度 !!!

微分方程式 $\dfrac{dy}{dx}=y-2$ を解け。

「$y-2$を左辺に集めるということか。」

「そのためには，両辺を$y-2$で割ればいいんですね。」

そうだね。そこで注意がいる。『数学Ⅰ・A編』の **1-20** でやったように，**文字で割るときは，0のときと，0でないときで，場合分けしなきゃいけなかった**ね。

（ i ） $y-2\neq0$，つまり，$y\neq2$ のときは両辺を $y-2$ で割ると

$$\frac{1}{y-2}\cdot\frac{dy}{dx}=1$$

になり，あとでちゃんと計算するけど，結論をいうと，

$$y=\pm e^{C}\cdot e^{x}+2$$

になるんだ。C は積分定数なのですべての実数になる。

「"任意の実数"というやつですね。」

「C がすべての実数ということは，$\pm e^{C}$ もすべての実数になりますね。」

いや。実は，そうじゃないんだ。まず，e^{C} が正になることは，わかる？

「はい。底の"e"が正ですもんね。」

うん。ということは，$-e^{C}$ は負だ。よって，$\pm e^{C}$ は正か負になる。

「あっ，そうか。0 にはならないんだ。」

そういうことだ。さて，一方，（ ii ） $y-2=0$，つまり，$y=2$ のときは，微分すると，$\frac{dy}{dx}=0$ になる。これらをもとの式 $\frac{dy}{dx}=y-2$ に代入してごらん。成り立っているよね。

数Ⅲ 6章

解答　$\dfrac{dy}{dx}=y-2$　……①

（ i ） $y-2\neq0$，つまり，$y\neq2$ のとき

両辺を $y-2$ で割ると

$$\frac{1}{y-2}\cdot\frac{dy}{dx}=1$$

両辺を x で積分すると

$$\int\frac{1}{y-2}\cdot\frac{dy}{dx}dx=\int1dx$$

$$\int\frac{1}{y-2}dy=\int1dx$$

$$\log|y-2|=x+C \quad (C \text{は任意の実数})$$

$$|y-2|=e^{x+C}$$

$$|y-2|=e^C \cdot e^x$$

$$y-2=\pm e^C \cdot e^x$$

$$y=\pm e^C \cdot e^x+2$$

$$y=De^x+2 \quad (D \text{は0でない任意の実数})$$

(ii) $y-2=0$，つまり，$y=2$のとき

$$\frac{dy}{dx}=0$$

したがって，①は成り立つ。

よって，$y=2$は解となる。

(i)，(ii)より，**$y=De^x+2$ （D は任意の実数）** ⇦ 答え  **例題 6-21**

「えっ？　最後，(i)と(ii)の答えがまとめられるのはどうしてですか？」

(ii)の『$y=2$』という解は，"$y=De^x+2$で，$D=0$のとき"と考えればいいからね。

(i)の答えは，"$y=De^x+2$で，$D \neq 0$のとき"

(ii)の答えは，"$y=De^x+2$で，$D=0$のとき"

(i),(ii)を合わせると，$y=De^x+2$ （Dはすべての実数） ということになるよね。

6-17　微分方程式の応用

文章問題に挑戦してみよう。6-16 で登場した微分方程式の知識を使うよ。

例題 6-22　定期テスト 出題度 ❗　2次・私大試験 出題度 ❗❗

次の(ア), (イ), (ウ)の条件をすべて満たす曲線の方程式を求めよ。

(ア)　常に第1象限または第3象限にある。

(イ)　点 A(5, 1) を通る。

(ウ)　曲線上の点 B(x, y) における接線と x 軸, y 軸との交点をそれぞれ P, Q とすると, B の位置にかかわらず, 常に △OPQ の面積は, △OBP の面積の4倍になる。

通る点が B(x, y) で, 同じ文字だとまぎらわしいから, 今回は X 軸, Y 軸としよう。

まず, 確認しておこう。例えば, 関数 $Y = f(X)$ のグラフ上で, X 座標が x の点における接線の傾きってどうなる?

「微分したら $f'(X)$。そして, X に x を代入したら, $f'(x)$ ですね。」

その通り。さて, 今回は, 式がおかれていないので, 微分すると $\dfrac{dY}{dX}$ だ。X, Y の式になるから, 接するときの X, Y の値を代入することになる。4-2 で勉強したね。

「傾きが $\dfrac{dy}{dx}$ で, B(x, y) を通るから, 接線の方程式は,

$$Y - y = \frac{dy}{dx}(X - x)$$ ですね。」

そうだよ。ミサキさん，P，Qの座標はどうなる？

「X軸との交点は，Y＝0を代入すると，

$$0 - y = \frac{dy}{dx}(X - x)$$

$$-y \cdot \frac{dx}{dy} = X - x$$

$X = x - y \cdot \frac{dx}{dy}$ より，$P\left(x - y \cdot \frac{dx}{dy},\ 0\right)$

Y軸との交点は，X＝0を代入すると，

$$Y - y = \frac{dy}{dx}(0 - x)$$

$Y = -x \cdot \frac{dy}{dx} + y$ より，$Q\left(0,\ -x \cdot \frac{dy}{dx} + y\right)$　です。」

うん。そうだね。ただし，あえて注文をつけると $-y \cdot \frac{dx}{dy} = X - x$ に変形したときに，両辺を $\frac{dy}{dx}$ で割るわけなので $\frac{dy}{dx} \neq 0$ ということをいわないといけないよ。まあ，これはあとで解答の中でいうことにして，ここは問題に戻って考えよう。

「△OPQと△OBPの面積を求めるのか……，面倒だな……。」

いや。求める必要はないよ。OPを底辺と考えればいい。
△OPQは△OBPと比べて面積が4倍で，しかも，底辺が共通だよね。ということは，高さは？

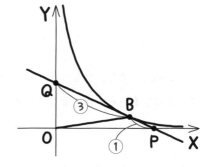

「PQはBPの長さの4倍ということですね！」

うん。いいかたを変えると，"Bは線分PQを1：3に内分する点" ということになるね。

「線分PQを1：3に内分する点は，

$$\left(\frac{3\left(x - y \cdot \dfrac{dx}{dy}\right) + 1 \cdot 0}{1 + 3} ,\ \frac{3 \cdot 0 + 1 \cdot \left(-x \cdot \dfrac{dy}{dx} + y\right)}{1 + 3} \right)$$ で，これが，B

の座標と同じになるということか……。」

まあ，それでもいいけど，3点P，B，Qが一直線上にあることはわかっているからね。例えば，Y座標だけで考えたらいいよ。

（線分PQを1：3に内分する点のY座標）＝（BのY座標）

というふうにね。

解答 XY平面で考えると，(ウ)より，

点B(x, y) における接線の方程式は

$$Y - y = \frac{dy}{dx}(X - x)$$

X軸との交点は

$$0 - y = \frac{dy}{dx}(X - x)$$

接線はx軸で交わるので，傾きは0となることはない。

よって，$\dfrac{dy}{dx} \neq 0$ より

$$-y \cdot \frac{dx}{dy} = X - x$$

$X = x - y \cdot \dfrac{dx}{dy}$ より，P$\left(x - y \cdot \dfrac{dx}{dy},\ 0\right)$

Y軸との交点は

$$Y - y = \frac{dy}{dx}(0 - x)$$

$Y=-x\cdot\dfrac{dy}{dx}+y$ より，$Q\left(0,\ -x\cdot\dfrac{dy}{dx}+y\right)$

Bは線分PQを1：3に内分する点だから

$$\dfrac{3\cdot0+1\cdot\left(-x\cdot\dfrac{dy}{dx}+y\right)}{1+3}=y$$

$$-x\cdot\dfrac{dy}{dx}+y=4y$$

$$-x\cdot\dfrac{dy}{dx}=3y$$

㋐より，$x\neq0$，$y\neq0$ だから，両辺を xy で割ると

$$-\dfrac{1}{y}\cdot\dfrac{dy}{dx}=\dfrac{3}{x}\quad\text{←}y\text{と}\dfrac{dy}{dx}\text{を左辺に，}x\text{を右辺に集める。}$$

両辺を x で積分すると

$$\int\left(-\dfrac{1}{y}\right)\cdot\dfrac{dy}{dx}dx=\int\dfrac{3}{x}dx$$

$$\int\left(-\dfrac{1}{y}\right)dy=\int\dfrac{3}{x}dx$$

$$-\log|y|=3\log|x|+C\quad(C\text{は任意の実数})$$

$x>0$，$y>0$ または $x<0$，$y<0$ だから

$$-\log y=3\log x+C$$

$$3\log x+\log y=-C$$

$$\log x^3+\log y=-C$$

$$\log x^3y=-C$$

$$x^3y=e^{-C}$$

$e^{-C}=D$ とおくと

$x^3y=D$　（D は正の任意の実数）

㋑より，この曲線は点A(5，1)を通るので

$D=125\quad\text{←}5^3\cdot1=D$

よって，求める曲線の方程式は

$\underline{x^3y=125}$　◁答え　**例題 6-22**

例題 6-23 定期テスト 出題度 ❗ 2次・私大試験 出題度 ❗❗

関数 $y=2x^2$ のグラフを y 軸のまわりに回転させてできる立体の形の容器に水を $V\,\mathrm{cm}^3$ 入れると，水の深さが $h\,\mathrm{cm}$ になった。この容器の底に排水口をつけ，そこから毎秒 $3\sqrt{h}\,\mathrm{cm}^3$ の割合で排水する。このとき，次の問いに答えよ。

(1) V を h を用いて表せ。

(2) 排水し始めてから t 秒後の水面の高さの変化する速度を h を用いて表せ。

(3) 初めの水の深さが $9\,\mathrm{cm}$ とすると，水がすべてなくなるのは，排水し始めてから何秒後か。

まず，ミサキさん，(1)を解いてみて。

「y 軸のまわりの回転体の体積を考えればいいんですよね。

解答 (1) $y=2x^2$ より，$x^2=\dfrac{1}{2}y$ になるので

$$V=\pi\int_0^h x^2\,dy$$

$$=\pi\int_0^h \frac{1}{2}y\,dy$$

$$=\pi\left[\frac{1}{4}y^2\right]_0^h$$

$$=\frac{1}{4}\pi h^2$$

◁答え 例題 6-23 (1)」

そうだね。続いて(2)だが，**4-22** でやった "時刻 t における位置" を t で微分すると，"時刻 t における速度" が求められるというのを覚えているかな？

数Ⅲ **6**章

これと同様に，"時刻tにおける，●●"をtで微分すると，"時刻tにおける，●●の変化する速度"が求められるんだ。

「じゃあ，水の容積の変化する速度は$\dfrac{dV}{dt}$ということだから，

$\dfrac{dV}{dt} = 3\sqrt{h}$ ですか？」

いや，そうじゃない。排水するから，容積は時間とともに減っていき，変化する速度はマイナスになるはずだよ。

「じゃあ，$\dfrac{dV}{dt} = -3\sqrt{h}$ ですね。」

「でも，求めたいのは，水面の高さの変化する速度ですよね？」

「ということは，$\dfrac{dh}{dt}$ を求めよということか。うーん……。」

ミサキさんが(1)で，$V = \dfrac{1}{4}\pi h^2$ と求めてくれたよね。この両辺をhで微分すれば，$\dfrac{dV}{dh}$ が求まる。そして，$\dfrac{dh}{dt} = \dfrac{dV}{dt} \cdot \dfrac{dh}{dV}$ で計算すればいいんじゃないの？

「えっ？　それじゃあ，$\dfrac{dh}{dV}$ がいるんじゃないんですか？」

「わかった！　$\dfrac{dV}{dh}$ の逆数と考えればいいんですね。」

その通り。じゃあ，ハルトくん，(2)を解いてみて。

「解答　(2)　$\dfrac{dV}{dt} = -3\sqrt{h}$　……①

また，(1)より

$V = \dfrac{1}{4}\pi h^2$

$$\frac{dV}{dh} = \frac{1}{2}\pi h = \frac{\pi h}{2} \quad \cdots\cdots ② \leftarrow 両辺をhで微分する。$$

よって，①，②を用いると

$$\frac{dh}{dt} = \frac{dV}{dt} \cdot \frac{dh}{dV} \leftarrow \frac{dh}{dV} = \frac{1}{\frac{dV}{dh}}$$

$$= -3\sqrt{h} \cdot \frac{2}{\pi h}$$

$$= -\frac{6}{\pi\sqrt{h}} \text{ (cm/s)} \quad \Leftarrow 答え \quad 例題 6-23 (2)」$$

　そう，正解。そして，この微分方程式を解けば，時刻 t における水の深さ h が求められる。(3)は，それが0になるときの t の値はいくらか，ということなんだよね。

解答 (3) (2)より

$$\frac{dh}{dt} = -\frac{6}{\pi\sqrt{h}}$$

$$\sqrt{h} \cdot \frac{dh}{dt} = -\frac{6}{\pi} \leftarrow \sqrt{h} と \frac{dh}{dt} を左辺に，定数を右辺に集める。$$

$$h^{\frac{1}{2}} \cdot \frac{dh}{dt} = -\frac{6}{\pi}$$

両辺を t で積分すると

$$\int h^{\frac{1}{2}} \cdot \frac{dh}{dt} dt = \int \left(-\frac{6}{\pi}\right) dt$$

$$\int h^{\frac{1}{2}} dh = \int \left(-\frac{6}{\pi}\right) dt$$

$$\frac{2}{3} h^{\frac{3}{2}} = -\frac{6}{\pi} t + C \quad （C は任意の実数）$$

$$h^{\frac{3}{2}} = -\frac{9}{\pi} t + \frac{3}{2} C$$

$$h = \left(-\frac{9}{\pi} t + \frac{3}{2} C\right)^{\frac{2}{3}}$$

$\frac{3}{2} C = D$ とおくと

$$h = \left(-\frac{9}{\pi} t + D\right)^{\frac{2}{3}} \quad （D は任意の実数）$$

数III

6
章

ここで，$t=0$のとき，$h=9$より ←初めの水の深さは9cm

$$9=D^{\frac{2}{3}}$$

$$D=9^{\frac{3}{2}}=(3^2)^{\frac{3}{2}}$$

$$=3^3=27$$

になるので

$$h=\left(-\frac{9}{\pi}t+27\right)^{\frac{2}{3}}$$

$h=0$になるのは ←水がすべてなくなるのは，$h=0$のとき

$$\left(-\frac{9}{\pi}t+27\right)^{\frac{2}{3}}=0$$

$$-\frac{9}{\pi}t+27=0$$

$$\frac{9}{\pi}t=27$$

$$t=3\pi$$

よって，**3π 秒後**

ベクトル

「ベクトルって何ですか？」

　例えば，『東に向かって速さ 4km/h で歩く』ということばは，東という"向き"と速さ 4km/h という"大きさ"の両方を含んでいるよね。"向き"と"大きさ"を同時に表す量がベクトルなんだ。

「あっ，物理の授業でも出てきました！」

　それに対して，『速さ 4km/h で歩く』とか『水が 2L』とか『面積が 50m^2』ということばは，"大きさ"だけを表している。これはスカラーというよ。

ベクトルとは？

新しい単元を習うときは，毎度のことながら，基本知識や用語をいっぱい覚えることになる。
たいへんだけど，あとで「何だっけ？」とならないためにもしっかり押さえておこう。

　ベクトルは，矢印の形で表す。このような向きのついた線分を**有向線分**という。矢印の向きが"向き"を表し，
矢印の長さが"大きさ"を表すんだ。

　AからBへ向かうベクトルは$\overrightarrow{AB}$
で表し，スタート地点のAを**始点**，
ゴール地点のBを**終点**という。

　また，$\overrightarrow{AB}$の長さを**大きさ**といい，
$|\overrightarrow{AB}|$で表す。

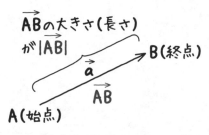

　ちなみに，始点や終点がはっきりわかるように$\overrightarrow{AB}$と表す以外に，1つの文字に矢印をつけて，$\vec{a}$と表すこともあるよ。このとき，$\vec{a}$の大きさは，$|\vec{a}|$と表すよ。

　さて，ベクトルには，次の3つの特徴がある。

その1　ベクトルの相等

ベクトルは，"向き"と"大きさ（長さ）"の両方が等しいとき，同じベクトルとみなす。場所は関係ない。

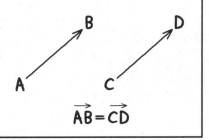

$\overrightarrow{AB}$と$\overrightarrow{CD}$が等しいときは，$\overrightarrow{AB}=\overrightarrow{CD}$と表すよ。

「向きだけ同じとか，大きさ（長さ）だけ同じじゃ，同じベクトルじゃ
　ないんですね。」

　そういうことだね。別のいいかたをすると，向きと長さを変えなければ，自由に移動できるともいえるよ。

その2　ベクトルの実数倍・逆ベクトル・零ベクトル

k ($k>0$) 倍したベクトルは，同じ向きで大きさがk倍。

ベクトルは−1倍すれば，逆向きで大きさが同じ。

$k=0$のとき，大きさ0のベクトルで，向きはない。

　例えば，$2\vec{a}$は$\vec{a}$と比べて向きは同じで，
"大きさ（長さ）が2倍"ということだ。

　また，$-\vec{a}$は$\vec{a}$と比べて"逆向き"になる。
大きさ（長さ）は同じだよ。
　これを"$\vec{a}$の逆ベクトル"という。

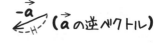

「じゃあ，$-2\vec{a}$なら，$\vec{a}$と比べて，逆
　　向きで，しかも大きさ（長さ）が2倍
　　ということですね。」

　その通り。また，0倍すると大きさ（長さ）が
0になってしまう。まあ，ただの点になってし
まうのだけど，一応これもベクトルの仲間な
んだ。これを零ベクトルといい，$\vec{0}$と表すよ。

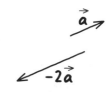

その3　ベクトルの加法と減法

ベクトルどうしは足したり，引いたりできる。

例えば，$\vec{a}$がAからBへ向かうベクトル
（$\vec{a}=\overrightarrow{AB}$）で，$\vec{b}$がBからCへ向かうベクトル（$\vec{b}=\overrightarrow{BC}$）なら，$\vec{a}+\vec{b}$はAからCへ向かうベクトルを表すんだ。$\vec{a}+\vec{b}=\overrightarrow{AC}$ということだね。

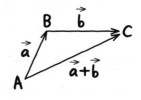

「AからBを経由してCに行くのも，Aから直接Cに行くのも同じなんですか？」

うん。ベクトルでは遠回りしても，ストレートに進んでも同じなんだ。始点Aと終点Cが同じだから同じベクトルだよ。

次に，$\vec{a}$と$\vec{b}$の始点が同じとき，つまり，同じ場所からスタートしているとき，$\vec{a}$と$\vec{b}$の和は，ひとつにつながるように一方をずらして足せばいい。右の図のようにね。

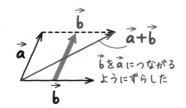

ずらすのが面倒なら，$\vec{a}$と$\vec{b}$をとなり合う2辺とする平行四辺形をかいてもいい。その対角線が$\vec{a}+\vec{b}$になるからね。

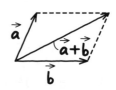

また，ベクトル$\vec{a}$，$\vec{b}$において，
差$\vec{a}-\vec{b}$は次のように定められているんだ。
$$\vec{a}+(-\vec{b})$$

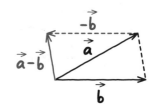

「$-\vec{b}$を足すんですね。」

うん，そうだね。じゃあ，ちょっと練習してみようか。

例題 7-1 定期テスト 出題度 ❶❶❶ | 共通テスト 出題度 ❶❶❶

AD と BC が平行で，AD＝3，BC＝5である台形 ABCD において，辺 BC 上に BE＝2になるように点 E をとる。$\vec{AB}=\vec{b}$，$\vec{AD}=\vec{d}$とするとき，次のベクトルを$\vec{b}$，$\vec{d}$を用いて表せ。

(1) $\vec{DB}$　　(2) $\vec{AE}$　　(3) $\vec{CA}$

図をかいてみよう。

まず，(1)だが，回り道をして考えればいいね。どんなコースをたどってもいいんだよ。DからBへ行くということは，DからAへ行ってから，AからBへ行くということなので，$\vec{DB}=\vec{DA}+\vec{AB}$になる。

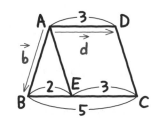

「$\vec{DA}$は$\vec{d}$と同じだから……。」

同じじゃないよ！　大きさ（長さ）は同じだけど，向きは逆だよ。

「あっ，"逆ベクトル"か。じゃあ，$\vec{DA}$は$-\vec{d}$だ。

解答　(1) $\vec{DB}=\vec{DA}+\vec{AB}$
$$=-\vec{d}+\vec{b}$$ ◁ 答え 　例題 7-1　(1)」

そうだね。正解だ。(2)も解いてみようか。

「どう回ってもいいんですよね。

じゃあ，AからBを通って回ると，
$$\vec{AE}=\vec{AB}+\vec{BE}$$
で，$\vec{AB}$は$\vec{b}$で，$\vec{BE}$は……？」

AD//BCだから$\vec{BE}$は$\vec{d}$と同じ向きということだ。そして，大きさ（長さ）

が $\dfrac{2}{3}$ 倍だから，$\dfrac{2}{3}\vec{d}$ になるよ。

「あっ，そうか。じゃあ，

解答　(2)　AD∥BC，BE $=\dfrac{2}{3}$ AD より

$$\overrightarrow{AE} = \overrightarrow{AB} + \overrightarrow{BE} = \vec{b} + \dfrac{2}{3}\vec{d}$$ ⇐ 答え　 例題 7-1 (2)」

その通り。じゃあ，ハルトくん，(3)の $\overrightarrow{CA}$ を解いてみて。

「CからEを通ってぐるっと回ると

$$\overset{\overbrace{\overrightarrow{CE}=-\overrightarrow{EC}=-\vec{d}}}{\overrightarrow{CA} = \overrightarrow{CE} + \overrightarrow{EA}} = -\vec{d} + \cdots\cdots$$

あれっ？　$\overrightarrow{EA}$ は？」

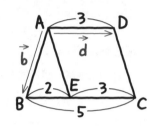

(2)で $\overrightarrow{AE} = \vec{b} + \dfrac{2}{3}\vec{d}$ と求めているよね。

$\overrightarrow{EA}$ はその逆ベクトルなので，$-\vec{b} - \dfrac{2}{3}\vec{d}$ になるね。

ベクトルの計算は多項式の文字式の計算と同じようにやればいいよ。

「あっ，そうか……ということは……

解答　(3)　$\overrightarrow{CA} = \overrightarrow{CE} + \overrightarrow{EA}$

$$= -\vec{d} + \left(-\vec{b} - \dfrac{2}{3}\vec{d} \right)$$

$$= -\vec{b} - \dfrac{5}{3}\vec{d}$$ ⇐ 答え　例題 7-1 (3)」

そうだね。このように前の問題の結果を使うこともけっこう多いよ。

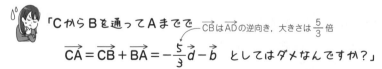「CからBを通ってAまでで

$$\overset{\overbrace{\overrightarrow{CB}は\overrightarrow{AD}の逆向き，大きさは\frac{5}{3}倍}}{\overrightarrow{CA} = \overrightarrow{CB} + \overrightarrow{BA}} = -\dfrac{5}{3}\vec{d} - \vec{b}$$ としてはダメなんですか？」

いいよ。$\overrightarrow{CA} = \overrightarrow{CD} + \overrightarrow{DA}$ でもいい。$\overrightarrow{CD} = \overrightarrow{EA}$，$\overrightarrow{DA} = \overrightarrow{CE}$ だから 解答 と同じ

式になるね。

7-2 ベクトルの成分

こんどは，ベクトルを座標平面上で考えてみよう。

例題 7-2

定期テスト 出題度 ❗❗❗ 　 共通テスト 出題度 ❗❗❗

点 A，B，C の座標が，A(3，−7)，B(−1，4)，C(5，8) である
とき，次のベクトルを成分で表せ。

(1) $\overrightarrow{AB}$ 　　 (2) $\overrightarrow{AC}$ 　　 (3) $3\overrightarrow{AB}-\overrightarrow{AC}$

右の図のような座標平面上でベクトル $\vec{a}$ を
考えてみよう。$\vec{a}=\overrightarrow{OA}$ で，A の座標は
$(a_1,\ a_2)$ だ。このとき

$$\vec{a}=(a_1,\ a_2)$$

と表すことができる。この a_1，a_2 を**ベクトル**

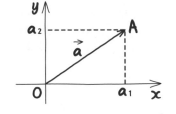

の成分というんだ。a_1 を x 成分，a_2 を y 成分といい，この表しかたを**成分表示**というよ。

$\overrightarrow{AB}$ の成分というのは，『**A から B まで座標がいくつ増えるか？**』という
ことだ。図で考えると右下の図のようになるよ。

A$(a_1,\ a_2)$，B$(b_1,\ b_2)$ とすると，
$\overrightarrow{AB}=(b_1-a_1,\ b_2-a_2)$ ということだ。

「B の座標から A の座標を引けば，増
えた分がわかるんですね。」

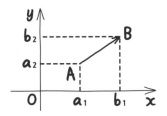

そうなんだ。

成分の表しかたがわかったから，(1)をやってみよう。

解答 (1)　x 座標の増加分は，$(-1)-3=-4$

　　　　y 座標の増加分は，$4-(-7)=11$ だから

　　　　$\overrightarrow{AB}=\underline{(-4, \ 11)}$ 　⇐答え　**例題 7-2** (1)

になるね。ハルトくん，(2)はどうなる？

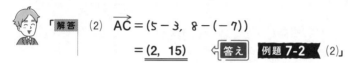

「**解答** (2)　$\overrightarrow{AC}=(5-3, \ 8-(-7))$

　　　　　$=\underline{(2, \ 15)}$ 　⇐答え　**例題 7-2** (2)」

そうだね。また，"成分どうし"を足したり，引いたり，実数倍したりもできるんだよ。

Point 38　成分によるベクトルの演算

$\vec{a}=(a_1, \ a_2)$，$\vec{b}=(b_1, \ b_2)$ なら

　　$\vec{a}\pm\vec{b}=(a_1\pm b_1, \ a_2\pm b_2)$ 　（複号同順）

　　$k\vec{a}=k(a_1, \ a_2)=(ka_1, \ ka_2)$ 　（k は実数）

足したいときは x 成分どうし，y 成分どうし足せばいいし，引きたいときも同じものどうしを引けばいい。また，実数倍したいなら，両方とも実数倍すればいい。じゃあミサキさん，(3)はどうなる？

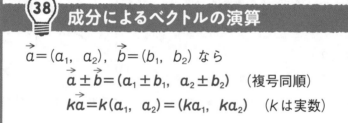

「**解答** (3)　$3\overrightarrow{AB}-\overrightarrow{AC}=3(-4, \ 11)-(2, \ 15)$

　　　　　　　　$=(-12, \ 33)-(2, \ 15)$

　　　　　　　　$=\underline{(-14, \ 18)}$ 　⇐答え　**例題 7-2** (3)」

うん。正解だよ。

例題 **7-3**　　定期テスト 出題度 ❗❗❗　　共通テスト 出題度 ❗❗❗

$\vec{a}=(5,\ -2),\ \vec{b}=(4,\ 1),\ \vec{c}=(-7,\ -5)$ とするとき，$\vec{c}$ を $\vec{a}$，$\vec{b}$ を用いて表せ。

『$\vec{c}$ を $\vec{a}$，$\vec{b}$ を用いて表す』ということは，『$\vec{c}$ を $m\vec{a}+n\vec{b}$（m，n は実数）の形で表す』ということなんだ。代入して両辺を比較するだけだよ。

ミサキさん，やってみて。

「解答　$\vec{c}=m\vec{a}+n\vec{b}$（$m$，$n$ は実数）とおくと

$(-7,\ -5)=m(5,\ -2)+n(4,\ 1)$

$\qquad\qquad =(5m,\ -2m)+(4n,\ n)$

$\qquad\qquad =(5m+4n,\ -2m+n)$

$5m+4n=-7$　……①　←x 成分

$-2m+n=-5$　……②　←y 成分

①－②×4より

$13m=13$

$m=1$

これを②に代入すると

$n=-3$

よって，$\underline{\vec{c}=\vec{a}-3\vec{b}}$　　 答え　例題 **7-3**」

そうだね。

成分から大きさを求める

大きさを求める式は，忘れる人が多いんだ。『成分から大きさを求めるときは，$\sqrt{\text{2乗}+\text{2乗}}$』と呪文のように覚えてほしい。そのくらい重要な式だよ。

例題 7-4　　定期テスト 出題度 !!!　　共通テスト 出題度 !!!

$\vec{a}=(-7,\ 4)$，$\vec{b}=(2,\ 1)$，$\vec{c}=\vec{a}+t\vec{b}$ とするとき，$|\vec{c}|$ の最小値とそのときの t の値を求めよ。

成分からベクトルの大きさを求めることができるよ。

ベクトルの大きさ

$\vec{a}=(a_1,\ a_2)$ なら
$$|\vec{a}|=\sqrt{a_1{}^2+a_2{}^2}$$

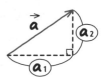

「$\vec{a}=(a_1,\ a_2)$ ということは，x 軸方向に a_1，y 軸方向に a_2 増えるということなので，$\vec{a}$ の大きさは，図でいうと斜めの長さだから，三平方の定理を使って求めているんですね。」

うん。そうなんだ。でも，いちいち図をかくのは面倒だ。公式として覚えておくべきだね。さて，問題を解いてみよう。

成分がわかっているなら，問題文で登場するベクトル（ここでは $\vec{c}=\vec{a}+t\vec{b}$）も成分を求めるのがルールなんだ。

「解答　$\vec{c}=(-7,\ 4)+t(2,\ 1)$　　　←$\vec{c}=\vec{a}+t\vec{b}$に
$\qquad\ =(-7,\ 4)+(2t,\ t)$　　　$\vec{a},\ \vec{b}$の成分を代入
$\qquad\ =(2t-7,\ t+4)$」

そうだね。$|\vec{c}|$ は？　ミサキさん，わかる？

「
$\quad|\vec{c}|=\sqrt{(2t-7)^2+(t+4)^2}$　　←$\vec{c}=(c_1,\ c_2)$のとき
$\qquad\ =\sqrt{4t^2-28t+49+t^2+8t+16}$　　$|\vec{c}|=\sqrt{c_1{}^2+c_2{}^2}$
$\qquad\ =\sqrt{5t^2-20t+65}$」

その通り。そして，この最小値を求めるわけだが，$\sqrt{}$ の中が２次式になっているよね。ということは，どうやって求める？

「平方完成ですね！　じゃあ，
$\quad|\vec{c}|=\sqrt{5\{t^2-4t\}+65}$
$\qquad\ =\sqrt{5\{(t-2)^2-4\}+65}$
$\qquad\ =\sqrt{5(t-2)^2-20+65}$
$\qquad\ =\sqrt{5(t-2)^2+45}$
　　$\underline{t=2}$のとき，最小値$\sqrt{45}=\underline{3\sqrt{5}}$　⇐ 答え　例題 **7-4** 」

それでいい。さて，$\sqrt{}$ を１つひとつ書くのが面倒だという人は，まず２乗して，$|\vec{c}|^2$の最小値を求め，最後に $\sqrt{}$ をつけてもいい。

解答　$|\vec{c}|^2=(2t-7)^2+(t+4)^2$
$\qquad\ =4t^2-28t+49+t^2+8t+16$
$\qquad\ =5t^2-20t+65$
$\qquad\ =5\{t^2-4t\}+65$
$\qquad\ =5\{(t-2)^2-4\}+65$
$\qquad\ =5(t-2)^2-20+65$
$\qquad\ =5(t-2)^2+45$
　　$\underline{t=2}$のとき，$|\vec{c}|^2$の最小値45，$|\vec{c}|$の**最小値$3\sqrt{5}$**　⇐ 答え　例題 **7-4**

ベクトルの平行

電車が同じ向きに走っていても，逆向きに走っていても，「平行に走っている」というよね。
ベクトルも同じように考えるよ。

例題 7-5

定期テスト 出題度 **! ! !**　　共通テスト 出題度 **! ! !**

$\vec{a} = (-5,\ 12)$ について，次の問いに答えよ。
(1)　$\vec{a}$ と同じ向きで大きさが4のベクトルを求めよ。
(2)　$\vec{a}$ に平行な単位ベクトルを求めよ。

(1)では『ベクトルを求めよ。』となっているね。　**成分が書いてある問題で**
は，『ベクトルを求めよ。』ということは，『ベクトルの成分を求めよ。』とい
うこと なんだ。まず，ミサキさん，$\vec{a}$ の大きさ（長さ）はいくつ？

「$|\vec{a}| = \sqrt{(-5)^2 + 12^2} = \sqrt{169} = 13$　$\leftarrow \vec{a} = (a_1,\ a_2)$ のとき
$|\vec{a}| = \sqrt{a_1{}^2 + a_2{}^2}$
　です。」

そうだね。それと同じ向きで，大きさ（長さ）
が4ということは，何倍なの？

$\vec{a}$(大きさ13)

(大きさ4)

「$\dfrac{4}{13}$ 倍ですか？」

その通り。つまり，$\dfrac{4}{13}\vec{a}$ というわけだ。

これを成分表示にして答えるんだ。

解答 (1)　$\dfrac{4}{13}\vec{a} = \left(-5 \times \dfrac{4}{13},\ 12 \times \dfrac{4}{13}\right)$

$= \left(-\dfrac{20}{13},\ \dfrac{48}{13}\right)$　　**答え**　例題 **7-5** (1)

「……あっ，簡単ですね。」

そうだね。じゃあ，(2)だけど……。

「"単位ベクトル"ってなんですか？」

大きさ（長さ）が1のベクトルのことだよ。

「じゃあ，$\frac{1}{13}$ 倍ですか？」

いや，ここで注意してほしい。

"平行"なベクトルは『同じ向き』と『逆向き』の両方のベクトルをさすよ。

同じ向きなら $\frac{1}{13}\vec{a}$ で，

逆向きなら $-\frac{1}{13}\vec{a}$ というわけだ。

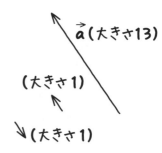

$\vec{a}$（大きさ13）

（大きさ1）

（大きさ1）

解答 (2) (1)より $|\vec{a}|=13$ だから，単位ベクトルは $\pm\frac{1}{13}\vec{a}$

$$\frac{1}{13}\vec{a}=\left(-\frac{5}{13},\ \frac{12}{13}\right),\quad -\frac{1}{13}\vec{a}=\left(\frac{5}{13},\ -\frac{12}{13}\right)$$

⇐ **答え**　例題 7-5 (2)

(2)のように"平行な"といわれたら，同じ向きと逆向きがあるってことを忘れないでね。

例題 7-6

定期テスト 出題度 ❗❗❗　共通テスト 出題度 ❗❗❗

$\vec{a}=(8,\ -2)$，$\vec{b}=(x,\ 3)$ が平行なとき，定数 x の値を求めよ。

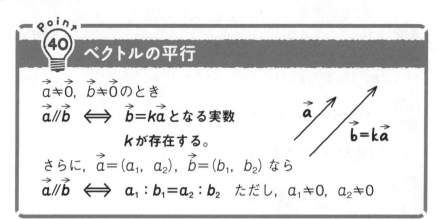

Point **40** ベクトルの平行

$\vec{a}\neq\vec{0}$, $\vec{b}\neq\vec{0}$ のとき

$\vec{a}/\!/\vec{b}$ $\iff$ $\vec{b}=k\vec{a}$ となる実数
　　　　　　k が存在する。

さらに, $\vec{a}=(a_1,\ a_2)$, $\vec{b}=(b_1,\ b_2)$ なら

$\vec{a}/\!/\vec{b}$ $\iff$ $a_1:b_1=a_2:b_2$ ただし, $a_1\neq0$, $a_2\neq0$

$\vec{a}$ に平行ということは, $\vec{a}$ と同じ向きと, 逆向きが考えられるね。そして, $\vec{a}$ と $\vec{b}$ が平行なら, 一方が他方の何倍かになっているね。だから, $\vec{a}=k\vec{b}$ と表せるよ。さらに, 成分が $\vec{a}=(a_1,\ a_2)$, $\vec{b}=(b_1,\ b_2)$ とわかっているなら, x 成分, y 成分どうしの比が等しいということだ。だから $a_1:b_1=a_2:b_2$ と表せる。じゃあ, これで計算してみて。

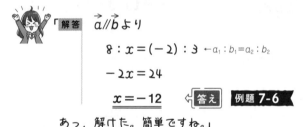

「解答　$\vec{a}/\!/\vec{b}$ より

　　　$8:x=(-2):3$　←$a_1:b_1=a_2:b_2$

　　　$-2x=24$

　　　$\underline{x=-12}$　◁答え　例題 **7-6**

あっ, 解けた。簡単ですね。」

正解だね。次のようにして解いてもいいよ。

解答　$\vec{b}=k\vec{a}$ とおくと

　　　$(x,\ 3)=(8k,\ -2k)$

　　　$x=8k,\ 3=-2k$

　　　よって, $k=-\dfrac{3}{2}$, $x=8\times\left(-\dfrac{3}{2}\right)=-12$ より

　　　$\underline{x=-12}$　◁答え　例題 **7-6**

7-5 3点が同じ直線上にある

7-4 の内容をちょっと応用して解く問題だよ。

例題 7-7

定期テスト 出題度 !!!　共通テスト 出題度 !!!

3点 A$(-4, 2)$, B$(-1, -3)$, C$(x, 7)$ が同じ直線上にあるとき, 定数 x の値を求めよ。

3点A, B, Cが同じ直線上にあるときは, 2つのベクトルで考えるんだ。例えば, 図のように, $\overrightarrow{AB}$, $\overrightarrow{AC}$で考えると, 2つは平行になるよね。 7-4 の 40 の公式が使える。

 「3点A, B, Cの並びが違っていたら?」

それは関係ないよ。どんな順番だろうが, 絶対に2つのベクトルは平行になるんだ。

Point 41　同じ直線上にある3点

異なる3点A, B, Cについて, $\overrightarrow{AB} = (a_1, a_2)$,
$\overrightarrow{AC} = (b_1, b_2)$ とすると

3点A, B, Cが同じ直線上にある

$\iff$ $\overrightarrow{AB} = k\overrightarrow{AC}$ となる実数kが存在する。

$\iff$ $a_1 : b_1 = a_2 : b_2$

「2つのベクトルを作り平行なら，3点が同じ直線上にあるということ
ですね。」

うん。そういうことだね。じゃあ，ミサキさん，　例題 7-7　を解いてみて。

「解答
$$\vec{AB}=(-1-(-4),\ -3-2)=(3,\ -5),$$
$$\vec{AC}=(x-(-4),\ 7-2)=(x+4,\ 5)\ より$$
$$\vec{AB}/\!/\vec{AC}\ だから$$
$$3:(x+4)=(-5):5$$
$$-5(x+4)=15$$
$$x+4=-3$$
$$\underline{x=-7}$$　　答え　例題 7-7 」

正解。次のように解いてもいいよ。

解答
$$\vec{AB}=(3,\ -5),\ \vec{AC}=(x+4,\ 5)$$
$$\vec{AB}=k\vec{AC}\ より$$
$$3=k(x+4)\ \ \cdots\cdots①$$
$$-5=5k\ \ \cdots\cdots②$$
②より$k=-1$なので①に代入して
$$3=-(x+4)$$
$$\underline{x=-7}$$　　答え　例題 7-7

また，今回はたまたま$\vec{AB}$と$\vec{AC}$でやったけど，**3点を
使った2つのベクトルなら，どんな組合せでもいい。**
$\vec{CB}$と$\vec{AC}$でも，$\vec{BC}$と$\vec{CA}$でもなんでもいいんだ。一方
が他方の何倍かになるよ。

7-6 平行四辺形

新たに公式を覚えると，過去にやった問題が，実はもっとラクに解けることに気づくんだ。

例題 7-8　定期テスト 出題度 ●● ）　共通テスト 出題度 ●●

　　4点 A$(-3, 7)$，B$(-2, -5)$，C$(9, 1)$，D を頂点とする四角形が平行四辺形になるとき，点 D の座標を求めよ。

　実はこの問題は『数学Ⅱ・B編』の **例題 3-3** (2)で扱った問題なんだが，ここではベクトルを使って解いてみよう。今回は，次の性質を使って考えるよ。

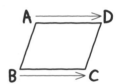

四角形ABCD が平行四辺形
$$\iff \overrightarrow{AD} = \overrightarrow{BC}$$

これは $\overrightarrow{BA} = \overrightarrow{CD}$，$\overrightarrow{CB} = \overrightarrow{DA}$，$\overrightarrow{DC} = \overrightarrow{AB}$ など何でもいいよ。

？「$\overrightarrow{AD} = \overrightarrow{BC}$　かつ　$\overrightarrow{BA} = \overrightarrow{CD}$ というふうに2組いうんですか？」

　いや，平行四辺形となるための条件の1つ「1組の向かい合う辺の長さが等しくて平行である」がいえればいいから，**向かい合わせの1組が同じベクトルであれば，平行四辺形になるよ。** さて，問題のほうだが，以前もやったように，点DがA，B，Cのどの点の向かいにあるかわからないからね。分けて考えるんだったね。

解答　$\mathrm{D}(x,\ y)$ とすると，4点A，B，C，Dが平行四辺形の頂点になるため
には，次の(i)〜(iii)の3通りが考えられる。

(i) DがBの向かいにあるとき

$\overrightarrow{\mathrm{AD}}=\overrightarrow{\mathrm{BC}}$

$(x+3,\ y-7)=(11,\ 6)$

$x+3=11$ より，$x=8$

$y-7=6$ より，$y=13$

$\mathrm{D}(8,\ 13)$

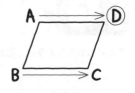

(ii) DがAの向かいにあるとき

$\overrightarrow{\mathrm{AB}}=\overrightarrow{\mathrm{CD}}$

$(1,\ -12)=(x-9,\ y-1)$

$x-9=1$ より，$x=10$

$y-1=-12$ より，$y=-11$

$\mathrm{D}(10,\ -11)$

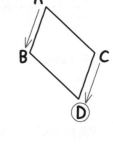

(iii) DがCの向かいにあるとき

$\overrightarrow{\mathrm{AD}}=\overrightarrow{\mathrm{CB}}$

$(x+3,\ y-7)=(-11,\ -6)$

$x+3=-11$ より，$x=-14$

$y-7=-6$ より，$y=1$

$\mathrm{D}(-14,\ 1)$

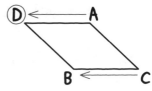

(i)，(ii)，(iii)より，点Dの座標は

(8, 13), (10, −11), (−14, 1) ⇐ 答え　例題 **7-8**

ベクトルの内積

"正"にはまっすぐという意味もあるんだ。「まっすぐに光を射ると映る影」なので正射影だよ。

　昔の人はベクトルの掛け算をやりたいと思った。でも，例えば$\vec{a}$と$\vec{b}$を掛けたくても，ベクトルには大きさの他にも，"向き"があるよね。そこで向きをそろえるために，$\vec{a}$の影を使って考えたんだ。

　$\vec{b}$に垂直な光を当てたとき，$\vec{b}$を含む直線の上に映る$\vec{a}$の影を正射影というんだ。なす角がθなら，その影の長さは$|\vec{a}|\cos\theta$になる。

　$\vec{a}$は$\vec{b}$方向に関しては$|\vec{a}|\cos\theta$だけ進んでいるということだ。

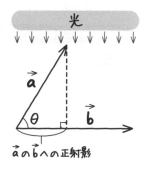

$\vec{a}$の$\vec{b}$への正射影

　　「どうして影の長さが$|\vec{a}|\cos\theta$になるんですか？」

　$\cos\theta=\dfrac{底辺}{斜辺}$だよ。つまり，**底辺＝斜辺×$\cos\theta$**だ。斜辺の長さは$|\vec{a}|$なので，影の長さは$|\vec{a}|\cos\theta$だね。

　「あっ，そうか……はい。」

　これで向きがそろったので大きさどうしを掛けると，$|\vec{a}||\vec{b}|\cos\theta$になる。

　ちなみにθが鈍角なら影の長さは$|\vec{a}\cos(\pi-\theta)|$，つまり$-|\vec{a}|\cos\theta$になる。でも，その場合は，$\vec{b}$と逆向きだから，大きさどうしを掛けて$-1$倍ということで同じ結果になるよ。これを$\vec{a}$と$\vec{b}$の**内積**といい，$\vec{a}\cdot\vec{b}$と表すんだ。$(\vec{a}, \vec{b})$と書くこともあるよ。$\vec{a}\times\vec{b}$とは絶対に書かないんだ。

内積の定義

2つのベクトル $\vec{a}$, $\vec{b}$ のなす角を θ とすると

$$\vec{a}\cdot\vec{b}=|\vec{a}||\vec{b}|\cos\theta \quad (0°\leqq\theta\leqq180°)$$

　ベクトルのなす角を考えるときは，ちょっと注意が必要だ。$\vec{0}$ でない $\vec{a}$ と $\vec{b}$ という2つのベクトルの始点を合わせたときにできる角を，なす角というんだ。始点がそろっていないとダメだ。

　また，ベクトルでは，なす角 θ は $0°\leqq\theta\leqq180°$ で考えるよ。

「あっ，そうか。小さいほうの角度を答えるんですもんね。」

　ちなみに，『数学Ⅱ・B編』の**お役立ち話 ⑩** でやったけど，直線のなす角は $0°\leqq\theta\leqq90°$ になるんだったよね。

例題 7-9

定期テスト 出題度 ❗❗❗　　共通テスト 出題度 ❗❗❗

　1辺の長さが2の正六角形 ABCDEF の向かい合う頂点どうしを結んだ3本の対角線の交点を O とするとき，次の内積の値を求めよ。

(1) $\overrightarrow{AB}\cdot\overrightarrow{AO}$　　(2) $\overrightarrow{AD}\cdot\overrightarrow{AE}$　　(3) $\overrightarrow{AF}\cdot\overrightarrow{FC}$

図にすると6個の正三角形に分割されるよね。

じゃあ，ハルトくん，(1)はわかる？

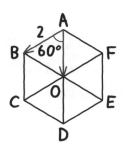

「$\vec{AB}$ の大きさは2で，$\vec{AO}$ の大きさも2で，

△ABOは正三角形で，なす角は60°だから

解答 (1) $\vec{AB}\cdot\vec{AO}=|\vec{AB}||\vec{AO}|\cos 60°$

$=2\times 2\times \dfrac{1}{2}$

$=\underline{\underline{2}}$　⇐**答え** 例題 **7-9** (1)」

そう。正解。じゃあ，ミサキさん，(2)の $\vec{AD}\cdot\vec{AE}$ は？

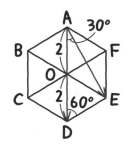

「$\vec{AD}$ の長さは4で，$\vec{AE}$ の長さは……？？」

じゃあ，まず，なす角を求めよう。

△OAFは正三角形だから，∠OAF=60° だ。そして，

それを真っ二つに切っているので，∠OAE=30°

ということは△ADEは30°，60°，90°の直角三角形

になっているよね。

「あっ，$1:\sqrt{3}:2$ ですね。じゃあ，$|\vec{AE}|=2\sqrt{3}$ です。」

いいね。じゃあ，答えは？

「**解答** (2) $\vec{AD}\cdot\vec{AE}=|\vec{AD}||\vec{AE}|\cos 30°=4\cdot 2\sqrt{3}\cdot\dfrac{\sqrt{3}}{2}$

$=\underline{\underline{12}}$　⇐**答え** 例題 **7-9** (2)」

OK。さて，(3)の $\vec{AF}\cdot\vec{FC}$ だが，$\vec{AF}$ と $\vec{FC}$ のなす角に気をつけよう。

「えっ？　∠AFCだから60°じゃないんですか？」

ちがう，∠AFCは$\overrightarrow{AF}$と$\overrightarrow{FC}$のなす角じゃない

よ。**なす角というのは，始点をそろえたとき**

の間の角だったね。$\overrightarrow{FC}$を移動させて始点をそ

ろえよう。 そうすると，図のように120°にな

るね。

もちろん$\overrightarrow{AF}$のほうを移動させても同じだよ。

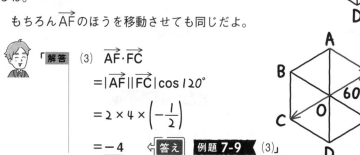

「**解答** (3)　$\overrightarrow{AF}\cdot\overrightarrow{FC}$

$\qquad\qquad=|\overrightarrow{AF}||\overrightarrow{FC}|\cos 120°$

$\qquad\qquad=2\times 4\times\left(-\dfrac{1}{2}\right)$

$\qquad\qquad=\underline{\underline{-4}}$　◁ **答え** **例題 7-9** (3)」

正解。さて，もう少し内積に関して説明しよう。

特に，$\vec{a}$と$\vec{a}$の内積なら，

$\vec{a}\cdot\vec{a}=|\vec{a}||\vec{a}|\cos 0°$ だから $|\vec{a}|^2$ になる。

$$\vec{a}\cdot\vec{a}=|\vec{a}|^2$$

また，θが90°つまり，$\vec{a}$と$\vec{b}$が垂直なベクトルなら，その内積は，

$\vec{a}\cdot\vec{b}=|\vec{a}||\vec{b}|\cos 90°$ だよね。cos 90°＝0 なので，次が成り立つ。これは，証

明のときなんかにも使う，とても大切な性質だよ。

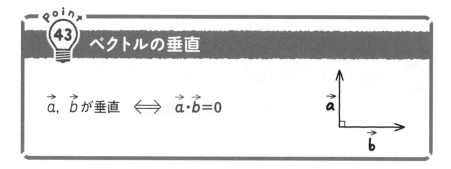

Point 43　ベクトルの垂直

$\vec{a}$, $\vec{b}$が垂直 $\Longleftrightarrow$ $\vec{a}\cdot\vec{b}=0$

ベクトルの成分から内積や「なす角」を求める

7-2 でやった通り，成分どうしの足し算や引き算の結果は，(，)という成分の形になる。でも，内積は値になるよ。

さて，内積は成分から求めることもできるんだ。

内積と成分

$\vec{a}=(a_1,\ a_2)$, $\vec{b}=(b_1,\ b_2)$ なら，
$$\vec{a}\cdot\vec{b}=a_1b_1+a_2b_2$$

x成分どうし掛けて，y成分どうし掛けて，それを足せばいい。とても簡単だと思う。そして，ベクトルのなす角は以下の方法で求めるよ。

ベクトルのなす角の求めかた

$\vec{a}$と$\vec{b}$のなす角θを求めるなら，

まず，$\vec{a}\cdot\vec{b}$, $|\vec{a}|$, $|\vec{b}|$ を求めて，

$$\cos\theta=\frac{\vec{a}\cdot\vec{b}}{|\vec{a}||\vec{b}|}$$ に代入する。

└─ $\vec{a}\cdot\vec{b}=|\vec{a}||\vec{b}|\cos\theta$ より
$\cos\theta=\sim$に変形する

$\vec{a}\cdot\vec{b}$, $|\vec{a}|$, $|\vec{b}|$ は成分を計算して求めるんだ。その後，$\cos\theta$を求めよう。この計算は 7-7 の 42 の式を変形したものだよ。

数C 7章

例題 7-10

定期テスト 出題度 **! ! !**　共通テスト 出題度 **! ! !**

次の $\vec{a}$, $\vec{b}$ のなす角 θ を求めよ。ただし，$0 \leqq \theta \leqq \pi$ とする。

(1) $\vec{a} = (2, \ -1)$, $\vec{b} = (-1, \ 3)$

(2) $\vec{a} = (9, \ 6)$, $\vec{b} = (2, \ -3)$

問題文が π を使っているときは，なす角も π を使って答えよう。一方，度のときは度で答えるんだ。何も書いていないときはどちらでもいいよ。

解答　(1) $\vec{a} \cdot \vec{b} = 2 \times (-1) + (-1) \times 3$ ← $\vec{a} \cdot \vec{b} = a_1 b_1 + a_2 b_2$

$\qquad = -5$

$\qquad |\vec{a}| = \sqrt{2^2 + (-1)^2} = \sqrt{5}$

$\qquad |\vec{b}| = \sqrt{(-1)^2 + 3^2} = \sqrt{10}$

$\qquad \cos \theta = \dfrac{-5}{\sqrt{5}\sqrt{10}} = \dfrac{-5}{5\sqrt{2}} = -\dfrac{1}{\sqrt{2}}$ ← $\cos \theta = \dfrac{\vec{a} \cdot \vec{b}}{|\vec{a}||\vec{b}|}$

$\qquad 0 \leqq \theta \leqq \pi$ より，$\theta = \dfrac{3}{4}\pi$ ◁ **答え** **例題 7-10** (1)

じゃあ，ミサキさん，(2)を解いて。

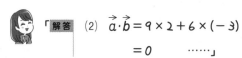

「**解答**　(2) $\vec{a} \cdot \vec{b} = 9 \times 2 + 6 \times (-3)$

$\qquad\qquad = 0$ ……」

ここでストップ！　この時点で答えがわかったよ。 **7-7** の ㊸ でいったけど，$\vec{a}$ と $\vec{b}$ の内積が0ということは垂直だ。

$\qquad \theta = \dfrac{\pi}{2}$ ◁ **答え** **例題 7-10** (2)

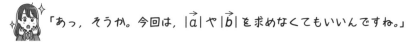

「あっ，そうか。今回は，$|\vec{a}|$ や $|\vec{b}|$ を求めなくてもいいんですね。」

垂直といえば内積0

垂直といえば、「三平方の定理」、「円周角」の他に、『数学Ⅱ・B編』の 3-6 でもいろいろな公式が登場したね。ベクトルの場合は？

例題 7-11

定期テスト 出題度 !!! 共通テスト 出題度 !!!

$\vec{a}=(1,\ -7)$, $\vec{b}=(-4,\ -9)$ で, $\vec{a}-\vec{b}$ と $t\vec{a}+\vec{b}$ が垂直であるとき, 定数 t の値を求めよ。

成分が書いてある問題は，まず"問題に登場するベクトル"の成分をすべて求めよう。

「$\vec{a}-\vec{b}$ と $t\vec{a}+\vec{b}$ の成分を求めるんですね。」

うん。そして，$\vec{a}-\vec{b}$ と $t\vec{a}+\vec{b}$ が垂直ということは？

「内積が0ですね。あれっ？ 『$\vec{a}-\vec{b}$ と $t\vec{a}+\vec{b}$ の内積』ってどう書けば……？」

そのままだよ。$(\vec{a}-\vec{b})\cdot(t\vec{a}+\vec{b})$ でいいよ。

解答

$$\vec{a}-\vec{b}=(1,\ -7)-(-4,\ -9)$$
$$=(5,\ 2)$$

$(a_1,\ a_2)-(b_1,\ b_2)$
$=(a_1-b_1,\ a_2-b_2)$

$$t\vec{a}+\vec{b}=t(1,\ -7)+(-4,\ -9)$$
$$=(t,\ -7t)+(-4,\ -9)$$
$$=(t-4,\ -7t-9)$$

$k(a_1,\ a_2)$
$=(ka_1,\ ka_2)$

数C 7 章

$$(\vec{a} - \vec{b}) \cdot (t\vec{a} + \vec{b}) = 5 \times (t-4) + 2 \times (-7t-9)$$

$$= 5t - 20 - 14t - 18$$

$$= -9t - 38$$

$(\vec{a} - \vec{b}) \perp (t\vec{a} + \vec{b})$ であるから

$$-9t - 38 = 0$$

$$t = -\frac{38}{9} \quad \Leftarrow \boxed{答え} \quad \boxed{例題\ 7\text{-}11}$$

例題 7-12

定期テスト 出題度 !!!　共通テスト 出題度 !!!

$\vec{a} = (-5,\ 12)$ と垂直な単位ベクトルを求めよ。

例題 7-5 で『$\vec{a} = (-5,\ 12)$ と平行な単位ベクトル』というのをやったので，今回は垂直なものを求めてみよう。

じゃあ，求めたいベクトルを $\vec{b} = (x,\ y)$ とおこう。

「$\vec{b}$ は $\vec{a}$ と垂直なので，内積は0ですね。」

「$\vec{b}$ は単位ベクトルだから，大きさは1か。」

ベクトルの成分から大きさを求めるのは，7-3 などでやっているから，いいよね。じゃあ，解いてみるね。

解答　求めたいベクトルを $\vec{b} = (x,\ y)$ とおくと，$\vec{a}$ と $\vec{b}$ は垂直だから

$$\vec{a} \cdot \vec{b} = -5x + 12y = 0 \quad \cdots\cdots ①$$

さらに，$\vec{b}$ は単位ベクトルなので，$|\vec{b}| = \sqrt{x^2 + y^2} = 1$ より

$$x^2 + y^2 = 1 \quad \cdots\cdots ②$$

①より

$$y=\frac{5}{12}x \quad \cdots\cdots ①'$$

①′を②に代入すると

$$x^2+\frac{25}{144}x^2=1$$

$$\frac{169}{144}x^2=1$$

$$x^2=\frac{144}{169}$$

$$x=\pm\frac{12}{13}$$

①′に代入すると

$x=\dfrac{12}{13}$ のとき，$y=\dfrac{5}{13}$

$x=-\dfrac{12}{13}$ のとき，$y=-\dfrac{5}{13}$

よって，$\vec{b}=\left(\pm\dfrac{12}{13},\ \pm\dfrac{5}{13}\right)$　（複号同順）　⇦ 　例題 7-12

数C 7章

角の大きさと三角形の面積

ベクトルとは一言も書いていないのに，ベクトルで解くとうまく解ける問題があるんだ。

例題 7-13　定期テスト 出題度 !!!　共通テスト 出題度 !!!

3点 A$(4, -1)$, B$(7, 3)$, C$(2, 0)$ とするとき，次の問いに答えよ。

(1) $\cos\angle$BAC を求めよ。　　　(2) △ABC の面積を求めよ。

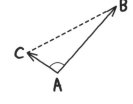

まず，　∠BACは，$\overrightarrow{AB}$と$\overrightarrow{AC}$のなす角　だよね。

右の図のようになるから……。

「あっ，そうか。じゃあ，(1)は **7-8** の

やりかた，

つまり，$\cos\theta = \dfrac{\overrightarrow{AB}\cdot\overrightarrow{AC}}{|\overrightarrow{AB}||\overrightarrow{AC}|}$ を使って解けるんだ！」

うん。やってみて。

「解答 (1) $\overrightarrow{AB} = (7-4,\ 3-(-1)) = (3,\ 4)$,

$\overrightarrow{AC} = (2-4,\ 0-(-1)) = (-2,\ 1)$ より

$\overrightarrow{AB}\cdot\overrightarrow{AC} = 3 \times (-2) + 4 \times 1 = -2$

$|\overrightarrow{AB}| = \sqrt{3^2 + 4^2} = 5$

$|\overrightarrow{AC}| = \sqrt{(-2)^2 + 1^2} = \sqrt{5}$

$\cos\angle$BAC $= \dfrac{\overrightarrow{AB}\cdot\overrightarrow{AC}}{|\overrightarrow{AB}||\overrightarrow{AC}|} = \dfrac{-2}{5\sqrt{5}}$

$= -\dfrac{2\sqrt{5}}{25}$　答え　例題 7-13 (1)」

続いて，(2)だが……。

「三角形の面積といえば，$\frac{1}{2}$×底辺×高さとか……。」

「数学Ⅰの三角比を使った公式もあった。でも，角度がわかっていないし……。」

「あっ，そうか！　(1)から sin∠BAC の値を求めて，

$$S = \frac{1}{2} \times AB \times AC \times \sin\angle BAC$$

で求めるといいのか！」

うん。それで解けるね。でも，今回のように，平面図形で頂点の座標やベクトルの成分しかわかっていないときは，以下の公式で求めるといい。この式がどこからきたかは，次の お役立ち話 ㉒ を見てほしい。

> ## コツ⑳ 三角形の面積の求めかた（1）
>
> $\vec{a}$ と $\vec{b}$ を2辺とする三角形の面積 S は，
> まず，$\vec{a}\cdot\vec{b}$, $|\vec{a}|$, $|\vec{b}|$ を求めて，
>
> $$S = \frac{1}{2}\sqrt{|\vec{a}|^2|\vec{b}|^2 - (\vec{a}\cdot\vec{b})^2}$$
>
> に代入する。

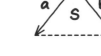

数C 7章

　△ABC ということは $\overrightarrow{AB}$ と $\overrightarrow{AC}$ を2辺とする三角形ということだね。

　まず，$\overrightarrow{AB}\cdot\overrightarrow{AC}$, $|\overrightarrow{AB}|$, $|\overrightarrow{AC}|$ を求めて，

$S = \frac{1}{2}\sqrt{|\overrightarrow{AB}|^2|\overrightarrow{AC}|^2 - (\overrightarrow{AB}\cdot\overrightarrow{AC})^2}$ に代入すればいいんだ。

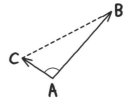

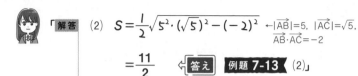

(2) $S = \dfrac{1}{2}\sqrt{5^2 \cdot (\sqrt{5})^2 - (-2)^2}$ ← $|\overrightarrow{AB}| = 5$, $|\overrightarrow{AC}| = \sqrt{5}$, $\overrightarrow{AB} \cdot \overrightarrow{AC} = -2$

$= \dfrac{11}{2}$ 答え 例題 **7-13** (2)」

そうだね。さて，今回のように成分がわかっているときは，以下の公式でも求めることができるよ。この式が成り立つ理由も，次ページの

お役立ち話 22 を見ればわかるよ。

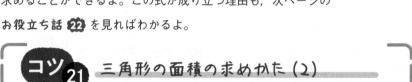

コツ 21 三角形の面積の求めかた (2)

$\vec{a} = (a_1,\ a_2)$, $\vec{b} = (b_1,\ b_2)$ なら

$$S = \dfrac{1}{2}|a_1 b_2 - a_2 b_1|$$

これを使うと

解答　$S = \dfrac{1}{2}|3 \times 1 - 4 \times (-2)| = \dfrac{11}{2}$ 答え 例題 **7-13** (2)

になるね。

「あっ，こっちはもっとラクですね。」

ベクトルと三角形の面積

三角形の面積をベクトルを使って求める公式を2つ紹介したね。でも、なぜその公式が成り立つかはいわなかったよ。

「なんだかよくわからない公式でした。」

だから、ここでその証明をしよう。座標平面で考えて、$A(a_1, a_2)$、$B(b_1, b_2)$ とするよ。

$\overrightarrow{OA}=\vec{a}$、$\overrightarrow{OB}=\vec{b}$、$\overrightarrow{OA}$ と $\overrightarrow{OB}$ のなす角を θ としたときの $\triangle OAB$ の面積 S を考えよう。

$$S=\frac{1}{2}|\vec{a}||\vec{b}|\sin\theta$$

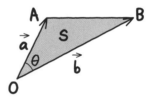

は、『数学Ⅰ・A編』の 4-13 の三角比のところでやったよね。

「ちょっと違うけど、2辺の長さとその間の角を使った式でした。」

まず、$\sin^2\theta=1-\cos^2\theta$ だよ。今回は $0<\theta<\pi$ なので、$\sin\theta>0$ だから、$\sin\theta=\sqrt{1-\cos^2\theta}$ になるね。

$$
\begin{aligned}
S&=\frac{1}{2}|\vec{a}||\vec{b}|\cdot\sqrt{1-\cos^2\theta} \\
&=\frac{1}{2}\sqrt{|\vec{a}|^2|\vec{b}|^2-|\vec{a}|^2|\vec{b}|^2\cos^2\theta} \\
&=\frac{1}{2}\sqrt{|\vec{a}|^2|\vec{b}|^2-(\vec{a}\cdot\vec{b})^2} \quad \cdots\cdots①
\end{aligned}
$$

$|\vec{a}||\vec{b}|=\sqrt{|\vec{a}|^2|\vec{b}|^2}$

$\vec{a}\cdot\vec{b}=|\vec{a}||\vec{b}|\cos\theta$

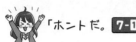「ホントだ。 **7-10** の **コツ20** の式になった！」

　ここまできたら，もう1つの式だってあと一息だよ。

$|\vec{a}|=\sqrt{a_1{}^2+a_2{}^2}$, $|\vec{b}|=\sqrt{b_1{}^2+b_2{}^2}$ だったよね。じゃあ，ハルトくん，$|\vec{a}|^2$と$|\vec{b}|^2$は？

「$|\vec{a}|^2=a_1{}^2+a_2{}^2$, $|\vec{b}|^2=b_1{}^2+b_2{}^2$です。」

　これを①に代入して，内積は**成分で計算する式**にしよう。

$$S=\frac{1}{2}\sqrt{\underbrace{(a_1{}^2+a_2{}^2)(b_1{}^2+b_2{}^2)}_{|\vec{a}|^2|\vec{b}|^2}-\underbrace{(a_1b_1+a_2b_2)^2}_{(\vec{a}\cdot\vec{b})^2}}$$

$$=\frac{1}{2}\sqrt{a_1{}^2b_2{}^2-2a_1b_1a_2b_2+a_2{}^2b_1{}^2}$$

$$=\frac{1}{2}\sqrt{(a_1b_2-a_2b_1)^2}$$

$$=\frac{1}{2}|a_1b_2-a_2b_1|$$

「**スゴイ！**　今度は **7-10** の **コツ21** の式になった。」

　導くのはたいへんだから，公式として覚えておくのをオススメするよ。でも，テストで「$S=\frac{1}{2}\sqrt{|\vec{a}|^2|\vec{b}|^2-(\vec{a}\cdot\vec{b})^2}$ を導け」などといわれたら，自分で導かないといけない。式変形の流れを覚えてね。

成分がわかっていなくて $|m\vec{a}+n\vec{b}|$ が登場したら2乗して展開

内積を求める場合，成分がわかっているときは，まず，$m\vec{a}+n\vec{b}$ の成分を求めてから，$|m\vec{a}+n\vec{b}|$ を求めればいいけど，成分がわからないときは，この方法だ。

　内積の求めかたには，次のようなものもあるよ。

コツ22　内積の求めかた

$\vec{a},\ \vec{b}$ の成分がわからないとき，

$|m\vec{a}+n\vec{b}|$ を2乗して展開して $\vec{a}\cdot\vec{b}$ を求める。

　では，例題をやってみよう。

例題 7-14　　定期テスト 出題度 ❗❗❗　　共通テスト 出題度 ❗❗❗

　　2つのベクトル $\vec{a},\ \vec{b}$ が，$|\vec{a}|=2,$ $|\vec{b}|=3,$ $|\vec{a}+\vec{b}|=\sqrt{7}$ を満たすとき，次の問いに答えよ。
(1)　$\vec{a},\ \vec{b}$ のなす角 θ_1 を求めよ。
(2)　$2\vec{a}-\vec{b}$ の大きさを求めよ。
(3)　$2\vec{a}-\vec{b}$ と $\vec{a}+\vec{b}$ のなす角を θ_2 とするとき，$\cos\theta_2$ の値を求めよ。

数C 7 章

　「$|\vec{a}|=2,$ $|\vec{b}|=3$ なら，$|\vec{a}+\vec{b}|=5$ じゃないんですか？」

$|\vec{a}|+|\vec{b}|$ と $|\vec{a}+\vec{b}|$ は違うよ。

　右の図で考えてみるといい。

　　　$(\vec{a}の大きさ)+(\vec{b}の大きさ) \ \diagdown\!\!\!\!\diagup\ (\vec{a}+\vec{b}の大きさ)$

にならないよね。

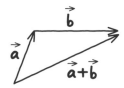

三角形の2辺の和は他の1辺より長いからね。

$|\vec{a}|+|\vec{b}|\geqq|\vec{a}+\vec{b}|$ なんだ。$\vec{a}$ と $\vec{b}$ が同じ向きのときだけ等しくなるよ。

「あっ，そうか……。じゃあ，どうやって計算していけばいいんですか？」

どんな問題であろうが，　**成分がわかっていなくて，$|m\vec{a}+n\vec{b}|$（m, n は実数）が登場したら2乗して展開すればいい。**

展開するときは，　**7-7**　の最後でも出てきた，$|\vec{a}|^2=\vec{a}\cdot\vec{a}$ という公式を使うよ。当然，左辺だけを2乗するなんて計算はない。両辺を2乗することになるよ。

$$|\vec{a}+\vec{b}|=\sqrt{7}$$
$$|\vec{a}+\vec{b}|^2=(\sqrt{7})^2$$
$$(\vec{a}+\vec{b})\cdot(\vec{a}+\vec{b})=7$$

「$(\vec{a}+\vec{b})\cdot(\vec{a}+\vec{b})$ は $(\vec{a}+\vec{b})^2$ と書いちゃダメなんですか？」

ダメだね。**“ベクトルの2乗”という書きかたはないんだよ。**
$(\vec{a}+\vec{b})\cdot(\vec{a}+\vec{b})$ と書いたり，$|\vec{a}+\vec{b}|^2$ と書くのが正しいんだ。

さて，このあとは，普通の式と同じように展開すればいいよ。

$$\vec{a}\cdot\vec{a}+2\vec{a}\cdot\vec{b}+\vec{b}\cdot\vec{b}=7$$

「$\vec{a}\cdot\vec{a}$ も，$\vec{a}^2$ と書いてはいけないんですね。」

そういうことだね。$|\vec{a}|^2$ と書くのはいい。$\vec{b}\cdot\vec{b}$ も直すと

$$|\vec{a}|^2+2\vec{a}\cdot\vec{b}+|\vec{b}|^2=7$$

になるが，$|\vec{a}|$ や $|\vec{b}|$ の値は問題に書いてあるね。

$$2^2+2\vec{a}\cdot\vec{b}+3^2=7$$
$$2\vec{a}\cdot\vec{b}=-6$$
$$\vec{a}\cdot\vec{b}=-3$$

ということで，$\vec{a}\cdot\vec{b}$ の値がわかる。

「あっ，ホントだ！　いつのまにか求められちゃった……。」

$\vec{a},\vec{b}$のなす角の求めかたは 7-8 でやったよね。ミサキさん，最初からやってみて。

「解答 (1)
$$|\vec{a}+\vec{b}|=\sqrt{7}$$
$$|\vec{a}+\vec{b}|^2=(\sqrt{7})^2$$
$$(\vec{a}+\vec{b})\cdot(\vec{a}+\vec{b})=7$$
$$\vec{a}\cdot\vec{a}+2\vec{a}\cdot\vec{b}+\vec{b}\cdot\vec{b}=7$$
$$|\vec{a}|^2+2\vec{a}\cdot\vec{b}+|\vec{b}|^2=7$$
$$4+2\vec{a}\cdot\vec{b}+9=7 \quad\Big)\; |\vec{a}|=2,\ |\vec{b}|=3$$
$$2\vec{a}\cdot\vec{b}=-6$$
$$\vec{a}\cdot\vec{b}=-3$$
$$\cos\theta_1=\frac{\vec{a}\cdot\vec{b}}{|\vec{a}||\vec{b}|}=\frac{-3}{2\times3}=-\frac{1}{2}$$

$0\leqq\theta_1\leqq\pi$より

$$\theta_1=\frac{2}{3}\pi \quad \Leftarrow \boxed{答え}\quad \blacktriangleleft 例題\ 7\text{-}14 \blacktriangleleft\ (1)」$$

正解。さて，(2)だが，まず，『$2\vec{a}-\vec{b}$の大きさ』って記号で書くと，何？

「$|2\vec{a}-\vec{b}|$……。あっ！　2乗して展開だ。

解答 (2) $|2\vec{a}-\vec{b}|^2=(2\vec{a}-\vec{b})\cdot(2\vec{a}-\vec{b}) \quad\leftarrow \vec{c}\cdot\vec{c}=|\vec{c}|^2$
$$=4\vec{a}\cdot\vec{a}-4\vec{a}\cdot\vec{b}+\vec{b}\cdot\vec{b}$$
$$=4|\vec{a}|^2-4\vec{a}\cdot\vec{b}+|\vec{b}|^2 \quad\Big)\; |\vec{a}|=2,\ |\vec{b}|=3,$$
$$=4\times4-4\times(-3)+9 \quad\;\; \vec{a}\cdot\vec{b}=-3より$$
$$=37$$

……　　　　」

$|2\vec{a}-\vec{b}|^2=37$となったけど，求めるのは$|2\vec{a}-\vec{b}|$だから？

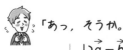 「あっ，$|2\vec{a}-\vec{b}|=\pm\sqrt{37}$ です。」

いや，ちょっと待って！　$|2\vec{a}-\vec{b}|$ はベクトルの大きさだよ。大きさにマイナスなんてないからね。

 「あっ，そうか。

$$|2\vec{a}-\vec{b}|=\sqrt{37}$$ 　◁ 答え　例題 7-14 (2)」

その通り。じゃあ，(3)にいくよ。$2\vec{a}-\vec{b}$ と $\vec{a}+\vec{b}$ のなす角を求めたいから，まず，$(2\vec{a}-\vec{b})\cdot(\vec{a}+\vec{b})$，$|2\vec{a}-\vec{b}|$，$|\vec{a}+\vec{b}|$ を求めなければならないね。でも，$|2\vec{a}-\vec{b}|$ はさっき求めたし，$|\vec{a}+\vec{b}|$ は問題文に書いてある。

 「じゃあ，$(2\vec{a}-\vec{b})\cdot(\vec{a}+\vec{b})$ だけ求めればいいんですね。」

そういうことだね。そして，$\cos\theta_2=\dfrac{(2\vec{a}-\vec{b})\cdot(\vec{a}+\vec{b})}{|2\vec{a}-\vec{b}||\vec{a}+\vec{b}|}$ の式に代入すればいい。 7-8 の コツ⑲ でやったね。

じゃあ，解いてみて。

「$(2\vec{a}-\vec{b})\cdot(\vec{a}+\vec{b})$ はそのまま展開すればいいんですよね。

解答　(3)　$(2\vec{a}-\vec{b})\cdot(\vec{a}+\vec{b})=2\vec{a}\cdot\vec{a}+\vec{a}\cdot\vec{b}-\vec{b}\cdot\vec{b}$

$$=2|\vec{a}|^2+\vec{a}\cdot\vec{b}-|\vec{b}|^2$$

$$=2\times4+(-3)-9$$

$$=-4$$

$$\begin{array}{l}|\vec{a}|=2\\|\vec{b}|=3\\\vec{a}\cdot\vec{b}=-3\end{array}$$

$$\cos\theta_2=\frac{(2\vec{a}-\vec{b})\cdot(\vec{a}+\vec{b})}{|2\vec{a}-\vec{b}||\vec{a}+\vec{b}|}=\frac{-4}{\sqrt{37}\times\sqrt{7}}$$ ←$|2\vec{a}-\vec{b}|$ $=\sqrt{37}$

$$=-\frac{4}{\sqrt{259}}=-\frac{4\sqrt{259}}{259}$$ 　◁ 答え　例題 7-14 (3)」

正解。よくできました。

位置ベクトルを使って図形問題を解く

ベクトルは向きと大きさが決まっているだけで，位置は決まってない。どこにかいても $\vec{a}$ は $\vec{a}$ なんだ。始点を固定すると，ベクトルを座標のように扱えるよ。

平面上のある1点Oを固定して始点とすると，あらゆる点の位置を同じ始点のベクトルで表すことができるね。この方法が**位置ベクトル**というものだ。

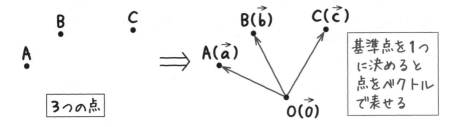

位置ベクトルでは，点A $(\vec{a})$，点B $(\vec{b})$，点C $(\vec{c})$ などと表すんだよ。

「なんか座標みたいですね。」

そう，『点Aは基準の点Oから，$\vec{a}$ 進んだところですよ』ということで，A $(\vec{a})$ とするんだよ。 ベクトルを使って位置を表しているから位置ベクトルと呼ぶだけで，座標と同じようなはたらきをするよ。

「基準は点Oって決まっているんですか？」

いや，決まっていないよ。問題によっては点Aだったりもする。ここではとりあえず点Oにしているだけだ。

さて，$\boxed{\text{7-2}}$ で座標上でベクトルを考えたとき，
$\overrightarrow{AB}=(\text{B の座標})-(\text{A の座標})$ として求めたよね。位置ベクトルも似ているよ。
点 $A(\vec{a})$，点 $B(\vec{b})$ があるとき，$\overrightarrow{AB}=\vec{b}-\vec{a}$ になるんだ。終点 B を表す位置ベクトルから，始点 A を表す位置ベクトルを引くってことだね。

「たしかに！　後ろから前を引くのは座標のときと同じですね。」

あと，『数学Ⅱ・B編』の $\boxed{\text{3-2}}$ で内分点，外分点の公式というのがあったね。
内分点，外分点の位置ベクトルも同じような公式で表すことができるよ。

Point
45 内分点，外分点の位置ベクトル

点 A，点 B の位置ベクトルがそれぞれ $\vec{a}$，$\vec{b}$ で表されるとき

線分 AB を $m:n$ の比に内分する点 P の位置ベクトル $\vec{p}$ は

$$\vec{p}=\frac{n\vec{a}+m\vec{b}}{m+n}$$

線分 AB を $m:n$ に外分する点 Q の位置ベクトル $\vec{q}$ は
$$\vec{q}=\frac{-n\vec{a}+m\vec{b}}{m-n}$$

（図）$O(\vec{0})$　$\vec{p}=\dfrac{n\vec{a}+m\vec{b}}{m+n}$

$A(\vec{a})$ ⓜ $P(\vec{p})$ ⓝ $B(\vec{b})$

特に，**線分 AB の中点の位置ベクトルは** $\dfrac{\vec{a}+\vec{b}}{2}$ となるよ。

また，点 A，点 B，点 C の位置ベクトルがそれぞれ $\vec{a}$，$\vec{b}$，$\vec{c}$ のとき，

△ABC の重心 G の位置ベクトル $\vec{g}$ は $\vec{g}=\dfrac{\vec{a}+\vec{b}+\vec{c}}{3}$ で表されるよ。

では例題をやってみよう。

例題 7-15

定期テスト 出題度 **! ! !**　共通テスト 出題度 **! ! !**

△OAB において，線分 OA を 2：1 の比に内分する点を P，線分 OB を 1：3 の比に内分する点を Q，線分 AB を 1：6 の比に外分する点を R とする。$\overrightarrow{OA} = \vec{a}$，$\overrightarrow{OB} = \vec{b}$ とするとき，次の問いに答えよ。

(1) $\overrightarrow{OP}$, $\overrightarrow{OQ}$, $\overrightarrow{OR}$ を $\vec{a}$, $\vec{b}$ を用いて表せ。

(2) 3 点 P, Q, R が同じ直線上にあることを示せ。

(3) PQ：PR を求めよ。

さて，まず，図をかいてみようか。

外分点の取りかたは忘れていないかい？　もし忘れていたら，『数学 I・A 編』の **7-1** のところを見てほしいんだけど……。

「たぶん，大丈夫だと思いますけど……。」

そう？　じゃあ，図を大きくかいてみて。

「

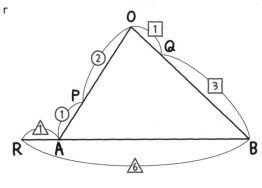

」

じゃあ，　**❶ 位置ベクトルを2つ用意しよう。**　**頂点の1つから他の頂点に**

ベクトルを伸ばす。

といっても，今回は「$\overrightarrow{OA}=\vec{a}$，$\overrightarrow{OB}=\vec{b}$ とする」と書いてあるからいいよね。

点O，A，Bの位置ベクトルはそれぞれ $\vec{0}$，$\vec{a}$，$\vec{b}$ になるね。図にかいておこう。

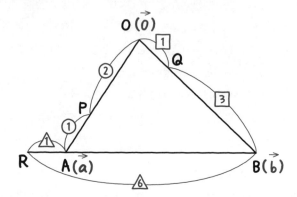

ということで，**頂点が求められた。**

　次に，　**❷ 内分，外分の比がわかっている点を求めるんだ。**

PはOAを2:1に内分するので，位置ベクトルが $\dfrac{1\times\vec{0}+2\times\vec{a}}{2+1}=\dfrac{2}{3}\vec{a}$ になるね。

 （1）　Pは線分OAを2：1の比に内分する点より

$$\overrightarrow{OP}=\frac{2}{3}\vec{a}$$
　　　◁ 答え　　例題 **7-15**（1）

「$\overrightarrow{OP}$ って何ですか？」

Pの位置ベクトルは $\overrightarrow{OP}$ と書くんだ。 $\overrightarrow{OP}$＝（Pの位置ベクトル）－（Oの位置ベクトル）だけど，Oの位置ベクトルは $\vec{0}$ だもんね。

「$\overrightarrow{OP}$って，$\overrightarrow{OA}$つまり$\vec{a}$の$\dfrac{2}{3}$倍ですよね？　だから，$\overrightarrow{OP}=\dfrac{2}{3}\vec{a}$とし

てもいいのですか？」

うん，それでもいいね。素晴らしい！　じゃあ，ハルトくん，Qの位置ベク

トルは？

「**解答** (1)　Qは線分OBを1：3の比に内分する点だから

$$\overrightarrow{OQ}=\frac{1}{4}\vec{b}$$　◁**答え**　**例題 7-15** (1)」

次はミサキさん，Rの位置ベクトルは？

「**解答** (1)　Rは線分ABを1：6の比に外分する点だから

$$\overrightarrow{OR}=\frac{-6\times\vec{a}+1\times\vec{b}}{1-6}=\frac{6}{5}\vec{a}-\frac{1}{5}\vec{b}$$

◁**答え**　**例題 7-15** (1)」

そう。正解。

さて(2)だが，3点が同じ直線上にあるというのは，**7-5** で登場したね。

3点A，B，Cが同じ直線上にある
$\Longleftrightarrow$ $\overrightarrow{AB}=k\overrightarrow{AC}$となる実数$k$が存在する

数
C
7
章

今回は，『$\overrightarrow{PQ}=k\overrightarrow{PR}$となる実数$k$が存在すること』を示せばいいわけだ。

解答 (2)　$\overrightarrow{PQ}=\overrightarrow{OQ}-\overrightarrow{OP}=\dfrac{1}{4}\vec{b}-\dfrac{2}{3}\vec{a}=-\dfrac{2}{3}\vec{a}+\dfrac{1}{4}\vec{b}$

$\overrightarrow{PR}=\overrightarrow{OR}-\overrightarrow{OP}=\left(\dfrac{6}{5}\vec{a}-\dfrac{1}{5}\vec{b}\right)-\dfrac{2}{3}\vec{a}=\dfrac{8}{15}\vec{a}-\dfrac{1}{5}\vec{b}$

$\overrightarrow{PQ}=-\dfrac{5}{4}\overrightarrow{PR}$より，3点P，Q，Rは同じ直線上にある。

例題 7-15 (2)

「最後, $\overrightarrow{PQ}=-\dfrac{5}{4}\overrightarrow{PR}$ になる理由がよくわからないんですけど……。」

係数を比べてみよう。$\vec{a}$ を考えると, $-\dfrac{2}{3}$ は $\dfrac{8}{15}$ の何倍?

「$-\dfrac{2}{3}$ を $\dfrac{8}{15}$ で割ると $-\dfrac{5}{4}$ だから, $-\dfrac{5}{4}$ 倍です。」

そうだね。じゃあ, ミサキさん, $\vec{b}$ を考えてみて。

「$\dfrac{1}{4}$ は $-\dfrac{1}{5}$ の $-\dfrac{5}{4}$ 倍です。」

その通り。両方とも $-\dfrac{5}{4}$ 倍ということで, $\overrightarrow{PQ}=-\dfrac{5}{4}\overrightarrow{PR}$ になるよね。

「じゃあ, もし, $\vec{a}$ の係数が2倍なのに, $\vec{b}$ の係数が3倍というように違っていたら, 一方が他方の何倍といえないですよね。」

うん。いえないよ。

「そのときは3点が同じ直線上にないということですか?」

そういうことになる。今回は『同じ直線上にあることを示せ』といわれているから, 両方とも同じになるはずだけどね。

さて, (3)だが, これは簡単だ。**$\overrightarrow{PQ}$ と $\overrightarrow{PR}$ がおたがいに, 何倍になっているかを調べればいい。** というか, もうわかっている (笑)。

$\overrightarrow{PQ}$ は $\overrightarrow{PR}$ の $-\dfrac{5}{4}$ 倍ということは, すなわち $\overrightarrow{PQ}$ は $\overrightarrow{PR}$ の逆向きで大きさ (長さ) が $\dfrac{5}{4}$ 倍ということになるね。

解答 (3) $\overrightarrow{PQ}=-\dfrac{5}{4}\overrightarrow{PR}$ より

$PQ:PR=\dfrac{5}{4}:1=\underline{\mathbf{5:4}}$ ⟵ 答え 例題 **7-15** (3)

7-13 交点の位置ベクトル(1)

交点の位置ベクトルを求めるには内分点を求める公式が役に立つよ。

例題 7-16

定期テスト 出題度 **❶❶❶** 共通テスト 出題度 **❶❶❶**

△ABC において，$\overrightarrow{AB}=\vec{b}$，$\overrightarrow{AC}=\vec{c}$ とする。辺 AB を 3：2 の比に内分する点を D，辺 AC の中点を E，線分 BE と線分 CD の交点を P，直線 AP と辺 BC の交点を Q とするとき，次の問いに答えよ。

(1) $\overrightarrow{AP}$ を $\vec{b}$，$\vec{c}$ を用いて表せ。また，BP：PE を求めよ。

(2) $\overrightarrow{AQ}$ を $\vec{b}$，$\vec{c}$ を用いて表せ。

(3) AP：PQ を求めよ。

例題 **7-15** と同様に，**❶位置ベクトルを2つ用意する**ところから始めるんだけど，問題文で『$\overrightarrow{AB}=\vec{b}$，$\overrightarrow{AC}=\vec{c}$ とする』と与えられているね。A，B，Cの位置ベクトルがそれぞれ $\vec{0}$，$\vec{b}$，$\vec{c}$ になる。

じゃあ，ハルトくん，図をかいてみて。

「 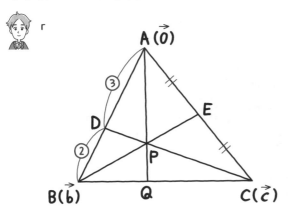 」

　そうだね。そして，次の手順だ。**❷内分の比，外分の比がわかる内分点や外分点の位置ベクトルを求めよう。**ここでは，内分の比が与えられているね。内分点の位置ベクトルを求めてみよう。ふつう，Dの位置ベクトルは$\overrightarrow{OD}$と表すけど，今回はAを基準としているからね。$\overrightarrow{AD}$と表すよ。同様に，Eの位置ベクトルは$\overrightarrow{AE}$と表すんだ。じゃあ，ミサキさん，D，Eの位置ベクトルはどうなる？

　　「Dは辺ABを3：2の比に内分する点より，$\overrightarrow{AD}=\dfrac{3}{5}\vec{b}$

　　Eは辺ACの中点だから，$\overrightarrow{AE}=\dfrac{1}{2}\vec{c}$　です。」

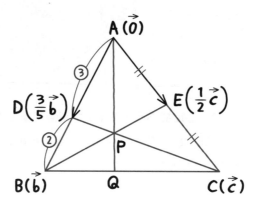

　その通り。さて，Pだけど，PはBEとCDとの交点だね。PはBE，CDをそれぞれ何らかの比で内分した点と考えることができるけど，比がわからない。そのようなときは，次の方法を使うよ。

❸Pが2点A($\vec{a}$)，B($\vec{b}$)と同じ直線上にあるなら，（内分，外分どちらでも）P($\vec{p}$)の位置ベクトルは

$\vec{p}=s\vec{a}+(1-s)\vec{b}$

もしくは$\vec{p}=(1-s)\vec{a}+s\vec{b}$

で表せる。

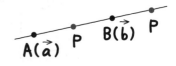

　内分のときは，$0<s<1$になる。

　右の図の点Pは線分BE上にあるから，点Bと点Eに注目だ。Bのほうに$1-s$を掛けて，Eのほうにsを掛けて足そう。

$$\overrightarrow{AP}=(1-s)\vec{b}+s\cdot\frac{1}{2}\vec{c}\ だ。$$

「Bのほうにsを掛けて，Eのほうに$1-s$を掛けてもいいんですよね。」

　たしかにそれでも間違いではないけど，オススメしない。Eの位置ベクトルって$\frac{1}{2}\vec{c}$だよね。それに$(1-s)$を掛けると$(1-s)\cdot\frac{1}{2}\vec{c}$となって計算が面倒くさくなりそうだ。一方，Bのほうは$\vec{b}$だから，$1-s$を掛けるのはラクだ。**位置ベクトルが簡単なほうに$1-s$，ややこしいほうにsを掛けよう。**

「式が簡単になるように考えるんですね。」

　そういうことだ。そして，図に$\textcircled{s}$と$\boxed{1-s}$を書き加えるんだけど，このときの書き加えかたに注意だ。

$\textcircled{s}$と$\boxed{1-s}$は掛けた点と遠いほうになるよ。 $B(\vec{b})$には$\boxed{1-s}$を，$E\left(\frac{1}{2}\vec{c}\right)$には$\textcircled{s}$を掛けたから，右上の図のように，$\textcircled{s}$, $\boxed{1-s}$を書き加えよう。

　$BP:PE=s:(1-s)$だね。ここまでやったら次の手順だ。

「$\overrightarrow{AP}=(1-s)\vec{b}+\frac{1}{2}s\vec{c}$を展開するんですよね！

$$\overrightarrow{AP}=(1-s)\vec{b}+\frac{1}{2}s\vec{c}=\vec{b}-s\vec{b}+\frac{1}{2}s\vec{c}\ \ \cdots\cdots」$$

数C 7章

いや。展開しないよ。 ■同じベクトルは1つにまとめなきゃダメなんだ。

$(1-s)\vec{b}$ を展開して，$\vec{b}-s\vec{b}$ としてしまうと，せっかく$\vec{b}$が1つだったのに，2つになってしまうよね。

 「$\overrightarrow{AP}=(1-s)\vec{b}+\dfrac{1}{2}s\vec{c}$　……①

のままでいいということですか？」

そういうことだね。

「Pは線分DC上にもありますよね。」

そう，それが次の手順だ。線分DCについても同じことをするよ。sはもう使ったから，今度は，tを使おう。Dは$\dfrac{3}{5}\vec{b}$，Cは$\vec{c}$だから，Dのほうにt，Cのほうに $(1-t)$ を掛けて

$$\overrightarrow{AP}=\dfrac{3}{5}t\vec{b}+(1-t)\vec{c}　……②$$

としよう。

図にかくと，右のようになるね。
DP：PC＝$(1-t)$：tだ。

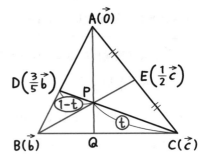

さて，このように$\overrightarrow{AP}$を，2通りで表すことができたね。あとは連立方程式で解けるよ。最初から解いてみよう。

解答 (1) Dは辺ABを3：2の比に内分する点より，$\overrightarrow{AD}=\dfrac{3}{5}\vec{b}$

　　　　Eは辺ACの中点だから，$\overrightarrow{AE}=\dfrac{1}{2}\vec{c}$

　　　　Pは線分BE上にあるので，実数s $(0<s<1)$ を用いて

　　　　$\overrightarrow{AP}=(1-s)\vec{b}+\dfrac{1}{2}s\vec{c}$　……①

　　　　Pは直線DC上にあるので，実数t $(0<t<1)$ を用いて

　　　　$\overrightarrow{AP}=\dfrac{3}{5}t\vec{b}+(1-t)\vec{c}$　……②

$\vec{b} \neq \vec{0}$, $\vec{c} \neq \vec{0}$ であり，$\vec{b}$ と $\vec{c}$ は平行でないから，①，②より

$$1-s=\frac{3}{5}t \quad \cdots\cdots ③$$

$$\frac{1}{2}s=1-t \quad \cdots\cdots ④$$

③＋④×2より

$$1=2-\frac{7}{5}t$$

$$\frac{7}{5}t=1$$

$$t=\frac{5}{7}$$

④に代入すると

$$\frac{1}{2}s=\frac{2}{7}$$

$$s=\frac{4}{7}$$

①より，$\overrightarrow{\text{AP}}=\dfrac{3}{7}\vec{b}+\dfrac{2}{7}\vec{c}$ 答え 例題 **7-16** (1)

$$\text{BP : PE}=s : (1-s)=\frac{4}{7}:\frac{3}{7}$$
p.585の図からわかる

$$=\textbf{4 : 3}$$ 答え 例題 **7-16** (1)

「③の式の前にある，"$\vec{b} \neq \vec{0}$, $\vec{c} \neq \vec{0}$ であり，$\vec{b}$ と $\vec{c}$ は平行でないから"っていわないといけないんですか？」

うん。これを**1次独立**といい，このあとのお役立ち話 **24** で説明するよ。

さて，この問題ではPが直線BE上にあるので，BとEの位置ベクトルの一方に s を，他方に $1-s$ を掛けて，それらを足したけど，あらかじめ『$\overrightarrow{\text{BP}}=s\overrightarrow{\text{BE}}$（$s$ は実数）とする。』といったヒントをくれるときもあるんだ。

そのときは，ヒントをそのまま計算すればいいよ。

$$\overrightarrow{BP}=s\overrightarrow{BE}$$

$$\underbrace{\overrightarrow{AP}-\vec{b}}_{\overrightarrow{BP}}=s\underbrace{\left(\frac{1}{2}\vec{c}-\vec{b}\right)}_{\overrightarrow{BE}}$$

$$\overrightarrow{AP}=\frac{1}{2}s\vec{c}-s\vec{b}+\vec{b}=(1-s)\vec{b}+\frac{1}{2}s\vec{c}\ \ \cdots\cdots①$$

となって同じ結果になるよね。

「最初の，$\overrightarrow{BP}$が$\overrightarrow{AP}-\vec{b}$になるのがよくわからないんですが……。」

$\overrightarrow{AP}$とは，（Aを基準となる点とした）Pの位置ベクトルのことだよ。

「$\overrightarrow{BP}$＝（Pの位置ベクトル）－（Bの位置ベクトル）

　　だから……，あっ，はい。わかりました！」

じゃあ，Qの位置ベクトルを求めてみよう。同じような方法だよ。

Qは直線AP上にあるね。Aの位置ベクトル$\vec{0}$を$(1-k)$倍，Pの位置ベクトル$\frac{3}{7}\vec{b}+\frac{2}{7}\vec{c}$を$k$倍して足そう。

「Qは直線BC上にもありますね。」

そうだね。じゃあ，一方にu，他方に$1-u$を掛けて足そう。点Bは$\vec{b}$，点Cは$\vec{c}$だから，どちらもややこしくないね。Bのほうにu，Cのほうに$1-u$を掛けよう。比を書き込むと，下のようになるね。

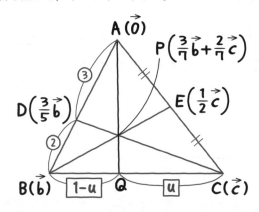

$\overrightarrow{AQ}$ を2通りに表して係数比較すればいいわけだ。じゃあ，ミサキさん，(2)，(3)を解いてみて。

「解答」(2) Qは直線AP上にあるので，実数 k $(0<k<1)$ を用いて

$$\overrightarrow{AQ} = (1-k)\vec{0} + k\left(\frac{3}{7}\vec{b} + \frac{2}{7}\vec{c}\right)$$

$$= \frac{3}{7}k\vec{b} + \frac{2}{7}k\vec{c} \quad \cdots\cdots⑤$$

Qは直線BC上にもあるので，実数 u $(0<u<1)$ を用いて

$$\overrightarrow{AQ} = u\vec{b} + (1-u)\vec{c} \quad \cdots\cdots⑥$$

$\vec{b} \neq \vec{0}$，$\vec{c} \neq \vec{0}$ であり，$\vec{b}$ と $\vec{c}$ は平行でないから，

⑤，⑥より

$$\frac{3}{7}k = u \qquad \cdots\cdots⑦$$

$$\frac{2}{7}k = 1-u \quad \cdots\cdots⑧$$

⑦+⑧より

$$\frac{5}{7}k = 1$$

$$k = \frac{7}{5}$$

⑦に代入すると

$$u = \frac{3}{5}$$

⑤より，$\underline{\overrightarrow{AQ} = \frac{3}{5}\vec{b} + \frac{2}{5}\vec{c}}$ ⇐ 例題 7-16 (2)

(3) $\overrightarrow{AQ} = \frac{7}{5}\overrightarrow{AP}$ だから

AP：AQ = 5：7

よって，$\underline{\text{AP：PQ} = 5：2}$ ⇐ 例題 7-16 (3)」

そう。正解！　3点が同一直線上にあるための条件を**共線条件**という。以下の方法を使えば，⑥を作らずに済み，計算もラクだよ。

コツ 23　共線条件を使って求める

❶ Pの位置ベクトルが，$l\vec{a}+m\vec{b}$（l，mは定数）と
　 表されていて，かつ

❷ Pが2点$A(\vec{a})$，$B(\vec{b})$ と同じ直線上にあるなら，
　　$l+m=1$

解答 (2)　Qは直線AP上にあるので，

$$\overrightarrow{AQ}=(1-k)\vec{0}+k\left(\frac{3}{7}\vec{b}+\frac{2}{7}\vec{c}\right)$$

$$=\frac{3}{7}k\vec{b}+\frac{2}{7}k\vec{c} \quad \cdots\cdots⑤$$

Qは直線BC上にもあるので，

$$\frac{3}{7}k+\frac{2}{7}k=1$$

$$\frac{5}{7}k=1$$

$$k=\frac{7}{5}$$

⑤より，$\underline{\overrightarrow{AQ}=\dfrac{3}{5}\vec{b}+\dfrac{2}{5}\vec{c}}$　←**答え** 例題 **7-16** (2)

直線上にあるときは，なぜ，
一方に s, 他方に $1-s$ を掛けるの？

　点Pを直線AB上にとってみよう。内分する点にとっても，外分する点に
とってもいいよ。

A，B，Pの位置ベクトルをそれぞれ $\vec{a}$, $\vec{b}$, $\vec{p}$ とするよ。

この3点は一直線上にあるから，**7-5** や **7-12** でやったように，

$$\overrightarrow{AP}=s\overrightarrow{AB}$$

と表せるよね。そして，変形すると

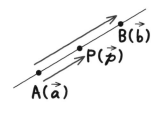

$$\underset{\overrightarrow{AP}}{\underline{\vec{p}-\vec{a}}}=s\underset{\overrightarrow{AB}}{\underline{(\vec{b}-\vec{a})}}$$

$$\vec{p}=\vec{a}+s(\vec{b}-\vec{a})$$

$$=\vec{a}+s\vec{b}-s\vec{a}$$

$$=(1-s)\vec{a}+s\vec{b}$$

になるというわけだ。これは，$\overrightarrow{AB}$ を $s:(1-s)$ に内分した場合の公式だね。

　「APがABの s 倍だから，内分だったら AP：AB＝s：1 で，
　　　AP：PB＝s：$(1-s)$ になるんですね。」

　今回，$\overrightarrow{AP}$ は $\overrightarrow{AB}$ の s 倍と考えたんだけど，Pが線分ABを内分しているな
らば，$\overrightarrow{AP}$ は $\overrightarrow{AB}$ より短いわけだから，$0<s<1$ になるんだよね。

　外分の場合，PがA側の延長線上にあるときは，$s<0$ になるし，B側の延
長線上にあるときは，$1<s$ になるよ。

「そのときの長さの比はどうなるのですか?」

ややこしいよ。

PがA側の延長線上にあるときは，AP：PB＝−s：(1−s)，

B側の延長線上にあるときは，AP：PB＝s：(s−1) になる。

「あーっ，本当にややこしい。覚えられないよ……。」

　だったら，**外分のときは比を書かないようにしてもいい**。実際，

例題 **7-16** ⑵の解答のときもそうしたんだ。⑶のように長さの比を聞かれ

たときは，$\overrightarrow{AQ}$ が $\overrightarrow{AP}$ の何倍かを調べればすぐに答えが出てくるからね。

1次独立

$\vec{a}$と$\vec{b}$が1次独立というのは，$\vec{a}$も$\vec{b}$も$\vec{0}$でなく，平行でないということだ。

「つまり，全然関係のない方向に進んでいるってことですか？」

簡単にいうと，そうだね。

そして，$\vec{a}$と$\vec{b}$が1次独立ならば，$\vec{a}$，$\vec{b}$と同じ平面上にあるベクトルはすべて

$m\vec{a}+n\vec{b}$ （m，nは実数）の形に表せるし，m，nの組合せは1通りしかない。

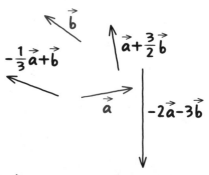

『このベクトルは$7\vec{a}-2\vec{b}$とも，$-3\vec{a}+\vec{b}$とも表せる』なんてことは絶対にないんだよ。

「だから，**例題 7-16** (1)の解答で①の式と②の式はまったく同じ式になるから，$\vec{b}$と$\vec{c}$の係数を比較して$1-s=\dfrac{3}{5}t$，$\dfrac{1}{2}s=1-t$とすることができたんですね。」

数C

7章

交点の位置ベクトル(2)

7-13 では三角形を使ったが，今回は四角形でやってみよう。

例題 7-17

定期テスト 出題度 ❗❗❗　共通テスト 出題度 ❗❗❗

平行四辺形 ABCD において，線分 AD を5：4の比に内分する点
を E，線分 BC を7：2の比に内分する点を F とし，線分 EF と線分
BD の交点を G とするとき，次のベクトルを $\overrightarrow{AB}$, $\overrightarrow{AD}$ を用いて表せ。
(1)　$\overrightarrow{AE}$　　　(2)　$\overrightarrow{AF}$　　　(3)　$\overrightarrow{AG}$

　じゃあ，いつものように位置ベクトルをかいていこう。平面の問題だから2
つのベクトルが必要だけど，今回は問題文で設定されていないね。じゃあ，❶
点Aを基準としてベクトルをのばそう。

「どの頂点からのばしてもいいんですよね？」

　ふつうはそうなんだけど，　今回は『$\overrightarrow{AB}$, $\overrightarrow{AD}$ を用いて表せ』だから，
$\overrightarrow{AB}=\vec{b}$, $\overrightarrow{AD}=\vec{d}$ とおくよ。　すると，A，B，Dの位置ベクトルはそれぞれ $\vec{0}$，
$\vec{b}$, $\vec{d}$ になるね。

「$\overrightarrow{AB}=\vec{a}$, $\overrightarrow{AD}=\vec{b}$ とかじゃダメなんですか？」

　あっ，いいよ。でもそれだとB($\vec{a}$)，D($\vec{b}$) となってちょっとややこしいよね。
$\overrightarrow{AB}$ は終点Bだから $\vec{b}$，$\overrightarrow{AD}$ は終点Dだから $\vec{d}$ とすればアルファベットが
そろってわかりやすい。もちろん，問題文がハルトくんのようにしろと
書いてあることもあり，その場合はそれに従うんだよ。

　さらに，Cは基準の点Aから $\vec{b}+\vec{d}$ 行ったところなので，$\vec{b}+\vec{d}$ になる。

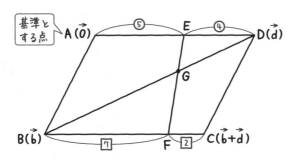

じゃあ，ハルトくん，EとFの位置ベクトルは？

「EはAから$\frac{5}{9}\vec{d}$進んだところだから $\overrightarrow{AE}=\frac{5}{9}\vec{d}$で，

FはAからBへ進んでFへ進むとして，$\vec{b}+\frac{7}{9}\vec{d}$行ったところだから

$\overrightarrow{AF}=\vec{b}+\frac{7}{9}\vec{d}$です。」

そうだね。内分点の公式を使ってもいいね。解答をまとめておこう。

解答 (1) $\overrightarrow{AB}=\vec{b}$，$\overrightarrow{AD}=\vec{d}$とすると， $\overrightarrow{AC}=\vec{b}+\vec{d}$

Eは線分ADを5：4の比に内分する点だから

$$\overrightarrow{AE}=\frac{5}{9}\vec{d}$$

$$\underline{\overrightarrow{AE}=\frac{5}{9}\overrightarrow{AD}} \quad \Leftarrow \boxed{答え} \quad \blacktriangleright 例題 \, 7\text{-}17 \, (1)$$

(2) Fは線分BCを7：2の比に内分する点だから

$$\overrightarrow{AF}=\frac{2\vec{b}+7(\vec{b}+\vec{d})}{7+2}=\vec{b}+\frac{7}{9}\vec{d}$$

$$\underline{\overrightarrow{AF}=\overrightarrow{AB}+\frac{7}{9}\overrightarrow{AD}} \quad \Leftarrow \boxed{答え} \quad \blacktriangleright 例題 \, 7\text{-}17 \, (2)$$

最後に$\vec{b}$，$\vec{d}$を$\overrightarrow{AB}$，$\overrightarrow{AD}$に戻すのを忘れずにね。自分で設定した位置ベクトルは，解答にそのまま使ってはダメだからね。

じゃあ，(3)にいこう。ミサキさん，点Gは？

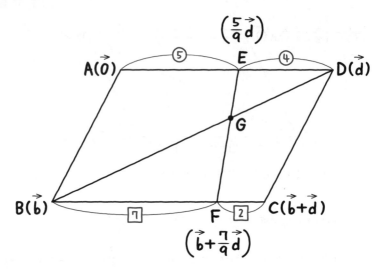

「まず，Gは線分EF上にあるので，sと1−sを掛ける。Eのほうに

1−s，Fのほうにsを掛けるといいから

$$\overrightarrow{AG}=\frac{5}{9}(1-s)\vec{d}+s\left(\vec{b}+\frac{7}{9}\vec{d}\right)$$

$$=\frac{5}{9}(1-s)\vec{d}+s\vec{b}+\frac{7}{9}s\vec{d}$$

……あれ？　この後どうするんですか？」

$\vec{d}$どうしは1つにまとめればいいんだよ。また，GはBD上にもあるから，

$\overrightarrow{AG}=t\vec{b}+(1-t)\vec{d}$ ともおける。

解答 (3)　Gは線分EF上にあるので，実数s（$0<s<1$）を用いて

$$\overrightarrow{AG}=\frac{5}{9}(1-s)\vec{d}+s\left(\vec{b}+\frac{7}{9}\vec{d}\right)$$

$$=\left(\frac{5}{9}-\frac{5}{9}s\right)\vec{d}+s\vec{b}+\frac{7}{9}s\vec{d}$$

$$=s\vec{b}+\left(\frac{5}{9}+\frac{2}{9}s\right)\vec{d}\quad\cdots\cdots①$$

さらに，Gは線分BD上にあるから，実数t（$0<t<1$）を用いて

$$\overrightarrow{AG}=t\vec{b}+(1-t)\vec{d}\quad\cdots\cdots②$$

①, ②で, $\vec{b}$, $\vec{d}$ は $\vec{b} \neq \vec{0}$, $\vec{d} \neq \vec{0}$ であり, $\vec{b}$ と $\vec{d}$ は平行でないから

$$s=t \quad \cdots\cdots ③$$

$$\frac{5}{9}+\frac{2}{9}s=1-t \quad \cdots\cdots ④$$

③を④に代入すると

$$\frac{5}{9}+\frac{2}{9}s=1-s$$

$\left.\phantom{\frac{5}{9}}\right\}$両辺を9倍

$$5+2s=9-9s$$

$$11s=4$$

$$s=\frac{4}{11}$$

③に代入すると

$$t=\frac{4}{11}$$

②より, $\overrightarrow{AG}=\frac{4}{11}\vec{b}+\frac{7}{11}\vec{d}$ だから

$$\underline{\underline{\overrightarrow{AG}=\frac{4}{11}\overrightarrow{AB}+\frac{7}{11}\overrightarrow{AD}}}$$ ⇐ 答え 例題 **7-17** (3)

7-13 の コツ**23** を使えば 解答 の5行目以降は

さらに, Gは線分BD上にあるから

$$s+\left(\frac{5}{9}+\frac{2}{9}s\right)=1$$

$$\frac{11}{9}s=\frac{4}{9}$$

$$s=\frac{4}{11}$$

とできるからラクだ。

数C **7** 章

チェバの定理，メネラウスの定理，相似を使ってラクに解く

例題 **7-16** や 例題 **7-17** はもっとラクに解く方法もあるよ。紹介しよう。

例題 **7-16**　定期テスト 出題度 ❗❗❗　共通テスト 出題度 ❗❗❗

　　△ABC において，$\overrightarrow{AB}=\vec{b}$，$\overrightarrow{AC}=\vec{c}$ とする。辺 AB を 3:2 の比に内分する点を D，辺 AC の中点を E，線分 BE と線分 CD の交点を P，直線 AP と辺 BC の交点を Q とするとき，次の問いに答えよ。
(1)　$\overrightarrow{AP}$ を $\vec{b}$，$\vec{c}$ を用いて表せ。また，BP:PE を求めよ。
(2)　$\overrightarrow{AQ}$ を $\vec{b}$，$\vec{c}$ を用いて表せ。

　7-13 で扱ったときは，Pが何対何に内分しているのか不明なので，s と $1-s$ を使わなければならなかったんだよね。でも，比率を求めることができるなら，その手間は省けるわけだ。だから，先に BP:PE を求めてしまおう。『数学Ⅰ・A編』の **7-5** で登場した，**"メネラウスの定理"** って覚えている？

　「どんな公式でしたっけ……？」

　右のような図形があるとき，頂点のうちの1つから，どちら回りでもいいので，△ABCの**頂点と分点を交互に進む**んだ。

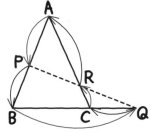

　図の赤の部分と黒の部分の長さを分子と分母に交互に書いて掛けると1に
なるというわけだ。

$$\frac{AP}{PB}\times\frac{BQ}{QC}\times\frac{CR}{RA}=1$$

「でも，問題の図は右のようにな
　るから，メネラウスの定理の図
　になっていないですよ。」

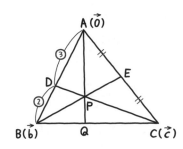

　今回は，"すでに比がわかっている線
分"がAB，ACで，一方，"比を求めた
い線分"はBEだよね。これらをなぞっ
てみるといいんだ。右下の図のように，
三角形から1本はみ出た図形ができるよね。

「あっ，ホントだ。メネラウスの定理の図形がかくれている！」

解答　(1)　△ABEにおいてメネラウスの定理より

$$\frac{AD}{DB}\times\frac{BP}{PE}\times\frac{EC}{CA}=1$$

$$\frac{3}{2}\times\frac{BP}{PE}\times\frac{1}{2}=1$$

$$\frac{BP}{PE}=\frac{4}{3}$$

BP：PE＝4：3

PはBEを4：3に内分する点より

$$\vec{AP}=\frac{3\vec{b}+4\times\frac{1}{2}\vec{c}}{4+3}=\frac{3}{7}\vec{b}+\frac{2}{7}\vec{c}$$

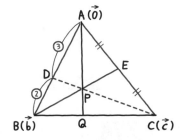

　例題 **7-16**　(1)

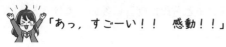

「あっ，すごーい！！　感動！！」

　さらに，**“チェバの定理”** というのもあっ
た。右のような図形があるとき，同じように，
頂点のうちの1つから，どちら回りでもいい
ので，△ABCの頂点と分点を交互に進めば
いい。

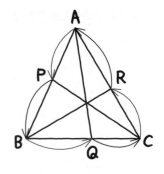

$$\frac{AP}{PB} \times \frac{BQ}{QC} \times \frac{CR}{RA} = 1$$

になる。これを使えば(2)も簡単に求められるよ。

解答　(2)　△ABCにおいて，チェバの定理より

$$\frac{AD}{DB} \times \frac{BQ}{QC} \times \frac{CE}{EA} = 1$$

$$\frac{3}{2} \times \frac{BQ}{QC} \times \frac{1}{1} = 1$$

$$\frac{BQ}{QC} = \frac{2}{3}$$

BQ：QC＝2：3

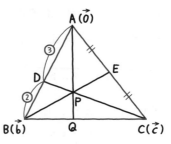

よって，$\overrightarrow{AQ} = \dfrac{3\vec{b}+2\vec{c}}{2+3} = \dfrac{3}{5}\vec{b} + \dfrac{2}{5}\vec{c}$　◁ **答え**　**例題 7-16** (2)

では，次に **例題 7-17** だ。

例題 7-17

(定期テスト 出題度 ❶❶❶)　　(共通テスト 出題度 ❶❶❶)

　平行四辺形 ABCD において，線分 AD を5：4の比に内分する
点を E，線分 BC を7：2の比に内分する点を F とし，線分 EF と
線分 BD の交点を G とするとき，次のベクトルを $\overrightarrow{AB}$, $\overrightarrow{AD}$ を用
いて表せ。

(1)　$\overrightarrow{AE}$　　　(2)　$\overrightarrow{AF}$　　　(3)　$\overrightarrow{AG}$

この問題の(3)も，簡単に解くことができる。

次の図をよく見てごらん。△EDGと△FBGの形が似ていない？

「……あっ，相似？」

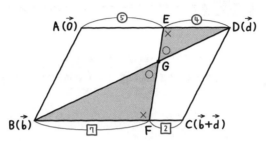

その通り。相似ということは対応する辺の長さの比が等しい。ED：FB＝DG：BGになるね。ADとBCの長さは同じなので，ED：FB＝4：7になる。ということは，DG：BG＝4：7とわかるよ。

「あっ，Gは線分BDを7：4に内分する点ですね。」

解答　(3)　△EDGと△FBGにおいて

∠EGD＝∠FGB（対頂角）

∠GED＝∠GFB（平行線の錯角）

2組の角がそれぞれ等しいから

△EDG∽△FBG

よって　DG：BG＝ED：FB

$$=4：7$$

$$\overrightarrow{AG}=\frac{4\overrightarrow{AB}+7\overrightarrow{AD}}{7+4}=\frac{4}{11}\overrightarrow{AB}+\frac{7}{11}\overrightarrow{AD}$$

　例題 7-17 (3)

数C 7章

7-15 3辺の長さから内積を求める

7-7 ，7-8 ，7-11 で，内積の求めかたを3通り紹介したけど，もう1つめずらしい求めかたがあるよ。

例題 7-18

定期テスト 出題度 ❗❗　　　共通テスト 出題度 ❗❗

AB＝5，BC＝8，CA＝6である△ABC において，$\overrightarrow{AB}=\vec{b}$，$\overrightarrow{AC}=\vec{c}$ とするとき，$\vec{b}\cdot\vec{c}$ を求めよ。

この問題もAを基準の点とする位置ベクトルで考える問題だ。まず，$\vec{b}$ と $\vec{c}$ のなす角を θ とすると，$\vec{b}\cdot\vec{c}=|\vec{b}||\vec{c}|\cos\theta$ になる。$|\vec{b}|=5$，$|\vec{c}|=6$ だね。

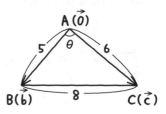

「$\cos\theta$ は……？　あっ，そうか。余弦定理でいいんだ。

解答　$\vec{b}\cdot\vec{c}=|\vec{b}||\vec{c}|\cos\theta$

$$=5\times6\times\frac{5^2+6^2-8^2}{2\times5\times6}=\underline{\underline{-\frac{3}{2}}}\quad\leftarrow\cos A=\frac{b^2+c^2-a^2}{2bc}$$

⇦ 答え　例題 7-18

です。」

そうだね。余弦定理は，『数学Ⅰ・A編』の 4-11 で登場したね。でも，実は，この問題は余弦定理を知らなくても解く方法があるんだ。

まず，位置ベクトルを書き込む。

そして，例えば$\vec{b}\cdot\vec{c}$を求めたいなら

　$|\vec{b}$の点と$\vec{c}$の点を結ぶベクトル$|$

＝距離

という式を立てて，計算してもいい。

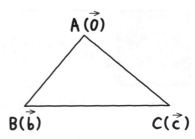

「『$\vec{b}$の点と$\vec{c}$の点を結ぶベクトル』というと，$\overrightarrow{BC}$ですか？　あれっ？　$\overrightarrow{CB}$？」

どっちを使ってもいいよ。じゃあ，$\overrightarrow{BC}$でやろう。大きさが8なので，

　$|\overrightarrow{BC}|=8$だから　$|\vec{c}-\vec{b}|=8$

そして，　7-11　で登場したね。成分がわかっていなくて$|m\vec{a}+n\vec{b}|$（m, nは実数）が登場したら2乗して展開だ。

解答

$$|\overrightarrow{BC}|=8$$
$$|\vec{c}-\vec{b}|=8$$
$$|\vec{c}-\vec{b}|^2=64$$
$$(\vec{c}-\vec{b})\cdot(\vec{c}-\vec{b})=64 \quad\left.\right\} \vec{a}\cdot\vec{a}=|\vec{a}|^2$$
$$\vec{c}\cdot\vec{c}-2\vec{b}\cdot\vec{c}+\vec{b}\cdot\vec{b}=64$$
$$|\vec{c}|^2-2\vec{b}\cdot\vec{c}+|\vec{b}|^2=64 \quad\left.\right\} \begin{array}{l}|\vec{c}|=6,\\ |\vec{b}|=5を代入\end{array}$$
$$36-2\vec{b}\cdot\vec{c}+25=64$$
$$-2\vec{b}\cdot\vec{c}=3$$
$$\vec{b}\cdot\vec{c}=-\frac{3}{2} \quad \Leftarrow \boxed{答え}\ \boxed{\text{例題 7-18}}$$

数C 7章

「あっ，ホントだ！　求められましたね。」

点の場所を求める

今までは，点の場所から位置ベクトルを求めてきたけど，その逆もできるんだ。

例題 7-19

定期テスト 出題度 !!!　共通テスト 出題度 !!

　　△ABC と同一平面上に点 P を，$7\overrightarrow{PA}+2\overrightarrow{PB}+3\overrightarrow{PC}=\vec{0}$を満たすようにとる。直線 AP と辺 BC の交点を D とするとき，次の問いに答えよ。

(1)　BD：DC および AP：PD を求めよ。

(2)　△PAB，△PBC，△PCA の面積の比を求めよ。

　　まず，いつもの通り，位置ベクトルをかいていこう。頂点のうちの1つのA を基準の点として，$\overrightarrow{AB}=\vec{b}$，$\overrightarrow{AC}=\vec{c}$とおく。

　　さて，今まで通りのやりかたなら，直線上にあるので一方にsを掛けて，もう一方に$1-s$を掛けて……というふうにやりそうだが……。

　「Pがどの直線上にあるとか書いていないですよね……。」

**Pの場所が不明だが式があるときは，
Pの位置ベクトルを一時的に$\vec{p}$とする。**
$\overrightarrow{AP}=\vec{p}$とおくわけだ。

　　そして，$7\overrightarrow{PA}+2\overrightarrow{PB}+3\overrightarrow{PC}=\vec{0}$の式を
計算すれば，数行でPの位置ベクトル
がわかるよ。

　　やってみよう。

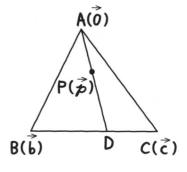

解答　(1)　$\overrightarrow{AP}=\vec{p}$,　$\overrightarrow{AB}=\vec{b}$,　$\overrightarrow{AC}=\vec{c}$ とおくと

$$7\overrightarrow{PA}+2\overrightarrow{PB}+3\overrightarrow{PC}=\vec{0}　より$$

（$\overrightarrow{PA}$ は $-\vec{p}$）

$$7\times(-\vec{p})+2(\vec{b}-\vec{p})+3(\vec{c}-\vec{p})=\vec{0}$$

$$-12\vec{p}+2\vec{b}+3\vec{c}=\vec{0}$$

$$\vec{p}=\frac{2\vec{b}+3\vec{c}}{12}$$

「あっ，ホントだ！　じゃあ，$\overrightarrow{AP}=\dfrac{2\vec{b}+3\vec{c}}{12}$ ということですね。」

うん。さて，この $\dfrac{2\vec{b}+3\vec{c}}{12}$ の分子に注目しよう。『線分BCの3：2の内分』に似ているよね。

「似ていますけど……線分BCの3：2の内分なら，$\vec{p}=\dfrac{2\vec{b}+3\vec{c}}{5}$ になるはずですよね。」

うん。そこで，$\dfrac{2\vec{b}+3\vec{c}}{12}$ を $\dfrac{2\vec{b}+3\vec{c}}{5}$ に変えてしまおう。でも，そのままじゃ値が変わってしまうから $\dfrac{5}{12}$ を掛けるんだ！

$$\overrightarrow{AP}=\frac{2\vec{b}+3\vec{c}}{12}=\frac{2\vec{b}+3\vec{c}}{5}\times\frac{5}{12}$$

この $\dfrac{2\vec{b}+3\vec{c}}{5}$ は $\overrightarrow{AP}$ の実数倍で，

線分BCを3：2に内分する点の

位置ベクトルだから，$\dfrac{2\vec{b}+3\vec{c}}{5}$ は

Dの位置ベクトル $\overrightarrow{AD}$ になる。

よって

$$\overrightarrow{AP}=\frac{5}{12}\overrightarrow{AD}$$

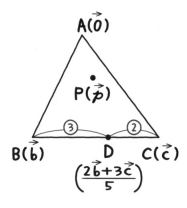

数C 7章

つまり，$\overrightarrow{AP}$ は $\overrightarrow{AD}$ の $\dfrac{5}{12}$ 倍ということ

だ。PはADを5：7に内分する点という

ことになる。

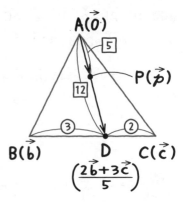

BD：DC＝**3：2**,

AP：PD＝**5：7**

←**答え** 例題 **7-19** (1)

「すごーい……。」

　ここから，点Pが△ABCの内部に位置す

ることがわかるね。

　(2)も求めてみよう。まず，**△ABCの面積**

をSとおこう。△PBCは△ABCと底辺が

同じで，高さが $\dfrac{7}{12}$ 倍なので，面積は $\dfrac{7}{12}S$

になる。

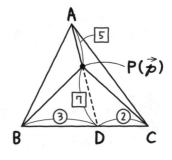

「はい。でも，△PABと△PCAは求めにくそう……。」

　うん。そこで，長さの比から面積がわかる三角形を考えていくよ。**徐々に**

三角形を小さくしていく感じだ。

　まず，△ABDは，底辺が△ABCの $\dfrac{3}{5}$ 倍で，高さが同じだから，面積は $\dfrac{3}{5}S$。

次に，ADを底辺と考えると，△PABは△ABDと比べて，底辺が $\dfrac{5}{12}$ 倍で，

高さが同じだから，面積はさらに $\dfrac{5}{12}$ 倍になる。

「△PABの面積は $\dfrac{3}{5}S \times \dfrac{5}{12} = \dfrac{1}{4}S$ ということですね。」

「△PCAのほうも同じように求められそうだな。△ACDの面積は $\frac{2}{5}S$で，△PCAはそれの $\frac{5}{12}$ 倍だから，$\frac{2}{5}S \times \frac{5}{12} = \frac{1}{6}S$ だ。」

解答 (2) △ABCの面積をSとおくと

$$\triangle PAB : \triangle PBC : \triangle PCA$$

$$= \left(\frac{3}{5}S \times \frac{5}{12} \right) : \frac{7}{12}S : \left(\frac{2}{5}S \times \frac{5}{12} \right)$$

$$= \frac{1}{4}S : \frac{7}{12}S : \frac{1}{6}S$$

$$= \frac{1}{4} : \frac{7}{12} : \frac{1}{6} \quad \Big\rangle \text{すべてを12倍する}$$

$$= \underline{3 : 7 : 2} \quad \Leftarrow \boxed{\text{答え}} \quad \blacktriangleright \text{例題 7-19} \ (2)$$

実は，次のことがいえるんだ。

コツ 24 Pの式の面積比の関係（裏公式）

△ABCの内部に点Pがあり，

$$k\overrightarrow{PA} + \ell\overrightarrow{PB} + m\overrightarrow{PC} = \vec{0}$$

が成り立つとき，面積の比は

$$\triangle PBC : \triangle PCA : \triangle PAB = k : \ell : m \text{になる。}$$

数C **7**章

これを使えば，▶ **例題 7-19** (2)の答えが一瞬でわかる。図のように，紅茶のティーバッグの形で覚えればいいよ。

"ひもの部分の係数"と，三角形の面積比が対応しているんだ。

"$\overrightarrow{PA}$の係数"が7だから，△PBCの面積比は7。他の組合せもいける。

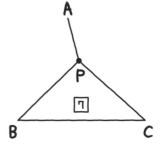

"$\overrightarrow{PB}$の係数" が2だから，△PCAの面積比は2，

"$\overrightarrow{PC}$の係数" が3だから，△PABの面積比は3。

「△PAB，△PBC，△PCAの面積比

は3：7：2……あっ，ホントだ！」

　△PBCの面積が全体の$\dfrac{7}{12}$とわかったおか

げで，(1)もわかるよ。p.606の下の図を参考にして説明するよ。

BCを底辺と考えると，高さが$\dfrac{7}{12}$倍ということで，AP：PD＝5：7になる。

さらに，APを底辺と考えると，△PABと△PCAの面積比は3：2ということ

は，高さの比は3：2。つまり，BD：DC＝3：2ということだ。

「便利ですね，これ！」

　でも，これは裏公式だから，記述には使えないよ。答えのみでいい問題や，

検算に使おう。

ベクトル方程式

点C(a, b) を中心とした半径rの円の方程式は，$(x-a)^2+(y-b)^2=r^2$だったよね。覚えているかな。

『数学Ⅱ・B編』の **3-11** でやったけど，円の方程式の作りかたをもう一度説明しよう。求める図形上の点を (x, y) として，"Pが図形上にあると必ず成り立つこと"を式にすればいいんだよ。

 「うーん……。だいぶ前のことだから忘れてしまいました。」

まあ，やってみよう。わかりやすいのがいいから……例えば，"点C(a, b) を中心とした半径rの円"の方程式を求めてみようか。図形上を点P(x, y) がグルグルと動く。でも，どの場所にあっても必ずCPの長さは半径になるね。これを式にすると？

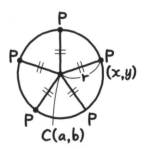

「CP$=r$　です。」

そう。これを計算すればいい。2点間の距離は『数学Ⅱ・B編』の **3-1** で扱ったね。

$$\sqrt{(x-a)^2+(y-b)^2}=r$$

両辺を2乗すると

$$(x-a)^2+(y-b)^2=r^2$$

となって，みんなのよく知っている円の方程式になったね。

 「思い出しました。」

　位置ベクトルを使って方程式を作るときも，ほとんど同じなんだ。でも，今回は動く点を$P(\vec{p})$としよう。

「座標を位置ベクトルにするんですね。」

　そうなんだ。じゃあ，

"点$C(\vec{c})$を中心とした半径rの円"の方程式を求めてみようか。図形上の点Pをグルグルと動かしても，必ずCPの長さは半径になる。

　式も，ベクトルで考えよう。

$$|\overrightarrow{CP}|=r$$

だね。これを計算すると，

$$|\vec{p}-\vec{c}|=r$$

になる。位置ベクトルを使った方程式ということで，これを**ベクトル方程式**という。

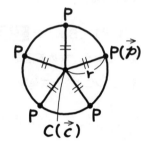

「これって暗記するんですか？」

　うん。次のページに書いたような有名なものは覚えておこう。図形上の任意の点を$P(\vec{p})$とすると，次のページのベクトル方程式が成り立つ。

　あっ，ちなみに，直線に平行なベクトルを**方向ベクトル**，直線に垂直なベクトルを**法線ベクトル**というからね。これも覚えておこう。

ベクトル方程式

❶ 『点$C(\vec{c})$ を中心とした半径rの円』

$|\vec{p}-\vec{c}|=r$ （特に，中心が原点なら，$|\vec{p}|=r$）

❷ 『2点$A(\vec{a})$，$B(\vec{b})$ を直径の両端とする円』

$(\vec{p}-\vec{a})\cdot(\vec{p}-\vec{b})=0$

❸ 『2点$A(\vec{a})$，$B(\vec{b})$ とするとき，線分ABを$m:n$

$(m \neq n)$ の比に内分する点と外分する点を直径の

両端とする円』

$|\vec{p}-\vec{a}|:|\vec{p}-\vec{b}|=m:n$

または

$n|\vec{p}-\vec{a}|=m|\vec{p}-\vec{b}|$

❹ 『2点$A(\vec{a})$，$B(\vec{b})$ を通る直線』

$\vec{p}=(1-t)\vec{a}+t\vec{b}$ （tは変数）

❺ 『点$A(\vec{a})$ を通り，方向ベクトルが$\vec{u}$の直線』

$\vec{p}=\vec{a}+t\vec{u}$ （tは変数）

❻ 『点$A(\vec{a})$ を通り，法線ベクトルが$\vec{n}$の直線』

$\vec{n}\cdot(\vec{p}-\vec{a})=0$

❼ 『2点$A(\vec{a})$，$B(\vec{b})$ とするとき，線分ABの垂直二

等分線』

$|\vec{p}-\vec{a}|=|\vec{p}-\vec{b}|$

数C 7章

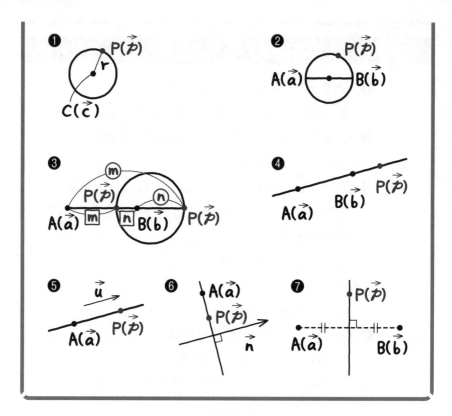

「❶〜❼ってどうして成り立つんですか？」

　覚えるだけでもいいけど，じゃあ理由も説明しておこう。❶はさっき説明したからいいね。❸は『数学Ⅱ・B編』の**お役立ち話** ❻で出てきた。$|\vec{p}-\vec{a}|$ は A$(\vec{a})$ と P$(\vec{p})$ の距離，$|\vec{p}-\vec{b}|$ は B$(\vec{b})$ と P$(\vec{p})$ の距離で $m:n$ になるということは**アポロニウスの円**だ。❹については**お役立ち話** ㉓で説明したよ。

$\overrightarrow{AP}=t\overrightarrow{AB}$ とおけるから

$\vec{p}-\vec{a}=t(\vec{b}-\vec{a})$，$\vec{p}=(1-t)\vec{a}+t\vec{b}$　だったね。

❷については円上に点Pがあるから，∠APB＝90°だ。スライドさせると $\overrightarrow{AP} \perp \overrightarrow{BP}$ だから，内積が0になる。

$$\overrightarrow{AP} \cdot \overrightarrow{BP} = 0$$
$$(\vec{p} - \vec{a}) \cdot (\vec{p} - \vec{b}) = 0$$

ということだ。

❷

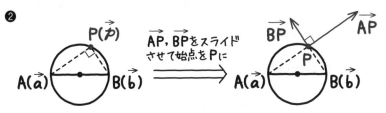

❺は $\overrightarrow{AP} = t\vec{u}$
$$\vec{p} - \vec{a} = t\vec{u}$$
$$\vec{p} = \vec{a} + t\vec{u} \text{ でいいね。}$$

❺

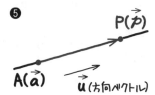

❻も簡単だ。法線ベクトルが $\vec{n}$ ということは，$\vec{n}$ に垂直なのだから内積が0だよね。

$$\vec{n} \perp \overrightarrow{AP} \text{ より}$$
$$\vec{n} \cdot \overrightarrow{AP} = 0$$
$$\vec{n} \cdot (\vec{p} - \vec{a}) = 0$$

となる。

❻

❼は垂直二等分線だから，点Pは点A，Bからの距離が等しいので

$$|\overrightarrow{AP}| = |\overrightarrow{BP}|$$
$$|\vec{p} - \vec{a}| = |\vec{p} - \vec{b}|$$

となるよ。

では，例題で試していこう。

例題 7-20

定期テスト 出題度 ❗❗　　共通テスト 出題度 ❗

　　次のベクトル方程式はどのような図形を表すか答えよ。ただし，点 O を基準とし，$A(\vec{a})$ とする。

(1) $|3\vec{p}-\vec{a}|=6$　　(2) $|\vec{p}-\vec{a}|=|\vec{a}|$　　(3) $|\vec{p}-\vec{a}|=|-2\vec{p}-4\vec{a}|$

「(1)は❶っぽいですね。」

　そうだね。でも，ちょっと違う。❶は $\vec{p}$ の前に係数がついていないよね。この形にするためには，係数をなくさなければならないよね。

「ということは，絶対値の中を3で割るということですか？」

　その通り。右辺も $|3|$，つまり3で割ればいいんだよ。

$$\left|\vec{p}-\frac{1}{3}\vec{a}\right|=2$$

|動点−中心|＝半径 にあてはめて考えると，

解答　(1) **位置ベクトルが $\dfrac{1}{3}\vec{a}$ の点を中心とした，半径2の円**

◁答え　例題 7-20 (1)

が正解だよ。

「『位置ベクトルが $\dfrac{1}{3}\vec{a}$ の点』って，図でいうと，どういう場所なんですか？」

　　位置ベクトルが $\dfrac{1}{3}\vec{a}$ ということは，始点から

$\dfrac{1}{3}\vec{a}$，つまり $\dfrac{1}{3}\overrightarrow{OA}$ となる点ということだよ。

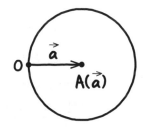

「線分OAを $1:2$ に内分する点」といえる。

　　じゃあ，(2)は？

「式の形から見て，❼かなあ……。」

　　いや。そうじゃない。 ┃ベクトル方程式を見るときは，$\vec{p}$ の使われかたに注┃ ┃目するんだ。┃ 右辺には $\vec{p}$ がないよね。❼は両辺に $\vec{p}$ があるから違うよ。

$$|\vec{p}-\vec{a}|=|\vec{a}|$$

これも，❶なんだ。$\vec{a}$ は動かない点。つまり定点だよね。ということは $|\vec{a}|$ は定数だ。

┃解答┃ (2)　**(位置ベクトルが $\vec{a}$ の) 点Aを中心とした，半径 $|\vec{a}|$ の円**

┃答え┃ ┃例題 **7-20**┃ (2)

　　ということになる。

「半径が $|\vec{a}|$……つまり，$\vec{a}$ の大きさ（長さ）ということは，あっ，右のような感じですか？」

「『Aが中心で，Oを通る円』といってもいいんですね。」

　　うん。そうだよ。

数C

7

章

「(3)は，右辺の$\vec{p}$の係数をなくさなきゃいけないですね。」

「両辺を$|-2|$で割ると…あれっ？　そうすると，左辺の$\vec{p}$に係数がつくよ。」

うん。そこで，割るのでなく，**係数でくくって，絶対値を分ければいい**。
$|ab|=|a||b|$を使う。『数学Ⅰ・A編』のお役立ち話 ❷ でも登場した公式だね。

変形したら，❸の形になるから，それで解けるよ。

解答　(3)　$|\vec{p}-\vec{a}|=|-2\vec{p}-4\vec{a}|$

$|\vec{p}-\vec{a}|=|-2(\vec{p}+2\vec{a})|$

$|\vec{p}-\vec{a}|=|-2||\vec{p}+2\vec{a}|$

$|\vec{p}-\vec{a}|=2|\vec{p}+2\vec{a}|$

A$(\vec{a})$，B$(-2\vec{a})$ とおくと，

線分ABを2：1に内分する点は，$\dfrac{1\cdot\vec{a}+2\cdot(-2\vec{a})}{2+1}=-\vec{a}$ より，

C$(-\vec{a})$ とし，

線分ABを2：1に外分する点は，$\dfrac{-1\cdot\vec{a}+2\cdot(-2\vec{a})}{2-1}=-5\vec{a}$ より，

D$(-5\vec{a})$ とすると，

C$(-\vec{a})$，D$(-5\vec{a})$ を直径の両端とする円より，

位置ベクトルが$-3\vec{a}$の点を中心とした，半径$2|\vec{a}|$の円

「(3)は，7-11 でやったように両辺を2乗したらダメですか？」

うん。それでも解けるよ。

$$|\vec{p}-\vec{a}|^2=|-2\vec{p}-4\vec{a}|^2$$
$$(\vec{p}-\vec{a})\cdot(\vec{p}-\vec{a})=(-2\vec{p}-4\vec{a})\cdot(-2\vec{p}-4\vec{a})$$
$$\vec{p}\cdot\vec{p}-2\vec{a}\cdot\vec{p}+\vec{a}\cdot\vec{a}=4\vec{p}\cdot\vec{p}+16\vec{a}\cdot\vec{p}+16\vec{a}\cdot\vec{a}$$
$$3\vec{p}\cdot\vec{p}+18\vec{a}\cdot\vec{p}+15\vec{a}\cdot\vec{a}=0$$
$$\vec{p}\cdot\vec{p}+6\vec{a}\cdot\vec{p}+5\vec{a}\cdot\vec{a}=0$$

ここで，注意しよう。$\vec{p}^2+6\vec{a}\cdot\vec{p}+5\vec{a}^2=0$ とか書いちゃだめだったよね。

$\vec{p}$ の2次式とみなして，因数分解すると，

$$(\vec{p}+\vec{a})\cdot(\vec{p}+5\vec{a})=0$$

これは，❷の形をして，$C(-\vec{a})$，$D(-5\vec{a})$ を直径の両端とする円になる。以下は同じだ。

また，**平方完成してもいい。**

$$(\vec{p}+3\vec{a})\cdot(\vec{p}+3\vec{a})-9\vec{a}\cdot\vec{a}+5\vec{a}\cdot\vec{a}=0$$

これも，$(\vec{p}+3\vec{a})^2-9\vec{a}^2+5\vec{a}^2=0$ と書いちゃだめだよ。

$$|\vec{p}+3\vec{a}|^2-9|\vec{a}|^2+5|\vec{a}|^2=0$$
$$|\vec{p}+3\vec{a}|^2=4|\vec{a}|^2$$
$$|\vec{p}+3\vec{a}|=2|\vec{a}|$$

位置ベクトルが $-3\vec{a}$ の点を中心とした，半径 $2|\vec{a}|$ の円

最後は❶の形になる。(2)で説明したからもういいね。

数C 7章

「最初のやりかたのほうが楽な気がするな……。」

　そう思う（笑）。ちなみに，係数に$\sqrt{}$がついているときは，両辺を2乗するほうが楽に解けるよ。

7-18 ベクトル方程式から図形の方程式を求める

図形の方程式を出すのに，ベクトル方程式を使うなんて，裏ワザっぽくて，ちょっとカッコイイかも。

例題 7-21 定期テスト 出題度 ❗❗   共通テスト 出題度 ❗

次の図形の方程式を求めよ。

(1) 点 $(-3, -4)$ を通り，$\vec{u} = (-5, 2)$ に平行な直線

(2) 点 $(8, -1)$ を通り，$\vec{n} = (7, 4)$ に垂直な直線

「ベクトル方程式でなくて，ふつうの方程式を求めるということか……。」

うん。最終的な答えはふつうの方程式で表すんだ。まず，(1)では方向ベクトル $\vec{u}$，(2)では法線ベクトル $\vec{n}$ が与えられているから，ベクトル方程式を使っていこう。原点Oを基準の点としようか。

$\vec{p} = (x, y)$ とし，他の座標やベクトルの値も代入すれば，ふつうの方程式が作れるんだ。 やってみよう。 **7-17** の 46 で，

❺『点 A$(\vec{a})$ を通り，方向ベクトルが $\vec{u}$ の直線』のベクトル方程式は，

$$\vec{p} = \vec{a} + t\vec{u} \quad (t \text{は変数})$$

というのがあったね。

数C

7章

解答 (1) 原点Oを基準の点とし，図形上の任意の点を$P(\vec{p})$とすると，ベクトル方程式は$\vec{p}=\vec{a}+t\vec{u}$（tは変数）とおける。

$\vec{p}=(x,\ y)$とし，$\vec{a}=(-3,\ -4)$，$\vec{u}=(-5,\ 2)$を代入すると

$$(x,\ y)=(-3,\ -4)+t(-5,\ 2)$$
$$=(-3,\ -4)+(-5t,\ 2t)\ \text{より}$$
$$(x,\ y)=(-3-5t,\ -4+2t)$$

これが直線を表しているんだ。

「えっ？　これが？？」

これを次のように表すと，**直線の媒介変数表示**になるよ。

$$\begin{cases} x=-3-5t \\ y=-4+2t \end{cases}$$

『数学Ⅱ・B編』の 3-23 でやったのを覚えているかな？　あのときはaを媒介変数としていたけど，ここではtを媒介変数としているね。

「読み返して思い出しました。ここから媒介変数を消すんですよね。」

うん。次は，**"消したい文字＝"の形** にしよう。

$t=$の形にすると，それぞれ，

$$t=\frac{x+3}{-5},\ t=\frac{y+4}{2}$$

になる。tを消去して

$$\frac{x+3}{-5}=\frac{y+4}{2}$$

「変な形……。これ，分母をはらって計算するんですね。」

$$2(x+3)=-5(y+4)\quad \text{←両辺に-10を掛けた}$$
$$2x+6=-5y-20$$
$$\underline{2x+5y+26=0}\quad \text{⇦ 答え}\quad \blacksquare\text{例題 7-21} \text{(1)}$$

じゃあ，ミサキさん，(2)をやってみて。

「 **7-17** の **46** の，

❻『点A($\vec{a}$) を通り，法線ベクトルが$\vec{n}$の直線』

$$\vec{n}\cdot(\vec{p}-\vec{a})=0$$

ですね。内積が出ている……えっ？　どうすれば……？」

まず，$\vec{p}-\vec{a}$の成分を計算して。その後，内積の計算をすればいいよ。

「 解答 (2)　図形上の任意の点をP($\vec{p}$) とすると，ベクトル方程式は

$$\vec{n}\cdot(\vec{p}-\vec{a})=0$$

$\vec{p}=(x,\ y),\ \vec{a}=(8,\ -1)$ とすると

$$\vec{p}-\vec{a}=(x-8,\ y+1)$$

ここで$\vec{n}=(7,\ 4)$ より

$$\vec{n}\cdot(\vec{p}-\vec{a})=0$$

$$7(x-8)+4(y+1)=0$$

$$7x-56+4y+4=0$$

$$\underline{7x+4y-52=0}$$ ◁ 答え 　例題 **7-21** (2)」

それでいいね。ちなみに，今回は登場しないけど，

❶　『点C($\vec{c}$) を中心とした半径rの円』

$$|\vec{p}-\vec{c}|=r$$

のような式も，まず，$\vec{p}-\vec{c}$の成分を計算してから，大きさを求めるようにすればいいよ。

　さて，以上のやりかたで図形の方程式が求められたのだけど，次の公式を覚えておいてもいいよ。

数C 7章

ベクトルに平行，垂直な直線の方程式

ア　点 $(x_1,\ y_1)$ を通り，$\vec{n}=(a,\ b)$ に平行な直線は

$$(x,\ y)=(x_1+at,\ y_1+bt)\quad(t\text{は変数})$$

または

$$\begin{cases} x=x_1+at \\ y=y_1+bt \end{cases}\quad(\text{媒介変数表示})$$

または

$$(y-y_1)=\frac{b}{a}(x-x_1)$$

$$(\text{ただし，}a\neq0)$$

イ　点 $(x_1,\ y_1)$ を通り，
$\vec{n}=(a,\ b)$ に垂直な直線の方程式は

$$a(x-x_1)+b(y-y_1)=0$$

「アで，$a=0$ のときはどうなるのですか？

　例えば点 $(2,\ -7)$ を通り，$\vec{n}=(0,\ 3)$ に平行な直線なら

$$(x,\ y)=(2,\ -7+3t)$$

$$\begin{cases} x=2 \\ y=-7+3t \end{cases}$$

　だけど……」

「y は t によって変わるけど，x は常に2だから……あっ，$x=2$？」

　そうだね。点 $(2,\ -7)$ を通り，$\vec{n}=(0,\ 3)$ に平行ということは上下に動くわけだから $x=2$ と考えてもいいよ。

点Pの存在範囲

ベクトルを継ぎ足して，点Pがどこにあるかを想像しながら進めてね。

$\overrightarrow{OA}$，$\overrightarrow{OB}$ が平行でないベクトルとしよう。$\overrightarrow{OP}=s\overrightarrow{OA}+t\overrightarrow{OB}$ （s, tは変数）で表されるとき，係数s, tの値で，点Pはどこにあるのかがわかるんだ。

例えば，$s=0$なら
$\overrightarrow{OP}=t\overrightarrow{OB}$ という式になるよね。
"$\overrightarrow{OP}$は，$\overrightarrow{OB}$方向に何倍か進んだもの" ということで，Pは直線OB上のどこかにあるということになるんだ。

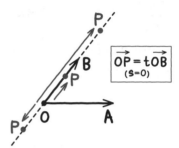

また，$s=1$なら
$\overrightarrow{OP}=\overrightarrow{OA}+t\overrightarrow{OB}$　つまり，
"$\overrightarrow{OP}$は$\overrightarrow{OA}$方向に1マス（$\overrightarrow{OA}$の大きさの1つ分）進んでから，$\overrightarrow{OB}$方向に何倍か進んだもの" ということで，Aを通り，直線OBに平行な直線上のどこかにあるということになる。

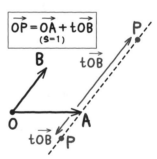

$s=2$なら，$\overrightarrow{OP}=2\overrightarrow{OA}+t\overrightarrow{OB}$なので，$\overrightarrow{OA}$方向に2マス（$\overrightarrow{OA}$の大きさの2つ分）進んでから，$\overrightarrow{OB}$方向に何倍か進んだところになるよ。

他のsの値でも同様に考えればいい。

数C
7
章

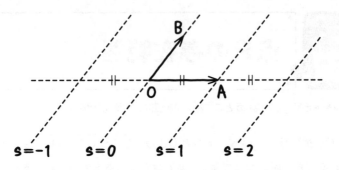

「$\overrightarrow{OA}$方向にsマス進んで，あとは$\overrightarrow{OB}$方向のどこかになるんですね。」

tのほうもそうだよ。$t=0$なら，$\overrightarrow{OP}=s\overrightarrow{OA}$だから，$\overrightarrow{OA}$方向に何倍か進ん
だところにあるし，$t=1$，$t=2$，……，とかも同じように考えれば，図のよう
になるはずだ。

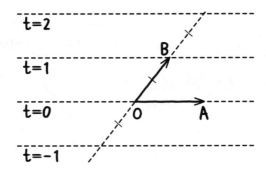

s，tによって点Pの位置がどのように変わるかわかったかな？　では，例題
にいこう。

例題 **7-22**

定期テスト 出題度 ❗❗❗ 共通テスト 出題度 ❗❗

$\overrightarrow{OA} = (3,\ 0)$，$\overrightarrow{OB} = (1,\ 2)$ で，$\overrightarrow{OP} = s\overrightarrow{OA} + t\overrightarrow{OB}$ の式が成り立つとする。$s,\ t$ が次の条件を満たすとき，点Pの存在範囲を図示せよ。

(1) $0 \leqq s \leqq 2,\quad -1 \leqq t \leqq \dfrac{1}{2}$

(2) $s + t \leqq 2,\quad 0 \leqq s$

(3) $2s + 3t \leqq 6,\quad 0 \leqq s,\ 0 \leqq t$

$|\overrightarrow{OA}|$，$|\overrightarrow{OB}|$ を1マスとして，点Pが何マス進んだところに存在するかを考えよう。(1)は解けるかな？

「$0 \leqq s \leqq 2$ だから，点Oから $\overrightarrow{OA}$ の方向に2マスの範囲内で，そして，$t = -1$ と……$t = \dfrac{1}{2}$ って，$t = 0$ と $t = 1$ の真ん中ということでいいんですか？」

うん。その通りだよ。

「じゃあ，$\overrightarrow{OB}$ の逆方向に1マスと，$\overrightarrow{OB}$ の方向に $\dfrac{1}{2}$ マスだから，次のようになります。

解答 (1)

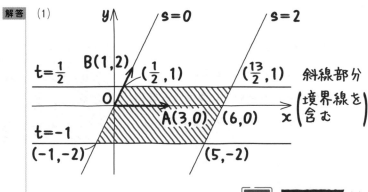

答え 例題 **7-22** (1)」

　領域を図示する問題だから、『数学Ⅱ・B編』の **3-25** でやったように、『斜線部分（境界線を含む）』という言葉が必要だったね。よく覚えていたね。

「あっ、はい。」

　次に(2)を考えよう。**7-13** の **コツ₂₃** でも勉強したけど、『$\overrightarrow{OP}=s\overrightarrow{OA}+t\overrightarrow{OB}$ で $s+t=1$ のとき、点Pは $\overrightarrow{OA}$、$\overrightarrow{OB}$ の終点をつなぐ直線上にある』。つまり、直線AB上に点Pがあるんだ。

　また、$s+t=2$ は、$\overrightarrow{OA}$、$\overrightarrow{OB}$ を2倍にのばした終点をつなぐ直線になるし、$s+t=3$ なら、3倍にのばした終点をつなぐ直線、……、というふうにできる。

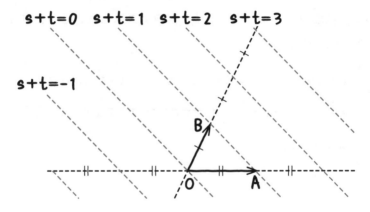

　$s+t$ の値によって、上のような位置になるんだ。

　じゃあ、(2)の $s+t\leqq2$、$0\leqq s$ を解いてみよう。まずは、$s+t\leqq2$ だとどこを表す？

「$s+t=2$ は、さっきの直線で、
　　　$s+t\leqq2$ ということは、
　　　ベクトルの向いているほうと逆側
　　　だから、図のような部分ですね。」

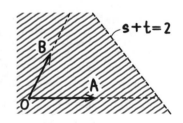

0≦sはどうかな？

「s=0は $\overrightarrow{OB}$ の線上で，

　0≦sなので $\overrightarrow{OA}$ 方向に進むから

　……こんな感じですか？」

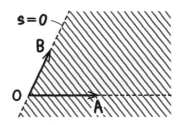

そうだね。じゃあ，両方いえるということは？

「解答」(2)

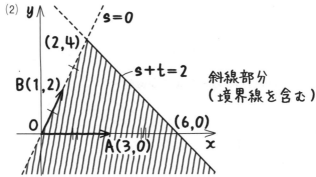

斜線部分
（境界線を含む）

⇐答え　例題 **7-22**（2）

　です。」

　その通り。じゃあ，続いて(3)の $2s+3t≦6$，$0≦s$，$0≦t$ だ。これも $s+t≦1$ の形にしたいのだが……。

「えっ？？　でも，$2s+3t$って，$s+t$ に直せないですよね。」

「2で割ると，$s+\dfrac{3}{2}t$ になってしまうし，3で割ったら，

　$\dfrac{2}{3}s+t$ だし……。」

そうなんだ。こういうときは，**右辺を1にしたい**から，両辺を6で割ろう。

　$2s+3t≦6$

　$\dfrac{1}{3}s+\dfrac{1}{2}t≦1$

2人のいう通り，$s+t$にすることは不可能なんだ。でも，係数＋係数≦1に

したい。そこで，この場合は，**$\overrightarrow{OP}=s\overrightarrow{OA}+t\overrightarrow{OB}$の係数の$s$，$t$を，$\dfrac{1}{3}s$と**

$\dfrac{1}{2}t$に変えればいい。 sを$\dfrac{1}{3}s$に変えると，$\dfrac{1}{3}$倍になってしまうけど，逆に，

$\overrightarrow{OA}$のほうを3倍してしまえばいいんだよ。$\overrightarrow{OB}$も同様だ。

$$\overrightarrow{OP}=s\overrightarrow{OA}+t\overrightarrow{OB}$$

$$=\underbrace{\dfrac{1}{3}s(3\overrightarrow{OA})+\dfrac{1}{2}t(2\overrightarrow{OB})}_{\text{足して1になる}}$$

で，$\dfrac{1}{3}s+\dfrac{1}{2}t=1$なら，係数＋係数＝1ということで，

"$3\overrightarrow{OA}$ と $2\overrightarrow{OB}$ の終点を結ぶ直線"

ということになるね。

「わかりました。」

では，ハルトくん，$2s+3t≦6$，$0≦s$，$0≦t$はどうなる？

「$0≦s$より，$s=0$の直線からベクトルの向きのほうで，

$0≦t$より，$t=0$の直線からベクトルの向きのほうだから……

ぜんぶいえるのは，

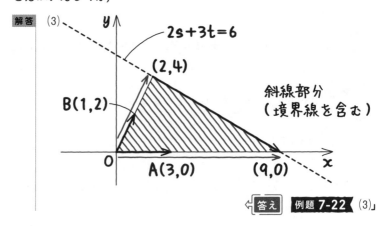

解答 (3)

$2s+3t=6$

(2,4)

B(1,2)

斜線部分
（境界線を含む）

O A(3,0) (9,0) x

⇦ 答え 例題 7-22 (3)」

よくできました。

7-20 2直線のなす角を求める

2直線のなす角は『数学Ⅱ・B編』の **4-11** でも扱ったんだけど，ここでは，方向ベクトル，法線ベクトルを使って，求めてみよう。

例題 7-23　定期テスト 出題度 **!!**　共通テスト 出題度 **!!**

2直線 $\ell_1 : 5x - y - 8 = 0$，　$\ell_2 : -2x + 3y + 4 = 0$ のなす角を求めよ。

まず，1本目の直線 ℓ_1 だけれど，変形すると，$y = 5x - 8$ になるね。この直線の方向ベクトルを $\vec{a}$ としようか。成分で表すとどうなる？

「直線に平行なベクトルですよね……えっ？？」

傾きが5ということは，x 座標が1増えたら，y 座標が5増えるということだよね。だから，$\vec{a} = (1,\ 5)$ といえるよ。

「x 座標が2増えたら，y 座標が10増えるわけだから，$\vec{a} = (2,\ 10)$ ともいえないですか？」

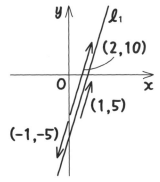

そうなんだ。x 座標が1減れば，y 座標が5減ると考えたら，$\vec{a} = (-1,\ -5)$ ともいえるわけだし，**方向ベクトルの表しかたは1つじゃないんだ。** 実際にどれを使って計算してもいいよ。

「それだったら，いちばんラクなのがいいな。」

そうだね。$\vec{a} = (1,\ 5)$ でいこう。

数C **7** 章

「2本目の直線 ℓ_2 は，$y = \dfrac{2}{3}x - \dfrac{4}{3}$ なので，傾き $\dfrac{2}{3}$ ですね。」

「x 座標が1増えたら，y 座標が $\dfrac{2}{3}$ 増えるから，方向ベクトルを $\vec{b}$ とすると，$\vec{b} = \left(1,\ \dfrac{2}{3}\right)$ か……きついな。」

「x 座標が3増えたら，y 座標が2増えると考えたら，いいんじゃない？$\vec{b} = (3,\ 2)$ とか。」

「あっ，それいいな。分数にならないし。」

　うん。いい考えだと思う。そして，方向ベクトルどうしのなす角を求めたら，直線のなす角もわかるよ。ベクトルのなす角は，**7-7** や **7-8** でやっているもんね。ハルトくん，解いてみて。

「**解答**　直線 $\ell_1 : 5x - y - 8 = 0$ の方向ベクトルは，$\vec{a} = (1,\ 5)$，

直線 $\ell_2 : -2x + 3y + 4 = 0$ の方向ベクトルは，$\vec{b} = (3,\ 2)$

とする。

$\vec{a}$，$\vec{b}$ のなす角を θ とすると

$\vec{a} \cdot \vec{b} = 1 \times 3 + 5 \times 2 = 13$

$|\vec{a}| = \sqrt{1^2 + 5^2} = \sqrt{26}$

$|\vec{b}| = \sqrt{3^2 + 2^2} = \sqrt{13}$

$\cos\theta = \dfrac{13}{\sqrt{26}\sqrt{13}} = \dfrac{1}{\sqrt{2}}$　←$\cos\theta = \dfrac{\vec{a} \cdot \vec{b}}{|\vec{a}||\vec{b}|}$

$0° \leqq \theta \leqq 180°$ より，$\theta = 45°$

よって，2直線のなす角は，<u>45°</u>　⇦**答え**　**例題 7-23**」

　そうだね。　**方向ベクトル $\vec{\ell_1}$，$\vec{\ell_2}$ のなす角 θ が鋭角なら，それが2直線のなす角になる。**

しかし，ベクトルの向きによってはθが鈍角になることもあり，その場合は，

2直線のなす角は$180° - \theta$になるからね。 注意しよう。

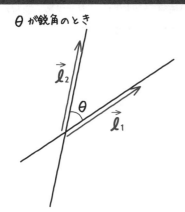

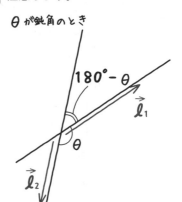

また，法線ベクトルのなす角を求めることで，解いてもいいんだ。

コツ 25　直線の法線ベクトル

直線$ax + by + c = 0$の法線ベクトルの1つは，

$$\vec{n} = (a,\ b)$$

すぐに法線ベクトルがわかるからラクだね。

直線ℓ_1の法線ベクトルを$\vec{n_1} = (5,\ -1)$，直線ℓ_2の法線ベクトルを$\vec{n_2} = (-2,\ 3)$として2直線のなす角を求める。後は同じだ。

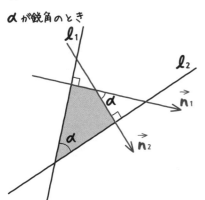

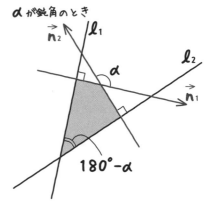

数C 7章

じゃあ、ミサキさん、解いてみて。

「 **解答**　直線 $\ell_1 : 5x - y - 8 = 0$ の法線ベクトルを、$\vec{n_1} = (5, -1)$、

直線 $\ell_2 : -2x + 3y + 4 = 0$ の法線ベクトルを、

$\vec{n_2} = (-2, 3)$ とする。

$\vec{n_1}$、$\vec{n_2}$ のなす角を α とすると

$\vec{n_1} \cdot \vec{n_2} = 5 \times (-2) + (-1) \times 3 = -13$

$|\vec{n_1}| = \sqrt{5^2 + (-1)^2} = \sqrt{26}$

$|\vec{n_2}| = \sqrt{(-2)^2 + 3^2} = \sqrt{13}$

$\cos\alpha = \dfrac{-13}{\sqrt{26}\sqrt{13}} = -\dfrac{1}{\sqrt{2}}$

$0° \leqq \alpha \leqq 180°$ より、$\alpha = 135°$

よって、2直線のなす角は

$180° - 135° = \underline{45°}$　　⟨ 答え 　例題 **7-23** 」

正解。

7-21 空間座標

空間は3次元で，英語で3 dimensionsという。3Dという言葉はここからきているよ。

『数学Ⅰ・A編』の 8-13 で習ったけど，忘れているかもしれないからもう一度説明するね。

空間内の点の場所を表したいなら，"原点から前に5進んで，右に2進んで，上に4進んだところ"というふうに3方向の値がいるんだ。

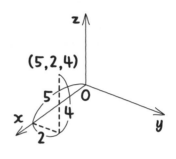

じゃあ，点Oを原点として，前後の方向をx軸，左右の方向をy軸，上下の方向をz軸として数直線で表せば，点は(5, 2, 4)と表せるよ。

  x軸とy軸で作られる面を **xy平面** といい，

  y軸とz軸で作られる面を **yz平面** といい，

  z軸とx軸で作られる面を **zx平面** といい，

式はそれぞれ$z=0$，$x=0$，$y=0$になる。

『平面の名前に含まれていないアルファベットが0』と覚えればいいよ。このことは軸でもいえて，

  x軸を表す式は$y=z=0$だし，

  y軸を表す式は$x=z=0$だし，

  z軸を表す式は$x=y=0$になるよ。

数C 7章

例題 7-24

定期テスト 出題度 ❗❗❗　　共通テスト 出題度 ❗❗

空間座標上の点 A(5, 1, −7) を次のように移動させた点の座標を求めよ。

(1) zx 平面に関して対称移動

(2) y 軸に関して対称移動

(3) 原点に関して対称移動

「まず，点 A(5, 1, −7) を図にかいて……。」

いや。その必要はない。この問題に限らず，**ほとんどの問題は空間座標の図をかかなくても解ける**んだ。空間座標を説明した直後に，こういうことをいうのもなんだけどね（笑）。

平面座標では，y 軸（$x=0$）に関して対称移動するときは，x 座標が−1倍，x 軸（$y=0$）に関して対称移動するときは，y 座標が−1倍になるんだったね。

『数学 I・A編』の **3-7** でやったよ。このやりかたは空間座標でも使えるよ。

まず，(1)だが，zx 平面の式は $y=0$ だよね。ということは？

「y 座標が−1倍になるから，

解答 (1) **(5, −1, −7)** ◁ 答え 例題 7-24 (1)」

そうだね。じゃあ，ミサキさん，(2)はどうかな？

「じゃあ，(2)は，y 軸の式は $x=z=0$ だから，x も z も−1倍して

解答 (2) **(−5, 1, 7)** ◁ 答え 例題 7-24 (2)」

そう。正解。簡単だろう？ また，(3)の原点に関する対称移動は，原点が，$x=y=z=0$ だから，x も y も z も -1 倍すればいい。

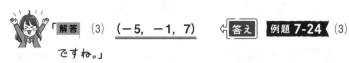

「**解答** (3) <u>$(-5, -1, 7)$</u> ⇐ **答え** **例題 7-24** (3)

ですね。」

対称移動は，その"平面"，"軸"，"点（原点）"で 0 になるもの (x, y, z) を -1 倍する んだ。まとめると下のようになるよ。

> **コツ 26** 空間における対称な点
>
> 点 (a, b, c) について
> ・x 軸対称 $(a, -b, -c)$
> ・y 軸対称 $(-a, b, -c)$
> ・z 軸対称 $(-a, -b, c)$
> ・xy 平面対称 $(a, b, -c)$
> ・yz 平面対称 $(-a, b, c)$
> ・zx 平面対称 $(a, -b, c)$
> ・原点対称 $(-a, -b, -c)$

数C
7
章

空間での2点間の距離

『数学Ⅰ・A編』の 8-13 では，原点と原点でない点の距離を求めたけど，原点でない点どうしの距離も求められるよ。

例題 7-25　　定期テスト 出題度 ❗❗❗　　共通テスト 出題度 ❗❗❗

2点 A$(-2, 9, -1)$，B$(-5, 8, 3)$ 間の距離を求めよ。

平面の2点間の距離は『数学Ⅱ・B編』の 3-1 で扱ったね。空間の2点間の距離は以下のようになる。

Point 48　2点間の距離

2点 A(x_1, y_1, z_1)，B(x_2, y_2, z_2) のとき
$$AB = \sqrt{(x_2 - x_1)^2 + (y_2 - y_1)^2 + (z_2 - z_1)^2}$$

「座標が2つから3つになっただけで，計算のやりかたは一緒か。」

そうなんだ。じゃあ，ミサキさん，解いてみて。

　解答　$AB = \sqrt{\{(-5)-(-2)\}^2 + (8-9)^2 + \{3-(-1)\}^2}$
$\qquad = \sqrt{(-3)^2 + (-1)^2 + 4^2}$
$\qquad = \sqrt{26}$　⇦ 答え　**例題 7-25**

ですね。」

正解。ではもう1問やってみよう。

例題 **7-26**

定期テスト 出題度 ❗❗　　共通テスト 出題度 ❗❗

　点 $(-3, 8, -7)$ から yz 平面に下ろした垂線の足の座標を求めよ。また、点と yz 平面の距離を求めよ。

　垂線の足とは、直線または平面に垂線を引いたときの、直線または平面と垂線の交点のことだよ。覚えておいてね。

　さて、x 軸上の点 $(k, 0, 0)$ を通り、yz 平面に平行な平面は、平面 $x=k$ と表すんだけど、図のように点 (a, b, c) から、平面 $x=k$（k は定数）に下ろした垂線の足の座標は (k, b, c) であり、点と平面との距離は "a と k の差" だね。

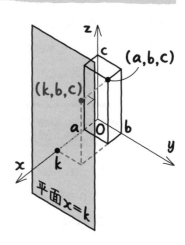

　点 (a, b, c) から、平面 $y=k$ に下ろした垂線の足の座標は (a, k, c) であり、点と平面との距離は "b と k の差" だ。

　点 (a, b, c) から、平面 $z=k$ に下ろした垂線の足の座標は (a, b, k) であり、点と平面との距離は "c と k の差" だね。
　ではハルトくん、答えはどうなるかな？

「yz 平面ということは、$x=0$ だから、垂線の足の座標は、

解答　$\underline{(0, 8, -7)}$

距離は、-3 と 0 の差だから、$\underline{3}$　　　例題 **7-26**」

よくできました。

空間ベクトルの計算

平面ベクトルの計算が頭に入っていたら，空間ベクトルの計算は余裕だよ。やることは一緒だからね。

　z軸方向も含めて空間で考えるベクトルを**空間ベクトル**というよ。

　空間ベクトルも，基本的な性質は平面のベクトルと同じだ。見ていこう。まず，成分どうしを足したり，引いたり，定数倍したりする公式があるよ。

Point 49　空間ベクトルの成分による演算

$\vec{a}=(a_1,\ a_2,\ a_3),\ \vec{b}=(b_1,\ b_2,\ b_3)$ のとき
$\vec{a}\pm\vec{b}=(a_1\pm b_1,\ a_2\pm b_2,\ a_3\pm b_3)$ （複号同順）
$k\vec{a}=(ka_1,\ ka_2,\ ka_3)$ （k は実数）

「あっ，成分が2つから3つに変わっただけで，同じ計算か。」

　そうだね。 **7-2** と変わりない。z成分も同じように扱えばいいからね。また，成分から大きさを求めるのに，成分が3つなら，次のようになる。

Point 50　空間ベクトルの大きさ

$\vec{a}=(a_1,\ a_2,\ a_3)$ のとき
$|\vec{a}|=\sqrt{a_1{}^2+a_2{}^2+a_3{}^2}$

2乗どうしを足して $\sqrt{}$ をつけるのは **7-3** と同じだ。

内積も平面のときと同じだよ。

51 空間ベクトルの内積

$\vec{a}=(a_1,\ a_2,\ a_3),\ \vec{b}=(b_1,\ b_2,\ b_3)$ なら
$\vec{a}\cdot\vec{b}=a_1b_1+a_2b_2+a_3b_3$

「あっ，7-8 と一緒ですね。」

例題 7-27

定期テスト 出題度 ❗❗❗　　共通テスト 出題度 ❗❗❗

2つのベクトル $\vec{a}=(3,\ 4,\ 2),\ \vec{b}=(-4,\ -1,\ 6)$ に垂直な単位
ベクトルを求めよ。

例題 7-12 と考えかたは同じだ。ちなみに，空間のベクトルでも $\vec{a}\perp\vec{b}$ のと
きは $\vec{a}\cdot\vec{b}=0$ だよ。

「今回は，空間ベクトルだから求める単位ベクトルを
$\vec{e}=(x,\ y,\ z)$ とおけばいいんですね。」

そう，3方向の成分を考えよう。そして，今回も図は必要ない。$\vec{a}$ と $\vec{e}$ は垂
直だから内積は0になるし，$\vec{b}$ と $\vec{e}$ も垂直だから内積は0になるし，$\vec{e}$ の大きさ
（長さ）は1になる。これをそのまま計算すれば求められるよ。じゃあ，ハル
トくん，計算して。

「**解答** 求める単位ベクトルを $\vec{e} = (x, y, z)$ とおくと

$\vec{a} \perp \vec{e}$ より

$\vec{a} \cdot \vec{e} = 3x + 4y + 2z = 0$ ……①

$\vec{b} \perp \vec{e}$ より

$\vec{b} \cdot \vec{e} = -4x - y + 6z = 0$ ……②

$\vec{e}$ は単位ベクトルより

$\sqrt{x^2 + y^2 + z^2} = 1$

両辺を2乗して　$x^2 + y^2 + z^2 = 1$ ……③

①+②×4より

$$\begin{array}{r} 3x + 4y + 2z = 0 \\ +) -16x - 4y + 24z = 0 \\ \hline -13x \qquad + 26z = 0 \end{array}$$

$x = 2z$ ……④

④を②に代入すると

$-8z - y + 6z = 0$ より

$y = -2z$ ……⑤

④, ⑤を③に代入すると

$4z^2 + 4z^2 + z^2 = 1$

$z^2 = \dfrac{1}{9}$

$z = \dfrac{1}{3}, \ -\dfrac{1}{3}$

これを, ④, ⑤に代入して

$(x, y, z) = \left(\dfrac{2}{3}, \ -\dfrac{2}{3}, \ \dfrac{1}{3}\right), \ \left(-\dfrac{2}{3}, \ \dfrac{2}{3}, \ -\dfrac{1}{3}\right)$

よって, $\vec{e} = \underline{\left(\dfrac{2}{3}, \ -\dfrac{2}{3}, \ \dfrac{1}{3}\right), \ \left(-\dfrac{2}{3}, \ \dfrac{2}{3}, \ -\dfrac{1}{3}\right)}$

 答え 例題 **7-27** 」

そうだね。『数学Ⅰ・A編』の **3-14** でやった連立方程式だね。

7-24 平行，3点が同じ直線上にある

7-4，7-5 で，平面図形での"平行"や"3点が同じ直線上にある"ときのベクトル
を考えたね。今度も，成分が2つから3つになっただけでやりかたは変わらないよ。

例題 7-28

定期テスト 出題度 ❗❗❗ ＼ 共通テスト 出題度 ❗❗❗

3点 A$(-8,\ -1,\ 7)$，B$(5,\ s,\ 1)$，C$(t,\ -6,\ 4)$ が同じ直線上
にあるとき，定数 $s,\ t$ の値を求めよ。

空間ベクトルになっても公式は変わらない。次の公式を使おう。

Point 52　空間におけるベクトルの平行

$\vec{a} \neq \vec{0}$，$\vec{b} \neq \vec{0}$ のとき

$\vec{a} /\!/ \vec{b} \iff \vec{a} = k\vec{b}$ となる実数 k が存在する

　　さらに，$\vec{a} = (a_1,\ a_2,\ a_3)$，
　　　　　　$\vec{b} = (b_1,\ b_2,\ b_3)$ なら

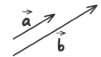

$\vec{a} /\!/ \vec{b} \iff a_1 : b_1 = a_2 : b_2 = a_3 : b_3$

　　　　ただし，$a_1 \neq 0$，$a_2 \neq 0$，$a_3 \neq 0$

空間において同じ直線上にある3点

異なる3点A，B，Cについて，$\overrightarrow{AB}=(a_1,\ a_2,\ a_3)$，
$\overrightarrow{AC}=(b_1,\ b_2,\ b_3)$ とすると

3点A，B，Cが同じ直線上にある

$\Longleftrightarrow$　$\overrightarrow{AB}=k\overrightarrow{AC}$となる実数$k$が存在する

$\Longleftrightarrow$　$a_1:b_1=a_2:b_2=a_3:b_3$

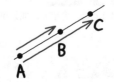

じゃあ，ミサキさん，解いてみよう。

「$\overrightarrow{AB}=(5-(-8),\ s-(-1),\ 1-7)=(13,\ s+1,\ -6)$，
$\overrightarrow{AC}=(t-(-8),\ -6-(-1),\ 4-7)=(t+8,\ -5,\ -3)$ より

$13:(t+8)=(s+1):(-5)=(-6):(-3)$

ですね。まず，

$13:(t+8)=(s+1):(-5)$ は……。」

うん。合ってはいるんだけど，その計算をするとsとtの両方が混じった式
になりそうで面倒だよね。

$13:(t+8)=(-6):(-3)$ と，

$(s+1):(-5)=(-6):(-3)$

でやったほうがラクなんじゃない？

「あっ，そうですね。はい。

解答 $\overrightarrow{AB} = (13, \ s+1, \ -6)$, $\overrightarrow{AC} = (t+8, \ -5, \ -3)$ より

$$13 : (t+8) = (s+1) : (-5) = (-6) : (-3)$$

$$13 : (t+8) = (-6) : (-3)$$

$$-39 = -6t - 48$$

$$6t = -9$$

$$\underline{\underline{t = -\frac{3}{2}}}$$

$$(s+1) : (-5) = (-6) : (-3)$$

$$-3s - 3 = 30$$

$$-3s = 33$$

$$\underline{s = -11} \quad \xleftarrow{} \boxed{答え} \quad \blacktriangleleft 例題 \textbf{7-28} \blacktriangleright 」$$

その通り！　正解だよ。

7-25 4点が同じ平面上にある

4点が同じ平面上にあるということは，3つのベクトルが同じ平面上にあるということだよ。

例題 7-29

定期テスト 出題度 **!!!**　　共通テスト 出題度 **!!!**

4点 A$(1, -6, 3)$, B$(-1, 2, -2)$, C$(2, -7, 5)$, D$(5, t, 8)$ が同じ平面上にあるとき，定数 t の値を求めよ。

4点A，B，C，Dが同じ平面上にあるときは，1つの点……例えば，Aから各点にベクトルをのばしてみる。

お役立ち話 24 でも登場したが，$\overrightarrow{AB}$ と $\overrightarrow{AC}$ が $\vec{0}$ でなく平行でない。そして，

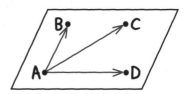

$\overrightarrow{AD}$ は同じ平面上にあるわけなので，$\overrightarrow{AD} = m\overrightarrow{AB} + n\overrightarrow{AC}$（$m$, n は実数）と表せるし，表しかたは1通りしかない。これは逆もいえるよ。

コツ 27 同じ平面上にある4点

4点A，B，C，Dが同じ平面上にある

$\iff$ $\overrightarrow{AB}$ と $\overrightarrow{AC}$ が $\vec{0}$ でなく平行でないなら，

$\overrightarrow{AD} = m\overrightarrow{AB} + n\overrightarrow{AC}$ を満たす実数 m, n が存在する

ちなみに，組合せは自由だよ。$\overrightarrow{AB}$ と $\overrightarrow{AD}$ が $\vec{0}$ でなく平行でないことをチェックして，$\overrightarrow{AC} = m\overrightarrow{AB} + n\overrightarrow{AD}$ とか，$\overrightarrow{AD}$ と $\overrightarrow{AC}$ が $\vec{0}$ でなく平行でないことをチェックして，$\overrightarrow{AB} = m\overrightarrow{AD} + n\overrightarrow{AC}$ などとしてもいいよ。

解答　$\overrightarrow{AB}=(-2,\ 8,\ -5)$, $\overrightarrow{AC}=(1,\ -1,\ 2)$,

$\overrightarrow{AD}=(4,\ t+6,\ 5)$ より

$\overrightarrow{AB}$, $\overrightarrow{AC}$ は $\vec{0}$ でなく平行でないから

$\overrightarrow{AD}=m\overrightarrow{AB}+n\overrightarrow{AC}$ となる実数 m, n が存在する。

$(4,\ t+6,\ 5)=m(-2,\ 8,\ -5)+n(1,\ -1,\ 2)$

$(4,\ t+6,\ 5)=(-2m,\ 8m,\ -5m)+(n,\ -n,\ 2n)$

$(4,\ t+6,\ 5)=(-2m+n,\ 8m-n,\ -5m+2n)$

$$\begin{cases} 4=-2m+n & \cdots\cdots① \\ t+6=8m-n & \cdots\cdots② \\ 5=-5m+2n & \cdots\cdots③ \end{cases}$$

①×2−③より

$$\begin{aligned} -4m+2n&=8 \\ -)\ -5m+2n&=5 \\ \hline m&=3 \end{aligned}$$

①に代入すると　$n=10$

②に代入すると　$t=8$　　**例題 7-29**

　「『$\overrightarrow{AB}$, $\overrightarrow{AC}$ は $\vec{0}$ でなく平行でない』って，どうしてわかるんですか？」

　まず，$\vec{0}$ でないのはわかるね。$\vec{0}$ は $(0,\ 0,\ 0)$ だ。そして，

$\overrightarrow{AB}=(-2,\ 8,\ -5)$, $\overrightarrow{AC}=(1,\ -1,\ 2)$ は一方が他方の何倍かになっていないよね。だから平行でないとわかるよ。

空間図形の位置ベクトル

これも 7-12 で出てきた平面図形のときの位置ベクトルと，ほとんどやりかたは変わらない。

例題 7-30

定期テスト 出題度 ❗❗❗　　共通テスト 出題度 ❗❗❗

　　四面体 OABC において，線分 OA の中点を P，線分 AB を 2：3 の比に内分する点を Q，線分 BC を 3：1 の比に内分する点を R，線分 OC を 2：1 の比に内分する点を S とするとき，

(1) $\overrightarrow{PQ}$, $\overrightarrow{PR}$, $\overrightarrow{PS}$ を $\overrightarrow{OA}$, $\overrightarrow{OB}$, $\overrightarrow{OC}$ を用いて表せ。

(2) 4点 P，Q，R，S が同じ平面上にあることを示せ。

平面の場合はベクトルを2つ用意したよね。立体すなわち　空間図形では ベクトルを3つ用意するよ。　頂点のうちの1つから他の頂点にのばせばいい。今回は "$\overrightarrow{OA}$, $\overrightarrow{OB}$, $\overrightarrow{OC}$ を用いて表せ" だから，$\overrightarrow{OA}=\vec{a}$, $\overrightarrow{OB}=\vec{b}$, $\overrightarrow{OC}=\vec{c}$ とおこう。O を基準の点として，位置ベクトルで表すということだ。

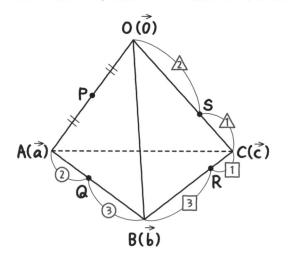

次は，内分比や外分比がわかっている内分点と外分点の位置ベクトルを求める。P, Q, R, Sすべて比が書いてあるね。解けるんじゃないかな？　じゃあ，ミサキさん，(1)をやってみて。

解答 (1) $\overrightarrow{OA} = \vec{a}$, $\overrightarrow{OB} = \vec{b}$, $\overrightarrow{OC} = \vec{c}$ とおく。

Pは線分OAの中点より

$$\overrightarrow{OP} = \frac{1}{2}\vec{a}$$

Qは線分ABを2：3の比に内分する点より

$$\overrightarrow{OQ} = \frac{3 \times \vec{a} + 2 \times \vec{b}}{2 + 3} = \frac{3}{5}\vec{a} + \frac{2}{5}\vec{b}$$

Rは線分BCを3：1の比に内分する点より

$$\overrightarrow{OR} = \frac{1 \times \vec{b} + 3 \times \vec{c}}{3 + 1} = \frac{1}{4}\vec{b} + \frac{3}{4}\vec{c}$$

Sは線分OCを2：1の比に内分する点より

$$\overrightarrow{OS} = \frac{2}{3}\vec{c}$$

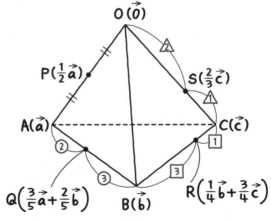

よって，$\overrightarrow{PQ} = \left(\frac{3}{5}\vec{a} + \frac{2}{5}\vec{b} \right) - \frac{1}{2}\vec{a} = \frac{1}{10}\vec{a} + \frac{2}{5}\vec{b}$

$\overrightarrow{PQ} = \overrightarrow{OQ} - \overrightarrow{OP}$

数C 7章

$$\vec{PR} = \left(\frac{1}{4}\vec{b} + \frac{3}{4}\vec{c} \right) - \frac{1}{2}\vec{a} \quad \leftarrow \vec{PR} = \vec{OR} - \vec{OP}$$

$$= -\frac{1}{2}\vec{a} + \frac{1}{4}\vec{b} + \frac{3}{4}\vec{c}$$

$$\vec{PS} = -\frac{1}{2}\vec{a} + \frac{2}{3}\vec{c} \quad \leftarrow \vec{PS} = \vec{OS} - \vec{OP}$$

よって

$$\underline{\underline{\vec{PQ} = \frac{1}{10}\vec{OA} + \frac{2}{5}\vec{OB}}}$$

$$\underline{\underline{\vec{PR} = -\frac{1}{2}\vec{OA} + \frac{1}{4}\vec{OB} + \frac{3}{4}\vec{OC}}}$$

$$\underline{\underline{\vec{PS} = -\frac{1}{2}\vec{OA} + \frac{2}{3}\vec{OC}}} \quad \Leftarrow \boxed{答え} \quad \boxed{\text{例題 7-30}} \ (1)$$

です。」

そうだね。大正解。次の(2)の『4点P, Q, R, Sが同じ平面上にある』は
 7-25 で登場したね。

「1つの点からベクトルをのばせばいいんですね。」

うん。でも，今回は(1)で $\vec{PQ}$, $\vec{PR}$, $\vec{PS}$ を求めているからね。これを使えば
いい。

解答 (2)　4点P, Q, R, Sが同一平面上にあるとき，$\vec{PQ} = m\vec{PR} + n\vec{PS}$ （m,
　　　n は実数）と表せる。

　　(1)より

$$\frac{1}{10}\vec{a} + \frac{2}{5}\vec{b} = m\left(-\frac{1}{2}\vec{a} + \frac{1}{4}\vec{b} + \frac{3}{4}\vec{c} \right) + n\left(-\frac{1}{2}\vec{a} + \frac{2}{3}\vec{c} \right)$$

$$\frac{1}{10}\vec{a} + \frac{2}{5}\vec{b} = \left(-\frac{1}{2}m - \frac{1}{2}n \right)\vec{a} + \frac{1}{4}m\vec{b} + \left(\frac{3}{4}m + \frac{2}{3}n \right)\vec{c}$$

$\vec{a}$, $\vec{b}$, $\vec{c}$は$\vec{0}$でなく，互いに平行でないので，係数を比較すると

$$\frac{1}{10}=-\frac{1}{2}m-\frac{1}{2}n$$

$$5m+5n=-1 \quad \cdots\cdots①$$

$$\frac{2}{5}=\frac{1}{4}m$$

$$m=\frac{8}{5} \quad \cdots\cdots②$$

$$0=\frac{3}{4}m+\frac{2}{3}n$$

$$9m+8n=0 \quad \cdots\cdots③$$

②を①に代入して

$$5\times\frac{8}{5}+5n=-1$$

$$n=-\frac{9}{5}$$

また，$m=\frac{8}{5}$，$n=-\frac{9}{5}$を③に代入しても成り立つ。

よって，$\overrightarrow{PQ}=\frac{8}{5}\overrightarrow{PR}-\frac{9}{5}\overrightarrow{PS}$より，

4点P，Q，R，Sは同じ平面上にある。　**例題 7-30** (2)

「えっ？　最後から3行目のところがよくわからないです。」

　m, nの値は①，②，③の式すべてで成り立ってはじめて"答え"といえるんだ。今回は，①と②の式だけで$m=\frac{8}{5}$，$n=-\frac{9}{5}$が出たけど，この時点ではまだ答えとはいえないよ。**使わなかった③の式にも代入して成り立つかどうか確認しなければならないよ。**

「もし，成り立たなかったらどうなるんですか？」

　m, nは解なしになるね。ということは$\overrightarrow{PQ}=m\overrightarrow{PR}+n\overrightarrow{PS}$と表せないわけだから，4点P，Q，R，Sは同じ平面上にないことになるよ。

7-27 空間図形での交点の位置ベクトル

3組の向かい合った面が平行な六面体を平行六面体というんだ。向かい合う面はそれぞれ合同な平行四辺形になる。今回は，この図形を使うよ。

例題 7-31

定期テスト 出題度 **!** **!**　　共通テスト 出題度 **!** **!** **!**

平行六面体 ABCD−EFGH は，AB＝3，AD＝1，AE＝2，∠BAD＝90°，∠BAE＝∠DAE＝60° を満たし，△CFG の重心を I とする。□ にあてはまる数を答えよ。

ただし，$\overrightarrow{AB}=\vec{b}$，$\overrightarrow{AD}=\vec{d}$，$\overrightarrow{AE}=\vec{e}$ とする。

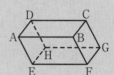

(1) $\overrightarrow{AI}=\vec{b}+\dfrac{\boxed{ア}}{\boxed{イ}}\vec{d}+\dfrac{\boxed{ウ}}{\boxed{エ}}\vec{e}$ である。

(2) 直線 AI と平面 BDE の交点を J とすると，

$\overrightarrow{AJ}=\dfrac{\boxed{オ}}{\boxed{カ}}\vec{b}+\dfrac{\boxed{キ}}{\boxed{ク}}\vec{d}+\dfrac{\boxed{ケ}}{\boxed{コ}}\vec{e}$ である。

(3) (2)のとき，線分 AJ の長さは，$AJ=\dfrac{\sqrt{\boxed{サシス}}}{\boxed{セ}}$ である。

じゃあ，(1)を求めてみよう。

空間ベクトルだから，3つのベクトルを用意するんだけど，今回は $\overrightarrow{AB}=\vec{b}$，$\overrightarrow{AD}=\vec{d}$，$\overrightarrow{AE}=\vec{e}$ とおいてあるね。だから，点 A を基準として考えるんだ。

さらに，C は A から，$\vec{b}+\vec{d}$ のところなので，位置ベクトルは $\vec{b}+\vec{d}$ になるね。他の点も同様に求めればいいよ。

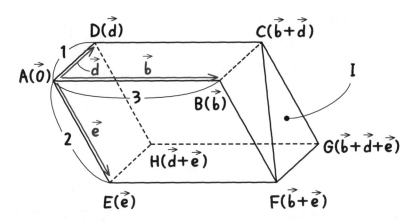

「FはAから$\vec{b}+\vec{e}$のところなので、位置ベクトルは$\vec{b}+\vec{e}$ですね。Hは$\vec{d}+\vec{e}$、Gは$\vec{b}+\vec{d}+\vec{e}$ですね。」

そうだね。じゃあ、ハルトくん、△CFGの重心Iの位置ベクトルは？

「重心ということは……。」

7-12 の **45** の後でやったよ。

「あ。思い出しました。

解答 (1) $\overrightarrow{AI}=\dfrac{(\vec{b}+\vec{d})+(\vec{b}+\vec{e})+(\vec{b}+\vec{d}+\vec{e})}{3}$ ← $\overrightarrow{AI}=\dfrac{\overrightarrow{AC}+\overrightarrow{AF}+\overrightarrow{AG}}{3}$

$=\vec{b}+\dfrac{2}{3}\vec{d}+\dfrac{2}{3}\vec{e}$

| ア …2, | イ …3, | ウ …2, | エ …3 |

答え 例題 **7-31** (1)」

そう。正解。さて、(2)だが、まず、Jの位置ベクトルを求めるんだけど、その前に、平面ABC上に点Pがあるとき、点Pがどのように表せるかを説明しよう。

数C 7章

　例えば，空間に2つの点A，Bが浮かんで
いて，その2つの点を通る直線があるとする。
点Pが2点A($\vec{a}$)，B($\vec{b}$) と同じ直線上にある
ならば

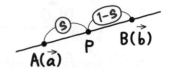

$$\overrightarrow{OP}=(1-s)\vec{a}+s\vec{b}$$

と表されるのは，もう大丈夫だよね。

　点が3つになっても同じように考えればい
い。空間に3つの点A，B，Cが浮かんでいる
とする。点Pが3点A($\vec{a}$)，B($\vec{b}$)，C($\vec{c}$) と同
じ平面上にあるなら，

$$\overrightarrow{OP}=s\vec{a}+t\vec{b}+(1-s-t)\vec{c}$$

と表せるんだ。このときも

$$s+t+(1-s-t)=1$$

だよ。これが1にならなければ，点Pは平面ABC上にないよ。

点が平面上にある条件

A($\vec{a}$)，B($\vec{b}$)，C($\vec{c}$) で，点Pが平面ABC上にあるならば
$$\overrightarrow{OP}=s\vec{a}+t\vec{b}+(1-s-t)\vec{c}\quad (s，tは実数)$$

この鉄則を覚えておこう。

　じゃあ，問題に戻るよ。Jの位置ベクトルだ。まず，Jは直線AI上にあるので

$$\overrightarrow{AJ}=(1-s)\vec{0}+s\left(\vec{b}+\frac{2}{3}\vec{d}+\frac{2}{3}\vec{e}\right)$$

$$=s\vec{b}+\frac{2}{3}s\vec{d}+\frac{2}{3}s\vec{e}\quad \cdots\cdots①$$

となるよね。さらに，Jは平面BDE上にあるので……あっ，でもsはもう使っ
ちゃったから，tとuを使って

$$\overrightarrow{AJ}=t\vec{b}+u\vec{d}+(1-t-u)\vec{e} \quad \cdots\cdots②$$

とおける。

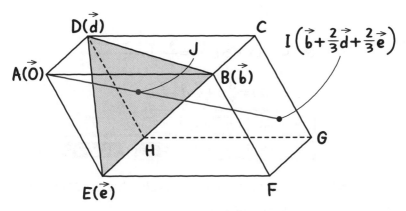

「それで、①と②の係数を比較して、連立方程式を解けばいいんですね。」

そうなんだ。じゃあ、ミサキさん、やってみて。

「 解答 （2）　点Jは直線AI上にあるので

$$\overrightarrow{AJ}=(1-s)\vec{0}+s\left(\vec{b}+\frac{2}{3}\vec{d}+\frac{2}{3}\vec{e}\right)$$

$$=s\vec{b}+\frac{2}{3}s\vec{d}+\frac{2}{3}s\vec{e} \quad \cdots\cdots①$$

さらに、点Jは平面BDE上にあるので

$$\overrightarrow{AJ}=t\vec{b}+u\vec{d}+(1-t-u)\vec{e} \quad \cdots\cdots②$$

①、②で、$\vec{b}$, $\vec{d}$, $\vec{e}$は$\vec{0}$でなく、互いに平行でないので

$$s=t \quad \cdots\cdots③$$

$$\frac{2}{3}s=u \quad \cdots\cdots④$$

$$\frac{2}{3}s=1-t-u \quad \cdots\cdots⑤$$

③、④を⑤に代入すると

$$\frac{2}{3}s=1-s-\frac{2}{3}s$$

数
C
7
章

$$\frac{7}{3}s = 1$$

$$s = \frac{3}{7}$$

③, ④に代入すると, $t = \frac{3}{7}$, $u = \frac{2}{7}$

①より, $\overrightarrow{AJ} = \frac{3}{7}\vec{b} + \frac{2}{7}\vec{d} + \frac{2}{7}\vec{e}$

オ …3,	カ …7,	キ …2,	ク …7,

ケ …2,	コ …7	⇐ 答え	例題 7-31 (2)」

　そう。正解だ。さて, p.587でも似たような話をしたけど, この②で点Jが, 3点D, E, Bと同じ平面上にあるとき,

『$\overrightarrow{EJ} = t\overrightarrow{EB} + u\overrightarrow{ED}$ (t, uは実数) とする。』というヒントをくれるときもある。やはり, そのまま計算すればいい。

$$\overrightarrow{EJ} = t\overrightarrow{EB} + u\overrightarrow{ED}$$
$$\overrightarrow{AJ} - \overrightarrow{AE} = t(\overrightarrow{AB} - \overrightarrow{AE}) + u(\overrightarrow{AD} - \overrightarrow{AE})$$
$$\overrightarrow{AJ} - \vec{e} = t(\vec{b} - \vec{e}) + u(\vec{d} - \vec{e})$$
$$\overrightarrow{AJ} = t\vec{b} - t\vec{e} + u\vec{d} - u\vec{e} + \vec{e}$$
$$= t\vec{b} + u\vec{d} + (1 - t - u)\vec{e} \quad \cdots\cdots②$$

となって同じ結果になるよね。

　ちなみに4点が同一平面上にあるための条件を**共面条件**というよ。 7-13 の コツ23 と同様, 以下の方法を使えば, ②を作らずにラクに解くことができる。

コツ 28 共面条件を使って求める

❶ Pの位置ベクトルが，$l\vec{a}+m\vec{b}+n\vec{c}$ （l，m，nは定数）と表されていて，かつ

❷ Pが3点A($\vec{a}$)，B($\vec{b}$)，C($\vec{c}$)と同じ平面上にあるなら，

$l+m+n=1$

解答 (2) 点Jは直線AI上にあるので，

$$\overrightarrow{AJ}=(1-s)\vec{0}+s\left(\vec{b}+\frac{2}{3}\vec{d}+\frac{2}{3}\vec{e}\right)$$

$$=s\vec{b}+\frac{2}{3}s\vec{d}+\frac{2}{3}s\vec{e} \quad \cdots\cdots①$$

さらに，点Jは平面BDE上にあるので，

$$s+\frac{2}{3}s+\frac{2}{3}s=1$$

$$\frac{7}{3}s=1$$

$$s=\frac{3}{7}$$

①より，$\overrightarrow{AJ}=\dfrac{3}{7}\vec{b}+\dfrac{2}{7}\vec{d}+\dfrac{2}{7}\vec{e}$　◁ **答え** **例題 7-31** (2)

　じゃあ，最後の(3)だけど，AJの長さということはベクトルを使っていえば，$|\overrightarrow{AJ}|$ ということだ。

$$|\overrightarrow{AJ}|=\left|\frac{3}{7}\vec{b}+\frac{2}{7}\vec{d}+\frac{2}{7}\vec{e}\right|$$

「これは，どうやって計算すればいいんですか？」

7-11 で出てきたね。**成分がわかっていなくて $|m\vec{a}+n\vec{b}|$（m，n は実数）が登場したら2乗して展開する**んだった。

「ベクトルが3つでもそうなんですか？」

うん。そうだよ。さて，これはそのまま2乗しても求まるのだが，分数だらけになりそうだから，$\frac{1}{7}$ でくくってから2乗しよう。

$$|\overrightarrow{AJ}| = \frac{1}{7}|3\vec{b}+2\vec{d}+2\vec{e}|$$

$$|\overrightarrow{AJ}|^2 = \frac{1}{49}|3\vec{b}+2\vec{d}+2\vec{e}|^2$$

$$= \frac{1}{49}(3\vec{b}+2\vec{d}+2\vec{e})\cdot(3\vec{b}+2\vec{d}+2\vec{e})$$

$$= \frac{1}{49}(9|\vec{b}|^2+4|\vec{d}|^2+4|\vec{e}|^2+12\vec{b}\cdot\vec{d}+8\vec{d}\cdot\vec{e}+12\vec{b}\cdot\vec{e})$$

ここで $|\vec{b}|$ は $\vec{b}$ の大きさ（長さ）のことだけど，問題文にABの長さが3と書いてあるよね。$|\vec{b}|=3$ だ。同様に，$|\vec{d}|=1$，$|\vec{e}|=2$ になる。

「じゃあ，$\vec{b}\cdot\vec{d}$ や $\vec{d}\cdot\vec{e}$ や $\vec{b}\cdot\vec{e}$ はどうなるんですか？」

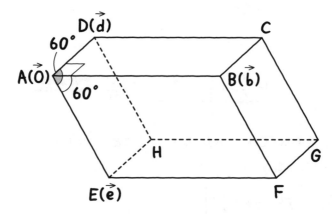

$\vec{b}$ と $\vec{d}$ は垂直とか，$\vec{d}$ と $\vec{e}$ はなす角60°とかいろいろわかっているからね。それを使って求めればいい。

解答 (3) (2)より, $|\overrightarrow{AJ}| = \left| \dfrac{3}{7}\vec{b} + \dfrac{2}{7}\vec{d} + \dfrac{2}{7}\vec{e} \right|$

$$= \dfrac{1}{7}|3\vec{b} + 2\vec{d} + 2\vec{e}|$$

$|\overrightarrow{AJ}|^2 = \dfrac{1}{49}|3\vec{b} + 2\vec{d} + 2\vec{e}|^2$

$$= \dfrac{1}{49}(3\vec{b} + 2\vec{d} + 2\vec{e}) \cdot (3\vec{b} + 2\vec{d} + 2\vec{e})$$

$$= \dfrac{1}{49}(9|\vec{b}|^2 + 4|\vec{d}|^2 + 4|\vec{e}|^2 + 12\vec{b}\cdot\vec{d} + 8\vec{d}\cdot\vec{e} + 12\vec{b}\cdot\vec{e})$$

ここで, $\vec{b}\cdot\vec{d} = 0$

$\vec{d}\cdot\vec{e} = |\vec{d}||\vec{e}|\cos 60° = 1 \times 2 \times \dfrac{1}{2} = 1$

$\vec{b}\cdot\vec{e} = |\vec{b}||\vec{e}|\cos 60° = 3 \times 2 \times \dfrac{1}{2} = 3$

より

$|\overrightarrow{AJ}|^2 = \dfrac{1}{49}(9 \times 3^2 + 4 \times 1^2 + 4 \times 2^2 + 12 \times 0 + 8 \times 1 + 12 \times 3)$

$$= \dfrac{145}{49}$$

$|\overrightarrow{AJ}| = \dfrac{\sqrt{145}}{7}$

よって, $\underline{\underline{AJ = \dfrac{\sqrt{145}}{7}}}$

サシス …**145**, セ …**7** ⇦答え  例題**7-31** (3)

ベクトルが平面と垂直

空間図形の代表的な問題を解いてみよう。今までの知識が頭に入っていたら解けるよ。

例題 7-32

定期テスト 出題度 ❗❗　　　共通テスト 出題度 ❗❗❗

空間における4点の座標を A$(-3, 5, -4)$, B$(1, 2, -5)$, C$(-1, 4, -3)$, D$(5, 2, 17)$ とするとき，次の問いに答えよ。

(1) $\cos\angle BAC$ の値を求めよ。

(2) △ABC の面積を求めよ。

(3) 点Dから3点A, B, C を含む平面に下ろした垂線の足をPとするとき，Pの座標を求めよ。

(4) 四面体 ABCD の体積を求めよ。

7-10 でやったように，∠BACということは，$\overrightarrow{AB}$と$\overrightarrow{AC}$のなす角のことだね。じゃあ，ハルトくん，(1)と(2)を解いて。

「解答」 (1) $\overrightarrow{AB} = (4, -3, -1)$ ←$\overrightarrow{AB}$=(Bの座標)−(Aの座標)

$\overrightarrow{AC} = (2, -1, 1)$ ←$\overrightarrow{AC}$=(Cの座標)−(Aの座標)

$\overrightarrow{AB} \cdot \overrightarrow{AC} = 4 \times 2 + (-3) \times (-1) + (-1) \times 1$

$= 10$

$|\overrightarrow{AB}| = \sqrt{4^2 + (-3)^2 + (-1)^2} = \sqrt{26}$

$|\overrightarrow{AC}| = \sqrt{2^2 + (-1)^2 + 1^2} = \sqrt{6}$

$$\cos \angle \mathrm{BAC} = \frac{\overrightarrow{\mathrm{AB}} \cdot \overrightarrow{\mathrm{AC}}}{|\overrightarrow{\mathrm{AB}}||\overrightarrow{\mathrm{AC}}|}$$

$$= \frac{10}{\sqrt{26} \times \sqrt{6}} = \frac{10}{2\sqrt{39}}$$

$$= \frac{5}{\sqrt{39}} = \underline{\frac{5\sqrt{39}}{39}} \quad \Leftarrow \boxed{答え} \quad 例題 \; 7\text{-}32 \; (1)$$

(2)　$\triangle \mathrm{ABC}$の面積$S = \dfrac{1}{2}\sqrt{|\overrightarrow{\mathrm{AB}}|^2|\overrightarrow{\mathrm{AC}}|^2 - (\overrightarrow{\mathrm{AB}} \cdot \overrightarrow{\mathrm{AC}})^2}$

$$= \frac{1}{2}\sqrt{(\sqrt{26})^2 \times (\sqrt{6})^2 - 10^2}$$

$$= \frac{1}{2}\sqrt{56}$$

$$= \underline{\sqrt{14}} \quad \Leftarrow \boxed{答え} \quad 例題 \; 7\text{-}32 \; (2)$$

です。」

いいね。 7-10 の コツ20 でやった面積の公式を使ったんだね。

 「 コツ21 の公式は使えないのですか？」

残念ながら使えない。空間図形はx, y, zの3つの成分があるからね。さあ，次の(3)がメインの問題だ。座標は気にしなくていいよ。テキトーに点をとって図にしよう。

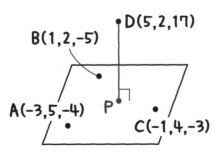

じゃあ，解いてみようか。まず， 7-27 で

> A$(\vec{a})$, B$(\vec{b})$, C$(\vec{c})$ で, Pが平面ABC上にあるならば,
> Pの位置ベクトルは, $\overrightarrow{OP}=s\vec{a}+t\vec{b}+(1-s-t)\vec{c}$ (s, tは実数)
> とおける。

という公式があったね。ベクトルの成分の計算は空間のときも同じだよ。

$$\overrightarrow{OP}=s(-3,\ 5,\ -4)+t(1,\ 2,\ -5)+(1-s-t)(-1,\ 4,\ -3)$$
$$=(-3s,\ 5s,\ -4s)+(t,\ 2t,\ -5t)$$
$$+(-1+s+t,\ 4-4s-4t,\ -3+3s+3t)$$
$$=(-2s+2t-1,\ s-2t+4,\ -s-2t-3)$$

　よって, P$(-2s+2t-1,\ s-2t+4,\ -s-2t-3)$

となるね。さらに,『数学Ⅰ・A編』のお役立ち話 **14** で登場したのを使えば
いい。

　今回, ベクトル$\overrightarrow{DP}$が平面と垂直というこ
とを示すには, 平面上にある, 平行でなく$\vec{0}$
でない2つのベクトルと垂直ということを示
す必要がある。$\overrightarrow{AB}$と$\overrightarrow{AC}$の両方に垂直という
ことを計算すればいい。

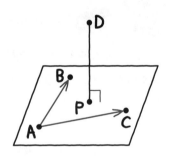

「例えば, $\overrightarrow{CA}$と$\overrightarrow{BC}$に垂直とかでもいいんですか?」

　うん。それでもできる。でも, (1)で$\overrightarrow{AB}$と$\overrightarrow{AC}$を求めているからね。せっか
くなのでこれを使いたいし。

「あっ, はい。そうか……。」

　さて, $\overrightarrow{DP}$が$\overrightarrow{AB}$, $\overrightarrow{AC}$の両方に垂直ということは……何をすればいいのかわ
かるんじゃないかな?

「内積が0ですよね。」

そうだね。

解答 (3) 点Pは平面ABC上にあるので

$$\overrightarrow{OP}=s(-3,\ 5,\ -4)+t(1,\ 2,\ -5)+(1-s-t)(-1,\ 4,\ -3)$$

$$=(-3s,\ 5s,\ -4s)+(t,\ 2t,\ -5t)$$

$$+(-1+s+t,\ 4-4s-4t,\ -3+3s+3t)$$

$$=(-2s+2t-1,\ s-2t+4,\ -s-2t-3)$$

よって，P$(-2s+2t-1,\ s-2t+4,\ -s-2t-3)$ ……①

とおけて

$$\overrightarrow{DP}=(-2s+2t-1-5,\ s-2t+4-2,\ -s-2t-3-17)$$

$\llcorner_{\overrightarrow{DP}=\overrightarrow{OP}-\overrightarrow{OD}}$

$$=(-2s+2t-6,\ s-2t+2,\ -s-2t-20)$$

で，$\overrightarrow{AB}=(4,\ -3,\ -1)$ だから

$$\overrightarrow{DP}\cdot\overrightarrow{AB}=4(-2s+2t-6)-3(s-2t+2)-(-s-2t-20)$$

$$=-8s+8t-24-3s+6t-6+s+2t+20$$

$$=-10s+16t-10$$

$\overrightarrow{DP}\perp\overrightarrow{AB}$ より，$\overrightarrow{DP}\cdot\overrightarrow{AB}=0$ だから

$$-10s+16t-10=0$$

$$-10s+16t=10$$

$$-5s+8t=5 \quad ……②$$

$\overrightarrow{AC}=(2,\ -1,\ 1)$ だから

$$\overrightarrow{DP}\cdot\overrightarrow{AC}=2(-2s+2t-6)-(s-2t+2)+(-s-2t-20)$$

$$=-4s+4t-12-s+2t-2-s-2t-20$$

$$=-6s+4t-34$$

$\overrightarrow{DP}\perp\overrightarrow{AC}$ より，$\overrightarrow{DP}\cdot\overrightarrow{AC}=0$ だから

$$-6s+4t-34=0$$

$$-6s+4t=34$$

$$-3s+2t=17 \quad \cdots\cdots ③$$

②−③×4より　　$-5s+8t=5$

$$-)-12s+8t=68$$

$$7s \quad =-63$$

$$s=-9$$

②に代入すると

$$t=-5$$

①より　**P(7, 5, 16)**　⇐答え　例題 **7-32** (3)

さて，(4)だが，体積の求めかたは，中学校でやったね。

「四面体ということは，三角すいだから，

底面積×高さ×$\dfrac{1}{3}$ですね。」

うん。△ABC を底面と考えれば，底面積は(2)で求めたし，"高さ"はDPの長さ。つまり，$|\overrightarrow{DP}|$だね。

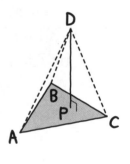

解答　(4)　$\overrightarrow{DP}=(2, 3, -1)$ で，←$\overrightarrow{DP}=(7-5, 5-2, 16-17)$

$|\overrightarrow{DP}|=\sqrt{2^2+3^2+(-1)^2}=\sqrt{14}$ より，

四面体ABCDの体積 $V=\sqrt{14}\times\sqrt{14}\times\dfrac{1}{3}$　←(2)より，△ABC$=\sqrt{14}$

$$=\dfrac{14}{3}$$　⇐答え　例題 **7-32** (4)

になるよ。

7-29 空間内の直線

空中に針金や糸が張られている状態をイメージしよう。

例題 7-33 （定期テスト 出題度 ●●）（共通テスト 出題度 ●●）

　点 A$(-6,\ 2,\ 9)$ を通り，方向ベクトルが $\vec{u}=(3,\ 1,\ -4)$ の直線の方程式を媒介変数を使わない形で答えよ。

7-17 で登場した，

❺ 『**点 A$(\vec{a})$ を通り，方向ベクトルが $\vec{u}$ の直線**』$\vec{p}=\vec{a}+t\vec{u}$　（t は変数）

というベクトル方程式から求められるんだ。次のようにまとめられるよ。

Point 55　空間における直線の方程式

点 $(x_1,\ y_1,\ z_1)$ を通り，
$\vec{u}=(a,\ b,\ c)$ に平行な直線の方程式は

$$(x,\ y,\ z)=(x_1+at,\ y_1+bt,\ z_1+ct)$$

または

$$\begin{cases} x=x_1+at \\ y=y_1+bt \\ z=z_1+ct \end{cases}\quad（媒介変数表示）$$

または

$$\frac{x-x_1}{a}=\frac{y-y_1}{b}=\frac{z-z_1}{c}$$

$$（ただし，a \neq 0,\ b \neq 0,\ c \neq 0）$$

数C 7章

では，問題を解いていこう。

直線は

$$(x, y, z) = (-6, 2, 9) + t(3, 1, -4)$$
$$= (-6, 2, 9) + (3t, t, -4t)$$

だから，

$$(x, y, z) = (-6+3t, 2+t, 9-4t)$$

と表され，媒介変数表示は次のようになる。

$$\begin{cases} x = -6+3t \\ y = 2+t \qquad (t は変数) \\ z = 9-4t \end{cases}$$

これらの式から t を消去すると，直線の方程式ができるね。

解答 $\underline{\dfrac{x+6}{3} = y-2 = -\dfrac{z-9}{4}}$ ◁ 答え 例題 **7-33**

7-18 の ㊼ のように変形する方法で解いたけど，実際はいきなり1番下の形で答えればいいよ。ちなみに空間図形では，「媒介変数を使って」「媒介変数を使わないで」という指示がなければどの形で答えても正解になるよ。

例題 **7-34**

定期テスト 出題度 ❗❗   共通テスト 出題度 ❗❗

2点 A$(-1, 4, -2)$, B$(7, 4, -5)$ を通る直線の方程式を媒介変数を使わない形で答えよ。

「❹ 『2点A$(\vec{a})$, B$(\vec{b})$ を通る直線』のベクトル方程式は，

$\vec{p} = (1-t)\vec{a} + t\vec{b}$ (tは変数)

を使ったら，求められますね。」

うん。でも，せっかくなので，ここは公式で求めよう。方向ベクトルが書いていないように見えるけど，$\overrightarrow{AB}$ **が方向ベクトルになる**よ。

「あっ，そうか。たしかに，直線ABに平行だ。

方向ベクトルが，$\overrightarrow{AB}=(8,\ 0,\ -3)$ で，

点A$(-1,\ 4,\ -2)$ を通るので

$$\begin{cases} x=-1+8t \\ y=4 \qquad\qquad (t\text{は変数}) \\ z=-2-3t \end{cases}$$

あれっ？　でも，分数の形だと

$$\frac{x+1}{8}=\frac{y-4}{0}=-\frac{z+2}{3}$$

になって，分母が0は変だな……どう答えるんだろう？」

今回のように**方向ベクトルのy成分が0**なら，**yだけ独立**させて，

 $\dfrac{x+1}{8}=-\dfrac{z+2}{3},\ y=4$

というふうに答えるよ。 7-18 の最後でも触れたけど，tによってx，zは変わるけどyは4のままだからね。また，方向ベクトルが$\overrightarrow{AB}=(8,\ 0,\ -3)$ だからy成分が増えないと考えてもよい。

「方向ベクトルの成分の1つが0なら，答えかたが違うんですね。あっ，

それから，今，気がついたんですが，通る点をBと考えると

解答　方向ベクトルが，$\overrightarrow{AB}=(8,\ 0,\ -3)$ で，

点B$(7,\ 4,\ -5)$ を通るので

$$\begin{cases} x=7+8t \\ y=4 \qquad\qquad (t\text{は変数}) \\ z=-5-3t \end{cases}$$

$\dfrac{x-7}{8}=-\dfrac{z+5}{3},\ y=4$

という答えも出てきますが，いいんですか？」

うん。いいよ。$\dfrac{x-7}{8}=-\dfrac{z+5}{3}$ の両辺に1を足せば $\dfrac{x+1}{8}=-\dfrac{z+2}{3}$ だからね。同じ式だよ。

例題 7-35

定期テスト 出題度 !! | 共通テスト 出題度 !!

点 A(7, 4, −2) を通り，x 軸に平行な直線の方程式を求めよ。

「これも，方向ベクトルが書いていないな……。」

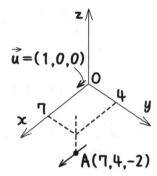

図で考えてみるといい。例えば，$\vec{u}=(1, 0, 0)$ のベクトルは x 軸に平行だよね。これが方向ベクトルといえるね。

7-20 でもいった通り，(2, 0, 0) でも，(3, 0, 0) でも，(−1, 0, 0) でもいいのだが，普通は，いちばん簡単なものを使うよね。さて，今回のように方向ベクトルの成分の2つが0の場合は，さらに答えかたが違う。

方向ベクトルの y 成分0，z 成分0なら，y，z は変化しないということで

解答　$y=4, \ z=-2$　⇦答え　例題 7-35

とだけ答えるんだ。覚えておこうね。

例題 7-36　　定期テスト 出題度 ❗❗　　共通テスト 出題度 ❗❗

2直線 $\ell_1 : \dfrac{x-5}{2} = \dfrac{-y-8}{2} = -z,$　$\ell_2 : x = 6,$　$\dfrac{y+5}{4} = \dfrac{-z+9}{3}$ について，次の問いに答えよ。

(1)　2直線がねじれの位置にあることを示せ。

(2)　2直線のなす角を $\theta\left(\text{ただし，} 0 \leqq \theta \leqq \dfrac{\pi}{2}\right)$ とするとき，$\cos\theta$ の値を求めよ。

(3)　2直線の距離を求めよ。

(1)は，中学校で習ったし，『数学Ⅰ・A編』の **0-23** でも登場したね。**空間内の2直線の位置関係は「平行」，「交わる」，「ねじれの位置にある」のどれかだ。**だから，他の2つでないことを示せばいい。

"平行でない"は，まず ℓ_1，ℓ_2 の方向ベクトルをそれぞれ $\vec{\ell_1}$，$\vec{\ell_2}$ とし，これが平行でないことをいおう。

　「一方が他方の定数倍になっていないということですね。」

うん。**例題 7-6** でやった考え方を使うんだ。

　「"交わらない"は，どうやって示せばいいのですか？」

まず，**2直線 ℓ_1，ℓ_2 上にそれぞれ動く点P，Qをとろう。**

　「どうやってとるのですか？」

直線の式そのものと，直線上の動点は同じ形なんだ。 ℓ_1，ℓ_2 の x，y，z の係数を全部1にすると，

$\ell_1 : \dfrac{x-5}{2} = \dfrac{y+8}{-2} = \dfrac{z}{-1}$ だから

点 $(5,\ -8,\ 0)$ を通り方向ベクトル $\vec{\ell_1} = (2,\ -2,\ -1)$，

$\ell_2 : x = 6, \dfrac{y+5}{4} = \dfrac{z-9}{-3}$ だから

点 $(6, -5, 9)$ を通り方向ベクトル $\overrightarrow{\ell_2} = (0, 4, -3)$ より，それぞれ

P$(2s+5, -2s-8, -s)$，Q$(6, 4t-5, -3t+9)$ ととれる。

　ちなみに，直線の式を $\dfrac{x-5}{2} = \dfrac{-y-8}{2} = -z = \boldsymbol{s}$，$\dfrac{y+5}{4} = \dfrac{-z+9}{3} = \boldsymbol{t}$ とお

いて，$x=\sim$，$y=\sim$，$z=\sim$ に変形する人もいる。それでもいいよ。

　さて，交点というのは，両方の直線上にある点ということだよね。だから，P，Qが同じ点になるとして計算してみるといい。 **7-26** の最後で説明したとおりにやれば，**解がない。同じ点にならない。だから，交わることはない**とわかるよ。

「2直線は交わっていないなら，(2)のなす角はないということになり，変じゃないですか？」

　いや。変じゃないよ。**ねじれの位置にあるときは，一方を平行移動させて，2直線が交わるようにするんだ。そのときのなす角を"なす角"というんだよ。**

「えっ？？　知らなかった……。」

　これは **7-20** で習った方法で解ける。

　そして，(3)だが，"距離"というのは"最短距離"のことだよ。**2直線 ℓ_1，ℓ_2 上にそれぞれ点P，Qを取ったとき，PQの長さが最も短くなる場合を考えればいい。**

「P，Qは，(1)で既にとっていますね。じゃあ，2点間の距離を求めると……。」

　あっ，そのやりかただと，とても大変な計算になるから，やめたほうがいい。

例えば，"点と直線の距離"は，点から直線に下ろした垂線の長さだよね。

"2直線の距離"は，2直線両方に直交する線分を考え，その長さを求めればいいよ。

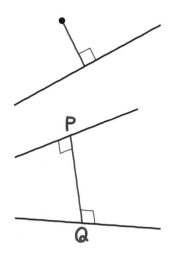

解答　(1)　2直線 ℓ_1，ℓ_2 の方向ベクトルをそれぞれ

$\overrightarrow{\ell_1}=(2,\ -2,\ -1)$，

$\overrightarrow{\ell_2}=(0,\ 4,\ -3)$ とすると，

$\overrightarrow{\ell_1}\neq k\overrightarrow{\ell_2}$（$k$ は定数）より，平行でない。

また，2直線 ℓ_1，ℓ_2 上にそれぞれ

$P(2s+5,\ -2s-8,\ -s)$，$Q(6,\ 4t-5,\ -3t+9)$ をとると，同じ点になるなら，

$2s+5=6$　より，

$s=\dfrac{1}{2}$　　　……①

$-2s-8=4t-5$　より，

$-2s-4t=3$　……②

$-s=-3t+9$　より，

$-s+3t=9$　……③

①を②に代入すると，

$-1-4t=3$

$-4t=4$

$t=-1$

$s=\dfrac{1}{2}$，$t=-1$ を③に代入すると成り立たないので，解なし。

P，Q が同じ点になることはないので，交わらない。

したがって，2直線 ℓ_1，ℓ_2 はねじれの位置にある。　**例題 7-36** (1)

(2)　$\overrightarrow{\ell_1}=(2,\ -2,\ -1)$，$\overrightarrow{\ell_2}=(0,\ 4,\ -3)$

$\overrightarrow{\ell_1}\cdot\overrightarrow{\ell_2}=2\times0+(-2)\times4+(-1)\times(-3)$

$\qquad=-5$

$|\overrightarrow{\ell_1}|=\sqrt{2^2+(-2)^2+(-1)^2}$

$\qquad=3$

$|\overrightarrow{\ell_2}|=\sqrt{0^2+4^2+(-3)^2}$

$\qquad=5$

$\overrightarrow{\ell_1}$，$\overrightarrow{\ell_2}$ のなす角を α $(0\leqq\alpha\leqq\pi)$ とすると

$\cos\alpha=\dfrac{\overrightarrow{\ell_1}\cdot\overrightarrow{\ell_2}}{|\overrightarrow{\ell_1}||\overrightarrow{\ell_2}|}=\dfrac{-5}{3\times5}=-\dfrac{1}{3}$

α は鈍角より，$\theta=\pi-\alpha$ だから

$\cos\theta=\cos(\pi-\alpha)$

$\qquad=-\cos\alpha$

$\qquad=\underline{\underline{\dfrac{1}{3}}}$　⟵ **答え** **例題 7-36** (2)

(3)　(1)と同様に，P$(2s+5,\ -2s-8,\ -s)$，

Q$(6,\ 4t-5,\ -3t+9)$ とすると

$\overrightarrow{PQ}=(-2s+1,\ 2s+4t+3,\ s-3t+9)$ で，

$\overrightarrow{PQ}\perp\overrightarrow{\ell_1}$，かつ $\overrightarrow{PQ}\perp\overrightarrow{\ell_2}$ になるときを考えればよい。

$\overrightarrow{PQ}\cdot\overrightarrow{\ell_1}$

$=(-2s+1)\times2+(2s+4t+3)\times(-2)+(s-3t+9)\times(-1)$

$=-4s+2-4s-8t-6-s+3t-9$

$=-9s-5t-13=0$ より，

$-9s-5t=13$ ……④

$\overrightarrow{PQ}\cdot\overrightarrow{\ell_2}$

$=(-2s+1)\times0+(2s+4t+3)\times4+(s-3t+9)\times(-3)$

$=8s+16t+12-3s+9t-27$

$= 5s+25t-15 = 0$ より，

$s+5t = 3$ ……⑤

④+⑤より

$-8s = 16$

$s = -2$

⑤に代入すると，

$-2+5t = 3$

$t = 1$

$\overrightarrow{PQ} = (5,\ 3,\ 4)$

よって，求める2直線の距離は，

$$|\overrightarrow{PQ}| = \sqrt{5^2+3^2+4^2}$$

$$= \underline{5\sqrt{2}}$$ ← **例題 7-36** (3)

数C 7章

平面の方程式

子どものころに絵本で魔法のじゅうたんの話を読んだことがあるかな。平面は，空中に浮いているじゅうたんをイメージするといいよ。

例題 7-37

定期テスト 出題度 **❗❗** 　共通テスト 出題度 **❗❗**

点 A$(6, -7, 4)$ を通り，法線ベクトルが $\vec{n} = (2, 5, -1)$ の平面について，次の問いに答えよ。

(1)　平面の方程式を求めよ。

(2)　点 B$(-10, 4, -3)$ から平面に下ろした垂線の足 H の座標を求めよ。

(3)　点 B と平面の距離を求めよ。

7-18 で，通る点と法線ベクトルから直線を求めるという公式があった。それと似たもので次のような公式があるよ。

Point 56 平面の方程式

点 (x_1, y_1, z_1) を通り，$\vec{n} = (a, b, c)$ に垂直な平面の方程式は

$$a(x - x_1) + b(y - y_1) + c(z - z_1) = 0$$

「これも，成分が2つから3つになっただけで，変わらないな。」

成立する理由を説明しておくと，平面上の任意の点をP($\vec{p}$) とすると

$$\overrightarrow{AP}=\vec{p}-\vec{a}$$

$\overrightarrow{AP}\perp\vec{n}$より，$\vec{n}\cdot(\vec{p}-\vec{a})=0$であるから，$\vec{p}=(x,\ y,\ z)$ とすると，
$\vec{p}-\vec{a}=(x-x_1,\ y-y_1,\ z-z_1)$ より

$$a(x-x_1)+b(y-y_1)+c(z-z_1)=0$$

だからだ。でも，覚えて使えばいいよ。ミサキさん，やってみよう。

「**解答** (1) $2(x-6)+5(y+7)-(z-4)=0$

$\qquad 2x-12+5y+35-z+4=0$

$\qquad\underline{\underline{2x+5y-z+27=0}}$ ← **答え** **例題 7-37** (1)

ですね。」

(2)は **例題 7-32** の(3)で，似た問題をやっているよ。

「そのときのように平面上に点をとったりするんですか？」

いや，平面の式がわかっているときはもっと簡単なんだ。Hは平面と垂線BHの交点だよね。

「あっ？　連立？」

そうだね。まず，平面の方程式は(1)で求めた。

一方，垂線BHの式も求められるよ。平面と垂線は垂直だから，"平面の法線ベクトル"ということは，"垂線の方向ベクトル"っていえるよね。

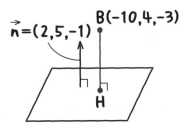

「通る点と方向ベクトルがわかっているということは，直線の式も求められますね。 7-29 の $\overset{Point}{55}$ でやりました！」

そうなんだ。

解答 (2)　平面の方程式は(1)より

$$2x+5y-z+27=0 \quad \cdots\cdots①$$

直線BHは，B$(-10,\ 4,\ -3)$を通り，方向ベクトルが$\vec{n}=(2,\ 5,\ -1)$より

$$\begin{cases} x=-10+2t & \cdots\cdots② \quad \leftarrow 点B(-10,\ 4,\ -3) \\ y=4+5t & \cdots\cdots③ \quad \leftarrow\ 7\text{-}29\ \overset{Point}{55}より \\ z=-3-t & \cdots\cdots④ \quad (t\text{は変数}) \end{cases}$$

②，③，④を①に代入すると

$$2(-10+2t)+5(4+5t)-(-3-t)+27=0$$
$$-20+4t+20+25t+3+t+27=0$$
$$30t=-30$$
$$t=-1$$

②，③，④に代入すると

$$x=-12,\ y=-1,\ z=-2$$

$$\underline{\text{H}(-12,\ -1,\ -2)} \quad \lhd 答え \quad \text{例題 7-37}\ (2)$$

ハルトくん，(3)を解いて。

「解答 (3)　$\text{BH}=\sqrt{(-10+12)^2+(4+1)^2+(-3+2)^2}$
$$=\sqrt{4+25+1}$$
$$=\underline{\sqrt{30}} \quad \lhd 答え \quad \text{例題 7-37}\ (3)$$

です。」

そうだね。 7-22 で出てきた，"2点間の距離の公式" で解ける。また，次の公式を覚えておくと，もっと便利だ。

Point 57 点と平面の距離

点 $(x_1,\ y_1,\ z_1)$ と

平面 $ax+by+cz+d=0$ の距離は

$$\frac{|ax_1+by_1+cz_1+d|}{\sqrt{a^2+b^2+c^2}}$$

 「『数学Ⅱ・B編』の **3-9** の"点と直線の距離の公式"に似ています ね。」

　そうだね。座標が2つから3つになっただけだもんね。この公式を使えば，垂線の足の座標がわからなくても距離が求められるよ。

解答
$$\frac{|2\times(-10)+5\times4-1\times(-3)+27|}{\sqrt{2^2+5^2+(-1)^2}}=\frac{30}{\sqrt{30}}=\underline{\underline{\sqrt{30}}}$$

← 答え **例題 7-37** (3)

例題 7-38　定期テスト 出題度 ❶❶❶　共通テスト 出題度 ❶❶❶

　2つの平面 $n_1: -x+y+2z-5=0,\ n_2: 2x+y-z+3=0$ のなす角を求めよ。

数C 7章

Point 58 平面の法線ベクトル

平面 $ax+by+cz+d=0$ の法線ベクトルの一つは
$$\vec{n}=(a,\ b,\ c)$$

2平面 n_1, n_2 の法線ベクトルをそれぞれ $\vec{n_1}$, $\vec{n_2}$ としようか。成分は 🔆 を使って求められるね。ちなみに，2平面を横から見ると，631ページの下の2つの図のようになるんだ。図の ℓ_1 の所が n_1，ℓ_2 の所が n_2 になっていると思えばいい。

「$\vec{n_1}$, $\vec{n_2}$ のなす角 α を求めて，鋭角なら平面のなす角は α，

鈍角なら $180° - \alpha$ ということですね。」

その通り。じゃあ，ハルト君。求めてみて。

「**解答** 2平面 n_1, n_2 の法線ベクトルをそれぞれ $\vec{n_1} = (-1, 1, 2)$，

$\vec{n_2} = (2, 1, -1)$ とし，そのなす角を α とすると，

$\vec{n_1} \cdot \vec{n_2} = (-1) \times 2 + 1 \times 1 + 2 \times (-1)$

$= -3$

$|\vec{n_1}| = \sqrt{(-1)^2 + 1^2 + 2^2} = \sqrt{6}$

$|\vec{n_2}| = \sqrt{2^2 + 1^2 + (-1)^2} = \sqrt{6}$

$\cos\alpha = \dfrac{\vec{n_1} \cdot \vec{n_2}}{|\vec{n_1}||\vec{n_2}|}$

$= \dfrac{-3}{\sqrt{6} \cdot \sqrt{6}}$

$= -\dfrac{1}{2}$

$0 \leqq \alpha \leqq \pi$ より，

$\alpha = \dfrac{2}{3}\pi$

2平面のなす角は，$\pi - \dfrac{2}{3}\pi = \underline{\dfrac{1}{3}\pi}$ ⇐ 答え **例題 7-38**」

7-31 球面の方程式

平面が，空中に浮いているじゅうたんなら，球面は空中に浮いている球形のアドバルーンの表面と考えよう。

例題 **7-39** | 定期テスト 出題度 **❗❗❗** | 共通テスト 出題度 **❗**

次の球面の方程式を求めよ。

(1) 中心が $(-3, 8, 2)$ で xy 平面に接する球面

(2) 2点 A$(5, -2, 6)$, B$(-7, 6, 4)$ を直径の両端とする球面

空中に浮かんでいる球面の方程式は，以下のように求められる。

Point **59** 球面の方程式

中心 (a, b, c)，半径 r の球面の方程式は
$$(x-a)^2+(y-b)^2+(z-c)^2=r^2$$
特に，中心が原点，半径 r の球面の方程式は
$$x^2+y^2+z^2=r^2$$

数C **7** 章

ミサキさん，(1)は解ける？

「中心は $(-3, 8, 2)$ で，半径は……？」

xy 平面の方程式は，$z=0$ だよね。

半径は，中心と平面 $z=0$ との距離だから

例題 **7-26** で登場したことを使えばいいよ。

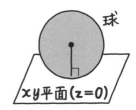
球
xy平面($z=0$)

「あっ，"z 座標どうしの差"なので半径は2です。だから

[解答]（1）　$(x+3)^2+(y-8)^2+(z-2)^2=4$

← [答え] [例題 7-39] (1)」

「(2)は，どうやれば……？」

これは『数学Ⅱ・B編』の [3-13] でやった円の方程

式と同じだよ。

中心Cは線分ABの中点だね。

また，**半径は2点A，C間の距離**になるね。

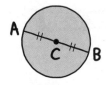

「[解答]（2）　中心Cは線分ABの中点より，C$(-1, 2, 5)$

↑ $C\left(\dfrac{5-7}{2}, \dfrac{-2+6}{2}, \dfrac{6+4}{2}\right)$

半径はAC$=\sqrt{(5+1)^2+(-2-2)^2+(6-5)^2}$
$=\sqrt{36+16+1}=\sqrt{53}$

求める球面の方程式は

$(x+1)^2+(y-2)^2+(z-5)^2=53$

← [答え] [例題 7-39] (2)」

そうだね。

[例題 7-40]　（定期テスト 出題度 ❗❗）　（共通テスト 出題度 ❗）

4点 A$(5, -1, 1)$, B$(7, 1, -1)$, C$(6, 1, -4)$, D$(3, 0, 0)$ を
通る球面の方程式を求めよ。

これも『数学Ⅱ・B編』の 3-13 で円の方程式を求めたときと同じだよ。球面の方程式もバラバラに展開された一般形と中心や半径がわかる標準形の2通りある。

> ## コツ㉙ いろいろな球面の方程式
>
> 通る点のみわかっているとき
>
> 一般形…$x^2 + y^2 + z^2 + kx + \ell y + mz + n = 0$
>
> それ以外
>
> 標準形…$(x-a)^2 + (y-b)^2 + (z-c)^2 = r^2$

今回はもちろん一般形だね。

解答 求める球面の方程式を $x^2+y^2+z^2+kx+\ell y+mz+n=0$ とおくと,

4点A(5, −1, 1), B(7, 1, −1), C(6, 1, −4), D(3, 0, 0) を通るので,

$25+1+1+5k-\ell+m+n=0$ より ←球面の方程式に点A(5, −1, 1) を代入

  $5k-\ell+m+n=-27$ ……①

$49+1+1+7k+\ell-m+n=0$ より ←球面の方程式に点B(7, 1, −1) を代入

  $7k+\ell-m+n=-51$ ……②

$36+1+16+6k+\ell-4m+n=0$ より ←球面の方程式に点C(6, 1, −4) を代入

  $6k+\ell-4m+n=-53$ ……③

$9+3k+n=0$ より ←球面の方程式に点D(3, 0, 0) を代入

  $3k+n=-9$ ……④

①+②より

  $12k+2n=-78$

  $6k+n=-39$ ……⑤

②−③より

  $k+3m=2$ ……⑥

⑤－④より

$3k=-30$

$k=-10$ ……⑦

⑦を⑥に代入すると

$m=4$

⑦を⑤に代入すると

$n=21$

②より

$\ell=2$

よって，求める球面の方程式は

$$x^2+y^2+z^2-10x+2y+4z+21=0$$ ←答え 例題 **7-40**

「4つの文字が登場する連立方程式って，初めてだな……。」

　この場合も，『数学Ⅰ・A編』の **3-8** と同じようにするんだよ。まず，消しやすい文字から消せばいいね。2回以上登場し，登場回数の少ないものがいい。①から④でk, nは4回登場するが，ℓ, mは3回しか登場しないからね。ℓかmを消すのがいい。でもmを消すには①や②を4倍して③と足したり引いたりしなければならないしね。面倒だ。ℓを消すのがいいね。

　⑤，⑥と，使わなかった$3k+n=-9$ ……④で3つの式になり，その後はnの消去だ。

例題 7-41

定期テスト 出題度 **! ! !**　　共通テスト 出題度 **!**

点 A(4, 5, 1) を通り，xy 平面，yz 平面，zx 平面に接する球面の方程式を求めよ。

これは『数学Ⅱ・B編』の **3-14** でやった円の方程式の求めかたと同じだ。球の半径を r とすると，**3つの平面に接するということは，3つの平面から中心までの距離がすべて r になる** ということだね。しかも，点 A(4, 5, 1) を通るということは，球の中心は x 座標，y 座標，z 座標すべて正の場所にあることになるね。

「ということは，球の中心は
x 軸，y 軸，z 軸の正のほうにそれ
ぞれ r 進んだところだから，(r, r, r)
になるのか。」

そうだね。今度は標準形を使って，式を立てればいいね。その式に通る点を代入すれば終わりだ。じゃあ，ミサキさん，解いてみて。

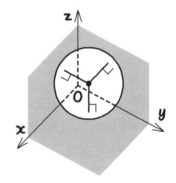

解答　半径を r とおくと，中心は (r, r, r) とおける。

球面の方程式は

$$(x-r)^2+(y-r)^2+(z-r)^2=r^2$$

これが点A$(4, 5, 1)$ を通るので

$$(4-r)^2+(5-r)^2+(1-r)^2=r^2$$
$$16-8r+r^2+25-10r+r^2+1-2r+r^2=r^2$$
$$2r^2-20r+42=0$$
$$r^2-10r+21=0$$
$$(r-3)(r-7)=0$$
$$r=3, 7$$

よって，球面の方程式は

$$(x-3)^2+(y-3)^2+(z-3)^2=9$$
$$(x-7)^2+(y-7)^2+(z-7)^2=49$$

⇐ 答え　例題 **7-41**

ですね。」

　正解。ちなみに，例えば点 $(-2, 1, 7)$ を通り xy 平面，yz 平面，zx 平面に接する場合，半径を r とおくと，球の中心は x 座標が負，y 座標，z 座標が正になるから $(-r, r, r)$ とおく。じゃあ，点 $(3, -5, -6)$ なら？

「$(r, -r, -r)$ ですね。」

球面と他の図形との交わり

空間図形の問題は，位置関係を把握するのが難しいよね。何か身近なものを使って，どんな答えになるかを考えよう。

例題 7-42

定期テスト 出題度 ❗❗　　　共通テスト 出題度 ❗

　球面 $S : x^2 + y^2 + z^2 - 4x + 8y - 2z - 17 = 0$ について，次の問いに答えよ。

(1) 中心と半径を求めよ。

(2) 球面 S と，

直線：$\begin{cases} x = 1 + 2t \\ y = -t \\ z = 4 + t \end{cases}$ （t は変数）

の交点を求めよ。

(3) 球面 S と zx 平面が交わってできる円の，中心と半径を求めよ。

（1）は『数学Ⅱ・B編』の 3-11 の円の方程式の求めかたと同じだ。平方完成すればいい。

「解答 (1)
$$x^2 + y^2 + z^2 - 4x + 8y - 2z - 17 = 0$$
$$(x - 2)^2 - 4 + (y + 4)^2 - 16 + (z - 1)^2 - 1 - 17 = 0$$
$$(x - 2)^2 + (y + 4)^2 + (z - 1)^2 = 38$$

<u>中心 $(2, \ -4, \ 1)$，半径 $\sqrt{38}$</u>　◁答え 例題 7-42 (1)

でいいんですか？」

そう。正解。(2)は……ミサキさん，わかる？

「交点を求めるのだから，連立方程式で解けばいいんですよね！

解答　(2)　球面の方程式は，(1)より

$$(x-2)^2+(y+4)^2+(z-1)^2=38 \quad \cdots\cdots①$$

直線の方程式は

$$\begin{cases} x=1+2t & \cdots\cdots② \\ y=-t & \cdots\cdots③ \quad (t\text{は変数}) \\ z=4+t & \cdots\cdots④ \end{cases}$$

②，③，④を①に代入すると

$$(2t-1)^2+(-t+4)^2+(t+3)^2=38$$
$$4t^2-4t+1+t^2-8t+16+t^2+6t+9=38$$
$$6t^2-6t-12=0$$
$$t^2-t-2=0$$
$$(t+1)(t-2)=0$$
$$t=-1,\ 2$$

②，③，④に代入すると，

交点は **(−1, 1, 3)，(5, −2, 6)**

⇐ 答え　**例題 7-42** (2)

です。交点は2つあるんですね。」

そうだよ。例えば肉だんごに串を刺した図を思い出せばいい。2回交わるよね。

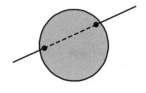

「あっ，そうですね。最後の(3)は……想像するのが難しいですね。」

球面と平面が交わったところは円というのはわかるかな？　スイカを包丁で切ったと考えればいいよ。切り口は円になるよね。

「なるほど。交わるところだから……。これも，連立？」

そうだよ。ハルトくん，解いてみて。

解答 (3)　球面の方程式は，(1)より

$$(x-2)^2+(y+4)^2+(z-1)^2=38 \quad \cdots\cdots①$$

zx 平面の方程式は

$$y=0 \quad \cdots\cdots⑤$$

①，⑤より

$$(x-2)^2+4^2+(z-1)^2=38$$
$$(x-2)^2+(z-1)^2=22$$

よって，**中心 (2, 0, 1)，半径 $\sqrt{22}$**

⇦**答え** (3)」

「すごい。アルファベットは y でなく z だけど，ちゃんと円の式の形に
なってる……。」

答えは合っているよ。ところで，"円の方程式" って何だと思う？

「$(x-2)^2+(z-1)^2=22$ じゃないんですか？」

いや，そうじゃないんだ。

$$(x-2)^2+(z-1)^2=22 \quad かつ \quad y=0$$

だよ。$y=0$ を書き忘れることが多いから注意してね。

　さて，実は，この問題は，式を求めなくても答えが出せるんだ。

まず，球面の中心 $(2, -4, 1)$ から，zx 平面つまり $y=0$ にまっすぐ点を落

とすと，円の中心になるよね。垂線の足の求めかたは， **例題 7-26** でやった

よね。

「あっ，(2, 0, 1) です。」

そう。距離は？

「4です。」

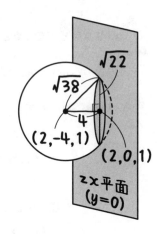

そうだね。一方，球面の半径は $\sqrt{38}$ だ。
図にすると右のようになる。

円の半径は，三平方の定理より，

$\sqrt{(\sqrt{38})^2 - 4^2} = \sqrt{22}$ になるね。

「あっ！　この方法だと，$ax + by + cz + d = 0$ の形の平面と球面が
交わるときでも，中心や，半径が求められそう！」

そうだね。中心は球の中心から平面に下ろした垂線の足だけど，これは
7-30 で習ったし，57 で点と平面の距離の公式も習ったもんね。

複素数平面

『数学Ⅱ・B編』の **2**章 で，複素数というのを習ったよね。この章では，複素数の表す図形を調べてみようという話をするよ。

「それってグラフみたいなものをかくんですか?」

うん。実数の場合は xy 平面の座標を使うんだけど，複素数の場合は複素数平面（ガウス平面）という特殊な座標平面みたいなものを使って，表すんだ。

「うーん。また，新しい話が出てきたな……。」

複素数平面（ガウス平面）

数学界ではガウスさんは偉大なんだ。『数学Ⅰ・A編』のお役立ち話 **20** でも出てきたし，この本の **2-20** では「ガウス記号」という記号も登場したよ。

複素数平面（ガウス平面）というのは，座標のように複素数を平面上の点として表したものをいうんだ。横軸は**実軸**といい，複素数の実部を表す。また，縦軸は**虚軸**といい，虚部を表すよ。

例えば，$8-5i$ なら，原点から，右に8進んで，下に5進んだ点で表す。

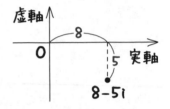

実数のときは，4なら $4+0\cdot i$，-6 なら $-6+0\cdot i$ とみなせるから，実軸上にその点をとれるね。

いいかたを変えると，**実軸上の点は実数を表す**ということになる。

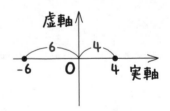

一方，純虚数のときは，$3i$ なら $0+3i$，$-i$ なら $0-i$ とみなせるから，虚軸上にその点をとれるね。

いいかたを変えると，**虚軸上の点は純虚数を表す**ということになる。

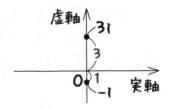

例題 **8-1**　定期テスト 出題度 ❗❗❗　共通テスト 出題度 ❗❗❗

　複素数平面上において，0，$\alpha = 3 + 2i$，$\beta = 7 + mi$（ただし，m は実数）の表す3点が同一直線上にあるとき，m の値を求めよ。

「α の位置はわかりますね。β の位置はこのあたりで……。あっ，なんか，わかったかも！」

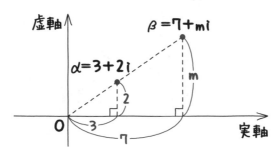

どうやって考えた？

「実部が3：7になっているということは，虚部も同じ比になっているんじゃないのかなぁ？」

そう，それでいいね。

解答　0，α，β の表す3点が同一直線上にあるから

$$3 : 7 = 2 : m$$

$$3m = 14$$

$$m = \frac{14}{3} \quad ⇐ \text{答え}$$ 例題 **8-1**

例題 8-2

定期テスト 出題度 ❗❗❗　共通テスト 出題度 ❗❗

　複素数 α, β それぞれの表す点 A, B が下の複素数平面上の図の位置にあるとき, 次の複素数の表す点を図示せよ。

(1)　$\alpha + \beta$ が表す点 C

(2)　$\alpha - \beta$ が表す点 D

(3)　$-2\alpha + \dfrac{3}{2}\beta$ が表す点 E

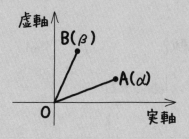

 「α, β の複素数がわかっていないんですか?」

　もしわかっていたら, ふつうに $\alpha + \beta$ を求めて点をとればいいね。でも, わかっていなくても, ベクトルの考えかたを使えばできるんだ。$\overrightarrow{OA}$, $\overrightarrow{OB}$ はどのように表せる?

 「$\overrightarrow{OA}$ は $\alpha - 0$ だから α だし, $\overrightarrow{OB}$ は β です。」

　そう。正解。ということは, $\alpha + \beta$ を表す点Cは, この2つのベクトル $\overrightarrow{OA}$ と $\overrightarrow{OB}$ を足したベクトルの終点になるんだ。

　$\overrightarrow{OA}$, $\overrightarrow{OB}$ を2辺とする平行四辺形OACBをかいて, 頂点Cを $\alpha + \beta$ の表す点とすればいい。

　答えは次のようになるよ。

解答 (1)

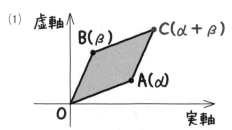

「(2)は，$\alpha + (-\beta)$ と考えればよさそう。」

「$-\beta$ は，ベクトルでいえば β の逆ベクトル。つまり，逆向きで同じ長さということね。」

そうだね。$-\beta$ が表す点を B' とすると，$\alpha - \beta$ を表す点 D は下の図のようになる。

解答 (2)

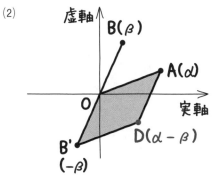

数C 8章

(3)は，$-2\alpha+\dfrac{3}{2}\beta$ だから，-2α と $+\dfrac{3}{2}\beta$ を足したもの，つまり，下の図の

点Eということになる。

解答 (3)

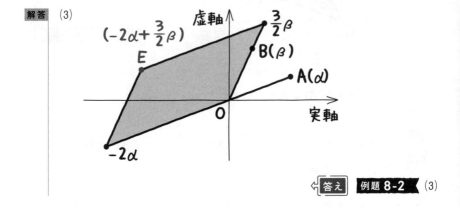

⇐ 答え　例題 8-2 (3)

「複素数の足し算，引き算，実数倍は，ベクトルと同じようにやれば図

示できるのか！」

8-2 共役な複素数

共役な複素数は『数学Ⅱ・B編』の **2-1** で登場したけど，ここでは，よりくわしく勉強するよ。

$z=x+yi$（x，yは実数）に対して，$x-yi$を**共役な複素数**というんだ。これは，$\bar{z}$（または，$\overline{x+yi}$）で表す。そして，次の **例題 8-3** で証明することがいえるよ。

例題 8-3　　定期テスト 出題度 **!!**　　共通テスト 出題度 **!**

複素数 α，β に対して，次の等式が成り立つことを証明せよ。

(1) $\overline{\alpha}+\overline{\beta}=\overline{\alpha+\beta}$ 　　(2) $\dfrac{\overline{\alpha}}{\overline{\beta}}=\overline{\left(\dfrac{\alpha}{\beta}\right)}$

証明は，とっても簡単だ。$\alpha=a+bi$，$\beta=c+di$（a，b，c，dは実数）とおいてみればいい。$\overline{\alpha}$ や $\overline{\beta}$ はすぐにわかるけど，$\overline{\alpha+\beta}$ はすぐにはわからないね。$\overline{\alpha+\beta}$ は，まず $\alpha+\beta$ を出してから求めるのがいいよ。

解答 (1) $\alpha=a+bi$，$\beta=c+di$（a，b，c，dは実数）

とおくと

$$（左辺）=\overline{\alpha}+\overline{\beta}=\overline{(a+bi)}+\overline{(c+di)}$$
$$=(a-bi)+(c-di)$$
$$=(a+c)-(b+d)i$$
$$\alpha+\beta=(a+bi)+(c+di)$$
$$=(a+c)+(b+d)i$$

より

$$（右辺）=\overline{\alpha+\beta}=\overline{\{(a+c)+(b+d)i\}}=(a+c)-(b+d)i$$

よって，$\overline{\alpha}+\overline{\beta}=\overline{\alpha+\beta}$　が成り立つ。　◁ 答え　例題 8-3 (1)

同様に，$\overline{\alpha}-\overline{\beta}=\overline{\alpha-\beta}$ や，$\overline{\alpha}\,\overline{\beta}=\overline{\alpha\beta}$ も成り立つよ。証明のやりかたは(1)と同じだから，これは省略するね。

「はい。(2)は(1)と証明のやりかたが違うんですか？」

基本は同じなんだけど，『数学Ⅱ・B編』の 2-1 で，分母から i をなくすという変形をしたよね。

「分母が $a+bi$ のときは，分母，分子に $a-bi$ を掛けるというやつですか？」

そう，それ！　その計算を忘れずにやってほしいんだ。ハルトくん，解いてみて。

「解答　(2) $\alpha=a+bi,\ \beta=c+di$ ($a,\ b,\ c,\ d$ は実数)

とおくと

$$（左辺）=\overline{\dfrac{\alpha}{\beta}}=\overline{\dfrac{(a+bi)}{(c+di)}}$$

$$=\frac{a-bi}{c-di}=\frac{(a-bi)(c+di)}{(c-di)(c+di)}$$

$$=\frac{ac+adi-bci-bdi^2}{c^2-d^2i^2}\quad\leftarrow i^2=-1$$

$$=\frac{ac+adi-bci+bd}{c^2+d^2}$$

$$=\frac{(ac+bd)+(ad-bc)i}{c^2+d^2}$$

$$\frac{\alpha}{\beta}=\frac{a+bi}{c+di}$$

$$=\frac{(a+bi)(c-di)}{(c+di)(c-di)}$$

$$= \frac{ac - adi + bci - bdi^2}{c^2 - d^2 i^2}$$

$$= \frac{ac - adi + bci + bd}{c^2 + d^2}$$

$$= \frac{(ac + bd) - (ad - bc)i}{c^2 + d^2}$$

より

$$(右辺) = \overline{\left(\frac{\alpha}{\beta} \right)} = \frac{(ac + bd) + (ad - bc)i}{c^2 + d^2}$$

よって，　$\dfrac{\overline{\alpha}}{\overline{\beta}} = \overline{\left(\dfrac{\alpha}{\beta} \right)}$　が成り立つ。

答え　例題 8-3　(2)」

正解。次の式は公式として覚えておこう。

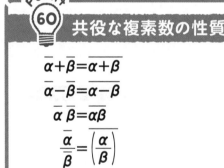

Point 60　共役な複素数の性質

$$\overline{\alpha} + \overline{\beta} = \overline{\alpha + \beta}$$

$$\overline{\alpha} - \overline{\beta} = \overline{\alpha - \beta}$$

$$\overline{\alpha}\, \overline{\beta} = \overline{\alpha\beta}$$

$$\frac{\overline{\alpha}}{\overline{\beta}} = \overline{\left(\frac{\alpha}{\beta} \right)}$$

「足し算，引き算，掛け算，割り算すべてで成り立つのか！」

「上についている横棒をまとめたり，分けたりすることができるということですね。」

数C 8章

例題 **8-4**

定期テスト 出題度 ❗❗　　　共通テスト 出題度 ❗

　複素数 z の実部，虚部を z，$\bar{z}$ を用いて表せ。

解答　$z=x+yi$（x，y は実数）　……① とおくと

$\bar{z}=x-yi$　……②

①＋②より

$z+\bar{z}=2x$

$x=\dfrac{z+\bar{z}}{2}$

①－②より

$z-\bar{z}=2yi$

$y=\dfrac{z-\bar{z}}{2i}$

よって，**z の実部は $\dfrac{z+\bar{z}}{2}$，虚部は $\dfrac{z-\bar{z}}{2i}$**

◁答え　例題 **8-4**

　他にも，公式を紹介しておこう。

Point

61

z が実数または純虚数となるための条件

z が実数 $\Longleftrightarrow$ $z=\bar{z}$

z が純虚数 $\Longleftrightarrow$ $z=-\bar{z}$, $z\neq0$

　理由は簡単だよ。

$z=x+yi$（x，y は実数）とすると，$\bar{z}=x-yi$ だ。

z が実数なら，$y=0$。つまり，$z=\bar{z}$ になる。

逆に，$z=\bar{z}$なら，$y=0$で，zは実数であるといえるね。

「同じようにして，純虚数のほうも証明できますね。」

そうだね。さらに，複素数平面上に点をとれば次のことも成り立つよ。覚えておいてね。

Point

62 複素数平面上における対称点

点$\bar{z}$は点zと，実軸に関して対称な位置にある。

点$-z$は点zと，原点に関して対称な位置にある。

点$-\bar{z}$は点zと，虚軸に関して対称な位置にある。

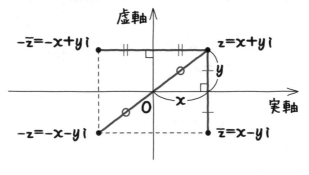

複素数の絶対値

複素数にも絶対値があるよ。

複素数平面上で，点zと原点Oとの距離を複素数zの**絶対値**といい，$|z|$で表すんだ。

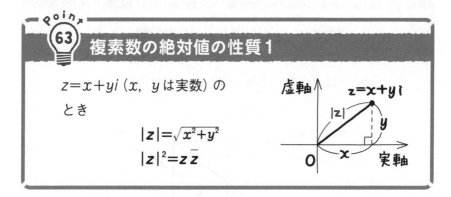

Point 63 **複素数の絶対値の性質1**

$z=x+yi$（x，yは実数）のとき

$$|z|=\sqrt{x^2+y^2}$$
$$|z|^2=z\bar{z}$$

ちなみに，$z=x+yi$なら，$\bar{z}=x-yi$になるから

$$z\bar{z}=(x+yi)(x-yi)$$
$$=x^2-y^2i^2$$
$$=x^2+y^2$$

ということで，2つめの式$|z|^2=z\bar{z}$も成り立っているね。

これはよく使うから，覚えておこう。

例題 **8-5**

定期テスト 出題度 ❗❗ 共通テスト 出題度 ❗

複素数 α, β に対して，次の等式が成り立つことを証明せよ。

(1) $|\alpha||\beta| = |\alpha\beta|$

(2) $\dfrac{|\alpha|}{|\beta|} = \left|\dfrac{\alpha}{\beta}\right|$

できるかな……？　ミサキさん，証明してみて。

「解答 (1) $\alpha = a + bi$, $\beta = c + di$ （a, b, c, dは実数）

とおくと，$|\alpha| = \sqrt{a^2 + b^2}$, $|\beta| = \sqrt{c^2 + d^2}$ だから

$$
\begin{aligned}
(左辺) &= |\alpha||\beta| \\
&= \sqrt{a^2 + b^2} \cdot \sqrt{c^2 + d^2} \\
&= \sqrt{(a^2 + b^2)(c^2 + d^2)} \\
&= \sqrt{a^2c^2 + a^2d^2 + b^2c^2 + b^2d^2}
\end{aligned}
$$

また

$$
\begin{aligned}
\alpha\beta &= (a + bi)(c + di) \\
&= ac + adi + bci + bdi^2 \\
&= ac + adi + bci - bd \\
&= (ac - bd) + (ad + bc)i
\end{aligned}
$$

より

$$
\begin{aligned}
(右辺) &= |\alpha\beta| \\
&= \sqrt{(ac - bd)^2 + (ad + bc)^2} \\
&= \sqrt{a^2c^2 - 2abcd + b^2d^2 + a^2d^2 + 2abcd + b^2c^2} \\
&= \sqrt{a^2c^2 + a^2d^2 + b^2c^2 + b^2d^2}
\end{aligned}
$$

よって，$|\alpha||\beta| = |\alpha\beta|$　が成り立つ。

⇦ 答え　例題 **8-5** (1)」

数C 8章

そうだね。 例題8-3 でも似たような話をしたけど，いきなり$|\alpha\beta|$を求めるのはたいへんだから，前もって$\alpha\beta$を求めておくんだよ。

さて，ミサキさんの証明方法でもいいんだけど，けっこう面倒くさい（笑）。そこで，もう少し簡単な方法を紹介するよ。例えば，$|z|$は「原点Oとzの距離」だから，0以上。ということは，両辺とも0以上なので，2乗どうしが等しいことを証明すればいいんだ。

$|z|^2=z\bar{z}$ だったよね。

さらに， 8-2 に出てきた 60 も証明に使うよ。

$$\overline{\alpha+\beta}=\overline{\alpha}+\overline{\beta}$$
$$\overline{\alpha-\beta}=\overline{\alpha}-\overline{\beta}$$
$$\overline{\alpha\,\beta}=\overline{\alpha}\,\overline{\beta}$$
$$\overline{\left(\dfrac{\alpha}{\beta}\right)}=\dfrac{\overline{\alpha}}{\overline{\beta}}$$

じゃあ，解いてみるよ。

解答 （1）　（左辺）$^2=|\alpha|^2|\beta|^2$
$$=\alpha\,\overline{\alpha}\,\beta\,\overline{\beta}$$

　　　　　（右辺）$^2=|\alpha\beta|^2$
$$=\alpha\beta\,\overline{(\alpha\beta)}$$
$$=\alpha\beta\,\overline{\alpha}\,\overline{\beta} \quad \left.\right) \; {}^{\overline{\alpha\beta}=\overline{\alpha}\,\overline{\beta}}$$
$$=\alpha\,\overline{\alpha}\,\beta\,\overline{\beta}$$

　　　　　よって，$|\alpha||\beta|=|\alpha\beta|$ が成り立つ。　　例題8-5 （1）

「わっ，こっちのほうがずっとラクですね！」

複素数の証明を複雑にしないためには，できるだけ$a+bi$の形に変えない

でやる というのが大切なんだ。ハルトくん，(2)の $\dfrac{|\alpha|}{|\beta|} = \left|\dfrac{\alpha}{\beta}\right|$ の証明も

$a+bi$ にせずにやってみよう。

「解答 (2) $(左辺)^2 = \dfrac{|\alpha|^2}{|\beta|^2}$

$\qquad = \dfrac{\alpha\,\overline{\alpha}}{\beta\,\overline{\beta}}$

$(右辺)^2 = \left|\dfrac{\alpha}{\beta}\right|^2$

$\qquad = \dfrac{\alpha}{\beta} \cdot \overline{\left(\dfrac{\alpha}{\beta}\right)}$

$\qquad = \dfrac{\alpha}{\beta} \cdot \dfrac{\overline{\alpha}}{\overline{\beta}}$ $\quad\Bigg)\ \overline{\left(\dfrac{\alpha}{\beta}\right)} = \dfrac{\overline{\alpha}}{\overline{\beta}}$

$\qquad = \dfrac{\alpha\,\overline{\alpha}}{\beta\,\overline{\beta}}$

よって， $\dfrac{|\alpha|}{|\beta|} = \left|\dfrac{\alpha}{\beta}\right|$ が成り立つ。　　例題 8-5 (2)」

そうだね。正解。 例題 8-5 で証明した式は，公式として覚えておこう。

複素数の絶対値の性質2

複素数 α, β に対して

$$|\alpha||\beta| = |\alpha\beta|$$

$$\dfrac{|\alpha|}{|\beta|} = \left|\dfrac{\alpha}{\beta}\right|$$

ちなみに、 絶対値では足し算・引き算は成り立たないからね。

$$|\alpha|+|\beta| \ne |\alpha+\beta| \quad , \quad |\alpha|-|\beta| \ne |\alpha-\beta|$$

注意しよう。

例題 8-6

定期テスト 出題度 ❗❗   共通テスト 出題度 ❗

複素数 α, β に対して, 等式

$$|\alpha+\beta|^2+|\alpha-\beta|^2=2(|\alpha|^2+|\beta|^2)$$

が成り立つことを証明せよ。

まず, $|z|^2=z\bar{z}$ の公式を使うと,

$$|\alpha+\beta|^2=(\alpha+\beta)\overline{(\alpha+\beta)}$$

とできる。そして, $\overline{\alpha}+\overline{\beta}=\overline{\alpha+\beta}$ の公式を使うと, 次のようになる。

$$(\alpha+\beta)\overline{(\alpha+\beta)}=(\alpha+\beta)(\bar{\alpha}+\bar{\beta})$$

「上についている横棒を分けてもいいんですね……。」

うん, **8-2** の💡60でも登場したよね。そのあとは, ふつうに展開すればいい。$\alpha\bar{\alpha}$ も出てくるけど, これは, $|\alpha|^2$ に直せるよ。

解答

$$\begin{aligned}
|\alpha+\beta|^2&=(\alpha+\beta)\overline{(\alpha+\beta)} \\
&=(\alpha+\beta)(\bar{\alpha}+\bar{\beta}) \\
&=\alpha\bar{\alpha}+\alpha\bar{\beta}+\beta\bar{\alpha}+\beta\bar{\beta} \\
&=|\alpha|^2+\alpha\bar{\beta}+\beta\bar{\alpha}+|\beta|^2
\end{aligned}$$

$\left.\right)\overline{\alpha+\beta}=\bar{\alpha}+\bar{\beta}$

$$\begin{aligned}
|\alpha-\beta|^2&=(\alpha-\beta)\overline{(\alpha-\beta)} \\
&=(\alpha-\beta)(\bar{\alpha}-\bar{\beta}) \\
&=\alpha\bar{\alpha}-\alpha\bar{\beta}-\beta\bar{\alpha}+\beta\bar{\beta} \\
&=|\alpha|^2-\alpha\bar{\beta}-\beta\bar{\alpha}+|\beta|^2
\end{aligned}$$

$\left.\right)\overline{\alpha-\beta}=\bar{\alpha}-\bar{\beta}$

よって

$$|\alpha+\beta|^2+|\alpha-\beta|^2=2|\alpha|^2+2|\beta|^2$$
$$=2(|\alpha|^2+|\beta|^2)$$

よって，等式は成り立つ。 例題 8-6

　じゃあ，絶対値にちなんだ話をもう1つ。$|z|$は『原点 O と点 z との距離』だったよね。

　さらに， 8-2 の 62 で，

> 点 $\bar{z}$ は点 z と，実軸に関して対称な位置にある。
>
> 点 $-z$ は点 z と，原点に関して対称な位置にある。
>
> 点 $-\bar{z}$ は点 z と，虚軸に関して対称な位置にある。

というのを習ったよね。ということは，次の公式も成り立つよ。

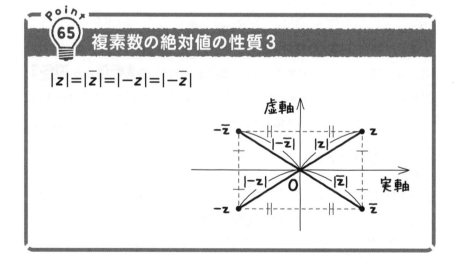

Point 65 **複素数の絶対値の性質3**

$$|z|=|\bar{z}|=|-z|=|-\bar{z}|$$

お役立ち話 **26**

「絶対値」で混乱？？

「絶対値って，関数(実数)でも，ベクトルでも，複素数でも登場したし……。なんか，混乱しそう。」

そうだね。それぞれ別のものだと考えたほうがいいよ。じゃあ，ここでふり返っておこう。

まず，**"関数(実数)の絶対値"**。$|x-4|$ とか $|-3x+6|$ みたいなヤツだね。これは，『0との差』を表すもので，『数学Ⅰ・A編』の 1-21 から 1-24 で説明したように，絶対値記号の中の数が0以上のときはそのまま絶対値記号をはずし，負のときは−1倍して絶対値記号をはずすということだったね。

「場合分けですね。」

その通り。以下のように，正の定数と等号や不等号で結ばれているときは，場合分けせずにはずせるというのも学んだね。

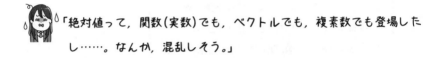

a を正の定数とするとき

❶　$|f(x)|=a \iff f(x)=-a,\ a$

❷　$|f(x)|<a \iff -a<f(x)<a$

❸　$|f(x)|>a \iff f(x)<-a,\ f(x)>a$

次に，**"ベクトルに絶対値記号がついたもの"** だ。これは，『ベクトルの大きさ（長さ）』を表すもので，**7-3** から **7-11** で出てきた。

$$\vec{a}=(a_1,\ a_2)\ \text{のとき}\ |\vec{a}|=\sqrt{a_1{}^2+a_2{}^2}$$

で計算できる。

$|m\vec{a}+n\vec{b}|$ の形で登場したときがミソだったよね。

成分がわかっているときは，$m\vec{a}+n\vec{b}$ の成分を求めて，上の公式を使えばいいけど，成分がわかっていないときは……。

「2乗して展開する！」

うん。そうだったね。$|\vec{a}|^2=\vec{a}\cdot\vec{a}$ の公式で展開するんだったね。くわしくは **7-11** をやってみよう。

最後に，**"複素数の絶対値"** だけど，これは，次のような関係が成り立つんだったね。

$$\alpha=a+bi\quad(a,\ b\text{は実数})\ \text{のとき}$$
$$|\alpha|=\sqrt{a^2+b^2}$$

これも，$|m\alpha+n\beta|$ の形で登場したときがミソなんだ。

α と β の実部，虚部がわかっているときは，$m\alpha+n\beta$ を求めて，絶対値の公式で求めればいい。実部，虚部がわかっていないときは，$|m\alpha+n\beta|^2$ を展開する。

「あれっ？　成分がわかっていないときのベクトルと同じ？」

うん。でも，展開の公式が違うんだ。$|\alpha|^2=\alpha\overline{\alpha}$ で計算するんだよね。さっきの証明でも出てきたね。

2点間の距離

xy平面では，2点間の距離を求めるときは公式を使って計算し，いちいち図をかかなくてもよかったね。複素数平面でもそうだよ。

ベクトルで，"2点A，B間の距離"ってどうやって表現したっけ？

「ベクトルなら，$|\overrightarrow{AB}|$とか，$|\overrightarrow{BA}|$とか……。」

そうだよね。じゃあ，複素数平面上でA(α)，B(β)とわかっているときの"2点A，B間の距離"は？

「$\overrightarrow{AB}=$（終点）$-$（始点）だから，$\beta-\alpha$か！　じゃあ，

$$|\overrightarrow{AB}|=|\beta-\alpha|$$

でいいのかな。」

うん。その通り。

66 2点間の距離

A(α)，B(β)のとき，2点A，B間の距離は

$$AB=|\beta-\alpha|$$

（または，$|\alpha-\beta|$）

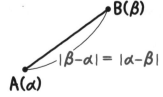

例題 **8-7**

定期テスト 出題度 **❗❗❗**   共通テスト 出題度 **❗❗❗**

2点 $A(-6-2i)$，$B(1-5i)$ 間の距離を求めよ。

「解答 $AB = |(1-5i) - (-6-2i)|$

$= |7 - 3i|$

$= \sqrt{7^2 + (-3)^2}$

$= \sqrt{58}$ ← 答え   例題 **8-7**

でいいのか！ ラクだな（笑）。」

8-5 内分点，外分点，平行四辺形を求める

xy 平面のときと同じやりかたで，位置ベクトルの内分・外分ができたよね。複素数平面でも変わらないよ。

　複素数平面上にできる線分の内分点，外分点，中点や三角形の重心は，7-12 や『数学 II・B編』の 3-2 で学んだ公式と考え方は同じだよ。

コツ 30　内分点，外分点，重心

3点 A(α)，B(β)，C(γ) について，

線分 AB を $m:n$ の比に内分する点を表す複素数は

$$\frac{n\alpha + m\beta}{m+n}$$

線分 AB を $m:n$ の比に外分する点を表す複素数は

$$\frac{-n\alpha + m\beta}{m-n}$$

線分 AB の中点を表す複素数は

$$\frac{\alpha + \beta}{2}$$

△ABC の重心を表す複素数は

$$\frac{\alpha + \beta + \gamma}{3}$$

例題 **8-8**　定期テスト 出題度 **❶❶❶**　共通テスト 出題度 **❶❶❶**

　3点 $A(-3+8i)$，$B(-1+2i)$，$C(5+4i)$ について，次の点を表す複素数を求めよ。

(1) 線分 AB を $3:1$ の比に内分する点

(2) 線分 AC の中点

(3) 四角形 ABCD が平行四辺形になるときの点 D

ハルトくん，解いてみて。

「**解答** (1) $\dfrac{1\cdot(-3+8i)+3\cdot(-1+2i)}{3+1}=\dfrac{-3+7i}{2}$

←**答え** 例題 **8-8** (1)

(2) $\dfrac{(-3+8i)+(5+4i)}{2}=\underline{\underline{1+6i}}$

←**答え** 例題 **8-8** (2)

(3)はどうすればいいんですか？」

　過去に2通りのやりかたを勉強しているよ。

　まず，『数学Ⅱ・B編』の **3-3** で習ったやりかたとしては，(2)で求めた線分ACの中点をMとおく。すると，Dは右の図のように，線分BMを $2:1$ の比に外分する点と考えられるということなんだ。

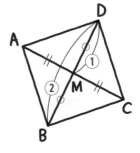

「あっ，そうだった！　思いだした。

(3) $\dfrac{-1\cdot(-1+2i)+2\cdot(1+6i)}{2-1}=\underline{\underline{3+10i}}$

←**答え** 例題 **8-8** (3)」

うん。他には，7-6 で学んだ，ベクトルを
使う手もある。

　まず，求めたい点Dの複素数をzとおく。そし
て，四角形ABCDが平行四辺形になるというこ
とは，$\overrightarrow{BA}=\overrightarrow{CD}$が成り立つことと同じなんだ。
8-4 で，2点A(α)，B(β) に対して，$\overrightarrow{AB}$を
$\beta-\alpha$としたのと同じように考えるんだ。

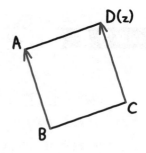

「$\overrightarrow{BA}$にあたるものは，$(-3+8i)-(-1+2i)$，
$\overrightarrow{CD}$にあたるものは，$z-(5+4i)$ですね。」

　うん。じゃあ，ミサキさん，解ける？　やってみて。

「$\overrightarrow{BA}=\overrightarrow{CD}$より……」

　あっ，ちょっと待って。

　"ベクトルの考え方"で解くけど，**今は複素数平面の問題だからベクトル
の表記を使わないで書くようにしよう。**

「解答 (3)　$(-3+8i)-(-1+2i)=z-(5+4i)$

　　　　　　　　　$-2+6i=z-5-4i$

　　　　　　　　　$z=3+10i$

⇐ 答え　例題 8-8 (3)」

　そう，正解。今回は「四角形ABCDが平行四辺形になる」と，点の配置の順
番が決まっていたけど，『4点A，B，C，Dを頂点とする平行四辺形』といわ
れたら，求める点DはA，B，Cどの点の向かいにあるかわからないから，3
つ求めるんだったよね。これは，『数学Ⅱ・B編』の 3-3 のときと変わらな
いよ。

複素数の極形式

極形式は $re^{i\theta}$ という表しかたもあり，これは大学の数学で勉強するよ。

　複素数 $z=a+bi$（a，b は実数）は極形式という形で表すこともできるんだ。まず，複素数平面上に複素数 $z=a+bi$ を表す点Pをとる。そのとき，右の図のように，OP$=r$，実軸の正の部分から反時計回りの角を θ とすると，$z=r(\cos\theta+i\sin\theta)$ で表せる。

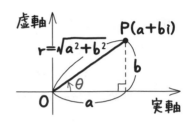

「どうして，そんな式で表せるんですか？」

　図を見てごらん。$\cos\theta=\dfrac{a}{r}$，$\sin\theta=\dfrac{b}{r}$ だよね。だから $a=r\cos\theta$，$b=r\sin\theta$ となるよ。ちなみに，**原点との距離は $r=\sqrt{a^2+b^2}$ になる**んだけど，これは 8-3 で登場した z の絶対値 $|z|$ と同じ値だね。

また，角 θ を z の**偏角**といい，**arg$z$** と書いて，『アーグメントz』と読むよ。

「複素数って，●＋●i の形に書くんでしょう？
　$r(\cos\theta+\underline{\sin\theta i})$ のように i を後ろに書かなくてもいいんですか？」

　うーん……。いい指摘だと思うけど，一応数学のルールとして，極形式のときは，$r(\cos\theta+i\sin\theta)$ の形に書くように決まっているんだよね。これは飲み込んでほしいな（笑）。

数C 8章

例題 8-9

定期テスト 出題度 **❶❶❶**　共通テスト 出題度 **❶❶❶**

$z=-1+i$ を極形式で表し，絶対値，偏角を答えよ。

解答　図のように，複素数平面上に複素数 z の表す点をとる。

原点との距離は

$$r=\sqrt{(-1)^2+1^2}=\sqrt{2}$$

実軸の正の部分から反時計回りに測っ

た角は，$\theta=\dfrac{3}{4}\pi$ だから

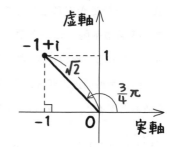

極形式　$z=\sqrt{2}\left(\cos\dfrac{3}{4}\pi+i\sin\dfrac{3}{4}\pi\right)$

絶対値　$|z|=\sqrt{2}$　⇦ 答え 例題 8-9

　絶対値 $|z|$ は $r(\cos\theta+i\sin\theta)$ に直したときの "r" の部分のことだったよね。また，偏角 $\arg z$ は "θ" の部分のことだ。

 「θ は時計回りに $\dfrac{5}{4}\pi$ 進んだと考えれ

ば，$\theta=-\dfrac{5}{4}\pi$ でもいいんですよね？」

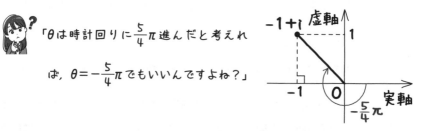 「『$0\leqq\theta<2\pi$』とか指定されているわけじゃないから，いいんじゃないのかなあ……。」

$\sqrt{2}\left\{\cos\left(-\dfrac{5}{4}\pi\right)+i\sin\left(-\dfrac{5}{4}\pi\right)\right\}$ と答えるということだね。うん，かまわないよ。

「1周してから $\frac{3}{4}\pi$ 進んだと考えれば,

$$\theta = \frac{3}{4}\pi + 2\pi = \frac{11}{4}\pi$$

と考えてもいいわけだし。」

そうだね。$r(\cos\theta + i\sin\theta)$ で表すとき, θ の角度はどれを使ってもいい。だから, 一般的に『偏角は？』と聞かれると,

$$\cdots\cdots, \ -\frac{5}{4}\pi, \ \frac{3}{4}\pi, \ \frac{11}{4}\pi, \ \cdots\cdots$$

これらぜんぶ答えになっちゃうんだよね。2π ごとに答えが無数に出てくる。

そこで, オシリに $+2n\pi$（n は整数）をつけて答えなきゃいけないんだ。一般角ということばで, 『数学II・B編』の **お役立ち話 ⑨** でも登場したね。

| 解答 | 偏角 $\mathbf{arg}\,z = \dfrac{3}{4}\pi + 2n\pi$ （n は整数） |

⇦ 答え ┃ 例題 8-9

ということですか？ " $+2n\pi$（n は整数）" ってつけるの忘れそう。」

そうだね。これは, 注意しよう。

8-7 共役な複素数の極形式

ここでは，　8-8 ，　8-9 とともに，極形式を代表する公式を勉強するよ。ちゃんと覚えておこう。

例題 8-10

定期テスト 出題度 ❗❗❗　　共通テスト 出題度 ❗❗❗

複素数 α が，$|\alpha|=7$，$\arg\alpha=\dfrac{2}{5}\pi$ を満たすとき，次の問いに答えよ。ただし，偏角はすべて $-\pi$ 以上 π 未満とする。

(1) α を極形式で表せ。

(2) $|\overline{\alpha}|$，$\arg\overline{\alpha}$ を求めよ。

ミサキさん，(1)を解いてみて。

「$|\alpha|$ は α の"絶対値"，$\arg\alpha$ は α の"偏角"ですよね。じゃあ……。

解答　(1)　$\alpha=7\left(\cos\dfrac{2}{5}\pi+i\sin\dfrac{2}{5}\pi\right)$　◁答え　例題 8-10 (1)」

うん。その通り。じゃあ，ハルトくん，(2)は？

「$\overline{\alpha}=\overline{7\left(\cos\dfrac{2}{5}\pi+i\sin\dfrac{2}{5}\pi\right)}$

　　$=7\left(\cos\dfrac{2}{5}\pi-i\sin\dfrac{2}{5}\pi\right)$

じゃ，ダメだろうなぁ……きっと。」

そう，ダメ(笑)。

極形式は，$r(\cos\bullet+i\sin\bullet)$　$(r\geqq0)$ の形をしていなきゃいけない。

今回は $i\sin$ の前の符号が負になってしまっているね。

ハルトくんのやりかたで強引に続けるとしたら，『数学Ⅱ・B編』の **4-5**
の ③ の⑬，⑭で登場した

$$\cos(-\theta)=\cos\theta, \ \sin(-\theta)=-\sin\theta$$

の公式を使えばいいよ。

解答 (2) $\overline{\alpha}=7\left\{\cos\left(-\dfrac{2}{5}\pi\right)+i\sin\left(-\dfrac{2}{5}\pi\right)\right\}$　になる。

$$|\overline{\alpha}|=7, \ \arg\overline{\alpha}=-\dfrac{2}{5}\pi \quad \Leftarrow \boxed{答え} \quad \blacktriangleright 例題 8\text{-}10 \blacktriangleleft (2)$$

が正解だね。

でも，もっとラクに求められる。例えば，複素数 z の絶対値を r，偏角を θ とする。そして，**8-2** の ⑥ で，『点 $\overline{z}$ は点 z と，実軸に関して対称な位置にある。』というのを習ったよね。

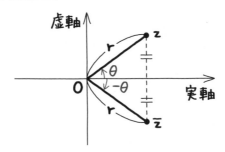

　「$z=r(\cos\theta+i\sin\theta)$ なら，

$$\overline{z}=r\{\cos(-\theta)+i\sin(-\theta)\}$$

になるということですね。」

$\overline{z}$ は，z と比べて，絶対値が等しくて，偏角が－1倍だ。式にすると次のようになる。

$$|\overline{z}|=|z|$$
$$\arg\overline{z}=-\arg z$$

そうすると，極形式に直さなくても，

解答　(2)　$|\bar{\alpha}|=|\alpha|=\underline{7}$

$\arg\bar{\alpha}=-\arg\alpha=\underline{-\dfrac{2}{5}\pi}$　⇐ **答え**　**例題 8-10** (2)

と解けるんだ。

「$|\bar{z}|=|z|$，$\arg\bar{z}=-\arg z$ は，点 z が実軸より下にある場合も，成り立ちますか？」

うん，z の場所に関係なく成り立つよ。

極形式の積，商

極形式の形のまま掛けたり割ったりできる便利な公式があるんだ。ちなみに，足し算，引き算は無理だよ。ふつうの複素数に直してから，足したり引いたりしよう。

例題 8-11　定期テスト 出題度 !!! 　共通テスト 出題度 !!!

2つの複素数 z_1, z_2 が，

$$|z_1| = 6, \quad \arg z_1 = \frac{\pi}{4}, \quad |z_2| = 2, \quad \arg z_2 = \frac{\pi}{6}$$

を満たすとき，次の問いに答えよ。ただし，偏角はすべて0以上 2π 未満とする。

(1) z_1, z_2 を極形式で表せ。

(2) $|z_1 z_2|$, $\arg(z_1 z_2)$ を求めよ。

(3) $\left| \dfrac{z_1}{z_2} \right|$, $\arg \dfrac{z_1}{z_2}$ を求めよ。

ハルトくん，(1)を解いて。

「解答　(1) $z_1 = 6 \left(\cos \dfrac{\pi}{4} + i \sin \dfrac{\pi}{4} \right)$

$z_2 = 2 \left(\cos \dfrac{\pi}{6} + i \sin \dfrac{\pi}{6} \right)$　←答え　例題 8-11 (1)」

そうだね，正解。そして，極形式どうしを掛けたり，割ったりする公式があるんだ。

数C 8章

積の極形式，商の極形式

$z_1 = r_1(\cos\theta_1 + i\sin\theta_1)$

$z_2 = r_2(\cos\theta_2 + i\sin\theta_2)$

のとき

$$z_1 z_2 = r_1 r_2 \{\cos(\theta_1 + \theta_2) + i\sin(\theta_1 + \theta_2)\}$$

$$\frac{z_1}{z_2} = \frac{r_1}{r_2}\{\cos(\theta_1 - \theta_2) + i\sin(\theta_1 - \theta_2)\}$$

なぜこうしていいかは，**お役立ち話 28** で説明するよ。ミサキさん，とりあえずこの公式を使って(2)，(3)は解ける？

解答 (2)　$z_1 z_2 = 6 \times 2\left\{\cos\left(\dfrac{\pi}{4} + \dfrac{\pi}{6}\right) + i\sin\left(\dfrac{\pi}{4} + \dfrac{\pi}{6}\right)\right\}$

$= 12\left(\cos\dfrac{5}{12}\pi + i\sin\dfrac{5}{12}\pi\right)$

よって，$|z_1 z_2| = 12,\ \arg(z_1 z_2) = \dfrac{5}{12}\pi$

⇐**答え**　例題 **8-11** (2)

(3)　$\dfrac{z_1}{z_2} = \dfrac{6}{2}\left\{\cos\left(\dfrac{\pi}{4} - \dfrac{\pi}{6}\right) + i\sin\left(\dfrac{\pi}{4} - \dfrac{\pi}{6}\right)\right\}$

$= 3\left(\cos\dfrac{\pi}{12} + i\sin\dfrac{\pi}{12}\right)$

よって，$\left|\dfrac{z_1}{z_2}\right| = 3,\ \arg\dfrac{z_1}{z_2} = \dfrac{\pi}{12}$

⇐**答え**　例題 **8-11** (3)」

そう。簡単だったかな？　さて，**67** の公式をもう一度振り返ってみると，まず，"掛け算"の場合

$$z_1 = r_1(\cos\theta_1 + i\sin\theta_1)$$

$$z_2 = r_2(\cos\theta_2 + i\sin\theta_2)$$

のとき

$$z_1 z_2 = r_1 r_2 \{\cos(\theta_1 + \theta_2) + i\sin(\theta_1 + \theta_2)\}$$

絶対値どうしは掛けて，偏角どうしは足す

ということなんだ。次のようないいかたもできるよ。

68 積の極形式（絶対値と偏角）

$$|z_1 z_2| = |z_1||z_2|$$

$$\arg(z_1 z_2) = \arg z_1 + \arg z_2$$

一方，"割り算"の場合

$$z_1 = r_1(\cos\theta_1 + i\sin\theta_1)$$

$$z_2 = r_2(\cos\theta_2 + i\sin\theta_2)$$

のとき

$$\frac{z_1}{z_2} = \frac{r_1}{r_2}\{\cos(\theta_1 - \theta_2) + i\sin(\theta_1 - \theta_2)\}$$

絶対値どうしは割って，偏角どうしは引く

ということになる。いいかたを変えると次のようになる。

69 商の極形式（絶対値と偏角）

$$\left|\frac{z_1}{z_2}\right| = \frac{|z_1|}{|z_2|}$$

$$\arg\frac{z_1}{z_2} = \arg z_1 - \arg z_2$$

数C 8 章

　　よって，例題 **8-10** でやったのと同じく，(1)のように極形式に直さなくて
も，

解答　(2)　$\underline{|z_1z_2|}=|z_1||z_2|=6\times2\underline{\underline{=12}}$

　　　　　$\underline{\mathbf{arg}(z_1z_2)}=\arg z_1+\arg z_2=\dfrac{\pi}{4}+\dfrac{\pi}{6}\underline{\underline{=\dfrac{5}{12}\pi}}$

⇐ 答え　例題 8-11 (2)

　　　　(3)　$\left|\dfrac{\boldsymbol{z_1}}{\boldsymbol{z_2}}\right|=\dfrac{|z_1|}{|z_2|}=\dfrac{6}{2}\underline{\underline{=3}}$

　　　　　$\underline{\mathbf{arg}\dfrac{\boldsymbol{z_1}}{\boldsymbol{z_2}}}=\arg z_1-\arg z_2=\dfrac{\pi}{4}-\dfrac{\pi}{6}\underline{\underline{=\dfrac{\pi}{12}}}$

⇐ 答え　例題 8-11 (3)

と解けるんだ。

回転移動

ある点を回転させた点の座標を求めるのに，ふつうの xy 平面のときは，原点を中心に180°回転させる場合しかできなかった（『数学Ⅰ・A編』の **3-7** で紹介）。でも，複素数平面ではどんな角の場合でも求められるよ。

　ここでは，複素数平面上の点を回転させる方法を学ぶよ。まずは，次の公式を覚えてね。

複素数の回転

　複素数 $a+bi$ は $\cos\theta+i\sin\theta$ を掛けると，原点を中心に θ 回転する。

さらに，次のことも成り立つよ。

複素数の積と回転

　i を掛けると，原点を中心に $\dfrac{\pi}{2}$ だけ回転する。

　-1 を掛けると，原点を中心に π だけ回転する。

　$-i$ を掛けると，原点を中心に $\dfrac{3}{2}\pi\left(-\dfrac{\pi}{2}\right)$ だけ回転する。

「$\dfrac{\pi}{2}$，π，$\dfrac{3}{2}\pi$ のときは，公式が変わるということですか？」

いや，そういうわけじゃないよ。ぜんぶ，$\cos\theta+i\sin\theta$ でやってもいい。

「$\dfrac{\pi}{2}$ の回転なら，$\cos\dfrac{\pi}{2}+i\sin\dfrac{\pi}{2}$ を掛けてもいいってことですよね？」

うん，いいよ。でも，$\cos\dfrac{\pi}{2}$ は0だし，$\sin\dfrac{\pi}{2}$ は1だよね。ということは，$0+i\cdot1$ つまり，i を掛けるということになる。だから，はじめから『i を掛ける』で覚えておくほうがラクなんだよね。

「あっ，そうか……。えっ？ じゃあ，π や $\dfrac{3}{2}\pi$ も同じ理由ですか？」

そうだよ。ちょっと，問題に挑戦してみよう。

例題 8-12　定期テスト 出題度 ❗❗❗　共通テスト 出題度 ❗❗❗

複素数平面上の点 $A(-2+4i)$ を，次のように移動したあとの点を表す複素数を求めよ。

(1) 原点を中心に $\dfrac{\pi}{2}$ だけ回転し，原点からの距離を3倍にした点

(2) 原点を中心に $\dfrac{\pi}{4}$ だけ回転させた点

(3) 原点を中心に $\dfrac{\pi}{12}$ だけ回転させた点

(1)だが，まず，**回転の中心から点に向かうベクトルをイメージしてほしいんだ。**

今回は，OからAに向かうベクトルを考える。そうすると，『$\overrightarrow{OA}$ はOからAまで座標がいくつ増えるか？』だ。

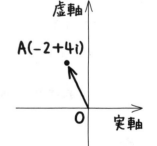

「Aの座標からOの座標を引けばいいんですね。

$(-2+4i)-0$ だから，$-2+4i$ です。」

そうだね。それを原点を中心に $\dfrac{\pi}{2}$ だけ回転させるわけだから……。

「iを掛けるということか。」

そうだね。さらに，原点からの距離を3倍にする。つまり，ベクトルの大きさ（長さ）を3倍にしたいから，3を掛ければいい。

「$3i$を掛ければいいんですね。」

うん。それが，求める点を表す複素
数ということなんだ。

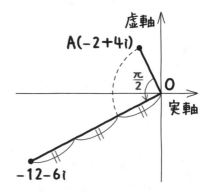

解答　(1)　$(-2+4i)\cdot 3i$

$\qquad = -6i + 12i^2$

$\qquad = \underline{-12-6i}$

　　　　　　⇐ 答え　例題 8-12 (1)

次に，(2)だ。今度は，$\dfrac{\pi}{4}$ 回転させる。つまり，$\cos\dfrac{\pi}{4}+i\sin\dfrac{\pi}{4}$ を掛ければいいんだね。ミサキさん，解いてみて。

「解答　(2)　$(-2+4i)\left(\cos\dfrac{\pi}{4}+i\sin\dfrac{\pi}{4}\right)$

$\qquad = (-2+4i)\left(\dfrac{1}{\sqrt{2}}+\dfrac{1}{\sqrt{2}}i\right)$

$\qquad = -\sqrt{2}-\sqrt{2}i+2\sqrt{2}i+2\sqrt{2}i^2$

$\qquad = -\sqrt{2}-\sqrt{2}i+2\sqrt{2}i-2\sqrt{2}$

$\qquad = \underline{-3\sqrt{2}+\sqrt{2}i}$　⇐ 答え　例題 8-12 (2)

数C **8**章

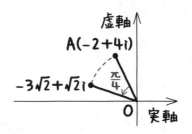

です。」

その通り。

「例えば、『原点を中心に $\frac{\pi}{4}$ だけ回転し、原点からの距離を3倍にした点』なら、$3\left(\cos\frac{\pi}{4}+i\sin\frac{\pi}{4}\right)$ を掛けるということですか？」

そういうことになるね。

「(3)も同じようにやればいいんですよね？」

「$(-2+4i)\left(\cos\frac{\pi}{12}+i\sin\frac{\pi}{12}\right)$

ということか。あれっ？　$\cos\frac{\pi}{12}$, $\sin\frac{\pi}{12}$ って？」

「$\frac{\pi}{12}$ は15°だから、$\cos15°$ は45°−30°つまり $\frac{\pi}{4}-\frac{\pi}{6}$ として、加法定理を使えばいいんじゃないの？」

加法定理は『数学Ⅱ・B編』の **4-10** でも登場したね。それでもいいんだけど、(2)で $\frac{\pi}{4}$ だけ回転させたんだよね？　ということは、これをさらに $-\frac{\pi}{6}$ だけ回転させたら、$\frac{\pi}{12}$ だけ回転させたことになるんじゃないの？

「あっ、それ、いいですね（笑）。」

解答　(3)　$(-3\sqrt{2}+\sqrt{2}i)\left\{\cos\left(-\frac{\pi}{6}\right)+i\sin\left(-\frac{\pi}{6}\right)\right\}$

$=(-3\sqrt{2}+\sqrt{2}i)\left(\frac{\sqrt{3}}{2}-\frac{1}{2}i\right)$

$=-\frac{3\sqrt{6}}{2}+\frac{3\sqrt{2}}{2}i+\frac{\sqrt{6}}{2}i-\frac{\sqrt{2}}{2}i^2$

$=-\frac{3\sqrt{6}}{2}+\frac{3\sqrt{2}}{2}i+\frac{\sqrt{6}}{2}i+\frac{\sqrt{2}}{2}$

$=\left(-\frac{3\sqrt{6}}{2}+\frac{\sqrt{2}}{2}\right)+\left(\frac{3\sqrt{2}}{2}+\frac{\sqrt{6}}{2}\right)i$

◁**答え**　**例題 8-12** (3)

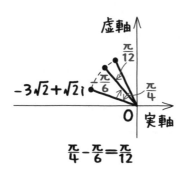

$$\frac{\pi}{4}-\frac{\pi}{6}=\frac{\pi}{12}$$

ちなみに $\sin\dfrac{\pi}{12}$, $\cos\dfrac{\pi}{12}$ を求めると，それぞれ

$$\sin\left(\frac{\pi}{4}-\frac{\pi}{6}\right)=\sin\frac{\pi}{4}\cos\frac{\pi}{6}-\cos\frac{\pi}{4}\sin\frac{\pi}{6}=\frac{\sqrt{6}}{4}-\frac{\sqrt{2}}{4}$$

$$\cos\left(\frac{\pi}{4}-\frac{\pi}{6}\right)=\cos\frac{\pi}{4}\cos\frac{\pi}{6}+\sin\frac{\pi}{4}\sin\frac{\pi}{6}=\frac{\sqrt{6}}{4}+\frac{\sqrt{2}}{4}$$

これらを使って，$(-2+4i)\left(\cos\dfrac{\pi}{12}+i\sin\dfrac{\pi}{12}\right)$ を計算してもいいね。

例題 8-13 定期テスト 出題度 !!! 共通テスト 出題度 !!!

$z=r(\cos\theta+i\sin\theta)$ $(r\geqq0)$ のとき，iz を極形式で表せ。

解答 $iz=r(i\cos\theta+i^2\sin\theta)$

$\qquad =r(i\cos\theta-\sin\theta)$

$\qquad =r(-\sin\theta+i\cos\theta)$

....

これでいいんですか？」

残念ながらダメなんだ。8-7 でもいったけど，極形式は，
$r(\cos\bullet+i\sin\bullet)$ $(r\geqq0)$ の形をしていなきゃいけない。cos，$i\sin$ ともに前
の符号は＋と決まっているからね。

「どうすればいいんですか？」

　うーん……。もし，ミサキさんのやりかたでやるとしたら，『数学Ⅱ・B編』

の **4-5** の ㉜ の④，⑤で登場した公式で，90°を $\dfrac{\pi}{2}$ に変えた

$$\cos\left(\dfrac{\pi}{2}+\theta\right)=-\sin\theta,\ \ \sin\left(\dfrac{\pi}{2}+\theta\right)=\cos\theta$$

の公式を使えばいいよ。

$$iz=r\left\{\cos\left(\dfrac{\pi}{2}+\theta\right)+i\sin\left(\dfrac{\pi}{2}+\theta\right)\right\}$$ ⇐ 答え 例題 8-13

と求められる。

「『うーん……。』って，うなったのはどうしてですか？（笑）」

　実は，ミサキさんのようにしなくったっ
て，ここは回転移動の考えかたを使えば，
もっとラクだよ。まず，zは絶対値r，偏
角θだ。そして，iを掛けるということは，
90°つまり $\dfrac{\pi}{2}$ だけ回転するわけだから，

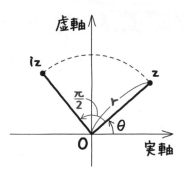

解答　izは絶対値r，偏角$\dfrac{\pi}{2}+\theta$だから

$$iz=r\left\{\cos\left(\dfrac{\pi}{2}+\theta\right)+i\sin\left(\dfrac{\pi}{2}+\theta\right)\right\}$$ ⇐ 答え 例題 8-13

になる。

8-10 原点以外の点を中心に回転させる

実は，回転移動というのは，ふつうの xy 平面にもある。でも，現在の高校課程では登場しないんだ。大学に入ってから，「行列，一次変換」を習ったときに登場するよ。

例題 8-14

定期テスト 出題度 ❗❗❗　　共通テスト 出題度 ❗❗❗

複素数平面上の3点 $A(-3+6i)$，$B(1+4i)$，C があり，△ABC が正三角形であるとき，点 C の表す複素数を求めよ。

「まず，点 C の表す複素数を $a+bi$ とおけばいいでしょ？　そして，AB，BC，CA の長さを求めて，すべて同じ長さなので……として，計算すればいいですよね。」

「あっ，そうだな。2点間の距離は，8-4 でやっているし。」

いや。もっとラクにできるよ。8-3 で学んだことを思い出してほしい。複素数だからといって，$a+bi$ としなくても解けることも多いし，計算もラクなんだ。 求める点 C の複素数は一文字でいい。 じゃあ，γ（ガンマ）としようか。

「でも，それじゃあ，BC や CA の長さがわからないですよね。どうやって計算すればいいんですか？」

数C 8章

　正三角形ということは、"2辺の長さが等しく、その間の角が60°の三角形"ともいえるよね。つまり、

Aを中心に、Bを$\dfrac{\pi}{3}$だけ回転させた点がC

と考えればいいんだ。

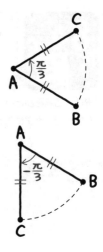

　また、CがABをはさんで反対側にある場合もあるね。この場合は、

Aを中心に、Bを$-\dfrac{\pi}{3}$だけ回転させた点がC

になる。要するに、

『　**Aを中心に、Bを$\dfrac{\pi}{3}$または$-\dfrac{\pi}{3}$だけ回転させた点がC**　』

ということだ。

「あっ、そうか！　回転移動を使うのか！　うまいなあ……。」

　いいかたを変えると、$\overrightarrow{AC}$は$\overrightarrow{AB}$を$\dfrac{\pi}{3}$または$-\dfrac{\pi}{3}$だけ回転させたものといえるね。ところで$\overrightarrow{AC}$って何になる？

「(終点)−(始点)でしょ？　Aの複素数が−3+6i、Cの複素数がγだから、

$\gamma-(-3+6i)$

ですか？」

　その通り。じゃあ、ハルトくん、$\overrightarrow{AB}$は？

「$(1+4i)-(-3+6i)$　です。」

　そうだよね。$\gamma-(-3+6i)$ は $(1+4i)-(-3+6i)$ を$\dfrac{\pi}{3}$または$-\dfrac{\pi}{3}$回転させたものといえるね。

　じゃあ、あとは、いけるんじゃないかな？　ハルトくん、解いてみて。

「解答」　点Cの表す複素数をrとすると

$$r-(-3+6i)$$

$$=\{(1+4i)-(-3+6i)\}\left(\cos\frac{\pi}{3}+i\sin\frac{\pi}{3}\right)$$

$$=(4-2i)\left(\cos\frac{\pi}{3}+i\sin\frac{\pi}{3}\right)$$

$$=(4-2i)\left(\frac{1}{2}+\frac{\sqrt{3}}{2}i\right)$$

$$=2+2\sqrt{3}i-i-\sqrt{3}i^2$$

$$=2+2\sqrt{3}i-i+\sqrt{3}$$

$$=(2+\sqrt{3})+(-1+2\sqrt{3})i$$

$$r=(-1+\sqrt{3})+(5+2\sqrt{3})i$$

または

$$r-(-3+6i)$$

$$=\{(1+4i)-(-3+6i)\}\left\{\cos\left(-\frac{\pi}{3}\right)+i\sin\left(-\frac{\pi}{3}\right)\right\}$$

$$=(4-2i)\left\{\cos\left(-\frac{\pi}{3}\right)+i\sin\left(-\frac{\pi}{3}\right)\right\}$$

$$=(4-2i)\left(\frac{1}{2}-\frac{\sqrt{3}}{2}i\right)$$

$$=2-2\sqrt{3}i-i+\sqrt{3}i^2$$

$$=2-2\sqrt{3}i-i-\sqrt{3}$$

$$=(2-\sqrt{3})+(-1-2\sqrt{3})i$$

$$r=(-1-\sqrt{3})+(5-2\sqrt{3})i$$

よって，点Cの表す複素数は

$$\underline{(-1\pm\sqrt{3})+(5\pm2\sqrt{3})i}\quad（複号同順）$$

←[答え]　例題 **8-14**

その通り。正解。

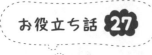

回転移動は xy 平面にも
応用できる

　　3点 A$(-3,\ 6)$，B$(1,\ 4)$，C があり，$\triangle$ABC が正三角形であるとき，点 C の座標を求めよ。

ミサキさんは，どう解く？

「まず，C$(x,\ y)$ として，3辺AB，BC，CAの長さを求めて，すべて同じ長さなので……とします。」

　今までの知識なら，そうだね。でも，せっかく回転移動を習ったのだから，それを使えばいいよ。xy平面上の座標を，複素数平面上で考えれば，A$(-3+6i)$，B$(1+4i)$，C となるよね。そうすると，$\boxed{\text{例題 8-14}}$ の解きかたでいける。

「あっ，そうか。さっきの問題と同じだから，
　　$(-1\pm\sqrt{3})+(5\pm2\sqrt{3})i$（複号同順）と求められるな。」

　そう。そして，これを再びxy平面上の座標に変えると，

　　C$(-1\pm\sqrt{3},\ 5\pm2\sqrt{3})$（複号同順）　　$\Leftarrow$ 答え

と求められるわけだ。

お役立ち話 **28**

なぜ，極形式の積，商の 公式が成り立つのか

例題 **8-11** の(2)で，どうして $z_1 = 6\left(\cos\frac{\pi}{4} + i\sin\frac{\pi}{4}\right)$ に

$z_2 = 2\left(\cos\frac{\pi}{6} + i\sin\frac{\pi}{6}\right)$ を掛けると，絶対値が2倍になり，偏角が $\frac{\pi}{6}$ 増える

のか説明しよう。

8-9 の"回転移動"で考えると，まず，2を掛

けるから，原点からの距離が2倍になる，つまり，

絶対値が2倍だ。

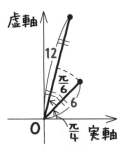

さらに，$\cos\frac{\pi}{6} + i\sin\frac{\pi}{6}$ を掛けると，$\frac{\pi}{6}$ だけ回

転するわけなので，偏角が $\frac{\pi}{6}$ 増えるんだよね。

 「なるほど……。じゃあ，z_1 を z_2 で割ると，絶対値が $\frac{1}{2}$ 倍になり，

偏角が $\frac{\pi}{6}$ 減るのはどうしてですか？」

 「z_2 で割るということは，$\dfrac{1}{z_2} = \dfrac{1}{2\left(\cos\frac{\pi}{6} + i\sin\frac{\pi}{6}\right)}$ を掛けると考え

ればいいんじゃないの？」

「あっ，そうか！ 頭いいな（笑）。$\frac{1}{2}$ を掛けると，原点からの距離

が $\frac{1}{2}$ 倍になるよね。絶対値が $\frac{1}{2}$ 倍……。あれっ？ でも，

$\dfrac{1}{\cos\frac{\pi}{6}+i\sin\frac{\pi}{6}}$ を掛けると，どうなるの？」

変形すると

$$
\frac{1}{\cos\frac{\pi}{6}+i\sin\frac{\pi}{6}}=\frac{\cos\frac{\pi}{6}-i\sin\frac{\pi}{6}}{\left(\cos\frac{\pi}{6}+i\sin\frac{\pi}{6}\right)\left(\cos\frac{\pi}{6}-i\sin\frac{\pi}{6}\right)}
$$

$$
=\frac{\cos\frac{\pi}{6}-i\sin\frac{\pi}{6}}{\cos^2\frac{\pi}{6}-i^2\sin^2\frac{\pi}{6}}
$$

$$
=\frac{\cos\frac{\pi}{6}-i\sin\frac{\pi}{6}}{\cos^2\frac{\pi}{6}+\sin^2\frac{\pi}{6}} \quad \leftarrow 1
$$

$$
=\cos\frac{\pi}{6}-i\sin\frac{\pi}{6}
$$

例題 8-10 ⑵でやったように，$\cos(-\theta)=\cos\theta$，
$\sin(-\theta)=-\sin\theta$ を使って変形すると

$$
\frac{1}{\cos\frac{\pi}{6}+i\sin\frac{\pi}{6}}=\cos\left(-\frac{\pi}{6}\right)+i\sin\left(-\frac{\pi}{6}\right)
$$

というわけで，$\dfrac{1}{\cos\frac{\pi}{6}+i\sin\frac{\pi}{6}}$ を掛けると $-\frac{\pi}{6}$ 回転するんだよね。

「偏角が $\frac{\pi}{6}$ 減るのは，そのためなんですね！」

極形式の*k*乗

『ド・モアブルの定理』は、『数学Ⅰ・A編』の 2-3 で登場した「ド・モルガンの法則」といい間違える人が多いから、気をつけよう。

複素数の累乗の計算では、

$$z=\cos\theta+i\sin\theta \quad のとき,\quad z^k=\cos k\theta+i\sin k\theta$$

（ただし，*k*は整数）

という計算ができるよ。z^kはθ回転を*k*回行うことを意味するから、ぜんぶで$k\theta$だけ回転するという考えを使っているんだ。これは、ド・モアブルの定理と呼ばれている。これを応用すれば、次の公式も成り立つ。

⑦71 ド・モアブルの定理の応用1

$z=r(\cos\theta+i\sin\theta)$のとき

$$z^k=r^k(\cos k\theta+i\sin k\theta) \quad （ただし，kは整数）$$

この公式は*k*が負の整数や0のときでも、成り立つんだ。つまり、

"*k*乗"の場合、絶対値は*k*乗し、偏角は*k*倍する

でいい。これは、次のようないいかたもできるよ。

⑦72 ド・モアブルの定理の応用2

$$|z^k|=|z|^k$$
$$\arg(z^k)=k\arg z \quad （ただし，kは整数）$$

例題 8-15 定期テスト 出題度 **❗❗** 共通テスト 出題度 **❗❗❗**

$z = \dfrac{1+\sqrt{3}i}{1+i}$ のとき，次の問いに答えよ。

(1) z^8 を求めよ。

(2) z^{p+2} が実数となる最小の自然数 p を求めよ。

(3) z^{p-7} が純虚数となる最小の自然数 p を求めよ。

「えっ？　8乗？　計算が面倒くさそうだな。」

　そのまま8乗せずに，**分子，分母ともに極形式に直し，割り算してから8乗する**といいよ。ミサキさん，やってみて。

「**解答** (1) $z^8 = \left(\dfrac{1+\sqrt{3}i}{1+i}\right)^8$

$= \left\{\dfrac{2\left(\cos\dfrac{\pi}{3} + i\sin\dfrac{\pi}{3}\right)}{\sqrt{2}\left(\cos\dfrac{\pi}{4} + i\sin\dfrac{\pi}{4}\right)}\right\}^8$

$\dfrac{z_1}{z_2} = \dfrac{r_1}{r_2}\{\cos(\theta_1-\theta_2) + i\sin(\theta_1-\theta_2)\}$

$= \left[\dfrac{2}{\sqrt{2}}\left\{\cos\left(\dfrac{\pi}{3}-\dfrac{\pi}{4}\right) + i\sin\left(\dfrac{\pi}{3}-\dfrac{\pi}{4}\right)\right\}\right]^8$

$= \left\{\sqrt{2}\left(\cos\dfrac{\pi}{12} + i\sin\dfrac{\pi}{12}\right)\right\}^8$

$(\sqrt{2})^8\left\{\cos\left(\dfrac{\pi}{12}\times8\right) + i\sin\left(\dfrac{\pi}{12}\times8\right)\right\}$

$= 16\left(\cos\dfrac{2}{3}\pi + i\sin\dfrac{2}{3}\pi\right)$

$= 16\left(-\dfrac{1}{2} + \dfrac{\sqrt{3}}{2}i\right)$

$= \underline{-8 + 8\sqrt{3}i}$　答え　**例題 8-15** (1)」

　正解。よくできました。

「(2)は，2乗，3乗，……と求めていけば，いつかは実数になりそうだな（笑）。」

間違っていないが，やはり，面倒だよね。これも，**お役立ち話 28** のように回転移動で考えてみればいいよ。

まず，z^0では1の地点にいる。

そして，(1)より，$z=\sqrt{2}\left(\cos\dfrac{\pi}{12}+i\sin\dfrac{\pi}{12}\right)$ を1回掛けるごとに原点との距離が$\sqrt{2}$倍になって，さらに$\dfrac{\pi}{12}$回転するんだよね。ということは，**12回掛ければπ回転して，実軸の負の部分にたどりつくことになるよね。**

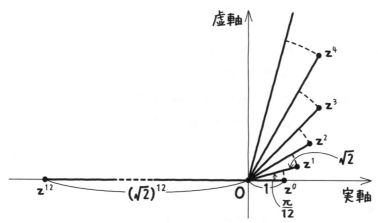

「実軸上にあるということは，実数だ！」

そうだね。**8-1** でやったよね。

「さらに12回掛けたら，半周回って，実軸の正の部分に行きますね。」

「さらに12回掛けたら，実軸の負の部分にくるし……。12回掛けるごとに実数になりそうだ。」

その通り。zを"12の倍数回"掛ければ実数になるね。

解答 (2) $p+2=12k$ （kは整数）だから，

$p=12k-2$ （kは整数）より，最小の自然数pは$k=1$のときで，

$p=10$ ⇐ **答え** **例題 8-15** (2)

じゃあ，(3)で純虚数になるのは？

 「純虚数ということは，虚軸上に来ればいいわけでしょう？　6回掛ければ$\dfrac{\pi}{2}$回転して，そうなりそう！　$p-7=6$ですね。」

いや，そうじゃない。いったん，整数mなどを使った式で表してから考えよう。

 「6回掛けた後は12回掛けるごとにπ回転して虚軸上に来るから，zを"6＋(12の倍数)回"掛ければいいことになって……

解答 (3) $p-7=6+12m$ （mは整数）

$p=12m+13$ （mは整数）

です。」

そうだね。じゃあ，最小の自然数pは？

 「あっ，$m=-1$のときがありますね！

$p=1$ ⇐ **答え** **例題 8-15** (3)

です！」

そうだね。

例題 **8-16**　定期テスト 出題度 ❗❗　共通テスト 出題度 ❗❗

$z = \cos\dfrac{2}{5}\pi + i\sin\dfrac{2}{5}\pi$ のとき，次の問いに答えよ。

(1)　$1 + z + z^2 + z^3 + z^4$ の値を求めよ。

(2)　$\cos\dfrac{2}{5}\pi$ の値を求めよ。

$\sin\dfrac{1}{2}\pi$, $\cos\dfrac{2}{3}\pi$, $\sin\dfrac{3}{4}\pi$ など，分母が2，3，4になっている角なら求められるよね。でも，分母が5では無理だから，**5乗の値を求めて使うんだ。**

解答　(1)　$z^5 = \left(\cos\dfrac{2}{5}\pi + i\sin\dfrac{2}{5}\pi\right)^5$ ⎞ $\cos\left(\dfrac{2}{5}\pi \times 5\right) + i\sin\left(\dfrac{2}{5}\pi \times 5\right)$

$= \cos 2\pi + i\sin 2\pi$

$= 1$

$1 + z + z^2 + z^3 + z^4$ は，初項1，公比 z，項数5の等比数列の和より，

$$1 + z + z^2 + z^3 + z^4 = \frac{1 - z^5}{1 - z} \quad (z \neq 1)$$

$$= \underline{\underline{0}}$$ ◁**答え**　例題 **8-16** (1)

「例えば，分母が7なら，まず7乗を求めるということですか？」

そうだよ。そして，(2)は(1)の結果を利用する。$\dfrac{2}{5}\pi$, $\dfrac{4}{5}\pi$, $\dfrac{6}{5}\pi$, $\dfrac{8}{5}\pi$ の角が出てくるが，角度を 2π 減らしても，単位円の同じ場所になるから，sin, cos の値は変わらない。$\dfrac{6}{5}\pi$, $\dfrac{8}{5}\pi$ を変えれば，$\sin(-\theta) = -\sin\theta$，$\cos(-\theta) = \cos\theta$（『数学Ⅱ・B編』の **4-5** の $\overset{Point}{33}$ の⑬, ⑭）と，2倍角の公式（『数学Ⅱ・B編』の **4-12**）で解けるよ。

解答　(2)　(1)より，

$$1+z+z^2+z^3+z^4=0$$

$$1+\left(\cos\frac{2}{5}\pi+i\sin\frac{2}{5}\pi\right)+\left(\cos\frac{4}{5}\pi+i\sin\frac{4}{5}\pi\right)$$ ←$z^n=\cos\frac{2n}{5}\pi+i\sin\frac{2n}{5}\pi$

$$+\left(\cos\frac{6}{5}\pi+i\sin\frac{6}{5}\pi\right)+\left(\cos\frac{8}{5}\pi+i\sin\frac{8}{5}\pi\right)=0$$

$$\frac{6}{5}\pi-2\pi=-\frac{4}{5}\pi$$

$$1+\left(\cos\frac{2}{5}\pi+i\sin\frac{2}{5}\pi\right)+\left(\cos\frac{4}{5}\pi+i\sin\frac{4}{5}\pi\right)$$

$$\frac{8}{5}\pi-2\pi=-\frac{2}{5}\pi$$

$$+\left\{\cos\left(-\frac{4}{5}\pi\right)+i\sin\left(-\frac{4}{5}\pi\right)\right\}+\left\{\cos\left(-\frac{2}{5}\pi\right)+i\sin\left(-\frac{2}{5}\pi\right)\right\}=0$$

$$1+\cos\frac{2}{5}\pi+i\sin\frac{2}{5}\pi+\cos\frac{4}{5}\pi+i\sin\frac{4}{5}\pi$$

$$+\cos\frac{4}{5}\pi-i\sin\frac{4}{5}\pi+\cos\frac{2}{5}\pi-i\sin\frac{2}{5}\pi=0$$ ←$\cos(-\theta)=\cos\theta$
$\sin(-\theta)=-\sin\theta$

$$1+2\cos\frac{2}{5}\pi+2\cos\frac{4}{5}\pi=0$$

$$1+2\cos\frac{2}{5}\pi+2\left(2\cos^2\frac{2}{5}\pi-1\right)=0$$ ←2倍角の公式
$\cos2\theta=2\cos^2\theta-1$

$$4\cos^2\frac{2}{5}\pi+2\cos\frac{2}{5}\pi-1=0$$

$0<\cos\dfrac{2}{5}\pi<1$ より，　$\cos\dfrac{2}{5}\pi=x$とおき，

$4x^2+2x-1=0$を解の公式で解く

$$\cos\frac{2}{5}\pi=\frac{-1+\sqrt{5}}{4}$$ ⇐**答え**　**例題 8-16**（2）

8-12　複素数を $\dfrac{1}{k}$ 乗する

1乗からk乗を求めるときと，k乗から1乗を求めるときとではやりかたが違うよ。注意しよう。

例題 8-17

定期テスト 出題度 !!!　　共通テスト 出題度 !!!

$z^4 = -\dfrac{1}{2} + \dfrac{\sqrt{3}}{2}i$ を満たす複素数 z を求めよ。

「$z = a + bi$ とおいて，4乗して，見比べればいいんじゃないのかな……？」

　まあ，2乗くらいなら，それで解いてもいいかもしれないけど，4乗するとなると，さすがにたいへんな式になりそうだね。

「 8-11 のように，極形式に直して解けばいいんじゃないの？」

「あっ，そうか！　それがいいな。

絶対値は，$r = \sqrt{\left(-\dfrac{1}{2}\right)^2 + \left(\dfrac{\sqrt{3}}{2}\right)^2} = 1$

偏角θは，右の図から$\theta = \dfrac{2}{3}\pi$

$z^4 = 1\left(\cos\dfrac{2}{3}\pi + i\sin\dfrac{2}{3}\pi\right)$

になるな。」

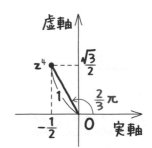

「4乗から1乗を求めるということは，全体を$\dfrac{1}{4}$乗すればいいわけでしょう？

数C
8章

絶対値の1は，$\frac{1}{4}$乗すれば1，偏角の$\frac{2}{3}\pi$は，$\frac{1}{4}$倍すれば$\frac{\pi}{6}$。

よって，$z = \cos\frac{\pi}{6} + i\sin\frac{\pi}{6}$

$$= \frac{\sqrt{3}}{2} + \frac{1}{2}i \qquad\qquad ですね。」$$

ちょっと待って。ここで，大切なことがあるよ。今回，$\theta = \frac{2}{3}\pi$にしたけど，

8-6 でもいった通り，$\theta = \frac{2}{3}\pi + 2\pi = \frac{8}{3}\pi$としてもいいんだよね。そうすると

$$z^4 = \cos\frac{8}{3}\pi + i\sin\frac{8}{3}\pi$$

$$z = \cos\frac{2}{3}\pi + i\sin\frac{2}{3}\pi$$

$$= -\frac{1}{2} + \frac{\sqrt{3}}{2}i$$

というふうに，別の答えが求められるんだ。

「あっ，ホントだ……。」

さらに別の答えもあるよ。

「答えは，すべて求めなきゃいけないんですよね……。どうやって解けばいいんですか？」

8-6 で，$z = r(\cos\theta + i\sin\theta)$で表すときの$\theta$はあてはまるうちの1つの角を使えばいいということだった。しかし，$\boxed{\frac{1}{k}乗（kは自然数）するときは}$

$\boxed{一般角を使うんだ。}$

つまり，こういうことなんだ。

解答　右辺の絶対値は，$r = \sqrt{\left(-\frac{1}{2}\right)^2 + \left(\frac{\sqrt{3}}{2}\right)^2} = 1$

偏角は，$\theta = \frac{2}{3}\pi + 2n\pi$（$n$は整数）

$$z^4=\cos\left(\dfrac{2}{3}\pi+2n\pi\right)+i\sin\left(\dfrac{2}{3}\pi+2n\pi\right)$$

$$z=\cos\left(\dfrac{\pi}{6}+\dfrac{n}{2}\pi\right)+i\sin\left(\dfrac{\pi}{6}+\dfrac{n}{2}\pi\right)$$

$\left(\dfrac{2}{3}\pi+2n\pi\right)$の$\dfrac{1}{4}$倍

$$z=\dfrac{\sqrt{3}}{2}+\dfrac{1}{2}i,\ -\dfrac{1}{2}+\dfrac{\sqrt{3}}{2}i,\ -\dfrac{\sqrt{3}}{2}-\dfrac{1}{2}i,\ \dfrac{1}{2}-\dfrac{\sqrt{3}}{2}i$$

「えっ？　最後のところがよくわからない……。」

まず，$\boxed{\dfrac{1}{k}\text{乗（}k\text{は自然数）すると答えは}k\text{個求まる}}$　と覚えておいてほしい。

「じゃあ，今回は4個求まるということですね。」

うん。だから，

$$z=\cos\left(\dfrac{\pi}{6}+\dfrac{n}{2}\pi\right)+i\sin\left(\dfrac{\pi}{6}+\dfrac{n}{2}\pi\right)\quad(n\text{ は整数})$$

となったあとは，**n に"連続した4つの整数"を代入すればいいんだ。**

$n=0$なら，　$z=\cos\dfrac{\pi}{6}+i\sin\dfrac{\pi}{6}$

$$=\underline{\dfrac{\sqrt{3}}{2}+\dfrac{1}{2}i}$$

$n=1$なら，　$z=\cos\dfrac{2}{3}\pi+i\sin\dfrac{2}{3}\pi$

$$=\underline{-\dfrac{1}{2}+\dfrac{\sqrt{3}}{2}i}$$

$n=2$なら，　$z=\cos\dfrac{7}{6}\pi+i\sin\dfrac{7}{6}\pi$

$$=\underline{-\dfrac{\sqrt{3}}{2}-\dfrac{1}{2}i}$$

$n=3$なら，　$z=\cos\dfrac{5}{3}\pi+i\sin\dfrac{5}{3}\pi$

$$=\underline{\dfrac{1}{2}-\dfrac{\sqrt{3}}{2}i}$$　◁答え　例題 8-17

数C 8章

というふうになって，4個の答えが求められるんだよね。

「$n=4$, 5, ……と代入していったら，別の答えが出るんじゃないんですか？」

いや，出ない。$\dfrac{\sqrt{3}}{2}+\dfrac{1}{2}i$, $-\dfrac{1}{2}+\dfrac{\sqrt{3}}{2}i$, $-\dfrac{\sqrt{3}}{2}-\dfrac{1}{2}i$, $\dfrac{1}{2}-\dfrac{\sqrt{3}}{2}i$ の4つの

答えがローテーションで出てくるんだ。

「nに負の整数を代入してもそうなるのですか？」

うん。$n=-4$, -3, -2, -1 とか，$n=-2$, -1, 0, 1 とか入れても結果は同じだ。

「k乗するときは，一般角を使わなくてもいいんですよね。」

そうだね。別に，使っても間違いにはならないけど，やる必要はないよ。

例えば，**例題 8-15** (1)で，$z=\sqrt{2}\left(\cos\dfrac{\pi}{12}+i\sin\dfrac{\pi}{12}\right)$ を8乗するとき，

$$z=\sqrt{2}\left\{\cos\left(\dfrac{\pi}{12}+2n\pi\right)+i\sin\left(\dfrac{\pi}{12}+2n\pi\right)\right\}$$

$$z^8=16\left\{\cos\left(\dfrac{2}{3}\pi+16n\pi\right)+i\sin\left(\dfrac{2}{3}\pi+16n\pi\right)\right\}$$

と計算したとする。nにどんな整数を入れても，$-8+8\sqrt{3}i$ になるよ。

8-13 $\dfrac{\gamma-\alpha}{\beta-\alpha}$ などから，なす角や長さの比を求める

これは，複素数平面の単元の心臓部にあたる問題といえる。しっかりマスターしておこう。

例題 8-18

定期テスト 出題度 **! ! !**　　共通テスト 出題度 **! ! !**

複素数平面上に3点 A$(3+i)$, B$(4-i)$, C(6) があるとき，次の問いに答えよ。

(1) $\angle$BAC の大きさを求めよ。

(2) $\triangle$ABC はどのような三角形か。

さて，複素数平面上では「角度」の表しかたが今までと違うんだ。3点 A(α)，B(β)，C(γ) とすると

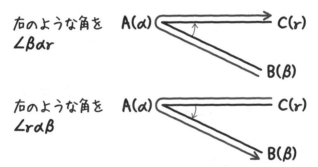

右のような角を $\angle\beta\alpha\gamma$

右のような角を $\angle\gamma\alpha\beta$

と書くんだよ。反時計回りに角度がどのくらいか？　で答えるんだ。例えば上の図のなす角の大きさが $\dfrac{\pi}{6}$ だったとき，$\angle\beta\alpha\gamma=\dfrac{\pi}{6}$，$\angle\gamma\alpha\beta=-\dfrac{\pi}{6}$ になる。注意しようね。

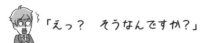「えっ？　そうなんですか？」

ちなみに「∠BACの大きさ」「∠CABの大きさ」ならいずれも$\frac{\pi}{6}$になるよ。

さて，複素数平面上の∠βαγや，それをはさむ辺の長さの比を求めるには，βを分母の頭に配置し，αを分母，分子のお尻にして引いて，γを分子の頭におくんだ。そして，

❶ $\boxed{\dfrac{\gamma-\alpha}{\beta-\alpha}\text{を計算し，極形式に直す。}}$ （実数，純虚数なら極形式に直さなくてよい）

❷ **両辺に$\beta-\alpha$を掛ける。**

でできるんだ。

解答 （1） $\alpha=3+i$，$\beta=4-i$，$\gamma=6$とすると

$$\frac{\gamma-\alpha}{\beta-\alpha}=\frac{6-(3+i)}{(4-i)-(3+i)}=\frac{3-i}{1-2i}$$

$$=\frac{(3-i)(1+2i)}{(1-2i)(1+2i)}$$

$$=\frac{3+6i-i-2i^2}{1-4i^2}$$

$$=\frac{5+5i}{5}$$

$$=1+i$$

$$=\sqrt{2}\left(\cos\frac{\pi}{4}+i\sin\frac{\pi}{4}\right)$$

$$\gamma-\alpha=\sqrt{2}\left(\cos\frac{\pi}{4}+i\sin\frac{\pi}{4}\right)(\beta-\alpha)$$

A(α=3+i)

C(γ=6)

B(β=4−i)

$\angle\beta\alpha\gamma=\dfrac{\pi}{4}$より

∠BACの大きさは$\underline{\dfrac{\pi}{4}}$ ⟵ **答え** **例題 8-18** (1)

「この解答ってどういうことですか？
$\beta-\alpha$は$\overrightarrow{AB}$，$\gamma-\alpha$は$\overrightarrow{AC}$にあたりますよね。」

そうだね。 8-9 でやったように，
∠BACの大きさを求めたいなら，A
から，B，Cに向かうベクトルを考
えるんだ。そして

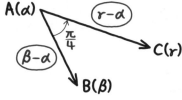

$$\gamma-\alpha=\sqrt{2}\left(\cos\frac{\pi}{4}+i\sin\frac{\pi}{4}\right)(\beta-\alpha)$$

ということは，

> **"$\gamma-\alpha$ は $\beta-\alpha$ を $\dfrac{\pi}{4}$ 回転させて，$\sqrt{2}$ 倍したもの"**

になるね。

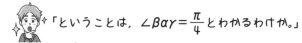「ということは，∠βαγ＝$\dfrac{\pi}{4}$ とわかるわけか。」

慣れてくると，❷を省略する人も多いよ。

$$\frac{\gamma-\alpha}{\beta-\alpha}=\sqrt{2}\left(\cos\frac{\pi}{4}+i\sin\frac{\pi}{4}\right)$$

の段階で，分子の$\gamma-\alpha$は分母の$\beta-\alpha$を $\dfrac{\pi}{4}$ 回転させて，$\sqrt{2}$ 倍したものと考え
るようにすればいいんだ。

$\dfrac{\gamma-\alpha}{\beta-\alpha}=k(\cos\theta+i\sin\theta)$ としたとき，k は $\left|\dfrac{\gamma-\alpha}{\beta-\alpha}\right|$ とも書けるね。これが「AC

の長さがABの長さの何倍か？」つまり，$\dfrac{AC}{AB}$ を表すし，θ は $\arg\dfrac{\gamma-\alpha}{\beta-\alpha}$ とも

書けるね。これが∠βαγを表すんだ。

「$\dfrac{AC}{AB}=\left|\dfrac{\gamma-\alpha}{\beta-\alpha}\right|$，∠βαγ＝$\arg\dfrac{\gamma-\alpha}{\beta-\alpha}$ ということですね。」

「今回はAの角を求めるということで，αをお尻にしたけど，γ，βが

逆の $\dfrac{\beta-\alpha}{\gamma-\alpha}$ で計算しちゃダメなんですか？」

うん，いいよ。同じように計算すれば∠γαβ＝$-\dfrac{\pi}{4}$ になる。

「でも結局，∠CABの大きさは $\frac{\pi}{4}$ になるんじゃない？」

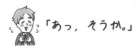「あっ，そうか。」

続いて(2)だが，ACは，ABの $\sqrt{2}$ 倍でしかもなす角が $\frac{\pi}{4}$ ということは……。

「1：1：$\sqrt{2}$ の直角三角形になりますね！」

解答　(2)　∠BACの大きさは $\frac{\pi}{4}$，かつ，

　　AB：AC＝1：$\sqrt{2}$ より，

　　AB：BC：AC＝1：1：$\sqrt{2}$

　　よって，**AB＝BCの直角二等辺三角形**

　**例題 8-18** (2)

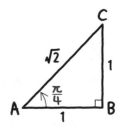

「単に，直角二等辺三角形だけじゃダメなんですか？」

　あっ，それは，ダメ。直角二等辺三角形といっても，AB＝ACのものや，AC＝BCのものがあるからね。これは，『数学Ⅰ・A編』の 4-12 でも説明しているよ。

例題 8-19

〔定期テスト 出題度 ❗❗〕　　〔共通テスト 出題度 ❗❗❗〕

　複素数平面上に3点 A(α)，B(β)，C(γ) があり，次の関係が成り立つとき，∠ABC の大きさを求めよ。

$$(1-\sqrt{3}\,i)\alpha + (-3+\sqrt{3}\,i)\beta + 2\gamma = 0$$

「今回は∠ABCの大きさを求めるのだから，さっきの方程式でやると，

$\dfrac{\gamma-\beta}{\alpha-\beta}$ を計算するということですか？」

「えっ？ 座標がわかっていないですよ。」

いや，気にする必要はない。$\gamma=$ にして，$\dfrac{\gamma-\beta}{\alpha-\beta}$ に代入すればいいんだ。

きっと解けるはずだよ。ハルトくん，やってみて。

「 解答 $(1-\sqrt{3}i)\alpha+(-3+\sqrt{3}i)\beta+2\gamma=0$

$2\gamma=(-1+\sqrt{3}i)\alpha+(3-\sqrt{3}i)\beta$

$\gamma=\dfrac{-1+\sqrt{3}i}{2}\alpha+\dfrac{3-\sqrt{3}i}{2}\beta$ より

$\dfrac{\gamma-\beta}{\alpha-\beta}=\dfrac{\dfrac{-1+\sqrt{3}i}{2}\alpha+\dfrac{3-\sqrt{3}i}{2}\beta-\beta}{\alpha-\beta}$

$\Big)\ \dfrac{3-\sqrt{3}i}{2}\beta-\dfrac{2}{2}\beta=\dfrac{3-\sqrt{3}i-2}{2}\beta$

$=\dfrac{\dfrac{-1+\sqrt{3}i}{2}\alpha+\dfrac{1-\sqrt{3}i}{2}\beta}{\alpha-\beta}$

$\Big)\ \dfrac{-1+\sqrt{3}i}{2}\alpha-\dfrac{-1+\sqrt{3}i}{2}\beta$

$=\dfrac{\dfrac{-1+\sqrt{3}i}{2}(\alpha-\beta)}{\alpha-\beta}$

$=\dfrac{-1+\sqrt{3}i}{2}$

$=\cos\dfrac{2}{3}\pi+i\sin\dfrac{2}{3}\pi$

$\angle\alpha\beta\gamma=\dfrac{2}{3}\pi$ より

∠ABCの大きさは $\underline{\dfrac{2}{3}\pi}$ 答え 例題 8-19 」

そう，正解。お見事！

例題 8-20

定期テスト 出題度 **!!**　　共通テスト 出題度 **!!!**

複素数平面上の原点でない2点 A(α)，B(β) について，

$\alpha^2 - 2\alpha\beta + 4\beta^2 = 0$ という関係が成り立つとき，次の問いに答えよ。

(1) $\dfrac{\alpha}{\beta}$ を求めよ。

(2) △OAB の3つの内角の大きさを求めよ。

まずは(1)だ。与えられた式の両辺を β^2 で割ると，$\left(\dfrac{\alpha}{\beta}\right)^2 - 2\cdot\dfrac{\alpha}{\beta} + 4 = 0$ と

なって，$\dfrac{\alpha}{\beta}$ の2次方程式になるんだよね。これを解けばいいんだ。

解答　(1)　$\alpha^2 - 2\alpha\beta + 4\beta^2 = 0$

両辺を β^2 で割ると

$$\left(\dfrac{\alpha}{\beta}\right)^2 - 2\cdot\dfrac{\alpha}{\beta} + 4 = 0$$

解の公式から，$\dfrac{\alpha}{\beta} = \underline{\underline{1 \pm \sqrt{3}\,i}}$　⇐ **答え**　**例題 8-20** (1)

次の(2)は，(1)の結果を使って考えるよ。

解答　(2)　(1)より，$\dfrac{\alpha}{\beta} = 1 \pm \sqrt{3}\,i$ だから

$$\dfrac{\alpha}{\beta} = 2\left\{\cos\left(\pm\dfrac{\pi}{3}\right) + i\sin\left(\pm\dfrac{\pi}{3}\right)\right\} \quad \text{（複号同順）}$$

ここで，$\dfrac{\alpha}{\beta}$ は $\dfrac{\alpha-0}{\beta-0}$ とみなすんだ。

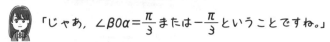

「じゃあ，$\angle\beta0\alpha = \dfrac{\pi}{3}$ または $-\dfrac{\pi}{3}$ ということですね。」

うん。図でいうと，$\alpha-0$ にあたるものが $\overrightarrow{OA}$ であり，$\beta-0$ にあたる $\overrightarrow{OB}$ の2倍の長さになっているね。

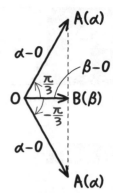

「あっ，そうか。OA：OB＝2：1 でその間の角が $\frac{\pi}{3}$ だから，

OB：AB：OA＝1：$\sqrt{3}$：2 の直角三角形

ということか。」

そう。つまり，

△OAB の3つの内角は，$\angle A=\frac{\pi}{6}$，$\angle O=\frac{\pi}{3}$，$\angle B=\frac{\pi}{2}$

⇐ 答え　例題 8-20 (2)

ということになるね。

　さて，例題 8-19　例題 8-20 では分数式を求めたが，初めから書かれていることもある。たいてい，頭をそろえた形で出てくるんだ。そのときは分子，分母を−1倍してお尻をそろえよう。

$$\frac{z-\beta}{z-\alpha} \text{は} \frac{\beta-z}{\alpha-z}$$

というふうにね。

8-14　なす角や長さの比から，$\dfrac{\gamma-\alpha}{\beta-\alpha}$ を求める

入試問題で，かなりよく出題される問題を1つ紹介するよ。

例題 8-21

定期テスト 出題度 ❗❗　　共通テスト 出題度 ❗❗❗

複素数平面上の2点 A(α)，B(β) を直径の両はしとする円周上に点 P(z) があり，$\dfrac{\text{PB}}{\text{PA}}=2$ のとき，$\dfrac{\beta-z}{\alpha-z}$ を求めよ。ただし，偏角はすべて $-\pi$ 以上 π 未満とする。

8-13 では，与えられた条件から，なす角や長さの比を求めたけど，今度は逆に，なす角や長さの比を与えられて $\dfrac{\gamma-\alpha}{\beta-\alpha}$ などを求める場合を学んでいこう。

コツ 32　$\dfrac{\beta-z}{\alpha-z}$ の求めかたの手順

❶ 図をかいて，$\beta-z$，$\alpha-z$ はどの部分になるかを調べる。

❷ "分子"にあたるほう（今回は，$\beta-z$）は，

"分母"にあたるほう（今回は，$\alpha-z$）を，

何倍して，どれだけ回転したものか？　で式を作る。

❸ $\dfrac{\beta-z}{\alpha-z}$ を求める。

まずは問題文にあるとおりに図をかこう。
そうすると, 1か所角度がわかるよ。『数学Ⅰ・
A編』の 4-14 で登場した円周角の定理を
使えばいい。ABは直径なのだから……。

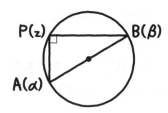

 「あっ, ∠APBの大きさは $\frac{\pi}{2}$ ですね。」

そうだね。じゃあ, 手順のとおりに解いていこう。

❶ 例えば, この図の場合,
$\beta-z$ ってどの部分になる?

 「(終点) − (始点) だから,
z が始点, β が終点。$\overrightarrow{PB}$ だ!」

そうだね。じゃあ, $\alpha-z$ は?

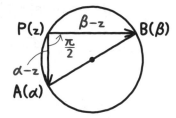

 「$\overrightarrow{PA}$ です。」

その通り。これで $\beta-z$ と $\alpha-z$ がどの部分かわかったから, 次の手順だ。

❷ $\beta-z$ は, $\alpha-z$ を $\frac{\pi}{2}$ だけ回転したものだね。そして $\dfrac{PB}{PA}=2$ だから, $\beta-z$
は $\alpha-z$ の2倍の長さだ。つまり,

$$\beta-z=2\left(\cos\frac{\pi}{2}+i\sin\frac{\pi}{2}\right)(\alpha-z)$$

$$\beta-z=2i(\alpha-z)$$

とできる。ちなみに 8-9 の コツ31 で $\frac{\pi}{2}$ 回転のときは i を掛けると習ったよ
ね。だから初めから

$$\beta-z=2i(\alpha-z)$$

としてもいいよ。

❸ $\dfrac{\beta-z}{\alpha-z}=2i$

となるんだ。

数C 8 章

さて，この問題では，1つ見落としやすいことがある。

PがABに対して反対側にあることもあるよね。その場合は，❷ $\beta - z$ は，$\alpha - z$ を $-\dfrac{\pi}{2}$ 回転して2倍したことになる。

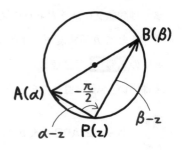

「じゃあ，

$$\beta - z = 2\left\{\cos\left(-\frac{\pi}{2}\right) + i\sin\left(-\frac{\pi}{2}\right)\right\}(\alpha - z) \text{ ですか？」}$$

そうだね。これも，$-\dfrac{\pi}{2}$ 回転のときは $-i$ を掛けるというのを使えば初めから

$$\beta - z = -2i(\alpha - z)$$

でいけるよ。

解答　$\beta - z = \pm 2i(\alpha - z)$

よって，$\dfrac{\beta - z}{\alpha - z} = \underline{\pm 2i}$ ⇦ 答え　　例題 8-21

例題 8-22 　定期テスト 出題度 ❗❗ 　共通テスト 出題度 ❗❗❗

α，β を複素数とする。$|\alpha| = |\beta| = |\alpha + \beta| = 1$ のとき，$\dfrac{\beta}{\alpha}$ の値を求めよ。

「$|\alpha + \beta| = 1$ の両辺を2乗すればいいんですよね。(計算して，)あれっ？解けない？？」

うん。 例題 8-6 や，お役立ち話 **26** の最後で登場した話だね。複素数 α，β がわかっていなくて，$|\alpha+\beta|$ が出てきているから，2乗して展開してみる。でも，それだけでは解けないこともあるんだ。その場合は図形で考えればいい。

3点 O(0)，A(α)，B(β) とすると，$\overrightarrow{OA}=\alpha$，$\overrightarrow{OB}=\beta$ で，$\overrightarrow{OC}=\alpha+\beta$ とすると，OA＝OB＝OC＝1 で，四角形 OACB は平行四辺形になるし，△OAC，△OBC ともに正三角形とわかる。後は， 例題 8-21 と同じだ。

解答 O(0)，A(α)，B(β) とし，OA，OB を2辺とする平行四辺形の残りの頂点を C($\alpha+\beta$) とおくと，△OAC，△OBC はともに正三角形になる。

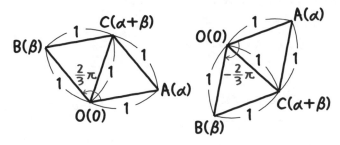

$$\beta=\left(\cos\dfrac{2}{3}\pi+i\sin\dfrac{2}{3}\pi\right)\alpha,\ \text{または}\ \beta=\left\{\cos\left(-\dfrac{2}{3}\pi\right)+i\sin\left(-\dfrac{2}{3}\pi\right)\right\}\alpha$$

$$\dfrac{\beta}{\alpha}=\cos\dfrac{2}{3}\pi+i\sin\dfrac{2}{3}\pi,\ \text{または}\ \dfrac{\beta}{\alpha}=\cos\left(-\dfrac{2}{3}\pi\right)+i\sin\left(-\dfrac{2}{3}\pi\right)$$

すなわち

$$\dfrac{\beta}{\alpha}=-\dfrac{1}{2}\pm\dfrac{\sqrt{3}}{2}i \qquad \Leftarrow \boxed{\text{答え}}\ \ 例題\ 8\text{-}22$$

数C **8** 章

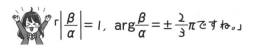「$\left|\dfrac{\beta}{\alpha}\right|=1$，$\arg\dfrac{\beta}{\alpha}=\pm\dfrac{2}{3}\pi$ですね。」

3点が一直線上や 垂直の位置にあるとき

垂直の場合，ベクトルなら内積0でやった。複素数平面のときは，回転移動の考えかたでできる。まあ，公式を覚えちゃうのがいちばん早いんだけどね。

例題 8-23

定期テスト 出題度 **❗❗**   共通テスト 出題度 **❗❗❗**

複素数平面上の3点 $A(-2+5i)$，$B(3+4i)$，$C(a-7i)$ が次の位置関係にあるとき，実数 a の値を求めよ。

(1) 3点 A，B，C が一直線上にある
(2) BA⊥CA の位置関係にある

まず，A, B, C の表す複素数をそれぞれ α, β, γ としよう。A から B, C に向かうベクトルを考えてみると，わかりやすいよ。(1)は，$\gamma-\alpha$ と $\beta-\alpha$ は平行だから，**7-5** でもやったように一方が他方の実数倍になる。

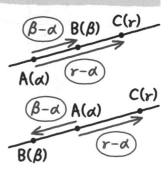

Point 73 3点が一直線上にあるための条件

3点 $A(\alpha)$，$B(\beta)$，$C(\gamma)$ が一直線上にある

$$\iff \frac{\gamma-\alpha}{\beta-\alpha} \text{が実数}$$

$$\left(\frac{\beta-\alpha}{\gamma-\alpha}, \ \frac{\gamma-\beta}{\alpha-\beta}, \ \frac{\alpha-\beta}{\gamma-\beta}, \ \frac{\beta-\gamma}{\alpha-\gamma}, \ \frac{\alpha-\gamma}{\beta-\gamma} \text{が実数でもよい} \right)$$

後で計算するけど，結果から先に言うと，

$$\frac{\gamma-\alpha}{\beta-\alpha}=\frac{(5a+22)+(a-58)i}{26}$$

になる。これが実数ということは，虚部が0と考えればいいね。

 「$\frac{\beta-\alpha}{\gamma-\alpha}$ で計算して，実数としてもいいんですよね。」

　うん，それでもいい。$\alpha-\beta$ と $\gamma-\beta$，$\alpha-\gamma$ と $\beta-\gamma$ もそれぞれ平行になるから，β や γ をお尻にした分数でもいいよ。一方，(2)のほうだけど，$\gamma-\alpha$ は $\beta-\alpha$ を $\frac{\pi}{2}$ または $-\frac{\pi}{2}$ 回転させ，何倍かしたものといえる。

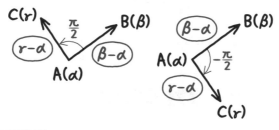

 「 例題 8-21 のように，$\gamma-\alpha=ki(\beta-\alpha)$ や$\gamma-\alpha=-ki(\beta-\alpha)$（$k$ は正の実数）になるということですね。$\frac{\gamma-\alpha}{\beta-\alpha}=ki$，$-ki$ になるわけだから……純虚数？」

　そうだね。次の公式が成り立つよ。

Point 74 　2直線が垂直に交わるための条件（その1）

2直線AB，ACが垂直　　　$\Longleftrightarrow$　$\dfrac{\gamma-\alpha}{\beta-\alpha}$ が純虚数
（つまり BA⊥CA）

$\left(\dfrac{\beta-\alpha}{\gamma-\alpha}\text{ が純虚数でもよい}\right)$

解答 (1) A，B，Cの表す複素数をそれぞれ α，β，γ とすると

$$\frac{\gamma-\alpha}{\beta-\alpha}=\frac{(a-7i)-(-2+5i)}{(3+4i)-(-2+5i)}$$

$$=\frac{(a+2)-12i}{5-i}$$

$$=\frac{\{(a+2)-12i\}(5+i)}{(5-i)(5+i)}$$

$$=\frac{5(a+2)+(a+2)i-60i-12i^2}{25-i^2}$$

$$=\frac{5(a+2)+(a+2)i-60i+12}{26}$$

$$=\frac{(5a+22)+(a-58)i}{26}$$

$\dfrac{\gamma-\alpha}{\beta-\alpha}$ が実数になればいいので ← 虚部が0

$$a-58=0$$

$$\underline{\underline{a=58}} \quad \Leftarrow \boxed{答え} \quad \blacktriangleleft 例題\ 8\text{-}23 \blacktriangleleft (1)$$

(2) $\dfrac{\gamma-\alpha}{\beta-\alpha}$ が純虚数になればいいので ← 実部が0

$$5a+22=0$$

$$\underline{\underline{a=-\frac{22}{5}}} \quad \Leftarrow \boxed{答え} \quad 例題\ 8\text{-}23 \blacktriangleleft (2)$$

(2)のようにAという決まった場所でなく，単に2直線が垂直に交わる場合もあるよ。例えば，A(α)，B(β)，C(γ)，D(δ) とする。あっ，δ は「デルタ」と読むよ。

2直線AB，CDが垂直ということは，$\overrightarrow{AB}$ と $\overrightarrow{CD}$ が垂直といえる。

 「$\overrightarrow{AB}$と，$\overrightarrow{CD}$が離れていてもいいのですか？」

いいよ。だって，ベクトルは大きさや向きを変えなければ，場所を移動させることができるからね。

$\overrightarrow{AB}$ は $\beta-\alpha$，$\overrightarrow{CD}$ は $\delta-\gamma$ と表され，一方を他方で割ると純虚数ということだ。

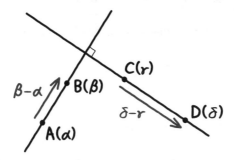

ちなみに，$\overrightarrow{AB}$ の代わりに $\overrightarrow{BA}$ つまり $\alpha-\beta$，$\overrightarrow{CD}$ の代わりに $\overrightarrow{DC}$ つまり $\gamma-\delta$ を使ってもいいよ。

75　2直線が垂直に交わるための条件（その2）

4点 A(α)，B(β)，C(γ)，D(δ) とすると，

2直線 AB，CD が垂直 $\iff$ $\dfrac{\delta-\gamma}{\beta-\alpha}$ が純虚数

（α と β，γ と δ はそれぞれ入れかわってもいいし，分子，分母が逆でもいい。）

複素数平面上の
図形の方程式

複素数平面上の図形だってグラフの一種だから，もちろん方程式が存在するよ。

　7-17 で，ベクトル方程式というのが出てきたが，それと同様に，複素数平面上の図形の方程式というのもあるんだ。

　「今までと同じやりかたで作ればいいんですか？」

　そうだよ。動く点はP(z) としよう。"複素数平面"だからね。zは，もちろん複素数だよ。

　例えば，A(α) を中心とする半径rの円を考えてみよう。

　円周上でP(z) を動かす。

　そして，Pの位置に関係なく常に成り立つというのは，"**A，P間の距離は半径に等しい**"ということだ。

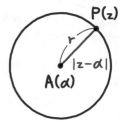

　「『A，P間の距離』は，$|z-\alpha|$ですね。」

　そうだね。 8-4 でやったね。よって，$|z-\alpha|=r$が成り立つ。

　「|動点−中心|＝半径。あれっ？　何か，前に出てきたような気が……。」

　7-17 の ^{Point}46 の❶のベクトル方程式と一緒だよ。動点$\vec{p}$がzに，中心$\vec{c}$がαになっているだけだ。他の複素数平面上の図形の方程式も，ベクトル方程式と同じ形をしているよ。

76 複素数平面上の図形の方程式

❶ 点A(α) を中心とする
半径rの円
$$|z-\alpha|=r$$

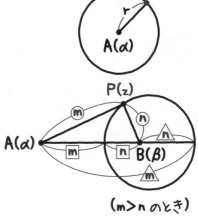

❷ 2点A(α),
B(β) とするとき,
線分ABを$m:n$
(m≠n) の比に内分
する点と外分する点
を直径の両端とする円
$$|z-\alpha|:|z-\beta|$$
$$=m:n$$
または
$$n|z-\alpha|=m|z-\beta|$$

（$m>n$ のとき）

❸ 2点A(α), B(β) を
通る直線
$$z=t\alpha+(1-t)\beta$$
　　　　（tは媒介変数）

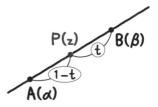

❹ 2点A(α), B(β) とする
とき, 線分ABの垂直二等
分線
$$|z-\alpha|=|z-\beta|$$

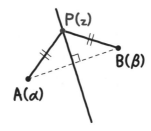

数C 8章

「『直径の両端がA，Bの円』とか，『点Aを通り，$\vec{n}$ に垂直な直線』とかはベクトル方程式にあっても，今回はないんですね……。」

そうだね。複素数に“内積”はないからね。

例題 8-24
定期テスト 出題度 **!!!** 　　共通テスト 出題度 **!!!**

複素数 z が次のような図形上を動くとき，z が満たす方程式を求めよ。ただし，(1)は媒介変数として t を用いること。

(1) 2点 A$(-2-5i)$，B$(4-8i)$ を通る直線

(2) 2点 A$(3-i)$，B$(-1+7i)$ を直径の両端とする円

ミサキさん，(1)は，できる？

「76 の ❸ の形ですよね。

$$z = t(-2-5i) + (1-t)(4-8i)$$
$$z = -2t - 5ti + 4 - 8i - 4t + 8ti$$
$$z = (4-6t) + (-8+3t)i$$

です。」

うん。まあ，いいね。あえていえば，$(1-t)(4-8i)$ はふつうに展開するよりは，**$(1-t)$ をひとかたまりとして，展開すると，**

$(4-4t) + (-8+8t)i$ となって，**●＋●i の形**だから，そのあとが足しやすいよ。

解答　(1)　$z = t\,(-2-5i) + (1-t)(4-8i)$

　　　　　$z = -2t - 5ti + (4-4t) + (-8+8t)i$

　　　　　$\underline{z = (4-6t) + (-8+3t)i}$　　←答え　例題 8-24 (1)

「(2)は，❶っぽいな。でも，中心や半径が書かれていないですよ。」

『数学Ⅱ・B編』の 例題 3-15 でやったよ。中心を例えばCとすると，Cは線分ABの中点ということになるね。

「あっ，そうか。中点は 8-5 の コツ30 のやりかたで求められるな。」

「半径は，2点A，C間の距離ということね。」

その通り。これは， 8-4 の公式で計算できる。じゃあ，ハルトくん，解いてみて。

「解答 (2) 中心をCとすると，

C は線分ABの中点より

$$\frac{(3-i) + (-1+7i)}{2} = 1 + 3i$$

半径は，2点A，C間の距離より

$|(1+3i) - (3-i)|$

$=|-2+4i|$

$=\sqrt{(-2)^2 + 4^2}$

$=2\sqrt{5}$

よって，求める方程式は

$|z - 1 - 3i| = 2\sqrt{5}$ ←答え 例題 8-24 (2)」

そうだね。正解。

数C 8章

方程式から図形を求める

8-16 と逆のことをしてみよう。

例題 8-25

定期テスト 出題度 **!!!**　　共通テスト 出題度 **!!!**

複素数 z について，次の方程式が成り立つとき，動点 $P(z)$ はどのような図形を描くか。

(1)　$z\bar{z}=4$

(2)　$|z+5|=|\bar{z}-3+2i|$

(1)は，8-3 の 63 で，$|z|^2=z\bar{z}$ という公式があったね。それを使って変形すればいいよ。

「**解答**　(1)　$z\bar{z}=4$ より

$|z|^2=4$　　$|z|=2$

⋯⋯⋯⋯⋯⋯⋯

えっ？　この後は？」

z は，$z-0$ とみなせるよ。

「　　　　$|z-0|=2$

原点を中心とする半径2の円　　◁答え　**例題 8-25** (1)

ということか。」

そうだね。8-16 の 76 で登場した複素数平面上の図形の方程式のうち，❶ の形をしているね。

「(2)は，式を見ると，❹　$|z-\alpha|=|z-\beta|$ っぽいですけど，右辺の z に "横棒" がついているし……。」

　うん。この"横棒"を何とかすればいいと思う。じゃあ，まず，右辺全体の上に横棒をつけよう。$-3+2i$は，$-3-2i$の共役な複素数だから，$\overline{-3-2i}$と書けるね。だから，

解答　(2)　$|z+5|=|\overline{z}-3+2i|$ より

$$|z+5|=|\overline{z-3-2i}|$$

となる。そして，8-3 の 65 で，$|z|=|\overline{z}|$ という公式があったね。だから $|z-3-2i|=|\overline{z-3-2i}|$ といえる。

　それを使うと，

$$|z+5|=|z-3-2i|$$

となって，76 の❹の形だから，

<u>A(-5)，B$(3+2i)$ とするとき，線分 AB の垂直二等分線</u>

⇐ **答え**　例題 8-25 (2)

が正解だ。

「絶対値の中の$\overline{z}$をzにするために，全体に横棒をつけるのね。うまい方法ですね！」

例題 8-26

定期テスト 出題度 ❗❗　　**共通テスト 出題度 ❗❗❗**

　$|z-\alpha|=r$ を満たす複素数zは，α の表す点を中心とする半径rの円を描く。

　これを利用して，$2|z-3i|=|z+6|$ を満たすzは，どのような図形を描くかを求めよ。

　両辺を2乗して展開してみよう。$|z|^2=z\overline{z}$を使うよ。

解答　$2|z-3i|=|z+6|$ の両辺を2乗して

$$4|z-3i|^2=|z+6|^2$$

$$4(z-3i)\overline{(z-3i)}=(z+6)\overline{(z+6)}\ \Big)\ |z|^2=z\bar{z}$$

$$4(z-3i)(\bar{z}-\overline{3i})=(z+6)(\bar{z}+\bar{6})$$

$$4(z-3i)(\bar{z}+3i)=(z+6)(\bar{z}+6)$$

$$4(z\bar{z}+3iz-3i\bar{z}-9i^2)=z\bar{z}+6z+6\bar{z}+36$$

$$4z\bar{z}+12iz-12i\bar{z}+36=z\bar{z}+6z+6\bar{z}+36$$

$$3z\bar{z}+(-6+12i)z+(-6-12i)\bar{z}=0$$

$$z\bar{z}+(-2+4i)z+(-2-4i)\bar{z}=0\ \ \cdots\cdots①$$

「$\overline{3i}$ということは，$3i$の共役な複素数だから……。

　　あっ，$-3i$か。」

　そうだね。$3i$は$0+3i$とみなせるからね。共役な複素数は$0-3i$。つまり，$-3i$になる。

「$\bar{6}$は，6の共役な複素数だから，6ですね。」

　その通り。6は$6+0\cdot i$とみなせるから，共役な複素数は$6-0\cdot i$で，6ということだ。**8-2** の⑥①を覚えておくと，もっと楽だよ。

　さて，計算の続きをやってみよう。『数学Ⅰ・A編』の **8-2** で，

$$(x+a)(y+b)=xy+bx+ay+ab$$

の右辺の形を左辺の形に変えるという計算があったよね。今回もそれを使うよ。上の式の右辺の

$$x\,y+b\,x+a\,y+a\,b$$

と①の左辺の

$$z\,\bar{z}+(-2+4i)\,z+(-2-4i)\,\bar{z}$$

を見比べると形は似ているよね。xをz，yを$\bar{z}$，bを$-2+4i$，aを$-2-4i$とみなすと，abにあたる数である$(-2-4i)(-2+4i)$を補充すればいいんだよね。左辺に足したら，当然，右辺にも足すことになる。

①の左辺は，$(x+a)(y+b)$ の形……つまり，

$(\underset{z+(-2-4i)}{\underline{z-2-4i}})(\underset{\bar{z}+(-2+4i)}{\underline{\bar{z}-2+4i}})$ に変形できるし，

右辺は，そのまま計算してしまえばいいよ。

①の式の両辺に $(-2-4i)(-2+4i)$ を足すと

$z\bar{z}+(-2+4i)z+(-2-4i)\bar{z}+(-2-4i)(-2+4i)$
$$=(-2-4i)(-2+4i)$$

$(z-2-4i)(\bar{z}-2+4i)=4-16i^2$

$(z-2-4i)(\bar{z}-2+4i)=20$

このあとは，左辺を $(\ )(\overline{\ \ })$ の形にするんだ。$-2+4i$ は，$-2-4i$ の共役な複素数だよね。だから，$-2+4i$ は，$\overline{-2-4i}$ と直せるよ。

$(z-2-4i)(\overline{z-2-4i})=20$

$|z-2-4i|^2=20$

$|z-2-4i|=2\sqrt{5}$

点 $2+4i$ を中心とする半径 $2\sqrt{5}$ の円　　⇦ 答え 例題 8-26

8-16 の の❷を使っても解ける。

『A$(3i)$，B(-6) とすると，線分 AB を 1：2 の比に内分する点と外分する点を直径の両端とする円』ということになるね。

ミサキさん，内分点，外分点を表す複素数はそれぞれどうなる？

「A$(3i)$，B(-6) で，線分 AB を 1：2 の比に内分する点は

$$\frac{2\cdot 3i+1\cdot(-6)}{1+2}=\frac{6i-6}{3}=-2+2i$$

線分 AB を 1：2 の比に外分する点は

$$\frac{-2\cdot 3i+1\cdot(-6)}{1-2}=\frac{-6i-6}{-1}=6+6i$$

です。」

そうだね。**2点−2+2i，6+6iを直径の両端とする円**ともいえるよ。

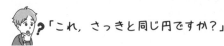「これ，さっきと同じ円ですか？」

そうだよ。円の中心を表す複素数を求めてみて。

「$\dfrac{(-2+2i)+(6+6i)}{2}=\dfrac{4+8i}{2}=2+4i$

です。あっ，ホントだ。中心は同じですね。」

半径は，直径の一方と中心間の距離ということだね。 **8-4** の2点間の距離の公式で，

$$\left| (2+4i)-(-2+2i) \right|$$
←A(α)，B(β) のとき，
2点A，B間の距離は
AB=$|\beta-\alpha|$

$$=|4+2i|$$
←$z=x+yi$のとき
$|z|=\sqrt{x^2+y^2}$

$$=\sqrt{4^2+2^2}$$

$$=\sqrt{20}$$

$$=2\sqrt{5}$$

となる。つまり，**点2+4iを中心とする半径$2\sqrt{5}$の円**だとわかるね。

「こっちの解きかたのほうが楽ですよね。」

そう思う。でも，今回は問題で❶$|z-\alpha|=r$を使うよう指示されているから，前半のように解かなきゃいけないんだ。

「そうか……ありがた迷惑だな（笑）。」

他に，$\sqrt{2}|z-3i|=|z+6|$のように

絶対値の中の係数を1にしたとき，前に$\sqrt{}$ がついているときも❷だと計算が面倒になる。❶でやるといいよ。

お役立ち話 **29**

複素数平面上の図形の方程式を xy 平面上のふつうの方程式に直す

7-18 でベクトル方程式を，"ふつうの方程式"に直せるということを学んだ。

　複素数平面上の図形の方程式の場合は，$z=x+yi$（x，y は実数）を代入すれば，やはり，ふつうの方程式に直せるんだ。

8-17 の問題をやってみよう。

例題 8-25　　定期テスト 出題度 **!!!**　　共通テスト 出題度 **!!!**

　　複素数 z について，次の方程式が成り立つとき，動点 $\mathrm{P}(z)$ はどのような図形を描くか。

(1)　$z\bar{z}=4$

(2)　$|z+5|=|\bar{z}-3+2i|$

ミサキさん，$z=x+yi$ とおいて，解いてみて。

「**解答**　$z=x+yi$（x，y は実数）とする。

(1)　$(x+yi)(x-yi)=4$　←$\overline{x+yi}=x-yi$

　　　　　$x^2-y^2i^2=4$

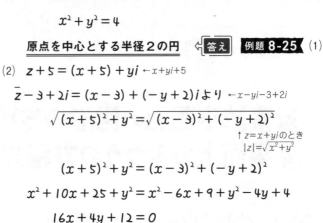

$$x^2 + y^2 = 4$$

原点を中心とする半径2の円 ⇦答え 例題 **8-25** (1)

(2) $z + 5 = (x + 5) + yi$ ←$x+yi+5$

$\overline{z} - 3 + 2i = (x - 3) + (-y + 2)i$ より ←$x-yi-3+2i$

$$\sqrt{(x+5)^2 + y^2} = \sqrt{(x-3)^2 + (-y+2)^2}$$

↑$z=x+yi$のとき
$|z|=\sqrt{x^2+y^2}$

$$(x + 5)^2 + y^2 = (x - 3)^2 + (-y + 2)^2$$

$$x^2 + 10x + 25 + y^2 = x^2 - 6x + 9 + y^2 - 4y + 4$$

$$16x + 4y + 12 = 0$$

直線$4x + y + 3 = 0$ ⇦答え 例題 **8-25** (2)」

そうだね。図にすると次のようになるよ。

(2)は A(-5), B$(3+2i)$ とするとき, 線分 AB の垂直二等分線だったから, 同じ図形だね。

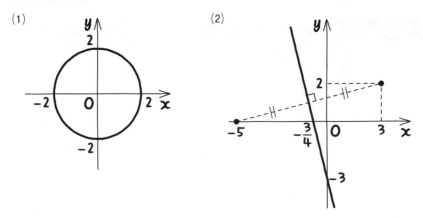

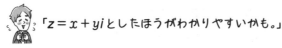

「$z = x + yi$としたほうがわかりやすいかも。」

この例題では, 計算がそんなにたいへんじゃないかもしれないけど, なるべくzのまま解いたほうがいいよ。

8-18 複素数平面上の軌跡

「また，軌跡？」って，うんざりしないでね。軌跡は数学Ⅱ以上に，数学Cでよく登場するよ。

例題 8-27

定期テスト 出題度 !! 　　共通テスト 出題度 !!!

$z + \dfrac{1}{z}$ が実数であるとき，複素数 z が描く図形を図示せよ。

「『描く図形』ということは，軌跡ですね。」

そうだね。まず，分母は0でないので $z \neq 0$ とわかる。そのあとはハルトくん，解ける？

解答　$z = x + yi$（$x,\ y$ は実数）とおくと

$$z + \frac{1}{z}$$

$$= x + yi + \frac{1}{x + yi}$$

$$= x + yi + \frac{x - yi}{(x + yi)(x - yi)}$$

$$= x + yi + \frac{x - yi}{x^2 - y^2 i^2}$$

$$= x + yi + \frac{x - yi}{x^2 + y^2}$$

$$= \frac{x(x^2 + y^2) + y(x^2 + y^2)i + x - yi}{x^2 + y^2}$$

$$= \frac{\{x(x^2 + y^2) + x\} + \{y(x^2 + y^2) - y\}i}{x^2 + y^2}$$

実数になるということは

$$y(x^2 + y^2) - y = 0$$ ← 虚部が0

数C 8章

$$y\{(x^2+y^2)-1\}=0$$

$$y=0 \quad \text{または} \quad x^2+y^2=1$$

よって，直線 $y=0$（x軸）と円 $x^2+y^2=1$ である。

ただし，原点を除く。

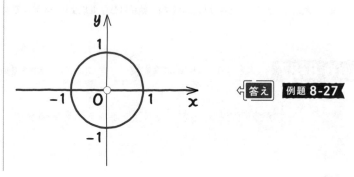

←答え　例題 8-27

　わーっ……！！　ムチャクチャたいへんだった。」

　うん，正解だね。でも，とても面倒だ。ここも，$z=x+yi$ とおかないで，
8-2 の ⑥ で登場した

| z が実数 $\iff z=\bar{z}$ |
| z が純虚数 $\iff z=-\bar{z},\ z\neq0$ |

を使うといい。

　『$z+\dfrac{1}{z}$ が実数』ということは，$z+\dfrac{1}{z}=\overline{z+\dfrac{1}{z}}$ が成り立つということだ。こ
れを変形すればいいよ。

解答　$z+\dfrac{1}{z}=\overline{z+\dfrac{1}{z}}$

$z+\dfrac{1}{z}=\bar{z}+\overline{\left(\dfrac{1}{z}\right)}$

$z+\dfrac{1}{z}=\bar{z}+\dfrac{\bar{1}}{\bar{z}}$

$z+\dfrac{1}{z}=\bar{z}+\dfrac{1}{\bar{z}}$

両辺に $z\bar{z}$ を掛けると

$z^2\bar{z}+\bar{z}=z(\bar{z})^2+z$

$z^2\bar{z}-z(\bar{z})^2-z+\bar{z}=0$

$z\bar{z}(z-\bar{z})-(z-\bar{z})=0$

$(z-\bar{z})(z\bar{z}-1)=0$

$(z-\bar{z})(|z|^2-1)=0$

$z=\bar{z}$ または $|z|=1$

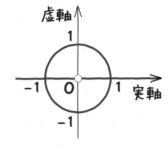

$z=\bar{z}$ ということは，z は実数だから実軸上にある。ただし，点 0 は除く。

また，$|z|=1$ ということは，原点を中心とする半径 1 の円になる。

⇐ 答え　例題 8-27

結局，同じ答えになるよね。

例題 **8-28**　| 定期テスト 出題度 ❗❗ |　| 共通テスト 出題度 ❗❗❗ |

　　複素数平面上に点 A$(-1+4i)$ がある。P(z) が原点を中心とする半径 2 の円周上を動くとき，線分 AP を $1:3$ の比に内分する点の描く図形を求めよ。

　同じような軌跡の問題を，『数学Ⅱ・B編』の 例題 3-29 でやったね。その手順でやってみよう。

　まず，❶ **軌跡上の点を Q としよう**か。ふつうの座標の場合は，(X, Y) とおくところだが，今回は複素数平面上だから，複素数でおくことになるね。

「Q$(x+yi)$ とおくということですか？」

　いや，複素数 z とか，複素数 w とか **1 文字でおけばいい**。z はもう使われているから，w にしよう。**Q(w)** とおくんだ。

　次に，❷ **式を作る**。まず，『P(z) が原点を中心とする半径 2 の円周上を動く』といっている。

「$|z-0|=2$，つまり，
　　$|z|=2$ ……①
ですね。」

その通り。さらに，『点Q(w）は，線分APを1：3の比に内分する点』とある。

「Qの表す複素数wは，A($-1+4i$），P(z）で，線分APを
1：3に内分するんだから，
$$\frac{3 \cdot (-1+4i)+1 \cdot z}{1+3}=\frac{-3+12i+z}{4}$$
になりますね。」

そう。$w=\dfrac{-3+12i+z}{4}$ ……②　になる。

❸　計算をする。

今回はQ(w）の軌跡を求めたいんだよね？　ということは，w以外の変数を消せばいい。

「"w以外の変数"は，zか。」

「消したい文字＝～の形にして，代入するんですね。」

ふつうは，最後に**❹　x，yに直して答える**ところだが，今回は，X，Yで計算していないからね。やる必要はない。

じゃあ，最初から通して，解いてみるよ。

解答　軌跡上の点をQ(w）とおく。
　　P(z）が原点を中心とする半径2の円周上を動くので
　　　$|z|=2$ ……①

また，点Qは，線分APを1：3の比に内分する点より，複素数wは

$$w=\frac{3\cdot(-1+4i)+1\cdot z}{1+3}=\frac{-3+12i+z}{4}\quad\cdots\cdots②$$

②より

$$4w=-3+12i+z$$

$$z=4w+3-12i\quad\cdots\cdots②'$$

②'を①に代入すると

$$|4w+3-12i|=2$$

$$\left|w+\frac{3}{4}-3i\right|=\frac{1}{2}$$

点$-\dfrac{3}{4}+3i$を中心とする半径$\dfrac{1}{2}$の円 ⇦ 答え 例題 8-28

「えっ？　最後のところの変形がよくわからないんですが……。」

$|4w+3-12i|=2$は，**8-16** の 76 で登場した，

❶　**点A(α)を中心とする半径rの円は$|z-\alpha|=r$**

の形に近いよね。今回は動点がzでなくwだが，形は一緒だ。

「係数の4が邪魔だな。」

うん。そこで，絶対値の中を4で割ればいいんだ。$|4|$つまり，4で割ることになるね。

「左辺を4で割ったんだから，右辺も4で割ったんですね。」

そうだよ。

数C 8章

複素数平面上の領域

複素数平面上でも領域というのがあるよ。

Point 77　複素数平面上の領域

点A(α) を中心とする半径rの
円の内側は，Aからの距離がr
より小

$$|z-\alpha|<r$$

外側は，Aからの距離がrより
大

$$|z-\alpha|>r$$

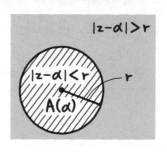

2点A(α)，B(β) とす
るとき，線分ABの垂
直二等分線で仕切られ
たうち，Aのある側は，
Aとの距離がBとの距
離より小

$$|z-\alpha|<|z-\beta|$$

Bのある側は，Aとの距離がBとの距離より大

$$|z-\alpha|>|z-\beta|$$

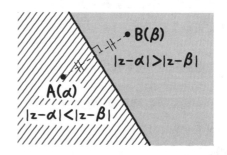

は，それぞれの領域に点 P(z) をおいてみるとよくわかるよ。では例題を解いてみよう。

例題 8-29　　定期テスト 出題度 !! ! 　　共通テスト 出題度 !! !! !

複素数平面上で，P(z) が点 $-i$ を中心とする半径 $\sqrt{2}$ の円の内側を動くとき，$w=\dfrac{2z-2}{z+1}$ の存在する領域を図示せよ。

例題 8-28 と同じような手順で解くんだ。も使うよ。

解答　P(z) が点 $-i$ を中心とする半径 $\sqrt{2}$ の円の内側を動くので

$$|z+i|<\sqrt{2} \quad \cdots\cdots①$$

また，$w=\dfrac{2z-2}{z+1}$ より

$$w(z+1)=2z-2$$
$$wz+w=2z-2$$
$$wz-2z=-w-2$$
$$(w-2)z=-w-2$$

$w=2$ なら，左辺=0，右辺=-4 より不適。

よって $w\neq2$ より，両辺を $w-2$ で割ると

$$z=\frac{-w-2}{w-2} \quad \cdots\cdots②$$

②を①に代入すると

$$\left|\frac{-w-2}{w-2}+i\right|<\sqrt{2}$$

両辺に $|w-2|$ を掛けると

$$|(-w-2)+i(w-2)|<\sqrt{2}|w-2|$$
$$|-w-2+iw-2i|<\sqrt{2}|w-2|$$

数C **8** 章

$$|(-1+i)w-2-2i|<\sqrt{2}\,|w-2|$$

両辺を$|-1+i|$で割る

$$\left|w+\frac{-2-2i}{-1+i}\right|<|w-2|$$

$$\left|w+\frac{(-2-2i)(-1-i)}{(-1+i)(-1-i)}\right|<|w-2|$$

$$\left|w+\frac{2+2i+2i+2i^2}{1-i^2}\right|<|w-2|$$

$$\left|w+\frac{4i}{2}\right|<|w-2|$$

$$|w+2i|<|w-2|$$　←$|z-\alpha|=|z-\beta|$は
点A(α)，点B(β)とするとき，
線分ABの垂直二等分線

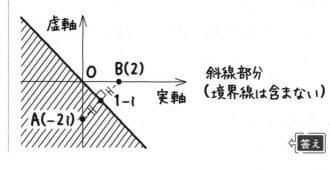

斜線部分
（境界線は含まない）

←答え　例題 8-29

A($-2i$)，B(2) としたとき，$|w+2i|<|w-2|$ は"線分ABの垂直二等分線で仕切られたうち，Aのある側"ということになるね。

「$|(-1+i)w-2-2i|<\sqrt{2}\,|w-2|$

　の後は，wの係数を1にすればいいんですね。」

「ということは，$|-1+i|$で割るということか。」

うん。左辺を$|-1+i|$で割ったわけだから，右辺も同じもので割らなければならない。

$$|-1+i|=\sqrt{(-1)^2+1^2}=\sqrt{2}$$

だから，右辺は$\sqrt{2}$で割ればいいね。

8-20 $z+\bar{z}$, $z-\bar{z}$を含む方程式, 不等式

zの実部をRe(z), 虚部をIm(z)と書くこともあるよ。Reはreal part, Imはimaginary partの略だよ。

例題 8-30
　定期テスト 出題度 ❗❗❗　　共通テスト 出題度 ❗❗❗

複素数zが, 次の関係を満たすとき, zの描く図形を図示せよ。
(1) $z+\bar{z}=-6$
(2) $z-\bar{z}=5i$

例題 8-4 で登場した知識を使うよ。

コツ33　$z+\bar{z}$, $z-\bar{z}$を含む方程式, 不等式

$z+\bar{z}$が登場したときには$\dfrac{z+\bar{z}}{2}$の形を作る。これはzの実部になる。

$z-\bar{z}$が登場したときには$\dfrac{z-\bar{z}}{2i}$の形を作る。これはzの虚部になる。

(1)なら, $\dfrac{z+\bar{z}}{2}=-3$より, 『zの実部が-3』ということだ。

　「$-3+5i$とか, $-3-i$とか……?」

うん。これらの表す点をすべて集めると, 点-3を通り, 虚軸に平行な直線になるね。

数C 8 章

解答 (1) $z+\bar{z}=-6$ より $\dfrac{z+\bar{z}}{2}=-3$

zの実部が-3

よって，次のような直線になる。

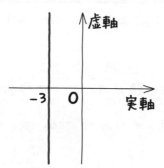

←答え 例題 8-30 (1)

ハルトくん，(2)はどうなる？

「$\dfrac{z-\bar{z}}{2i}=\dfrac{5}{2}$ だから，『zの虚部が$\dfrac{5}{2}$』か……

解答 (2) $z-\bar{z}=5i$ より $\dfrac{z-\bar{z}}{2i}=\dfrac{5}{2}$

zの虚部が$\dfrac{5}{2}$

よって，次のような直線になる。

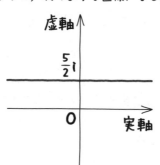

←答え 例題 8-30 (2)

ですか？」

そう，正解。$1+\dfrac{5}{2}i$とか$-\sqrt{7}+\dfrac{5}{2}i$とかいった点を，すべて集めると，点

$\dfrac{5}{2}i$を通り実軸に平行な直線になるね。

例題 8-31　　定期テスト 出題度 ❗❗❗　　共通テスト 出題度 ❗❗❗

複素数 z が，次の関係を満たすとき，z の描く図形を図示せよ。

(1) $z+\bar{z} \leqq 7$

(2) $\dfrac{z-\bar{z}}{2i} > 4$

(1)は，$\dfrac{z+\bar{z}}{2} \leqq \dfrac{7}{2}$ より，『z の実部が $\dfrac{7}{2}$ 以下』ということだ。

解答　(1) $z+\bar{z} \leqq 7$

$\dfrac{z+\bar{z}}{2} \leqq \dfrac{7}{2}$ より

z の実部は $\dfrac{7}{2}$ 以下

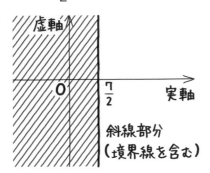

斜線部分
（境界線を含む）

⇦ 答え　例題 8-31 (1)

「(2)は変じゃないですか？　虚数に大小はないから不等式は登場しない

はずですよね？」

えっ？　あっ，なるほど，『数学Ⅱ・B編』の **2-5** でいったことを覚えて いたんだね。たしかにそうなんだけど，そもそも $\dfrac{z-\bar{z}}{2i}$ は虚数じゃないんだよ。 $z=x+yi$，$\bar{z}=x-yi$ なら $z-\bar{z}=2yi$ だよね。分子，分母の i が約分されて実数 になるよ。

 「そうか。両辺とも実数だから，式としてはおかしくないんだ！」

そうだね。ミサキさん，答えはわかる？

 「『z の虚部が4より大きい』から，

<u>解答</u>　(2)　$\dfrac{z-\bar{z}}{2i}>4$ より

z の虚部は4より大きい。

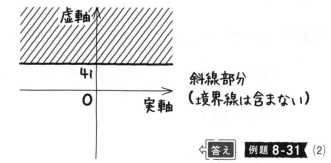

斜線部分
（境界線は含まない）

⟸[答え]　例題 **8-31** (2)

ですか？」

うん。その通り。

平面上の曲線

この章では，放物線，楕円，双曲線，サイクロイドなど，直交座標（xy座標）を使ったいろいろな曲線が登場するよ。

「放物線は数学Iで出てきたし，楕円って円がつぶれたような図形ですよね。双曲線って？」

中学で習った反比例のグラフも双曲線の一種なんだ。今回は，それとは向きや形が違うものを扱うけどね。

「サイクロイドって？」

円を転がしたときの円周上の定点の軌跡のことで，お寺の屋根を作るときこの曲線が使われたりするんだよ。

9-1 放物線

2次関数のグラフを放物線といったよね。例えば，$y=x^2$なら，$x^2=y$という形にすれば，これから学ぶ焦点や準線が求められるよ。

例題 9-1

定期テスト 出題度 ❗❗❗　共通テスト 出題度 ❗❗❗

点 $F(p,\ 0)$ と直線 $x=-p$ から等距離にある点 Q の軌跡の方程式を求めよ。

軌跡は，『数学Ⅱ・B編』の 3-22 でやったね。図はかかなくても求められるんだけど，一応，かいておこう。p は正か負かわからないから，$p>0$ の場合と $p<0$ の場合に分けてかくと次のような感じになる。

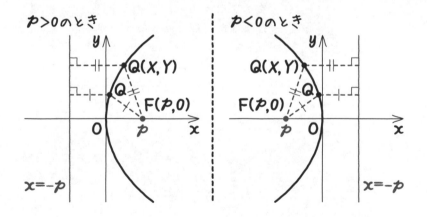

点 $F(p,\ 0)$ と直線 $x=-p$ から等距離にある点 Q は無数にあるんだけど，それらの点を集めると，どんな図形になるかということなんだ。

　「$p>0$ の場合と，$p<0$ の場合で，場合分けして計算するんですか？」

いや，場合分けは必要ないよ。『数学Ⅱ・B編』の **3-22** の **コツ₉** で説明した「軌跡の基本の解きかた」にそって，まずはやってみようか。

---

❶ **軌跡を求めたい点の座標を (X, Y) とおく。**
　　$Q(X, Y)$ とおくと，…
❷ **与えられた条件を満たす式を作る。**
　　$QF=($Qと直線$x=-p$の距離$)$
❸ **計算し，どんな図形かわかるように変形する。**
❹ X, Y **を** x, y **に直す。**

---

❸については，**9-1** 〜 **9-3** で新しく図形を表す式を紹介するので，出てきたら覚えるようにしようね。

解答　$Q(X, Y)$ とする。

$$\underbrace{\sqrt{(X-p)^2+Y^2}}_{QF}=\underbrace{|X+p|}_{\text{Qと直線 }x=-p\text{ の距離}}$$

$$\sqrt{X^2-2pX+p^2+Y^2}=|X+p|$$

両辺を2乗すると

$$X^2-2pX+p^2+Y^2=(X+p)^2$$

$$X^2-2pX+p^2+Y^2=X^2+2pX+p^2$$

$$Y^2=4pX$$

（逆に，点Qがこの放物線上にあれば条件を満たす。）

よって，求める方程式は，**放物線 $y^2=4px$**　⟵ **答え**　**例題 9-1**

？「『Qと直線 $x=-p$ の距離』がどうして $|X+p|$ になるんですか？」

例えば，『点 $(7, -4)$ と直線 $x=2$ の距離』はわかる？

「5です。」

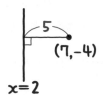

そうだよね。直線がまっ縦だから，x座標の差を求めればいいよね。7と2の差ということで，7−2＝5になるね。

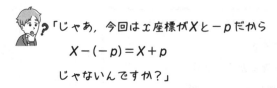

「じゃあ，今回はx座標がXと$-p$だから

$$X-(-p)＝X+p$$

じゃないんですか？」

いや，違うよ。**Xと$-p$のどちらが大きいかわかっていない**からね。『数学Ⅰ・A編』のお役立ち話 **⑬** でも話したけど，**差を求めたいが，大小が不明のときは，一方から他方を引いて絶対値をつける**んだ。

「あっ，そうか。$|X-(-p)|＝|X+p|$になるんだ！」

そういうことだね。さて，話を戻そう。　定点と定直線から等しい距離に
ある点の軌跡は放物線になる　んだ。このときの定点を**焦点**，定直線を**準線**という。

「さっきの例だと，放物線$y^2＝4px$の焦点は$F(p, 0)$，準線は
$x＝-p$ですね。」

うん。実際に放物線をかくときは，**まず，焦点と準線をかき込む**。そして，焦点から準線に垂線を下ろしたとき，その真ん中の点が**頂点**になるんだ。頂点というのは，数学Ⅰで2次関数のグラフとして学んだときの放物線の頂点と同じだよ。

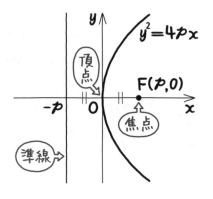

「頂点は原点ということか。」

そうだね。そして，**原点を頂点にして焦点を包み込むように放物線をか
けばいいん**だ。もちろん，焦点が左，準線が右になることもあるし，上下に
なることもある。でも，ぜんぶこの方式でかけばいいよ。

放物線の方程式

（ⅰ）　焦点が x 軸上，準線が y 軸に平行の場合

$$y^2 = 4px$$

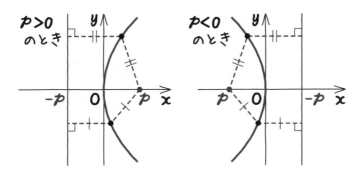

頂点は原点，焦点 $(p, 0)$，準線　$x = -p$

（ⅱ）　焦点が y 軸上，準線が x 軸に平行の場合

$$x^2 = 4py$$

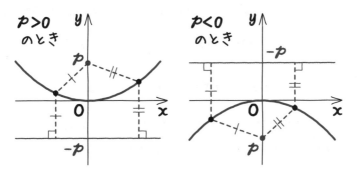

頂点は原点，焦点 $(0, p)$，準線　$y = -p$

例題 **9-2**　定期テスト 出題度 **❶❶❶**　共通テスト 出題度 **❶❶❶**

次の放物線の焦点，準線の方程式を求め，概形をかけ。

$$x^2 = -12y$$

「$x^2 = 4py$ と見比べればいいんですよね。

解答　求める放物線の式を $x^2 = 4py$ とおくと

$4p = -12$ より

$p = -3$

焦点 $(0，-3)$，準線 $y = 3$　答え　例題 **9-2**」

その通り。じゃあ，放物線もかいてみよう。まず，焦点と準線をかき込む。両方の真ん中にある点は？

「えーっと……原点です。」

そうだね。だから，原点を頂点にして，焦点を包み込むように放物線をかけばいいよ。

「でも，カーブの曲がり具合がわからないから補助線がいるな。$x = 1$ のとき，$1 = -12y$ だから $y = -\dfrac{1}{12}$ とかかな。」

「$y = -1$ になるときの x を調べてもいいよね。$x = \pm 2\sqrt{3}$ ですね。」

うん。それでもいいけど，せっかく焦点があるわけだから，焦点の上下左右のところの座標を調べてもいいね。焦点の y 座標 -3 を式に代入して x を求めると

$$x^2 = -12 \times (-3)，\ x^2 = 36，\ x = \pm 6$$

したがって，2点(6，−3)，(−6，−3)を通ることがわかるね。

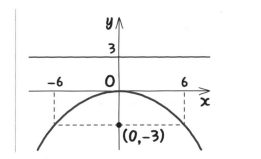

←[答え]　例題 9-2

例題 9-3

[定期テスト 出題度 ❗❗❗]　[共通テスト 出題度 ❗❗❗]

　　点 F(2, 0) と直線 $x=-2$ から等距離にある点 P の軌跡の方程式
を求めよ。

「放物線の定義から考えれば，要するに，(2, 0) が焦点，$x=-2$ が
　　準線ということですよね。」

うん。㉘の(i)で説明したとおり，『焦点(p, 0)，準線$x=-p$なら，焦点
と準線が左右にあるから，方程式は$y^2=4px$』となるよ。今回はpにあたる数
が2だよ。

[解答]　(2, 0) が焦点，$x=-2$ が準線だから，

求める方程式は，$\underline{y^2=8x}$　←[答え]　例題 9-3

この方程式の表す図形は下のような放物線になる。

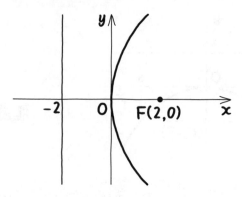

　今回は問題でグラフをかけといわれていないからいいけど, もし, かかなきゃいけないときは補助線を入れておこうね。

9-2 楕円

楕円は，英語でoval（オーバル）。アメリカの大統領執務室は室内が楕円の形をしていることから，the Oval Officeと呼ばれているよ。

例題 9-4

定期テスト 出題度 **! !**　　共通テスト 出題度 **! ! !**

$a>b>0$とする。次の問いに答えよ。

(1) $-\dfrac{a^2}{\sqrt{a^2-b^2}}$ と $-a$ の大小を比較せよ。

(2) 平面上に2点 $F(\sqrt{a^2-b^2},\ 0)$，$F'(-\sqrt{a^2-b^2},\ 0)$ がある。その2点からの距離の和が$2a$になる点Pの軌跡の方程式を求めよ。

(1)は『数学Ⅱ・B編』の **1-20** でやったように，2乗どうしを比較すればいい。

$-\dfrac{a^2}{\sqrt{a^2-b^2}}$，$-a$ はともに負だから，$\dfrac{a^2}{\sqrt{a^2-b^2}}$ と a で考えよう。正どうしなら，2乗が大きいほうが大きいといえる。

解答 (1) まず，$\dfrac{a^2}{\sqrt{a^2-b^2}}$ と a の大小を比較すると，

$$\left(\dfrac{a^2}{\sqrt{a^2-b^2}}\right)^2-a^2=\dfrac{a^4}{a^2-b^2}-a^2$$

$$=\dfrac{a^4-a^2(a^2-b^2)}{a^2-b^2}$$

$$=\dfrac{a^2b^2}{a^2-b^2}$$

>0 より，$\dfrac{a^2}{\sqrt{a^2-b^2}}>a$

よって，$\underline{-\dfrac{a^2}{\sqrt{a^2-b^2}}<-a}$　◁ **答え** 例題 **9-4** (1)

(2)はふつうに計算すると大変なので，$\sqrt{a^2-b^2}=c$ とおいてやってみよう。
例題 **9-1** と同じやりかたで解くよ。

解答 (2)　P(X, Y) とする。PF+PF′=$2a$ より，$\sqrt{a^2-b^2}=c$ とおくと

$$\underbrace{\sqrt{(X-c)^2+Y^2}}_{\text{PF}}+\underbrace{\sqrt{(X+c)^2+Y^2}}_{\text{PF′}}=2a$$

$$\sqrt{X^2-2cX+c^2+Y^2}+\sqrt{X^2+2cX+c^2+Y^2}=2a$$

$$\sqrt{X^2-2cX+c^2+Y^2}=2a-\sqrt{X^2+2cX+c^2+Y^2}$$

両辺を2乗すると

$$X^2-2cX+c^2+Y^2$$
$$=4a^2-4a\sqrt{X^2+2cX+c^2+Y^2}+(X^2+2cX+c^2+Y^2)$$

$$4a\sqrt{X^2+2cX+c^2+Y^2}=4a^2+4cX$$

$$a\sqrt{X^2+2cX+c^2+Y^2}=a^2+cX$$

さらに，$a^2+cX\geqq0$，つまり，$X\geqq-\dfrac{a^2}{\sqrt{a^2-b^2}}$ で，2乗すると

$$a^2(X^2+2cX+c^2+Y^2)=(a^2+cX)^2$$

$$a^2X^2+2a^2cX+a^2c^2+a^2Y^2=a^4+2a^2cX+c^2X^2$$

$$(a^2-c^2)X^2+a^2Y^2=a^4-a^2c^2$$

$\sqrt{a^2-b^2}=c$ より，$a^2-c^2=b^2$，$a^2c^2=a^4-a^2b^2$ だから

$$b^2X^2+a^2Y^2=a^2b^2$$

両辺を a^2b^2 で割ると，$\dfrac{X^2}{a^2}+\dfrac{Y^2}{b^2}=1$

(1)の結果より，これは $X\geqq-\dfrac{a^2}{\sqrt{a^2-b^2}}$ の条件を満たす。

(逆に，点Pがこの楕円上にあれば条件を満たす。)

求める方程式は，**楕円 $\dfrac{x^2}{a^2}+\dfrac{y^2}{b^2}=1$**　⇐ 答え 　例題 9-4 (2)

　　この方程式の表す図形は**楕円**になる。このときの2点F，F′を**焦点**というよ。つまり，2つの焦点からの距離の和が一定になるように図形をかくと，楕円になる んだ。

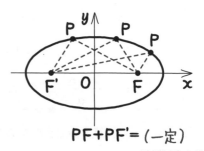

PF+PF′=(一定)

例題 9-4 の結果が，**79** の(i)になるよ。

　ちなみに，直線 $x = -\dfrac{a^2}{\sqrt{a^2-b^2}}$ は楕円より左にある。(2)の解答の終わりの

『$\dfrac{X^2}{a^2} + \dfrac{Y^2}{b^2} = 1$ なら，$X \geqq -\dfrac{a^2}{\sqrt{a^2-b^2}}$ を満たす』というのは，そういう意味な

んだ。

「直線 $x = -\dfrac{a^2}{\sqrt{a^2-b^2}}$ って，グラフにかかなきゃいけないのですか？」

いや。かかなくていいよ。

「その直線って，何かしらの意味があるのですか？」

それは **9-12** の **コツ36** で登場するから，今は考えなくてもいいよ。

Point 79　楕円の方程式

（i）　焦点が x 軸上にある場合

$$\frac{x^2}{a^2} + \frac{y^2}{b^2} = 1 \quad (a > b > 0)$$

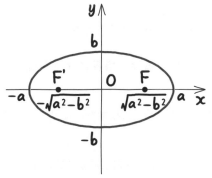

焦点 F，F′ は $(\pm\sqrt{a^2-b^2},\ 0)$

楕円上の点と2つの焦点からの距離の和は **2a**

（ⅱ）　焦点がy軸上にある場合

$$\frac{x^2}{a^2}+\frac{y^2}{b^2}=1 \quad (b>a>0)$$

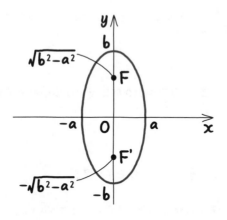

焦点F，F′は$(0, \pm\sqrt{b^2-a^2})$

楕円上の点の2つの焦点からの距離の和は**2b**

また，どちらの楕円もx軸，y軸との交点は，

$(a, 0)$，$(-a, 0)$，$(0, b)$，$(0, -b)$

で，これを楕円の**頂点**というよ。

「へーっ……，楕円の形は縦長と横長の2種類あるのか！」

うん。方程式は同じ形だが，**縦長になるか，横長になるかは，aとbの
どちらが大きいかで決まる**よ。

aのほうが大きければ，2つの焦点はx軸上に横並びになり，それらを包み
込むように横長の楕円をかけばいい。

一方，bのほうが大きければ，2つの焦点はy軸上に縦並びになる。同様に，
包み込むように縦長の楕円をかけばいい。

焦点をF，F′とすると，

『直線FF′のうち，楕円の中にある部分』まあ，簡単にいえば，"長いほうの直径"のことだけど，これを**長軸**という。

一方，『線分FF′の垂直二等分線のうち，楕円の中にある部分』つまり，"短いほうの直径"を**短軸**というよ。

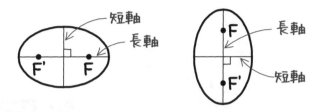

例題 **9-5**　　（定期テスト 出題度 **! ! !**）　（共通テスト 出題度 **! ! !**）

次の楕円の焦点，頂点，長軸・短軸の長さを求め，概形をかけ。

(1)　$9x^2 + 4y^2 = 36$

(2)　$x^2 + 5y^2 = 1$

(1)は，まず，$\dfrac{x^2}{a^2} + \dfrac{y^2}{b^2} = 1$ の形にすればいいよ。a，b の値がわかるし，その大小から，2種類の楕円のどちらになるのかもわかる。

解答　(1)　$9x^2 + 4y^2 = 36$ の両辺を36で割ると

$$\frac{x^2}{4} + \frac{y^2}{9} = 1$$

楕円の方程式を

$\dfrac{x^2}{a^2} + \dfrac{y^2}{b^2} = 1 \ (a>0, \ b>0)$ とすると

$a^2 = 4$，$b^2 = 9$　より

　$a = 2$，$b = 3$

$b > a > 0$ より，y 軸方向に長い（縦長の）楕円となるから

数C 9章

焦点は $(0, \pm\sqrt{3^2-2^2})$ より, $\underline{\underline{(0, \pm\sqrt{5})}}$

頂点は $\underline{\underline{(\pm2, 0), (0, \pm3)}}$

長軸の長さ $2b=\underline{\underline{6}}$

短軸の長さ $2a=\underline{\underline{4}}$

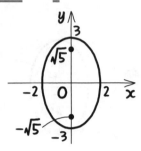

←答え　例題 **9-5** (1)

「(2)は, 右辺は 1 になっているから, 割らなくていいのかな？

　あれっ？　でも, $\dfrac{x^2}{a^2}+\dfrac{y^2}{b^2}=1$ の形をしていないな……。」

まず, x^2 のほうは, $\dfrac{x^2}{1}$ とみなせばいい。

一方, $5y^2$ のほうだけど, 『5を掛ける』ということは『$\dfrac{1}{5}$ で割る』ということなので, $\dfrac{y^2}{\dfrac{1}{5}}$ と変形すればいいんだ。それでやってみて。

「**解答**　(2) $x^2+5y^2=1$ より, $\dfrac{x^2}{1}+\dfrac{y^2}{\dfrac{1}{5}}=1$

　　　楕円の方程式を

　　　$\dfrac{x^2}{a^2}+\dfrac{y^2}{b^2}=1$ $(a>0, b>0)$ とすると

　　　$a^2=1$, $b^2=\dfrac{1}{5}$ より

　　　　$a=1$, $b=\dfrac{1}{\sqrt{5}}$

　　　$a>b>0$ より, x 軸方向に長い (横長の) 楕円となるから

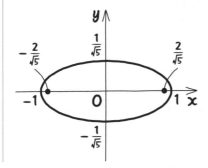

焦点は $\left(\pm\sqrt{1^2 - \left(\dfrac{1}{\sqrt{5}}\right)^2},\ 0 \right)$ より，$\left(\pm\dfrac{2}{\sqrt{5}},\ 0 \right)$

頂点は $(\pm 1,\ 0)$，$\left(0,\ \pm\dfrac{1}{\sqrt{5}} \right)$

長軸の長さ $2a = 2$

短軸の長さ $2b = \dfrac{2}{\sqrt{5}}$

⇐ 答え 例題 9-5 (2)」

そうだね。正解！

例題 9-6

定期テスト 出題度 ❗❗❗　　共通テスト 出題度 ❗❗❗

平面上に2点 F$(3,\ 0)$，F′$(-3,\ 0)$ がある。
その2点からの距離の和が10になる点 P の軌跡を求めよ。

「F$(3,0)$，F′$(-3,0)$ からの距離の和が一定だから楕円で，F，F′
が焦点ですね。」

その通り。さて，<mark>楕円の方程式を求めるときは，まず，横長なのか縦長な
のかを考えるのが大切</mark>だよ。焦点が $(\pm 3, 0)$ つまり，x 軸上に横並びになっ
ている。

「じゃあ，横長だ！」

そうだね。方程式は$\dfrac{x^2}{a^2}+\dfrac{y^2}{b^2}=1\,(a>b>0)$になる。そして，焦点の座標

は$(\pm\sqrt{a^2-b^2},\ 0)$になるはずだから，比較してみると

$$\sqrt{a^2-b^2}=3$$

になるね。

　また，2つの焦点からの距離の和は，横長なので$2a$になるはずだから，こ
れも比較してみると

$$2a=10$$

になる。これらを使えば，$a,\ b$の値がわかるよ。

解答　焦点の位置より，x軸方向に長い（横長の）楕円であるので，求める方
程式を

$$\dfrac{x^2}{a^2}+\dfrac{y^2}{b^2}=1\ (a>b>0)$$

とおく。

焦点の座標は$(\pm\sqrt{a^2-b^2},\ 0)$より

$$\sqrt{a^2-b^2}=3$$
$$a^2-b^2=9\quad\cdots\cdots①$$

また，2つの焦点からの距離の和は$2a$より

$$2a=10$$
$$a=5\quad\cdots\cdots②$$

②を①に代入すると

$$25-b^2=9$$
$$b^2=16$$

$b>0$より，$b=4$

よって，求める軌跡は

楕円　$\dfrac{x^2}{25}+\dfrac{y^2}{16}=1$　　　答え　例題 9-6

双曲線

双子のような曲線なので，双曲線と呼ばれているよ。

9-2 で，楕円は2つの焦点からの距離の和が一定になる点の軌跡というのを習ったね。

今回は，**2つの焦点からの距離の差が一定になる点の軌跡**だ。これは，**双曲線**という図形になるよ。

双曲線 $\dfrac{x^2}{a^2} - \dfrac{y^2}{b^2} = 1$ と x 軸との2つの交点 A$(a, 0)$，A′$(-a, 0)$ を双曲線の**頂点**といい，直線AA′を**主軸**，O を双曲線の**中心**というんだ。

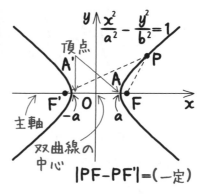

これも，**例題 9-4** と同じようにすれば出せる。次のことを覚えておこう。

双曲線の方程式

（ⅰ） 焦点 F，F′ が x 軸上にある場合（標準形）

$$\frac{x^2}{a^2}-\frac{y^2}{b^2}=1 \ (a>0, \ b>0)$$

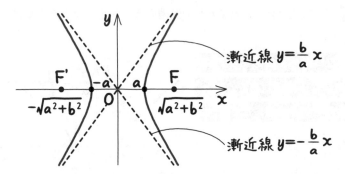

焦点 F，F′ は $(\pm\sqrt{a^2+b^2}, \ 0)$

双曲線上の点の2つの焦点からの距離の差は $2a$

頂点は $(\pm a, \ 0)$

漸近線の方程式は $y=\pm\dfrac{b}{a}x$

（ⅱ） 焦点 F，F′ が y 軸上にある場合

$$\frac{x^2}{a^2}-\frac{y^2}{b^2}=-1 \ (a>0, \ b>0)$$

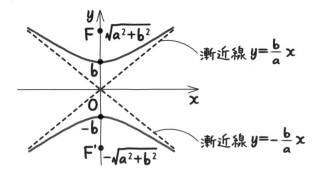

焦点F，F´は $(0,\ \pm\sqrt{a^2+b^2})$

双曲線上の点の2つの焦点からの距離の差は **2b**

頂点は $(0,\ \pm b)$

漸近線の方程式は $y=\pm\dfrac{b}{a}x$

「双曲線も2種類あるんですね。左右に広がるものと，上下に広がるもの。これって，aとbのどちらが大きいかで決まるんじゃないんですね……。」

そうなんだ。**左辺を $\dfrac{x^2}{a^2}-\dfrac{y^2}{b^2}$ に変形したときに右辺が1になるか−1になるかで区別される**んだ。

右辺が1になるならば，2つの焦点は x 軸上に横並びになる。図は，まず，**2つの焦点と漸近線をかいた後，$(a,\ 0)$，$(-a,\ 0)$ を頂点として，左右に広がるような形にかくんだ。焦点を包み込むように，ひらがなの"く"をイメージしてかく**といい。

一方，右辺が−1になるならば，2つの焦点は y 軸上に縦並びになるし，$(0,\ b)$，$(0,\ -b)$ を頂点とした，上下に広がるような形になる。

「漸近線は，$y=\tan\theta$ とか指数関数，対数関数のグラフで登場しました。」

そうだね。『数学Ⅱ・B編』の 4-6 ，5-8 ，5-18 で習ったね。限りなく近づく線という意味だった。ちなみに，2つの漸近線が直角に交わっているときの双曲線を**直角双曲線**というんだ。そのままの名前だけどね（笑）。

例題 9-7

定期テスト 出題度 **❶❶❶** 　 共通テスト 出題度 **❶❶❶**

次の双曲線の焦点，頂点，漸近線の方程式を求め，概形をかけ。

(1) $7x^2 - 2y^2 = 14$

(2) $-x^2 + 9y^2 = 1$

まずは(1)を解いてみるよ。

解答 (1) $7x^2 - 2y^2 = 14$ の両辺を14で割ると

$$\frac{x^2}{2} - \frac{y^2}{7} = 1$$

左右に開く双曲線となり，方程式を $\dfrac{x^2}{a^2} - \dfrac{y^2}{b^2} = 1$ ($a>0$, $b>0$) とすると

$a^2 = 2$, $b^2 = 7$　より

$a = \sqrt{2}$, $b = \sqrt{7}$

焦点は $(\pm\sqrt{(\sqrt{2})^2 + (\sqrt{7})^2},\ 0)$ より，**(± 3, 0)**

頂点は **($\pm\sqrt{2}$, 0)**

漸近線の方程式は，$y = \pm\sqrt{\dfrac{7}{2}}x$

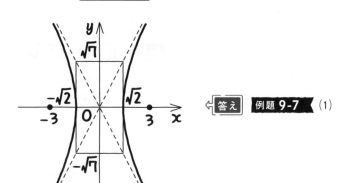

◁**答え** **例題 9-7** (1)

「グラフの真ん中にある長方形はなんですか？」

　これは漸近線の傾きがよくわかるようにかいた補助線だよ。$x=1$ を代入してもよかったんだけど，せっかく頂点があるから $x=\pm\sqrt{2}$ のときで調べたよ。

「$x=\sqrt{2}$ を $y=\pm\sqrt{\dfrac{7}{2}}x$ に代入すると，$y=\pm\sqrt{7}$（複号同順）。

$x=-\sqrt{2}$ でも同じですね。」

「あれっ？　双曲線のほうの補助線はかかなくていいの？」

　漸近線があれば曲線のカーブの具合がわかりやすくなるからね。そっちは必要ないよ。

　(2)はミサキさん，やってみよう。

「(2)は，右辺がすでに1になっているから，両辺を割らなくていいですよね。$-\dfrac{x^2}{1}+\dfrac{y^2}{\frac{1}{9}}=1$ だから，左右に開く双曲線で……。」

　いや。そうじゃないんだ。$\dfrac{x^2}{a^2}-\dfrac{y^2}{b^2}=\pm1$ の形をしていないよ。$\dfrac{x^2}{a^2}$ のアタマにマイナスはつかないはずだもん。

「あっ，そうか。じゃあ，どうすればいいんですか？」

　アタマを正にしたいから，両辺を−1で割るんだ。$\dfrac{x^2}{1}-\dfrac{y^2}{\frac{1}{9}}=-1$ となっ

て，上下に開く双曲線とわかるんだ。じゃあ，最初から解いてみて。

「 解答 　(2)　$-x^2+9y^2=1$ より，　　　$-\dfrac{x^2}{1}+\dfrac{y^2}{\frac{1}{9}}=1$

両辺を−1で割ると

$\dfrac{x^2}{1}-\dfrac{y^2}{\frac{1}{9}}=-1$

上下に開く双曲線となり，方程式を $\dfrac{x^2}{a^2}-\dfrac{y^2}{b^2}=-1$ $(a>0,$

$b>0)$ とすると

$a^2=1,\ b^2=\dfrac{1}{9}$　より

$a=1,\ b=\dfrac{1}{3}$

<u>焦点</u>は $\left(0,\ \pm\sqrt{1^2+\left(\dfrac{1}{3}\right)^2}\right)$ より，$\left(0,\ \pm\dfrac{\sqrt{10}}{3}\right)$

<u>頂点</u>は $\left(0,\ \pm\dfrac{1}{3}\right)$

<u>漸近線の方程式</u>は，$y=\pm\dfrac{1}{3}x$

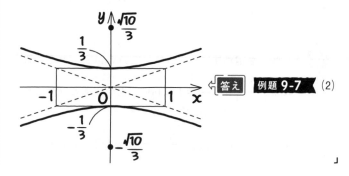

答え　例題 9-7 (2)

漸近線を引くための補助線は，漸近線の方程式の $y=\pm\dfrac{1}{3}x$ に，頂点の y 座標 $y=\dfrac{1}{3},\ -\dfrac{1}{3}$ を代入して $x=\pm1$（複号同順）を求めたんだね。よくできました。

例題 9-8

定期テスト 出題度 **❗❗❗**　共通テスト 出題度 **❗❗❗**

次の双曲線の方程式を求めよ。

(1)　焦点が $(0,\ 5)$，$(0,\ -5)$ で，2頂点間の距離が6である双曲線

(2)　漸近線が $y=\pm 2x$ であり，点 $(-5,\ 8)$ を通る双曲線

楕円のときと同じように，**双曲線の方程式を求めるときは，まず，左右，上下どちらに開く双曲線なのかを考えるのが大切** だよ。

「焦点が $(0,\ \pm 5)$ ということは，上下に開く双曲線ですね。」

そうだね。ミサキさん，やってみて。

「**解答**　(1)　焦点の位置より，上下に開く双曲線になるから，求める方程式を

$$\frac{x^2}{a^2}-\frac{y^2}{b^2}=-1\ (a>0,\ b>0)$$

とおく。

焦点の座標は $(0,\ \pm\sqrt{a^2+b^2})$ より

$$\sqrt{a^2+b^2}=5$$

$$a^2+b^2=25\ \ \cdots\cdots①$$

また，2つの頂点は $(0,\ b)$，$(0,\ -b)$ で，

2頂点間の距離は $2b$ より

$$2b=6$$

$$b=3\ \ \cdots\cdots②$$

②を①に代入すると

$$a^2+9=25$$

$$a^2=16$$

$a>0$ より，$a=4$

よって，求める方程式は

$$\frac{x^2}{16} - \frac{y^2}{9} = -1$$

◁ 答え　例題 9-8 （1）」

正解。(2)も，まず，左右，上下どちらに開く双曲線なのかを考える。

「焦点がかかれていないから，わからない……。」

グラフに漸近線と点をかいてみるとわかるよ。

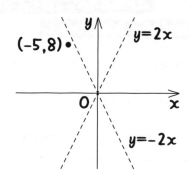

直線 $y = -2x$ は，x 座標が -5 のときの y 座標が 10。つまり，点 $(-5, 10)$ を通るね。点 $(-5, 8)$ はそこよりちょっと下だから，バツの形の漸近線の左側にあるよね。

「あっ，そうか。ここを通るということは，左右に開く双曲線ということか。」

「『点 $(-5, 8)$ を通る』はどうやって式を立てればいいんですか？」

"通る" ということは，$x = -5$，$y = 8$ を代入したとき式が成り立つということだ。じゃあ，ハルトくん。これらのヒントを参考に，最初から解いてみて。

「解答」 (2)　漸近線と通る点の位置より，左右に開く双曲線となるから，求める方程式を

$$\frac{x^2}{a^2} - \frac{y^2}{b^2} = 1 \ (a > 0, \ b > 0)$$

とおく。

漸近線の方程式は $y = \pm 2x$ より

$$\frac{b}{a} = 2$$

$$b = 2a \quad \cdots\cdots ①$$

また，双曲線は点 $(-5, \ 8)$ を通るので，

$$\frac{25}{a^2} - \frac{64}{b^2} = 1 \quad \cdots\cdots ②$$

①を②に代入すると

$$\frac{25}{a^2} - \frac{64}{4a^2} = 1$$

$$\frac{25}{a^2} - \frac{16}{a^2} = 1$$

$$\frac{9}{a^2} = 1$$

$$a^2 = 9$$

$a > 0$ より，$a = 3$

①に代入すると，$b = 6$

よって，求める方程式は

$$\frac{x^2}{9} - \frac{y^2}{36} = 1$$

⇐ 例題 **9-8** (2)」

そうだね。よくできました。(2)は少し難しかったかな？　あとでしっかり復習もしてね。

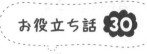

2次曲線と円錐曲線

　放物線，楕円，双曲線，および『数学II・B編』で登場した円はひっくるめて，**2次曲線**と呼ばれているんだ。

「式が，x または y の2次式になっているからですか？」

　正解。また，**円錐曲線**ともいうよ。

「えっ？　円錐とどんな関係があるんですか？」

　円錐を用意して，図のように，斜めの平面で切ると，切り口は楕円になるんだ。

「あっ，ホントだ！　水平に切ると円になりますよね？」

　うん，その通り。また，円錐の母線と平行な平面で切ると，放物線になるんだ。

　さらに，図のように同じ円錐をもう1つ用意して，頂点どうしがくっつくように，まっすぐにして逆さまにつける。

　そして，上下の円錐の両方と交わり，頂点を通らないように切ると双曲線になるんだ。

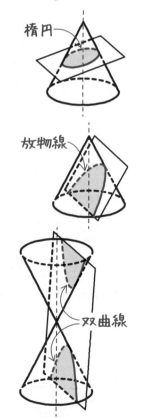

9-4　2次曲線と直線

数学Ⅰ，数学Ⅱで習ったことと同じで，目新しさは何もない。知っている人にはちょっと退屈かも。まあ，復習のつもりでやってみよう。

例題 9-9

定期テスト 出題度 **!** **!** **!**　　共通テスト 出題度 **!** **!** **!**

双曲線 $2x^2 - y^2 = -1$ と，直線 $4x - 3y + m = 0$ について，次の問いに答えよ。ただし，m は定数とする。

(1)　双曲線と直線の位置関係を調べよ。

(2)　双曲線と直線の共有点が2つあるとき，それらを A，B とすると，線分 AB の中点 M の座標を m を用いて表せ。

(1)は，『数学Ⅰ・A編』の **3-19** でやったような，連立させて，判別式を考える方法でいいよ。

解答　(1)　$2x^2 - y^2 = -1$　……①

$4x - 3y + m = 0$　……②

②より

$$y = \frac{4}{3}x + \frac{m}{3} \quad \cdots\cdots ②'$$

②′を①に代入すると

$$2x^2 - \left(\frac{4}{3}x + \frac{m}{3}\right)^2 = -1$$

$\left(\frac{4}{3}x + \frac{m}{3}\right)^2 = \left\{\frac{1}{3}(4x+m)\right\}^2$

$$18x^2 - (4x+m)^2 = -9$$

$= \frac{1}{9}(4x+m)^2$なので両辺を9倍する

$$18x^2 - 16x^2 - 8mx - m^2 = -9$$

$$2x^2 - 8mx - m^2 + 9 = 0 \quad \cdots\cdots ③$$

判別式 $\dfrac{D}{4} = (-4m)^2 - 2(-m^2 + 9)$

$$= 16m^2 + 2m^2 - 18$$

数C　9章

$$= 18m^2 - 18$$
$$= 18(m^2 - 1)$$
$$= 18(m+1)(m-1)$$

$m < -1$，$1 < m$のとき，異なる2点で交わる

$m = -1$，1のとき，　　1点で接する

$-1 < m < 1$のとき，　　共有点なし

⇐ 答え　例題 **9-9** (1)

「最後，場合分けをするのは，

> 連立させて，$ax^2 + bx + c = 0$ $(a \neq 0)$ となったとき，
> 判別式 $D = b^2 - 4ac > 0$ ⟺ 異なる2点で交わる。
> 　　　　　 $D = b^2 - 4ac = 0$ ⟺ 1点で接する。
> 　　　　　 $D = b^2 - 4ac < 0$ ⟺ 共有点をもたない。

を使ったんですよね。」

そういうことだね。判別式を計算したら，$\dfrac{D}{4} = 18(m+1)(m-1)$ になるけど，

これは，正なのか0なのか負なのかわからないよね。

「いずれかになる可能性があるから，場合分けしてぜんぶ書くのか。なんだ。今までと一緒だな。」

「(2)は，交点を求めるのだから，①と②を連立させて……あっ，もう，(1)でやっていますね（笑）。③を解けば，交点のx座標が求められますね。」

「えっ？　ものすごい値になるんじゃないですか？」

これも，『数学Ⅱ・B編』の **3-24** で登場したよ。**2次方程式の解が複雑な
ときは，解をα，βとして，解と係数の関係を使う**んだったよね。

「あっ，そうか……それがあった。忘れてました！」

判別式は(1)ですでにやっているからいいね。ミサキさん，解いてみて。

「解と係数の関係より

$$\alpha+\beta=4m$$

$$\alpha\beta=\frac{-m^2+9}{2}$$

で，交点A，Bの x 座標はα，βということですよね……。」

②′の式に代入すれば，y 座標もα，βで表せるよね。

「そして，線分ABの中点だから，足して2で割ればいいんですね！

じゃあ，最初からやってみます。

解答 (2)　(1)より，$2x^2-8mx-m^2+9=0$　……③

2次方程式③の解をα，βとすると，解と係数の関係より

$$\alpha+\beta=4m \qquad ……④$$

$$\alpha\beta=\frac{-m^2+9}{2} \quad ……⑤$$

また，(1)の②′より，$x=\alpha$ のとき，$y=\dfrac{4}{3}\alpha+\dfrac{m}{3}$

$x=\beta$ のとき，$y=\dfrac{4}{3}\beta+\dfrac{m}{3}$

になるから，

$A\left(\alpha,\ \dfrac{4}{3}\alpha+\dfrac{m}{3}\right)$, $B\left(\beta,\ \dfrac{4}{3}\beta+\dfrac{m}{3}\right)$ とすると，

ABの中点Mは $\left(\dfrac{\alpha+\beta}{2},\ \dfrac{2}{3}(\alpha+\beta)+\dfrac{m}{3}\right)$

④を代入すると，<u>M(2m, 3m)（ただし，$m<-1$, $1<m$）</u>

◆**答え**　**例題9-9** (2)」

そうだね。正解。

接点がわかっているときの2次曲線の接線

円の接線がわかっていればカンタンなはずだよ。

　『数学Ⅱ・B編』の **3-17** で，接点がわかっているときの円の接線の方程式を求めるというのがあったね。楕円，双曲線の接線の方程式を求めるときも，それと同じ方式だよ。$x^2 = x \cdot x$ の一方の x に接点の x 座標，$y^2 = y \cdot y$ の一方の y に接点の y 座標を代入すればいいんだ。

Point 81　楕円，双曲線の接線の方程式

● 楕円 $\dfrac{x^2}{a^2} + \dfrac{y^2}{b^2} = 1$ 上の点 $(x_1,\ y_1)$

における接線の方程式は

$$\dfrac{x_1 x}{a^2} + \dfrac{y_1 y}{b^2} = 1$$

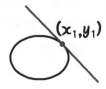

● 双曲線 $\dfrac{x^2}{a^2} - \dfrac{y^2}{b^2} = 1$ 上の点 $(x_1,\ y_1)$

における接線の方程式は

$$\dfrac{x_1 x}{a^2} - \dfrac{y_1 y}{b^2} = 1$$

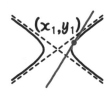

● 双曲線 $\dfrac{x^2}{a^2} - \dfrac{y^2}{b^2} = -1$ 上の点 $(x_1,\ y_1)$

における接線の方程式は

$$\dfrac{x_1 x}{a^2} - \dfrac{y_1 y}{b^2} = -1$$

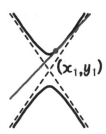

「放物線は違うんですか？」

　例えば，$y^2 = 4px$ なら，y は2乗になっているから，一方の y に接点の y 座標を代入する。x のほうは1乗なんだけど，こちらは $4px$ を分解するんだ。**$4px = 2px + 2px$ だから，$2p(x+x)$** として，一方の x に接点の x 座標を代入する。$x^2 = 4py$ なら，x と y を逆にして，同じことをするよ。

Point

82　放物線の接線の方程式

●放物線 $y^2 = 4px$ 上の点 $(x_1,\ y_1)$
　における接線の方程式は

$$y_1y = 2p(x + x_1)$$

●放物線 $x^2 = 4py$ 上の点 $(x_1,\ y_1)$
　における接線の方程式は

$$x_1x = 2p(y + y_1)$$

例題 9-10　　定期テスト 出題度 ❗❗❗　　共通テスト 出題度 ❗❗❗

　次の接線の方程式を求めよ。

(1)　放物線 $y^2 = -18x$ 上の点 $(-2,\ 6)$ における接線

(2)　楕円 $\dfrac{x^2}{32} + \dfrac{y^2}{18} = 1$ 上の点 $(4,\ -3)$ における接線

(3)　双曲線 $\dfrac{x^2}{48} - \dfrac{y^2}{75} = 1$ 上の点 $(-8,\ -5)$ における接線

数C
9章

ミサキさん，すべてやってみて。

「**解答**

(1) $\underset{\underset{y^2=4px}{}}{y^2=-18x}$ 上の点 $\underset{(x_1,\ y_1)}{(-2,\ 6)}$ における接線の方程式は

$6y=-9(x-2)$ ←$y_1y=2p(x+x_1)$

$6y=-9x+18$

$9x+6y=18$

$\underline{3x+2y=6}$ ⇐ 答え ▶ 例題 **9-10** (1)

(2) $\underset{\underset{\frac{x^2}{a^2}+\frac{y^2}{b^2}=1}{}}{\dfrac{x^2}{32}+\dfrac{y^2}{18}=1}$ 上の点 $\underset{(x_1,\ y_1)}{(4,\ -3)}$ における接線の方程式は

$\dfrac{4x}{32}+\dfrac{-3y}{18}=1$ ← $\dfrac{x_1x}{a^2}+\dfrac{y_1y}{b^2}=1$

$\dfrac{x}{8}-\dfrac{y}{6}=1$

$\underline{3x-4y=24}$ ⇐ 答え ▶ 例題 **9-10** (2)

(3) $\underset{\underset{\frac{x^2}{a^2}-\frac{y^2}{b^2}=1}{}}{\dfrac{x^2}{48}-\dfrac{y^2}{75}=1}$ 上の点 $\underset{(x_1,\ y_1)}{(-8,\ -5)}$ における接線の方程式は

$\dfrac{-8x}{48}-\dfrac{-5y}{75}=1$ ← $\dfrac{x_1x}{a^2}-\dfrac{y_1y}{b^2}=1$

$-\dfrac{x}{6}+\dfrac{y}{15}=1$

$\underline{-5x+2y=30}$ ⇐ 答え ▶ 例題 **9-10** (3)」

そうだね。正解。

楕円の接線，面積

9章を勉強する前，楕円は「円を伸ばしたり縮めたりしたもの」という知識しかなかったが，今は「2定点からの距離の和が一定になる点の軌跡」と答えられる。でも，前の考えかたも意外に大切なんだ。

例題 9-11　定期テスト 出題度 ❗❗　共通テスト 出題度 ❗❗

楕円 $C : x^2 + 4y^2 = 100$ について，次の問いに答えよ。

(1)　楕円 C の接線のうち，点 $P(2, 7)$ を通るものの方程式と，その接点の座標を求めよ。

(2)　(1)で求めた接点を A，B とするとき，線分 AB と楕円 C で囲まれる図形のうち小さいほうの部分の面積を求めよ。

(1)は，『数学Ⅱ・B編』の 3-18 で勉強したやりかたで解ける。

「接点も求めるわけだから，(x_1, y_1) とおくほうの求めかたですね。」

その通り。『数学Ⅱ・B編』の お役立ち話 ❺ で勉強したけど，点を2文字でとったときは，その点は図形上にあるので代入して……①とするんだったよね。じゃあ，この問題はミサキさんにやってもらおう。ちなみに，C の式の両辺を100で割って，$\dfrac{x^2}{100} + \dfrac{y^2}{25} = 1$ として解いてもいいけど，実は，9-5 の

㉛の"x の一方に x 座標を代入し，y の一方に y 座標を代入する。"は，変形前の式でもできるよ。

楕円 $C : x^2 + 4y^2 = 100$ 上の点 (x_1, y_1) における接線の方程式なら，

$$x_1 x + 4y_1 y = 100$$

というふうになる。

「あっ，そうなんですね……じゃあ，解いてみます。

解答 (1) 接点を (x_1, y_1) とおくと，この点は楕円 C 上にあるので，

$$x_1^2 + 4y_1^2 = 100 \quad \cdots\cdots ①$$

また，楕円 C の点 (x_1, y_1) における接線の方程式は，

$$x_1 x + 4y_1 y = 100$$

で，これは点 $P(2, 7)$ を通るので，

$$2x_1 + 28y_1 = 100$$

$$x_1 + 14y_1 = 50 \quad \cdots\cdots ②$$

②より，

$$x_1 = -14y_1 + 50 \quad \cdots\cdots ②'$$

②'を①に代入すると，

$$(-14y_1 + 50)^2 + 4y_1^2 = 100$$

両辺を4で割ると，

$$(-7y_1 + 25)^2 + y_1^2 = 25$$

$$49y_1^2 - 350y_1 + 625 + y_1^2 = 25$$

$$50y_1^2 - 350y_1 + 600 = 0$$

両辺を50で割ると，

$$y_1^2 - 7y_1 + 12 = 0$$

$$(y_1 - 3)(y_1 - 4) = 0$$

$$y_1 = 3, 4$$

②'に代入すると，

$y_1 = 3$ のとき，$x_1 = 8$

$y_1 = 4$ のとき，$x_1 = -6$

接点 $(8, 3)$ で，そのときの接線の方程式は，

$8x + 4\cdot3y = 100$ より

$\underline{2x + 3y = 25}$ ◁ **答え** **例題 9-11** (1)

接点 $(-6, 4)$ で，そのときの接線の方程式は，

$$-6x + 4 \cdot 4y = 100 \text{ より,}$$

$$\underline{-3x + 8y = 50} \quad \Leftarrow \boxed{\text{答え}} \quad \boxed{\text{例題 9-11}} (1) \text{」}$$

正解。さて，『数学Ⅱ・B編』の $\boxed{4\text{-}7}$ の $\overset{\text{Point}}{\textcircled{34}}$ で，グラフの拡大・縮小というのを習ったね。

---

x 軸方向に a 倍に拡大・縮小 $\Longleftrightarrow$ 式は $x \to \dfrac{x}{a}$ になる。

y 軸方向に b 倍に拡大・縮小 $\Longleftrightarrow$ 式は $y \to \dfrac{y}{b}$ になる。

右の図のような楕円 $\dfrac{x^2}{a^2} + \dfrac{y^2}{b^2} = 1$ は，円 $x^2 + y^2 = 1$ を x 軸方向に a 倍に拡大，y 軸方向に b 倍に縮小したものなんだ。実際に公式で式を変形してみよう。

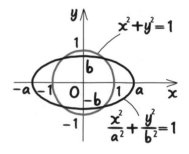

「$x^2 + y^2 = 1$ の x を $\dfrac{x}{a}$，y を

$\dfrac{y}{b}$ にすると，

$$\left(\frac{x}{a}\right)^2 + \left(\frac{y}{b}\right)^2 = 1$$

$$\frac{x^2}{a^2} + \frac{y^2}{b^2} = 1$$

ということか。たしかにそうだ！」

(2)の "楕円によって囲まれた部分の面積" を求める場合も，この知識を使えばいいよ。　█ 楕円を上下か左右に拡大・縮小して，円にして，"円によって囲まれた部分の面積" を求める。そして，再び元に戻して面積が何倍かを考えればいいんだ。█　もちろん，拡大・縮小すれば，点も直線も全部変わるからね。気をつけよう。

?「"円によって囲まれた部分の面積"って，どうやって求めるのですか？」

『数学Ⅱ・B編』の **7-19** でも紹介したよ。**円の中心や交点をつなげば，三角形や扇形の面積を考えることができる。**

解答　(2)　A(8, 3)，B(−6, 4) とする。

y 軸を中心に，x 軸方向に $\dfrac{1}{2}$ 倍に縮小すると，楕円Cは，原点を中心とする半径5の円になる。

さらに，3点A，B，P(2, 7) は，それぞれA′(4, 3)，B′(−3, 4)，P′(1, 7) に移動し，

接線$2x+3y=25$ は，$2 \cdot 2x+3y=25$ より，

接線ℓ_1：$\underline{4x+3y=25}$ になり，

接線$-3x+8y=50$ は，$-3 \cdot 2x+8y=50$ より，

接線ℓ_2：$\underline{-3x+4y=25}$ になる。

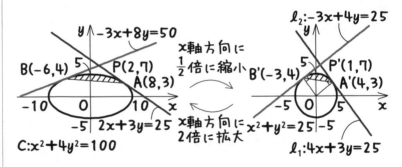

2直線 ℓ_1，ℓ_2 は，$4 \cdot (-3)+3 \cdot 4=0$ より，垂直。

さらに，$\angle OA'P'=\angle OB'P'=\dfrac{\pi}{2}$，かつ，$OA'=OB'=5$ より，

四角形OA′P′B′は正方形になる。

上の右図の斜線部の面積は，

　（扇形OA′B′の面積）−（三角形OA′B′の面積）

$$=\frac{1}{2}\cdot 5^2\cdot \frac{\pi}{2}-\frac{1}{2}\cdot 5^2$$

$$=\frac{25}{4}\pi-\frac{25}{2}$$

求めるものは，これを x 軸方向に2倍に拡大したものより，

面積も2倍なので

$$2\left(\frac{25}{4}\pi-\frac{25}{2}\right)=\underline{\frac{25}{2}\pi-25} \quad \Leftarrow \boxed{\text{答え}} \quad \boxed{\text{例題 9-11}} \text{ (2)}$$

「2直線 ℓ_1，ℓ_2 が垂直になるところがよくわからないです……。」

2直線 $\begin{cases} a_1x+b_1y+c_1=0 \\ a_2x+b_2y+c_2=0 \end{cases}$ が垂直ならば

$a_1a_2+b_1b_2=0$

『数学Ⅱ・B編』の $\boxed{\text{3-6}}$ の $\overset{\text{Point}}{\textcircled{24}}$ で出てきたよ。

例題 9-12

定期テスト 出題度 ❗　　共通テスト 出題度 ❗❗

放物線 $y^2=4px$（p は正の定数）について，次の問いに答えよ。

(1) 放物線上の点 $A(x_1,\ y_1)$ における接線と x 軸との交点Bの座標を x_1 を用いて表せ。

(2) 次の図のように点C，Dをとり，AC∥BF，かつ，∠CAD＝∠FABになるように x 軸上に点Fをとる。このとき，Fは点Aのとりかたによらない定点であることを示せ。ただし，$x_1 \neq 0$ とする。

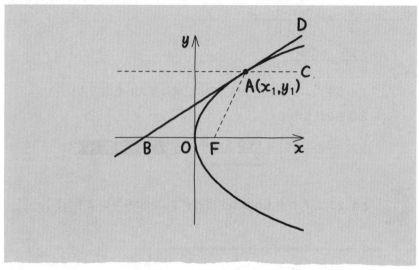

ミサキさん，(1)は解けるんじゃないかな？　やってみて。

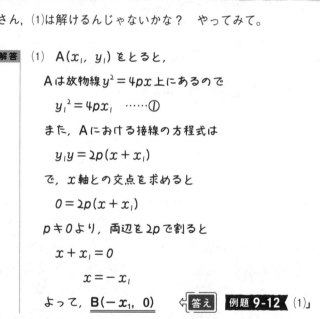

解答 (1) $A(x_1, y_1)$ をとると，

Aは放物線 $y^2 = 4px$ 上にあるので

$$y_1^2 = 4px_1 \quad \cdots\cdots ①$$

また，Aにおける接線の方程式は

$$y_1 y = 2p(x + x_1)$$

で，x軸との交点を求めると

$$0 = 2p(x + x_1)$$

$p \neq 0$ より，両辺を $2p$ で割ると

$$x + x_1 = 0$$

$$x = -x_1$$

よって，<u>$B(-x_1, 0)$</u>　**答え**　例題 **9-12** (1)」

そうだね。**9-5** の接線の公式を使えばいいね。

じゃあ，次の(2)だが，求めたいFはx軸上の点だから，$F(x_2, 0)$ とおこうか。

そして，わかっていることを図にかき込もう。まず，問題文に

∠CAD＝∠FAB とある。さらに，AC∥BF なので，同位角より，

∠CAD＝∠FBA　つまり，∠FAB＝∠FBA ということになるね。

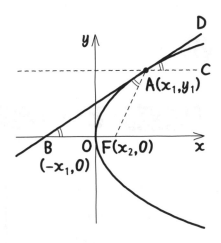

「△ABFは二等辺三角形ということか。」

そうだね。次のようになる。

解答 (2) AC∥BFより, ∠CAD＝∠FBA

よって, ∠CAD＝∠FABより, ∠FBA＝∠FABだから

FB＝FA

$F(x_2, 0)$ とおくと

$$x_2-(-x_1)=\sqrt{(x_1-x_2)^2+y_1^2}$$
$$x_2+x_1=\sqrt{(x_1-x_2)^2+y_1^2}$$

両辺を2乗すると

$$(x_2+x_1)^2=(x_1-x_2)^2+y_1^2$$
$$x_1^2+2x_1x_2+x_2^2=x_1^2-2x_1x_2+x_2^2+y_1^2$$
$$4x_1x_2=y_1^2$$

①より, $4x_1x_2=4px_1$

$x_1\neq0$より, 両辺を$4x_1$で割ると

$x_2=p$

よって, Fの座標は $(p, 0)$ となり, 点Aのとりかたによらない定点である。

←答え 例題 **9-12** (2)

なぜ，「焦点」という名前？

例えば，ビリヤードとか，ゲームセンターのエアホッケーをイメージしてみよう。台の縁にぶつかったボール（やパック）は，右の図のように，同じ角度で跳ね返ってくるはずだ。

ここで，縁の線が曲線だったとする。

「そんな台，見たことない（笑）。」

もしもの話だよ（笑）。曲線の場合も同じ角度で跳ね返るんだ。曲線上のボールがぶつかったところに接線を引くと，右図のように同じ角度になるよ。

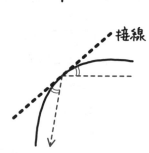

さて，　例題 9-12 　の(2)を振り返ってみよう。点Fは点Aのとりかたによらない定点になるので，x 軸に平行になるようにぶつければ，どこにぶつけても，必ずFに集まってくるってことなんだ。

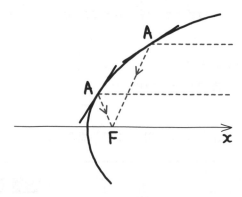

「あっ！　今，気づいたんですけど，F(p, 0) ということは，Fは焦点ですか？」

今，それを言おうとしていたんだけどね（笑）。

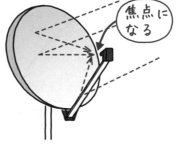

焦点になる

光や電波を放ったときも，同じような現象が起こるよ。

"焦点" という名前はそこからきているんだ。

パラボラアンテナはこの方法で衛星からの電波を1点に集めているよ。パラボラとは「放物線」という意味だ。

「棒状の受信機の先端のところが焦点になるんですね。」

そうだね。その部分で電波を変換しているんだ。

「楕円や双曲線の焦点もそういった意味があるんですか？」

楕円は，一方の焦点からボールや光を放つと，楕円のどこにぶつかって跳ね返っても，必ずもう一方の焦点に届くんだ。

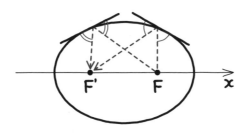

数C 9章

　双曲線では，一方の焦点Fから出た光は，双曲線上の点Pで跳ね返る。この光は，もう一方の焦点F′から出て点Pを通って直進する光の方向に進むんだ。

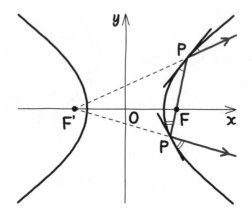

9-7 頂点が原点でない放物線

『数学Ⅰ・A編』の 3-7 で扱って以来，グラフをやるたびに登場してきた"平行移動"。
しつこいけど，ここでも出てくるよ。

例題 9-13　　定期テスト 出題度 !!!　　共通テスト 出題度 !!!

次の放物線の頂点，焦点，準線の方程式を求め，概形をかけ。

$$4x + y^2 - 6y + 17 = 0$$

「えっ？　これって，放物線になるんですか？」

x, y の混じった式で，x, y のうち，一方が1次，他方が2次になっているものは放物線になる と考えていいよ。次の手順で整理しよう。

 x, y の混じった式の整理のしかた

❶ 平方完成する。

❷ （　）²＝〜の形にする。

❸ 右辺を係数でくくる。

「y は2乗と1乗があるから平方完成できますけど，x は1乗しかないから平方完成できないですよね。」

そうだね。y のほうだけ平方完成すればいい。

解答　$4x+y^2-6y+17=0$

$4x+(y-3)^2-9+17=0$

$(y-3)^2=-4x-8$

$(y-3)^2=-4(x+2)$

さて，この式の形を見て，何か，思いつかない？

✧「平行移動？」

そうだね。放物線のときは，ほぼ毎回登場しているもんね。

「xのところが$x+2$，yのところが$y-3$になっているということは，放物線$y^2=-4x$を，x軸方向に-2，y軸方向に3だけ平行移動したものですね。」

その通り。じゃあ，まず，**放物線$y^2=-4x$の頂点，焦点，準線の方程式を求める**んだ。そして，**放物線がずれるということは，頂点，焦点，準線もずれる。**

これは放物線$y^2=-4x$を

x軸方向に-2，y軸方向に3だけ平行移動したものである。

放物線$y^2=-4x$は頂点$(0,0)$，焦点$(-1,0)$，準線$x=1$より

頂点$(-2,3)$，焦点$(-3,3)$，準線$x=-1$

ということになるね。

「放物線はどんな感じになるんですか？」

今までとかきかたは変わらない。頂点$(-2,3)$で，焦点を包み込むようにかけばいいよ。

焦点 (−3, 3)

頂点 (−2, 3)

−1

O

$-\dfrac{17}{4}$

準線 $x=-1$

答え　例題 9-13

x 軸との共有点の x 座標は，$4x+y^2-6y+17=0$ に $y=0$ を代入して

$$4x+17=0, \quad x=-\dfrac{17}{4}$$

のように求められるよ。

9-8 中心が原点でない楕円，双曲線

9-7 と同じく平行移動だ。どれだけ中心がずれているかがポイントになるよ。

例題 9-14

定期テスト 出題度 ❶❶❶　　共通テスト 出題度 ❶❶❶

次の楕円の中心，頂点，焦点を求め，概形をかけ。
$$x^2 - 8x + 5y^2 + 20y + 31 = 0$$

x，y の混じった式で，ともに2次になっているものは楕円や双曲線になっている可能性がある よ。

「今回は，x，y ともに平方完成できそうですね。」

うん。**平方完成した後は，$\dfrac{x^2}{a^2} + \dfrac{y^2}{b^2} = 1$ の形に直そう。**

どんな図形をどれだけ平行移動したかがわかって，放物線のときと同じように求められると思う。ハルトくん，解いてみて。

「解答

$$x^2 - 8x + 5y^2 + 20y + 31 = 0$$
$$x^2 - 8x + 5\{y^2 + 4y\} + 31 = 0$$
$$(x-4)^2 - 16 + 5\{(y+2)^2 - 4\} + 31 = 0$$
$$(x-4)^2 - 16 + 5(y+2)^2 - 20 + 31 = 0$$
$$(x-4)^2 + 5(y+2)^2 = 5$$
$$\frac{(x-4)^2}{5} + (y+2)^2 = 1$$

この楕円は，楕円 $\dfrac{x^2}{5} + y^2 = 1$ を x 軸方向に 4，y 軸方向に -2 だけ平行移動したものである。

楕円 $\dfrac{x^2}{5} + y^2 = 1$ の中心は, $(0, 0)$

x 軸方向に長い (横長の) 楕円で,

　頂点は, $(\pm\sqrt{5}, 0)$, $(0, \pm 1)$

　焦点は $(\pm\sqrt{(\sqrt{5})^2 - 1^2}, 0)$ より, $(\pm 2, 0)$

求めるものは, それらを x 軸方向に4, y 軸方向に-2だけ平

行移動したものなので

中心 $(4, -2)$, 頂点 $(4\pm\sqrt{5}, -2)$, $(4, -1)$, $(4, -3)$

焦点 $(6, -2)$, $(2, -2)$　⇐ 答え　例題 9-14

そう, 正解。完ペキだね。概形を図示すると, 次のようになるよ。

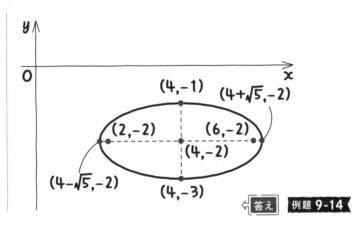

　⇐ 答え　例題 9-14

例題 9-15

定期テスト 出題度 ❗❗❗　　共通テスト 出題度 ❗❗❗

　次の双曲線の中心, 頂点, 焦点と漸近線の方程式を求め, 概形を
かけ。

$$-x^2 - 2x + 4y^2 - 32y + 59 = 0$$

数C 9 章

これも同じだよ。**平方完成した後に**，$\dfrac{x^2}{a^2}-\dfrac{y^2}{b^2}=1$　または

$\dfrac{x^2}{a^2}-\dfrac{y^2}{b^2}=-1$の形に直せばいい。ミサキさん，まず，中心，頂点，焦点と

漸近線の方程式を求めてみよう。

「**解答**

$$-x^2-2x+4y^2-32y+59=0$$
$$-\{x^2+2x\}+4\{y^2-8y\}+59=0$$
$$-\{(x+1)^2-1\}+4\{(y-4)^2-16\}+59=0$$
$$-(x+1)^2+1+4(y-4)^2-64+59=0$$
$$-(x+1)^2+4(y-4)^2=4$$
$$\frac{(x+1)^2}{4}-(y-4)^2=-1$$

この双曲線は，双曲線$\dfrac{x^2}{4}-y^2=-1$をx軸方向に-1，

y軸方向に4だけ平行移動したものである。

　　双曲線$\dfrac{x^2}{4}-y^2=-1$の中心は，$(0,\ 0)$

　　上下に開く双曲線で頂点は，$(0,\ \pm1)$

　　焦点は，$(0,\ \pm\sqrt{2^2+1^2})$より，$(0,\ \pm\sqrt{5})$

　　漸近線の方程式は，$y=\pm\dfrac{1}{2}x$

よって，求めるものは，

中心$(-1,\ 4)$

頂点$(-1,\ 5)$，$(-1,\ 3)$

焦点$(-1,\ 4\pm\sqrt{5})$

漸近線の方程式は，$y-4=\pm\dfrac{1}{2}(x+1)$より

$$y=\frac{1}{2}x+\frac{9}{2},\ \ y=-\frac{1}{2}x+\frac{7}{2}$$　⟨**答え**⟩　**例題 9-15**」

よくできました。概形をかくときは，まず，中心，焦点，漸近線をかいて，頂点が（−1，5），（−1，3）で，上下に開くように双曲線をかけばいい。

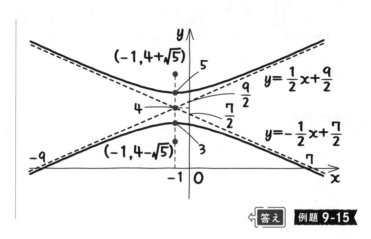

「あれっ？ y軸との共有点は求めないんですか？」

y軸との共有点のy座標を求めてみると

$$4y^2-32y+59=0 \quad \leftarrow y=\frac{-(-16)\pm\sqrt{(-16)^2-4\times 59}}{4}$$

$$y=\frac{8\pm\sqrt{5}}{2} \qquad\qquad =\frac{16\pm\sqrt{20}}{4}$$

となるけど，値が簡単に求められなかったり，複雑な値になるときは，図に書き込まなくてもいいんだ。これは，『数学Ⅰ・A編』の 3-6 で説明していることだよ。

ちなみに，x軸との共有点のx座標は，もとの式に$y=0$を代入して

$$-x^2-2x+59=0$$

$$x^2+2x-59=0$$

$$x=-1\pm\sqrt{60}$$

$$=-1\pm 2\sqrt{15}$$

となるけれど，これも図には書き込まなくていいよ。

頂点が原点でないときの 放物線の方程式を求める

頂点がわかれば，どれだけ平行移動されているかがわかる。その後は，焦点も準線も全部ずらして考えるよ！

例題 9-16

定期テスト 出題度 **❗❗❗**　　共通テスト 出題度 **❗❗❗**

焦点が $(-4, 3)$，準線の方程式が $y=1$ である放物線の方程式を求めよ。

「あれっ？　『焦点の座標 $(p, 0)$，準線 $x=-p$』や『焦点の座標 $(0, p)$，準線 $y=-p$』といった放物線の条件にあてはまらないですよ。」

それは，頂点が原点にある場合なんだ。 **9-7** のように，頂点が原点からはずれた位置にあることもあるよ。まず，

❶ **放物線の頂点（楕円，双曲線の場合は，「中心」）の位置を調べ，原点からどれだけ平行移動しているかを考える。**

「頂点は，焦点と準線の真ん中だな。」

うん。正確にいえば，『焦点から準線に下ろした垂線の中点』ということだ。どこになる？

「$(-4, 2)$ です。」

その通り。$y=1$ は x 軸に平行な直線だからね。

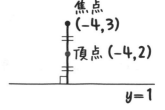

真ん中だから，頂点は（−4，2）というわけだ。次に，

❷ **放物線の頂点（楕円，双曲線の場合は，「中心」）が原点になるように**
ずらし，そのときの焦点などを調べ，図形の方程式を求める。

x軸方向に4，y軸方向に−2だけずらせばいいね。焦点や準線はどこになる？

「焦点が（0，1），準線が$y=-1$です。」

そうだね。じゃあ，放物線の方程式は？

「$x^2=4py$で$p=1$だから，$x^2=4y$です。」

そう，正解。そして，

❸ **再び元の位置に戻し，図形の方程式を求める。**

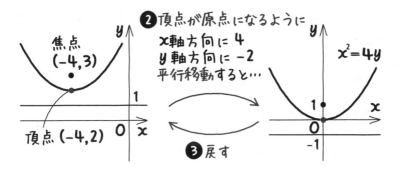

解答　頂点は，焦点（−4，3）から準線$y=1$に下ろした垂線の中点だから，

（−4，2）

よって，x軸方向に4，y軸方向に−2だけ平行移動すると，

焦点は（0，1），準線は$y=-1$なので，方程式は$x^2=4y$

求める方程式は，これをx軸方向に−4，y軸方向に2だけ平行移動し

たものだから

$$\underline{(x+4)^2=4(y-2)}$$　答え　例題 **9-16**

9-10 中心が原点でないときの楕円, 双曲線の方程式を求める

放物線のときと同様のことを, 楕円や双曲線でやってみよう。今回は中心の座標を見つけるんだよ。

例題 9-17

定期テスト 出題度 ❗❗❗　共通テスト 出題度 ❗❗❗

　焦点が $(2, 1)$, $(2, -7)$ で, 点 $(-1, 2)$ を通る楕円の方程式を求めよ。

9-9 と手順は変わらないよ。まず,

❶　**楕円の中心の位置を調べ, 原点からどれだけ平行移動しているかを考える。**

「中心は2つの焦点の真ん中だから, $(2, -3)$ ですね。」

❷　**中心が原点になるようにずらす。**

「x軸方向に-2, y軸方向に3だけずらすから, 焦点は, $(0, 4)$, $(0, -4)$ です。」

通る点は?

「あっ, そうか。通る点もずらすのか! $(-3, 5)$ です。」

通る点もずらして, ずらした状態で楕円の方程式を求めるんだ。 9-2 でやった方法で, 中心が原点の楕円の方程式を求めたら, 最後に,

❸　**再び元の位置に戻し, 図形の方程式を求める。**

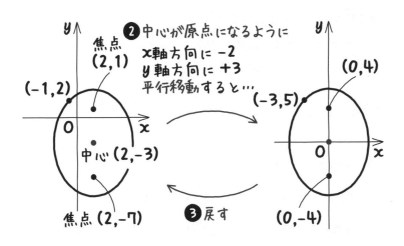

解答 中心は，2つの焦点 (2, 1)，(2, −7) の中点より，(2, −3)

中心が原点になるように，x 軸方向に −2，y 軸方向に +3 だけ平行移動

すると，焦点が (0, 4)，(0, −4) で，点 (−3, 5) を通る楕円になる。

まず，この楕円の方程式を求める。

焦点の位置から，y 軸方向に長い（縦長の）楕円であるので，この楕円

の方程式を

$$\frac{x^2}{a^2}+\frac{y^2}{b^2}=1 \ (b>a>0)$$

とおく。

焦点の座標は $(0, \pm\sqrt{b^2-a^2})$ より

$$\sqrt{b^2-a^2}=4$$
$$b^2-a^2=16 \quad \cdots\cdots\text{①}$$

また，点 (−3, 5) を通るから

$$\frac{9}{a^2}+\frac{25}{b^2}=1 \quad \cdots\cdots\text{②}$$

①より，$b^2=a^2+16 \quad \cdots\cdots\text{①}'$

これを②に代入すると

$$\frac{9}{a^2}+\frac{25}{a^2+16}=1$$

両辺に $a^2(a^2+16)$ を掛けると

$9(a^2+16)+25a^2=a^2(a^2+16)$

$9a^2+144+25a^2=a^4+16a^2$

$a^4-18a^2-144=0$

$(a^2+6)(a^2-24)=0$

$a^2>0$ より， $a^2=24$

①′に代入すると， $b^2=40$

よって，この楕円の方程式は， $\dfrac{x^2}{24}+\dfrac{y^2}{40}=1$

求める楕円の方程式は，これを x 軸方向に $+2$， y 軸方向に -3 だけ平行移動したものだから

$$\dfrac{(x-2)^2}{24}+\dfrac{(y+3)^2}{40}=1$$ ⇦ 答え　 例題 9-17

例題 **9-18**　　定期テスト 出題度 **❗❗❗**　　共通テスト 出題度 **❗❗❗**

　　漸近線が $y=x+4$， $y=-x+6$ であり，焦点の1つが $(1+3\sqrt{2},\ 5)$ である双曲線の方程式を求めよ。

「まず，❶ 双曲線の中心の位置を調べるけど，焦点が1つだけしか書いていないし……，どうすればいいのかなあ？」

中心は，2つの漸近線の交点になるんだよね。

「あっ，たしかに，そうだ！　思いつかなかった。」

結果からいってしまうと，2つの漸近線の交点は (1, 5) になるよ。

「❷　中心を原点になるようにずらすということは，x軸方向に
　　　-1，y軸方向に-5だけずらせばいいんですね。」

「ずらしたあとの焦点の1つは，$(3\sqrt{2}, 0)$ ですね。」

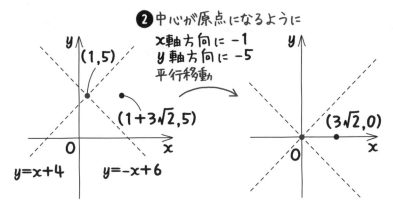

❷中心が原点になるように
x軸方向に -1
y軸方向に -5
平行移動

(1,5)　(1+3√2,5)

$y=x+4$　$y=-x+6$

$(3\sqrt{2},0)$

じゃあ，もう1つの焦点はわかる？

「わかった！　2つの焦点は原点をはさんで対称な位置にあるから，
　　　$(-3\sqrt{2}, 0)$ だ。」

その通り。そして，漸近線もずれることを忘れちゃダメだよ。

「x軸方向に-1，y軸方向に-5だけ平行移動させるわけだから，
　　　xを$x+1$に，yを$y+5$に変えればいいんですね。
　　　$y=x+4$なら，
　　　　　　$(y+5)=(x+1)+4$
　　　より，$y=x$　で……。」

うん。それでもいいけど，例えば，$y=x+4$は平行移動させても傾きは変
わらないよね。

原点を通り，傾きが1だから，$y=x$

と考えるといいよ。

「あっ，そうか。そっちのほうがラクですね。」

「じゃあ，$y=-x+6$のほうは，$y=-x$になるのか。」

うん。そして，そのあとは 9-3 のやりかたで，中心が原点の双曲線を求め，

❸ **再び元の位置に戻し，図形の方程式を求めればいい**，ということだ。

|解答| 双曲線の中心は，2つの漸近線

$$y=x+4 \quad \cdots\cdots①$$

$$y=-x+6 \quad \cdots\cdots②$$

の交点より，①，②を連立させると

$$x+4=-x+6$$

$$2x=2$$

$$x=1$$

①に代入すると，$y=5$

よって，双曲線の中心は $(1, 5)$

中心を原点にするために，x軸方向に-1，y軸方向に-5だけ平行移動

すると，焦点$(1+3\sqrt{2}, 5)$ は $(3\sqrt{2}, 0)$ になるから，

もう1つの焦点は $(-3\sqrt{2}, 0)$

漸近線の方程式は，原点を通り，傾きが1，-1だから

$$y=x, \quad y=-x$$

まず，この双曲線の方程式を求める。

焦点の位置より，左右に開く双曲線であるから，この双曲線の方程式を

$$\frac{x^2}{a^2}-\frac{y^2}{b^2}=1 \quad (a>0, \ b>0)$$

とおく。

焦点の座標は $(\pm\sqrt{a^2+b^2},\ 0)$ より

$$\sqrt{a^2+b^2}=3\sqrt{2}$$

$$a^2+b^2=18 \quad \cdots\cdots ③$$

漸近線の方程式は $y=\pm\dfrac{b}{a}x$ と比べて

$$\frac{b}{a}=1$$

$$a=b \quad \cdots\cdots ④$$

④を③に代入すると

$$2a^2=18$$

$$a^2=9$$

③より，$b^2=9$

よって，この双曲線の方程式は，$\dfrac{x^2}{9}-\dfrac{y^2}{9}=1$

求める双曲線の方程式は，これを x 軸方向に $+1$，y 軸方向に $+5$ だけ平行移動したものだから

$$\frac{(x-1)^2}{9}-\frac{(y-5)^2}{9}=1$$

◁答え 例題 9-18

数C 9章

２次曲線を使った軌跡の問題

「数学Ⅱの軌跡のところでやったから，もうやらなくてもいいかな。」といいたいけれど，残念なことに忘れている人も多い。ちゃんとおさらいするよ。

例題 9-19

定期テスト 出題度 ❗❗❗　共通テスト 出題度 ❗❗❗

座標平面上に長さが9の線分 AB があり，2点 A，B がそれぞれ x 軸，y 軸上を動いている。このとき，線分 AB を 2：7 の比に内分する点 P のえがく図形を求めよ。

『えがく図形を求めよ。』とか『どんな図形上にあるか？』というのは軌跡の問題だったよね。

「何か，難しそうだな……。」

いや，いや，これははじめて習う内容じゃないよ。『数学Ⅱ・B編』の 3-22 でも登場したよね。

「でも，点が動くタイプの軌跡の問題は自信がないです。」

うーん……しようがないな。 例題 9-1 でもやったけど，じゃあ，あらためて軌跡の解きかたを振り返っておこう。

❶ 軌跡を求めたい点を (X, Y) とおく。

P(X, Y) でいいね。

A, B の座標も決めておく必要があるね。

A は x 軸上にあるから，$(a, 0)$，

B は y 軸上にあるから，$(0, b)$

としよう。

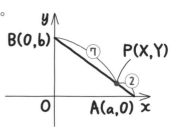

❷　**与えられた条件を満たす式を作り，それをX，Yを使った式にする。**

まず，線分ABの長さが9なので，図より

$$\sqrt{a^2+b^2}=9$$
$$a^2+b^2=81 \quad \cdots\cdots①$$

となる。

さらに，Pは線分ABを2：7に内分する点ということで，

$$P\left(\frac{7\cdot a+2\cdot 0}{9},\ \frac{7\cdot 0+2\cdot b}{9}\right) \text{より，} P\left(\frac{7a}{9},\ \frac{2b}{9}\right)$$

Pは，最初にP(X，Y)とおいたよね。それと見比べると，

$$X=\frac{7a}{9} \quad \cdots\cdots②$$

$$Y=\frac{2b}{9} \quad \cdots\cdots③$$

「あっ，同じ点を2通りに表して比較するというのですね。思い出してきました。」

そう？　じゃあ，その後も大丈夫かな？

❸　**計算し，どんな図形かわかるように式を変形する。**

今回は，"X，Y以外の変数"を消去するんだよね。

「ここでは，a，bのことですね。」

そうだね。"消したい文字＝〜"の形にして代入すればいいよ。

❹　**x，yに直して答える。**

それで終わりだ。最初からやってみるよ。

解答　P(X，Y)，A(a，0)，B(0，b)とおくと，

まず，線分ABの長さが9より

$$\sqrt{a^2+b^2}=9$$
$$a^2+b^2=81 \quad \cdots\cdots①$$

さらに，Pは線分ABを2：7に内分する点だから，

$P\left(\dfrac{7 \cdot a+2 \cdot 0}{9}, \dfrac{7 \cdot 0+2 \cdot b}{9}\right)$ より, $P\left(\dfrac{7a}{9}, \dfrac{2b}{9}\right)$

よって, $X=\dfrac{7a}{9}$　……②

$\qquad Y=\dfrac{2b}{9}$　……③

②より, $a=\dfrac{9X}{7}$　……②′

③より, $b=\dfrac{9Y}{2}$　……③′

②′, ③′ を①に代入すると

$$\dfrac{81X^2}{49}+\dfrac{81Y^2}{4}=81$$

$$\dfrac{X^2}{49}+\dfrac{Y^2}{4}=1$$

（逆に, 点Pがこの楕円上にあれば条件を満たす。）

よって, 求める軌跡は

楕円 $\dfrac{x^2}{49}+\dfrac{y^2}{4}=1$　⇐ 答え　例題 9-19

例題 9-20

定期テスト 出題度 ❗❗❗　　共通テスト 出題度 ❗❗❗

点 $A(-12, 8)$ がある。点 P が楕円 $\dfrac{x^2}{64}+\dfrac{y^2}{16}=1$ 上を動くとき, 線分 AP を $1:3$ に内分する点 Q の軌跡を求めよ。

 「この問題もたしか, 以前やりましたよね。」

『数学Ⅱ・B編』の 3-23 で登場した問題とほぼ同じだよ。そのときは円だったけど, 今回は楕円になっただけだ。

解答　$Q(X, Y)$, $P(a, b)$ とおくと，

$P(a, b)$ が楕円 $\dfrac{x^2}{64} + \dfrac{y^2}{16} = 1$ 上にあるので

$$\dfrac{a^2}{64} + \dfrac{b^2}{16} = 1 \quad \cdots\cdots ①$$

さらに，Q は線分 AP を 1：3 に内分する点だから，

$Q\left(\dfrac{3 \cdot (-12) + 1 \cdot a}{4}, \dfrac{3 \cdot 8 + 1 \cdot b}{4}\right)$ より，$Q\left(\dfrac{-36 + a}{4}, \dfrac{24 + b}{4}\right)$

よって，$X = \dfrac{-36 + a}{4} \quad \cdots\cdots ②$

$Y = \dfrac{24 + b}{4} \quad \cdots\cdots ③$

②より，$4X = -36 + a$

$a = 4X + 36 \quad \cdots\cdots ②'$

③より，$4Y = 24 + b$

$b = 4Y - 24 \quad \cdots\cdots ③'$

②'，③'を①に代入すると

$$\dfrac{(4X + 36)^2}{64} + \dfrac{(4Y - 24)^2}{16} = 1$$

$$\dfrac{(X + 9)^2}{4} + (Y - 6)^2 = 1$$

（逆に，点 Q がこの楕円上にあれば条件を満たす。）

よって，求める軌跡は

楕円 $\dfrac{(x + 9)^2}{4} + (y - 6)^2 = 1$ ⇐ **答え**　**例題 9-20**

変形は大丈夫かな？　$\dfrac{(4X + 36)^2}{64}$ は $(\ )^2$ の中を 4 で割った。結果，分子を 16 で割ったことになるから，分母も 16 で割るんだ。$\dfrac{(4Y - 24)^2}{16}$ のほうも同じだよ。

離心率

離心率 $e = \dfrac{点Fからの距離}{直線\ell からの距離}$ と紹介している本もある。いっていることは同じだよ。

　ここでは，**点Fと直線 ℓ からの距離の比が $e:1$ にある点Qの軌跡**を考えてみよう。この e を**離心率**というんだ。

「点と直線からの距離が関係する軌跡なんて，**例題 9-1** と似ていますよね。」

　うん。$e=1$ のときは，点Fと直線 ℓ からの距離の比が $1:1$ だ。つまり，『点Fと直線 ℓ から等距離にある』点の軌跡だから，ミサキさんのいうように，放物線になるね。

　離心率 e と2次曲線の形の関係は次のようになるんだ。

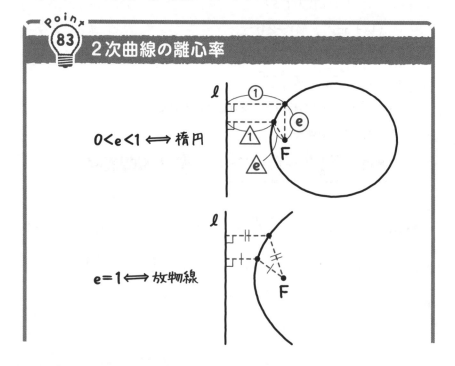

Point 83　2次曲線の離心率

$0<e<1 \Longleftrightarrow$ 楕円

$e=1 \Longleftrightarrow$ 放物線

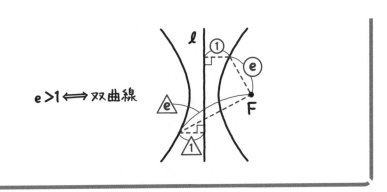

$e > 1 \Longleftrightarrow$ 双曲線

 「つまり，点からの距離が，直線からの距離より短ければ，軌跡は楕円になるし，長ければ双曲線になるということですか？」

そういうことだね。そして，もちろん，このときの点Fが**焦点**，直線 ℓ が**準線**と呼ばれるよ。

 「えっ？　楕円や双曲線にも準線があるということですか？　知らなかった……。」

ちなみに，e を0に近づけると，楕円が限りなく円に近づくんだ。

例題 9-21

定期テスト 出題度 **! !**　　共通テスト 出題度 **! !**

点 $F(6, 0)$ と直線 $x = -6$ からの距離の比が $e : 1$ である点 Q がある。e が次の値になるとき，点 Q の軌跡を求めよ。

(1) $e = \dfrac{1}{2}$　　　(2) $e = 2$

ミサキさん，(1)は解ける？

 「**解答** (1) $Q(X, Y)$ とおくと

　　QF : (Qと直線 $x = -6$ の距離) $= \underbrace{\dfrac{1}{2} : 1}_{1 : 2}$

$$\sqrt{(X-6)^2+Y^2}:|X+6|=1:2$$

$$\sqrt{X^2-12X+36+Y^2}:|X+6|=1:2$$

$$2\sqrt{X^2-12X+36+Y^2}=|X+6|$$

両辺を2乗すると

$$4(X^2-12X+36+Y^2)=(X+6)^2$$

$$4X^2-48X+144+4Y^2=X^2+12X+36$$

$$3X^2-60X+4Y^2=-108$$

$$3\{X^2-20X\}+4Y^2=-108$$

$$3\{(X-10)^2-100\}+4Y^2=-108$$

$$3(X-10)^2-300+4Y^2=-108$$

$$3(X-10)^2+4Y^2=192$$

$$\frac{(X-10)^2}{64}+\frac{Y^2}{48}=1$$

(逆に，点Qがこの楕円上にあれば条件を満たす。)

よって，楕円 $\dfrac{(x-10)^2}{64}+\dfrac{y^2}{48}=1$

⇐ 答え 例題 9-21 (1)」

そうだね。同様に(2)は次のようになる。

解答 (2)　$Q(X,\ Y)$ とおくと

QF：(Qと直線 $x=-6$ の距離)＝2：1

$$\sqrt{(X-6)^2+Y^2}:|X+6|=2:1$$

$$\sqrt{X^2-12X+36+Y^2}:|X+6|=2:1$$

$$\sqrt{X^2-12X+36+Y^2}=2|X+6|$$

両辺を2乗すると

$$X^2-12X+36+Y^2=4(X+6)^2$$

$$X^2-12X+36+Y^2=4(X^2+12X+36)$$

$$X^2-12X+36+Y^2=4X^2+48X+144$$

$$3X^2+60X-Y^2=-108$$

$$3\{X^2+20X\}-Y^2=-108$$

$$3\{(X+10)^2-100\}-Y^2=-108$$

$$3(X+10)^2-300-Y^2=-108$$

$$3(X+10)^2-Y^2=192$$

$$\frac{(X+10)^2}{64}-\frac{Y^2}{192}=1$$

（逆に，点Qがこの双曲線上にあれば条件を満たす。）

よって，双曲線 $\dfrac{(x+10)^2}{64}-\dfrac{y^2}{192}=1$　答え　例題 **9-21** (2)

コツ35 楕円，双曲線の準線

焦点1つにつき準線が1つある。

横長の楕円や，左右に広がる双曲線なら，$x=k$（kは定数），縦長の楕円や，上下に広がる双曲線なら，$y=k$（kは定数）の式で表され，中心より焦点側で，図形と共有点をもたないところにある。

組み合わせ 組み合わせ　　　組み合わせ 組み合わせ

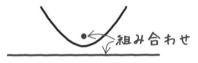

組み合わせ

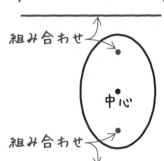

組み合わせ

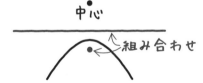

組み合わせ

今度は逆に式から準線を求めてみよう。

例題 9-22   定期テスト 出題度 **!** **!**   共通テスト 出題度 **!** **!**

双曲線 $16x^2 - 9y^2 = 144$ の離心率 e の値を求めよ。

また，x 座標が正の焦点に対する準線の方程式を求めよ。

解答   双曲線上の任意の点を $P(x_1,\ y_1)$ とおくと，この点は双曲線上にある

ので，

$$16x_1^2 - 9y_1^2 = 144 \quad \cdots\cdots ①$$

$16x^2 - 9y^2 = 144$ の両辺を 144 で割ると，

$\dfrac{x^2}{9} - \dfrac{y^2}{16} = 1$ より，左右に広がる双曲線で，

焦点は $(\pm\sqrt{9+16},\ 0)$ つまり，$(\pm 5,\ 0)$

焦点を $F(5,\ 0)$，準線の方程式を $x = k$ (k は $0 < k < 3$ の定数) とすると，

$$PF : (\text{点 P と準線の距離}) = e : 1 \quad (e > 1)$$

$$\sqrt{(x_1-5)^2 + y_1^2} : |x_1 - k| = e : 1$$

$$\sqrt{(x_1-5)^2 + y_1^2} = e|x_1 - k|$$

両辺を2乗すると

$$(x_1-5)^2 + y_1^2 = e^2(x_1-k)^2 \quad \cdots\cdots ②$$

①＋②×9 より，

$$16x_1^2 + 9(x_1-5)^2 = 144 + 9e^2(x_1-k)^2$$

$$16x_1^2 + 9(x_1^2 - 10x_1 + 25) = 144 + 9e^2(x_1^2 - 2kx_1 + k^2)$$

$$16x_1^2 + 9x_1^2 - 90x_1 + 225 = 144 + 9e^2x_1^2 - 18e^2kx_1 + 9e^2k^2$$

$$(25 - 9e^2)x_1^2 + (-90 + 18e^2k)x_1 - 9e^2k^2 + 81 = 0 \quad \cdots\cdots ③$$

x_1 は任意の実数より，③は x_1 の恒等式だから，

$25-9e^2=0$ より，

$$e^2=\frac{25}{9}$$

$e>1$ より，

$$e=\frac{5}{3} \quad \cdots\cdots ④$$

$-90+18e^2k=0$ より，

$$e^2k=5 \quad \cdots\cdots ⑤$$

$-9e^2k^2+81=0$ より，

$$e^2k^2=9 \quad \cdots\cdots ⑥$$

④を⑤に代入すると，

$$\frac{25}{9}k=5$$

$$k=\frac{9}{5}$$

$e=\dfrac{5}{3}$，$k=\dfrac{9}{5}$ は⑥を満たす。

よって，**準線の方程式は $x=\dfrac{9}{5}$，離心率 $e=\dfrac{5}{3}$**

←答え 例題 **9-22**

Pが任意の点だから，x_1 は任意の実数，つまり，どんな実数でも③が成り立つということだよね。

「ということは，x_1 の恒等式（『数学Ⅱ・B編』の **1-15**）。だから係数比較できるということか……，なるほど。」

『$e=\dfrac{5}{3}$，$k=\dfrac{9}{5}$ は⑥を満たす。』の意味は，**7-26** で説明したからもういいよね。

数C **9** 章

コツ 36 楕円，双曲線の離心率と
準線の方程式（裏公式）

楕円 $\dfrac{x^2}{a^2} + \dfrac{y^2}{b^2} = 1 \ (a > b > 0)$ は，

離心率 $e = \dfrac{\sqrt{a^2 - b^2}}{a}$

準線の方程式は $x = \pm \dfrac{a^2}{\sqrt{a^2 - b^2}}$

楕円 $\dfrac{x^2}{a^2} + \dfrac{y^2}{b^2} = 1 \ (b > a > 0)$ は，上記の a, b を入れ

替えたもので，

離心率 $e = \dfrac{\sqrt{b^2 - a^2}}{b}$，準線の方程式は $x = \pm \dfrac{b^2}{\sqrt{b^2 - a^2}}$

双曲線 $\dfrac{x^2}{a^2} - \dfrac{y^2}{b^2} = 1 \ (a > 0, \ b > 0)$ は，

離心率 $e = \dfrac{\sqrt{a^2 + b^2}}{a}$

準線の方程式は $x = \pm \dfrac{a^2}{\sqrt{a^2 + b^2}}$

双曲線 $\dfrac{x^2}{a^2} - \dfrac{y^2}{b^2} = -1 \ (a > 0, \ b > 0)$ は，上記の a, b

を入れ替えたもので，離心率 $e = \dfrac{\sqrt{b^2 + a^2}}{b}$，準線の方程

式は $x = \pm \dfrac{b^2}{\sqrt{b^2 + a^2}}$

例題 9-22 は，$a = 3$，$b = 4$ で，これを代入すればすぐに求まる。でも，
裏公式だから記述では使えないよ。答えのみの問題や，検算で使おう。

円，楕円，双曲線上に点をとる

2次曲線には個性的な点のとりかたがあるよ。

　円，楕円，双曲線のように，"$y=\sim$"の形でない方程式で表される場合は，$(x_1,\ y_1)$ などととる以外に方法があるよ。

⟨84⟩ 三角比を使った点のとりかた

円 $x^2+y^2=r^2$ 上の点は，$(r\cos\theta,\ r\sin\theta)$

楕円 $\dfrac{x^2}{a^2}+\dfrac{y^2}{b^2}=1$ 上の点は，$(a\cos\theta,\ b\sin\theta)$

双曲線上の点は

$\dfrac{x^2}{a^2}-\dfrac{y^2}{b^2}=1$ ならば，$\left(\dfrac{a}{\cos\theta},\ b\tan\theta\right)$

$\dfrac{x^2}{a^2}-\dfrac{y^2}{b^2}=-1$ ならば，$\left(a\tan\theta,\ \dfrac{b}{\cos\theta}\right)$

　例えば，$x=a\cos\theta$，$y=b\sin\theta$ を $\dfrac{x^2}{a^2}+\dfrac{y^2}{b^2}=1$ に代入すると

　　　$\cos^2\theta+\sin^2\theta=1$

となり成り立つ。点 $(a\cos\theta,\ b\sin\theta)$ は楕円 $\dfrac{x^2}{a^2}+\dfrac{y^2}{b^2}=1$ 上にあるということだ。

　「θ は x 軸の正の方向とのなす角ですよね。」

なす角？　えっ？　どこの角のこと？

「下の図の∠AOPです。

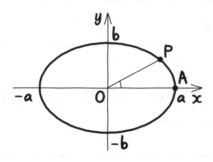

　いや。そうじゃないよ。 9-6 で出てきた話だけど，楕円って，円を拡大・縮小したものだよね。

　例えば，原点を中心とする，半径1の円の状態で点をとると，P′($\cos\theta$, $\sin\theta$) になるし，∠A′OP′=θだ。それをx軸方向にa倍，y軸方向にb倍してごらん。∠AOP=θにならないよね。だから，**このθは楕円の図には登場しないから，書き込まないんだ。**

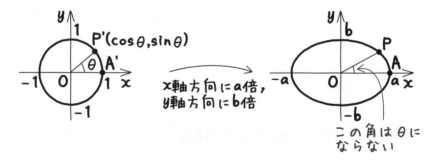

「双曲線の場合もですか？ $x=\dfrac{a}{\cos\theta}$, $y=b\tan\theta$を

$\dfrac{x^2}{a^2}-\dfrac{y^2}{b^2}=1$に代入したら，$\dfrac{1}{\cos^2\theta}-\tan^2\theta=1$ ……。」

　うん，成り立っているよ。『数学Ⅰ・A編』の 4-5 で $1+\tan^2\theta=\dfrac{1}{\cos^2\theta}$ という公式があった。それを変形したものだからね。このθも図には出てこない。

例題 **9-23**　　定期テスト 出題度 ❗❗❗　　共通テスト 出題度 ❗❗

次の楕円，双曲線上の点を角度θを使って表せ。

(1)　$\dfrac{x^2}{9}+\dfrac{y^2}{25}=1$　　　　(2)　$-2x^2+y^2=2$

(3)　$\dfrac{(x+3)^2}{16}-\dfrac{(y-2)^2}{4}=1$

ミサキさん，(1)は解ける？

「解答」(1)　楕円だから，$(3\cos\theta,\ 5\sin\theta)$ ←答え　例題 **9-23** (1)」

そう，正解だね。aを3，bを5とみなせるからね。ハルトくん，(2)は解ける？

「解答」(2)　$-2x^2+y^2=2$

$x^2-\dfrac{y^2}{2}=-1$

$\left(\tan\theta,\ \dfrac{\sqrt{2}}{\cos\theta}\right)$ ←答え　例題 **9-23** (2)」

よくできました。両辺を−2で割ったのはすごくいい。 **9-3** でやった考

えかただね。$\dfrac{x^2}{a^2}-\dfrac{y^2}{b^2}=-1$の形になって，$a$を1，$b$を$\sqrt{2}$とみなせる。

「(3)はどうすればいいんですか？」

もし，$\dfrac{x^2}{16}-\dfrac{y^2}{4}=1$なら，$a$を4，$b$を2とみなせるから，

$(x,\ y)=\left(\dfrac{4}{\cos\theta},\ 2\tan\theta\right)$になるはずだ。$\dfrac{(x+3)^2}{16}-\dfrac{(y-2)^2}{4}=1$の場合は

それをx軸方向に−3，y軸方向に2だけ平行移動したものだから，例題 **9-18**

でもやったように点も移動して……。

「解答」(3)　$\left(\dfrac{4}{\cos\theta}-3,\ 2\tan\theta+2\right)$ ←答え　例題 **9-23** (3)」

数C
9章

9-14 媒介変数を使って表された関数

数学Ⅲ，数学Cでは，初めから媒介変数を使った式で登場することも多いんだ。

例題 9-24

定期テスト 出題度 **!** **!** **!**　　共通テスト 出題度 **!** **!**

次の式の媒介変数 t を消去して，x と y の関係式を求めよ。

(1) $\begin{cases} x = 2t - 1 \\ y = 4t^2 + 6t - 5 \end{cases}$

(2) $\begin{cases} x = t - \dfrac{3}{t} \\ y = t^2 + \dfrac{9}{t^2} \end{cases}$

「なんか，ずっと昔にやったような記憶が……。」

『数学Ⅱ・B編』の **3-23** で登場したよ。**t を消去して，x，y の直接の関係を求める**んだよね。

(1)は，t を消したいので，一方の式を"$t =$〜"の形にして，他方の式に代入すればいい。

解答

(1) $\begin{cases} x = 2t - 1 & \cdots\cdots ① \\ y = 4t^2 + 6t - 5 & \cdots\cdots ② \end{cases}$

①より，$2t = x + 1$

$$t=\frac{1}{2}x+\frac{1}{2} \quad\cdots\cdots①'$$

①′を②に代入すると

$$y=4\left(\frac{1}{2}x+\frac{1}{2}\right)^2+6\left(\frac{1}{2}x+\frac{1}{2}\right)-5$$

$$=4\left(\frac{1}{4}x^2+\frac{1}{2}x+\frac{1}{4}\right)+6\left(\frac{1}{2}x+\frac{1}{2}\right)-5$$

$$=x^2+2x+1+3x+3-5$$

$$=x^2+5x-1$$

よって，$\underline{\boldsymbol{y=x^2+5x-1}}$ ⇐答え 例題 **9-24** (1)

この関数のグラフは放物線だったね。

「(2)は，どっちの式も"$t=\sim$"の形にできないですよね？」

これは，『数学Ⅰ・A編』の 1-17 で扱っているよ。そのときは $x-\dfrac{1}{x}$ だっ

たけど，まあ，似たようなものだ。$\boldsymbol{t-\dfrac{3}{t}}$ **を2乗して展開すれば，$\boldsymbol{t^2+\dfrac{9}{t^2}}$**

に似たものが現れるよ。ハルトくん，やってみて。

「解答

(2) $\begin{cases} x=t-\dfrac{3}{t} & \cdots\cdots① \\[2mm] y=t^2+\dfrac{9}{t^2} & \cdots\cdots② \end{cases}$

①の両辺を2乗すると

$$x^2=t^2-6+\frac{9}{t^2}$$

$$t^2+\frac{9}{t^2}=x^2+6$$

これに，②を代入すると

$$\underline{y=x^2+6}$$ ⇐答え 例題 **9-24** (2)」

そうだね。これも，放物線になったね。

例題 9-25　　定期テスト 出題度 **!!!**　　共通テスト 出題度 **!!**

次の式の媒介変数 θ を消去して，x と y の関係式を求めよ。

(1) $\begin{cases} x = 2\cos\theta + 5 \\ y = \sin\theta - 3 \end{cases}$

(2) $\begin{cases} x = 7\tan\theta - 4 \\ y = \dfrac{3}{\cos\theta} + 2 \end{cases}$

「(1)は，まず，$\cos\theta =$ ～の形にすると

$$2\cos\theta = x - 5$$

$$\cos\theta = \frac{x - 5}{2}$$

これをもう一方の式に代入？　できないですよねぇ……。」

うん。だから，もう一方の式 $y = \sin\theta - 3$ も，"$\sin\theta =$ ～" の形にしよう。
そして，$\sin^2\theta + \cos^2\theta = 1$ の公式に代入すればいいよ。

「あっ，そうか！　うまいやりかただな！」

初めて出た話じゃないよ。『数学Ⅰ・A編』 **4-8** で扱っているよ。じゃあ，
ミサキさん，解いてみて。

「**解答**

(1) $\begin{cases} x = 2\cos\theta + 5 & \cdots\cdots① \\ y = \sin\theta - 3 & \cdots\cdots② \end{cases}$

①より，$2\cos\theta = x - 5$

$$\cos\theta = \frac{x - 5}{2} \quad \cdots\cdots①'$$

②より，$\sin\theta = y + 3 \quad \cdots\cdots②'$

①'，②'を公式 $\sin^2\theta + \cos^2\theta = 1$ に代入すると

$$\left(\frac{x-5}{2}\right)^2 + (y+3)^2 = 1$$

$$\underline{\underline{\frac{(x-5)^2}{4} + (y+3)^2 = 1}}$$ ⟵ 答え 例題 9-25 (1)

楕円ですね。」

うん，正解だよ。じゃあ，ハルトくん，(2)を解いてみて。今回は，"$\tan\theta =$ 〜" の形と "$\dfrac{1}{\cos\theta} =$ 〜" の形にして，$1+\tan^2\theta = \dfrac{1}{\cos^2\theta}$ の公式に代入しよう。

「解答

(2) $\begin{cases} x = 7\tan\theta - 4 & \cdots\cdots① \\ y = \dfrac{3}{\cos\theta} + 2 & \cdots\cdots② \end{cases}$

①より，$7\tan\theta = x + 4$

$$\tan\theta = \frac{x+4}{7} \quad \cdots\cdots①'$$

②より，$\dfrac{3}{\cos\theta} = y - 2$

$$\frac{1}{\cos\theta} = \frac{y-2}{3} \quad \cdots\cdots②'$$

①'，②'を公式 $1+\tan^2\theta = \dfrac{1}{\cos^2\theta}$ に代入すると

$$1 + \left(\frac{x+4}{7}\right)^2 = \left(\frac{y-2}{3}\right)^2$$

$$1 + \frac{(x+4)^2}{49} = \frac{(y-2)^2}{9}$$

$$\underline{\underline{\frac{(x+4)^2}{49} - \frac{(y-2)^2}{9} = -1}}$$ ⟵ 答え 例題 9-25 (2)」

うん。正解だね。今回は，双曲線になった。

サイクロイド

自転車のタイヤにシールを貼って走ったら，シールの軌道はどんな図形をえがくだろうか？
このときの曲線をサイクロイドというんだ。

例題 9-26

定期テスト 出題度 **!**　　　共通テスト 出題度 **! !**

円 $x^2+(y-r)^2=r^2$（ただし，$r>0$）を x 軸の正の方向に滑らないように転がすと，それにともない円周上の各点も動く。最初に点Pを原点にとって，円を角 θ（ラジアン）だけ転がしたときのPの x 座標，y 座標を r，θ を用いてそれぞれ表せ。

円を角 θ だけ転がすと，次の図のようになるね。円と x 軸との接点をA，円の中心をCとする。まず，$\overset{\frown}{PA}$ の長さはいくつ？

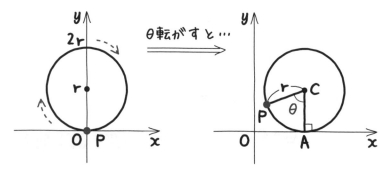

「円周は $2\pi r$ ですよね。中心角 θ ということは，$\dfrac{\theta}{2\pi}$ 倍だから，

$2\pi r \times \dfrac{\theta}{2\pi} = r\theta$ ですね。」

うん。それでもいいし，『数学Ⅱ・B編』の お役立ち話 **8** で登場した，

半径 r，中心角 θ（ラジアン）の扇形の弧の長さは $r\theta$

の公式を使ってもいいよ。じゃあ，次の質問。OAの長さはいくつ？

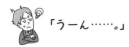「うーん……。」

ゴロっと転がしたときに，OAと密着していた部分はどこかを考えてみれば いいよ。

「OAと密着していたのは$\overset{\frown}{PA}$だから……。あっ，そうか！　同じ長さ だから，$r\theta$だ！」

そうだね。じゃあ，円の中心Cの座標はわかる？

「解答　CAの長さは半径rだから，C($r\theta$, r)

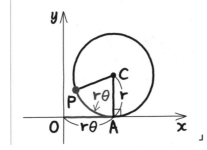

そう，正解だね。じゃあ，次に，ベクトル$\overrightarrow{CP}$の成分を求めてみよう。

「ベクトルの成分かぁ……。『CからPまで座標がいくつ増えるか？』 ということですよね。」

そうだね。 7-2 でやったもんね。

『数学Ⅰ・A編』の 4-2 で出てきた話だけど，原点を中心とする半径1の 円があり，x軸の正の方向から，その円周上を，反時計回りにαだけ回転させ た点の座標は（$\cos\alpha$, $\sin\alpha$）になるよね。

半径rの円で同様に移動した点をMとすると，M（$r\cos\alpha$, $r\sin\alpha$）になる。 $\overrightarrow{OM}=(r\cos\alpha$, $r\sin\alpha)$ということだ。

さらに，ベクトルは向きと大きさを変えなければ同じものだから，始点が原点でない場所に動かした$\overrightarrow{CP}$も，$\overrightarrow{CP}=(r\cos\alpha,\ r\sin\alpha)$ということになる。

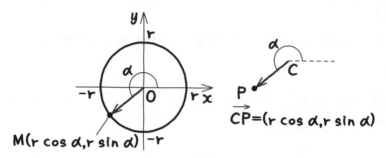

ところで，今のαって何と表せる？　下の図で考えてみて。

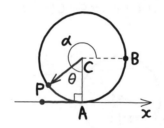

「……あっ，わかった！　Bから反時計回りに$\dfrac{3}{2}\pi$回転させてAだから，

$\dfrac{3}{2}\pi-\theta$だ！」

その通り。$\overrightarrow{CP}=\left(r\cos\left(\dfrac{3}{2}\pi-\theta\right),\ r\sin\left(\dfrac{3}{2}\pi-\theta\right)\right)$ということになる。

「$\cos\left(\dfrac{3}{2}\pi-\theta\right)$とか，どう計算すればいいのですか？」

$\dfrac{3}{2}\pi-\theta$って，$270°-\theta$だよね。$180°+(90°-\theta)$と変えればいい。『数学Ⅱ・B編』の　4-5　で出てきた$\cos(180°+\theta)=-\cos\theta$，$\cos(90°-\theta)=\sin\theta$等の公式を使えば，

$$\cos\{180°+(90°-\theta)\}=-\cos(90°-\theta)=-\sin\theta$$

と直せる。度に直さずπのまま計算できればそれに越したことはないよ。

「加法定理（『数学Ⅱ・B編』の 4-10 ）でやってもいいんですよね？」

うん。それでもいい。じゃあ，それでやろうか。続きはこうなる。

$$\overrightarrow{OP} = \overrightarrow{OC} + \overrightarrow{CP}$$

$$= (r\theta, \ r) + \left(r\cos\left(\frac{3}{2}\pi - \theta\right), \ r\sin\left(\frac{3}{2}\pi - \theta\right) \right)$$

ここで，$\cos\left(\dfrac{3}{2}\pi - \theta\right) = \cos\dfrac{3}{2}\pi \cdot \cos\theta + \sin\dfrac{3}{2}\pi \cdot \sin\theta$

$$= 0 \cdot \cos\theta + (-1) \cdot \sin\theta$$

$$= -\sin\theta$$

$$\sin\left(\frac{3}{2}\pi - \theta\right) = \sin\frac{3}{2}\pi \cdot \cos\theta - \cos\frac{3}{2}\pi \cdot \sin\theta$$

$$= (-1) \cdot \cos\theta - 0 \cdot \sin\theta$$

$$= -\cos\theta \quad より，$$

$$\overrightarrow{OP} = (r\theta - r\sin\theta, \ r - r\cos\theta) = (r(\theta - \sin\theta), \ r(1 - \cos\theta))$$

$$\underline{x = r(\theta - \sin\theta)}, \quad \underline{y = r(1 - \cos\theta)} \quad \Leftarrow 答え \quad 例題 9\text{-}26$$

実際にPのえがく図形をかくと，下の図のようになる。これは**サイクロイ**
ドと呼ばれる曲線なんだ。このグラフをかく問題が 例題 4-29 だよ。

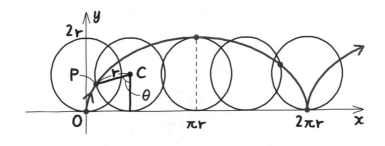

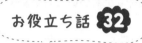

円が，円周上を転がるとき

 「9-15 で，円を直線上で転がしたけど，いろいろなところで転が せば，もっと変な（？）図形ができそう。」

うん。例えば，円を円に接するように転がしてみよう。

〈例1〉 大きな円の内側に小さい円を転がす。

　中心が原点で半径 a の円に，点 $(a, 0)$ で内接するように半径 $\dfrac{a}{4}$ の円を かき，点 P を最初に $(a, 0)$ の位置にとる。そして，滑らないように反時計 回りに円に接するように転がすと，

　　　$x = a\cos^3\theta$

　　　$y = a\sin^3\theta$

という式になる。えがく図形を**アステロイド（星芒形）**という。

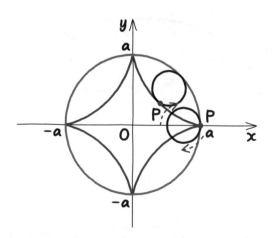

「『星芒』っていうことば，生まれてはじめて聞いたな……。」

　"星の輝き" という意味だよ。ホント，それっぽいネーミングだね。他には，こんなものもあるよ。

〈例2〉　円の外側に同じ大きさの円を転がす。

　中心が原点で半径 a の円に，点 $(a, 0)$ で外接するように半径 a の円をかき，やはり，点Pを最初に $(a, 0)$ の位置にとる。そして，滑らないように反時計回りに円に接するように転がすと，

$$x=a(2\cos\theta-2\cos^2\theta+1)$$
$$y=2a(1-\cos\theta)\sin\theta$$

という式になる。えがく図形を**カージオイド（心臓形）**という。

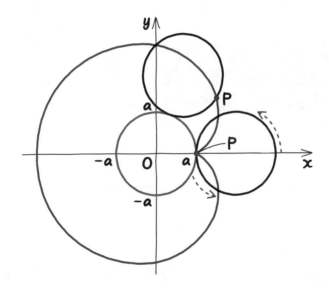

9-16 極座標

平面上の点を表すのに,『原点から, 左右, 上下にどれだけ進んだところか?』の考えを使ったのがxy座標だった。それに対し,『どこから, どれだけ回転したところか?』の発想で作られたのが極座標なんだ。

みんなのよく知っているxy座標は**直交座標**と呼ばれることもあるよ。実は,それ以外にも, 座標には**極座標**という表しかたもあるんだ。

「どういう表しかたなんですか?」

まず, 極座標では, 原点を**極**とすることが多く, x軸の正の部分を**始線**とするから覚えておこう。そして, 右の図のように, 始線上の $(r, 0)$ の点から, 左回り (反時計回り) に角θだけ回転してたどりつく点Pの極座標を (r, θ) と表す んだ。
このときのθを**偏角**というよ。

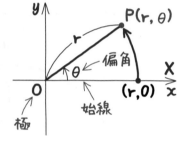

「θは"度"ではなく, "ラジアン"のほうで表すんですか?」

そうだよ。ちょっと練習してみよう。

例題 9-27

定期テスト 出題度 ❗❗❗　共通テスト 出題度 ❗❗❗

次の直交座標を,極座標(r, θ)で表せ。ただし,$0 \leq \theta < 2\pi$とする。
(1)　$(1, \sqrt{3})$　　(2)　$(-7, 0)$

(1)で，極つまり原点との距離は，

$$\sqrt{1^2+(\sqrt{3})^2}=2$$

だよね。ということは，点 $(2,\ 0)$ から回転してたどりついた点ということになる。ミサキさん，角 θ はわかる？

「直角三角形で考えると，辺の比が $1:\sqrt{3}:2$ になるから，$60°$ ということで，$\theta=\dfrac{\pi}{3}$ です。」

その通り。よって，この点は極座標では $\left(2,\ \dfrac{\pi}{3}\right)$ と表せるんだ。

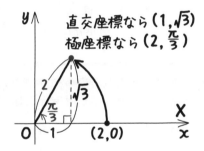
直交座標なら $(1,\sqrt{3})$
極座標なら $\left(2,\dfrac{\pi}{3}\right)$

「点 $(2,\ 0)$ から，$-300°$ つまり $-\dfrac{5}{3}\pi$ だけ回転した点と考えて，$\left(2,\ -\dfrac{5}{3}\pi\right)$ とも表せないですか？」

「ダメよ。問題文に，『$0\leqq\theta<2\pi$』と書いてあるじゃない。」

「あっ，そうか。よく見てなかった（笑）。えっ？　じゃあ，もし書いてなかったら，$\left(2,\ -\dfrac{5}{3}\pi\right)$ でも正解になるんですか？」

うん，いいよ。1周してから $60°$ 進んだと考えれば，$60°+360°=420°$，つまり $\dfrac{7}{3}\pi$ ということで，$\left(2,\ \dfrac{7}{3}\pi\right)$ とも表せるし，いろいろ考えられるね。

「(2)は『x軸上の点 (-7, 0) から, 回転していない点』だから,
(-7, 0) ではダメなんですか?」

　残念ながらダメなんだ。

　**極座標で答えるときはr≧0で考
える**という数学のルールがあるんだ。
『x軸上の点 (7, 0) から, πだけ回転
した点』とみなして, (7, π) と答え
るのが正解なんだ。

　さて, 直交座標を極座標に直すには,
次の関係を使ってもいいよ。

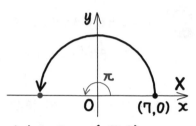

直交座標なら (-7, 0)
極座標なら (7, π)

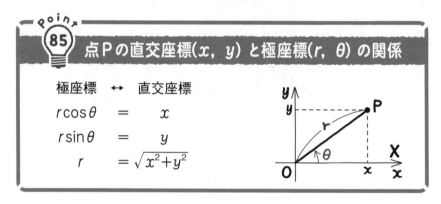

Point 85　点Pの直交座標(x, y)と極座標(r, θ)の関係

極座標　↔　直交座標
$$r\cos\theta = x$$
$$r\sin\theta = y$$
$$r = \sqrt{x^2+y^2}$$

　今回は, 直交座標が $(1, \sqrt{3})$ ということは,
x座標が1, y座標が $\sqrt{3}$ ということだよね。だから,

解答　(1)　$r\cos\theta = 1$　　　……①

　　　$r\sin\theta = \sqrt{3}$　　　……②

　　　$r = \sqrt{1^2+(\sqrt{3})^2} = 2$　……③

　　　③を①, ②に代入すると

　　　$\cos\theta = \dfrac{1}{2}$

$$\sin\theta = \frac{\sqrt{3}}{2}$$

$0 \leqq \theta < 2\pi$ より，$\theta = \dfrac{\pi}{3}$

よって，$\underline{\left(2, \dfrac{\pi}{3}\right)}$　◁ 答え　例題 **9-27** (1)

というふうにしてもいい。ミサキさん，(2)を解いてみて。

「解答　(2)　$r\cos\theta = -7$　……①

$r\sin\theta = 0$　……②

$r = \sqrt{(-7)^2 + 0^2} = 7$　……③

③を①，②に代入すると

$\cos\theta = -1$

$\sin\theta = 0$

$0 \leqq \theta < 2\pi$ より，$\theta = \pi$

よって，$\underline{(7, \pi)}$　◁ 答え　例題 **9-27** (2)」

そうだね。正解。

例題 **9-28**　定期テスト 出題度 ❗❗❗　共通テスト 出題度 ❗❗❗

次の極座標を，直交座標で表せ。

(1)　$\left(3\sqrt{2}, \dfrac{5}{4}\pi\right)$　　(2)　$\left(8, \dfrac{7}{12}\pi\right)$

今回は，極座標が $\left(3\sqrt{2}, \dfrac{5}{4}\pi\right)$ ということは，r が $3\sqrt{2}$，θ が $\dfrac{5}{4}\pi$ ということだ。 を使えば，x，y が求められるよ。

解答　(1)　$x = 3\sqrt{2} \cos\dfrac{5}{4}\pi = 3\sqrt{2} \cdot \left(-\dfrac{1}{\sqrt{2}}\right) = -3$

　　　　　　　$\underbrace{\qquad\qquad}_{r\cos\theta}$

　　　　　　$y = 3\sqrt{2} \sin\dfrac{5}{4}\pi = 3\sqrt{2} \cdot \left(-\dfrac{1}{\sqrt{2}}\right) = -3$

　　　　　　　$\underbrace{\qquad\qquad}_{r\sin\theta}$

よって，$\underline{(-3, \ -3)}$　⇦ 答え　例題 9-28 (1)

ハルトくん，(2)は解ける？

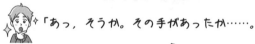

「$x = 8\cos\dfrac{7}{12}\pi$

あれっ？　$\cos\dfrac{7}{12}\pi$ ということは，$\cos 105°$ ……

どうやって求めればいいのかな？」

105°は，45°+60°だ。$\dfrac{7}{12}\pi$ を，$\dfrac{1}{4}\pi + \dfrac{1}{3}\pi$ と考えればいいね。

そして，『数学II・B編』の 4-10 で登場した，加法定理を使えばいいよ。

「あっ，そうか。その手があったか……。

解答　(2)　$x = 8\cos\dfrac{7}{12}\pi$

　　　　　　$= 8\cos\left(\dfrac{1}{4}\pi + \dfrac{1}{3}\pi\right)$

　　　　　　$= 8\left(\cos\dfrac{1}{4}\pi\cos\dfrac{1}{3}\pi - \sin\dfrac{1}{4}\pi\sin\dfrac{1}{3}\pi\right)$

　　　　　　$= 8\left(\dfrac{1}{\sqrt{2}} \cdot \dfrac{1}{2} - \dfrac{1}{\sqrt{2}} \cdot \dfrac{\sqrt{3}}{2}\right)$

　　　　　　$= 8 \cdot \dfrac{1 - \sqrt{3}}{2\sqrt{2}}$

　　　　　　$= 8 \cdot \dfrac{\sqrt{2} - \sqrt{6}}{4}$

　　　　　　$= 2\sqrt{2} - 2\sqrt{6}$

$$y = 8\sin\frac{7}{12}\pi$$

$$= 8\sin\left(\frac{1}{4}\pi + \frac{1}{3}\pi\right)$$

$$= 8\left(\sin\frac{1}{4}\pi\cos\frac{1}{3}\pi + \cos\frac{1}{4}\pi\sin\frac{1}{3}\pi\right)$$

$$= 8\left(\frac{1}{\sqrt{2}}\cdot\frac{1}{2} + \frac{1}{\sqrt{2}}\cdot\frac{\sqrt{3}}{2}\right)$$

$$= 8\cdot\frac{1+\sqrt{3}}{2\sqrt{2}}$$

$$= 8\cdot\frac{\sqrt{2}+\sqrt{6}}{4}$$

$$= 2\sqrt{2} + 2\sqrt{6}$$

よって, $\underline{(2\sqrt{2} - 2\sqrt{6},\ 2\sqrt{2} + 2\sqrt{6})}$

⇐ 答え 例題 9-28 (2)」

うん，正解だね。

数C 9章

極座標の２点間の距離

極座標の２点間の距離を求めるのにいちいち直交座標に直す人が多いんだけど，そんな必要はないよ。

例題 9-29

定期テスト 出題度 ❗❗❗　　共通テスト 出題度 ❗❗

極座標で表された2点 $A\left(3, \dfrac{\pi}{4}\right)$, $B\left(6, \dfrac{7}{12}\pi\right)$ 間の距離を求めよ。

まず，A, Bの点をとり，図示しよう。

∠AOBの大きさっていくつ？

「∠AOBは，

$\dfrac{7}{12}\pi - \dfrac{\pi}{4} = \dfrac{\pi}{3}$ です。

図示すると，AB間の距離は，

余弦定理でいけそうですね。

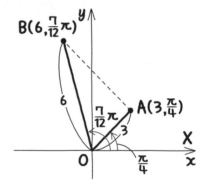

解答　△OABで，余弦定理より

$$AB^2 = OA^2 + OB^2 - 2 \cdot OA \cdot OB \cos \angle AOB$$
$$= 3^2 + 6^2 - 2 \cdot 3 \cdot 6 \cos \dfrac{\pi}{3}$$
$$= 3^2 + 6^2 - 2 \cdot 3 \cdot 6 \cdot \dfrac{1}{2} = 27$$

AB＞0より，AB＝$\underline{3\sqrt{3}}$　←答え　例題 9-29 」

　そうだね。余弦定理は，『数学Ⅰ・A編』の 4-11 で登場したね。また，今回は，OA：OB＝1：2, ∠AOB＝60°より，90°，60°，30°の直角三角形になることを使ってもいいよ。

9-18 直交座標の方程式と極方程式

7-18 で，ベクトル方程式を図形の方程式に直すことができた。極方程式も図形の方程式に直せるよ。

　極座標の r，θ の関係を使って表した式を**極方程式**という。まず，直交座標の方程式を極方程式に直してみよう。

例題 9-30 〔定期テスト 出題度 ❗❗❗〕〔共通テスト 出題度 ❗❗❗〕

　　次の直交座標の方程式を極方程式に直せ。
$$x^2 - 8xy + y^2 = 3$$

　9-16 の 🔆85 のようなおき換えをすれば，直交座標の方程式を極方程式に直すことができるんだ。正解は，次のようになるよ。

解答　方程式 $x^2 - 8xy + y^2 = 3$ に $x = r\cos\theta$，$y = r\sin\theta$，$x^2 + y^2 = r^2$ を

　　代入すると

$$r^2 - 8r\cos\theta \cdot r\sin\theta = 3$$
$$r^2 - 8r^2\sin\theta\cos\theta = 3$$
$$\underline{r^2 - 4r^2\sin 2\theta = 3}$$ ◁**答え** **例題 9-30**

　「**解答** の4行目から5行目はどのように変形したのですか？」

　「『数学Ⅱ・B編』の **4-12** で登場した"2倍角の公式"じゃない？」

　その通り。$\sin 2\theta = 2\sin\theta\cos\theta$ という公式があったね。

$\sin\theta\cos\theta = \dfrac{1}{2}\sin 2\theta$ として使ったんだ。

さて次は，逆に，極方程式を直交座標の方程式に直そう。これもおき換えをするよ。

例題 **9-31**

定期テスト 出題度 **❶❶❶** 　共通テスト 出題度 **❶❶❶**

次の極方程式の表す図形を図示せよ。

(1) $r=7$

(2) $r=2\cos\theta$

(3) $6=r\cos\left(\theta-\dfrac{2}{3}\pi\right)$

「直交座標に直すってことは $r\cos\theta=x$ や $r\sin\theta=y$ を使うんですよね。でも，(1)は，$r\cos\theta$ も，$r\sin\theta$ も，r^2 もないですよ。」

うん。最初に**両辺を2乗**すればいい。

解答 (1) $r=7$

$r^2=49$

$r^2=x^2+y^2$ だから，

$x^2+y^2=49$ より，

直交座標で，点 $(0,0)$ を中心とする半径7の円である。

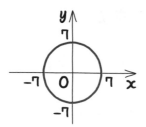

◁答え 例題 **9-31** (1)

$r^2 = x^2 + y^2$ ということは

$r = \sqrt{x^2 + y^2}$ なので

$$\sqrt{x^2 + y^2} = 7$$

としてから両辺を2乗してもいいよ。

 「(2)はどうすればいいんですか？」

両辺に r を掛ければいいよ。やってみて。

 解答 (2) $r = 2\cos\theta$

$$r^2 = 2r\cos\theta$$

$r^2 = x^2 + y^2,\ r\cos\theta = x$ だから

$$x^2 + y^2 = 2x$$

$$x^2 + y^2 - 2x = 0$$

$$(x-1)^2 - 1 + y^2 = 0$$

$$(x-1)^2 + y^2 = 1$$

よって，直交座標で，点 $(1,\ 0)$ を中心とする，半径1の円である。

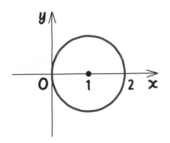

答え 例題 9-31 (2)」

その通り。

 「(3)はどう変形するんですか？」

式の形を見て思いつかないかな？　9-16 でも登場した加法定理だよ。ハルトくん，解いてみて。

「解答 (3)　$6 = r\cos\left(\theta - \dfrac{2}{3}\pi\right)$

$6 = r\left(\cos\theta\cos\dfrac{2}{3}\pi + \sin\theta\sin\dfrac{2}{3}\pi\right)$

$6 = r\left(-\dfrac{1}{2}\cos\theta + \dfrac{\sqrt{3}}{2}\sin\theta\right)$

$6 = -\dfrac{1}{2}r\cos\theta + \dfrac{\sqrt{3}}{2}r\sin\theta$

$r\cos\theta = x,\ r\sin\theta = y$ だから

$6 = -\dfrac{1}{2}x + \dfrac{\sqrt{3}}{2}y$

$12 = -x + \sqrt{3}y$

$y = \dfrac{\sqrt{3}}{3}x + 4\sqrt{3}$

よって，下の図のような直線である。

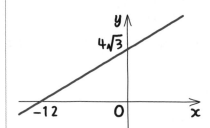

⇦答え　例題 9-31 (3)」

極方程式を作る

9-19

ベクトル方程式も，よく出てくるものは覚えて，そうでないものはその場で作ればよかった。極方程式も同じだよ。

7-17 で，ベクトル方程式を作ったね。ここでは，極方程式を作ってみよう。

「作りかたは一緒ですか？」

ほぼ同じなんだけど，今回は極方程式なんだから，当然， 動点を$P(r, \theta)$ とおいて作るよ。 それが図形上のどの場所にあっても常に成り立つことを式にすればいいんだ。よく出てくるものとして以下のようなものがある。

❶ 極Oを中心とする，半径a_0の円

$$r = a_0$$

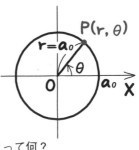

まず，図にしてみよう。

そして，動点を$P(r, \theta)$ とおく。このとき，極OとPを結んで，図の中にrとθをかくんだよ。さて，Pがどの位置にあっても必ずいえることって何？

「rは半径と同じ値になるから，$r = a_0$ですね。」

うん，そうだね。

❷　$A(a_0, 0)$ を中心とする，半径 a_0 の円
$$r = 2a_0\cos\theta$$

「図にすると，こんな感じか！
Pの位置に関係なく，常に成り立つことは？」

直径のもう一方のはしをBとして，BとPを結んでみよう。∠OPBは？

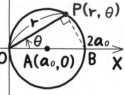

「直角ですね！」

そうだね。中学校で習った「直径に対する円周角は必ず90°」だね。

そして，直角三角形になるわけだから，『数学Ⅰ・A編』の 4-1 で登場した三角比が使える。

「$\dfrac{OP}{OB} = \cos\theta$

$\dfrac{r}{2a_0} = \cos\theta$

$r = 2a_0\cos\theta$

ということか。」

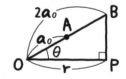

ちなみに $\theta < 0$ のときはPが第4象限にきて，
∠AOP $= -\theta$ になる。
$$r = 2a_0\cos(-\theta)$$
になるが『数学Ⅱ・B編』の 4-5 の ㉝ の⑭，
$\cos(-\theta) = \cos\theta$ の公式を使えば
やはり，$r = 2a_0\cos\theta$ になる。

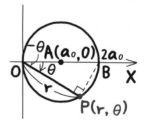

❸　$C(r_0,\ \theta_0)$ を中心とする，半径 a_0 の円

$$a_0{}^2 = r_0{}^2 + r^2 - 2 \cdot r_0 \cdot r \cdot \cos(\theta - \theta_0)$$

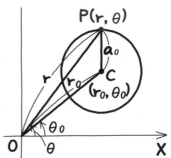

「CとPを結ぶと，こんな感じで

　すか？」

そうだね。

△OCP で余弦定理が使える。

「$CP^2 = OC^2 + OP^2 - 2 \cdot OC \cdot OP \cdot \cos(\theta - \theta_0)$

　$a_0{}^2 = r_0{}^2 + r^2 - 2 \cdot r_0 \cdot r \cdot \cos(\theta - \theta_0)$

　になりますね。」

「でも，Pが上のほうにあるとは限

　らないし。」

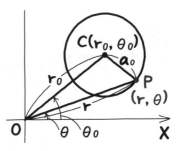

そうだよね。その場合は，式は，

$$a_0{}^2 = r_0{}^2 + r^2 - 2 \cdot r_0 \cdot r \cdot \cos(\theta_0 - \theta)$$

になる。

$\cos(-\alpha) = \cos\alpha$ だから

$$a_0{}^2 = r_0{}^2 + r^2 - 2 \cdot r_0 \cdot r \cdot \cos(\theta - \theta_0)$$

の式になるんだ。

❹ 極Оを通り，始線が極Оを中心としてθ_0回転した直線

$$\theta = \theta_0$$

「あっ，これは余裕だ。図にすると，
$\theta = \theta_0$とわかる。」

「えっ？　でも，直線上で極の反対
側に点P(r, θ)をとったときは，
$\theta = \theta_0 + \pi$になってしまいますよ
ね。」

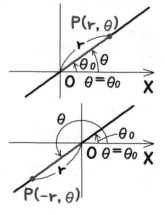

9-16 で極座標は$r \geqq 0$で考えるというルールがあったけど，実は，**極方**
程式を求めるときは$r < 0$でもいいんだ。　実軸の負のところに(r, 0)をとっ
てθ回転させた点とみなせばいいよ。

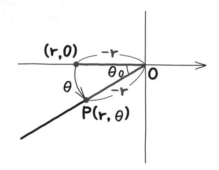

「$r < 0$のとき，原点と点(r, 0)の距離は$-r$だから，ОとPの距離
も$-r$ですね。」

うん，点の場所によって$-r$の値は変わるけど$\theta = \theta_0$は常に成り立つね。

❺ $C(r_0,\ \theta_0)$ を通り，OC に垂直な直線

$$r_0=r\cos(\theta-\theta_0)$$

「これも，三角比でいけますね。

$$\frac{OC}{OP}=\cos(\theta-\theta_0)$$

$$\frac{r_0}{r}=\cos(\theta-\theta_0)$$

$$r_0=r\cos(\theta-\theta_0)$$

ですね。」

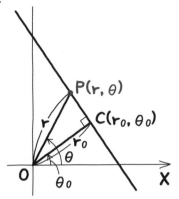

そうだね。もし，P が C より下側にあったら，$\dfrac{OC}{OP}=\cos(\theta_0-\theta)$ になるんだけど，❸でも説明したように，$\cos(\theta_0-\theta)$ は $\cos(\theta-\theta_0)$ と等しいから，同じ結果になる。

さて，p.870の **例題 9-31** を，極方程式を使って求めてみよう。

例題 9-31　　定期テスト 出題度 ❗❗❗　　共通テスト 出題度 ❗❗❗

次の極方程式の表す図形を図示せよ。

(1)　$r=7$

(2)　$r=2\cos\theta$

(3)　$6=r\cos\left(\theta-\dfrac{2}{3}\pi\right)$

---

(1)は❶を知っていたら余裕だね。

解答　(1)　極 O を中心とする，半径 7 の円だから，

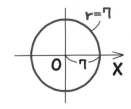

⇐ 答え　**例題 9-31** (1)

「(2)は❷と同じ形ですね。

a_0 にあたる数が1ということは,

解答　(2)　極座標が (1, 0) の点を中心とする, 半径1の円だから,

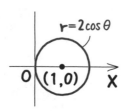

←答え　例題 9-31 (2)」

「(3)は❺だ。r_0 にあたる数が6,

θ_0 にあたる数が $\dfrac{2}{3}\pi$ ということは,

解答　(3)　極座標が $\left(6, \dfrac{2}{3}\pi\right)$ の点Aを通り, OAに垂直な直線だから,

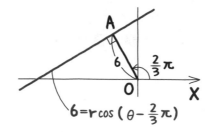

←答え　例題 9-31 (3)」

例題 9-32

定期テスト 出題度 ❗❗❗　　共通テスト 出題度 ❗❗

次の図形を表す極方程式を求めよ。

(1)　極Oを通り, 始線が極Oを中心として $\dfrac{5}{6}\pi$ 回転した直線

(2)　$B\left(3, \dfrac{\pi}{4}\right)$ を中心とする, 半径2の円

「(1)は，❹でいいんですね。

解答　(1)　$\theta = \dfrac{5}{6}\pi$　◁ 答え　例題 **9-32** (1)」

そうだね。さらに，(2)は，❸を使えばいい。

解答　(2)　$B(r_0,\ \theta_0)$ を中心とする，半径 a_0 の円なら

$a_0{}^2 = r_0{}^2 + r^2 - 2 \cdot r_0 \cdot r \cdot \cos(\theta - \theta_0)$ だから

$r_0 = 3,\ \theta_0 = \dfrac{\pi}{4},\ a_0 = 2$ を代入すると

$2^2 = 3^2 + r^2 - 2 \cdot 3 \cdot r \cdot \cos\left(\theta - \dfrac{\pi}{4}\right)$

$r^2 - 6r\cos\left(\theta - \dfrac{\pi}{4}\right) + 5 = 0$　◁ 答え　例題 **9-32** (2)

「うーん。やっぱり，❸だけが群を抜いて覚えるの大変だな。これ以外
は覚えられるんだけど……。」

❸に限らず，❶～❺のすべてそうなんだけど，万が一，覚えられなかった場
合は，実際に図をかいて，その場で極方程式を作れればいいんだ。

(2)なら，下の図のようになり，$P(r,\ \theta)$ がどの位置にあっても成り立つ式を
作る。

解答　(2)　P が直線 OB より上にあるとき
　　　　△OBP で余弦定理より，

　　　　$BP^2 = OB^2 + OP^2 - 2 \cdot OB \cdot OP \cdot \cos\left(\theta - \dfrac{\pi}{4}\right)$

　　　　$2^2 = 3^2 + r^2 - 2 \cdot 3 \cdot r \cdot \cos\left(\theta - \dfrac{\pi}{4}\right)$

　　　　$r^2 - 6r\cos\left(\theta - \dfrac{\pi}{4}\right) + 5 = 0$

　　　P が直線 OB より下にあるとき

　　　$r^2 - 6r\cos\left(\dfrac{\pi}{4} - \theta\right) + 5 = 0$ になるが，

　　　$\cos\left(\dfrac{\pi}{4} - \theta\right) = \cos\left(\theta - \dfrac{\pi}{4}\right)$ より同じ。

数C
9
章

よって
$$r^2 - 6r\cos\left(\theta - \frac{\pi}{4}\right) + 5 = 0$$

⇦ 答え   例題 9-32 (2)

となって求められたよね。

「これなら忘れちゃっても大丈夫ですね。安心しました（笑）。」

また，**まず直交座標の方程式を作って，それを極方程式に変えてもいいと思う。**

解答 (2) 直交座標なら，中心 $\left(\dfrac{3}{\sqrt{2}},\ \dfrac{3}{\sqrt{2}}\right)$，半径2の円より，
$$\left(x - \frac{3}{\sqrt{2}}\right)^2 + \left(y - \frac{3}{\sqrt{2}}\right)^2 = 4$$
$$x^2 - 3\sqrt{2}\,x + \frac{9}{2} + y^2 - 3\sqrt{2}\,y + \frac{9}{2} = 4$$
$$x^2 + y^2 - 3\sqrt{2}\,x - 3\sqrt{2}\,y + 5 = 0$$

極方程式に直すと，
$$r^2 - 3\sqrt{2}\,r\cos\theta - 3\sqrt{2}\,r\sin\theta + 5 = 0$$
$$r^2 - 3\sqrt{2}\,r(\sin\theta + \cos\theta) + 5 = 0$$
$$r^2 - 3\sqrt{2}\,r \cdot \sqrt{2}\sin\left(\theta + \frac{\pi}{4}\right) + 5 = 0$$
$$r^2 - 6r\sin\left(\theta + \frac{\pi}{4}\right) + 5 = 0$$

⇦ 答え   例題 9-32 (2)

「最後は，三角関数の合成（『数学Ⅱ・B編』の 4-14 ）を使ったのですね。あれっ？ でも，さっきと答えが違いますけど……。」

いや。これでも正解になるよ。$\sin\left(\theta + \dfrac{\pi}{4}\right)$ を $\sin\left\{\left(\theta - \dfrac{\pi}{4}\right) + \dfrac{\pi}{2}\right\}$ と考えて，

『数学Ⅱ・B編』の 4-5 の ④，$\sin\left(\alpha + \dfrac{\pi}{2}\right) = \cos\alpha$ の公式を使えば，

$\cos\left(\theta - \dfrac{\pi}{4}\right)$ と同じものとわかるよ。

9-20 焦点を極とした2次曲線の極方程式

この章は，前半で2次曲線，後半で極座標と極方程式を学んできた。両方の知識を組み合わせて解く問題もあるよ。

例題 9-33

定期テスト 出題度 ❗   共通テスト 出題度 ❗

2次曲線（放物線，楕円，双曲線）が次の2つの条件を満たしている。

条件1：焦点 F に対する準線が焦点の右側（x 座標が大きい側）にあり，その距離が d

条件2：離心率が e

以下の問いに答えよ。

(1) 焦点 F を極とした極方程式は，
$$r(1 + e\cos\theta) = ed$$
で表されることを示せ。

(2) 楕円の焦点 F を通る直線と，楕円との2つの交点を S，T とするとき，その場所によらず，$\dfrac{1}{\text{FS}} + \dfrac{1}{\text{FT}}$ の値が一定になることを示せ。

「えっ？ 原点以外の点を極にすることって，あるのですか？」

まれにあるよ。ほとんどの問題は特に指定がないので，原点を極にすればいいが，この問題はちょっと特殊なんだ。

さて，求め方は 9-19 と変わらない。図形上の動点を P(r, θ) とし，極とつないで，r, θ を書き込み，常に成り立つことを式にすればいい。

解答 (1)　図形上の動点を$P(r, \theta)$とすると,

（Pと焦点Fの距離）:（Pと準線の距離）$=e:1$

ここで, 焦点を通り準線に垂直な直線を考え, Pからその直線に下した垂線の足をHとすると,

Hが焦点より右側にあるなら,

$FH=r\cos\theta$より,

Pと準線の距離は$d-FH=d-r\cos\theta$

Hが焦点より左側にあるなら,

$FH=r\cos(\pi-\theta)=-r\cos\theta$より,

Pと準線の距離は$d+FH=d-r\cos\theta$で同じ。

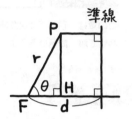

$$r:(d-r\cos\theta)=e:1$$

$$r=e(d-r\cos\theta)$$

$$r=ed-re\cos\theta$$

$$r+re\cos\theta=ed$$

$$\underline{\boldsymbol{r(1+e\cos\theta)=ed}}$$　←答え　例題 **9-33** (1)

ちなみに, **準線が焦点の左側にあるときは,**

$$r(1-e\cos\theta)=ed$$

になる。 面倒だから, もう計算しないけどね。（笑）

　「(2)は, 楕円の式を$\dfrac{x^2}{a^2}+\dfrac{y^2}{b^2}=1$とおいて,

焦点$F(\sqrt{a^2-b^2}, 0)$を通る直線は, 傾きをkとすると,

$y=k(x-\sqrt{a^2-b^2})$で, 連立させて解くと…あーっ面倒くさい！」

そうだね。とても大変だ。これは(1)の結果を使い, 極方程式で解けばいいよ。

解答 (2) (1)の極座標において，FS＝r_1，FT＝r_2とすると，

S(r_1，θ_1)，T(r_2，$\theta_1+\pi$) とおけて，ともに(1)の図形上にあるので，

$r_1(1+e\cos\theta_1)=ed$　　より，

$$r_1=\frac{ed}{1+e\cos\theta_1}\quad\cdots\cdots①$$

$r_2\{1+e\cos(\theta_1+\pi)\}=ed$　より，

$$r_2(1-e\cos\theta_1)=ed$$

$$r_2=\frac{ed}{1-e\cos\theta_1}\quad\cdots\cdots②$$

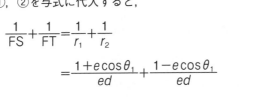

①，②を与式に代入すると，

$$\frac{1}{FS}+\frac{1}{FT}=\frac{1}{r_1}+\frac{1}{r_2}$$

$$=\frac{1+e\cos\theta_1}{ed}+\frac{1-e\cos\theta_1}{ed}$$

$$=\frac{2}{ed}\text{ より，一定になる}\quad\Leftarrow\boxed{\text{答え}}\quad\boxed{\text{例題 9-33}}\ (2)$$

さて，これで高校数学はすべて完結だ。最後に，感想を一言。

「終わったーっていう気持ち（笑）。始めたころは，数学が苦手だったけど，わかってくるにつれて，問題が解けるのが面白く感じました。この調子で入試も頑張りたい！」

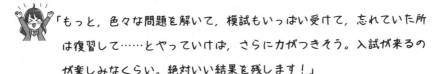「もっと，色々な問題を解いて，模試もいっぱい受けて，忘れていた所は復習して……とやっていけば，さらに力がつきそう。入試が来るのが楽しみなくらい。絶対いい結果を残します！」

４月には嬉しい気持ちで桜が見られるといいね。

「長い間，ありがとうございました。」

「私も！　ありがとうございました。」

さくいん

MEMO

やさしい高校シリーズのご紹介

わかりやすい解説で大好評！

やさしい高校シリーズ最新のラインナップを紹介しています。
お持ちのデバイスでQRコードを読み取ってください。
弊社Webサイト「学研出版サイト」にアクセスします。
（※2021年以前発売の商品は旧課程となりますのでご注意ください）

STAFF

著者	きさらぎひろし
ブックデザイン	野崎二郎 (Studio Give)
キャラクターイラスト	あきばさやか
編集協力	株式会社アポロ企画
校正	竹田直，花園安紀，山本翔大
データ作成	株式会社四国写研
企画	宮﨑純

やさしい高校数学（数学III・C）改訂版

掲載問題集

⟶

この冊子はとりはずせます。
矢印の方向にゆっくり引っぱってください。

関数

例題 1-1　定期テスト 出題度 !!!　2次・私大試験 出題度 !!!

次の関数のグラフをかけ。

(1) $y = \dfrac{-3x+7}{x-2}$

(2) $y = \dfrac{4x-1}{2x+1}$

→略解は p.69, 解説は本冊 p.15

例題 1-2　定期テスト 出題度 !!!　2次・私大試験 出題度 !!!

関数 $y = \dfrac{-x+8}{x-3}$ の定義域が $-2 \leqq x \leqq 5\,(x \neq 3)$ であるときの値域を求めよ。

→略解は p.69, 解説は本冊 p.20

例題 1-3　定期テスト 出題度 !!!　2次・私大試験 出題度 !!!

関数 $y = \dfrac{-2x+a}{bx+c}$ のグラフの漸近線が, $x = -7$, $y = 2$ であり, グラフが点 $(-5,\ -9)$ を通るとき, 定数 a, b, c の値を求めよ。

→略解は p.69, 解説は本冊 p.22

例題 1-4　定期テスト 出題度 !!!　2次・私大試験 出題度 !!!

次の方程式, 不等式を解け。

(1) $\dfrac{2x-8}{x+5} = x-4$

(2) $\dfrac{2x-8}{x+5} \geqq x-4$

→略解は p.69, 解説は本冊 p.24

例題 1-5　　定期テスト 出題度 ❗❗❗　　2次・私大試験 出題度 ❗❗❗

次の関数のグラフをかけ。

$y = -\sqrt{-3x}$

→略解は p.69，解説は本冊 p.31

例題 1-6　　定期テスト 出題度 ❗❗❗　　2次・私大試験 出題度 ❗❗❗

次の関数のグラフをかけ。

(1) $y = \sqrt{3x + 12}$

(2) $y = -\sqrt{x - 1} - 3$

→略解は p.69，解説は本冊 p.31

例題 1-7　　定期テスト 出題度 ❗❗❗　　2次・私大試験 出題度 ❗❗❗

次の方程式，不等式を解け。ただし，x は実数とする。

(1) $\sqrt{-x + 7} = -x + 1$

(2) $\sqrt{-x + 7} > -x + 1$

→略解は p.69，解説は本冊 p.34

例題 1-8　　定期テスト 出題度 ❗❗◯　　2次・私大試験 出題度 ❗❗❗

次の方程式の実数解の個数を求めよ。

$\sqrt{x - 2} + 1 = kx$

→略解は p.69，解説は本冊 p.39

例題 1-9　　定期テスト 出題度 ❗❗❗　　2次・私大試験 出題度 ❗❗❗

次の関数の逆関数 $f^{-1}(x)$ を求めよ。

(1) $f(x) = 3x - 1$

(2) $f(x) = a^x$ （ただし，a は1でない正の定数）

→略解は p.69，解説は本冊 p.44

例題 1-10　定期テスト 出題度 ❗❗❗　2次・私大試験 出題度 ❗❗❗

次の関数の逆関数 $f^{-1}(x)$ を求めよ。

$$f(x) = (x-6)^2 \quad (x \geq 6)$$

→略解は p.69, 解説は本冊 p.45

例題 1-11　定期テスト 出題度 ❗❗❗　2次・私大試験 出題度 ❗❗❗

関数 $f(x) = ax + b \ (a \neq 0)$ が, $f^{-1}(3) = -1$, $f^{-1}(-9) = 2$ を満たすとき, 定数 a, b の値を求めよ。

→略解は p.69, 解説は本冊 p.48

例題 1-12　定期テスト 出題度 ❗❗❗　2次・私大試験 出題度 ❗❗❗

関数 $f(x) = \sqrt{x+2}$ について, 次の問いに答えよ。

(1) 逆関数 $f^{-1}(x)$ を求めよ。

(2) $f(x) = f^{-1}(x)$ の実数解を求めよ。

→略解は p.69, 解説は本冊 p.49

例題 1-13　定期テスト 出題度 ❗❗◻　2次・私大試験 出題度 ❗❗

関数 $f(x) = \dfrac{1}{2}x^2 - 2 \ (x \leq 0)$ の逆関数を $f^{-1}(x)$ とするとき,

$f(x) = f^{-1}(x)$ の実数解を求めよ。

→略解は p.69, 解説は本冊 p.51

例題 1-14　定期テスト 出題度 ❗❗❗　2次・私大試験 出題度 ❗❗❗

$f(x) = 5x - 9$, $g(x) = \dfrac{4x+6}{x-1}$ であるとき, 次の関数を求めよ。

(1) $(g \circ f)(x)$

(2) $(f \circ g)(x)$

(3) $(f^{-1} \circ g^{-1})(x)$

→略解は p.69, 解説は本冊 p.55

2章 極限

例題 2-1

定期テスト 出題度 ❗❗❗ 2次・私大試験 出題度 ❗❗❗

次の無限数列の極限を求めよ。

(1) $\left\{\dfrac{1}{n}\right\}$

(2) $\{3n^2\}$

(3) $\{\sin n\pi\}$

(4) $\{\cos n\pi\}$

→略解は p.69, 解説は本冊 p.60

例題 2-2

定期テスト 出題度 ❗❗❗ 2次・私大試験 出題度 ❗❗❗

$\displaystyle\lim_{n\to\infty}(-3n^2+n+7)$ を求めよ。

→略解は p.69, 解説は本冊 p.65

例題 2-3

定期テスト 出題度 ❗❗❗ 2次・私大試験 出題度 ❗❗❗

$\displaystyle\lim_{n\to\infty}\dfrac{-3n^2-11n+4}{2n^2+5n-12}$ を求めよ。

→略解は p.69, 解説は本冊 p.67

例題 2-4

定期テスト 出題度 ❗❗❗ 2次・私大試験 出題度 ❗❗❗

$\displaystyle\lim_{n\to\infty}(n-\sqrt{n^2-5n+9})$ を求めよ。

→略解は p.69, 解説は本冊 p.68

例題 2-5　定期テスト 出題度 **!!!**　2次・私大試験 出題度 **!!!**

数列 $\{(-7)^n - 2^{n+2}\}$ の極限を求めよ。

→略解は p.69，解説は本冊 p.72

例題 2-6　定期テスト 出題度 **!!!**　2次・私大試験 出題度 **!!!**

$\displaystyle\lim_{n\to\infty}\frac{8^n + 4\cdot 9^n - 2}{9^{n+1} - (-5)^n}$ を求めよ。

→略解は p.69，解説は本冊 p.73

例題 2-7　定期テスト 出題度 **!!!**　2次・私大試験 出題度 **!!!**

次の問いに答えよ。

(1) 関数 $f(x) = \displaystyle\lim_{n\to\infty}\frac{x^{n+1} - 1}{x^n + 1}$　$(x \neq -1)$　を求めよ。

ただし，n は自然数とする。

(2) (1)の関数 $y = f(x)$ のグラフをかけ。

→略解は p.69，解説は本冊 p.75

例題 2-8　定期テスト 出題度 **!!!**　2次・私大試験 出題度 **!!!**

関数 $f(x) = \displaystyle\lim_{n\to\infty}\frac{x^{2n} + 4}{x^{2n+1} + 2}$ を求めよ。

→略解は p.69，解説は本冊 p.78

例題 2-9　定期テスト 出題度 **!!!**　2次・私大試験 出題度 **!!!**

次のように定められた数列 $\{a_n\}$ の極限を求めよ。

$a_1 = 1$，$a_{n+1} = \dfrac{1}{4}a_n - 6$　$(n = 1,\ 2,\ 3,\ \cdots\cdots)$

→略解は p.70，解説は本冊 p.81

6

例題 2-10　定期テスト 出題度 ❗❗❗　2次・私大試験 出題度 ❗❗❗

$\displaystyle\lim_{n\to\infty}\frac{\cos n}{n}$ を求めよ。

→略解は p.70，解説は本冊 p.83

例題 2-11　定期テスト 出題度 ❗❗❗　2次・私大試験 出題度 ❗❗❗

次の無限数列の収束，発散を調べよ。
また，収束する場合は極限を求めよ。

(1)　$5,\ -\dfrac{5}{2},\ \dfrac{5}{4},\ -\dfrac{5}{8},\ \cdots\cdots$

(2)　$\{(-2)^n\}$

→略解は p.70，解説は本冊 p.85

例題 2-12　定期テスト 出題度 ❗❗❗　2次・私大試験 出題度 ❗❗❗

次の無限級数の収束，発散を調べよ。
また，収束する場合はその和を求めよ。

(1)　$(-8)+(-5)+(-2)+1+\cdots\cdots$

(2)　$\dfrac{1}{1\cdot2}+\dfrac{1}{2\cdot3}+\dfrac{1}{3\cdot4}+\dfrac{1}{4\cdot5}+\cdots\cdots$

→略解は p.70，解説は本冊 p.88

例題 2-13　定期テスト 出題度 ❗❗❗　2次・私大試験 出題度 ❗❗❗

次の無限級数の収束，発散を調べよ。
また，収束する場合はその和を求めよ。

(1)　$2+\dfrac{2}{3}+\dfrac{2}{9}+\dfrac{2}{27}+\cdots\cdots$

(2)　$-1+2-4+8-\cdots\cdots$

→略解は p.70，解説は本冊 p.91

例題 2-14　定期テスト 出題度 ❗❗❗　2次・私大試験 出題度 ❗❗❗

次の無限等比級数が収束するときの x の値の範囲と，そのときの和を求めよ。

$$x + x(2-x) + x(2-x)^2 + \cdots\cdots$$

→略解は p.70，解説は本冊 p.92

例題 2-15　定期テスト 出題度 ❗❗❗　2次・私大試験 出題度 ❗❗❗

第2項が -2 で，和が $\dfrac{9}{2}$ になる無限等比級数の初項および公比を求めよ。

→略解は p.70，解説は本冊 p.93

例題 2-16　定期テスト 出題度 ❗❗❗　2次・私大試験 出題度 ❗❗❗

次の循環小数を分数に直せ。

(1) $4.\dot{5}$

(2) $0.\dot{1}6\dot{2}$

→略解は p.70，解説は本冊 p.97

例題 2-17　定期テスト 出題度 ❗❗❗　2次・私大試験 出題度 ❗❗❗

無限級数 $\displaystyle\sum_{n=1}^{\infty} \dfrac{5^n-7}{8^n}$ の収束，発散を調べよ。

また，収束する場合はその和を求めよ。

→略解は p.70，解説は本冊 p.99

例題 2-18　定期テスト 出題度 ❗❗　2次・私大試験 出題度 ❗❗

次の無限級数の収束，発散を調べよ。

また，収束する場合はその和を求めよ。

(1) $\displaystyle\sum_{n=1}^{\infty} \left(\dfrac{1}{2}\right)^n \sin\dfrac{n\pi}{3}$

(2) $\displaystyle\sum_{n=1}^{\infty} \dfrac{1}{\sqrt{n}+\sqrt{n+1}}$

→略解は p.70，解説は本冊 p.101

例題 2-19
定期テスト 出題度 !!
2次・私大試験 出題度 !!!

自然落下したとき，元の $\frac{3}{4}$ の高さまで跳ね返るボールがある。1mの高さでボールをもち，手を離したとき，ボールの移動する道のりの和を求めよ。ただし，ボールの大きさは無視できるものとする。

→略解は p.70，解説は本冊 p.106

例題 2-20
定期テスト 出題度 !!
2次・私大試験 出題度 !!!

AB=2，BC=1，CA=$\sqrt{3}$ の直角三角形ABCがあり，右の図のように正方形を限りなくかいていくとき，それらの正方形の面積の和を求めよ。

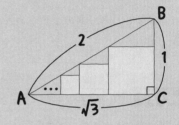

→略解は p.70，解説は本冊 p.107

例題 2-21
定期テスト 出題度 !!
2次・私大試験 出題度 !!

次の無限級数の収束，発散を調べよ。

$$\frac{1}{2}+\frac{2}{5}+\frac{3}{8}+\frac{4}{11}+\cdots\cdots$$

→略解は p.70，解説は本冊 p.112

例題 2-22
定期テスト 出題度 !!
2次・私大試験 出題度 !!

次の無限級数の収束，発散を調べよ。
また，収束する場合はその和を求めよ。

(1) $\dfrac{1}{2}-\dfrac{2}{3}+\dfrac{2}{3}-\dfrac{3}{4}+\dfrac{3}{4}-\dfrac{4}{5}+\dfrac{4}{5}-\cdots\cdots$

(2) $\dfrac{1}{2}+\left(-\dfrac{2}{3}+\dfrac{2}{3}\right)+\left(-\dfrac{3}{4}+\dfrac{3}{4}\right)+\left(-\dfrac{4}{5}+\dfrac{4}{5}\right)+\cdots\cdots$

→略解は p.70，解説は本冊 p.116

例題 **2-23** 定期テスト 出題度 **! ! !**   2次・私大試験 出題度 **! ! !**

$\displaystyle \lim_{x \to -4} \frac{-3x^2 - 11x + 4}{2x^2 + 5x - 12}$ を求めよ。

→略解は p.70, 解説は本冊 p.120

例題 **2-24** 定期テスト 出題度 **! ! !**   2次・私大試験 出題度 **! ! !**

次の極限を求めよ。

(1) $\displaystyle \lim_{x \to 3} \frac{x - 3}{\sqrt{2x - 2} - \sqrt{-x + 7}}$

(2) $\displaystyle \lim_{x \to -2} \frac{\sqrt{-x - 1} - \sqrt{2x + 5}}{\sqrt{x + 18} - \sqrt{-6x + 4}}$

→略解は p.70, 解説は本冊 p.121

例題 **2-25** 定期テスト 出題度 **! ! !**   2次・私大試験 出題度 **! ! !**

次の極限を求めよ。

(1) $\displaystyle \lim_{x \to \infty} \frac{x^2 + 6x + 7}{4x^2 - 9x + 2}$

(2) $\displaystyle \lim_{x \to -\infty} (\sqrt{x^2 - 3x + 8} + x)$

(3) $\displaystyle \lim_{x \to \infty} \frac{-5^{x+1} + 7^x}{2^x + 7^{x+2} - 4}$

→略解は p.70, 解説は本冊 p.123

例題 **2-26** 定期テスト 出題度 **! ! !**   2次・私大試験 出題度 **! ! !**

次の極限を求めよ。

(1) $\displaystyle \lim_{x \to 4} \left(\frac{1}{x - 4} + 3 \right)$

(2) $\displaystyle \lim_{x \to 1} \left\{ \frac{5}{(x - 1)^2} - 2 \right\}$

→略解は p.70, 解説は本冊 p.128

10

→略解は p.70，解説は本冊 p.134

例題 2-27　定期テスト 出題度 ❶❶❶　2次・私大試験 出題度 ❶❶❶

$$\lim_{x \to 0} x \sin \frac{1}{x} \text{ を求めよ。}$$

→略解は p.70，解説は本冊 p.134

例題 2-28　定期テスト 出題度 ❶　2次・私大試験 出題度 ❶❶❶

$$\lim_{x \to \infty} \frac{[x] + x}{x} \text{ を求めよ。}$$

ただし，$[x]$ は x を超えない最大の整数を表すとする。

→略解は p.70，解説は本冊 p.139

例題 2-29　定期テスト 出題度 ❶❶❶　2次・私大試験 出題度 ❶❶❶

次の関数の極限を求めよ。

(1) $\displaystyle \lim_{x \to 0} \frac{\sin 5x}{x}$

(2) $\displaystyle \lim_{x \to 0} \frac{\sin 4x}{\sin(-7x)}$

(3) $\displaystyle \lim_{x \to 0} \frac{x}{\sin(\sin x)}$

→略解は p.70，解説は本冊 p.142

例題 2-30　定期テスト 出題度 ❶❶　2次・私大試験 出題度 ❶❶❶

$$\lim_{x \to 0} \frac{\sin x° + \tan 5x}{x} \text{ を求めよ。}$$

→略解は p.70，解説は本冊 p.145

例題 2-31 定期テスト 出題度 ❗❗❗ 2次・私大試験 出題度 ❗❗❗

次の関数の極限を求めよ。

(1) $\displaystyle \lim_{x \to 0} \frac{1 - \cos 3x}{x^2}$

(2) $\displaystyle \lim_{x \to 0} \frac{\cos x - 1}{1 - \cos 6x}$

→略解は p.70，解説は本冊 p.150

例題 2-32 定期テスト 出題度 ❗❗❗ 2次・私大試験 出題度 ❗❗❗

次の関数の極限を求めよ。

(1) $\displaystyle \lim_{x \to \frac{\pi}{2}} \frac{2x - \pi}{\cos x}$

(2) $\displaystyle \lim_{x \to \infty} \left(\frac{x^2}{x + 4} \sin \frac{1}{x} \right)$

→略解は p.70，解説は本冊 p.153

例題 2-33 定期テスト 出題度 ❗❗❗ 2次・私大試験 出題度 ❗❗❗

次の関数の極限を求めよ。

(1) $\displaystyle \lim_{h \to 0} (1 + 2h)^{\frac{1}{h}}$

(2) $\displaystyle \lim_{h \to 0} (1 - h)^{\frac{1}{h}}$

(3) $\displaystyle \lim_{x \to \infty} \left(\frac{x + 2}{x + 1} \right)^x$

→略解は p.70，解説は本冊 p.160

例題 2-34 定期テスト 出題度 ❗❗❗ 2次・私大試験 出題度 ❗❗❗

$\displaystyle \lim_{x \to \infty} x \{ \log(x + 3) - \log x \}$ を求めよ。

→略解は p.70，解説は本冊 p.162

例題 **2-35**　定期テスト 出題度 ❗❗❗　2次・私大試験 出題度 ❗❗❗

$\displaystyle\lim_{x \to 0}\frac{e^{\sin x}-1}{x}$ を求めよ。

→略解は p.70，解説は本冊 p.164

例題 **2-36**　定期テスト 出題度 ❗❗❗　2次・私大試験 出題度 ❗❗❗

$\displaystyle\lim_{x \to 4}\frac{\sqrt{ax+1}-b}{x-4}=\frac{1}{3}$ のとき，定数 a, b の値を求めよ。

→略解は p.70，解説は本冊 p.165

例題 **2-37**　定期テスト 出題度 ❗　2次・私大試験 出題度 ❗❗❗

$\displaystyle\lim_{x \to \infty}(\sqrt{x^2+1}+ax+b)=3$ のとき，定数 a, b の値を求めよ。

→略解は p.70，解説は本冊 p.167

例題 **2-38**　定期テスト 出題度 ❗❗❗　2次・私大試験 出題度 ❗❗❗

次の関数は $x=0$ で連続であるといえるか。

$$y= \begin{cases} \dfrac{|x|}{x} & (x \neq 0) \\ 0 & (x=0) \end{cases}$$

→略解は p.70，解説は本冊 p.170

例題 **2-39**　定期テスト 出題度 ❗❗❗　2次・私大試験 出題度 ❗❗❗

関数 $y=x[x]$ は次の点で連続であるといえるか。

(1)　$x=0$

(2)　$x=1$

→略解は p.70，解説は本冊 p.174

例題 2-40　定期テスト 出題度 ❗❗❓　2次・私大試験 出題度 ❗❗❗

次の関数が実数全体で連続であるとき，定数 a, b の値を求めよ。

$$f(x) = \begin{cases} b + \cos x & (x < 0) \\ a & (x = 0) \\ \sqrt{x^2 + 7x + 4} & (x > 0) \end{cases}$$

→略解は p.70, 解説は本冊 p.177

例題 2-41　定期テスト 出題度 ❗❗❓　2次・私大試験 出題度 ❗❗❗

方程式 $3^x - 7x + 2 = 0$ が $2 < x < 3$ で少なくとも 1 つの実数解をもつことを示せ。

→略解は p.70, 解説は本冊 p.181

3章 微分

例題 3-1　定期テスト 出題度 !! !　2次・私大試験 出題度 !

次の関数の導関数を，定義を用いて求めよ。

(1) $f(x) = \dfrac{1}{x^2}$

(2) $f(x) = \sqrt[3]{x}$

(3) $f(x) = e^x$

(4) $f(x) = \log x$

(5) $f(x) = \sin x$

→略解は p.70，解説は本冊 p.185

例題 3-2　定期テスト 出題度 !!!　2次・私大試験 出題度 !!!

次の関数を微分せよ。

(1) $y = \dfrac{1}{x^4}$

(2) $y = \sqrt{x}$

(3) $y = \dfrac{2}{\sqrt[5]{x^3}}$

→略解は p.70，解説は本冊 p.192

例題 3-3　定期テスト 出題度 !!!　2次・私大試験 出題度 !!!

関数 $y = (4x^2 - x + 9)^6$ を微分せよ。

→略解は p.70，解説は本冊 p.196

例題 3-4　定期テスト 出題度 **!!!**　2次・私大試験 出題度 **!!!**

次の関数を微分せよ。

(1) $y = \dfrac{1}{-5x+2}$

(2) $y = \sqrt[3]{(2x+7)^2}$

→略解は p.70，解説は本冊 p.198

例題 3-5　定期テスト 出題度 **!!!**　2次・私大試験 出題度 **!!!**

次の関数を微分せよ。

(1) $y = (x^2+7x-1)(4x-9)$

(2) $y = \dfrac{x^2+6x-1}{3x-8}$

→略解は p.70，解説は本冊 p.199

例題 3-6　定期テスト 出題度 **!!!**　2次・私大試験 出題度 **!!!**

次の関数を微分せよ。

(1) $y = (-2x+7)^5(5x-8)^3$

(2) $y = \sqrt[3]{\left(\dfrac{x-1}{x+1}\right)^2}$

→略解は p.71，解説は本冊 p.201

例題 3-7　定期テスト 出題度 **!!!**　2次・私大試験 出題度 **!!!**

次の関数を微分せよ。

(1) $y = \sin 5x$

(2) $y = \cos x^3$

(3) $y = \cos^3 x$

→略解は p.71，解説は本冊 p.205

16

例題 **3-8**

定期テスト 出題度 ❗❗❗   2次・私大試験 出題度 ❗❗❗

関数 $y = \log(x + \sqrt{x^2 + 1})$ を微分せよ。

→略解は p.71, 解説は本冊 p.207

例題 **3-9**

定期テスト 出題度 ❗❗❗   2次・私大試験 出題度 ❗❗❗

次の関数を微分せよ。

(1) $y = 4^x \tan x$

(2) $y = \dfrac{\sqrt{x}}{\sin x}$

→略解は p.71, 解説は本冊 p.208

例題 **3-10**

定期テスト 出題度 ❗❗◯   2次・私大試験 出題度 ❗❗❗

関数 $y = e^{x^2} \log|\cos x|$ を微分せよ。

→略解は p.71, 解説は本冊 p.209

例題 **3-11**

定期テスト 出題度 ❗❗◯   2次・私大試験 出題度 ❗◯◯

x, y が $x = y^2 + 5y - 9$ を満たすとき, $\dfrac{dy}{dx}$ を y を用いて表せ。

→略解は p.71, 解説は本冊 p.213

例題 **3-12**

定期テスト 出題度 ❗❗❗   2次・私大試験 出題度 ❗❗❗

x, y が $x^2 + y^2 = 6$ を満たすとき, $\dfrac{dy}{dx}$ を x, y を用いて表せ。

→略解は p.71, 解説は本冊 p.214

例題 **3-13**

定期テスト 出題度 ❗❗❗   2次・私大試験 出題度 ❗❗❗

x, y が $4x^2 - xy - y^2 = 5$ を満たすとき, $\dfrac{dy}{dx}$ を x, y を用いて表せ。

→略解は p.71, 解説は本冊 p.216

例題 3-14　定期テスト 出題度 ❗❗❗　2次・私大試験 出題度 ❗

関数 $y = \dfrac{(x+4)^5}{(x-1)^2(x+7)^3}$ を微分せよ。

→略解は p.71，解説は本冊 p.218

例題 3-15　定期テスト 出題度 ❗❗❗　2次・私大試験 出題度 ❗❗

関数 $y = x^x$ $(x>0)$ について，$\dfrac{dy}{dx}$ を求めよ。

→略解は p.71，解説は本冊 p.220

例題 3-16　定期テスト 出題度 ❗❗❗　2次・私大試験 出題度 ❗❗❗

関数 $\begin{cases} x = \tan t \\ y = -t^2 + 7t - 3 \end{cases}$

について，$\dfrac{dy}{dx}$，$\dfrac{d^2y}{dx^2}$ を求めよ。

→略解は p.71，解説は本冊 p.221

例題 3-17　定期テスト 出題度 ❗❗❗　2次・私大試験 出題度 ❗❗❗

関数 $y = |x|$ は $x=0$ で連続といえるか。
また，微分可能といえるか。

→略解は p.71，解説は本冊 p.224

例題 3-18　定期テスト 出題度 ❗❗❗　2次・私大試験 出題度 ❗❗❗

関数 $f(x) = \begin{cases} p\sin \pi x + q & (x<1) \\ r & (x=1) \\ \log x & (x>1) \end{cases}$

がすべての実数 x で微分可能であるとき，定数 p, q, r の値を求めよ。

→略解は p.71，解説は本冊 p.228

微分の応用

例題 4-1　定期テスト 出題度 ❗❗❗　2次・私大試験 出題度 ❗❗❗

関数 $y = \tan x$ のグラフについて，次の問いに答えよ。

(1) 点 $\left(\dfrac{\pi}{3}, \sqrt{3}\right)$ における接線の方程式を求めよ。

(2) 点 $\left(\dfrac{\pi}{3}, \sqrt{3}\right)$ における法線の方程式を求めよ。

→略解は p.71，解説は本冊 p.232

例題 4-2　定期テスト 出題度 ❗❗❗　2次・私大試験 出題度 ❗❗❗

関数 $y = 2^x$ のグラフの接線で，傾きが $\log \sqrt{2}$ になるものの方程式を求めよ。

→略解は p.71，解説は本冊 p.233

例題 4-3　定期テスト 出題度 ❗❗❗　2次・私大試験 出題度 ❗❗❗

関数 $y = -\sqrt{x+4}$ のグラフの接線で，点 $(-7,\ 1)$ を通るものの方程式を求めよ。

→略解は p.71，解説は本冊 p.235

例題 4-4　定期テスト 出題度 ❗❗❗　2次・私大試験 出題度 ❗❗❗

曲線 $3x^2 - xy - 5y^2 = 9$ 上の点 $(-2,\ 1)$ における接線の方程式を求めよ。

→略解は p.71，解説は本冊 p.237

例題 4-5　定期テスト 出題度 ❗❗❗　2次・私大試験 出題度 ❗❗❗

$\begin{cases} x = \sin t - 3t \\ y = \cos t + 1 \end{cases}$　で表された曲線の $t = \dfrac{\pi}{3}$ における接線の方程式を求めよ。

→略解は p.71, 解説は本冊 p.239

例題 4-6　定期テスト 出題度 ❗❗❗　2次・私大試験 出題度 ❗❗❗

2曲線 $C_1 : y = e^x$, $C_2 : y = \sqrt{x + a}$ が接するときの定数 a の値を求めよ。

→略解は p.71, 解説は本冊 p.242

例題 4-7　定期テスト 出題度 ❗　2次・私大試験 出題度 ❗❗

多項式 $f(x)$ について，次の問いに答えよ。

(1) $f(x)$ が $(x - \alpha)^2$ を因数にもつための必要十分条件は $f(\alpha) = 0$,
かつ，$f'(\alpha) = 0$ であることを示せ。

(2) $f(-1) = 0$, $f(4) = 0$, $f'(4) = 0$, $f(2) = 36$ を満たす3次式 $f(x)$ を求めよ。

→略解は p.71, 解説は本冊 p.246

例題 4-8　定期テスト 出題度 ❗❗❗　2次・私大試験 出題度 ❗

関数 $f(x) = -x^3 + 4x^2 + 3x - 9$ について，$a = -1$, $b = 5$ のとき，
平均値の定理

$$\frac{f(b) - f(a)}{b - a} = f'(c)$$

を満たす $c \ (a < c < b)$ を求めよ。

→略解は p.71, 解説は本冊 p.251

例題 4-9　　定期テスト 出題度 ❗❗❗　　2次・私大試験 出題度 ❗

関数 $f(x) = \dfrac{1}{x+6}$ について，$a = -4$，$h = 6$ のとき，平均値の定理

$$f(a+h) = f(a) + hf'(a+\theta h)$$

を満たす $\theta\,(0 < \theta < 1)$ を求めよ。

→略解は p.71，解説は本冊 p.253

例題 4-10　　定期テスト 出題度 ❗❗　　2次・私大試験 出題度 ❗❗

$a < b$ のとき，不等式 $1 - \dfrac{a}{b} < \log b - \log a < \dfrac{b}{a} - 1$ が成り立つことを証明せよ。

→略解は p.71，解説は本冊 p.256

例題 4-11　　定期テスト 出題度 ❗❗❗　　2次・私大試験 出題度 ❗❗

$1 < a < b < e$ のとき，平均値の定理を用いて，不等式

$1 < \dfrac{b \log b - a \log a}{b-a} < 2$ が成り立つことを証明せよ。

→略解は p.71，解説は本冊 p.258

例題 4-12　　定期テスト 出題度 ❗❗❗　　2次・私大試験 出題度 ❗❗

a，b が異なる定数のとき，不等式 $|\sin b - \sin a| \le |b - a|$ が成り立つことを証明せよ。

→略解は p.71，解説は本冊 p.259

例題 4-13　　定期テスト 出題度 ❗❗❗　　2次・私大試験 出題度 ❗❗

平均値の定理を用いて，次の極限を求めよ。

$$\lim_{x \to 0} \frac{\tan x - \tan(\sin x)}{x - \sin x}$$

→略解は p.71，解説は本冊 p.261

例題 4-14　定期テスト 出題度 **!!!**　2次・私大試験 出題度 **!!!**

次の問いに答えよ。

(1) 関数 $y = \dfrac{e^{2x}}{x-1}$ の増減を調べて，グラフをかき，漸近線を求めよ。

(2) 方程式 $e^{2x} - ax + a = 0$（a は定数）の実数解の個数を求めよ。

→略解は p.71，解説は本冊 p.263

例題 4-15　定期テスト 出題度 **!!**　2次・私大試験 出題度 **!!!**

関数 $y = \log x$ のグラフ上の $x = t$ の点における接線と，x 軸，y 軸との交点をそれぞれ A，B とするとき，次の問いに答えよ。

(1) A，B の座標を求めよ。

(2) $0 < t < 1$ のとき，$\triangle OAB$ の面積 S の最大値を求めよ。

→略解は p.71，解説は本冊 p.274

例題 4-16　定期テスト 出題度 **!!!**　2次・私大試験 出題度 **!!!**

図のように，中心 O，半径 r の半円がある。

これに内接する，AD∥BC の台形をかくとき，次の問いに答えよ。

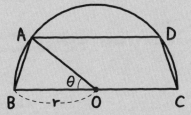

(1) ∠AOB $= \theta$ とするとき，台形 ABCD の面積 S を，r，θ を使って表せ。

(2) (1)で求めた面積 S の最大値を求めよ。

→略解は p.71，解説は本冊 p.279

22

例題 4-17 定期テスト 出題度 **!!**   2次・私大試験 出題度 **!!!**

関数 $y=\sqrt{2-x^2}+x$ の増減を調べて，グラフをかけ。

→略解は p.71，解説は本冊 p.283

例題 4-18 定期テスト 出題度 **!!**   2次・私大試験 出題度 **!!!**

関数 $y=|x|\sqrt{x+3}$ の極値を求めよ。

→略解は p.71，解説は本冊 p.288

例題 4-19 定期テスト 出題度 **!!**   2次・私大試験 出題度 **!!**

曲線 $y^2=x^2(6-x^2)$ の増減を調べて，概形をかけ。

→略解は p.71，解説は本冊 p.293

例題 4-20 定期テスト 出題度 **!!!**   2次・私大試験 出題度 **!!!**

関数 $y=\log(x^2+2x+5)$ のグラフの変曲点を求めよ。

→略解は p.71，解説は本冊 p.297

例題 4-21 定期テスト 出題度 **!!!**   2次・私大試験 出題度 **!!!**

関数 $y=xe^x$ の増減，グラフの凹凸を調べ，そのグラフをかき，変曲点と漸近線を求めよ。

→略解は p.72，解説は本冊 p.303

例題 4-22 定期テスト 出題度 **!!!**   2次・私大試験 出題度 **!!!**

関数 $y=\dfrac{x^2-x-2}{x-3}$ の増減，極値，グラフの凹凸，漸近線などを調べ，そのグラフをかけ。

→略解は p.72，解説は本冊 p.311

例題 4-23 定期テスト 出題度 **! ! !**   2次・私大試験 出題度 **! ! !**

関数 $f(x) = (-x^2 + 3x + k)e^{-x}$ について，次の問いに答えよ。

(1) 極値をもつときの定数 k の値の範囲を求めよ。

(2) グラフが変曲点をもつときの定数 k の値の範囲を求めよ。

→略解は p.72，解説は本冊 p.318

例題 4-24 定期テスト 出題度 **! ! !**   2次・私大試験 出題度 **! ! !**

関数 $f(x) = \sin x + kx$ が極値をもつときの定数 k の値の範囲を求めよ。

→略解は p.72，解説は本冊 p.320

例題 4-25 定期テスト 出題度 **! ! !**   2次・私大試験 出題度 **! ! !**

次の問いに答えよ。

(1) $x=3$ のとき極小値 -7 をとり，グラフの変曲点が $(1, 9)$ である3次関数 $f(x)$ を求めよ。

(2) (1)で求めた3次関数 $f(x)$ のグラフは，変曲点に関して対称であることを示せ。

→略解は p.72，解説は本冊 p.322

例題 4-26 定期テスト 出題度 **! ! !**   2次・私大試験 出題度 **! !**

関数 $f(x) = (ax + b)\log x$ $(a \neq 0)$ が $x=e$ で極小値 $-e$ をもつときの定数 a, b の値を求めよ。

→略解は p.72，解説は本冊 p.327

例題 4-27 定期テスト 出題度 **! ! !**   2次・私大試験 出題度 **! ! !**

$x \geq 0$ のとき，不等式 $\sin x \leq x$ が成り立つことを証明せよ。（等号成立の条件は示さなくてよい）

→略解は p.72，解説は本冊 p.330

例題 4-28 　定期テスト 出題度 ❗❗❗　　2次・私大試験 出題度 ❗❗❗

次の問いに答えよ。

(1) $x \geqq 0$ のとき，不等式 $e^x \geqq 1 + x + \dfrac{1}{2} x^2$ が成り立つことを証明せよ。(等号成立の条件は示さなくてよい)

(2) $\displaystyle \lim_{x \to \infty} \dfrac{x}{e^x}$ を求めよ。

(3) $\displaystyle \lim_{x \to \infty} \dfrac{e^{2x}}{x-1}$ を求めよ。

→略解は p.72，解説は本冊 p.332

例題 4-29 　定期テスト 出題度 ❗❗❗　　2次・私大試験 出題度 ❗❗❗

次の関数のグラフを $0 \leqq \theta \leqq 2\pi$ の範囲でかけ。ただし，凹凸は調べなくてよい。

$$\begin{cases} x = r(\theta - \sin\theta) \\ y = r(1 - \cos\theta) \end{cases} \quad (\theta \text{は媒介変数,} \ r > 0)$$

→略解は p.72，解説は本冊 p.338

例題 4-30 　定期テスト 出題度 ❗❗❗　　2次・私大試験 出題度 ❗❗❗

数直線上を動く点 P の時刻 t における座標が，$x = 3^t$ であるとき，次の問いに答えよ。

(1) 時刻 $t = 4$ における速度を求めよ。

(2) 時刻 $t = 4$ における加速度を求めよ。

→略解は p.72，解説は本冊 p.342

例題 4-31　定期テスト 出題度 ❗❗❗　2次・私大試験 出題度 ❗❗❗

平面上を動く点 P の時刻 t $(t \geqq 0)$ における座標が,

$\left(\log (t+1), \ \dfrac{t}{t+1} \right)$ であるとき, 次の問いに答えよ。

(1) 時刻 t における, 速度ベクトルおよび速さを求めよ。

(2) 時刻 t における, 加速度ベクトルおよび加速度の大きさを求めよ。

→略解は p.72, 解説は本冊 p.344

例題 4-32　定期テスト 出題度 ❗　2次・私大試験 出題度 ❗

x が十分 0 に近い数であるとき, 次の式の (1次) 近似式を求めよ。

(1) e^x

(2) $\dfrac{1}{x+4}$

→略解は p.72, 解説は本冊 p.348

例題 4-33　定期テスト 出題度 ❗　2次・私大試験 出題度 ❗

(1次) 近似式を使って, 次の近似値を求めよ。ただし, (2)では,
$\pi = 3.14$, $\sqrt{3} = 1.73$ として, 答えは四捨五入をして, 小数第3位まで求めよ。

(1) $\sqrt{24.98}$

(2) $\sqrt{17}$

(3) $\sin 31°$

→略解は p.72, 解説は本冊 p.350

例題 5-1 | 定期テスト 出題度 ❗❗❗ | 2次・私大試験 出題度 ❗❗❗

次の不定積分を求めよ。

(1) $\displaystyle\int \sqrt[3]{x^2}\,dx$

(2) $\displaystyle\int \frac{-7x+4}{x^2}\,dx$

→略解は p.72，解説は本冊 p.355

例題 5-2 | 定期テスト 出題度 ❗❗❗ | 2次・私大試験 出題度 ❗❗❗

次の定積分を求めよ。

(1) $\displaystyle\int_{-2}^{1} 5^x\,dx$

(2) $\displaystyle\int_{1}^{16} \frac{1}{x^2\cdot\sqrt[4]{x}}\,dx$

→略解は p.72，解説は本冊 p.357

例題 5-3 | 定期テスト 出題度 ❗❗❗ | 2次・私大試験 出題度 ❗❗❗

次の不定積分や定積分を求めよ。

(1) $\displaystyle\int \sin(4x-1)\,dx$

(2) $\displaystyle\int_{0}^{1} 2^{-5x+3}\,dx$

→略解は p.72，解説は本冊 p.360

例題 5-4　定期テスト 出題度 ❗❗❗　2次・私大試験 出題度 ❗❗❗

次の不定積分や定積分を求めよ。

(1) $\displaystyle\int (x^3-7x+9)^3(3x^2-7)\,dx$

(2) $\displaystyle\int \sin x\cdot e^{\cos x}\,dx$

(3) $\displaystyle\int_1^7 \frac{x}{\sqrt{x^2+5}}\,dx$

(4) $\displaystyle\int_{\frac{1}{e}}^{e^3} \frac{\log x}{x}\,dx$

→略解は p.72, 解説は本冊 p.361

例題 5-5　定期テスト 出題度 ❗❗❗　2次・私大試験 出題度 ❗❗❗

次の不定積分や定積分を求めよ。

(1) $\displaystyle\int \frac{x}{x^2-7}\,dx$

(2) $\displaystyle\int \tan x\,dx$

(3) $\displaystyle\int_e^{e^3} \frac{1}{x\log x}\,dx$

→略解は p.72, 解説は本冊 p.366

例題 5-6　定期テスト 出題度 ❗❗❗　2次・私大試験 出題度 ❗❗❗

$\displaystyle\int \frac{-4x^2+14x-26}{x^2-2x+5}\,dx$ を求めよ。

→略解は p.72, 解説は本冊 p.368

例題 5-7　定期テスト 出題度 ❗❗❗　2次・私大試験 出題度 ❗❗❗

$\displaystyle\int \frac{1}{x^2+5x-6}\,dx$ を求めよ。

→略解は p.72, 解説は本冊 p.370

例題 5-8　定期テスト 出題度 !! !　2次・私大試験 出題度 !! !!

$\displaystyle\int_{-1}^{2}\frac{-2x+41}{(x-3)^2(x+4)}\,dx$ を求めよ。

→略解は p.72，解説は本冊 p.371

例題 5-9　定期テスト 出題度 !! !　2次・私大試験 出題度 !! !!

$\displaystyle\int_{-1}^{4}\frac{3x^2+12x+24}{x^3-8}\,dx$ を求めよ。

→略解は p.72，解説は本冊 p.374

例題 5-10　定期テスト 出題度 !! !!　2次・私大試験 出題度 !! !!

次の不定積分や定積分を求めよ。
(1) $\displaystyle\int \cos^3 x\,dx$
(2) $\displaystyle\int_{0}^{\frac{\pi}{3}} \sin^5 x\,dx$

→略解は p.72，解説は本冊 p.376

例題 5-11　定期テスト 出題度 !! !!　2次・私大試験 出題度 !! !!

次の不定積分や定積分を求めよ。
(1) $\displaystyle\int \sin^2 x\,dx$
(2) $\displaystyle\int_{-\frac{\pi}{2}}^{\frac{\pi}{4}} \cos^4 x\,dx$

→略解は p.72，解説は本冊 p.379

例題 5-12　定期テスト 出題度 !! !!　2次・私大試験 出題度 !! !!

次の不定積分や定積分を求めよ。
(1) $\displaystyle\int \tan^2 x\,dx$
(2) $\displaystyle\int_{-\frac{\pi}{3}}^{\frac{\pi}{6}} \tan^4 x\,dx$

→略解は p.73，解説は本冊 p.382

例題 5-13 　定期テスト 出題度 ❗❗❗ 　2次・私大試験 出題度 ❗❗❗

$\displaystyle\int \sin^2 x \cos^2 x\, dx$ を求めよ。

→略解は p.73, 解説は本冊 p.386

例題 5-14 　定期テスト 出題度 ❗❗❗ 　2次・私大試験 出題度 ❗❗❗

$\displaystyle\int \sin 3x \cos 5x\, dx$ を求めよ。

→略解は p.73, 解説は本冊 p.387

例題 5-15 　定期テスト 出題度 ❗❗❗ 　2次・私大試験 出題度 ❗❗❗

$\displaystyle\int (2x-3)\sin x\, dx$ を求めよ。

→略解は p.73, 解説は本冊 p.388

例題 5-16 　定期テスト 出題度 ❗❗❗ 　2次・私大試験 出題度 ❗❗❗

$\displaystyle\int_1^3 (x^2 - x + 8)e^{-x+5}\, dx$ を求めよ。

→略解は p.73, 解説は本冊 p.390

例題 5-17 　定期テスト 出題度 ❗❗❗ 　2次・私大試験 出題度 ❗❗❗

次の不定積分や定積分を求めよ。

(1) $\displaystyle\int \log x\, dx$

(2) $\displaystyle\int_{-5}^{-2} \{\log (x+6)\}^2\, dx$

→略解は p.73, 解説は本冊 p.391

例題 5-18 　定期テスト 出題度 ❗❗❗ 　2次・私大試験 出題度 ❗❗❗

$\displaystyle\int e^x \sin x\, dx$ を求めよ。

→略解は p.73, 解説は本冊 p.397

例題 5-19　定期テスト 出題度 !!!　2次・私大試験 出題度 !!!

次の不定積分や定積分を求めよ。

(1) $\displaystyle\int \frac{e^{2x}}{e^x+1}\,dx$

(2) $\displaystyle\int_1^{\log 3} \frac{1}{e^{2x}-4}\,dx$

→略解は p.73，解説は本冊 p.400

例題 5-20　定期テスト 出題度 !!!　2次・私大試験 出題度 !!

$\displaystyle\int_{\frac{\pi}{3}}^{\frac{\pi}{2}} \frac{1}{\sin x}\,dx$ を求めよ。

→略解は p.73，解説は本冊 p.405

例題 5-21　定期テスト 出題度 !!!　2次・私大試験 出題度 !!!

次の問いに答えよ。

(1) $\displaystyle I_n=\int_0^{\frac{\pi}{2}} \sin^n x\,dx$ とする。

n が2以上の自然数のとき，$I_n=\dfrac{n-1}{n}I_{n-2}$ が成り立つことを証明せよ。

(2) I_5 の値を求めよ。

(3) I_6 の値を求めよ。

(4) $\displaystyle\int_0^{\frac{\pi}{2}} \sin^n x\,dx=\int_0^{\frac{\pi}{2}} \cos^n x\,dx$ が成り立つことを証明せよ。

→略解は p.73，解説は本冊 p.409

例題 5-22　定期テスト 出題度 !!!　2次・私大試験 出題度 !!!

$\displaystyle\int_0^1 \sqrt{4-x^2}\,dx$ を求めよ。

→略解は p.73，解説は本冊 p.413

例題 5-23　定期テスト 出題度 !!! ●　2次・私大試験 出題度 !!! !

$$\int_{-1}^{5} \frac{1}{\sqrt{-x^2+2x+15}}\, dx\ を求めよ。$$

→略解は p.73，解説は本冊 p.417

例題 5-24　定期テスト 出題度 !!! ●　2次・私大試験 出題度 !!! !

$$\int_{-1}^{3} \frac{1}{3+x^2}\, dx\ を求めよ。$$

→略解は p.73，解説は本冊 p.419

例題 5-25　定期テスト 出題度 !! ●●　2次・私大試験 出題度 !!!

$$\int_{-3}^{-2} \frac{1}{x^2+4x+5}\, dx\ を求めよ。$$

→略解は p.73，解説は本冊 p.420

例題 5-26　定期テスト 出題度 !!! ●　2次・私大試験 出題度 !!!

次の定積分を求めよ。

(1) $\displaystyle\int_{\frac{\pi}{6}}^{\frac{\pi}{6}} x^2 \sin x\, dx$

(2) $\displaystyle\int_{-\frac{\pi}{4}}^{\frac{\pi}{4}} (\tan x - \cos x)\, dx$

→略解は p.73，解説は本冊 p.423

例題 5-27　定期テスト 出題度 !!! ●　2次・私大試験 出題度 !!!

$$\int_{-1}^{3} |2^{x+1}-8|\, dx\ を求めよ。$$

→略解は p.73，解説は本冊 p.425

32

→略解は p.73, 解説は本冊 p.426

例題 5-28　定期テスト 出題度 !!!　2次・私大試験 出題度 !!!

$\displaystyle\int_{-\frac{\pi}{6}}^{\frac{3}{4}\pi} |\sin x - \sqrt{3}\cos x - 1|\, dx$ を求めよ。

→略解は p.73, 解説は本冊 p.426

例題 5-29　定期テスト 出題度 !!!　2次・私大試験 出題度 !!!

$\displaystyle f(x) = \cos x - \int_0^{\frac{\pi}{6}} x f(t)\, dt$ を満たす関数 $f(x)$ を求めよ。

→略解は p.73, 解説は本冊 p.432

例題 5-30　定期テスト 出題度 !!!　2次・私大試験 出題度 !!!

$\displaystyle f(x) = \int_0^{\pi} f(t)\sin(x+t)\, dt + 1$ を満たす関数 $f(x)$ を求めよ。

→略解は p.73, 解説は本冊 p.433

例題 5-31　定期テスト 出題度 !!!　2次・私大試験 出題度 !!!

次の定積分を x の関数とみて微分せよ。

(1) $\displaystyle\int_{-4}^{x}\left\{\tan 3t + \left(\frac{2}{7}\right)^t\right\} dt$

(2) $\displaystyle\int_{1}^{x}(x-t)e^t dt$

(3) $\displaystyle\int_{2x}^{x^3}\frac{1}{\cos t}\, dt$

→略解は p.73, 解説は本冊 p.437

例題 5-32　定期テスト 出題度 !!!　2次・私大試験 出題度 !!!

$\displaystyle\int_{\frac{\pi}{2}}^{x} f(t)\, dt = \sin x + a$ を満たす関数 $f(x)$ と，そのときの定数 a の値を求めよ。

→略解は p.73, 解説は本冊 p.440

例題 **5-33** 　定期テスト 出題度 ❗❗❗ 　2次・私大試験 出題度 ❗❗❗

次の極限値を求めよ。

$$\lim_{n \to \infty}\left(\frac{1}{n^2+1^2}+\frac{2}{n^2+2^2}+\frac{3}{n^2+3^2}+\cdots\cdots+\frac{n}{2n^2}\right)$$

→略解は p.73，解説は本冊 p.441

例題 **5-34** 　定期テスト 出題度 ❗❗❗ 　2次・私大試験 出題度 ❗❗

次の不等式を証明せよ。

$$\log(n+1)<1+\frac{1}{2}+\frac{1}{3}+\cdots\cdots+\frac{1}{n}<1+\log n$$

→略解は p.73，解説は本冊 p.448

例題 **5-35** 　定期テスト 出題度 ❗❗ 　2次・私大試験 出題度 ❗❗❗

次の問いに答えよ。

(1) $1\leqq x\leqq 2$であるとき，不等式$\sqrt{x+1}\leqq\sqrt{x^3+1}\leqq x+1$を証明せよ。

(2) $\log\dfrac{3}{2}<\displaystyle\int_1^2\frac{1}{\sqrt{x^3+1}}\,dx<2\sqrt{3}-2\sqrt{2}$を証明せよ。

→略解は p.73，解説は本冊 p.454

6章 積分の応用

例題 6-1
定期テスト 出題度 ❗❗❗   2次・私大試験 出題度 ❗❗❗

2曲線 $y = \sin x$, $y = \sin 2x$ $(0 \leqq x \leqq \pi)$ で囲まれる部分の面積 S を求めよ。

→略解は p.73, 解説は本冊 p.460

例題 6-2
定期テスト 出題度 ❗❗❗   2次・私大試験 出題度 ❗❗❗

曲線 $y = \log x$, 直線 $y = 2$, および x 軸, y 軸で囲まれる部分の面積 S を求めよ。

→略解は p.73, 解説は本冊 p.462

例題 6-3
定期テスト 出題度 ❗❗❗   2次・私大試験 出題度 ❗❗❗

曲線 $y = \dfrac{6x}{x^2 + 5}$ と直線 $y = 1$ で囲まれる部分の面積 S を求めよ。

→略解は p.73, 解説は本冊 p.470

例題 6-4
定期テスト 出題度 ❗❗❗   2次・私大試験 出題度 ❗❗❗

サイクロイド
$$\begin{cases} x = r(\theta - \sin\theta) \\ y = r(1 - \cos\theta) \end{cases} \quad (0 \leqq \theta \leqq 2\pi, \ r > 0)$$
と x 軸で囲まれる図形の面積 S を求めよ。

→略解は p.73, 解説は本冊 p.472

例題 6-5　定期テスト 出題度 ❗❗❗　2次・私大試験 出題度 ❗❗❗

アステロイド

$$\begin{cases} x = a\cos^3\theta \\ y = a\sin^3\theta \end{cases}$$ （ただし，a は正の定数。$0 \leqq \theta \leqq 2\pi$）

は図のように，x 軸，y 軸に関してそれぞれ対称な曲線になる。この曲線で囲まれる図形の面積 S を求めよ。

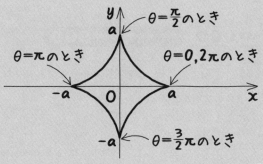

→略解は p.73，解説は本冊 p.474

例題 6-6　定期テスト 出題度 ❗❗❗　2次・私大試験 出題度 ❗❗❗

底面が半径 a の円，高さが a の円柱を，底面の直径を通るように斜め45°の平面で切断したときにできる小さいほうの立体の体積 V を求めよ。

→略解は p.73，解説は本冊 p.478

例題 6-7　定期テスト 出題度 ❗❗◯　2次・私大試験 出題度 ❗❗

次の問いに答えよ。

(1) 半径 r の球の体積は $\dfrac{4}{3}\pi r^3$ になることを積分を用いて示せ。

(2) 半径 r の半球の容器に水を満たし，$\dfrac{\pi}{6}$ だけ傾けたとき，こぼれずに半球に残る水の体積を求めよ。

→略解は p.73，解説は本冊 p.482

例題 6-8　定期テスト 出題度 ❶❶❶　2次・私大試験 出題度 ❶❶❶

　曲線 $C: y=-x^2+4$ および x 軸，y 軸で囲まれる部分のうち，第1象限にあるほうを次のように回転したときにできる立体の体積を求めよ。
(1)　x 軸のまわりに回転したとき
(2)　y 軸のまわりに回転したとき

→略解は p.73，解説は本冊 p.486

例題 6-9　定期テスト 出題度 ❶❶❶　2次・私大試験 出題度 ❶❶❶

　曲線 $C: y=\cos x\ \left(0\leqq x\leqq\dfrac{\pi}{2}\right)$ および x 軸，y 軸で囲まれる部分を次のように回転したときにできる立体の体積を求めよ。
(1)　x 軸のまわりに回転したとき
(2)　y 軸のまわりに回転したとき

→略解は p.73，解説は本冊 p.488

例題 6-10　定期テスト 出題度 ❶❶❶　2次・私大試験 出題度 ❶❶❶

　曲線 $C: y=e^x$ の接線で，点 $(1,\ 0)$ を通るものを ℓ とし，C，ℓ，x 軸，y 軸で囲まれた図形を D とするとき，次の問いに答えよ。
(1)　ℓ の方程式を求めよ。
(2)　D を x 軸のまわりに回転したときにできる立体の体積を求めよ。
(3)　D を y 軸のまわりに回転したときにできる立体の体積を求めよ。

→略解は p.73，解説は本冊 p.490

例題 6-11　定期テスト 出題度 ❶❶○　2次・私大試験 出題度 ❶❶❶

　円 $C: x^2+(y-5)^2=9$ を x 軸のまわりに回転したときにできる立体の体積 V を求めよ。

→略解は p.73，解説は本冊 p.495

例題 6-12 　定期テスト 出題度 **❗❗**　　2次・私大試験 出題度 **❗❗❗**

　2曲線 $y = \sin x$, $y = \cos x$ $(0 \leqq x \leqq 2\pi)$ で囲まれる部分を，x 軸のまわりに回転させてできる立体の体積 V を求めよ。

→略解は p.73, 解説は本冊 p.499

例題 6-13 　定期テスト 出題度 **❗❗❗**　　2次・私大試験 出題度 **❗❗❗**

　サイクロイド
$$\begin{cases} x = r(\theta - \sin\theta) \\ y = r(1 - \cos\theta) \end{cases} (0 \leqq \theta \leqq 2\pi, \ r > 0)$$
と x 軸で囲まれる図形を x 軸のまわりに回転させたときにできる立体の体積 V を求めよ。

→略解は p.73, 解説は本冊 p.502

例題 6-14 　定期テスト 出題度 **❗❗**　　2次・私大試験 出題度 **❗❗**

　曲線 $C : y = x^2$ と直線 $\ell : y = x$ で囲まれる部分を，直線 ℓ のまわりに回転してできる立体の体積を求めよ。

→略解は p.74, 解説は本冊 p.504

例題 6-15 　定期テスト 出題度 **❗❗❗**　　2次・私大試験 出題度 **❗❗❗**

　数直線上を動く点Pは，スタートしてから t 秒後の座標が，
$x(t) = -t^3 + 3t^2 + 24t + 5$ であるとする。
　スタートしてから7秒間で動く道のりを求めよ。

→略解は p.74, 解説は本冊 p.508

例題 6-16　定期テスト 出題度 ❗❗❗　2次・私大試験 出題度 ❗❗❗

サイクロイド
$$\begin{cases} x = r(\theta - \sin\theta) \\ y = r(1 - \cos\theta) \end{cases} \quad (0 \leq \theta \leq 2\pi, \ r > 0)$$
の $0 \leq \theta \leq 2\pi$ の部分の長さ L を求めよ。

→略解は p.74，解説は本冊 p.516

例題 6-17　定期テスト 出題度 ❗❗❗　2次・私大試験 出題度 ❗❗❗

曲線 $y = \dfrac{1}{2}(e^x + e^{-x})$ の $1 \leq x \leq 5$ の部分の長さ L を求めよ。

→略解は p.74，解説は本冊 p.518

例題 6-18　定期テスト 出題度 ❗　2次・私大試験 出題度 ❗❗

座標空間内で，
$$x^2 + z^2 \leq 1, \quad -4 \leq y \leq 4 \quad \cdots\cdots①$$
または
$$y^2 + z^2 \leq 1, \quad -4 \leq x \leq 4 \quad \cdots\cdots②$$
を満たす立体の体積 V を求めよ。

→略解は p.74，解説は本冊 p.520

例題 6-19　定期テスト 出題度 ❗　2次・私大試験 出題度 ❗❗

座標空間内に2点 A$(0, 1, 1)$，B$(2, 0, 0)$ があるとき，線分 AB を z 軸のまわりに回転させてできる立体の内側の，$0 \leq z \leq 1$ の部分の体積 V を求めよ。

→略解は p.74，解説は本冊 p.525

例題 6-20 　定期テスト 出題度 ❗❗❗　　2次・私大試験 出題度 ❗❗❗

次の問いに答えよ。

(1) 微分方程式 $y\dfrac{dy}{dx} = -4x$ を解け。

(2) (1)について，初期条件「$x=1$ のとき $y=-3$」が与えられたときの特殊解を求めよ。

→略解は p.74，解説は本冊 p.528

例題 6-21 　定期テスト 出題度 ❗❗❗　　2次・私大試験 出題度 ❗❗❗

微分方程式 $\dfrac{dy}{dx} = y-2$ を解け。

→略解は p.74，解説は本冊 p.530

例題 6-22 　定期テスト 出題度 ❗　　2次・私大試験 出題度 ❗❗

次の(ア)，(イ)，(ウ)の条件をすべて満たす曲線の方程式を求めよ。

(ア) 常に第1象限または第3象限にある。

(イ) 点 A$(5,\ 1)$ を通る。

(ウ) 曲線上の点 B$(x,\ y)$ における接線と x 軸，y 軸との交点をそれぞれ P，Q とすると，B の位置にかかわらず，常に△OPQ の面積は，△OBP の面積の4倍になる。

→略解は p.74，解説は本冊 p.533

例題 6-23 　定期テスト 出題度 ❗　　2次・私大試験 出題度 ❗❗

関数 $y=2x^2$ のグラフを y 軸のまわりに回転させてできる立体の形の容器に水を $V\,\mathrm{cm}^3$ 入れると，水の深さが $h\,\mathrm{cm}$ になった。この容器の底に排水口をつけ，そこから毎秒 $3\sqrt{h}\,\mathrm{cm}^3$ の割合で排水する。このとき，次の問いに答えよ。

(1) V を h を用いて表せ。

(2) 排水し始めてから t 秒後の水面の高さの変化する速度を h を用いて表せ。

(3) 初めの水の深さが $9\,\mathrm{cm}$ とすると，水がすべてなくなるのは，排水し始めてから何秒後か。

→略解は p.74，解説は本冊 p.537

7章 ベクトル

例題 7-1

定期テスト 出題度 ❗❗❗   共通テスト 出題度 ❗❗❗

AD と BC が平行で，AD＝3，BC＝5である台形 ABCD において，辺 BC 上に BE＝2になるように点 E をとる。$\overrightarrow{AB}=\vec{b}$，$\overrightarrow{AD}=\vec{d}$ とするとき，次のベクトルを $\vec{b}$，$\vec{d}$ を用いて表せ。

(1) $\overrightarrow{DB}$　　(2) $\overrightarrow{AE}$　　(3) $\overrightarrow{CA}$

→略解は p.74，解説は本冊 p.545

例題 7-2

定期テスト 出題度 ❗❗❗   共通テスト 出題度 ❗❗❗

点 A，B，C の座標が，A(3，−7)，B(−1，4)，C(5，8) であるとき，次のベクトルを成分で表せ。

(1) $\overrightarrow{AB}$　　(2) $\overrightarrow{AC}$　　(3) $3\overrightarrow{AB}-\overrightarrow{AC}$

→略解は p.74，解説は本冊 p.547

例題 7-3

定期テスト 出題度 ❗❗❗   共通テスト 出題度 ❗❗❗

$\vec{a}=(5，-2)$，$\vec{b}=(4，1)$，$\vec{c}=(-7，-5)$ とするとき，$\vec{c}$ を $\vec{a}$，$\vec{b}$ を用いて表せ。

→略解は p.74，解説は本冊 p.549

例題 7-4

定期テスト 出題度 ❗❗❗   共通テスト 出題度 ❗❗❗

$\vec{a}=(-7，4)$，$\vec{b}=(2，1)$，$\vec{c}=\vec{a}+t\vec{b}$ とするとき，$|\vec{c}|$ の最小値とそのときの t の値を求めよ。

→略解は p.74，解説は本冊 p.550

例題 7-5

定期テスト 出題度 **!!!**　共通テスト 出題度 **!!!**

$\vec{a} = (-5,\ 12)$ について，次の問いに答えよ。
(1) $\vec{a}$ と同じ向きで大きさが4のベクトルを求めよ。
(2) $\vec{a}$ に平行な単位ベクトルを求めよ。

→略解は p.74，解説は本冊 p.552

例題 7-6

定期テスト 出題度 **!!!**　共通テスト 出題度 **!!!**

$\vec{a} = (8,\ -2)$，$\vec{b} = (x,\ 3)$ が平行なとき，定数 x の値を求めよ。

→略解は p.74，解説は本冊 p.553

例題 7-7

定期テスト 出題度 **!!!**　共通テスト 出題度 **!!!**

3点 $A(-4,\ 2)$，$B(-1,\ -3)$，$C(x,\ 7)$ が同じ直線上にあるとき，定数 x の値を求めよ。

→略解は p.74，解説は本冊 p.555

例題 7-8

定期テスト 出題度 **!!!**　共通テスト 出題度 **!!**

4点 $A(-3,\ 7)$，$B(-2,\ -5)$，$C(9,\ 1)$，D を頂点とする四角形が平行四辺形になるとき，点 D の座標を求めよ。

→略解は p.74，解説は本冊 p.557

例題 7-9

定期テスト 出題度 **!!!**　共通テスト 出題度 **!!!**

1辺の長さが2の正六角形 ABCDEF の向かい合う頂点どうしを結んだ3本の対角線の交点を O とするとき，次の内積の値を求めよ。
(1) $\overrightarrow{AB} \cdot \overrightarrow{AO}$　(2) $\overrightarrow{AD} \cdot \overrightarrow{AE}$　(3) $\overrightarrow{AF} \cdot \overrightarrow{FC}$

→略解は p.74，解説は本冊 p.560

42

例題 **7-10** 定期テスト 出題度 **!!!** 共通テスト 出題度 **!!!**

次の $\vec{a}$, $\vec{b}$ のなす角 θ を求めよ。ただし，$0 \leqq \theta \leqq \pi$ とする。
(1) $\vec{a} = (2, -1)$, $\vec{b} = (-1, 3)$
(2) $\vec{a} = (9, 6)$, $\vec{b} = (2, -3)$

→略解は p.74，解説は本冊 p.564

例題 **7-11** 定期テスト 出題度 **!!!** 共通テスト 出題度 **!!!**

$\vec{a} = (1, -7)$, $\vec{b} = (-4, -9)$ で，$\vec{a} - \vec{b}$ と $t\vec{a} + \vec{b}$ が垂直であるとき，定数 t の値を求めよ。

→略解は p.74，解説は本冊 p.565

例題 **7-12** 定期テスト 出題度 **!!!** 共通テスト 出題度 **!!!**

$\vec{a} = (-5, 12)$ と垂直な単位ベクトルを求めよ。

→略解は p.74，解説は本冊 p.566

例題 **7-13** 定期テスト 出題度 **!!!** 共通テスト 出題度 **!!!**

3点 A$(4, -1)$, B$(7, 3)$, C$(2, 0)$ とするとき，次の問いに答えよ。
(1) $\cos \angle BAC$ を求めよ。　　(2) $\triangle ABC$ の面積を求めよ。

→略解は p.74，解説は本冊 p.568

例題 **7-14** 定期テスト 出題度 **!!!** 共通テスト 出題度 **!!!**

2つのベクトル $\vec{a}$, $\vec{b}$ が，$|\vec{a}| = 2$, $|\vec{b}| = 3$, $|\vec{a} + \vec{b}| = \sqrt{7}$ を満たすとき，次の問いに答えよ。
(1) $\vec{a}$, $\vec{b}$ のなす角 θ_1 を求めよ。
(2) $2\vec{a} - \vec{b}$ の大きさを求めよ。
(3) $2\vec{a} - \vec{b}$ と $\vec{a} + \vec{b}$ のなす角を θ_2 とするとき，$\cos \theta_2$ の値を求めよ。

→略解は p.74，解説は本冊 p.573

例題 7-15　定期テスト 出題度 **! ! !**　共通テスト 出題度 **! ! !**

　△OAB において，線分 OA を 2：1 の比に内分する点を P，線分 OB を 1：3 の比に内分する点を Q，線分 AB を 1：6 の比に外分する点を R とする。$\overrightarrow{OA}=\vec{a}$，$\overrightarrow{OB}=\vec{b}$ とするとき，次の問いに答えよ。

(1)　$\overrightarrow{OP}$，$\overrightarrow{OQ}$，$\overrightarrow{OR}$ を $\vec{a}$，$\vec{b}$ を用いて表せ。

(2)　3 点 P，Q，R が同じ直線上にあることを示せ。

(3)　PQ：PR を求めよ。

→略解は p.74，解説は本冊 p.579

例題 7-16　定期テスト 出題度 **! ! !**　共通テスト 出題度 **! ! !**

　△ABC において，$\overrightarrow{AB}=\vec{b}$，$\overrightarrow{AC}=\vec{c}$ とする。辺 AB を 3：2 の比に内分する点を D，辺 AC の中点を E，線分 BE と線分 CD の交点を P，直線 AP と辺 BC の交点を Q とするとき，次の問いに答えよ。

(1)　$\overrightarrow{AP}$ を $\vec{b}$，$\vec{c}$ を用いて表せ。また，BP：PE を求めよ。

(2)　$\overrightarrow{AQ}$ を $\vec{b}$，$\vec{c}$ を用いて表せ。

(3)　AP：PQ を求めよ。

→略解は p.74，解説は本冊 p.583

例題 7-17　定期テスト 出題度 **! ! !**　共通テスト 出題度 **! ! !**

　平行四辺形 ABCD において，線分 AD を 5：4 の比に内分する点を E，線分 BC を 7：2 の比に内分する点を F とし，線分 EF と線分 BD の交点を G とするとき，次のベクトルを $\overrightarrow{AB}$，$\overrightarrow{AD}$ を用いて表せ。

(1)　$\overrightarrow{AE}$　　(2)　$\overrightarrow{AF}$　　(3)　$\overrightarrow{AG}$

→略解は p.74，解説は本冊 p.594

例題 7-18　定期テスト 出題度 **! !**　共通テスト 出題度 **! !**

　AB＝5，BC＝8，CA＝6 である △ABC において，$\overrightarrow{AB}=\vec{b}$，$\overrightarrow{AC}=\vec{c}$ とするとき，$\vec{b}\cdot\vec{c}$ を求めよ。

→略解は p.74，解説は本冊 p.602

44

→略解は p.74, 解説は本冊 p.604

例題 7-19 　定期テスト 出題度 ❗❗❗ 　共通テスト 出題度 ❗❗

△ABC と同一平面上に点 P を，$7\overrightarrow{PA}+2\overrightarrow{PB}+3\overrightarrow{PC}=\vec{0}$ を満たすようにとる。直線 AP と辺 BC の交点を D とするとき，次の問いに答えよ。

(1)　BD：DC および AP：PD を求めよ。

(2)　△PAB，△PBC，△PCA の面積の比を求めよ。

→略解は p.74, 解説は本冊 p.604

例題 7-20 　定期テスト 出題度 ❗❗❗ 　共通テスト 出題度 ❗

次のベクトル方程式はどのような図形を表すか答えよ。ただし，点 O を基準とし，$A(\vec{a})$ とする。

(1)　$|3\vec{p}-\vec{a}|=6$ 　(2)　$|\vec{p}-\vec{a}|=|\vec{a}|$ 　(3)　$|\vec{p}-\vec{a}|=|-2\vec{p}-4\vec{a}|$

→略解は p.74, 解説は本冊 p.614

例題 7-21 　定期テスト 出題度 ❗❗❗ 　共通テスト 出題度 ❗

次の図形の方程式を求めよ。

(1)　点 $(-3,\ -4)$ を通り，$\vec{u}=(-5,\ 2)$ に平行な直線

(2)　点 $(8,\ -1)$ を通り，$\vec{n}=(7,\ 4)$ に垂直な直線

→略解は p.74, 解説は本冊 p.619

例題 7-22 　定期テスト 出題度 ❗❗❗ 　共通テスト 出題度 ❗❗

$\overrightarrow{OA}=(3,\ 0)$，$\overrightarrow{OB}=(1,\ 2)$ で，$\overrightarrow{OP}=s\overrightarrow{OA}+t\overrightarrow{OB}$ の式が成り立つとする。$s,\ t$ が次の条件を満たすとき，点 P の存在範囲を図示せよ。

(1)　$0\leqq s\leqq 2,\ \ -1\leqq t\leqq\dfrac{1}{2}$

(2)　$s+t\leqq 2,\ 0\leqq s$

(3)　$2s+3t\leqq 6,\ 0\leqq s,\ 0\leqq t$

→略解は p.74, 解説は本冊 p.625

例題 7-23 定期テスト 出題度 **!!!** 共通テスト 出題度 **!!**

2直線 $\ell_1 : 5x - y - 8 = 0$, $\ell_2 : -2x + 3y + 4 = 0$ のなす角を求めよ。

→略解は p.75, 解説は本冊 p.629

例題 7-24 定期テスト 出題度 **!!!** 共通テスト 出題度 **!!**

空間座標上の点 A(5, 1, −7) を次のように移動させた点の座標を求めよ。

(1) zx 平面に関して対称移動

(2) y 軸に関して対称移動

(3) 原点に関して対称移動

→略解は p.75, 解説は本冊 p.634

例題 7-25 定期テスト 出題度 **!!!** 共通テスト 出題度 **!!!**

2点 A(−2, 9, −1), B(−5, 8, 3) 間の距離を求めよ。

→略解は p.75, 解説は本冊 p.636

例題 7-26 定期テスト 出題度 **!!!** 共通テスト 出題度 **!!**

点 (−3, 8, −7) から yz 平面に下ろした垂線の足の座標を求めよ。また, 点と yz 平面の距離を求めよ。

→略解は p.75, 解説は本冊 p.637

例題 7-27 定期テスト 出題度 **!!!** 共通テスト 出題度 **!!!**

2つのベクトル $\vec{a} = (3, 4, 2)$, $\vec{b} = (-4, -1, 6)$ に垂直な単位ベクトルを求めよ。

→略解は p.75, 解説は本冊 p.639

例題 7-28 　定期テスト 出題度 **❗❗❗**　　共通テスト 出題度 **❗❗❗**

　3点 A$(-8, -1, 7)$, B$(5, s, 1)$, C$(t, -6, 4)$ が同じ直線上にあるとき, 定数 s, t の値を求めよ。

→略解は p.75, 解説は本冊 p.641

例題 7-29 　定期テスト 出題度 **❗❗❗**　　共通テスト 出題度 **❗❗❗**

　4点 A$(1, -6, 3)$, B$(-1, 2, -2)$, C$(2, -7, 5)$, D$(5, t, 8)$ が同じ平面上にあるとき, 定数 t の値を求めよ。

→略解は p.75, 解説は本冊 p.644

例題 7-30 　定期テスト 出題度 **❗❗❗**　　共通テスト 出題度 **❗❗❗**

　四面体 OABC において, 線分 OA の中点を P, 線分 AB を $2:3$ の比に内分する点を Q, 線分 BC を $3:1$ の比に内分する点を R, 線分 OC を $2:1$ の比に内分する点を S とするとき,
(1)　$\overrightarrow{PQ}$, $\overrightarrow{PR}$, $\overrightarrow{PS}$ を $\overrightarrow{OA}$, $\overrightarrow{OB}$, $\overrightarrow{OC}$ を用いて表せ。
(2)　4点 P, Q, R, S が同じ平面上にあることを示せ。

→略解は p.75, 解説は本冊 p.646

例題 7-31　定期テスト 出題度 🔴🔴⚪　共通テスト 出題度 🔴🔴🔴

平行六面体 ABCD－EFGH は，AB＝3，AD＝1，AE＝2，
∠BAD＝90°，∠BAE＝∠DAE＝60° を満たし，
△CFG の重心を I とする。□ にあてはまる
数を答えよ。

ただし，$\overrightarrow{AB}=\vec{b}$，$\overrightarrow{AD}=\vec{d}$，$\overrightarrow{AE}=\vec{e}$ とする。

(1) $\overrightarrow{AI}=\vec{b}+\dfrac{\boxed{ア}}{\boxed{イ}}\vec{d}+\dfrac{\boxed{ウ}}{\boxed{エ}}\vec{e}$ である。

(2) 直線 AI と平面 BDE の交点を J とすると，

$\overrightarrow{AJ}=\dfrac{\boxed{オ}}{\boxed{カ}}\vec{b}+\dfrac{\boxed{キ}}{\boxed{ク}}\vec{d}+\dfrac{\boxed{ケ}}{\boxed{コ}}\vec{e}$ である。

(3) (2)のとき，線分 AJ の長さは，$AJ=\dfrac{\sqrt{\boxed{サシス}}}{\boxed{セ}}$ である。

→略解は p.75，解説は本冊 p.650

例題 7-32　定期テスト 出題度 🔴🔴⚪　共通テスト 出題度 🔴🔴🔴

空間における4点の座標を A$(-3,\ 5,\ -4)$，B$(1,\ 2,\ -5)$，
C$(-1,\ 4,\ -3)$，D$(5,\ 2,\ 17)$ とするとき，次の問いに答えよ。

(1) cos∠BAC の値を求めよ。

(2) △ABC の面積を求めよ。

(3) 点 D から3点 A，B，C を含む平面に下ろした垂線の足を P とするとき，
P の座標を求めよ。

(4) 四面体 ABCD の体積を求めよ。

→略解は p.75，解説は本冊 p.658

48

→略解は p.75, 解説は本冊 p.663

例題 7-33　定期テスト 出題度 ❗❗⬤　共通テスト 出題度 ❗❗

点 $A(-6,\ 2,\ 9)$ を通り，方向ベクトルが $\vec{u}=(3,\ 1,\ -4)$ の直線の方程式を媒介変数を使わない形で答えよ。

→略解は p.75, 解説は本冊 p.663

例題 7-34　定期テスト 出題度 ❗❗⬤　共通テスト 出題度 ❗❗

2点 $A(-1,\ 4,\ -2)$，$B(7,\ 4,\ -5)$ を通る直線の方程式を媒介変数を使わない形で答えよ。

→略解は p.75, 解説は本冊 p.664

例題 7-35　定期テスト 出題度 ❗❗⬤　共通テスト 出題度 ❗❗

点 $A(7,\ 4,\ -2)$ を通り，x 軸に平行な直線の方程式を求めよ。

→略解は p.75, 解説は本冊 p.666

例題 7-36　定期テスト 出題度 ❗❗❗　共通テスト 出題度 ❗❗

2直線 $\ell_1:\dfrac{x-5}{2}=\dfrac{-y-8}{2}=-z$，$\ell_2:x=6,\ \dfrac{y+5}{4}=\dfrac{-z+9}{3}$ について，次の問いに答えよ。

(1) 2直線がねじれの位置にあることを示せ。

(2) 2直線のなす角を $\theta\left(\text{ただし，}0\leqq\theta\leqq\dfrac{\pi}{2}\right)$ とするとき，$\cos\theta$ の値を求めよ。

(3) 2直線の距離を求めよ。

→略解は p.75, 解説は本冊 p.667

例題 7-37　定期テスト 出題度 ❗❗❗　共通テスト 出題度 ❗❗

　点 A$(6, -7, 4)$ を通り，法線ベクトルが $\vec{n} = (2, 5, -1)$ の平面について，次の問いに答えよ。

(1)　平面の方程式を求めよ。

(2)　点 B$(-10, 4, -3)$ から平面に下ろした垂線の足 H の座標を求めよ。

(3)　点 B と平面の距離を求めよ。

→略解は p.75，解説は本冊 p.672

例題 7-38　定期テスト 出題度 ❗❗❗　共通テスト 出題度 ❗❗❗

　2つの平面 $n_1 : -x + y + 2z - 5 = 0$, $n_2 : 2x + y - z + 3 = 0$ のなす角を求めよ。

→略解は p.75，解説は本冊 p.675

例題 7-39　定期テスト 出題度 ❗❗❗　共通テスト 出題度 ❗

　次の球面の方程式を求めよ。

(1)　中心が $(-3, 8, 2)$ で xy 平面に接する球面

(2)　2点 A$(5, -2, 6)$, B$(-7, 6, 4)$ を直径の両端とする球面

→略解は p.75，解説は本冊 p.677

例題 7-40　定期テスト 出題度 ❗❗❗　共通テスト 出題度 ❗

　4点 A$(5, -1, 1)$, B$(7, 1, -1)$, C$(6, 1, -4)$, D$(3, 0, 0)$ を通る球面の方程式を求めよ。

→略解は p.75，解説は本冊 p.678

例題 7-41 　定期テスト 出題度 ❗❗❗ 　共通テスト 出題度 ❗

　点 A$(4, 5, 1)$ を通り，xy 平面，yz 平面，zx 平面に接する球面の方程式を求めよ。

→略解は p.75，解説は本冊 p.681

例題 7-42 　定期テスト 出題度 ❗❗ 　共通テスト 出題度 ❗

　球面 $S : x^2 + y^2 + z^2 - 4x + 8y - 2z - 17 = 0$ について，次の問いに答えよ。

(1) 中心と半径を求めよ。

(2) 球面 S と，

　　直線： $\begin{cases} x = 1 + 2t \\ y = -t \qquad (t \text{ は変数}) \\ z = 4 + t \end{cases}$

　　の交点を求めよ。

(3) 球面 S と zx 平面が交わってできる円の，中心と半径を求めよ。

→略解は p.75，解説は本冊 p.683

8章 複素数平面

例題 8-1

定期テスト 出題度 !!! 　共通テスト 出題度 !!!

複素数平面上において，0，$\alpha = 3 + 2i$，$\beta = 7 + mi$（ただし，m は実数）の表す3点が同一直線上にあるとき，m の値を求めよ。

→略解は p.75，解説は本冊 p.689

例題 8-2

定期テスト 出題度 !!! 　共通テスト 出題度 !!

複素数 α，β それぞれの表す点 A，B が下の複素数平面上の図の位置にあるとき，次の複素数の表す点を図示せよ。

(1) $\alpha + \beta$ が表す点 C

(2) $\alpha - \beta$ が表す点 D

(3) $-2\alpha + \dfrac{3}{2}\beta$ が表す点 E

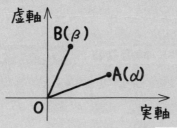

→略解は p.75，解説は本冊 p.690

例題 8-3

定期テスト 出題度 !! 　共通テスト 出題度 !

複素数 α，β に対して，次の等式が成り立つことを証明せよ。

(1) $\overline{\alpha} + \overline{\beta} = \overline{\alpha + \beta}$

(2) $\dfrac{\overline{\alpha}}{\overline{\beta}} = \overline{\left(\dfrac{\alpha}{\beta}\right)}$

→略解は p.75，解説は本冊 p.693

例題 8-4　定期テスト 出題度 !!! 共通テスト 出題度 !

複素数 z の実部，虚部を z, $\bar{z}$ を用いて表せ。

→略解は p.75，解説は本冊 p.696

例題 8-5　定期テスト 出題度 !!! 共通テスト 出題度 !

複素数 α, β に対して，次の等式が成り立つことを証明せよ。

(1) $|\alpha||\beta| = |\alpha\beta|$

(2) $\dfrac{|\alpha|}{|\beta|} = \left|\dfrac{\alpha}{\beta}\right|$

→略解は p.76，解説は本冊 p.699

例題 8-6　定期テスト 出題度 !! 共通テスト 出題度 !

複素数 α, β に対して，等式

$$|\alpha+\beta|^2 + |\alpha-\beta|^2 = 2(|\alpha|^2 + |\beta|^2)$$

が成り立つことを証明せよ。

→略解は p.76，解説は本冊 p.702

例題 8-7　定期テスト 出題度 !!! 共通テスト 出題度 !!!

2 点 A$(-6-2i)$，B$(1-5i)$ 間の距離を求めよ。

→略解は p.76，解説は本冊 p.707

例題 8-8　定期テスト 出題度 !!! 共通テスト 出題度 !!!

3 点 A$(-3+8i)$，B$(-1+2i)$，C$(5+4i)$ について，次の点を表す複素数を求めよ。

(1) 線分 AB を $3:1$ の比に内分する点

(2) 線分 AC の中点

(3) 四角形 ABCD が平行四辺形になるときの点 D

→略解は p.76，解説は本冊 p.709

例題 8-9　定期テスト 出題度 **!!!**　共通テスト 出題度 **!!!**

$z = -1 + i$ を極形式で表し，絶対値，偏角を答えよ。

→略解は p.76，解説は本冊 p.712

例題 8-10　定期テスト 出題度 **!!!**　共通テスト 出題度 **!!!**

複素数 α が，$|\alpha| = 7$，$\arg \alpha = \dfrac{2}{5}\pi$ を満たすとき，次の問いに答えよ。ただし，偏角はすべて $-\pi$ 以上 π 未満とする。

(1) α を極形式で表せ。

(2) $|\overline{\alpha}|$，$\arg \overline{\alpha}$ を求めよ。

→略解は p.76，解説は本冊 p.714

例題 8-11　定期テスト 出題度 **!!!**　共通テスト 出題度 **!!!**

2つの複素数 z_1，z_2 が，

$$|z_1| = 6, \quad \arg z_1 = \frac{\pi}{4}, \quad |z_2| = 2, \quad \arg z_2 = \frac{\pi}{6}$$

を満たすとき，次の問いに答えよ。ただし，偏角はすべて0以上 2π 未満とする。

(1) z_1，z_2 を極形式で表せ。

(2) $|z_1 z_2|$，$\arg(z_1 z_2)$ を求めよ。

(3) $\left|\dfrac{z_1}{z_2}\right|$，$\arg \dfrac{z_1}{z_2}$ を求めよ。

→略解は p.76，解説は本冊 p.717

例題 8-12　定期テスト 出題度 **!!!**　共通テスト 出題度 **!!!**

複素数平面上の点 $A(-2 + 4i)$ を，次のように移動したあとの点を表す複素数を求めよ。

(1) 原点を中心に $\dfrac{\pi}{2}$ だけ回転し，原点からの距離を3倍にした点

(2) 原点を中心に $\dfrac{\pi}{4}$ だけ回転させた点

(3) 原点を中心に $\dfrac{\pi}{12}$ だけ回転させた点

→略解は p.76，解説は本冊 p.722

例題 8-13　定期テスト 出題度 **! ! !**　共通テスト 出題度 **! ! !**

$z = r(\cos\theta + i\sin\theta)$ $(r \geqq 0)$ のとき，iz を極形式で表せ。

→**略解は p.76，解説は本冊 p.725**

例題 8-14　定期テスト 出題度 **! ! !**　共通テスト 出題度 **! ! !**

複素数平面上の3点 A$(-3+6i)$，B$(1+4i)$，C があり，△ABC が正三角形であるとき，点 C の表す複素数を求めよ。

→**略解は p.76，解説は本冊 p.727**

例題 8-15　定期テスト 出題度 **! ! !**　共通テスト 出題度 **! ! !**

$z = \dfrac{1+\sqrt{3}i}{1+i}$ のとき，次の問いに答えよ。

(1)　z^8 を求めよ。

(2)　z^{p+2} が実数となる最小の自然数 p を求めよ。

(3)　z^{p-7} が純虚数となる最小の自然数 p を求めよ。

→**略解は p.76，解説は本冊 p.734**

例題 8-16　定期テスト 出題度 **! ! !**　共通テスト 出題度 **! !**

$z = \cos\dfrac{2}{5}\pi + i\sin\dfrac{2}{5}\pi$ のとき，次の問いに答えよ。

(1)　$1 + z + z^2 + z^3 + z^4$ の値を求めよ。

(2)　$\cos\dfrac{2}{5}\pi$ の値を求めよ。

→**略解は p.76，解説は本冊 p.737**

例題 8-17　定期テスト 出題度 **! ! !**　共通テスト 出題度 **! ! !**

$z^4 = -\dfrac{1}{2} + \dfrac{\sqrt{3}}{2}i$ を満たす複素数 z を求めよ。

→**略解は p.76，解説は本冊 p.739**

例題 8-18　定期テスト 出題度 **❶❶❶**　共通テスト 出題度 **❶❶❶**

複素数平面上に3点 A(3+i)，B(4−i)，C(6) があるとき，次の問いに答えよ。

(1)　∠BAC の大きさを求めよ。

(2)　△ABC はどのような三角形か。

→略解は p.76，解説は本冊 p.743

例題 8-19　定期テスト 出題度 **❶❶**　共通テスト 出題度 **❶❶❶**

複素数平面上に3点 A(α)，B(β)，C(γ) があり，次の関係が成り立つとき，∠ABC の大きさを求めよ。

$$(1-\sqrt{3}\,i)\alpha + (-3+\sqrt{3}\,i)\beta + 2\gamma = 0$$

→略解は p.76，解説は本冊 p.746

例題 8-20　定期テスト 出題度 **❶❶**　共通テスト 出題度 **❶❶❶**

複素数平面上の原点でない2点 A(α)，B(β) について，$\alpha^2 - 2\alpha\beta + 4\beta^2 = 0$ という関係が成り立つとき，次の問いに答えよ。

(1)　$\dfrac{\alpha}{\beta}$ を求めよ。

(2)　△OAB の3つの内角の大きさを求めよ。

→略解は p.76，解説は本冊 p.748

例題 8-21　定期テスト 出題度 **❶❶**　共通テスト 出題度 **❶❶❶**

複素数平面上の2点 A(α)，B(β) を直径の両はしとする円周上に点 P(z) があり，$\dfrac{PB}{PA}=2$ のとき，$\dfrac{\beta-z}{\alpha-z}$ を求めよ。ただし，偏角はすべて $-\pi$ 以上 π 未満とする。

→略解は p.76，解説は本冊 p.750

例題 8-22

定期テスト 出題度 **! ! !**　　共通テスト 出題度 **! ! !**

α, βを複素数とする。$|\alpha|=|\beta|=|\alpha+\beta|=1$のとき，$\dfrac{\beta}{\alpha}$の値を求めよ。

→略解は p.76，解説は本冊 p.752

例題 8-23

定期テスト 出題度 **! ! !**　　共通テスト 出題度 **! ! !**

複素数平面上の3点 A$(-2+5i)$，B$(3+4i)$，C$(a-7i)$ が次の位置関係にあるとき，実数 a の値を求めよ。
(1) 3点 A，B，C が一直線上にある
(2) BA⊥CA の位置関係にある

→略解は p.76，解説は本冊 p.753

例題 8-24

定期テスト 出題度 **! ! !**　　共通テスト 出題度 **! ! !**

複素数 z が次のような図形上を動くとき，z が満たす方程式を求めよ。ただし，(1)は媒介変数として t を用いること。
(1) 2点 A$(-2-5i)$，B$(4-8i)$ を通る直線
(2) 2点 A$(3-i)$，B$(-1+7i)$ を直径の両端とする円

→略解は p.76，解説は本冊 p.760

例題 8-25

定期テスト 出題度 **! ! !**　　共通テスト 出題度 **! ! !**

複素数 z について，次の方程式が成り立つとき，動点 P(z) はどのような図形を描くか。
(1) $\overline{z}z=4$
(2) $|z+5|=|\overline{z}-3+2i|$

→略解は p.76，解説は本冊 p.762

例題 8-26 定期テスト 出題度 **! !** ◯ 共通テスト 出題度 **! ! !**

$|z-\alpha|=r$ を満たす複素数 z は、α の表す点を中心とする半径 r の円を描く。

これを利用して、$2|z-3i|=|z+6|$ を満たす z は、どのような図形を描くかを求めよ。

→略解は p.76, 解説は本冊 p.763

例題 8-27 定期テスト 出題度 **! !** ◯ 共通テスト 出題度 **! ! !**

$z+\dfrac{1}{z}$ が実数であるとき、複素数 z が描く図形を図示せよ。

→略解は p.76, 解説は本冊 p.769

例題 8-28 定期テスト 出題度 **! !** ◯ 共通テスト 出題度 **! ! !**

複素数平面上に点 $A(-1+4i)$ がある。$P(z)$ が原点を中心とする半径2の円周上を動くとき、線分 AP を $1:3$ の比に内分する点の描く図形を求めよ。

→略解は p.76, 解説は本冊 p.771

例題 8-29 定期テスト 出題度 **! !** ◯ 共通テスト 出題度 **! ! !**

複素数平面上で、$P(z)$ が点 $-i$ を中心とする半径 $\sqrt{2}$ の円の内側を動くとき、$w=\dfrac{2z-2}{z+1}$ の存在する領域を図示せよ。

→略解は p.76, 解説は本冊 p.775

例題 8-30　定期テスト 出題度 ❗❗❗　共通テスト 出題度 ❗❗❗

複素数 z が，次の関係を満たすとき，z の描く図形を図示せよ。

(1)　$z + \bar{z} = -6$

(2)　$z - \bar{z} = 5i$

→略解は p.76，解説は本冊 p.777

例題 8-31　定期テスト 出題度 ❗❗❗　共通テスト 出題度 ❗❗❗

複素数 z が，次の関係を満たすとき，z の描く図形を図示せよ。

(1)　$z + \bar{z} \leqq 7$

(2)　$\dfrac{z - \bar{z}}{2i} > 4$

→略解は p.77，解説は本冊 p.779

9章 平面上の曲線

例題 9-1 　定期テスト 出題度 **❶❶❶**　　共通テスト 出題度 **❶❶❶**

点 F$(p, 0)$ と直線 $x = -p$ から等距離にある点 Q の軌跡の方程式を求めよ。

→略解は p.77, 解説は本冊 p.782

例題 9-2 　定期テスト 出題度 **❶❶❶**　　共通テスト 出題度 **❶❶❶**

次の放物線の焦点，準線の方程式を求め，概形をかけ。
$$x^2 = -12y$$

→略解は p.77, 解説は本冊 p.786

例題 9-3 　定期テスト 出題度 **❶❶❶**　　共通テスト 出題度 **❶❶❶**

点 F$(2, 0)$ と直線 $x = -2$ から等距離にある点 P の軌跡の方程式を求めよ。

→略解は p.77, 解説は本冊 p.787

例題 9-4 　定期テスト 出題度 **❶❶❷**　　共通テスト 出題度 **❶❶❶**

$a > b > 0$ とする。次の問いに答えよ。

(1) $-\dfrac{a^2}{\sqrt{a^2 - b^2}}$ と $-a$ の大小を比較せよ。

(2) 平面上に2点 F$(\sqrt{a^2 - b^2},\ 0)$，F´$(-\sqrt{a^2 - b^2},\ 0)$ がある。その2点からの距離の和が $2a$ になる点 P の軌跡の方程式を求めよ。

→略解は p.77, 解説は本冊 p.789

60

例題 9-5　定期テスト 出題度 ❗❗❗　共通テスト 出題度 ❗❗❗

次の楕円の焦点，頂点，長軸・短軸の長さを求め，概形をかけ。

(1) $9x^2 + 4y^2 = 36$

(2) $x^2 + 5y^2 = 1$

→略解は p.77，解説は本冊 p.793

例題 9-6　定期テスト 出題度 ❗❗❗　共通テスト 出題度 ❗❗❗

平面上に2点 F(3, 0)，F'(−3, 0) がある。

その2点からの距離の和が10になる点 P の軌跡を求めよ。

→略解は p.77，解説は本冊 p.795

例題 9-7　定期テスト 出題度 ❗❗❗　共通テスト 出題度 ❗❗❗

次の双曲線の焦点，頂点，漸近線の方程式を求め，概形をかけ。

(1) $7x^2 - 2y^2 = 14$

(2) $-x^2 + 9y^2 = 1$

→略解は p.77，解説は本冊 p.800

例題 9-8　定期テスト 出題度 ❗❗❗　共通テスト 出題度 ❗❗❗

次の双曲線の方程式を求めよ。

(1) 焦点が (0, 5)，(0, −5) で，2頂点間の距離が6である双曲線

(2) 漸近線が $y = \pm 2x$ であり，点 (−5, 8) を通る双曲線

→略解は p.77，解説は本冊 p.803

例題 9-9　定期テスト 出題度 **! ! !**　共通テスト 出題度 **! ! !**

双曲線 $2x^2 - y^2 = -1$ と，直線 $4x - 3y + m = 0$ について，次の問いに答えよ。ただし，m は定数とする。

(1) 双曲線と直線の位置関係を調べよ。

(2) 双曲線と直線の共有点が2つあるとき，それらを A, B とすると，線分 AB の中点 M の座標を m を用いて表せ。

→略解は p.77，解説は本冊 p.807

例題 9-10　定期テスト 出題度 **! ! !**　共通テスト 出題度 **! ! !**

次の接線の方程式を求めよ。

(1) 放物線 $y^2 = -18x$ 上の点 $(-2, 6)$ における接線

(2) 楕円 $\dfrac{x^2}{32} + \dfrac{y^2}{18} = 1$ 上の点 $(4, -3)$ における接線

(3) 双曲線 $\dfrac{x^2}{48} - \dfrac{y^2}{75} = 1$ 上の点 $(-8, -5)$ における接線

→略解は p.77，解説は本冊 p.811

例題 9-11　定期テスト 出題度 **! ! !**　共通テスト 出題度 **! !**

楕円 $C : x^2 + 4y^2 = 100$ について，次の問いに答えよ。

(1) 楕円 C の接線のうち，点 P$(2, 7)$ を通るものの方程式と，その接点の座標を求めよ。

(2) (1)で求めた接点を A, B とするとき，線分 AB と楕円 C で囲まれる図形のうち小さいほうの部分の面積を求めよ。

→略解は p.77，解説は本冊 p.813

例題 9-12　　定期テスト 出題度 **! ! !**　　共通テスト 出題度 **! !**

放物線 $y^2 = 4px$ (p は正の定数) について，次の問いに答えよ。

(1)　放物線上の点 $A(x_1, y_1)$ における接線と x 軸との交点 B の座標を x_1 を用いて表せ。

(2)　次の図のように点 C，D をとり，AC∥BF，かつ，∠CAD＝∠FAB になるように x 軸上に点 F をとる。このとき，F は点 A のとりかたによらない定点であることを示せ。ただし，$x_1 \neq 0$ とする。

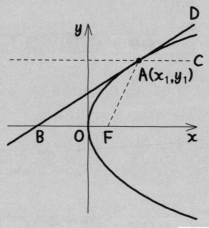

→略解は p.77，解説は本冊 p.817

例題 9-13　　定期テスト 出題度 **! ! !**　　共通テスト 出題度 **! ! !**

次の放物線の頂点，焦点，準線の方程式を求め，概形をかけ。
$$4x + y^2 - 6y + 17 = 0$$

→略解は p.77，解説は本冊 p.823

例題 9-14　　定期テスト 出題度 **! ! !**　　共通テスト 出題度 **! ! !**

次の楕円の中心，頂点，焦点を求め，概形をかけ。
$$x^2 - 8x + 5y^2 + 20y + 31 = 0$$

→略解は p.78，解説は本冊 p.826

例題 9-15 　定期テスト 出題度 **!!!**　　共通テスト 出題度 **!!!**

次の双曲線の中心，頂点，焦点と漸近線の方程式を求め，概形をかけ。
$$-x^2-2x+4y^2-32y+59=0$$

→略解は p.78，解説は本冊 p.827

例題 9-16 　定期テスト 出題度 **!!!**　　共通テスト 出題度 **!!!**

焦点が $(-4,\ 3)$，準線の方程式が $y=1$ である放物線の方程式を求めよ。

→略解は p.78，解説は本冊 p.830

例題 9-17 　定期テスト 出題度 **!!!**　　共通テスト 出題度 **!!!**

焦点が $(2,\ 1)$，$(2,\ -7)$ で，点 $(-1,\ 2)$ を通る楕円の方程式を求めよ。

→略解は p.78，解説は本冊 p.832

例題 9-18 　定期テスト 出題度 **!!!**　　共通テスト 出題度 **!!!**

漸近線が $y=x+4$，$y=-x+6$ であり，焦点の1つが $(1+3\sqrt{2},\ 5)$ である双曲線の方程式を求めよ。

→略解は p.78，解説は本冊 p.834

例題 9-19 　定期テスト 出題度 **!!!**　　共通テスト 出題度 **!!!**

座標平面上に長さが9の線分 AB があり，2点 A，B がそれぞれ x 軸，y 軸上を動いている。このとき，線分 AB を2：7の比に内分する点 P のえがく図形を求めよ。

→略解は p.78，解説は本冊 p.838

64

→略解は p.78，解説は本冊 p.840

例題 9-20   定期テスト 出題度 ❗❗❗   共通テスト 出題度 ❗❗❗

点 A$(-12, 8)$ がある。点 P が楕円 $\dfrac{x^2}{64} + \dfrac{y^2}{16} = 1$ 上を動くとき，線分 AP を $1:3$ に内分する点 Q の軌跡を求めよ。

→略解は p.78，解説は本冊 p.840

例題 9-21   定期テスト 出題度 ❗❗❗   共通テスト 出題度 ❗❗

点 F$(6, 0)$ と直線 $x = -6$ からの距離の比が $e:1$ である点 Q がある。e が次の値になるとき，点 Q の軌跡を求めよ。

(1) $e = \dfrac{1}{2}$ (2) $e = 2$

→略解は p.78，解説は本冊 p.843

例題 9-22   定期テスト 出題度 ❗❗❗   共通テスト 出題度 ❗❗

双曲線 $16x^2 - 9y^2 = 144$ の離心率 e の値を求めよ。
また，x 座標が正の焦点に対する準線の方程式を求めよ。

→略解は p.78，解説は本冊 p.846

例題 9-23   定期テスト 出題度 ❗❗❗   共通テスト 出題度 ❗❗

次の楕円，双曲線上の点を角度 θ を使って表せ。

(1) $\dfrac{x^2}{9} + \dfrac{y^2}{25} = 1$ (2) $-2x^2 + y^2 = 2$

(3) $\dfrac{(x+3)^2}{16} - \dfrac{(y-2)^2}{4} = 1$

→略解は p.78，解説は本冊 p.851

例題 9-24 定期テスト 出題度 **!!!** 共通テスト 出題度 **!!**

次の式の媒介変数 t を消去して，x と y の関係式を求めよ。

(1) $\begin{cases} x = 2t - 1 \\ y = 4t^2 + 6t - 5 \end{cases}$

(2) $\begin{cases} x = t - \dfrac{3}{t} \\ y = t^2 + \dfrac{9}{t^2} \end{cases}$

→略解は p.78，解説は本冊 p.852

例題 9-25 定期テスト 出題度 **!!!** 共通テスト 出題度 **!!**

次の式の媒介変数 θ を消去して，x と y の関係式を求めよ。

(1) $\begin{cases} x = 2\cos\theta + 5 \\ y = \sin\theta - 3 \end{cases}$

(2) $\begin{cases} x = 7\tan\theta - 4 \\ y = \dfrac{3}{\cos\theta} + 2 \end{cases}$

→略解は p.78，解説は本冊 p.854

例題 9-26 定期テスト 出題度 **!** 共通テスト 出題度 **!!**

円 $x^2 + (y - r)^2 = r^2$ （ただし，$r > 0$）を x 軸の正の方向に滑らないように転がすと，それにともない円周上の各点も動く。最初に点 P を原点にとって，円を角 θ（ラジアン）だけ転がしたときの P の x 座標，y 座標を r, θ を用いてそれぞれ表せ。

→略解は p.78，解説は本冊 p.856

例題 9-27 定期テスト 出題度 **!!!** 共通テスト 出題度 **!!!**

次の直交座標を，極座標 (r, θ) で表せ。ただし，$0 \leqq \theta < 2\pi$ とする。

(1) $(1, \sqrt{3})$ (2) $(-7, 0)$

→略解は p.78，解説は本冊 p.862

例題 **9-28**　定期テスト 出題度 ❗❗❗　共通テスト 出題度 ❗❗❗

次の極座標を，直交座標で表せ。

(1) $\left(3\sqrt{2},\ \dfrac{5}{4}\pi\right)$　　　(2) $\left(8,\ \dfrac{7}{12}\pi\right)$

→略解は p.78，解説は本冊 p.865

例題 **9-29**　定期テスト 出題度 ❗❗❗　共通テスト 出題度 ❗❗

極座標で表された2点 $\mathrm{A}\left(3,\ \dfrac{\pi}{4}\right)$, $\mathrm{B}\left(6,\ \dfrac{7}{12}\pi\right)$ 間の距離を求めよ。

→略解は p.78，解説は本冊 p.868

例題 **9-30**　定期テスト 出題度 ❗❗❗　共通テスト 出題度 ❗❗❗

次の直交座標の方程式を極方程式に直せ。
$$x^2 - 8xy + y^2 = 3$$

→略解は p.78，解説は本冊 p.869

例題 **9-31**　定期テスト 出題度 ❗❗❗　共通テスト 出題度 ❗❗❗

次の極方程式の表す図形を図示せよ。

(1) $r = 7$

(2) $r = 2\cos\theta$

(3) $6 = r\cos\left(\theta - \dfrac{2}{3}\pi\right)$

→略解は p.78，解説は本冊 p.870

例題 9-32

定期テスト 出題度 ❗❗❗　　共通テスト 出題度 ❗❗

次の図形を表す極方程式を求めよ。

(1) 極 O を通り，始線が極 O を中心として $\dfrac{5}{6}\pi$ 回転した直線

(2) $B\left(3,\ \dfrac{\pi}{4}\right)$ を中心とする，半径2の円

→略解は p.79，解説は本冊 p.878

例題 9-33

定期テスト 出題度 ❗　　共通テスト 出題度 ❗

2次曲線 (放物線，楕円，双曲線) が次の2つの条件を満たしている。

条件1：焦点 F に対する準線が焦点の右側 (x 座標が大きい側) にあり，その距離が d

条件2：離心率が e

以下の問いに答えよ。

(1) 焦点 F を極とした極方程式は，
$$r(1+e\cos\theta)=ed$$
で表されることを示せ。

(2) 楕円の焦点 F を通る直線と，楕円との2つの交点を S，T とするとき，その場所によらず，$\dfrac{1}{FS}+\dfrac{1}{FT}$ の値が一定になることを示せ。

→略解は p.79，解説は本冊 p.881

― 略 解 ―

例題 1-1 (1)

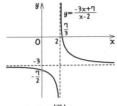

(2)

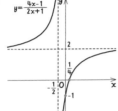

例題 1-2 $y \leqq -2,\ \dfrac{3}{2} \leqq y$

例題 1-3 $a=8,\ b=-1,\ c=-7$

例題 1-4 (1) $x=4,\ -3$
(2) $x<-5,\ -3 \leqq x \leqq 4$

例題 1-5

例題 1-6 (1)

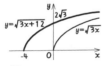

(2)

例題 1-7 (1) $x=-2$
(2) $-2<x \leqq 7$

例題 1-8
$\begin{cases} \dfrac{1}{2} \leqq k < \dfrac{1+\sqrt{3}}{4}\ \text{のとき、2個} \\[2mm] 0<k<\dfrac{1}{2},\ k=\dfrac{1+\sqrt{3}}{4}\ \text{のとき、1個} \\[2mm] k \leqq 0,\ \dfrac{1+\sqrt{3}}{4}<k\ \text{のとき、0個} \end{cases}$

例題 1-9 (1) $f^{-1}(x)=\dfrac{1}{3}x+\dfrac{1}{3}$
(2) $f^{-1}(x)=\log_a x\quad (x>0)$

例題 1-10 $f^{-1}(x)=\sqrt{x}+6\quad (x \geqq 0,\ y \geqq 6)$

例題 1-11 $a=-4,\ b=-1$

例題 1-12 (1) $f^{-1}(x)=x^2-2\quad (x \geqq 0,\ y \geqq -2)$
(2) $x=2$

例題 1-13 $x=-2,\ 1-\sqrt{5},\ 0$

例題 1-14 (1) $\dfrac{4x-6}{x-2}$
(2) $\dfrac{11x+39}{x-1}$
(3) $\dfrac{2x-6}{x-4}\quad (x \neq 4)$

例題 2-1 (1) 0
(2) ∞
(3) 0
(4) 極限なし

例題 2-2 $-\infty$

例題 2-3 $-\dfrac{3}{2}$

例題 2-4 $\dfrac{5}{2}$

例題 2-5 極限なし

例題 2-6 $\dfrac{4}{9}$

例題 2-7 (1)
$f(x)=\begin{cases} -1 & (-1<x<1\ \text{のとき}) \\ 0 & (x=1\ \text{のとき}) \\ x & (x<-1,\ 1<x\ \text{のとき}) \end{cases}$
(2)

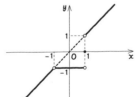

例題 2-8
$f(x)=\begin{cases} 2 & (-1<x<1\ \text{のとき}) \\[1mm] \dfrac{5}{3} & (x=1\ \text{のとき}) \\[1mm] 5 & (x=-1\ \text{のとき}) \\[1mm] \dfrac{1}{x} & (x<-1,\ 1<x\ \text{のとき}) \end{cases}$

例題 2-9 -8

例題 2-10 0

例題 2-11 (1) 収束，極限は0
(2) 発散

例題 2-12 (1) 発散
(2) 収束，和は1

例題 2-13 (1) 収束，和は3
(2) 発散

例題 2-14 $x=0$，$1<x<3$，和は$\dfrac{x}{x-1}$

例題 2-15 初項6，公比$-\dfrac{1}{3}$

例題 2-16 (1) $\dfrac{41}{9}$
(2) $\dfrac{6}{37}$

例題 2-17 $\dfrac{2}{3}$

例題 2-18 (1) $\dfrac{\sqrt{3}}{3}$
(2) 発散

例題 2-19 $7\,\mathrm{m}$

例題 2-20 $\dfrac{6\sqrt{3}-3}{11}$

例題 2-21 発散

例題 2-22 (1) 発散
(2) 収束，和は$\dfrac{1}{2}$

例題 2-23 $-\dfrac{13}{11}$

例題 2-24 (1) $\dfrac{4}{3}$
(2) $-\dfrac{12}{7}$

例題 2-25 (1) $\dfrac{1}{4}$
(2) $\dfrac{3}{2}$
(3) $\dfrac{1}{49}$

例題 2-26 (1) 極限なし
(2) ∞

例題 2-27 0

例題 2-28 2

例題 2-29 (1) 5
(2) $-\dfrac{4}{7}$
(3) 1

例題 2-30 $\dfrac{\pi}{180}+5$

例題 2-31 (1) $\dfrac{9}{2}$
(2) $-\dfrac{1}{36}$

例題 2-32 (1) -2
(2) 1

例題 2-33 (1) e^2
(2) $\dfrac{1}{e}$
(3) e

例題 2-34 3

例題 2-35 1

例題 2-36 $a=2$，$b=3$

例題 2-37 $a=-1$，$b=3$

例題 2-38 不連続

例題 2-39 (1) 連続
(2) 不連続

例題 2-40 $a=2$，$b=1$

例題 2-41 （証明）略

例題 3-1 (1) $-\dfrac{2}{x^3}$
(2) $\dfrac{1}{3\sqrt[3]{x^2}}$
(3) e^x
(4) $\dfrac{1}{x}$
(5) $\cos x$

例題 3-2 (1) $-\dfrac{4}{x^5}$
(2) $\dfrac{1}{2\sqrt{x}}$
(3) $-\dfrac{6}{5x\sqrt[5]{x^3}}$

例題 3-3 $6(4x^2-x+9)^5(8x-1)$

例題 3-4 (1) $\dfrac{5}{(-5x+2)^2}$
(2) $\dfrac{4}{3\sqrt[3]{2x+7}}$

例題 3-5 (1) $12x^2+38x-67$

(2) $\dfrac{3x^2-16x-45}{(3x-8)^2}$

例題 3-6 (1) $-5(-2x+7)^4(5x-8)^2(16x-37)$

(2) $\dfrac{4}{3(x+1)\sqrt[3]{(x-1)(x+1)^2}}$

例題 3-7 (1) $5\cos 5x$

(2) $-3x^2\sin x^3$

(3) $-3\cos^2 x\sin x$

例題 3-8 $\dfrac{1}{\sqrt{x^2+1}}$

例題 3-9 (1) $4^x\log 4\cdot\tan x+\dfrac{4^x}{\cos^2 x}$

(2) $\dfrac{\sin x-2x\cos x}{2\sqrt{x}\sin^2 x}$

例題 3-10 $2xe^{x^2}\log|\cos x|-e^{x^2}\tan x$

例題 3-11 $\dfrac{1}{2y+5}$

例題 3-12 $-\dfrac{x}{y}$

例題 3-13 $\dfrac{dy}{dx}=\dfrac{8x-y}{x+2y}$

例題 3-14 $-\dfrac{(x+4)^4(x+79)}{(x-1)^3(x+7)^4}$

例題 3-15 $x^x(\log x+1)$

例題 3-16 $(-2t+7)\cos^2 t$

$2\cos^3 t\{-\cos t+(2t-7)\sin t\}$

例題 3-17 連続 微分可能ではない。

例題 3-18 $q=0,\ r=0,\ p=-\dfrac{1}{\pi}$

例題 4-1 (1) $y=4x-\dfrac{4}{3}\pi+\sqrt{3}$

(2) $y=-\dfrac{1}{4}x+\dfrac{\pi}{12}+\sqrt{3}$

例題 4-2 $y=(\log\sqrt{2})x+\log\sqrt{2}+\dfrac{1}{2}$

例題 4-3 $y=-\dfrac{1}{2}x-\dfrac{5}{2}$

例題 4-4 $y=-\dfrac{13}{8}x-\dfrac{9}{4}$

例題 4-5 $y=\dfrac{\sqrt{3}}{5}x+\dfrac{6}{5}+\dfrac{\sqrt{3}}{5}\pi$

例題 4-6 $a=\dfrac{1}{2}+\dfrac{1}{2}\log 2$

例題 4-7 (1) （証明）略

(2) $f(x)=3(x+1)(x-4)^2$

例題 4-8 $c=\dfrac{4\pm\sqrt{31}}{3}$

例題 4-9 $\theta=\dfrac{1}{3}$

例題 4-10 （証明）略

例題 4-11 （証明）略

例題 4-12 （証明）略

例題 4-13 1

例題 4-14 (1)

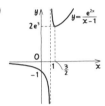

$x=1,\ y=0$

(2) $a>2e^3$ のとき，　　　 2個

$a=2e^3,\ a<0$ のとき，1個

$0\leqq a<2e^3$ のとき，　　なし

例題 4-15 (1) A$(-t\log t+t,\ 0)$, B$(0,\ \log t-1)$

(2) $\dfrac{2}{e}$

例題 4-16 (1) $r^2\sin\theta+\dfrac{1}{2}r^2\sin 2\theta$

(2) $\dfrac{3\sqrt{3}}{4}r^2$

例題 4-17

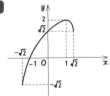

例題 4-18 $x=-2$ のとき極大値2，$x=0$ のとき極小値0

例題 4-19

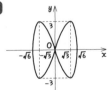

例題 4-20 $(-3,\ \log 8),\ (1,\ \log 8)$

例題 4-21

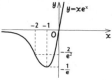

$y=xe^x$

変曲点は $\left(-2,\ -\dfrac{2}{e^2}\right)$

漸近線は，$y=0$

例題 4-22

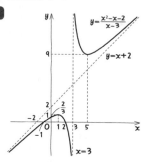

$y=\dfrac{x^2-x-2}{x-3}$

$y=x+2$

$x=3$

例題 4-23   (1) $k>-\dfrac{13}{4}$

             (2) $k>-\dfrac{17}{4}$

例題 4-24 $-1<k<1$

例題 4-25   (1) $f(x)=x^3-3x^2-9x+20$

             (2)   （証明）略

例題 4-26 $a=1,\ b=-2e$

例題 4-27   （証明）略

例題 4-28   (1)   （証明）略

             (2)   0

             (3) ∞

例題 4-29

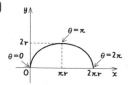

例題 4-30   (1) $81\log 3$

             (2) $81(\log 3)^2$

例題 4-31   (1) $\dfrac{\sqrt{t^2+2t+2}}{(t+1)^2}$

             (2) $\dfrac{\sqrt{t^2+2t+5}}{(t+1)^3}$

例題 4-32   (1) $x+1$

             (2) $-\dfrac{1}{16}x+\dfrac{1}{4}$

例題 4-33   (1)   4.998

             (2)   4.125

             (3)   0.515

例題 5-1   (1) $\dfrac{3}{5}x\sqrt[3]{x^2}+C$ （C は積分定数）

           (2) $-7\log|x|-\dfrac{4}{x}+C$ （C は積分定数）

例題 5-2   (1) $\dfrac{124}{25\log 5}$

           (2) $\dfrac{31}{40}$

例題 5-3   (1) $-\dfrac{1}{4}\cos(4x-1)+C$ （C は積分定数）

           (2) $\dfrac{31}{20\log 2}$

例題 5-4   (1) $\dfrac{1}{4}(x^3-7x+9)^4+C$ （C は積分定数）

           (2) $-e^{\cos x}+C$ （C は積分定数）

           (3) $2\sqrt{6}$

           (4) $\dfrac{3}{2}$

例題 5-5   (1) $\dfrac{1}{2}\log|x^2-7|+C$ （C は積分定数）

           (2) $-\log|\cos x|+C$ （C は積分定数）

           (3) $\log 3$

例題 5-6 $3\log(x^2-2x+5)-4x+C$ （C は積分定数）

例題 5-7 $\dfrac{1}{7}\log\left|\dfrac{x-1}{x+6}\right|+C$ （C は積分定数）

例題 5-8 $\dfrac{15}{4}+\log 8$

例題 5-9 $\log\dfrac{8}{567}$

例題 5-10   (1) $\sin x-\dfrac{1}{3}\sin^3 x+C$ （C は積分定数）

            (2) $\dfrac{53}{480}$

例題 5-11   (1) $\dfrac{1}{2}x-\dfrac{1}{4}\sin 2x+C$ （C は積分定数）

(2) $\dfrac{9}{32}\pi+\dfrac{1}{4}$

例題 5-12 (1) $\tan x-x+C$ （Cは積分定数）

(2) $-\dfrac{8\sqrt{3}}{27}+\dfrac{\pi}{2}$

例題 5-13 $\dfrac{1}{8}x-\dfrac{1}{32}\sin 4x+C$ （Cは積分定数）

例題 5-14 $-\dfrac{1}{16}\cos 8x+\dfrac{1}{4}\cos 2x+C$ （Cは積分定数）

例題 5-15 $(-2x+3)\cos x+2\sin x+C$ （Cは積分定数）

例題 5-16 $11e^4-21e^2$

例題 5-17 (1) $x\log x-x+C$ （Cは積分定数）
(2) $4(\log 4)^2-8\log 4+6$

例題 5-18 $\dfrac{1}{2}e^x\sin x-\dfrac{1}{2}e^x\cos x+D$ （Dは積分定数）

例題 5-19 (1) $e^x-\log(e^x+1)+D$ （Dは積分定数）
(2) $\dfrac{1}{8}\left\{\log\dfrac{5}{9(e-2)(e+2)}+2\right\}$

例題 5-20 $\dfrac{1}{2}\log 3$

例題 5-21 (1) （証明）略
(2) $\dfrac{8}{15}$
(3) $\dfrac{5}{32}\pi$
(4) （証明）略

例題 5-22 $\dfrac{\pi}{3}+\dfrac{\sqrt{3}}{2}$

例題 5-23 $\dfrac{2}{3}\pi$

例題 5-24 $\dfrac{\sqrt{3}}{6}\pi$

例題 5-25 $\dfrac{\pi}{4}$

例題 5-26 (1) 0
(2) $-\sqrt{2}$

例題 5-27 $\dfrac{1}{\log 2}+16$

例題 5-28 $2\sqrt{3}+\dfrac{\sqrt{2}}{2}-\dfrac{\sqrt{6}}{2}+\dfrac{5}{12}\pi$

例題 5-29 $f(x)=\cos x-\dfrac{36}{\pi^2+72}x$

例題 5-30 $f(x)=-\dfrac{4\pi}{\pi^2-4}\sin x-\dfrac{8}{\pi^2-4}\cos x+1$

例題 5-31 (1) $\tan 3x+\left(\dfrac{2}{7}\right)^x$
(2) e^x-e
(3) $\dfrac{3x^2}{\cos x^3}-\dfrac{2}{\cos 2x}$

例題 5-32 $a=-1$, $f(x)=\cos x$

例題 5-33 $\dfrac{1}{2}\log 2$

例題 5-34 （証明）略

例題 5-35 (1) （証明）略
(2) （証明）略

例題 6-1 $\dfrac{5}{2}$

例題 6-2 e^2-1

例題 6-3 $3\log 5-4$

例題 6-4 $3\pi r^2$

例題 6-5 $\dfrac{3}{8}\pi a^2$

例題 6-6 $\dfrac{2}{3}a^3$

例題 6-7 (1) （証明）略
(2) $\dfrac{5}{24}\pi r^3$

例題 6-8 (1) $\dfrac{256}{15}\pi$
(2) 8π

例題 6-9 (1) $\dfrac{\pi^2}{4}$
(2) $\pi^2-2\pi$

例題 6-10 (1) $y=e^2x-e^2$
(2) $\dfrac{\pi}{6}e^4-\dfrac{\pi}{2}$
(3) $\dfrac{\pi}{3}e^2+2\pi$

例題 6-11 $90\pi^2$

例題 6-12 $\dfrac{\pi^2}{4}+\dfrac{3}{2}\pi$

例題 6-13 $5\pi^2r^3$

例題 6-14　$\dfrac{\pi}{30\sqrt{2}}$

例題 6-15　188

例題 6-16　$8r$

例題 6-17　$\dfrac{1}{2}(e^5-e^{-5}-e+e^{-1})$

例題 6-18　$16\pi-\dfrac{16}{3}$

例題 6-19　$\dfrac{5}{3}\pi$

例題 6-20　(1)　$4x^2+y^2=D$　（Dは任意の実数）
(2)　$4x^2+y^2=13$

例題 6-21　$y=De^x+2$　（Dは任意の実数）

例題 6-22　$x^3y=125$

例題 6-23　(1)　$\dfrac{1}{4}\pi h^2$

(2)　$-\dfrac{6}{\pi\sqrt{h}}$(cm/s)

(3)　3π 秒後

例題 7-1　(1)　$-\vec{d}+\vec{b}$

(2)　$\vec{b}+\dfrac{2}{3}\vec{d}$

(3)　$-\vec{b}-\dfrac{5}{3}\vec{d}$

例題 7-2　(1)　$(-4,\ 11)$
(2)　$(2,\ 15)$
(3)　$(-14,\ 18)$

例題 7-3　$\vec{c}=\vec{a}-3\vec{b}$

例題 7-4　$t=2$のとき，最小値$3\sqrt{5}$

例題 7-5　(1)　$\left(-\dfrac{20}{13},\ \dfrac{48}{13}\right)$

(2)　$\left(-\dfrac{5}{13},\ \dfrac{12}{13}\right),\ \left(\dfrac{5}{13},\ -\dfrac{12}{13}\right)$

例題 7-6　$x=-12$

例題 7-7　$x=-7$

例題 7-8　$(8,\ 13),\ (10,\ -11),\ (-14,\ 1)$

例題 7-9　(1)　2
(2)　12
(3)　-4

例題 7-10　(1)　$\dfrac{3}{4}\pi$

(2)　$\dfrac{\pi}{2}$

例題 7-11　$t=-\dfrac{38}{9}$

例題 7-12　$\left(\pm\dfrac{12}{13},\ \pm\dfrac{5}{13}\right)$　（複号同順）

例題 7-13　(1)　$-\dfrac{2\sqrt{5}}{25}$

(2)　$\dfrac{11}{2}$

例題 7-14　(1)　$\dfrac{2}{3}\pi$

(2)　$\sqrt{37}$

(3)　$-\dfrac{4\sqrt{259}}{259}$

例題 7-15　(1)　$\overrightarrow{\rm OP}=\dfrac{2}{3}\vec{a},\ \overrightarrow{\rm OQ}=\dfrac{1}{4}\vec{b},$

$\overrightarrow{\rm OR}=\dfrac{6}{5}\vec{a}-\dfrac{1}{5}\vec{b}$

(2)　（証明）略

(3)　$5:4$

例題 7-16　(1)　$\overrightarrow{\rm AP}=\dfrac{3}{7}\vec{b}+\dfrac{2}{7}\vec{c},\ 4:3$

(2)　$\overrightarrow{\rm AQ}=\dfrac{3}{5}\vec{b}+\dfrac{2}{5}\vec{c}$

(3)　AP：PQ$=5:2$

例題 7-17　(1)　$\overrightarrow{\rm AE}=\dfrac{5}{9}\overrightarrow{\rm AD}$

(2)　$\overrightarrow{\rm AF}=\overrightarrow{\rm AB}+\dfrac{7}{9}\overrightarrow{\rm AD}$

(3)　$\overrightarrow{\rm AG}=\dfrac{4}{11}\overrightarrow{\rm AB}+\dfrac{7}{11}\overrightarrow{\rm AD}$

例題 7-18　$-\dfrac{3}{2}$

例題 7-19　(1)　BD：DC$=3:2$，AP：PD$=5:7$
(2)　△PAB：△PBC：△PCA$=3:7:2$

例題 7-20　(1)　位置ベクトルが$\dfrac{1}{3}\vec{a}$の点を中心とした，半径2の円
(2)　（位置ベクトルが$\vec{a}$の）点Aを中心とした，半径$|\vec{a}|$の円
(3)　位置ベクトルが$-3\vec{a}$の点を中心とした，半径$2|\vec{a}|$の円

例題 7-21　(1)　$2x+5y+26=0$
(2)　$7x+4y-52=0$

例題 7-22　(1)

(2)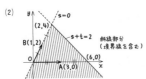

(3)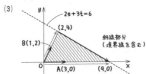

例題 7-23 45°

例題 7-24
(1) $(5, -1, -7)$
(2) $(-5, 1, 7)$
(3) $(-5, -1, 7)$

例題 7-25 $\sqrt{26}$

例題 7-26 $(0, 8, -7)$，距離は3

例題 7-27 $\left(\dfrac{2}{3}, -\dfrac{2}{3}, \dfrac{1}{3}\right)$，$\left(-\dfrac{2}{3}, \dfrac{2}{3}, -\dfrac{1}{3}\right)$

例題 7-28 $t = -\dfrac{3}{2}$，$s = -11$

例題 7-29 $t = 8$

例題 7-30
(1) $\overrightarrow{PQ} = \dfrac{1}{10}\overrightarrow{OA} + \dfrac{2}{5}\overrightarrow{OB}$

$\overrightarrow{PR} = -\dfrac{1}{2}\overrightarrow{OA} + \dfrac{1}{4}\overrightarrow{OB} + \dfrac{3}{4}\overrightarrow{OC}$

$\overrightarrow{PS} = -\dfrac{1}{2}\overrightarrow{OA} + \dfrac{2}{3}\overrightarrow{OC}$

(2) （証明）略

例題 7-31
(1) ア …2，イ …3，ウ …2，
エ …3
(2) オ …3，カ …7，キ …2，
ク …7，ケ …2，コ …7
(3) サシス …145，セ …7

例題 7-32
(1) $\dfrac{5\sqrt{39}}{39}$
(2) $\sqrt{14}$
(3) $P(7, 5, 16)$
(4) $\dfrac{14}{3}$

例題 7-33 $\dfrac{x+6}{3} = y-2 = -\dfrac{z-9}{4}$

例題 7-34 $\dfrac{x+1}{8} = -\dfrac{z+2}{3}$，$y = 4$

例題 7-35 $y = 4$，$z = -2$

例題 7-36
(1) （証明）略
(2) $\dfrac{1}{3}$
(3) $5\sqrt{2}$

例題 7-37
(1) $2x + 5y - z + 27 = 0$
(2) $H(-12, -1, -2)$
(3) $\sqrt{30}$

例題 7-38 $\dfrac{1}{3}\pi$

例題 7-39
(1) $(x+3)^2 + (y-8)^2 + (z-2)^2 = 4$
(2) $(x+1)^2 + (y-2)^2 + (z-5)^2 = 53$

例題 7-40 $x^2 + y^2 + z^2 - 10x + 2y + 4z + 21 = 0$

例題 7-41 $(x-3)^2 + (y-3)^2 + (z-3)^2 = 9$

$(x-7)^2 + (y-7)^2 + (z-7)^2 = 49$

例題 7-42
(1) 中心$(2, -4, 1)$，半径$\sqrt{38}$
(2) $(-1, 1, 3)$，$(5, -2, 6)$
(3) 中心$(2, 0, 1)$，半径$\sqrt{22}$

例題 8-1 $\dfrac{14}{3}$

例題 8-2
(1)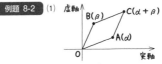

(2)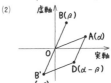

(3)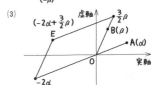

例題 8-3
(1) （証明）略
(2) （証明）略

例題 8-4 zの実部は$\dfrac{z+\bar{z}}{2}$，虚部は$\dfrac{z-\bar{z}}{2i}$

例題 8-5 (1) （証明）略
(2) （証明）略

例題 8-6 （証明）略

例題 8-7 $\sqrt{58}$

例題 8-8 (1) $\dfrac{-3+7i}{2}$
(2) $1+6i$
(3) $3+10i$

例題 8-9 極形式 $z=\sqrt{2}\left(\cos\dfrac{3}{4}\pi+i\sin\dfrac{3}{4}\pi\right)$
絶対値 $|z|=\sqrt{2}$
偏角 $\arg z=\dfrac{3}{4}\pi+2n\pi$ （nは整数）

例題 8-10 (1) $\alpha=7\left(\cos\dfrac{2}{5}\pi+i\sin\dfrac{2}{5}\pi\right)$
(2) $|\bar{\alpha}|=7$, $\arg\bar{\alpha}=-\dfrac{2}{5}\pi$

例題 8-11 (1) $z_1=6\left(\cos\dfrac{\pi}{4}+i\sin\dfrac{\pi}{4}\right)$
$z_2=2\left(\cos\dfrac{\pi}{6}+i\sin\dfrac{\pi}{6}\right)$
(2) $|z_1 z_2|=12$, $\arg(z_1 z_2)=\dfrac{5}{12}\pi$
(3) $\left|\dfrac{z_1}{z_2}\right|=3$, $\arg\dfrac{z_1}{z_2}=\dfrac{\pi}{12}$

例題 8-12 (1) $-12-6i$
(2) $-3\sqrt{2}+\sqrt{2}i$
(3) $\left(-\dfrac{3\sqrt{6}}{2}+\dfrac{\sqrt{2}}{2}\right)+\left(\dfrac{3\sqrt{2}}{2}+\dfrac{\sqrt{6}}{2}\right)i$

例題 8-13 $iz=r\left\{\cos\left(\dfrac{\pi}{2}+\theta\right)+i\sin\left(\dfrac{\pi}{2}+\theta\right)\right\}$

例題 8-14 $(-1\pm\sqrt{3})+(5\pm2\sqrt{3})i$ （複号同順）

例題 8-15 (1) $-8+8\sqrt{3}i$
(2) $p=10$
(3) $p=1$

例題 8-16 (1) 0
(2) $\dfrac{-1+\sqrt{5}}{4}$

例題 8-17 $n=0$なら$\dfrac{\sqrt{3}}{2}+\dfrac{1}{2}i$
$n=1$なら$-\dfrac{1}{2}+\dfrac{\sqrt{3}}{2}i$
$n=2$なら$-\dfrac{\sqrt{3}}{2}-\dfrac{1}{2}i$
$n=3$なら$\dfrac{1}{2}-\dfrac{\sqrt{3}}{2}i$

例題 8-18 (1) $\dfrac{\pi}{4}$
(2) AB＝BCの直角二等辺三角形

例題 8-19 $\dfrac{2}{3}\pi$

例題 8-20 (1) $1\pm\sqrt{3}i$
(2) $\angle A=\dfrac{\pi}{6}$, $\angle O=\dfrac{\pi}{3}$, $\angle B=\dfrac{\pi}{2}$

例題 8-21 $\pm2i$

例題 8-22 $-\dfrac{1}{2}\pm\dfrac{\sqrt{3}}{2}i$

例題 8-23 (1) $a=58$
(2) $a=-\dfrac{22}{5}$

例題 8-24 (1) $z=(4-6t)+(-8+3t)i$
(2) $|z-1-3i|=2\sqrt{5}$

例題 8-25 (1) 原点を中心とする半径2の円
(2) A(-5), B$(3+2i)$ とするとき，線分 AB の垂直二等分線

例題 8-26 点$2+4i$を中心とする半径$2\sqrt{5}$の円

例題 8-27

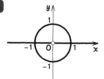

例題 8-28 点$-\dfrac{3}{4}+3i$を中心とする半径$\dfrac{1}{2}$の円

例題 8-29

斜線部分
（境界線は含まない）

A$(-2i)$　B(2)

例題 8-30 (1)

虚軸
-3　O　実軸

(2)

虚軸
$\dfrac{5}{2}i$
O　実軸

例題 8-31 (1)

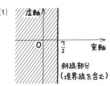

斜線部分
（境界線を含む）

(2)

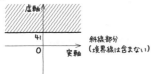

斜線部分
（境界線は含まない）

例題 9-1 放物線 $y^2=4px$

例題 9-2 焦点$(0, -3)$，準線$y=3$

例題 9-3 $y^2=8x$

例題 9-4 (1) $-\dfrac{a^2}{\sqrt{a^2-b^2}}<-a$

(2) 楕円 $\dfrac{x^2}{a^2}+\dfrac{y^2}{b^2}=1$

例題 9-5 (1) 焦点$(0, \pm\sqrt{5})$
頂点$(\pm2, 0)$，$(0, \pm3)$
長軸の長さ6
短軸の長さ4

(2) 焦点$\left(\pm\dfrac{2}{\sqrt{5}}, 0\right)$

頂点$(\pm1, 0)$，$\left(0, \pm\dfrac{1}{\sqrt{5}}\right)$

長軸の長さ2

短軸の長さ $\dfrac{2}{\sqrt{5}}$

例題 9-6 楕円 $\dfrac{x^2}{25}+\dfrac{y^2}{16}=1$

例題 9-7 (1) 焦点$(\pm3, 0)$
頂点$(\pm\sqrt{2}, 0)$
漸近線の方程式$y=\pm\sqrt{\dfrac{7}{2}}x$

(2) 焦点$\left(0, \pm\dfrac{\sqrt{10}}{3}\right)$

頂点$\left(0, \pm\dfrac{1}{3}\right)$

漸近線の方程式$y=\pm\dfrac{1}{3}x$

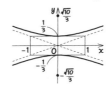

例題 9-8 (1) $\dfrac{x^2}{16}-\dfrac{y^2}{9}=-1$

(2) $\dfrac{x^2}{9}-\dfrac{y^2}{36}=1$

例題 9-9 (1) $m<-1$，$1<m$のとき，異なる2点で
交わる
$m=-1$，1のとき，1点で接する
$-1<m<1$のとき，共有点なし

(2) M$(2m, 3m)$（ただし，$m<-1$，
$1<m$）

例題 9-10 (1) $3x+2y=6$

(2) $3x-4y=24$

(3) $-5x+2y=30$

例題 9-11 (1) 接点$(8, 3)$で，$2x+3y=25$
接点$(-6, 4)$で，$-3x+8y=50$

(2) $\dfrac{25}{2}\pi-25$

例題 9-12 (1) B$(-x_1, 0)$

(2) （証明）略

例題 9-13 頂点$(-2, 3)$，焦点$(-3, 3)$，
準線$x=-1$

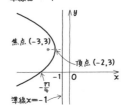

焦点$(-3,3)$　頂点$(-2,3)$
準線$x=-1$

78

例題 9-14　中心(4, -2), 頂点(4±√5, -2),
　　　　　　(4, -1), (4, -3)
　　　　　　焦点(6, -2), (2, -2)

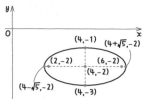

例題 9-15　$y=\dfrac{1}{2}x+\dfrac{9}{2}$,　$y=-\dfrac{1}{2}x+\dfrac{7}{2}$

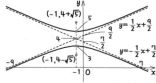

例題 9-16　$(x+4)^2=4(y-2)$

例題 9-17　$\dfrac{(x-2)^2}{24}+\dfrac{(y+3)^2}{40}=1$

例題 9-18　$\dfrac{(x-1)^2}{9}-\dfrac{(y-5)^2}{9}=1$

例題 9-19　楕円 $\dfrac{x^2}{49}+\dfrac{y^2}{4}=1$

例題 9-20　楕円 $\dfrac{(x+9)^2}{4}+(y-6)^2=1$

例題 9-21　(1)　楕円$\dfrac{(x-10)^2}{64}+\dfrac{y^2}{48}=1$

　　　　　　(2)　双曲線$\dfrac{(x+10)^2}{64}-\dfrac{y^2}{192}=1$

例題 9-22　準線の方程式は$x=\dfrac{9}{5}$, 離心率$e=\dfrac{5}{3}$

例題 9-23　(1)　$(3\cos\theta,\ 5\sin\theta)$

　　　　　　(2)　$\left(\tan\theta,\ \dfrac{\sqrt{2}}{\cos\theta}\right)$

　　　　　　(3)　$\left(\dfrac{4}{\cos\theta}-3,\ 2\tan\theta+2\right)$

例題 9-24　(1)　$y=x^2+5x-1$
　　　　　　(2)　$y=x^2+6$

例題 9-25　(1)　$\dfrac{(x-5)^2}{4}+(y+3)^2=1$

　　　　　　(2)　$\dfrac{(x+4)^2}{49}-\dfrac{(y-2)^2}{9}=-1$

例題 9-26　$x=r(\theta-\sin\theta)$, $y=r(1-\cos\theta)$

例題 9-27　(1)　$\left(2,\ \dfrac{\pi}{3}\right)$

　　　　　　(2)　$(7,\ \pi)$

例題 9-28　(1)　$(-3,\ -3)$

　　　　　　(2)　$(2\sqrt{2}-2\sqrt{6},\ 2\sqrt{2}+2\sqrt{6})$

例題 9-29　$3\sqrt{3}$

例題 9-30　$r^2-4r^2\sin2\theta=3$

例題 9-31　(1)　直行座標のとき

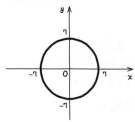

極座標のとき

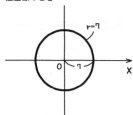

　　　　　　(2)　直行座標のとき

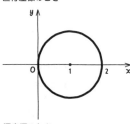

極座標のとき

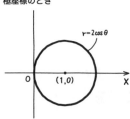

(3) 直行座標のとき

極座標のとき

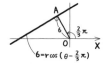

例題 9-32　(1)　$\theta = \dfrac{5}{6}\pi$

(2)　$r^2 - 6r\cos\left(\theta - \dfrac{\pi}{4}\right) + 5 = 0$

(3)　$r(1 + e\cos\theta) = ed$

例題 9-33　(1)　$r(1 + e\cos\theta) = ed$

(2)　（証明）略